高职高专系列教材

SolidWorks零件建模操作及实例

主　编　李奉香
副主编　曲莉娜　方显明
参　编　王金凯　胡玫瑰　沈　锋　王新海
　　　　高会鲜　周　川
主　审　黄　政

机械工业出版社

本书以社会要求工科学生具备能用计算机进行三维建模的能力要求为基础，选择学生入门容易的软件，根据初学者的学习习惯由浅入深推进，以 SolidWorks2012 软件为蓝本，以实例的形式介绍了从简单零件建模到复杂零件建模的方法，介绍建模操作方法的语言详细，图标清晰。全书共分九章，分别介绍了 SolidWorks 基本操作，常用草图命令绘制草图的操作，拉伸与旋转建模，SolidWorks 编辑特征命令及实例，特征编辑及参考几何体，零件建模实例及零件材质设置，绘制草图曲线、文字与 3D 草图，扫描特征和放样特征，曲线曲面绘制和复杂零件建模。

本书可作为高职院校和中职学校学生学习 SolidWorks 课程的教材，也可作为专业人员自学 SolidWorks 的参考书籍。

为方便教学，本书配备电子课件等教学资源。凡选用本书作为教材的教师均可登录机械工业出版社教育服务网 www.cmpedu.com 注册后免费下载。如有问题请致电 010-88379375 联系营销人员。

图书在版编目（CIP）数据

SolidWorks 零件建模操作及实例/李奉香主编. —北京：机械工业出版社，2015.9（2022.1 重印）
高职高专系列教材
ISBN 978-7-111-50547-1

Ⅰ.①S… Ⅱ.①李… Ⅲ.①机械元件-计算机辅助设计-应用软件-高等职业教育-教材 Ⅳ.①TH3-39

中国版本图书馆 CIP 数据核字（2015）第 210061 号

机械工业出版社（北京市百万庄大街 22 号 邮政编码 100037）
策划编辑：赵志鹏 责任编辑：赵志鹏
责任印制：李 昂 责任校对：李锦莉 陈秀丽
北京捷迅佳彩印刷有限公司印刷
2022 年 1 月第 1 版·第 6 次印刷
184mm×260mm·19.5 印张·480 千字
标准书号：ISBN 978-7-111-50547-1
定价：54.80 元

电话服务	网络服务
客服电话：010-88361066	机 工 官 网：www.cmpbook.com
010-88379833	机 工 官 博：weibo.com/cmp1952
010-68326294	金 书 网：www.golden-book.com
封底无防伪标均为盗版	机工教育服务网：www.cmpedu.com

前　言

三维 CAD 软件 SolidWorks 自从 1995 年发布以来，每年不断地推出新增功能，目前已成为全世界三维 CAD 系统的领航者，拥有全球 100 多个国家的众多用户。

SolidWorks 是一款基于 Windows 系统的 CAD/CAM/CAE 桌面集成系统，被广泛应用于航空航天、机械、工业设备、汽车、船舶、家电、食品等行业。SolidWorks 以其优异的性能、强大的功能、灵活的易用性和创新性，在与同类软件的激烈竞争中确立了它的市场地位，成为机械设计领域的主流设计软件。

现在公司在招聘 3D 设计人才时，掌握 SolidWorks 软件的使用方法已成为对应聘者最普遍的一项要求。本书旨在帮助工程设计初学者快速了解和应用 SolidWorks，以便在日常的学习和工作中学以致用。

本书在编写过程中根据工程设计初学者的学习习惯，采用由浅入深的方式讲解，语言详细、图标清晰。在内容安排上，为了使初学者能更快地掌握 SolidWorks 软件的基本功能，书中结合大量的示例对软件中的概念、命令和功能进行讲解，并以示例的形式讲述了如何应用 SolidWorks 软件进行产品建模的过程。

本书以培养建模技能为主，采用了学与练结合的方式，编写顺序上以“学一点练一点”的形式层层推进，使学生逐步掌握各种零件建模方法。建议在机房上课，教学过程以理论讲授与训练相结合的方式进行，边讲边练，注重上机实践训练和指导。建议教师选取讲解内容时，除命令的操作方法外，还要通过具体示例演示，介绍建模思路，在学生训练时要进行指导。

本书由武汉船舶职业技术学院李奉香副教授任主编，石家庄职业技术学院曲莉娜和金华市高级技工学校方显明任副主编，上海市城市科技学校王金凯、浙江省义乌市城镇职业技术学校胡玫瑰、襄阳职业技术学院沈锋、山西运城学院王新海、武汉船舶职业技术学院高会鲜、武汉船舶职业技术学院周川参与了编写。其中李奉香单独编写第 1 章、第 3 章、第 4 章、第 8 章、6.1 和 9.3，曲莉娜编写 9.1 和 9.2，方显明编写 9.4，李奉香和王金凯编写 6.2，李奉香和胡玫瑰编写 7.1，李奉香和沈锋编写 7.2 和 7.4，李奉香和王新海编写 7.3，李奉香和高会鲜编写第 2 章，李奉香和周川编写第 5 章。全书由李奉香统稿和修订。

本书由武汉船舶职业技术学院黄政教授任主审。

本书在编写过程中参考了有关作者的教材和文献，在此一并表示衷心的感谢。

由于编者水平有限，疏漏和错误之处在所难免，敬请读者批评指正。

编　者

目 录

第 1 章　SolidWorks 基本操作

本章要点：介绍 SolidWorks 的特点、界面、常用工具的使用和简单造型过程，让读者快速了解该软件的使用。

1.1　SolidWorks 的功能介绍和特点

1.1.1　SolidWorks 的功能介绍

SolidWorks 是实行数字化设计的造型软件，同时具有开放的系统，添加各种插件后，可实现产品的三维建模、装配校验、运动仿真、有限元分析、加工仿真、数控加工及加工工艺的制定，可以保证产品从设计、工程分析、工艺分析、加工模拟、产品制造过程中的数据的一致性，从而真正实现产品的数字化设计和制造，并大幅度提高产品的设计效率和质量。

1.1.2　SolidWorks 的特点

SolidWorks 是非常优秀的三维软件，由于其具有易学易用、全中文界面、价格适中等特点，受到越来越多工程技术人员的青睐。目前市面上三维造型软件较多，常见的有 CATIA、PRO/E、UG 等，但 SolidWorks 是初学者最容易学习的软件，而且有了 SolidWorks 操作基础会让学习其他三维软件变得容易许多。SolidWorks 的特点如下：

（1）基于 Windows 操作系统，采用 Windows 界面风格。SolidWorks 是一个在 Windows 环境下进行机械设计的软件，是一个以设计功能为主的 CAD/CAE/CAM 软件，其界面操作完全使用 Windows 风格，具有人性化的操作界面，从而具备使用简单、操作方便的特点。

（2）真正三维实体模型。SolidWorks 具有强大的实体建模功能；SolidWorks 是一个基于造型的三维机械设计软件。它的基本设计思路是：二维草图—实体造型—虚拟装配—工程图。

（3）尺寸驱动功能。SolidWorks 是通过给定尺寸来驱动的。绘制过程中可以给定尺寸，也可以取默认值。若改变尺寸就会改变零件的大小，即使在保存后再修改图样的时候。

（4）参数式设计。SolidWorks 是一个基于特征、参数化的实体造型系统。SolidWorks 是通过给定形状和位置的约束关系来驱动的。在修改图样的时候，改变几何关系就会改变零件的形状。SolidWorks 建模的步骤会以特征的形式列举出来，可以很方便地对前面操作的特征进行修改，特征改变了零件就会相应改变。

（5）直接生成工程图。SolidWorks 模型包括零件、装配及工程图等，三维零件模型可以直接生成对应的三视图、轴测图或工程图，而不需要逐步绘制，提高了工程图的绘制效率和精度，特别是截交线、相贯线的绘制。

（6）全相关。零件、装配和工程图是一个模型的不同的表现形式，对其中任意一个进行改动，都会使其他两个自动跟着改变。如果该零件设计用于模具和加工，那么，由零件生成的模具或加工代码也随之发生变化。

1.2　启动 SolidWorks 和文件管理

1.2.1　启动 SolidWorks

安装 SolidWorks 后，在 Windows 的操作环境下，在桌面双击 SolidWorks 的快捷方式图标，或者选择“开始”→“程序”→“SolidWorks 2012”→“SolidWorks 2012”命令，就可以启动 SolidWorks。也可以直接双击已经做好的 SolidWorks 文件，在打开文件的同时启动 SolidWorks。图 1-1 是 SolidWorks 2012 启动过程的画面。启动画面消失后，系统进入启动成功后的界面。图 1-2 是 SolidWorks 2012 启动成功后的界面，界面上只有几个菜单和标准工具栏。单击菜单右边（隐藏）按钮，可以隐藏标准工具栏。单击菜单右边（显示）按钮，可以显示标准工具栏（图 1-3）。单击菜单左边按钮，可以隐藏或显示菜单。

图 1-1　SolidWorks 2012 启动画面

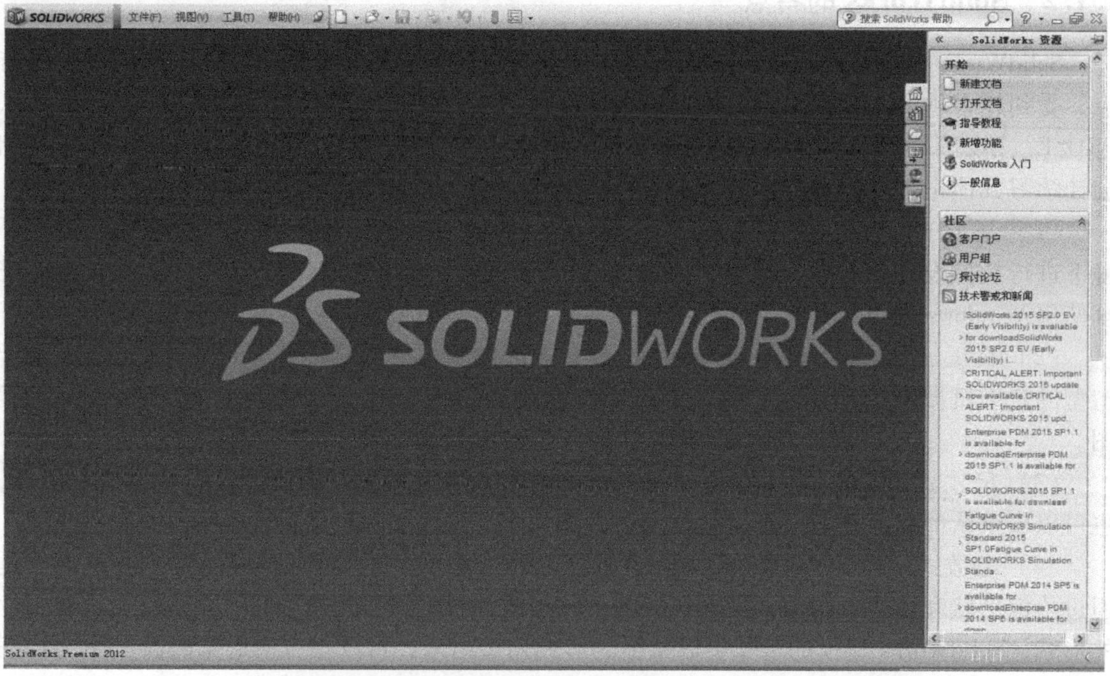

图 1-2　SolidWorks 2012 启动成功后的界面

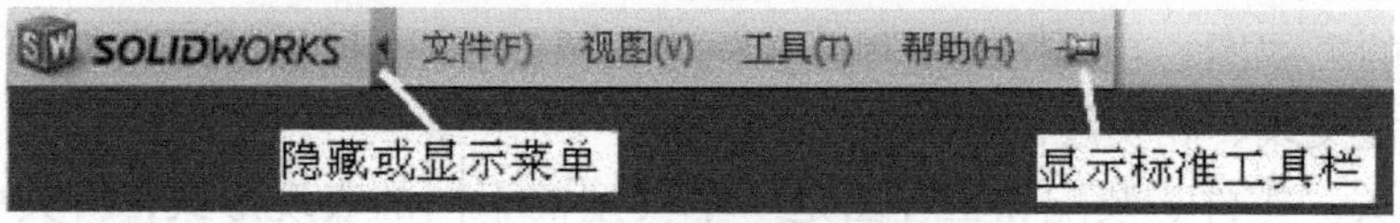

图 1-3　隐藏标准工具栏

1.2.2 新建 SolidWorks 文件

建立新模型前需要生成一个新文件。新建文件的操作步骤如下：

（1）执行新建命令。启动 SolidWorks 后，单击上方“**标准**”工具栏中的（新建）图标按钮，或者选择下拉菜单“文件”→“新建”命令。执行命令后，系统弹出“新建 SolidWorks 文件”对话框，如图 1-4 所示，对话框中有三个图标，分别是、、，它们是代表不同类型文件的图标。

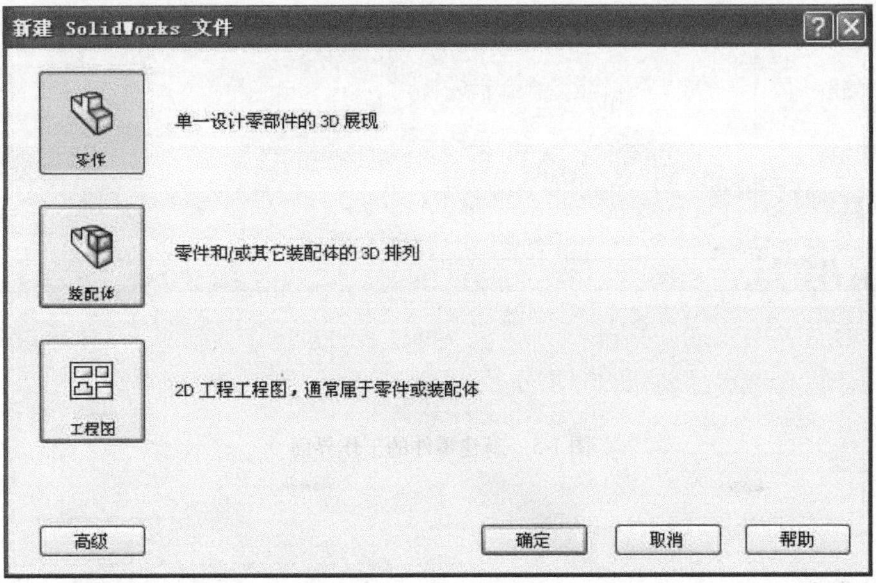

图 1-4 “新建 SolidWorks 文件”对话框

（2）选择文件类型。单击对话框中“零件”“装配体”“工程图”三个图标中的一个，选择需要创建的文件类型。

（3）单击下方“确定”按钮，就可以进入相应类型文件的创建界面创建文件。

不同类型的文件，其工作界面和环境是不同的，图 1-5 是新建**零件**的工作界面，图 1-6 是新建**装配体**的工作界面，图 1-7 是新建**工程图**的工作界面。

1.2.3 保存 SolidWorks 文件

在编辑界面中的保存文件类型有换名保存和仅内容更新保存。换名保存是指将内容更新保存到新的文件名中或将文件保存到新文件夹中等，仅内容更新保存是将文件保存到原文件名、文件夹中，仅内容会更新。

换名保存文件的操作步骤如下：在 SolidWorks 启动状态下，选择下拉菜单“文件”→“另存为”命令。执行命令后，系统弹出“另存为”对话框，如图 1-8 所示。选择文件夹，输入文件名后，单击“保存”按钮，又回到编辑界面。

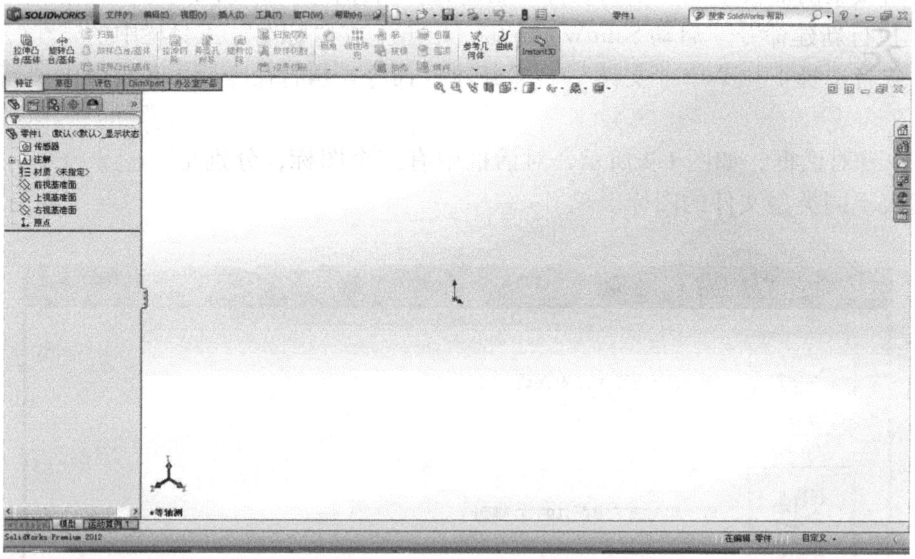

图 1-5　新建零件的工作界面

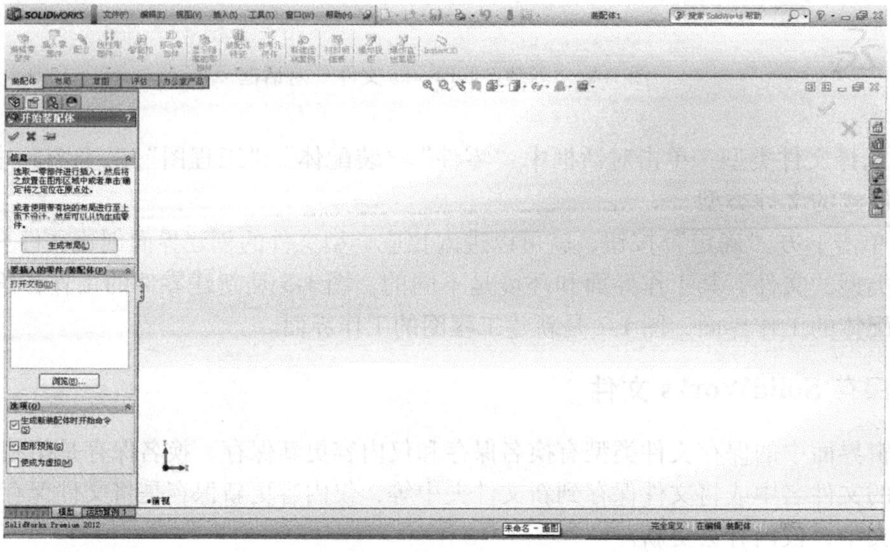

图 1-6　新建装配体的工作界面

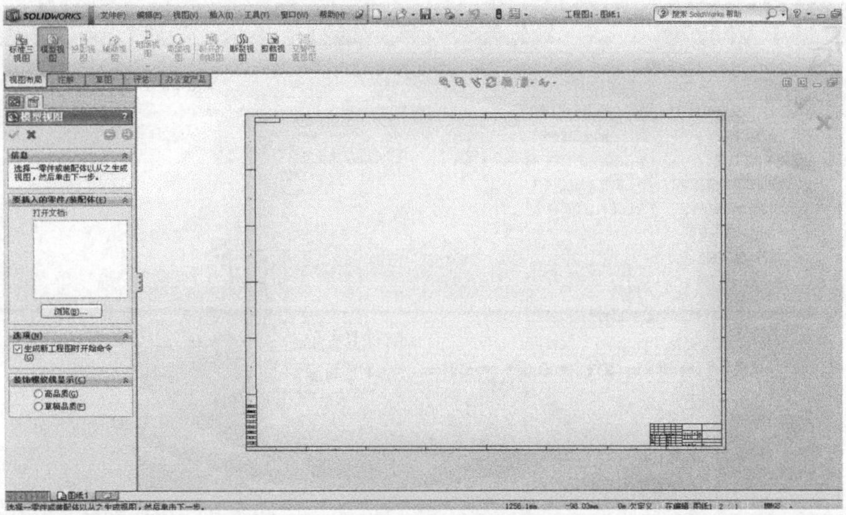

图 1-7　新建工程图的工作界面

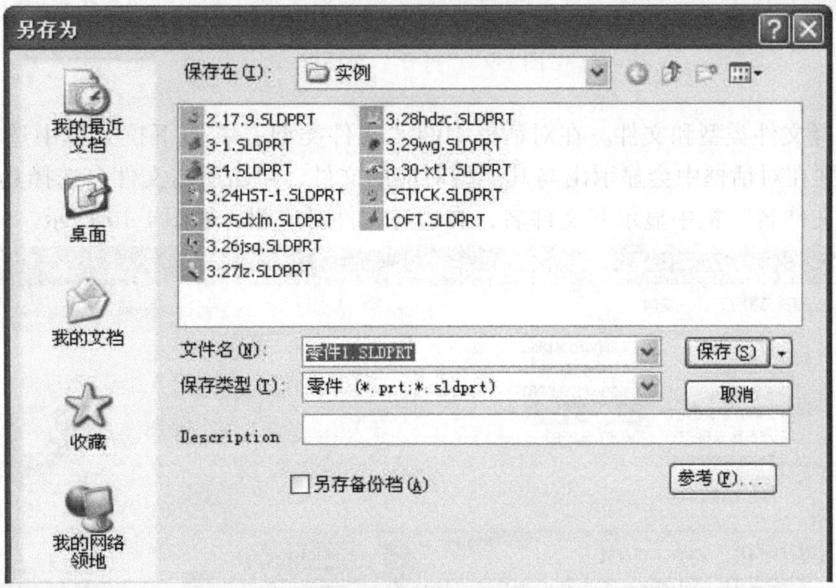

图 1-8　“另存为”对话框

更新内容保存文件的操作步骤如下：单击“**标准**”工具栏中的■（保存）图标按钮，或者选择下拉菜单“文件”→“保存”命令。此命令可将目前编辑中的工作视图按原先读取的文件名存盘，如果工作视图是新建的文件，则系统自动启动另存为新文件功能。

1.2.4　打开 SolidWorks 文件

已存储的 SolidWorks 文件可以打开后对其进行编辑。打开文件的操作步骤如下：

（1）执行打开命令。启动 SolidWorks 后，单击上方“**标准**”工具栏中的▣（打开）图标按钮，或者选择下拉菜单“文件”→“打开”命令。执行命令后，系统弹出“打开”对话框，如图 1-9 所示。

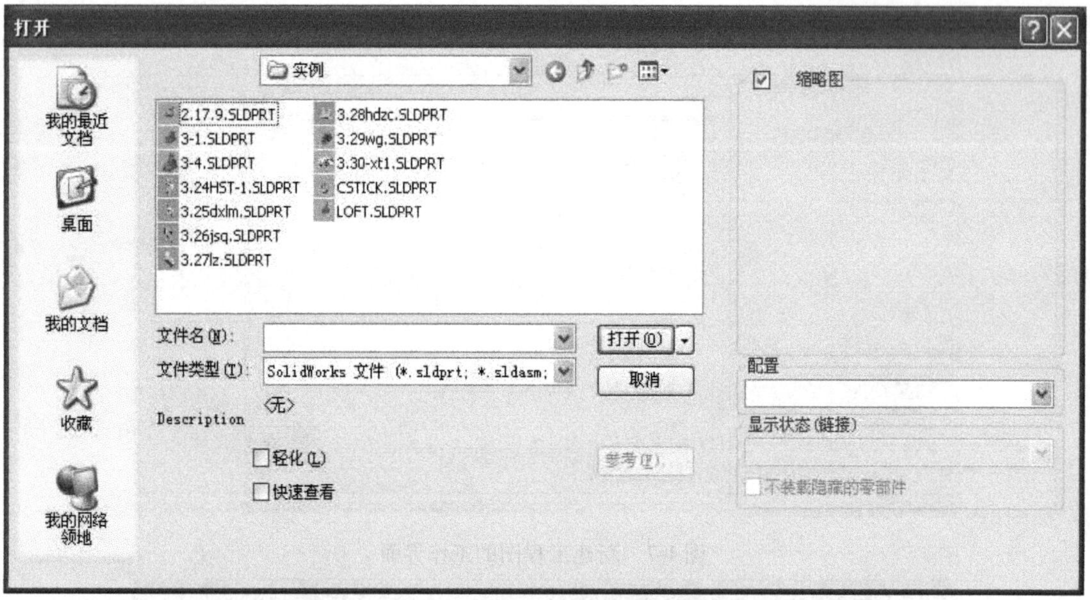

图 1-9　“打开”对话框

（2）选择文件类型和文件。在对话框中的“文件类型”右边下拉菜单中选择所需要的文件类型，则在对话框中会显示出与其类型对应的文件。单击所需文件名选择具体文件，此时对话框“文件名”框中显示其文件名，右边有文件对应图，如图 1-10 所示。

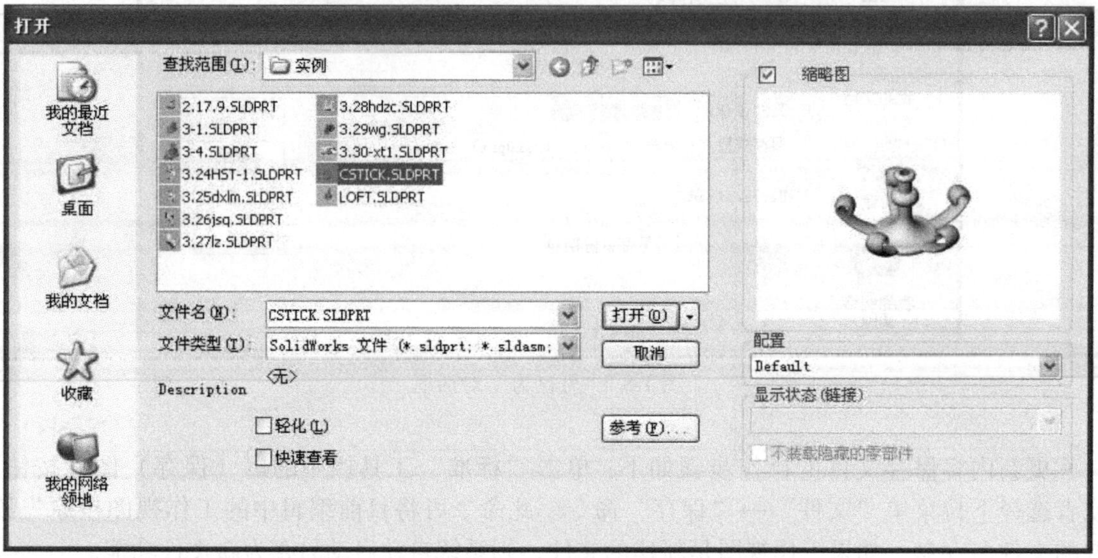

图 1-10　选择文件对话框

（3）单击“打开”按钮，就进入编辑界面了。

1.2.5　退出 SolidWorks 界面

退出文件的操作步骤如下：单击界面右上角“关闭”图标按钮，或者选择下拉菜单

“文件”→“关闭”命令。

1.3 绘制简单的零件三维模型

通过实例了解零件建模思路和参数化设计理念，SolidWorks 不同于 CAD 的绘制思路，零件建模思路是先在一个平面上绘制二维截面草图，再通过特征命令创建三维零件模型，详细步骤可分为“选择基准平面、绘制大致形状、定形状和位置、标尺寸调大小、造特征制零件”。

1.3.1　通过拉伸绘制一个柱体

【实例 1-1】　绘制图 1-11 所示的柱体。

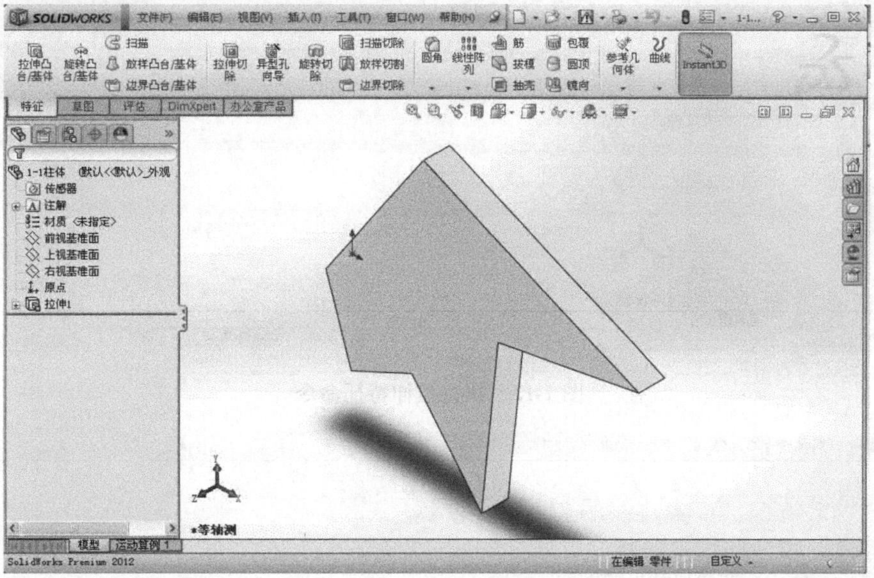

图 1-11　柱体

具体操作步骤如下。

第 1 步：新建零件文件。

（1）单击上方“**标准**”工具栏中的（新建）图标按钮，系统弹出“新建 SolidWorks 文件”对话框。

（2）单击“零件”图标选择“零件”类型，单击下方“确定”按钮，进入零件绘制界面。

第 2 步：换名保存文件。

每次新建一个文件，SolidWorks 系统都会显示一个默认名。若创建的是零件类型，默认名格式是“零件”后加序号，如零件 1、零件 2，再新建一个零件，序号自动再加 1。但最好是自己取文件名保存，方便辨认。

操作方法：选择下拉菜单“文件”→“另存为”命令。执行命令后，系统弹出“另存为”对话框。选择文件夹（如 D:），输入文件名“1-1 柱体”，单击“保存”按钮，又回到零件绘制界面。这时可看到零件的名称显示在左边，如图 1-12 所示。

第 3 步：执行拉伸特征命令。

如图 1-12 所示，用鼠标单击左上方 特征 选项，再单击“**特征**”工具栏上的（拉伸凸台/基体）按钮。执行命令后，绘图区显示基准面，如图 1-13 所示。可将光标放在绘图区，按住鼠标中键并移动鼠标，可看到三个默认基准面在转动，还可看到界面左边有“拉伸”窗口，其中有下一步操作的提示信息 选择一基准面来绘制特征横断面。。

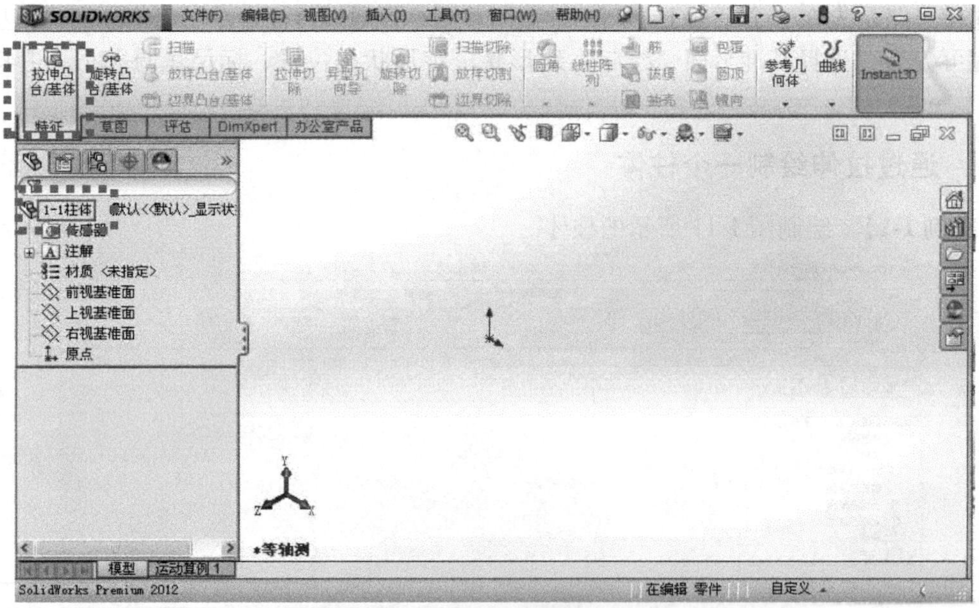

图 1-12　执行拉伸特征命令

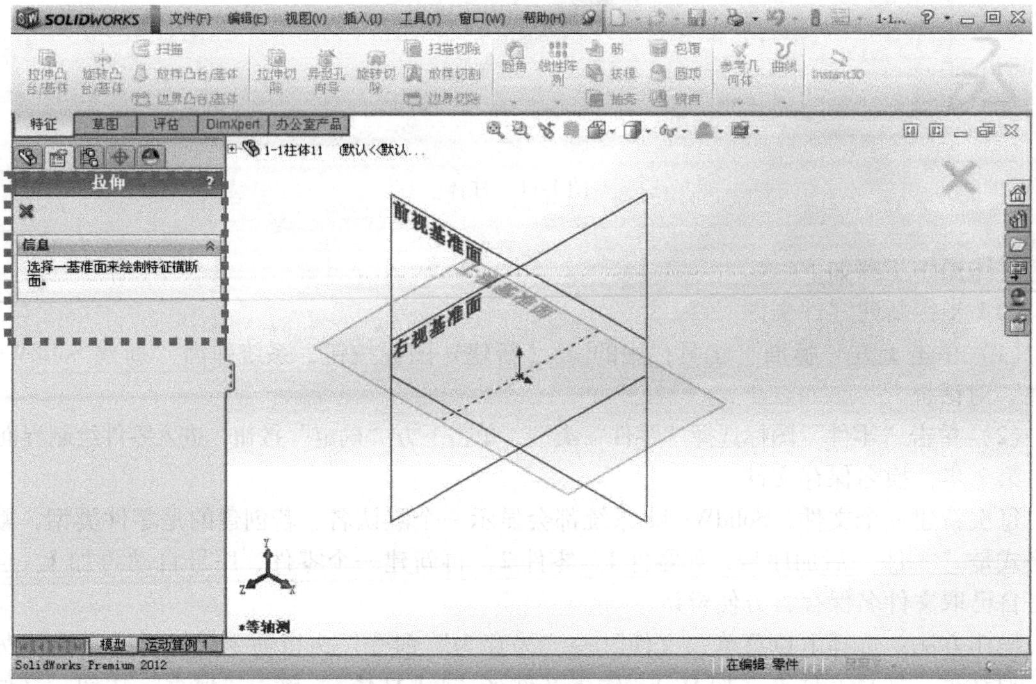

图 1-13　拉伸基础特征界面图及三个默认基准面

第 4 步：选定草图基准面。

将光标移动到基准面上，当绘图区中的**前视基准面**高亮显示时，单击左键即选择“**前视基准面**”作为绘制截面草图的平面。界面换成草图绘制界面，如图 1-14 所示，界面左边还增加草图的名称“草图 1”。每绘制一个草图，系统会自动增加草图的名称，依次为“草图 1”“草图 2”“草图 3” 等。

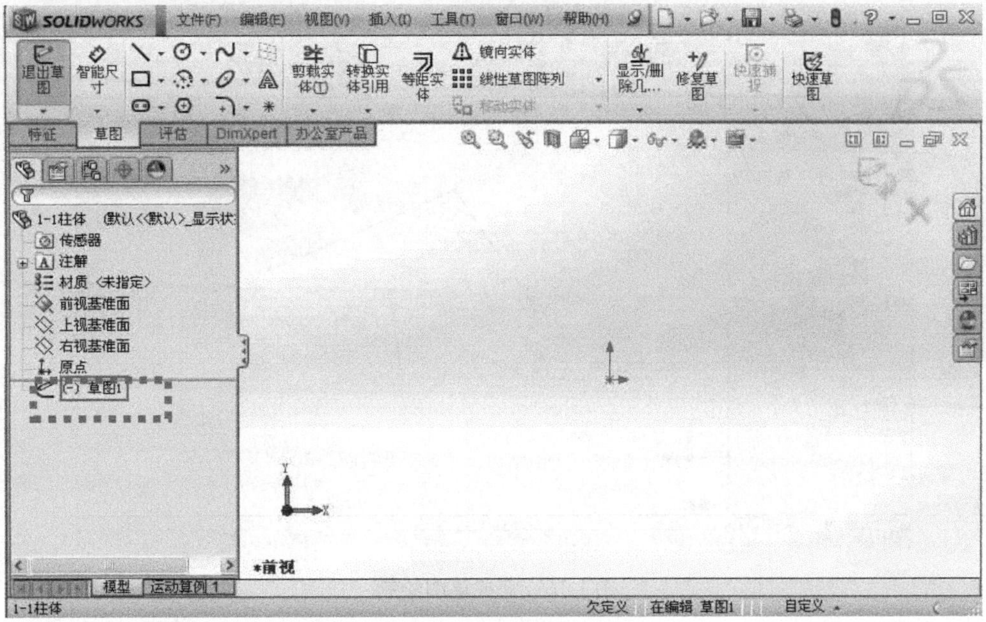

图 1-14　草图绘制界面

第 5 步：绘制横断面的二维草图。

（1）单击草图工具栏上的 （直线）按钮，移动光标到绘图区后单击左键，然后再移动光标后再单击左键，重复“再移动光标再单击左键”操作，绘制如图 1-15 所示图。继续

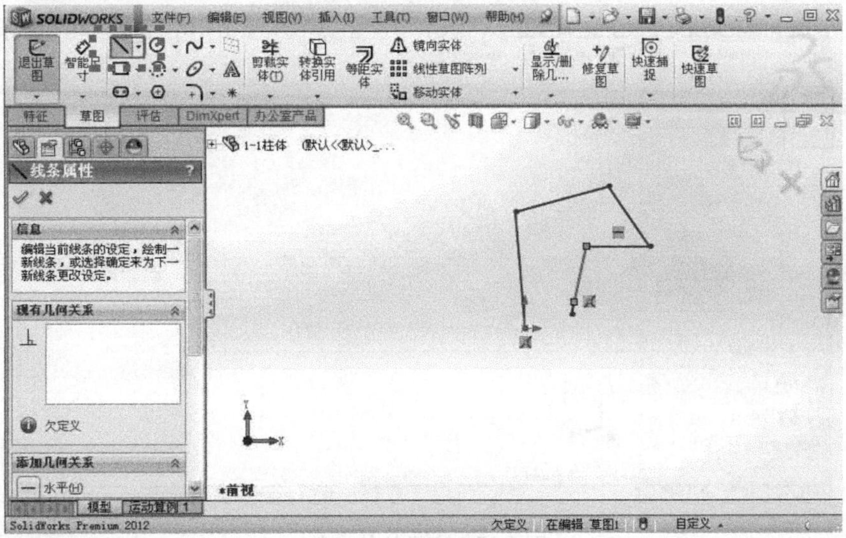

图 1-15　绘制直线草图

重复“再移动光标再单击左键”操作，最后一点落在第一点处后单击左键形成闭合图形，绘制如图 1-16 所示图。注意不要重叠线。

（2）退出二维草图。单击绘图区右上角如图 1-16 所示的（确定）按钮退出草图。系统弹出定义拉伸参数的窗口，如图 1-17 所示。

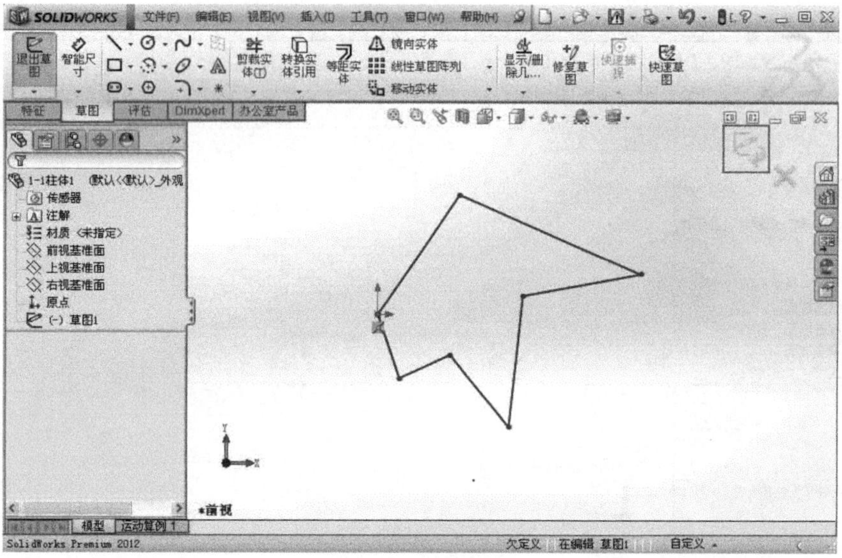

图 1-16　完成草图绘制

第 6 步：定义拉伸参数。

全部取默认值，不做修改，如图 1-17 所示。默认拉伸厚度为 10mm。

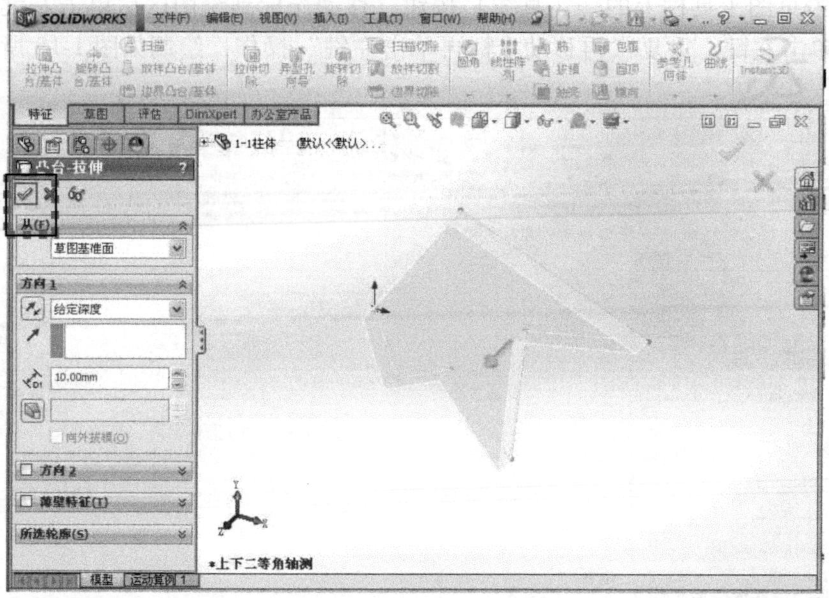

图 1-17　定义拉伸参数

第 7 步：完成创建。

单击“拉伸”窗口上的✔（确定）按钮，如图 1-17 所示，完成特征的创建。创建的模型如图 1-11 所示。可将光标放在绘图区，按住鼠标中键并移动鼠标，可看到模型在转动。

第 8 步：同名保存文件和关闭文件。

单击“**标准**”工具栏中的“保存”图标按钮保存文件。单击界面右上角“关闭”图标按钮关闭文件。

1.3.2　通过拉伸绘制有形状和位置要求的板体

【实例 1-2】　绘制图 1-18 所示的板体（尺寸自定，但要保证形状和位置关系）。

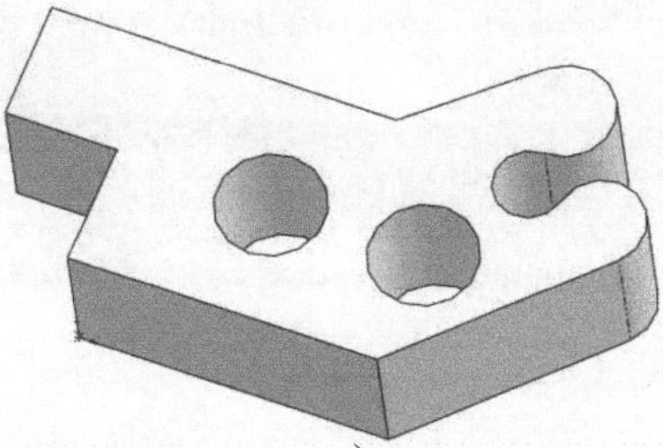

a)

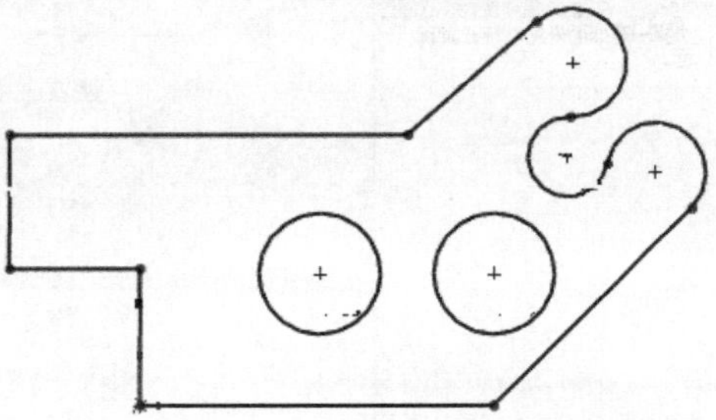

b)

图 1-18　板体

a）立体图　b）截面图

具体操作步骤如下。

第 1 步：新建零件文件。

（1）单击上方“**标准**”工具栏中的（新建）图标按钮，系统弹出“新建 SolidWorks 文件”对话框。

（2）单击“零件”图标选择“零件”类型，单击下方“确定”按钮，进入零件绘制界面。

第 2 步：换名保存文件。

选择下拉菜单“文件”→“另存为”命令，系统弹出“另存为”对话框。选择文件夹（如 D:），输入文件名“1-2 板体”，单击“保存”按钮，回到零件绘制界面。

第 3 步：执行拉伸特征命令。

用鼠标左键单击左上方 特征 选项，再单击“**特征**”工具栏上的（拉伸凸台/基体）按钮。如图 1-19 所示，执行命令后，绘图区显示三个默认基准面。

第 4 步：选定草图基准面。

移动光标到基准面上，当上视基准面高亮显示时单击左键，即选择“**上视基准面**”作为绘制截面草图的平面。界面换成草图绘制界面，界面左边还增加草图的名称“草图 1”。

第 5 步：绘制横断面的二维草图大致图形（图 1-20）。

（1）绘制如图 1-21 所示图。单击“**草图**”工具栏上的（直线）按钮，将光标移动到绘图区坐标原点处单击左键；向上移动光标（有符号出现），单击左键；向左移动光

标（有—符号出现），再单击左键；向上移动光标（有|符号出现），再单击左键；向右移动光标（有—符号出现），再单击左键；向右上移动光标再单击左键。按 ESC 键结束命令。

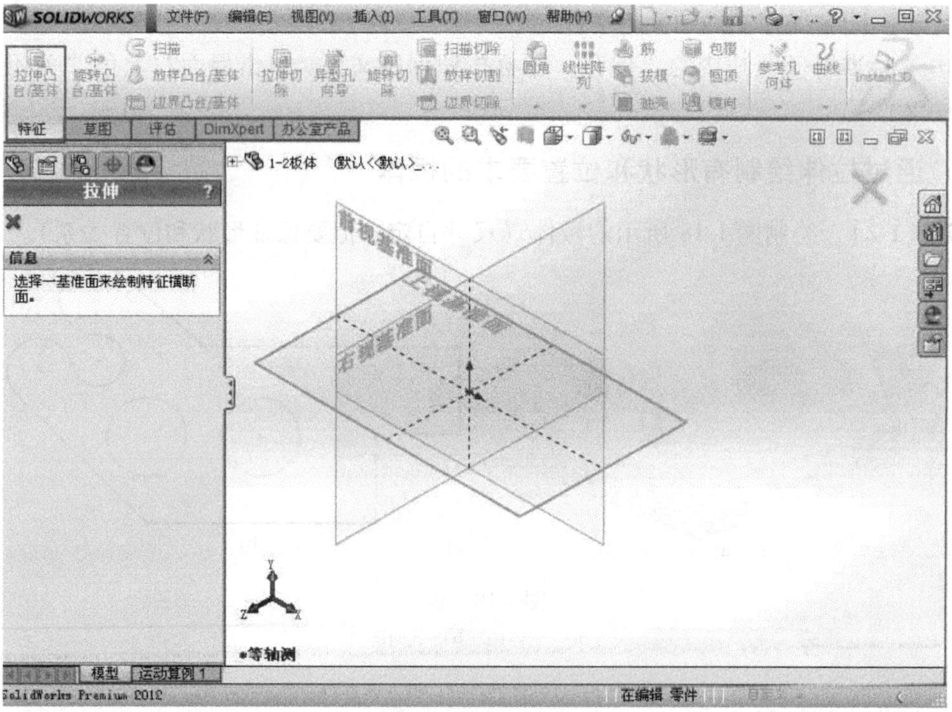

图 1-19 执行拉伸特征命令

（2）绘制如图 1-22 所示图。单击“**草图**”工具栏上的（直线）按钮，将光标移动到绘图区坐标原点处，单击左键，然后向右移动光标单击左键，向右上移动光标单击左键。按 ESC 键结束命令。

（3）绘制如图 1-23 所示图。单击“草图”工具栏上的（三点圆弧）按钮，将光标移动到绘图区上直线右端点，单击确定第一点，向右下移动光标单击确定第二点，向右上移动光标单击确定第三点，绘制完成上圆弧。将光标向下移动到上圆弧下方某处，单击确定下圆弧第一点，向下移动光标到下直线右端点处，单击确定下圆弧第二点，向右上移动光标单击确定第三点，绘制完成下圆弧。将光标移动到下圆弧上方端点处，单击确定中间圆弧第一点，将光标向上移动到上圆弧下方端点处，单击确定中间圆弧第二点，向左下移动光标单击确定第三点，绘制完成中间圆弧，形成闭合图形。按 ESC 键结束命令。

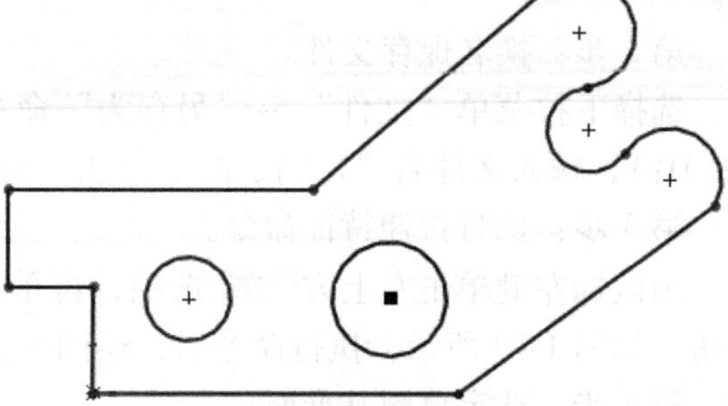

图 1-20 草图 1

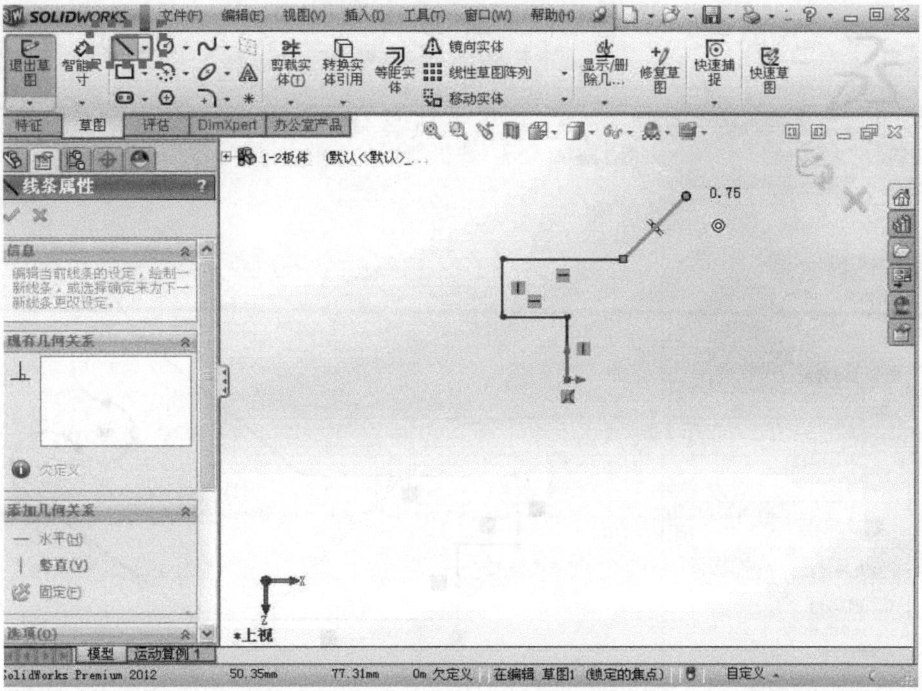

图 1-21　草图 1（上直线）

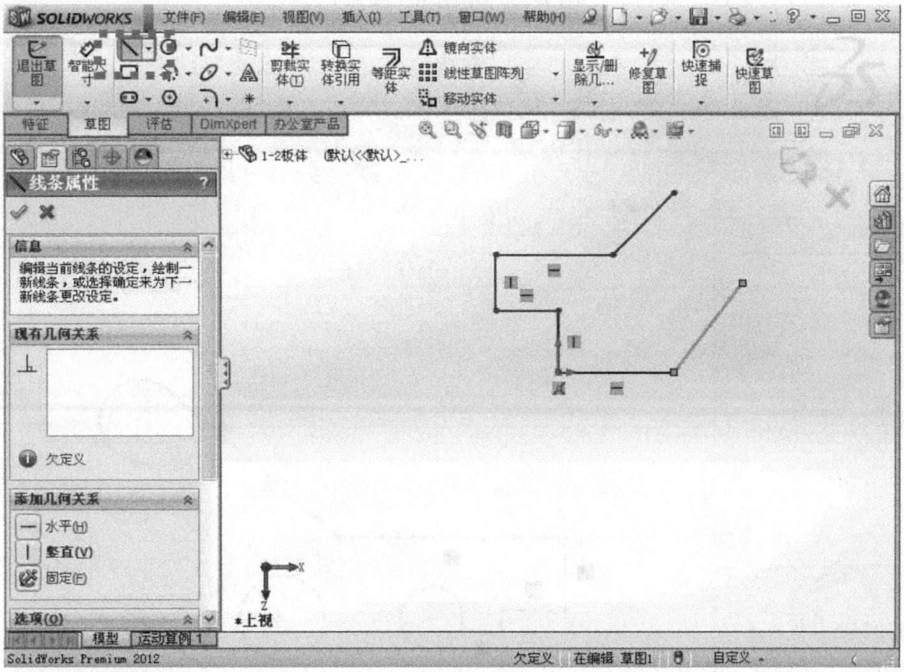

图 1-22　草图 1（下直线）

（4）绘制如图 1-24 所示图。单击“**草图**”工具栏上的 ⊙（圆）按钮，将光标移动到绘图区闭合图形中，单击左键确定圆心，然后向外移动光标，单击绘制圆。向右移动光标，单击确定第二个圆的圆心，然后向外移动光标，单击绘制圆。按 ESC 键结束命令。

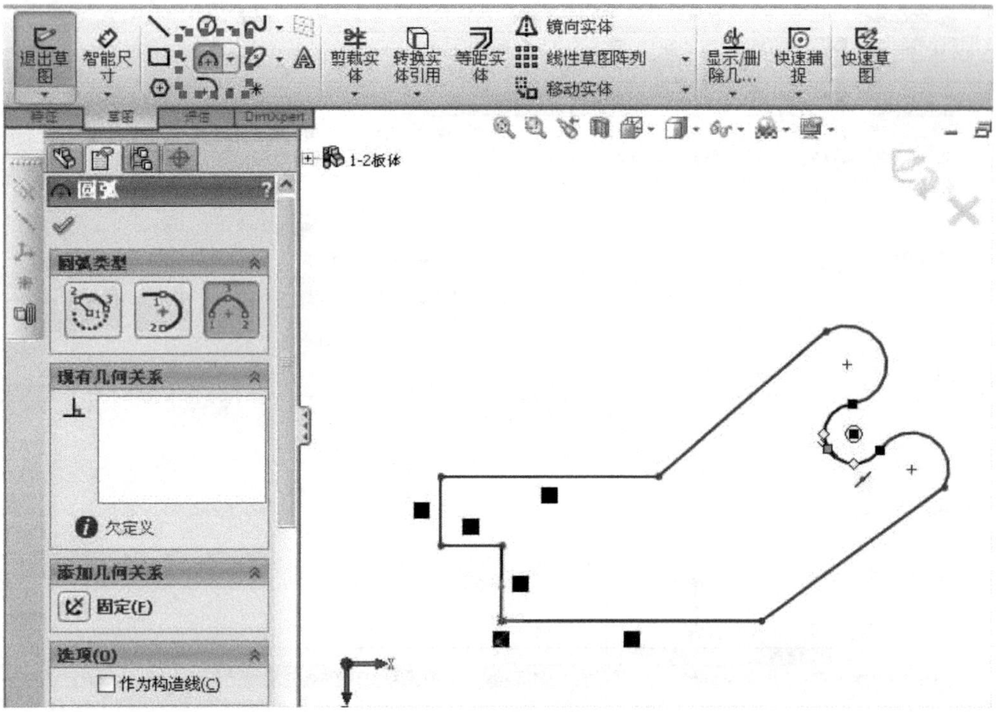

图 1-23　草图 1（圆弧）

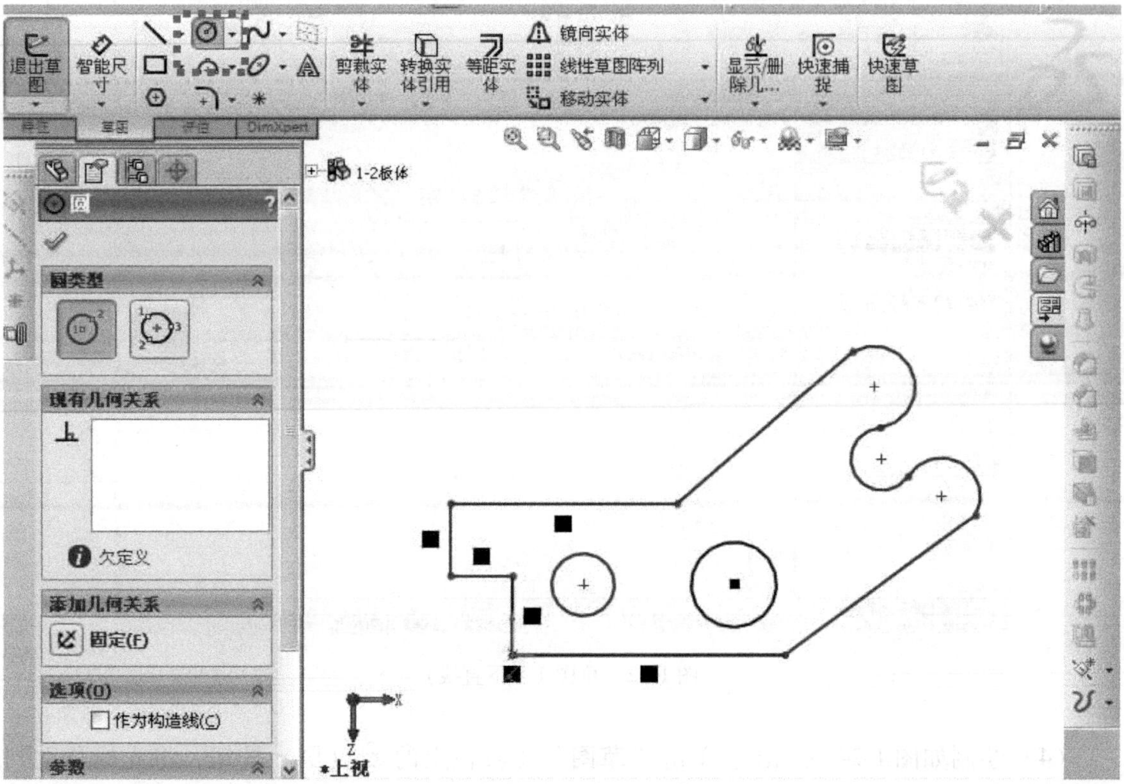

图 1-24　草图 1（圆）

第 6 步：编辑草图的几何形状和位置。

单击“草图”工具栏上的（显示/删除几何关系）按钮中的，在下拉菜单中单击（添加几何关系）按钮，如图 1-25 所示，界面左边弹出“添加几何关系”窗口，如图 1-26 所示。

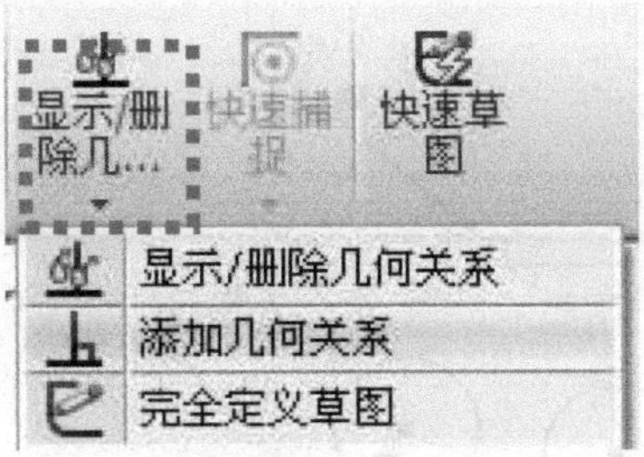

图 1-25 添加几何关系按钮

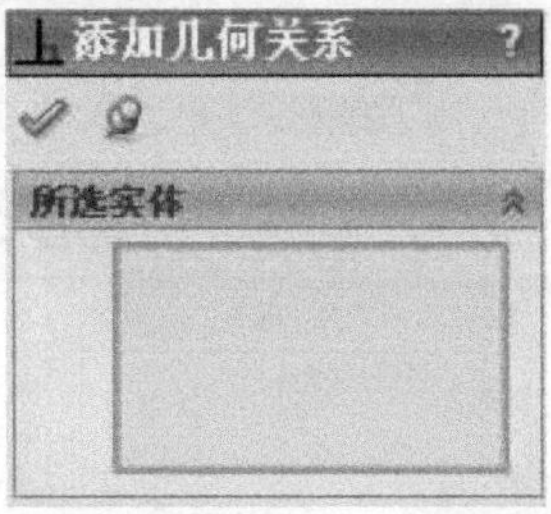

图 1-26 添加几何关系窗口

单击上方右边斜线，单击上圆弧，名称即显示到“添加几何关系”窗口下的**所选实体**中，单击“添加几何关系”窗口中**添加几何关系**下方的**相切(A)**项，如图 1-27 所示，这时斜线与上圆弧就变成相切了。

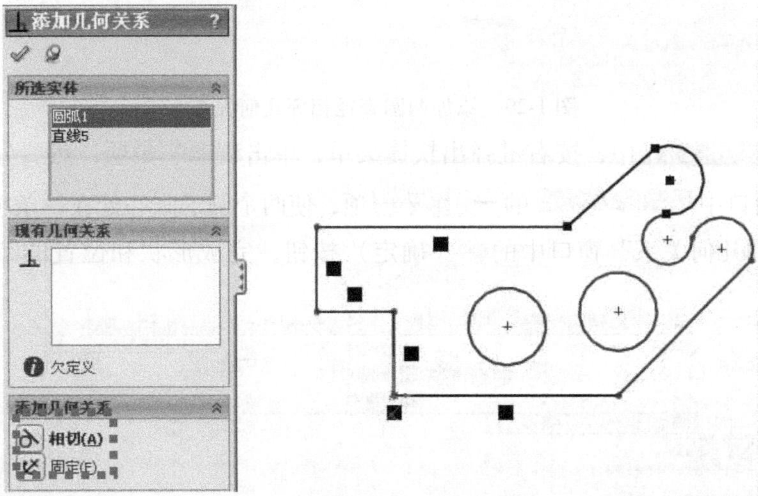

图 1-27 添加斜线与上圆弧相切几何关系

将光标放在**所选实体**中，按右键弹出快捷菜单，如图 1-28 所示，单击**消除选择 (A)**项，**所选实体**中已选对象清除了，单击上圆弧，单击中间圆弧，单击“添加几何关系”窗口中**添加几何关系**的**相切(A)**项，这时两圆弧就变成相切了。

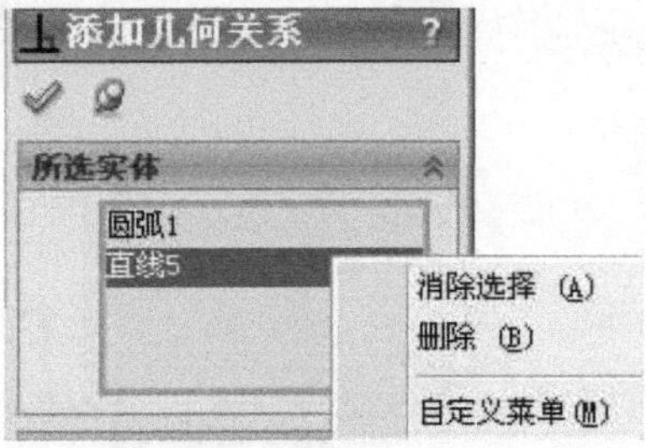

图 1-28 清除已选择对象

将光标放在**所选实体**中，按右键弹出快捷菜单，单击**消除选择 (A)**项，然后单击下圆弧，单击中间圆弧，单击窗口中**添加几何关系**的**相切(A)**项，使两个圆弧相切。

将光标放在**所选实体**中，按右键弹出快捷菜单，单击**消除选择 (A)**项，然后单击下圆弧，单击下方右边斜线，单击窗口中**添加几何关系**的**相切(A)**项，使斜线与圆弧相切。

将光标放在**所选实体**中，按右键弹出快捷菜单，单击消除选择(A)项，然后分别单击两个圆，单击窗口中添加几何关系的=相等(Q)项，使两圆直径相等，如图 1-29 所示。

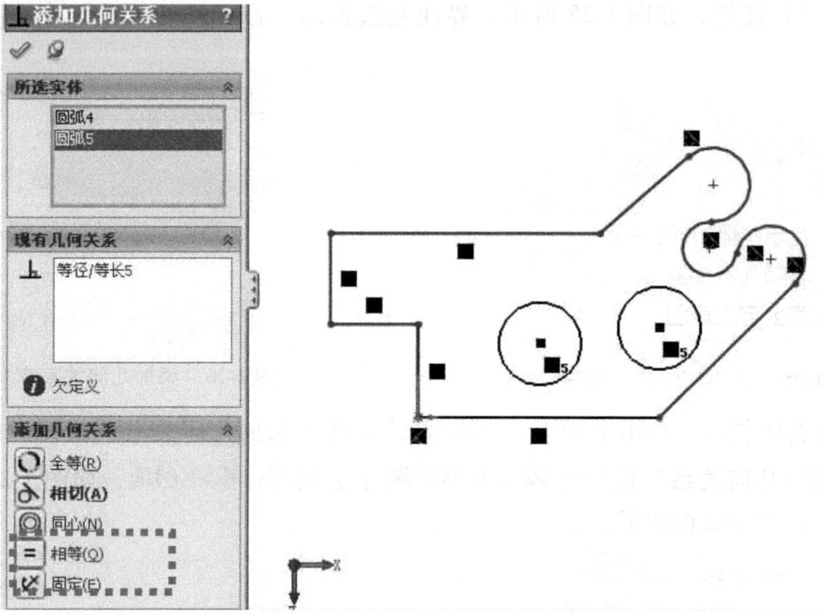

图 1-29　添加两圆直径相等几何关系

将光标放在所选实体中，按右键弹出快捷菜单，单击消除选择(A)项，然后分别单击两个圆的圆心，单击窗口中添加几何关系的—水平(H)项，使两个圆的圆心处在一条水平线高度上。

单击“添加几何关系”窗口中的✓（确定）按钮，完成形状和位置的编辑，如图 1-30 所示。

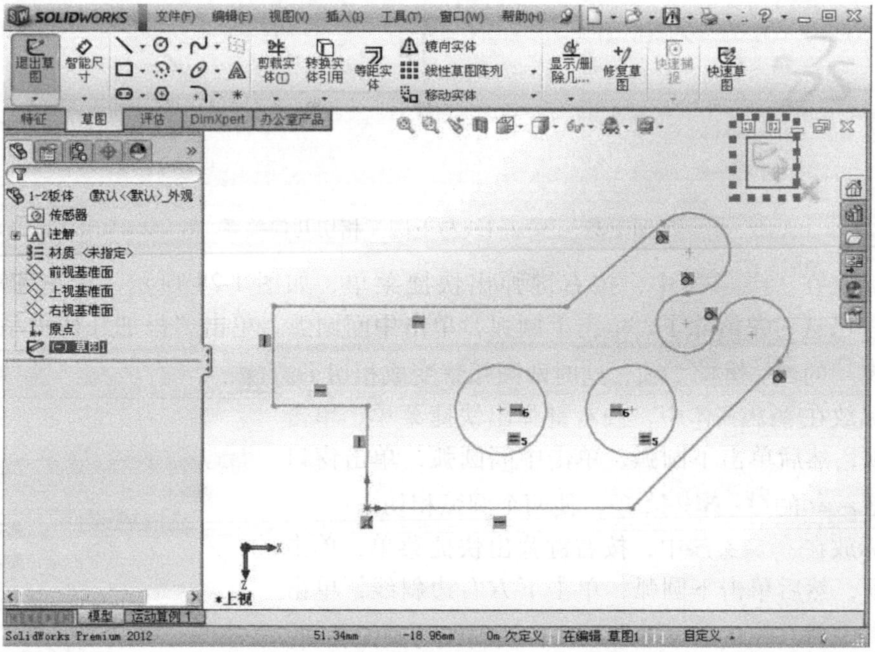

图 1-30　完成形状和位置编辑后的草图图形

第 7 步：完成二维草图绘制后退出草图界面。

单击绘图区右上角如图 1-30 所示的（确定）按钮，退出草图。系统弹出定义拉伸参数的窗口，如图 1-31 所示。

第 8 步：定义拉伸参数。

将 方向1 下右边的文本框单击激活，输入 40，其余取默认值不做修改，如图 1-31 所示。

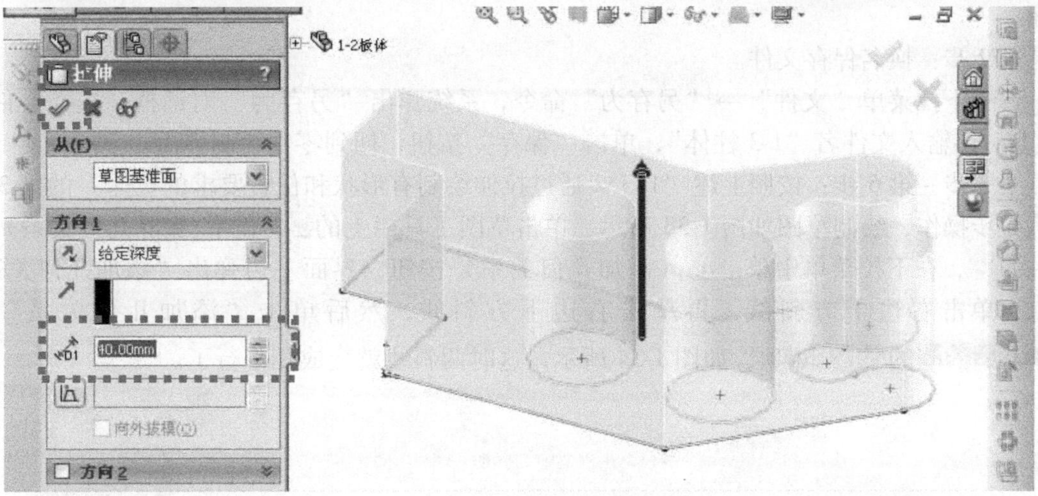

图 1-31　定义拉伸参数

第 9 步：完成创建。

单击“拉伸”窗口上的（确定）按钮，如图 1-31 所示，完成特征的创建。创建的特征如图 1-32a 所示。将光标放在绘图区，按住鼠标中键并移动鼠标，可看到图形在旋转。

第 10 步：同名保存文件和关闭文件。

单击“标准”工具栏中的“保存”图标按钮。单击界面右上角“关闭”图标按钮。

1.3.3　通过拉伸按尺寸大小绘制有形状和位置要求的柱体

【实例 1-3】 绘制如图 1-32 所示的柱体。

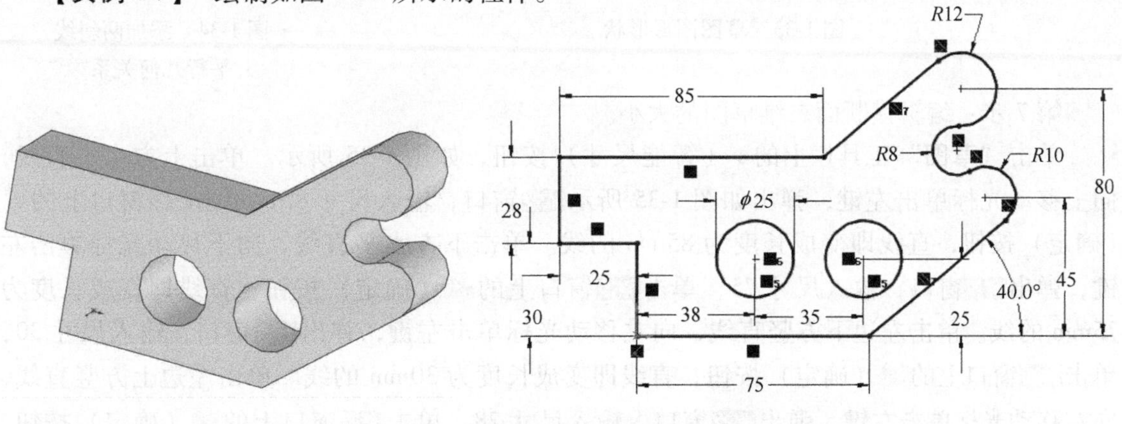

a)　　b)

图 1-32　柱体

a）立体图　b）截面图

操作步骤如下。

第 1 步：新建零件文件。

（1）单击上方“标准”工具栏中的（新建）图标按钮，系统弹出“新建 SolidWorks 文件”对话框。

（2）单击“零件”图标即选择“零件”类型，单击下方“确定”按钮，进入零件绘制界面。

第 2 步：换名保存文件。

选择下拉菜单“文件”→“另存为”命令，系统弹出“另存为”对话框，选择文件夹（如 D:），输入文件名“1-3 柱体”，单击“保存”按钮，回到零件绘制界面。

第 3 步～第 6 步：按照上述“1. 3. 2 通过拉伸绘制有形状和位置要求的板体”的第 3 步～第 6 步操作，绘制草图如图 1-33 所示。单击草图工具栏上的（显示/删除几何关系）按钮中的，在下拉菜单中单击（添加几何关系）按钮，界面左边弹出“添加几何关系”窗口，单击右边上方斜线，再单击右边下方斜线，然后单击“添加几何关系”中**添加几何关系**的 平行(E)项，如图 1-34 所示，这时两斜线就变成相平行了。

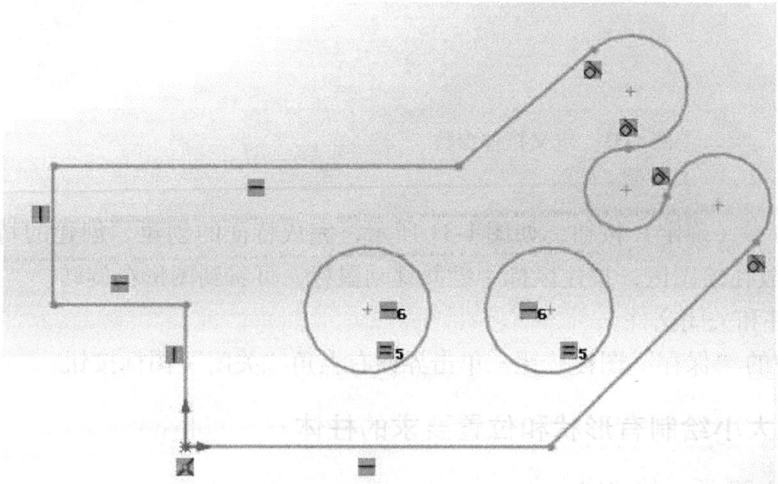

图 1-33　草图图形形状

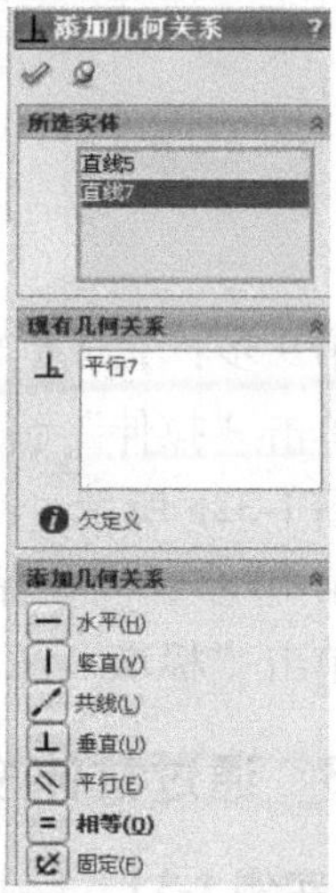

图 1-34　添加两斜线平行几何关系

第 7 步：编辑横断面二维草图的大小。

单击“**草图**”工具栏上的（智能尺寸）按钮，如图 1-35 所示。单击上方水平直线，向上移动光标单击左键，弹出如图 1-35 所示修改窗口，输入尺寸 85，单击修改窗口上的（确定）按钮，直线即变成长度为 85mm 的线。单击下方水平直线，向下移动光标单击左键，弹出修改窗口，输入尺寸 75，单击修改窗口上的（确定）按钮，直线即变成长度为 75mm 的线。单击左边下方竖直线，向左移动光标单击左键，弹出修改窗口，输入尺寸 30，单击修改窗口上的（确定）按钮，直线即变成长度为 30mm 的线。单击左边上方竖直线，向左移动光标单击左键，弹出修改窗口，输入尺寸 28，单击修改窗口上的（确定）按钮，直线即变成长度为 28mm 的线。单击左边水平直线，向下移动光标单击左键，弹出修改窗口，输入尺寸 25，单击修改窗口上的（确定）按钮，直线即变成长度为 25mm 的线。标注好的尺寸如图 1-36 所示。单击界面左边尺寸窗口上的（确定）按钮，退出尺寸标注。

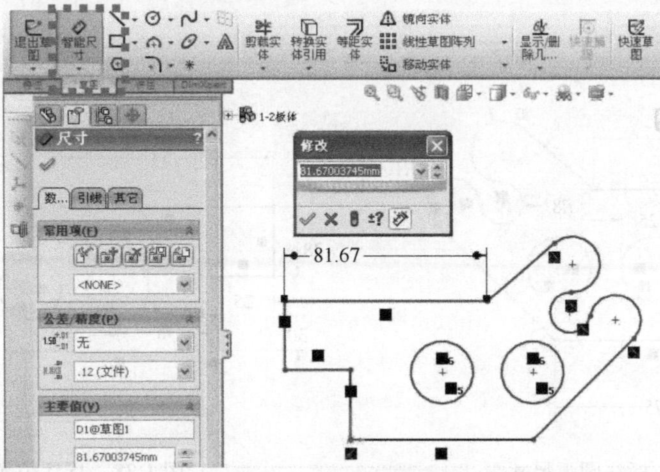

图 1-35 标注尺寸命令

单击“草图”工具栏上的（智能尺寸）按钮，单击右边上方圆弧，向上移动光标单击左键，弹出修改窗口，输入尺寸 12，单击修改窗口上的（确定）按钮，圆弧即变成半径为 12mm 的圆弧。单击右边中间圆弧，向左移动光标单击左键，弹出修改窗口，输入尺寸 8，单击修改窗口上的（确定）按钮，圆弧即变成半径为 8mm 的圆弧。单击右边下方圆弧，向上移动光标单击左键，弹出修改窗口，输入尺寸 10，单击修改窗口上的（确定）按钮，圆弧即变成半径为 10mm 的圆弧。单击中间圆，向上移动光标单击左键，弹出修改窗口，输入尺寸 25，单击修改窗口上的（确定）按钮，圆即变成直径为 25mm 的圆，尺寸标注如图 1-37 所示。单击界面左边尺寸窗口上的（确定）按钮，退出尺寸标注。

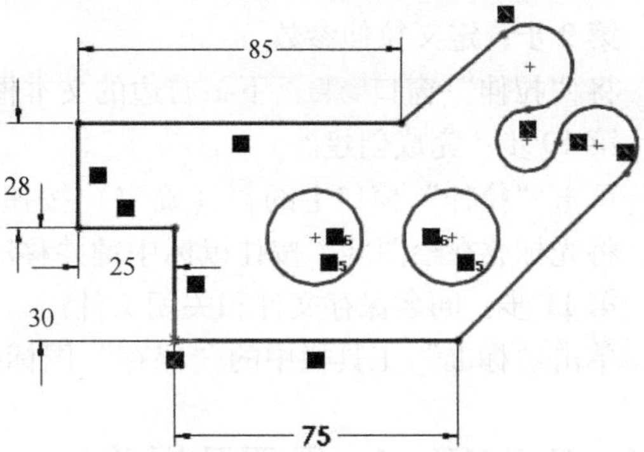

图 1-36 标注直线尺寸

单击“草图”工具栏上的（智能尺寸）按钮，单击中间圆圆心，单击下方水平直线，向右移动光标单击左键，弹出修改窗口，输入尺寸 25，单击修改窗口上的（确定）按钮。单击中间圆圆心，单击左边竖直线，向下移动光标单击左键，弹出修改窗口，输入尺寸 38，单击修改窗口上的（确定）按钮。单击一个圆圆心，再单击另一个圆圆心，向下移动光标单击左键，弹出修改窗口，输入尺寸 35，单击修改窗口上的（确定）按钮。单击上圆弧圆心，单击下方水平直线，向右移动光标单击左键，弹出修改窗口，输入尺寸 80，单击修改窗口上的（确定）按钮。单击下圆弧圆心，单击下方水平直线，向右移动光标单击左键，弹出修改窗口，输入尺寸 45，单击修改窗口上的（确定）按钮，尺寸标注如图 1-38 所示。单击界面左边尺寸窗口上的（确定）按钮，退出尺寸标注。

单击“草图”工具栏上的（智能尺寸）按钮，单击下方水平直线，单击右边斜线，向右移动光标单击左键，弹出修改窗口，输入尺寸 40，单击修改窗口上的（确定）按钮，两直线按夹角为40°进行变化（图1-32b）。单击界面左边尺寸窗口上的（确定）按钮，退出尺寸标注。

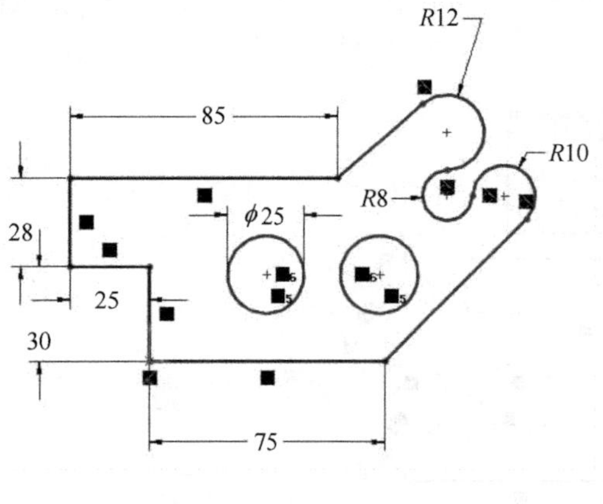

图1-37 标注圆弧尺寸

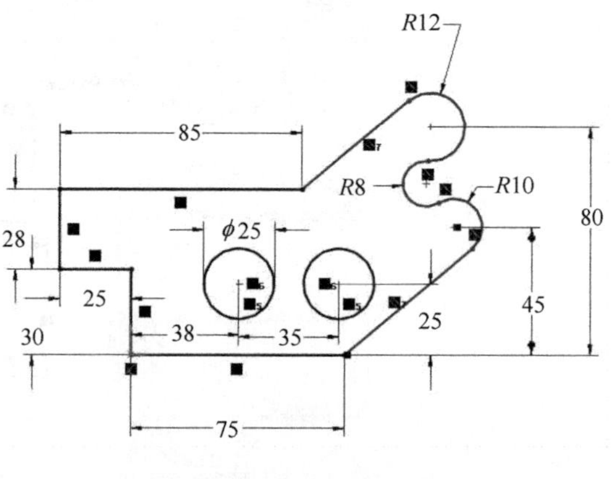

图1-38 标注位置尺寸

第8步：完成二维草图绘制后退出草图界面。

单击绘图区右上角的（确定）按钮退出草图。系统弹出定义拉伸参数的窗口。

第9步：定义拉伸参数。

将“拉伸”窗口方向1下右边的文本框单击激活，输入30，其余不做修改。

第10步：完成创建。

单击“拉伸”窗口上的（确定）按钮，完成特征的创建，创建的特征如图1-32a所示。将光标放在绘图区，按住鼠标中键并移动鼠标，可看到图形在旋转。

第11步：同名保存文件和关闭文件。

单击“标准”工具栏中的“保存”图标按钮。单击界面右上角“关闭”图标按钮。

1.4 SolidWorks界面及操作

1.4.1 SolidWorks界面简介

SolidWorks软件是完全基于Windows环境下开发的，因此它可以为设计者提供简便和熟悉的工作界面。此处将着重介绍SolidWorks的“零件”类型操作界面和基本工具栏，如图1-39所示。

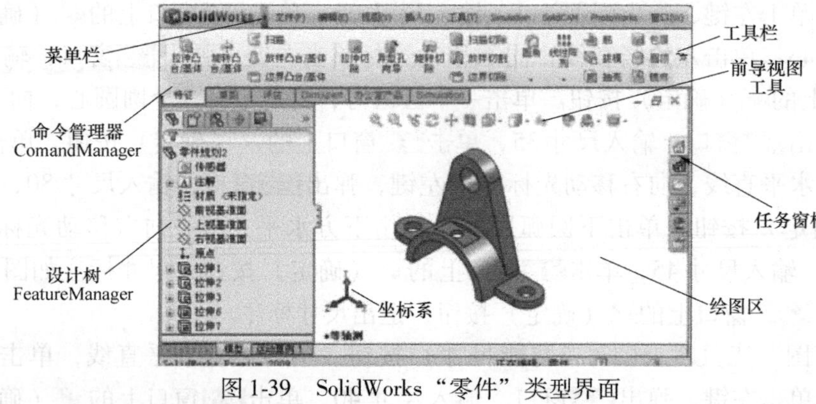

图1-39 SolidWorks“零件”类型界面

界面上方第一行是菜单栏。界面上方第二行是工具栏，单击按钮可执行相应命令。界面上方第三行是命令管理器，相当于复合式工具栏，内含常用的草图工具栏和特征工具栏，单击或按钮，会显示相应的工具栏按钮。

界面左侧有三个标签，单击按钮会有不同显示项目。项是设计树，也称特征管理器，用于记录零件设计的全过程，是模型编辑修改的重要依据；项是窗口，用于查看或修改当前实体的属性；项是配置管理器，用于购建产品的不同配置。

设计树以名称来选择模型中的项目，即可以通过在模型中选择其名称来选择特征、草图、基准面、基准轴。SolidWorks 在这一项中很多功能与 Windows 操作界面类似，比如在选择的同时按住 Shift 键，可以连续选择多个项目，在选择的同时按住 Ctrl 键，可以选取多个非连续项目。如果更改名称，则在名称上单击两次以选择原名称，然后输入新的名称，最后在文本框外单击即可。

界面中间较大的空白处是绘图区，绘图区左下角显示坐标系及方向，设计树和绘图区是动态链接的，使用中可以在两者的任何窗格中选择特征、草图、工程图和构造几何线，设计树中的对应名称和绘图区中的对应图形同时会高亮显示出来。界面右侧为任务窗格。界面最下行是状态栏，起提示操作的作用。

1.4.2　工具栏的操作和了解

1. 打开工具栏

SolidWorks 有很多可以按需要显示或者隐藏的内置工具栏。在工具栏上或工具栏上空白处右击鼠标，将显示如图 1-40 所示的“工具栏”快捷菜单，在菜单项中单击名称，如“标准视图”，会出现浮动的“标准视图”工具栏，这样就可以自由拖动将其放置在需要的位置上。

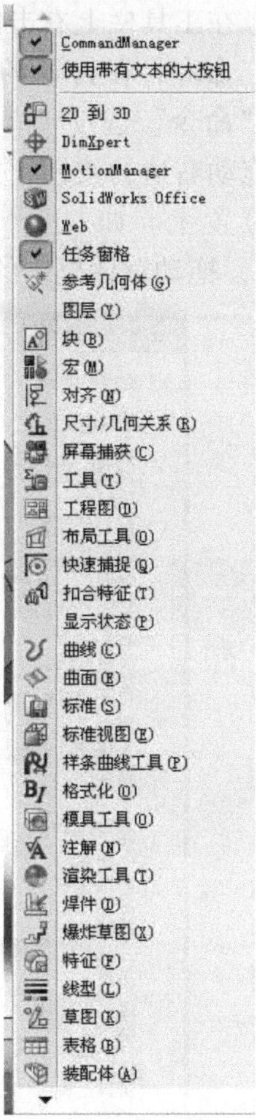

图 1-40　工具栏快捷菜单

2. 了解常用工具栏

SolidWorks 的常用工具栏如图 1-41 ~ 图 1-44 所示。

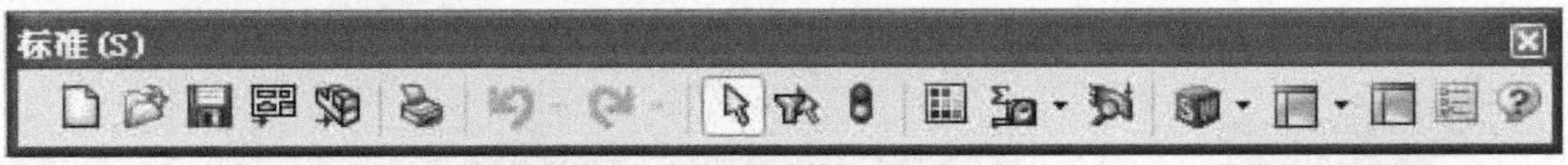

图 1-41　“标准”工具栏

图 1-42　“草图”工具栏

图 1-43　“特征”工具栏

3. 增加工具栏按钮

在工具栏上右击鼠标，出现工具栏快捷菜单，单击最下方的三角形按钮，选择“自定义”命令，在打开的“自定义”对话框中单击“命令”选项卡，如图 1-45 所示，可以自由拖动右边的按钮，并将其放置在需要的工具栏位置上。如打开“视图”工具栏（图 1-46），拖动对话框中的按钮，并将其放置在需要的位置上，如图 1-47 所示。

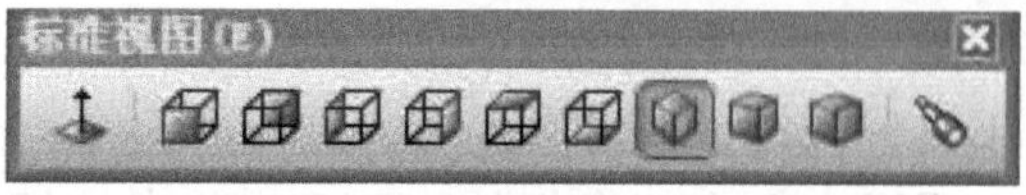

图 1-44　“标准视图”工具栏

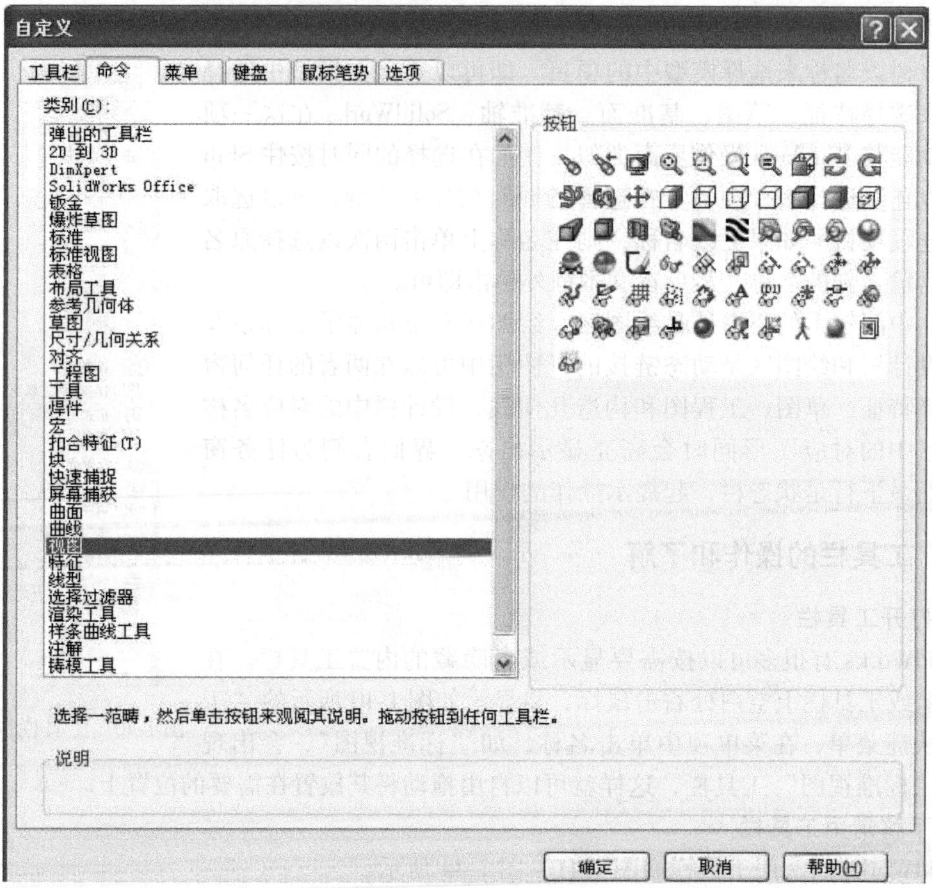

图 1-45　“自定义”工具栏

图 1-46　默认“视图”工具栏

图 1-47　增加按钮的“视图”工具栏

【基本操作训练】

打开 SolidWorks 视图和标准视图工具栏。

1.4.3　命令窗口的操作

SolidWorks 软件的许多命令在执行时会弹出相应的命令窗口，图 1-48 所示为草图绘制中执行“移动”命令时系统弹出的“移动”窗口。命令窗口中有图标、文本框、单选项、复选项、按钮等项目。将光标放在“图标”上会显示此项目作用的提示信息；将光标放在“文本框”中单击鼠标可激活此项目，所选择的图形要素或输入数值会显示在此文本框中，表示已选中或输入；将光标放在“单选项”前面圆圈中单击鼠标即选中此项，同组的另外项目自动取消；将光标放在“复选项”前面方框中单击鼠标即选中此项，可同时选择几个同组项目；将光标放在“按钮”上单击鼠标即执行相应操作。命令窗口的操作如图1-49所示。

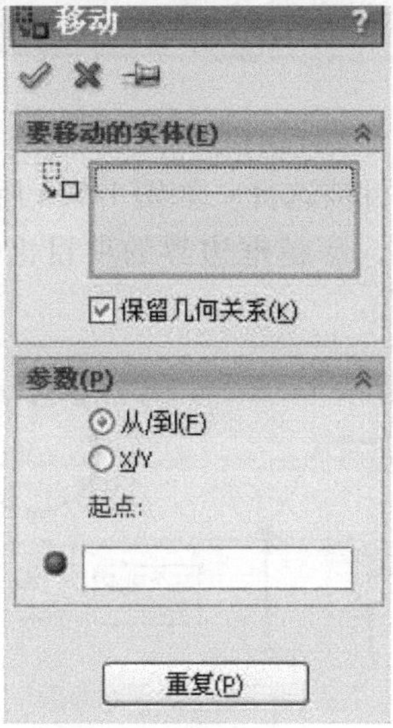

图1-48 “命令”窗口

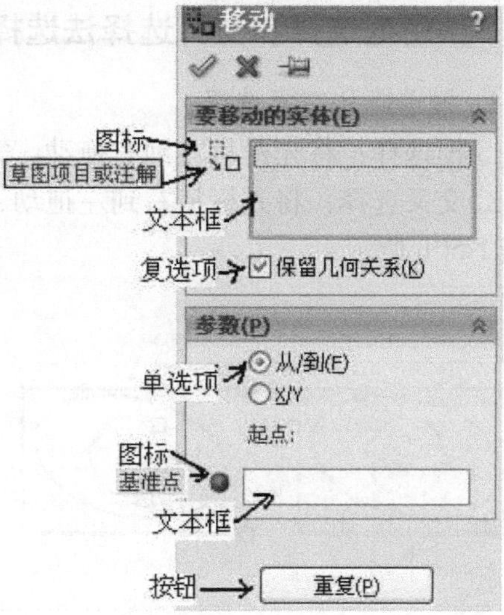

图1-49 命令窗口的操作

1.5 SolidWorks鼠标操作和选择要素的方法

1.5.1 鼠标操作

SolidWorks软件的使用以鼠标操作为主，用键盘输入数值。执行命令时，主要用鼠标单击工具栏中的按钮图标来完成，也可以用鼠标选择下拉菜单命令，或者用键盘输入来执行命令。

鼠标左键和右键的功能与一般软件相同，包含执行命令、选择对象等。

在SolidWorks中使用鼠标中键，可以快速完成视图显示的相关操作，从而让绘图变得轻松方便。鼠标中键的功能如下。

◇滚动鼠标中键滚轮来缩放图形。向前滚动鼠标中键可将图形缩小，向后滚动鼠标中键可将图形放大。

◇按住鼠标中键并移动鼠标，可使图形旋转。

◇先按住Ctrl键，再按住滚动鼠标中键，然后移动鼠标，可使图形跟着鼠标移动。

学习者可打开前面保存的文件，训练鼠标的操作。

1.5.2 用常用选择法选择要素

选择状态为不处于命令时的默认模式，光标图标为格式。在大部分情况下，当退出命令模式时，操作控制会自动退回到选择模式，这时的选择对象的方法如下。

◇在绘图区，直接用鼠标单击需要选取的对象。

◇在左边“设计树”区中单击需要选取对象的名称。

◇按住 Ctrl 键，单击需要选取的对象，可选择多个对象。

在 SolidWorks 工作界面中，选中的对象被加亮显示。选择对象时，在绘图区与在“设计树”区选择对象是相同的，并且是相互关联的。

1.5.3　用框选择和交叉选择法选择要素

1. 框选择和交叉选择

◇框选择：将光标从左到右拖动，完全位于框内的项目被选择。如图 1-50a 所示。

◇交叉选择：将光标从右到左拖动，除了框内项目外，穿越框边界的项目也会被选定。如图 1-50b 所示。

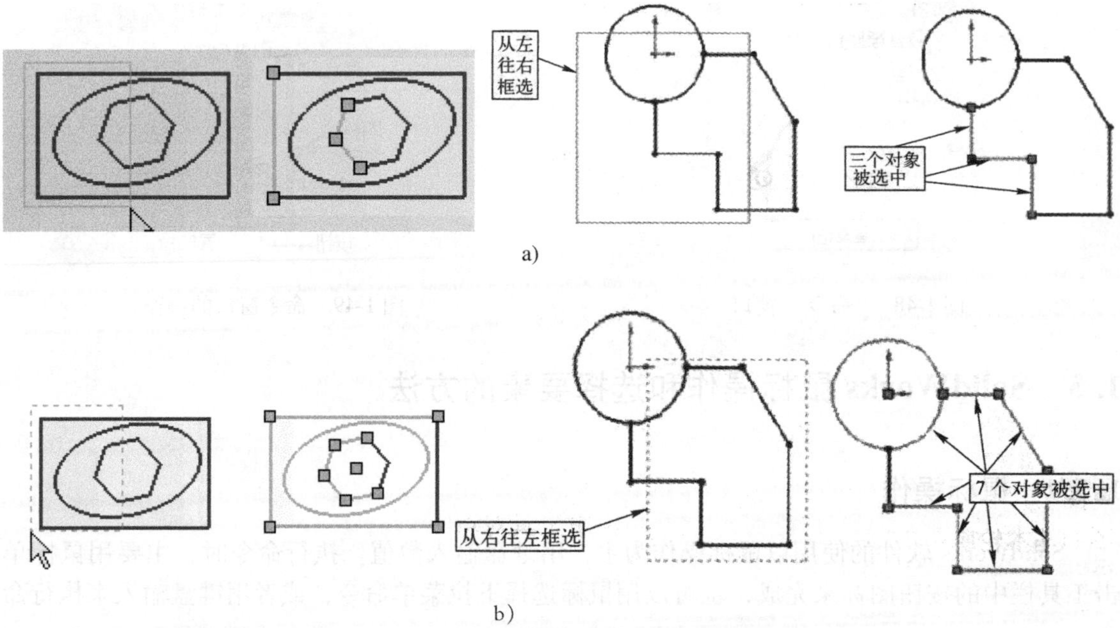

图 1-50　框选择和交叉选择

a）方框选择（从左至右）　b）交叉选择（从右至左）

2. 选中实体的显示

图形区域中的项目在选取时会高亮显示，或者将光标移到该项目上面时会动态高亮显示。在移动光标时出现高亮显示，即告知该实体可供选择，单击左键即能选择。将光标动态移动到某个边线上时，边线以粗实线高亮显示，如图 1-51a 所示；将光标动态移动到某个面上时，面的边线以细实线高亮显示，如图 1-51b 所示。端点、中点及顶点之类的几何关系在光标接近时会呈高亮显示，如图 1-52a 所示的中点高亮显示，指针显示其当前位置有一可能重合几何关系，然后在光标指向该点并将之选中时，该点更改了颜色，如图 1-52b 所示，中点更改了颜色，表示指针已识别出中点。

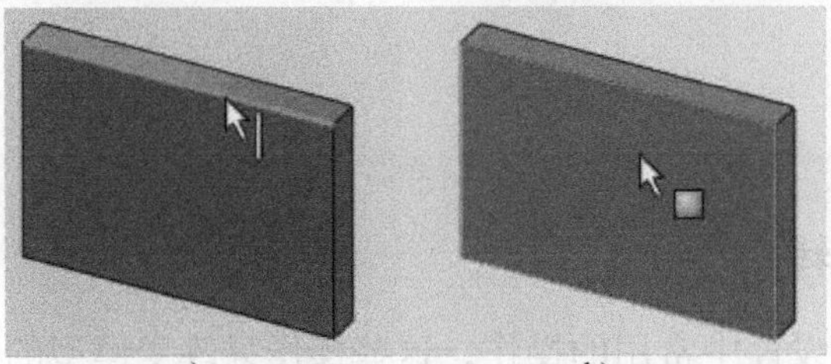
a)　　b)

图 1-51　边线或面动态高亮显示

a）边线作为粗实线高亮显示　b）面的边线以细实线高亮显示

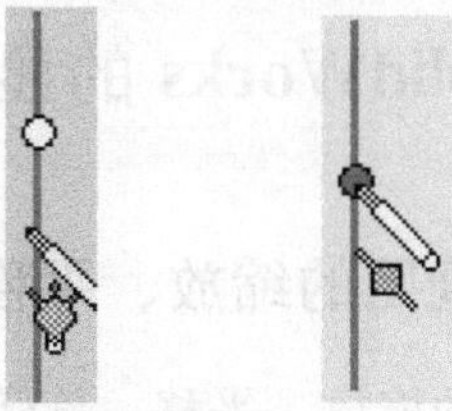
a)　　b)

图 1-52　中点之类的几何关系高亮显示

a）中点高亮显示　b）中点更改了颜色

1.5.4　用额外选择法选择要素

1. 选择其它

在模型中选择被其它项隐藏的项目。

方法：在绘图区域中右击模型，系统弹出快捷菜单如图 1-53 所示，然后单击选取（选择其它），光标变成。右击面会变得透明，这样可观看隐藏面，移动光标会有一面呈高亮显示（黄色），在需要的面呈高亮显示时单击左键选中此面。

2. 选择环

在零件中选择连接边线构成的整个环。

方法：在零件上右击一条边线，系统弹出快捷菜单，如图 1-54 所示，然后单击选取选择环(D)，一个环组在一个面上被选择，一个控标（黄色箭头）显示环的方向，如图 1-55a 所示。若想将环选择更改为其他相连面的边线，单击控标，如图 1-55b 所示。

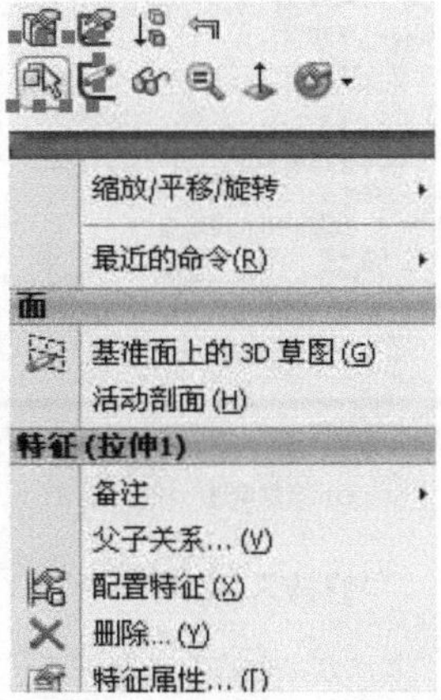

图 1-53　选择其它快捷菜单

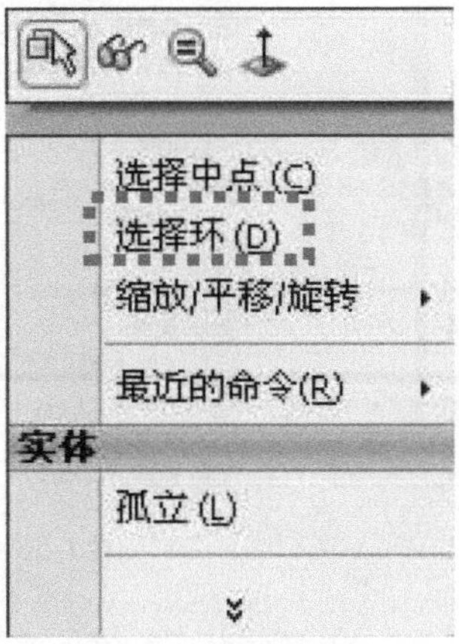

图 1-54　选择环快捷菜单

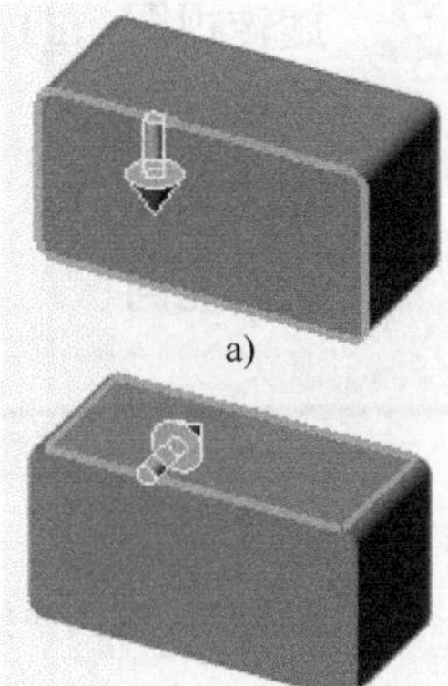
a)

b)

图 1-55　选择环操作

3. 选择链

在草图中选择一个封闭链。

方法：右击草图绘制的一条边线，系统弹出快捷菜单，单击选取选择链(C)，则选中包含此边线的一个封闭图形。

1.6　SolidWorks 的显示

1.6.1　视图的缩放、平移、旋转和滚转

视图的缩放、平移、旋转和滚转是零件设计中常用的操作，这些操作只改变模型的视图方位而不改变模型的实际大小和位置。相关操作方法对应有以下三种渠道进行：视图工具栏如图 1-56 所示；在绘图区空白处右击，系统会弹出快捷菜单，如图 1-57 所示；下拉菜单“视图”→“修改”菜单如图 1-58 所示。

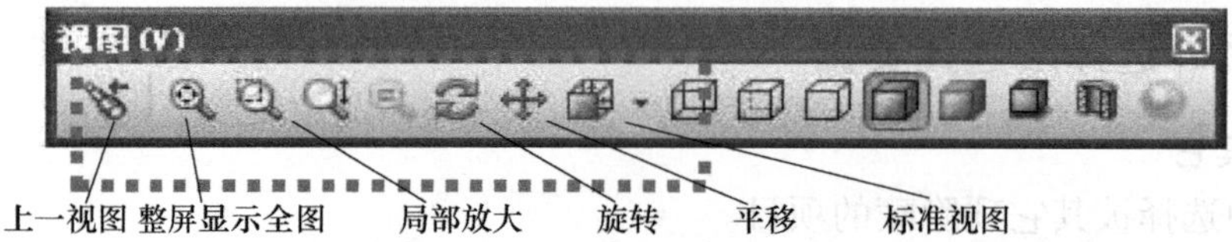

图 1-56　视图工具栏

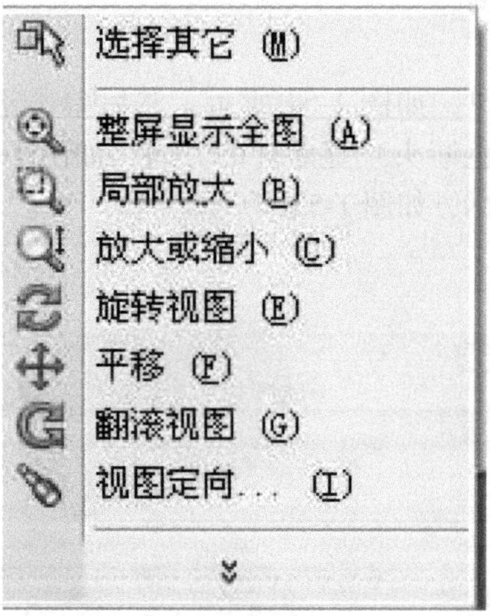

图 1-57　视图快捷菜单

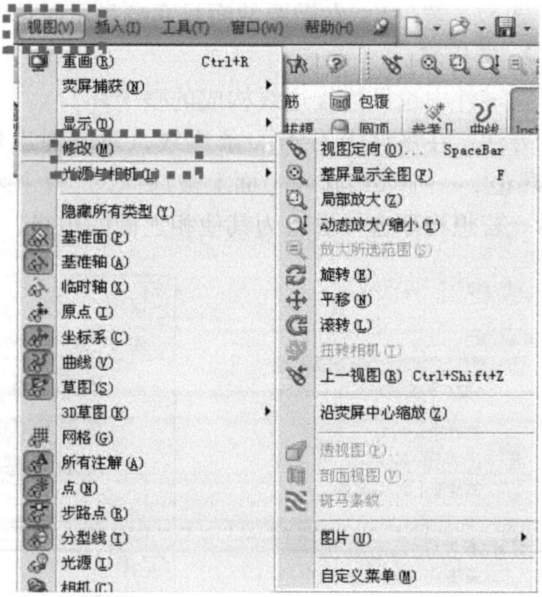

图 1-58　“视图” - “修改”菜单

◇（上一视图）按钮：单击该按钮可以显示上一视图。

◇（整屏显示全图）按钮：单击该按钮可将目前工作窗口中的 3D 模型图形及相关的图文资料，以最大的显示比例全部纳入到绘图区的图形显示区域内。

◇（局部放大）按钮：单击该按钮后，将光标移动到绘图区任意位置，按住鼠标左键不放，拖动鼠标后松开，可将指定的矩形范围内的图文资料，放大后显示在整个绘图范围内。

◇（旋转）按钮：单击该按钮后将光标移动到绘图区里的任意位置，按住鼠标左键不放，并拖动鼠标光标，即可转动工作图文件里的 3D 模型图形。

◇（平移）按钮：单击该按钮后将光标移动到绘图区里的任意位置，按住鼠标左键不放，并拖动鼠标光标，即可将工作图文件里的图文资料移动到想要的位置。

1. 视图缩放的操作方法

● 滚动鼠标中键滚轮缩放图形。向前滚动鼠标中键缩小图形，向后滚动鼠标中键放大图形。

● 在绘图区空白处右击，从弹出的快捷菜单中选择“局部放大”命令，再在绘图区按住鼠标左键并移动鼠标后松开，以此选择要放大的范围，可使选择的范围最大程度地显示在绘图区。

● 单击“视图”工具栏上的“局部放大”按钮，再在绘图区按住鼠标左键并移动鼠标后松开，以此选择要放大的范围，可使选择的范围最大程度显示在绘图区。

● 单击“视图”工具栏上的“整屏显示全图”按钮，可使整个图形放大或缩小显示在绘图区，并填满整个界面，若原图形太小，则可将图形放大，并最大程度地显示在绘图区，若原图形太大，超过屏幕显示范围，则可将图形缩小，并将其全屏显示在绘图区。

● 选择下拉菜单“视图”→“修改”→“动态放大/缩小”命令，再在绘图区按住鼠标左键并移动鼠标，向下移动缩小图形，向上移动放大图形。

2. 视图平移的操作方法

● 先按住 Ctrl 键，再按住滚动鼠标中键，然后移动鼠标。

● 在绘图区空白处右击，从弹出的快捷菜单中选择“平移”命令，再在绘图区按住鼠标左键并移动鼠标。

● 单击“视图”工具栏上的“平移”按钮，再在绘图区按住鼠标左键并移动鼠标。

● 选择下拉菜单“视图”→“修改”→“平移”命令，再在绘图区按住鼠标左键并移动鼠标。

3. 视图旋转的操作方法

● 按住鼠标中键并移动鼠标。

● 在绘图区空白处右击弹出快捷菜单，从中选择“旋转”命令，再在绘图区按住鼠标左键并移动鼠标。

● 单击“视图”工具栏上的“旋转”按钮，再在绘图区按住鼠标左键并移动鼠标。

● 选择下拉菜单“视图”→“修改”→“旋转”命令，再在绘图区按住鼠标左键并移动鼠标。

4. 视图滚转的操作方法

● 在绘图区空白处右击，从弹出的快捷菜单中选择“滚转”命令，再在绘图区按住鼠标左键并移动鼠标，可看到模型随着鼠标的移动而翻滚。

● 单击“视图”工具栏上的“滚转”按钮，再在绘图区按住鼠标左键并移动鼠标。

● 选择下拉菜单“视图”→“修改”→“滚转”命令，再在绘图区按住鼠标左键并移动鼠标。

5. 放弃上述操作

执行上述相关命令后，又想放弃其操作，则按 ESC 键，或在绘图区空白处右击，从弹出的快捷菜单中选择“选择其他”命令。

1.6.2 模型的视图定向

在建模时，经常需要改变模型的视图方向，除了用上述介绍的“视图旋转”功能任意改变视图方向外，还可以利用模型的视图定向功能将模型精确定向到某个视图。常采用“标准视图”工具栏进行操作，“标准视图”工具栏如图 1-59 所示。单击其中一按钮，可观察到图形显示的变化。

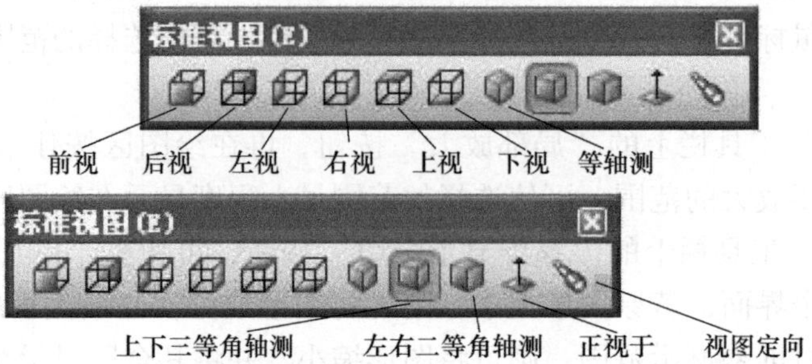

图 1-59 “标准视图”工具栏

单击“前视”“后视”“左视”“右视”“上视”“下视”这六个按钮，可显示相应的平面基本视图，如图 1-60 所示；单击“等轴测”“上下二等角轴测”“左右二等角轴测”这三个按钮，将显示相应的轴测三维视图，如图 1-61 所示；单击“正视于”按钮，将模型旋转和缩放到与选定基准面、平面或特征正交的视图方向显示；单击“视图定向”按钮，将显示一个对话框，用来选择标准或用户定义的视图显示方向。

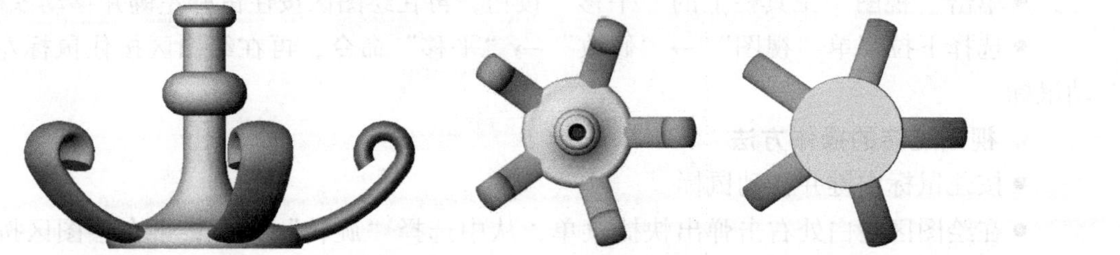

a) b) c)

图 1-60 平面基本视图

a）前视 b）上视 c）下视

1.6.3 模型的显示方式

系统提供了 6 种显示方式，可通过单击“**视图**”工具栏按钮和下拉菜单“视图”→“显示”命令来操作，视图工具栏如图 1-62 所示，下拉菜单“视图”→“显示”命令如图 1-63 所示。

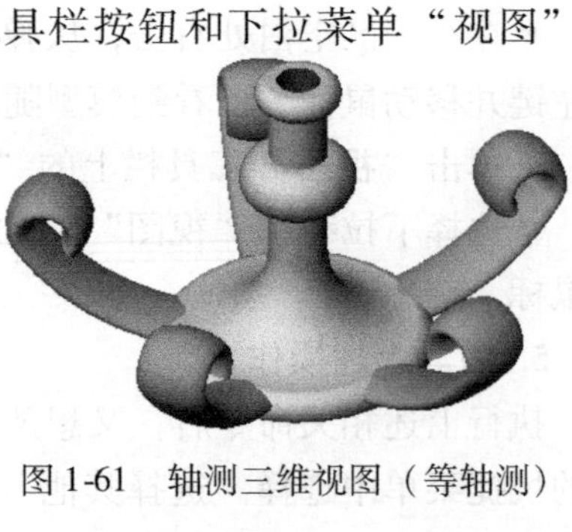

图 1-61 轴测三维视图（等轴测）

◇线架图：模型以线框形式显示，显示模型的所有边线，模型图形的可见棱边以及不可见棱边线条，都同样以实线显示，如图 1-64 所示。

◇隐藏线可见：模型以线框形式显示，可见的边线显示为粗线，不可见的边线显示为虚线，如

图 1-65 所示。

◇消除隐藏线：模型以线框形式显示，仅显示可见的边线，如图 1-66 所示。

图 1-62　“视图”工具栏

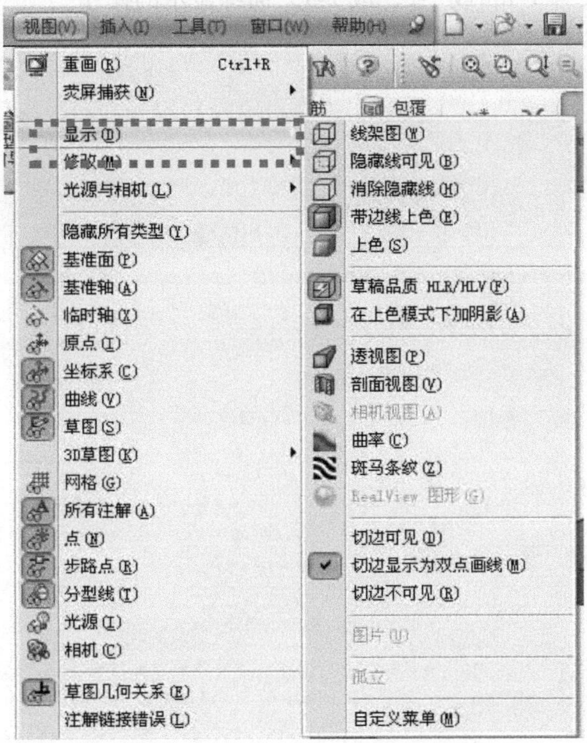

图 1-63　“视图”→“显示”下拉菜单

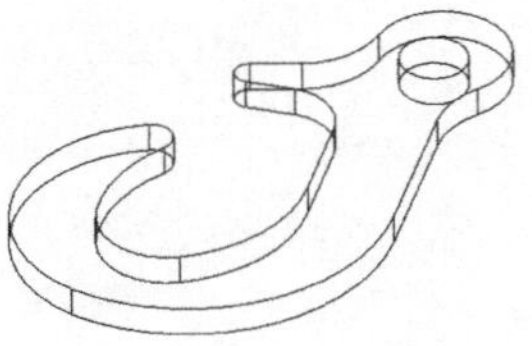

图 1-64　线架图

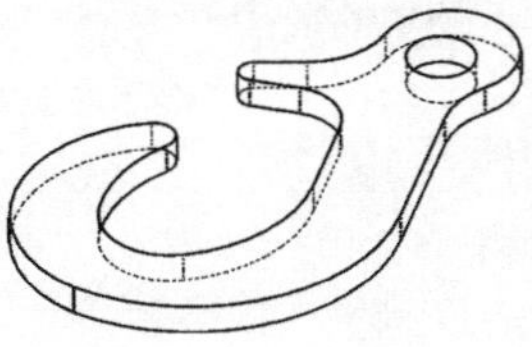

图 1-65　隐藏线可见

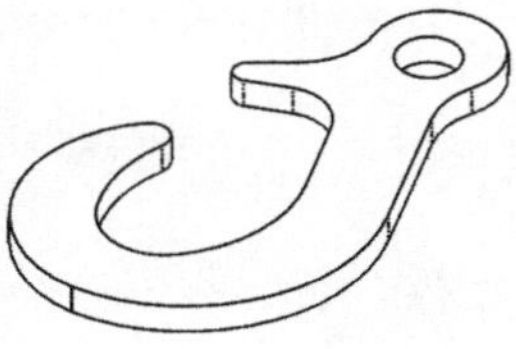

图 1-66　消除隐藏线

◇带边线上色：模型显示为上色视图，并显示模型的可见边线，如图 1-67 所示。

◇上色：模型显示为上色视图，如图 1-68 所示。

◇在上色模式下加阴影：模型显示为上色视图，模型下方会显示阴影，如图 1-69 所示。

图 1-67　带边线上色

图 1-68　上色

图 1-69　在上色模式下加阴影

【基本操作训练】

打开前面保存的文件 1-1，或 1-2，或 1-3，训练显示的操作。

第 2 章　常用草图命令绘制草图的操作

本章要点：介绍二维草图的绘制。

草图是由点、直线、圆弧等基本几何元素构成的封闭或者不封闭的几何形状，草图中包括形状、几何关系和尺寸标注三方面信息。草图分为 2D 和 3D 两种，大部分 SolidWorks 的特征都是由 2D 草图开始绘制。草图是三维设计的基础，必须熟练地掌握。

2.1　进入草图绘制和退出草图绘制

2.1.1　进入草图绘制

绘制二维草图，必须进入草图绘制界面。二维草图必须绘制在平面上，这个平面可以是基准面，也可以是三维模型上的平面。由于刚开始进入草图界面时没有三维模型，一般选定基准面作为草图平面。进入草图绘制界面可以先选择草图绘制平面，然后再绘图，也可以先选择草图绘制命令，然后再选择草图平面。

1. 先选择草图绘制平面再绘图操作步骤

第 1 步：进入零件绘制界面。启动 SolidWorks 后，单击上方“**标准**”工具栏中的（新建）图标按钮，或者选择下拉菜单“文件”→“新建”命令，在“新建 SolidWorks 文件”对话框中单击“零件”按钮，单击下方确定按钮。

第 2 步：选择草图绘制平面。在左边特征管理区某基准面上单击选择基准面，可选择前视基准面、右视基准面或上视基准面中的一个，图 2-1 所示为单击选择前视基准面。

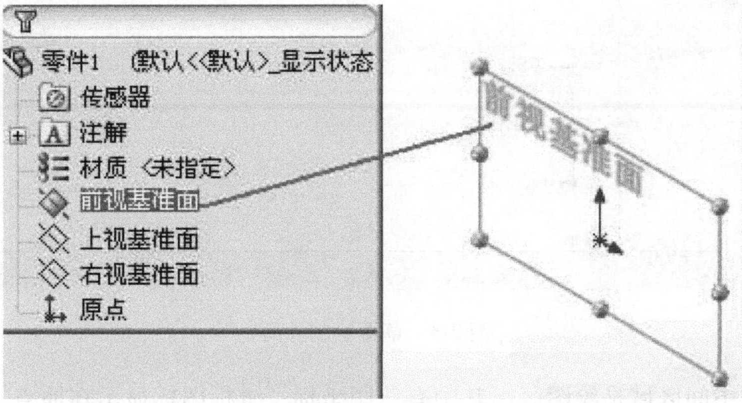

图 2-1　选择前视基准面

第 3 步：设置基准面方向。单击“**标准视图**”工具栏中的（正视于）按钮，使基准面旋转到与屏幕平行的方向。

第 4 步：执行草图绘制命令。在左边特征管理区单击“草图”选项，出现“**草图**”工具栏按钮，单击（草图绘制）按钮，如图 2-2 所示，即进入草图绘制界面（图 2-3），这时就可以绘制草图了。

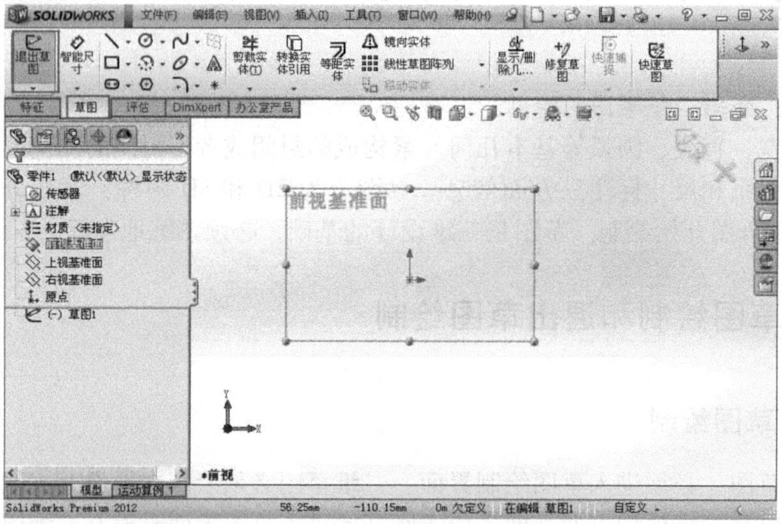

图 2-2　草图绘制

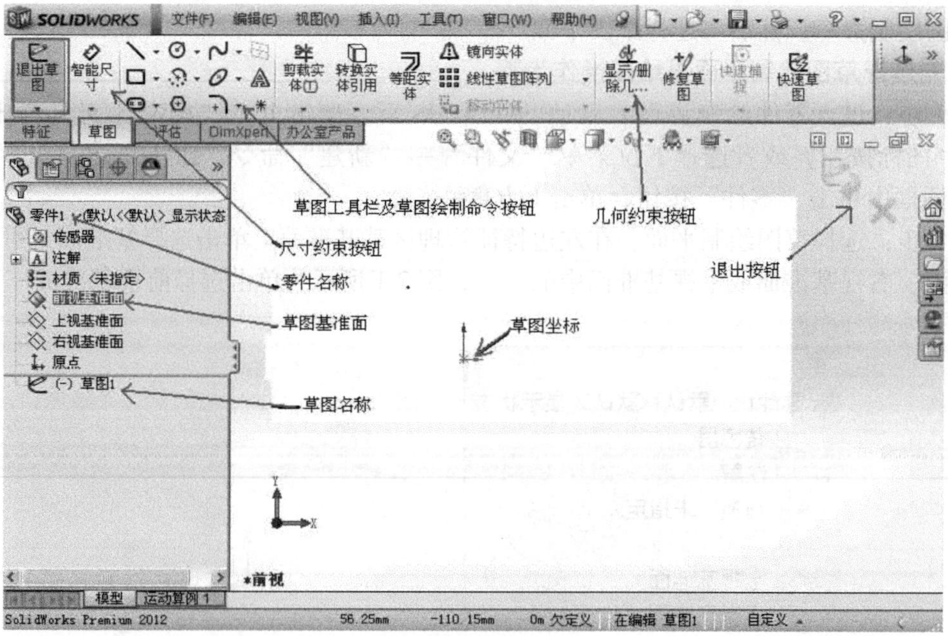

图 2-3　草图绘制界面

草图界面的中间区域是绘图区，其中有草图坐标，坐标图标显示在原点，它是三个基准面（前视基准面、右视基准面和上视基准面）的交点，绘制草图时合理放置草图与原点的位置可方便建模。

草图界面上方有草图工具栏及草图绘制命令按钮，单击某按钮即可在绘图区绘制草图图形，还有尺寸约束按钮和几何约束按钮，分别用来标注尺寸和建立几何位置关系。

草图界面右边有“退出”按钮，是保存草图并退出草图界面，即为“确定”，是放弃草图并退出草图界面，即为“取消”。

每进入一次草图界面，都会自动生成草图名称，并显示在左边的设计树中。

2. 先选择草图绘制命令再选择草图平面操作步骤

第 1 步：进入零件绘制界面。启动 SolidWorks 后，单击上方“**标准**”工具栏中的（新建）按钮，或者选择下拉菜单“文件”→“新建”命令，在“新建 SolidWorks 文件”对话框中单击“零件”按钮，再单击下方“确定”按钮。

第 2 步：执行草图绘制命令。在左边特征管理区单击“草图”选项，出现“**草图**”工具栏，单击草图工具栏上的（草图绘制）按钮，系统出现默认基准面，如图 2-4a 所示。当光标放在边框上时，边框会高亮显示，并出现基准面的名称，如图 2-4b、c 和 d 所示。

第 3 步：选择草图绘制平面。将光标移动到某基准面上并出现基准面的名称时，单击即选定一个基准面，进入草图绘制界面。

第 4 步：设置基准面方向。单击“**标准视图**”工具栏中的（正视于）按钮，使基准面旋转到与屏幕平行的方向，此时就可以绘制草图了。

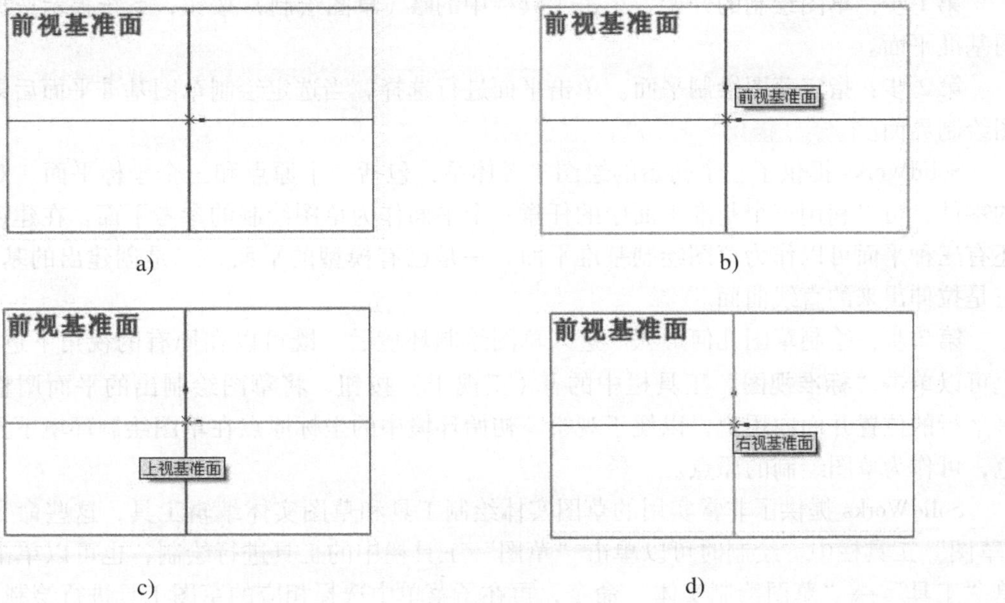

图 2-4　默认基准面

2.1.2　退出草图绘制

草图绘制完毕后，可以立即建立特征，也可以先退出草图绘制再建立特征。

退出草图绘制的操作方法如下：

◇单击草图绘图区右上角的“结束草图”图标。单击（确定）按钮，保存草图并退出草图界面；单击（取消）按钮，放弃草图并退出草图界面。

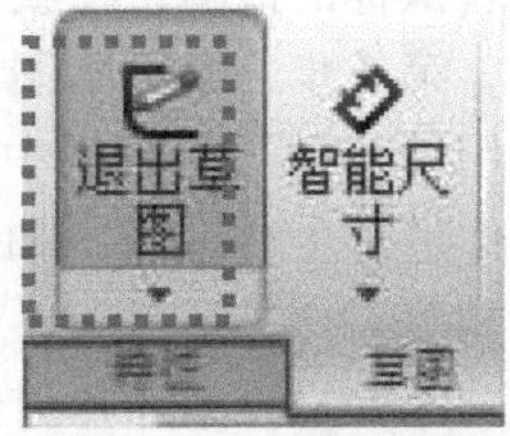

图 2-5　退出草图按钮

◇单击左上角“草图”工具栏的退出草图按钮，如图 2-5

所示，则保存草图并退出草图界面。

◇右击鼠标，从弹出的快捷菜单中选择“退出草图”。

◇单击下拉菜单“插入”→“退出草图” 命令。

2.2 绘制草图的思路、光标和工具栏

2.2.1 绘制草图的思路

SolidWorks 中的草图绘制极为方便快捷，既支持参数化，同时又支持变量设计，从而可以通过几何关系和尺寸改变草图形状。为了发挥变量化的灵活性，刚开始绘制草图时，没必要很精确地绘制出图形的几何形状、位置和大小，只需绘制出尺寸大致相当的图形，再添加几何约束，然后标注合适的尺寸，就可以完成图形的精确设定。因此绘制草图的一般思路是，先绘制大概形状，再建立几何约束，然后建立尺寸约束。

绘制草图的基本步骤如下。

第 1 步：草图绘制的开始。单击工具栏中的（草图绘制）按钮，系统提示选择绘制草图基准平面。

第 2 步：指定草图绘制平面。单击平面进行选择，当选定绘制草图基准平面后即进入草图绘制界面。

SolidWorks 提供了一个初始的绘图参考体系，包括一个原点和三个坐标平面。对于新建的零件，可以利用三个基准平面中的任意一个平面作为草图绘制的参考平面。在建模过程中还有三种平面可以作为草图绘制基准平面，一是已有模型的平面，二是创建出的基准平面，三是拉伸出来的直线曲面。

第 3 步：绘制草图几何形状。进入草图绘制环境后，既可以在原有的视角下进行绘制，也可以单击“**标准视图**”工具栏中的（正视于）按钮，将草图绘制出的平面调整到与屏幕平行的位置并面向用户，以便于观察。初始环境中的坐标原点在草图绘制环境下显示为红色，可作为草图绘制的原点。

SolidWorks 提供了非常实用的草图实体绘制工具和草图实体编辑工具，这些命令集中于“草图”工具栏中。绘制时可以单击“草图”工具栏中的工具进行绘制，也可以单击下拉菜单“工具”→“草图绘制实体”命令，再在子菜单中选择相应的草图工具进行绘制。

SolidWorks 为草图绘制过程提供了许多智能化、直观的反馈信息，图 2-6 所示为用“圆”工具绘制一个圆的情况。当鼠标移动到绘图区选取圆心点时，鼠标指针变成形状，提示用户正在进行圆绘制，在单击鼠标确定圆心点后，随着鼠标的拖动，在鼠标指针旁边显示出圆的半径尺寸。

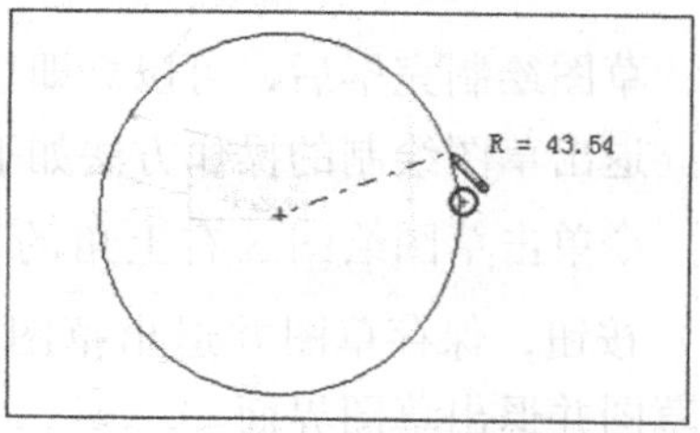

图 2-6　绘制圆时鼠标形状和半径数值显示

第 4 步：编辑草图。绘制好草图的基本轮廓后，可利用“草图”工具栏中的各种编辑按钮对草图的几何形状作进一步的编辑，如修剪、阵列、倒圆、镜像、移动复制等。

第 5 步：添加几何约束。可用“添加几何约束”对草图实体进行必要的几何约束，草图实体之间可进行平

行、相互垂直、共线、相切、同心、相等、对称等几何约束。图形会随着几何约束的添加而变化，从而满足几何约束的要求。

第 6 步：添加尺寸。在草图轮廓基本绘制完成后，可选择◇（智能尺寸）按钮为草图实体标注必要的几何形状尺寸和位置尺寸来进行约束。图形会随着尺寸约束的添加而变化，从而满足尺寸约束的要求。

第 7 步：退出草图绘制。草图绘制完毕后，单击图形区右上角的（确定）图标，系统退出草图绘制环境。

2.2.2　绘制草图常用工具按钮和各按钮的下弹按钮

SolidWorks 为草图绘制设置了多种常用工具按钮和各按钮的下弹按钮，如图 2-7 所示。

a)

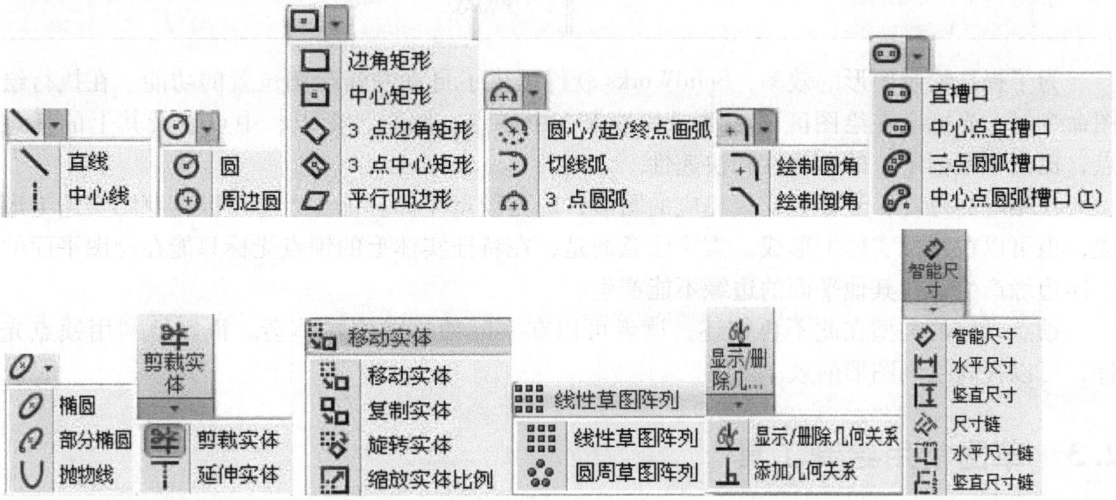

b)

图 2-7　绘制草图常用工具按钮和各按钮的下弹按钮

a）草图常用工具按钮　b）各按钮的下弹按钮

2.2.3　绘制光标和锁点光标

在绘制草图实体或者编辑草图实体时，光标会根据所选择的命令变为相应的图标，以方便用户了解正在绘制或者编辑的草图的类型。绘图光标的类型及作用如表 2-1 所示。

表 2-1　绘图光标的类型以及作用说明

光标类型	作用说明	光标类型	作用说明
	绘制一点		绘制椭圆
	绘制直线或者中心线		绘制抛物线

（续）

光标类型	作用说明	光标类型	作用说明
	绘制矩形		绘制样条曲线
	绘制圆		绘制多边形
	剪裁实体		圆周草图排列和复制
	延伸草图实体		线性阵列复制草图
	标注尺寸		分割草图
	绘制圆弧		绘制文字

为了提高绘制图形的效率，SolidWorks 软件提供了自动判断绘图位置的功能。在执行绘图命令时，光标会在绘图区域自动寻找端点、中心点、圆心、交点、中点以及其上的任意点，提高了鼠标定位的准确性和快速性。

在相应的位置，光标会变成相应的图形，成为锁点光标。锁点光标可以在草图实体上形成，也可以在特征实体上形成。需要注意的是，在特征实体上的锁点光标只能在绘图平面的实体边缘产生，在其他平面的边缘不能产生。

锁点光标的类型在此不再赘述，读者可以在实际使用中慢慢体会。很好地利用锁点光标，可以提高绘制图形的效率。

2.3　草图常用绘制工具

进入草图绘制环境后，单击“草图”工具栏中的按钮可绘制相应图形，再次单击此按钮或按 ESC 键可以退出相应命令。

2.3.1　点的绘制

“点”命令在草图绘制中起定位和参考的作用，其操作较简单。单击“草图”工具栏中的（创建点）按钮，此时指针形状变为，然后在绘图区中单击鼠标左键即可放置该点。重复移动鼠标并单击左键，可绘制多个点。再次单击（创建点）按钮或按 ESC 键可以退出“点”命令。

2.3.2　绘制直线

1. 直线的绘制

绘制一条直线：进入草图绘制环境后，单击“**草图**”工具栏中的（直线）按钮，或选择下拉菜单“工具”→“草图绘制实体”→“直线”命令，此时指针形状变为，并且弹出

“线条属性”窗口，如图 2-8 所示。然后在绘图工作区的适当位置单击以确定直线的起点，释放鼠标，将光标移到直线的终点后单击鼠标左键，即可完成一条直线的绘制，如图 2-8 所示。

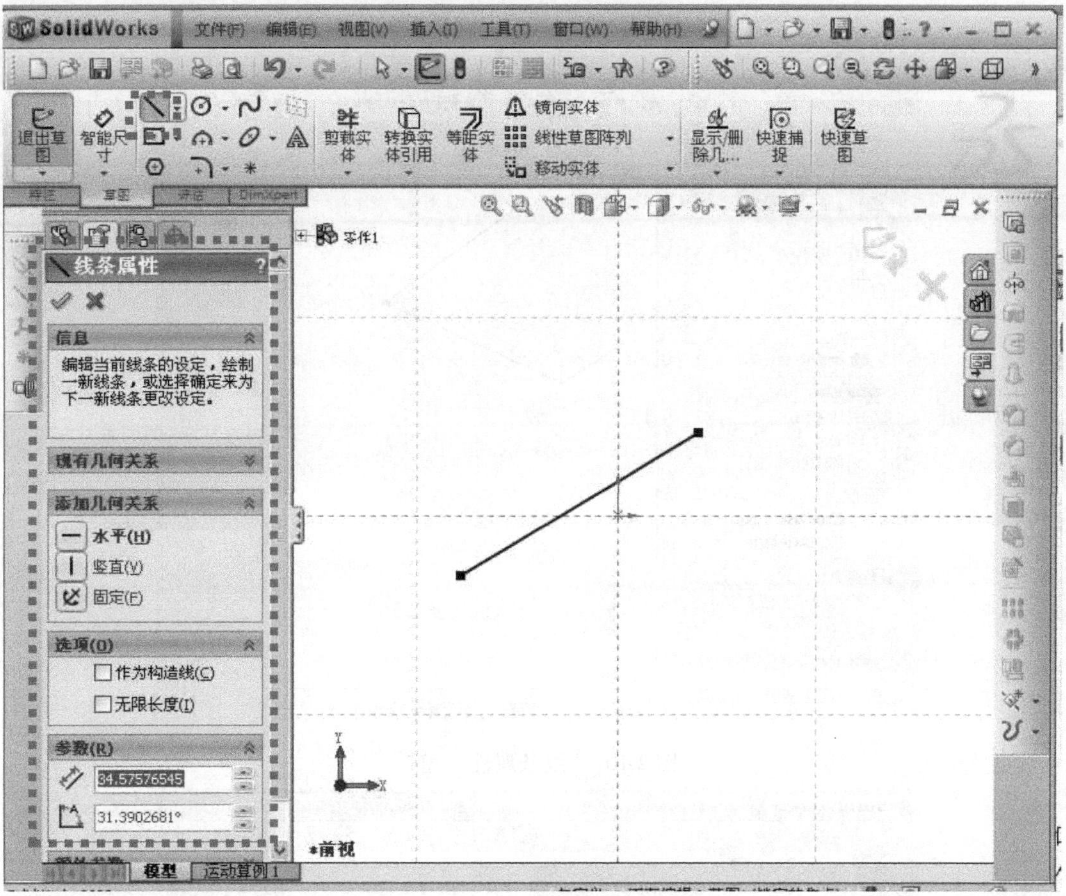

图 2-8　绘制直线

绘制连续直线：绘制完一条直线时，释放鼠标，将光标移到下一点单击左键，重复操作，则可以连续绘制互相连接的多条直线，如图 2-9 所示。

结束当前直线绘制：绘制完直线后，双击鼠标左键，可结束当前直线的绘制，但没有结束直线命令，可将光标移动到适当位置单击左键，继续绘制另一条直线。

结束当前直线命令：直线绘制完成后，单击“草图”工具栏中的（直线）按钮，按钮颜色变为灰色，即退出绘制直线命令。

2. 绘制直线的控制

绘图时一般可以先不考虑大小和位置，等绘制完成后通过几何约束和尺寸约束来调整，因软件有参数化功能。例如先绘制任意直线，结束直线命令后，单击选择一条直线（如图 2-10 所示的上方那条线），会出现“线条属性”窗口，如图 2-10 所示，单击该窗口中的选项可改变绘制的线条的方向和线条的属性，如单击

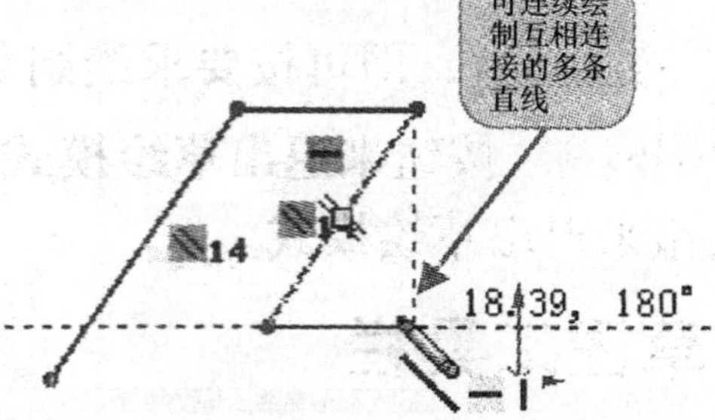

图 2-9　连续绘制多条直线

—|水平(H)项，该直线就变成水平了，且几何约束关系符号显示在现有几何关系中，如图 2-11 所示。

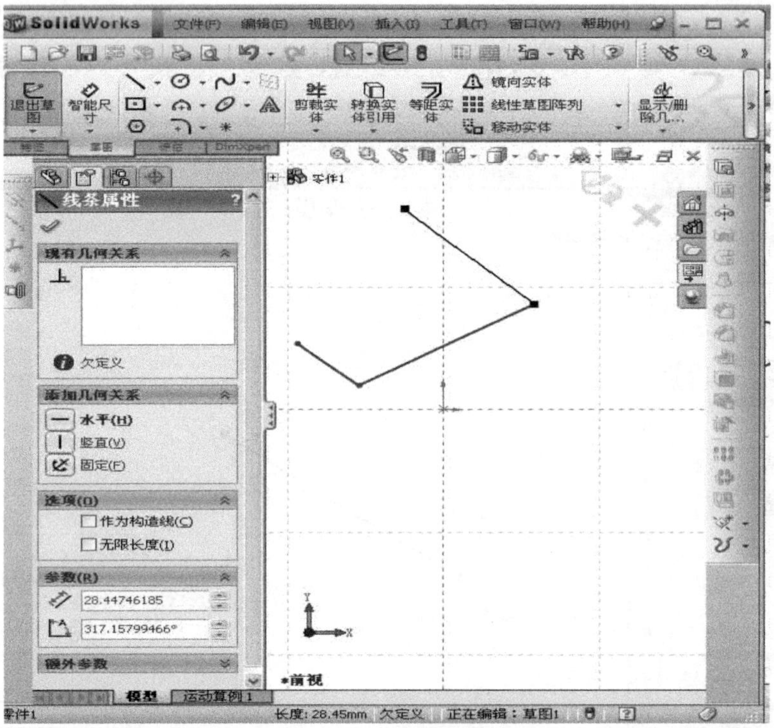

图 2-10 “线条属性”窗口

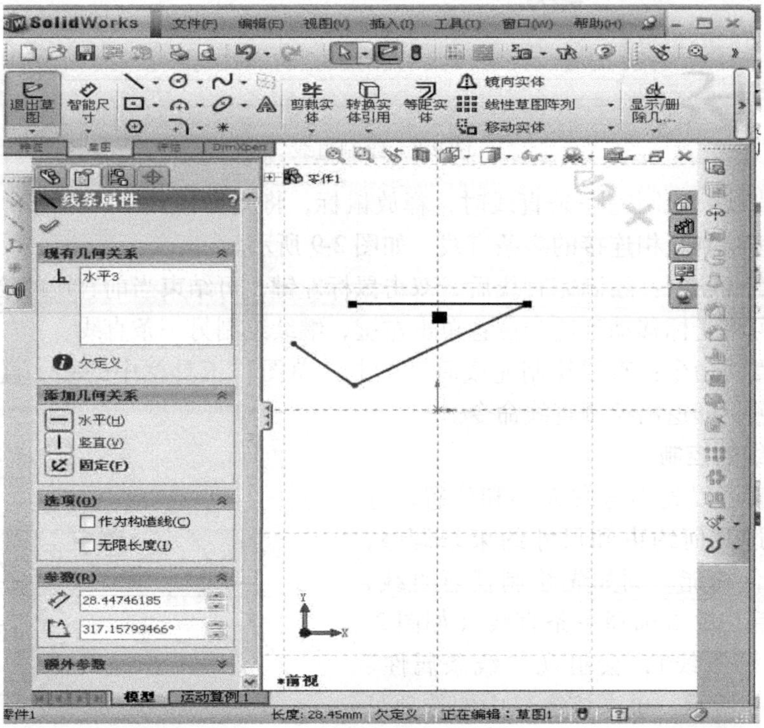

图 2-11 修改“线条属性”窗口选项

有些线条在绘制时能方便地定位，因此可采用先定位的方法，这样可减少约束的工作量，有以下两种操作方法。

方法一：绘制直线时，利用几何关系符号，即根据提示符号绘制。如当光标指针右下角出现符号时，表示光标是水平移动，可绘制水平线；当光标指针右下角出现符号时，表示光标是竖直移动，可绘制竖直线；当光标指针右下角出现符号时，表示此点与另一点竖直对齐；当光标指针右下角出现◎符号时，表示此点与另一点重合。光标提示符号如图 2-12 所示。

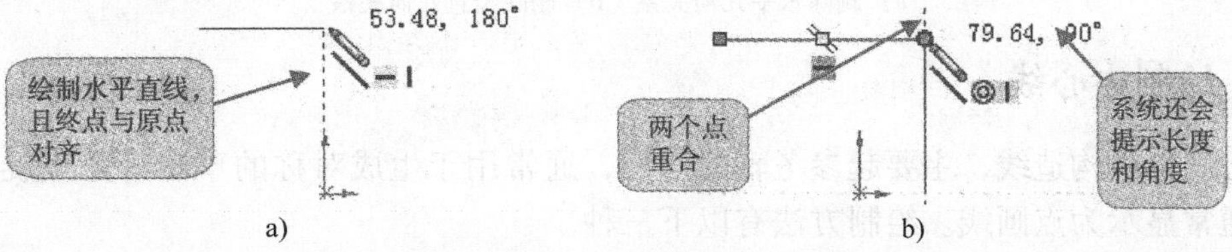

图 2-12　绘制直线时的光标提示符号

a）绘制水平线并右边与原点对齐　b）绘制竖直线并上方点与水平线右边点重合

方法二：绘制直线过程中设定“线条属性”。绘制直线的第一个点之前，在“线条属性”窗口中可设置线条绘制的方向和属性，如图 2-13 所示。其中，选择“按绘制原样”单选钮可以随意绘制直线，选择“水平”、“竖直”或“角度”单选钮可以按设置绘制某个方向上的直线；勾选“作为构造线”复选框，绘制的直线将以点画线方式显示，即绘制成中心线，只能起参考作用；勾选“无限长度”复选框，直线将是无限长的线。

在直线的第二个点绘制完成且没有移动鼠标前，可在“线条属性”窗口中下方的参数(R)项 28.44746185 和 317.15799466° 的文本框中输入直线第二点的精确参数。

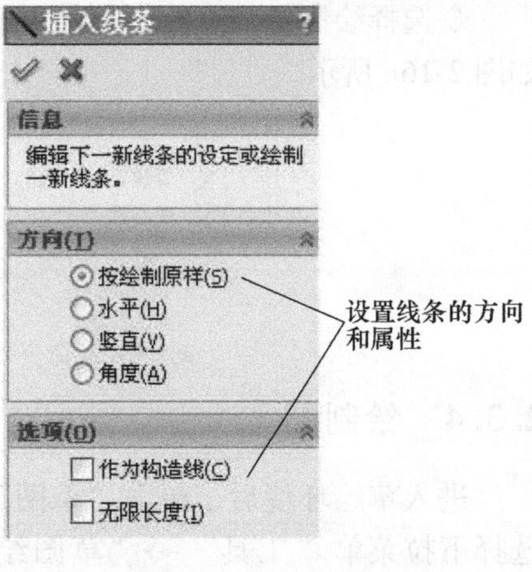

图 2-13　绘制直线前的设置

3. 直线的修改

如果要改变直线的长度或者角度，可选择一个端点并拖动此端点来延长或缩短直线，如图 2-14a 所示。如果该直线具有竖直或水平几何关系，而要改变直线的角度，可在拖动到新的角度之前，删除“竖直”或“水平”几何关系。如果要移动直线，可选择该直线并将其拖动到另一个位置，如图 2-14b 所示。如要删除“竖直”或“水平”几何关系，可先单击选中几何关系符号，再按“删除”键，如图 2-15 所示。

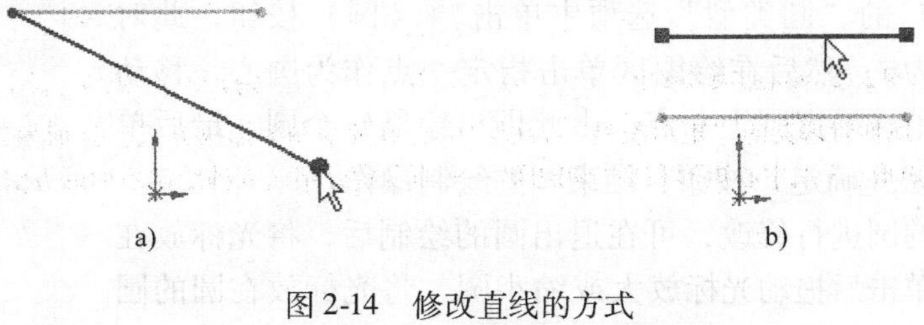

图 2-14　修改直线的方式

a）改变直线的长度和角度　b）移动直线

图 2-15　删除几何关系的方法

a）删除水平几何关系　b）删除竖直几何关系

2.3.3　绘制中心线

中心线也称构造线，主要起参考轴的作用，通常用于生成对称的草图特征或旋转特征。中心线通常显示为点画线。绘制方法有以下三种。

◇单击草图工具栏中的（中心线）按钮（在直线按钮右边的下弹按钮中），如图 2-16a 所示，再按绘制直线的方法绘制。

◇在绘制直线时，选择直线属性，勾选“作为构造线”复选框后再绘制直线，如图 2-16b 所示。

◇选择绘制好的直线，单击窗口左边（作为构造线）选项，也可将直线转变为中心线。如图 2-16c 所示。

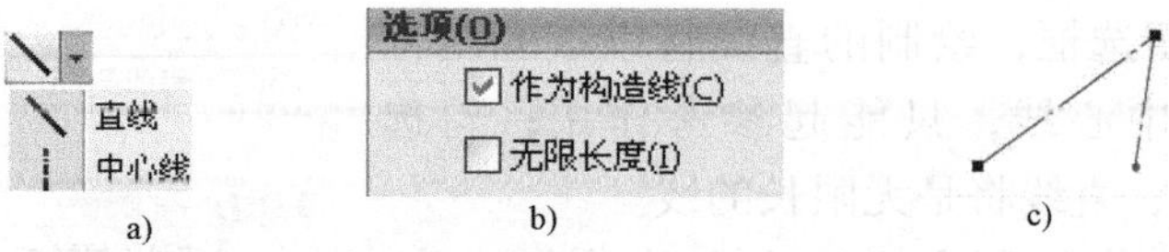

图 2-16　中心线的绘制

a）中心线命令　b）“作为构造线”复选框　c）中心线效果

2.3.4　绘制圆

进入草绘环境后，单击“草图”工具栏中的（圆）按钮，或选择下拉菜单“工具”→“草图绘制实体”→“圆”命令，打开“圆”窗口，如图 2-17 所示。在“圆”窗口的“圆类型”选项中，系统提供了两种创建圆的方式，即“圆”和“周边圆”，下面分别介绍其操作。

1. 圆

此种方式通过拾取圆心和圆上的一个点来创建圆。如图 2-17 所示，在“圆”窗口的“圆类型”选项中单击（圆）按钮，此时鼠标指针形状变为，然后在绘图区单击指定一点作为圆心，移动鼠标指针，再次单击确定圆上一点，由此即可绘制一个圆。最后单击属性窗口中的（确定）按钮，结束圆的绘制操作。

如要对绘制的圆进行修改，可在退出圆的绘制后，将光标放在圆的圆周线上，单击后拖动光标放大或缩小圆，将光标放在圆的圆心上，单击后拖动光标移动圆，如图 2-18 所示。

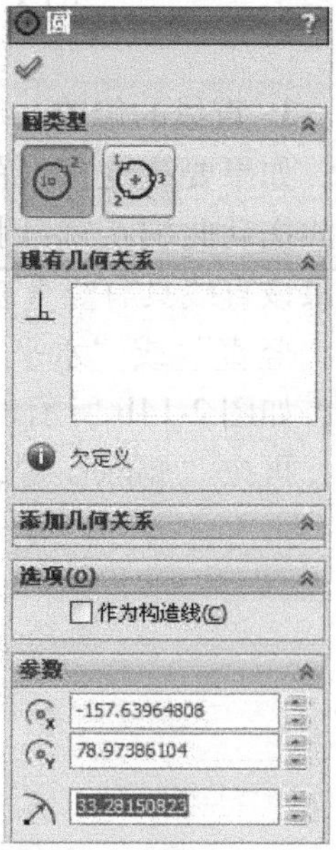

图 2-17　“圆”窗口

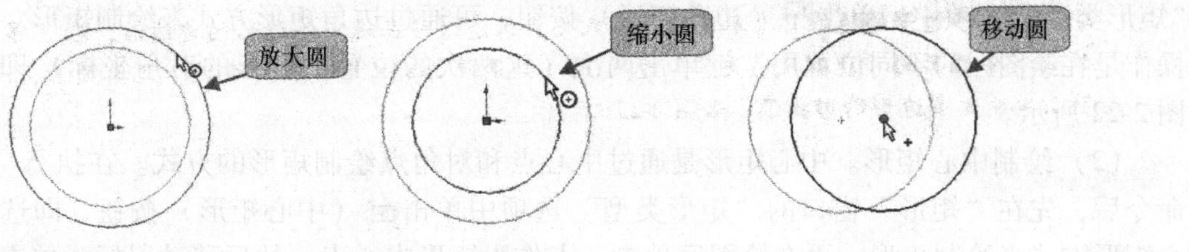

图 2-18　修改圆的大小及位置

2. 周边圆

此种方法是通过拾取三个点来创建圆。在“圆类型”选项中单击（周边圆）按钮，然后在工作区中三个不共线的位置各单击一次，即可绘制一个圆，如图 2-19 所示。最后单击属性窗口中的（确定）按钮，结束周边圆的绘制操作。

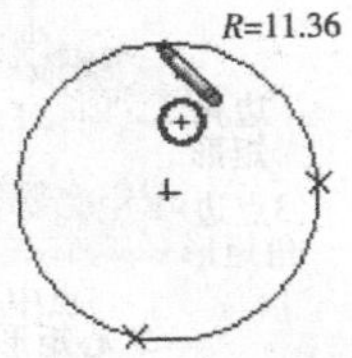

图 2-19　绘制周边圆的过程

3. 中心线圆的绘制

单击选择已绘制的圆，左边会出现“圆”窗口，如图 2-20a 所示。单击“作为构造线”选项，可看到圆转变为中心线圆了，如图 2-20b 所示。

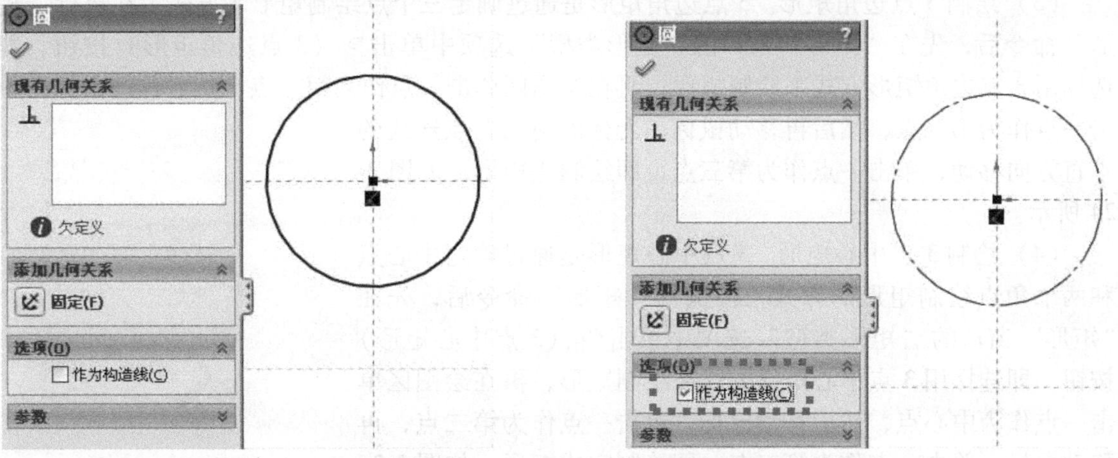

a)　　b)

图 2-20　“圆”属性窗口和中心线圆的绘制
a）“圆”属性窗口　b）中心线圆的绘制

2.3.5　绘制矩形

1. 绘制矩形命令

进入草图绘制环境后，单击“**草图**”工具栏中的（矩形）按钮，或选择下拉菜单“工具”→“草图绘制实体”→“矩形”命令，此时鼠标指针形状变为，并且在控制区弹出“矩形”窗口，如图 2-21 所示。在“矩形”窗口的“矩形类型”选项中有五种绘制矩形的方式，分别为边角矩形、中心矩形、3 点边角矩形、3 点中心矩形和平行四边形。

2. 绘制矩形的操作

（1）绘制边角矩形。边角矩形是通过两个对角点绘制矩形的方式。在“矩形”窗口的

“矩形类型”选项中，单击（边角矩形）按钮，可通过边角矩形方式来绘制矩形。其具体操作是在绘图区的不同位置用左键单击两次（这两次的位置是矩形的对角坐标）即可，如图 2-22 所示。

（2）绘制中心矩形。中心矩形是通过中心点和对角点绘制矩形的方式。在执行“矩形”命令后，先在“矩形”窗口的“矩形类型”选项中单击（中心矩形）按钮，即选择用中心矩形方式来绘制矩形，再在绘图区单击一点作为矩形中心点，然后移动鼠标，单击选择另一点即可绘制中心矩形，如图 2-23 所示。

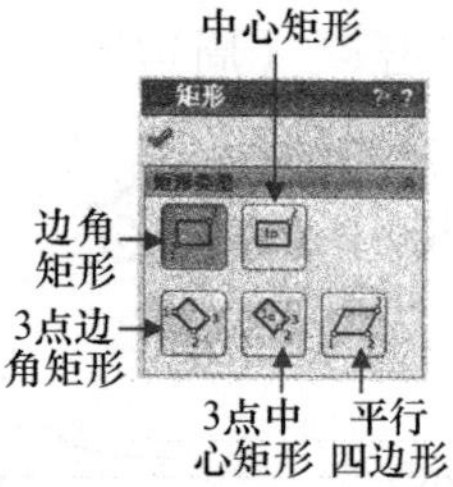

图 2-21 “矩形”窗口

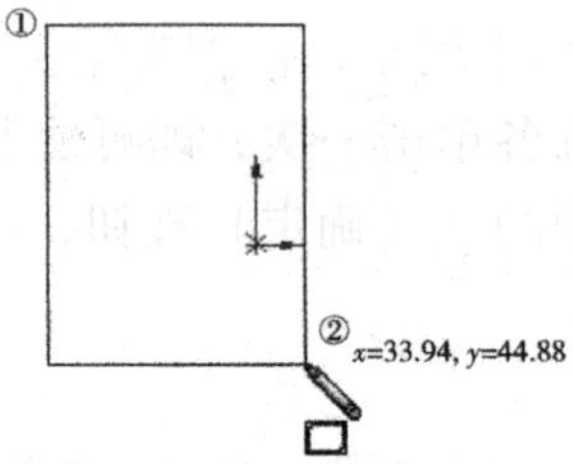

图 2-22 绘制边角矩形

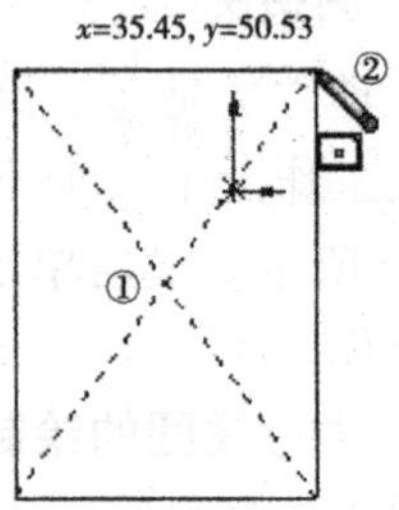

图 2-23 绘制中心矩形

（3）绘制 3 点边角矩形。3 点边角矩形是通过确定三个点绘制矩形的方式。在执行“矩形”命令后，先在“矩形”窗口的“矩形类型”选项中单击（3 点边角矩形）按钮，即选择用 3 点边角矩形方式来绘制矩形，再在绘图区单击一点作为第一点，然后移动鼠标，单击一点作为第二点，然后再移动鼠标，光标沿前面两点连线的垂直方向移动，单击一点作为第三点，即绘制完矩形，如图 2-24 所示。

（4）绘制 3 点中心矩形。3 点中心矩形是通过确定中心点和两个角点绘制矩形的方式。在执行“矩形”命令后，先在“矩形”窗口的“矩形类型”选项中单击（3 点中心矩形）按钮，即选择用 3 点中心矩形方式来绘制矩形，再在绘图区单击一点作为中心点，然后移动鼠标，单击一点作为第二点，再移动鼠标，单击一点作为第三点，即绘制完成矩形，如图 2-25 所示。

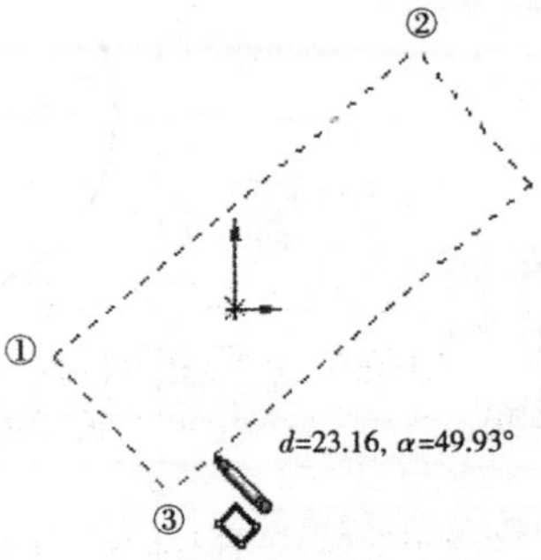

图 2-24 绘制 3 点边角矩形

（5）绘制平行四边形。平行四边形与 3 点中心矩形的绘制方式基本相同，都是通过三个角点来确定矩形，只是此命令可以用于绘制平行四边形。在“矩形”窗口的“矩形类型”选项中单击（平行四边形）按钮，可通过平行四边形方式绘制平行四边形。

在单击该按钮后，先在绘图区单击确定平行四边形起点的位置，移动鼠标从该点处产生一条跟踪线，该线指示平行四边形一条边的长度。在合适位置处单击确定第二点，然后移动鼠标确定平行四边形第 3 点的位置，单击鼠标即可生成平行四边形，如图 2-26 所示。

通过上述操作绘制矩形后，可通过“矩形属性”窗口的“参数”选项更改矩形每个角点的坐标值，还可以更改用中心矩形和 3 点中心矩形方式绘制的矩形的中心点的坐标值。

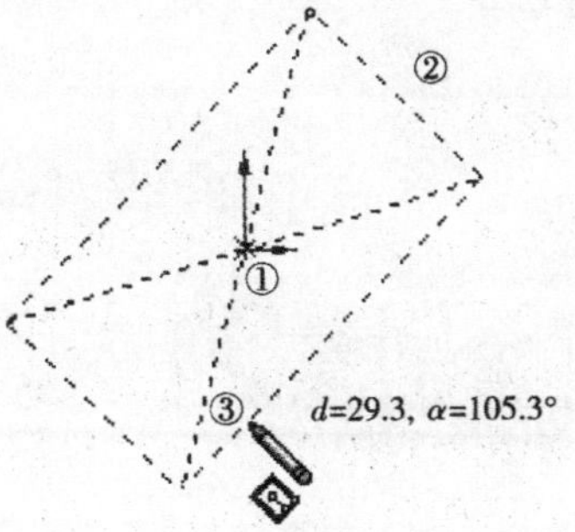

图 2-25　绘制 3 点中心矩形

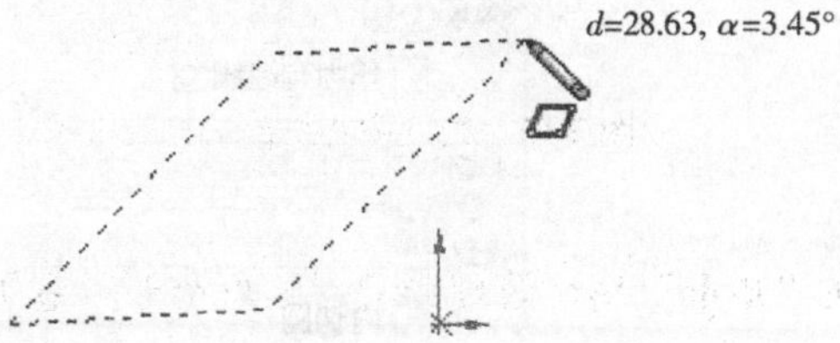

图 2-26　绘制平行四边形

3. 退出矩形绘制模式

单击窗口中的✓（确定）按钮可关闭窗口并退出矩形绘制模式。

4. 矩形的修改

在退出矩形绘制模式后，还可以通过拖动矩形的一条边或一个角点来修改矩形的大小和形状，如图 2-27 所示。

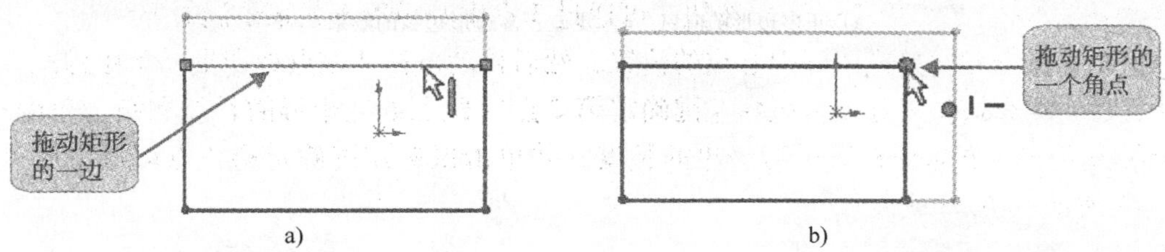

图 2-27　修改矩形

a）拖动矩形的一边　b）拖动矩形的一个角点

2.3.6　绘制正多边形

进入草图绘制界面后，单击“**草图**”工具栏中的⊙（绘制多边形）按钮，或选择下拉菜单“工具”→“草图绘制实体”→“多边形”命令，此时鼠标指针变为，并且弹出“多边形”窗口，如图 2-28a 所示。再在绘图区的适当位置单击确定多边形中心点的位置，移动鼠标，此时系统会提示鼠标指针与中心点的距离和旋转角度，再次单击完成绘制。

完成上述操作后，基本可以绘制出一个多边形。此时可在“多边形”窗口中设置多边形的边数、中心坐标、内切圆或外接圆的直径以及角度等。图 2-28b 所示为更改边数的多边形效果。再次单击（多边形）按钮可退出多边形绘制状态。

退出正多边形绘制模式后，可以通过拖动正多边形的一条边来修改正多边形的大小，如图 2-29a 所示。还可以通过拖动正多边形的中心点或角点来移动正多边形，如图 2-29b 所示。

若想将正多边形修改为一般多边形，可先选中正多边形的边线，窗口左边出现“线条属性”窗口，在“线条属性”窗口 **现有几何关系** 选项中，删除“阵列”几何关系，如图 2-30a 所示。此时拖动边线或顶点即可任意改变多边形的形状，如图 2-30b 所示。

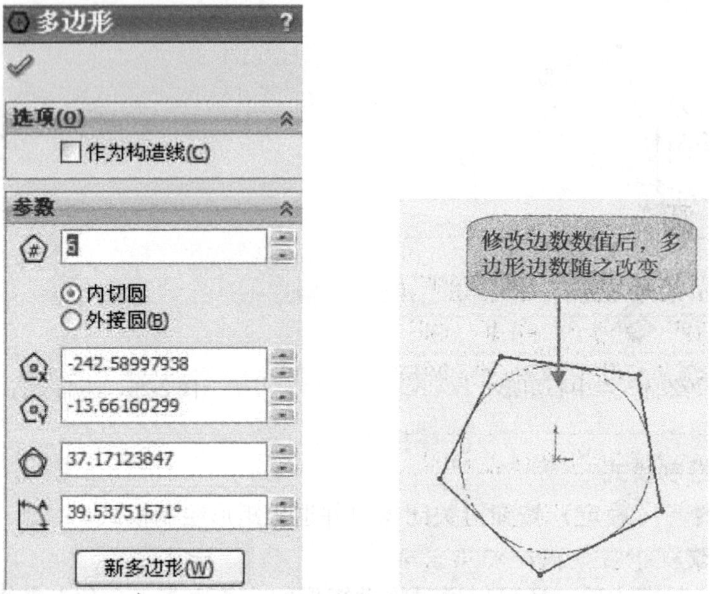

a) b)

图 2-28 绘制正多边形

a）正多边形的窗口 b）更改正多边形边数的效果

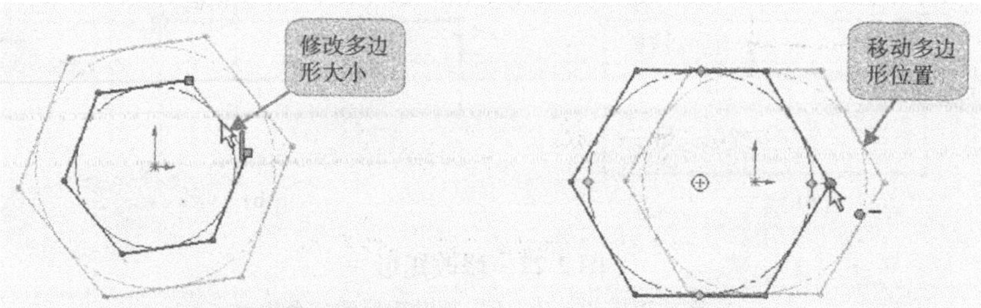

a) b)

图 2-29 修改正多边形的大小和位置

a）修改正多边形的大小 b）移动正多边形

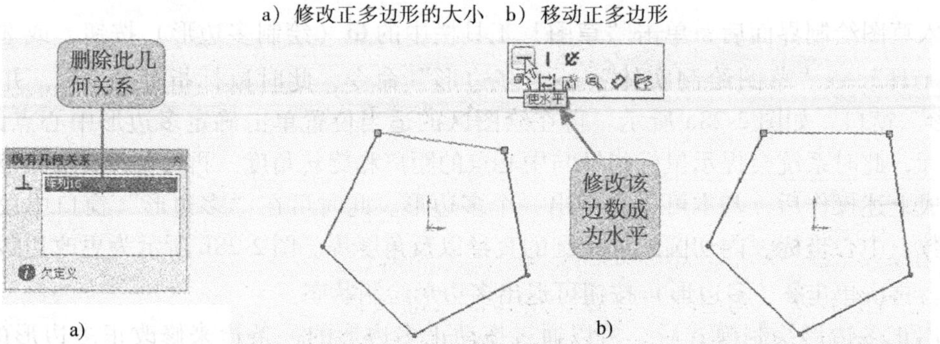

a) b)

图 2-30 修改正多边形为多边形

a）删除“阵列”几何关系 b）改变多边形的形状

2.3.7 绘制圆弧

在使用 SolidWorks 创建圆弧时，主要有圆心/起/终点圆弧、切线弧和三点圆弧三种方法，下面分别介绍其绘制过程。

1. 三点圆弧

该方式通过三个点来创建一段圆弧。进入草图绘制环境后，单击“草图”工具栏中的（三点圆弧）按钮，或选择下拉菜单“工具”→“草图绘制实体”→“三点圆弧”命令，此时鼠标指针形状变为，然后在绘图区单击一次，指定圆弧的一个端点，移动鼠标并单击一次，指定圆弧的另一个端点，此时会有一段弧粘在鼠标指针上，移动鼠标并单击，即可创建一段三点圆弧，如图 2-31 所示。

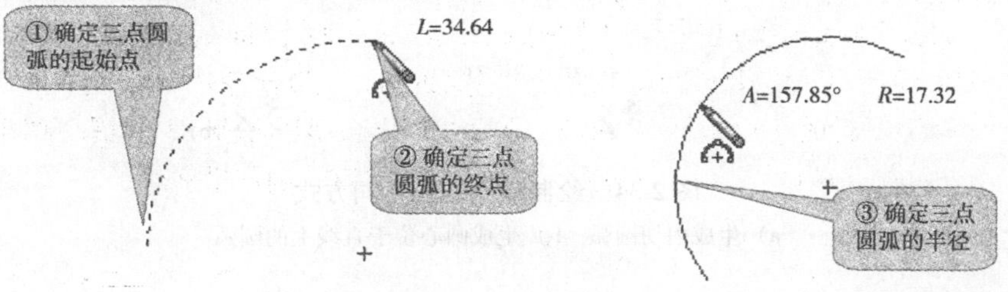

图 2-31　绘制三点圆弧

2. 圆心/起/终点圆弧

此种方式是通过选取圆弧圆心和端点来创建圆弧的。进入草图绘制环境后，单击“草图”工具栏中的（圆心/起/终点圆弧）按钮，或选择下拉菜单“工具”→“草图绘制实体”→“圆心/起/终点圆弧”命令，此时鼠标指针形状变为，然后在绘图区单击指定一点作为圆弧的圆心，移动鼠标，会有虚线圆出现，在虚线圆上的一个位置单击一次，确定圆弧的一个端点，移动鼠标，在虚线圆上的另一个位置单击一次，确定圆弧的另一个端点，即可绘制一段圆弧，如图 2-32 所示。最后单击窗口中的（确定）按钮，可结束圆弧的创建操作。

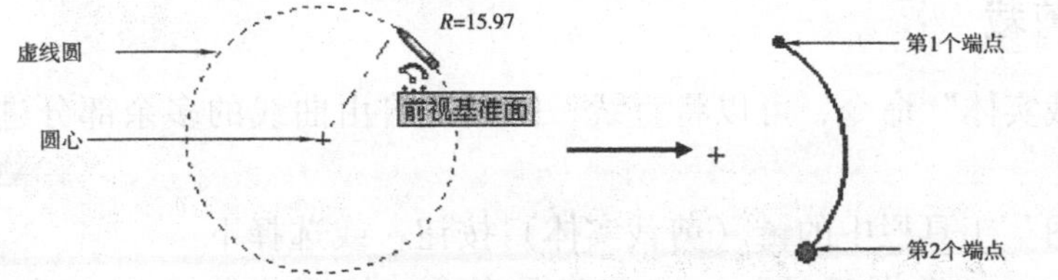

图 2-32　用圆心/起/终点圆方式绘制圆弧操作

3. 切线弧

如果绘图区有直线、弧或者样条曲线存在，可以创建一段在其端点处与其相切的圆弧。操作方法为：进入草图绘制环境后，用单击“草图”工具栏中的（切线弧）按钮，或选择下拉菜单“工具”→“草图绘制实体”→“切线弧”命令，此时鼠标指针形状变为，然后在某一直线或圆弧的一个端点处单击，确定切线弧的起始点，再移动鼠标，当看到光标移至适当的位置时单击，确定切线弧的方向、半径及终止点，即可完成切线弧的形状绘制，如图 2-33 所示。

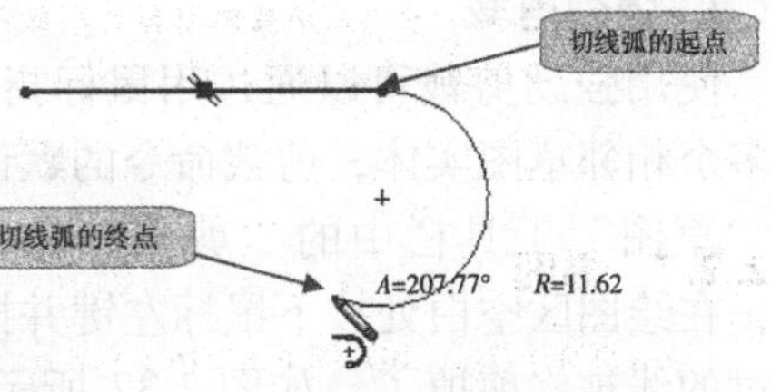

图 2-33　绘制切线弧的操作

说明：执行“切线弧”命令并单击第一点后，移动鼠标观察光标的移动方向，其方向不同，则生成的切线弧也不同。如若顺着直线的方向向直线外拖动一定距离后，再不顺着直线方向拖动，则生成外切圆弧，如图 2-33 所示；如若顺着直线的方向向直线内拖动一定距离后，再不顺着直线方向拖动，则生成内切圆弧，如图 2-34a 所示；如若从直线端点开始，垂直于直线向外拖动一定距离后，再不顺着直线方向拖动，则生成圆心位于直线上的圆弧，如图 2-34b 所示。

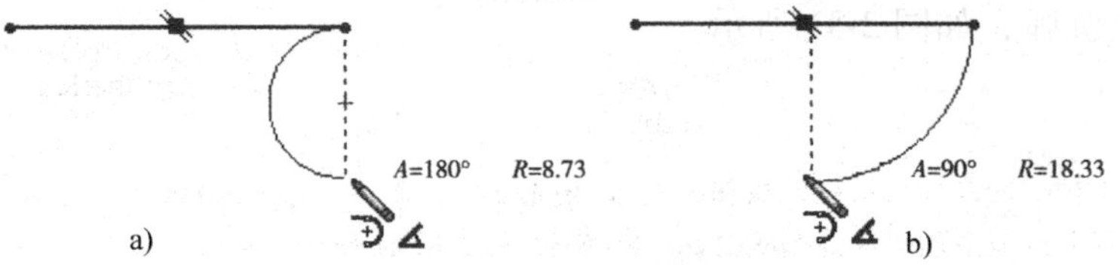

图 2-34　绘制切线弧的不同方式

a）生成内切圆弧　b）生成圆心位于直线上的圆弧

提示：草图绘制完成后保存并退出草图。退出草图绘制界面后若想修改草图，是可以回到草图界面进行修改的。其操作方法有两种，一是双击绘图区的草图，进入草图绘制界面进行修改编辑；二是单击窗口左边设计树中草图的名称，系统显示快捷工具栏，如图 2-35 所示，然后单击（编辑草图）按钮，进入草图绘制界面进行修改编辑。

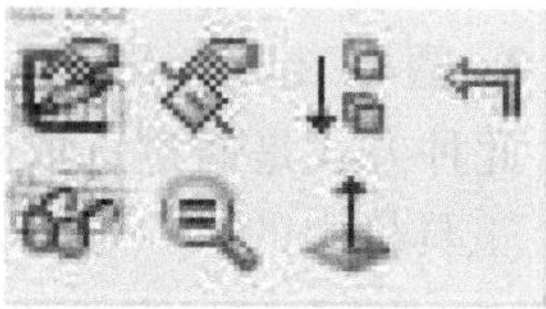

图 2-35　草图快捷工具栏

2.4　草图常用编辑工具

2.4.1　草图剪裁

使用“剪裁实体”命令，可以将直线、圆弧或自由曲线的多余部分进行修剪。剪裁操作如下。

单击“草图”工具栏中的（剪裁实体）按钮，或选择下拉菜单“工具”→“草图工具”→“剪裁”命令，打开“剪裁”窗口，如图 2-36 所示。由“剪裁”窗口可以看出，系统共提供了五种剪裁实体的方式，即“强劲剪裁”“边角”“在内剪除”“在外剪除”和“剪裁到最近端”。下面分别介绍这五种剪裁实体的操作。

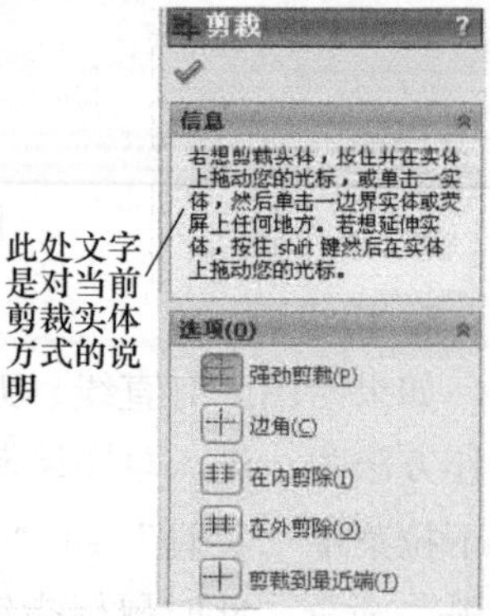

图 2-36　“剪裁”窗口

1. 强劲剪裁

使用强劲剪裁可以通过用鼠标指针拖过每个草图实体来剪裁多个相邻草图实体，剪裁命令的默认方式为“强劲剪裁”。单击“草图”工具栏中的“剪裁”命令，选择“强劲剪裁”选项，在绘图区空白处按下鼠标左键并拖动鼠标，让光标从需要去掉的线上经过，可看到光标经过的线被修剪掉了，如图 2-37 所示。松开左键即停止修剪，再次按下左键并拖动鼠标，又可以修剪图形了。再次单击“草图”工具栏中的“剪裁”按钮，可退出“剪裁”命令。

2. 边角

“边角”剪裁用于剪裁两个草图实体，直到它们在虚拟边角处相交，如图 2-38 所示。

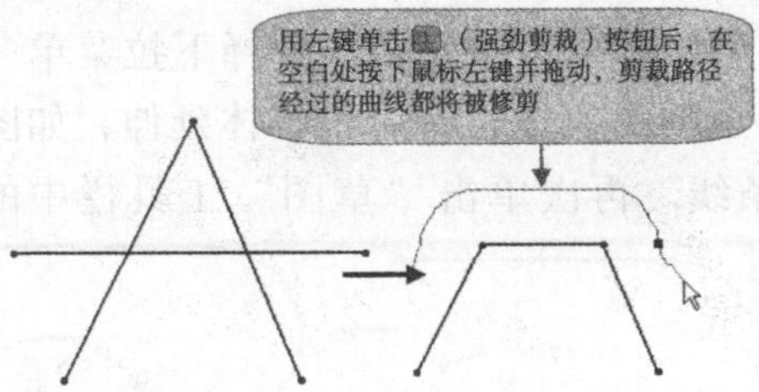

图 2-37 “强劲剪裁”方式

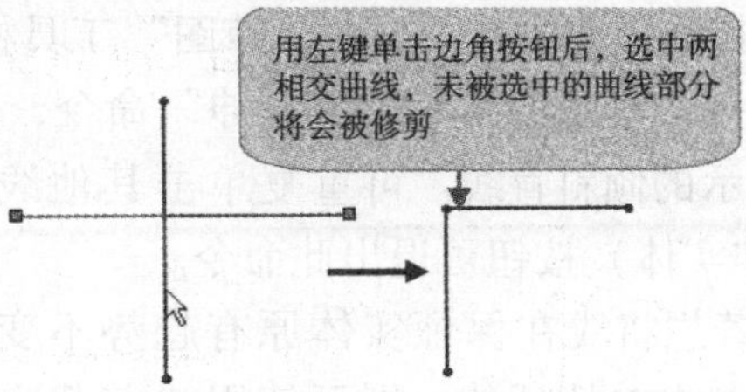

图 2-38 “边角”裁剪方式

3. 在内剪除

“在内剪除”用于剪裁位于两个边界实体内的草图实体部分，如图 2-39a 所示。执行操作时，首先需要选中两条边界曲线，然后选择裁剪对象，裁剪对象选中后，裁剪对象位于边界内的部分将被删除。

4. 在外剪除

“在外剪除”用于剪裁位于两个边界实体外的草图实体部分，如图 2-39b 所示。执行操作时，首先需要选中两条边界曲线，然后选择裁剪对象，裁剪对象选中后，裁剪对象位于边界外的部分将被删除。

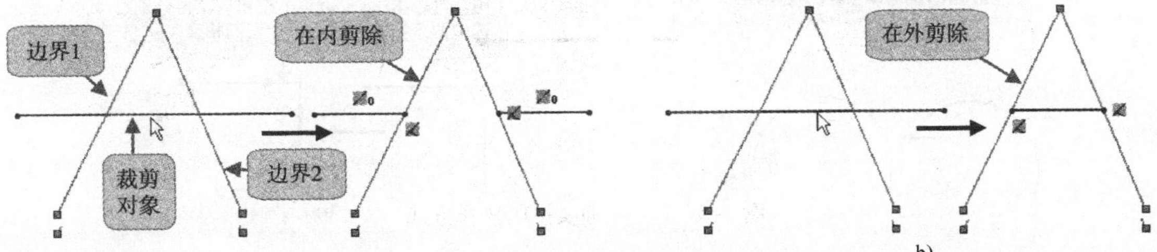

图 2-39 “在内剪除”和“在外剪除”的操作方式
a)“在内剪除”的操作方式　b)“在外剪除”的操作方式

5. 剪裁到最近端

“剪裁到最近端”可以自动判断剪裁边界，用左键单击的对象即是要剪裁的对象，无须做其他任何选择。剪裁到最近端的操作方式如图 2-40 所示。

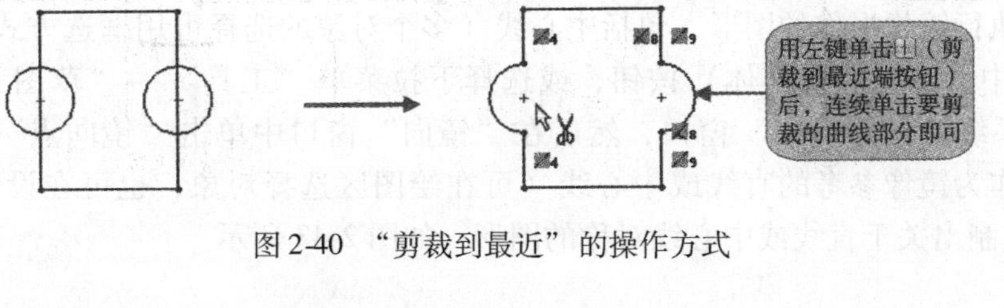

图 2-40 “剪裁到最近”的操作方式

2.4.2　草图延伸

若想将线延伸到与另一实体相交，则使用“延伸实体”命令，可在保证实体原有趋势不变的情况下向外延伸，直到与延长线方向的第一个实体相交。

其操作方法是：单击“草图”工具栏中的（延伸实体）按钮，或选择下拉菜单“工具”→“草图工具”→“延伸”命令，然后单击要延伸的实体，即可将实体延伸，如图 2-41 所示的倾斜直线。可重复单击其他线，延伸多条线。再次单击“草图”工具栏中的（延伸实体）按钮可退出此命令。

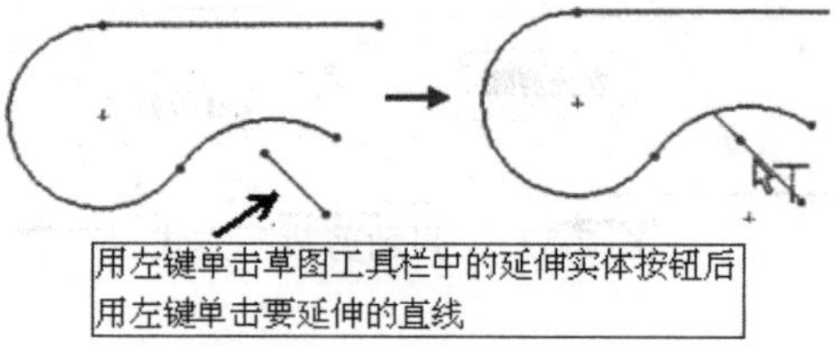

图 2-41　使用“延伸实体”命令延伸实体的操作方式

若想将线在保证实体原有趋势不变的情况下向内或向外延伸，则可使用“剪裁实体”命令。其操作方法是：单击“草图”工具栏中的（剪裁实体）按钮，先选中“强劲剪裁”选项，再在绘图区的图线上按下鼠标左键并拖动鼠标，或者单击一个端点并拖动鼠标，可看到图线在原有趋势不变的情况下延伸，向内拖动鼠标可看到图线在缩短，向外拖动鼠标可看到图线在延长，如 2-42a 所示。

若想将两条原本不相交但延长后可以相交的线延伸到交点，则可使用“剪裁实体”命令。其操作方法是：单击“草图”工具栏中的（剪裁实体）按钮，先选中“边角”选项，再在绘图区单击要延伸的两条线，可看到图线在原有趋势不变的情况下延伸到了交点，如图 2-42b 所示。

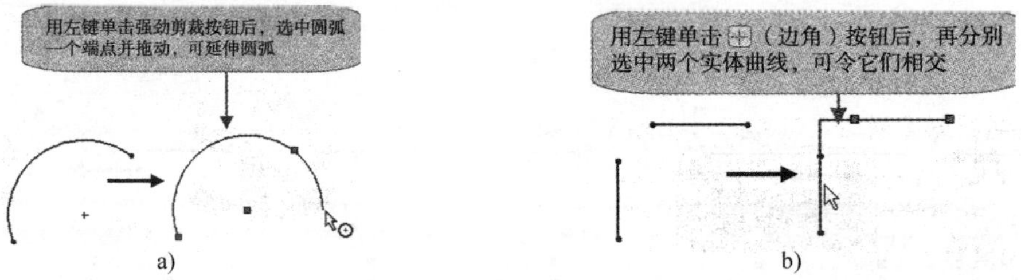

图 2-42　使用“剪裁实体”命令延伸实体的操作方式
a）“强劲剪裁”选项　b）“边角”选项

2.4.3　镜像草图

镜像实体是指以某条直线（中心线）作为参考，复制出对称图形的操作，常用来创建具有对称部分的复杂图形（“镜像”在 SolidWorks 软件提示文字中译为“镜向”）。镜像草图的制作步骤如下。

进入草图绘制环境后，先绘制对称图形的一半，并以中心线绘制对称线。镜像实体时，先选中要被执行镜像操作的图形，包括中心线（多个对象的选择可用框选方式），单击“草图”工具栏中的（镜像实体）按钮，或选择下拉菜单“工具”→“草图工具”→“镜向”命令，系统弹出“镜向”窗口，然后在“镜向”窗口中单击“镜向点”下的横条框，并单击选中作为镜像参考的直线或中心线（可在绘图区选择对象，也可在设计树中选择对象），则可复制出关于直线或中心线对称的图形，如图 2-43 所示。

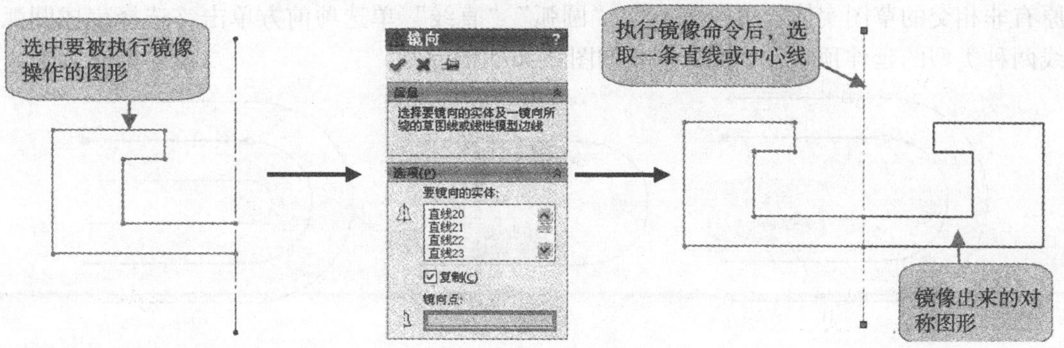

图 2-43　镜像实体的操作方式

2.4.4　等距实体

利用“等距实体”工具，可以按设置的方向以一定的间隔距离复制出所选定的对象的副本。其具体操作为：单击“草图”工具栏中的（绘制等距实体）按钮，或选择下拉菜单“工具”→“草图工具”→“等距实体”命令，弹出“等距实体”窗口，如图 2-44a 所示，然后设置等距距离等相关参数，再选中要进行等距处理的实体，最后单击（确定）按钮，即可创建等距实体，如图 2-44b 所示。

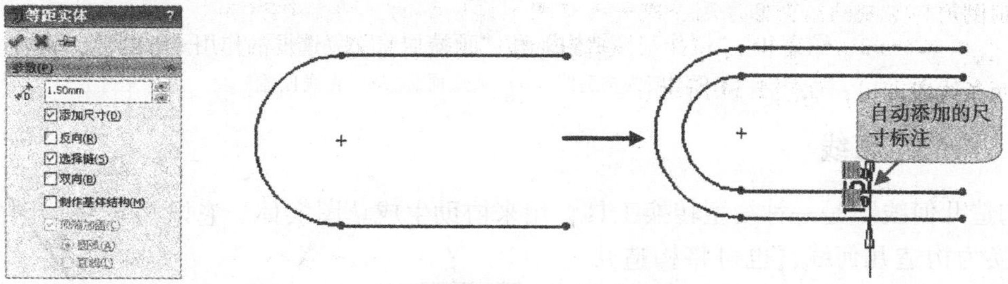

a)　　b)

图 2-44　等距实体的创建过程

a）“等距实体”窗口　b）创建等距实体

“等距实体”窗口中各选项的作用。

◇（等距距离）：在右边文本框中设置原实体与等距实体之间的距离。

◇“添加尺寸”复选框：选中此复选框后，自动添加原实体和等距实体之间的尺寸标注，如图 2-44b 所示。

◇“反向”复选框：选中此复选框后，可将目前生成的等距实体改变为相反的方向生成等距实体，如图 2-45a 所示，生成的等距实体线本来在原实体内部的，现在在原实体外部了。

◇“选择链”复选框：选中此复选框，可设置生成与选中实体链接的所有连续草图实体的等距实体；如不选中此复选框，将只生成选中实体的等距实体，如图 2-45b 所示。

◇“双向”复选框：在原实体内外两个方向上生成等距实体，如图 2-45c 所示。

◇“制作基体结构”复选框：选中此复选框，可以在生成草图实体后，将原草图实体转换为构造线，如图 2-46a 所示。

◇“顶端加盖”复选框：选中“双向”复选框后此项才可用，用于添加一个顶盖来延伸原有非相交的草图实体，可在下方的“圆弧”“直线”单选项前方单击，选择生成圆弧或直线两种类型的延伸顶盖，如图 2-46b 和图 2-46c 所示。

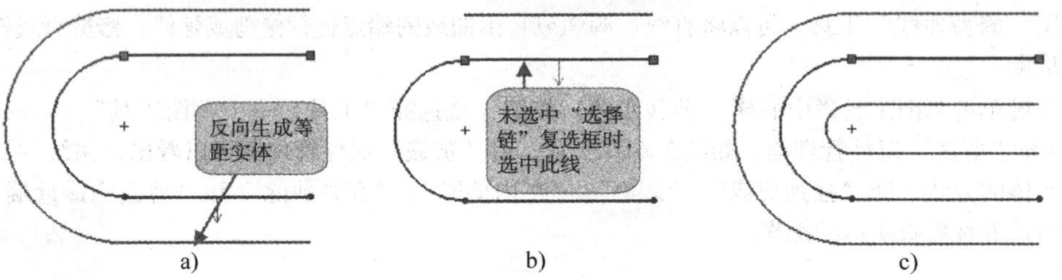

图 2-45　“反向”、“选择链”和“双向”复选框的作用

a）反向生成等距实体　b）生成选中实体的等距实体　c）双向等距

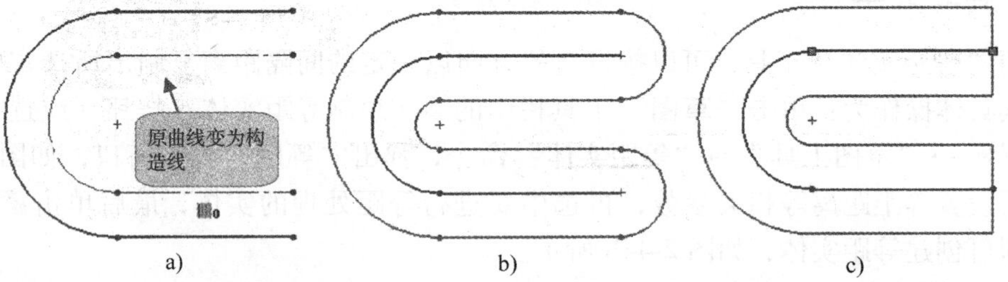

图 2-46　“制作基体结构”和“顶端加盖”复选框的作用

a）原草图转为构造线　b）圆弧顶盖　c）直线顶盖

2.4.5　构造几何线

“构造几何线”是一种线型转换工具，用来协助生成草图实体。它既可以将草图的各种实线转换为构造几何线，也可将构造几何线转换为实体图线。

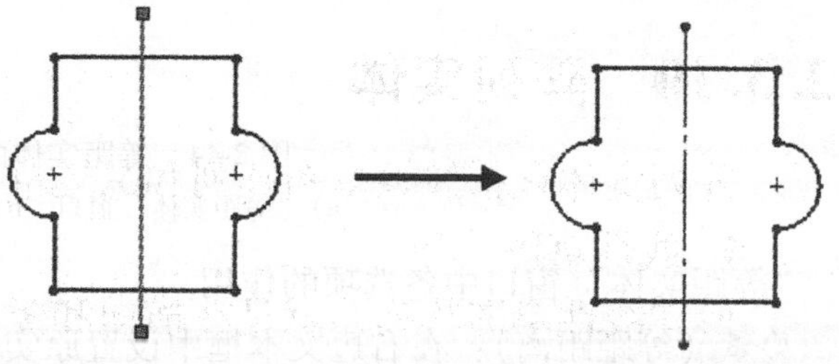

图 2-47　构造几何线的操作方式

操作方法如下：如果首先选取实线，则单击“**草图**”工具栏中的（构造几何线）按钮，即可将实线转变为构造几何线，如图 2-47 所示中间的竖直线，中心线一般采用这种方式绘制。如果首先选取构造几何线，那么，与上面一样，单击“**草图**”工具栏中的（构造几何线）按钮，即可将构造几何线转变为实线。

2.4.6　移动草图

在草图中选中要移动的实体，单击“**草图**”工具栏中的（移动实体）按钮，或选择下拉菜单“工具”→“草图工具”→“移动”命令，再单击一点作为移动实体的定位点，将鼠标移动到目标点后单击，最后再单击（确定）按钮，即可移动实体，如图 2-48 所示。

移动实体时，在其窗口的“参数”选项（见图 2-49）中选中“从/到”单选钮，表示选择两个定位点来移动实体，如果选中“X/Y”单选钮，则表示以设置的 X 轴和 Y 轴上的移动量来移动实体，单击“重复”按钮，表示按相同距离（X轴和 Y 轴上的移动量）来重复移动实体。

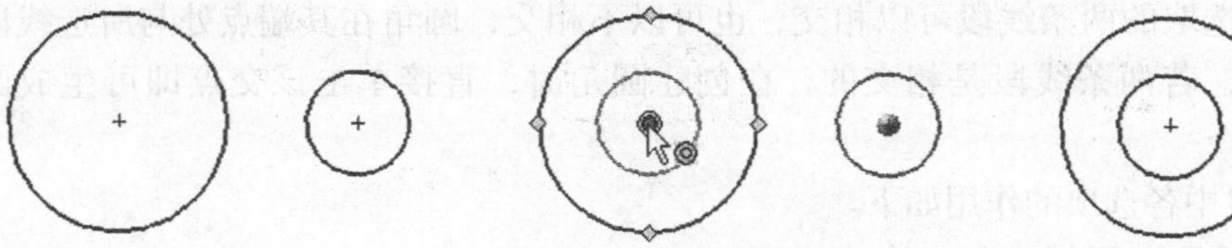

a)　　b)　　c)

图 2-48　移动实体操作

a）选择要移动的实体　b）移动　c）移动后的效果

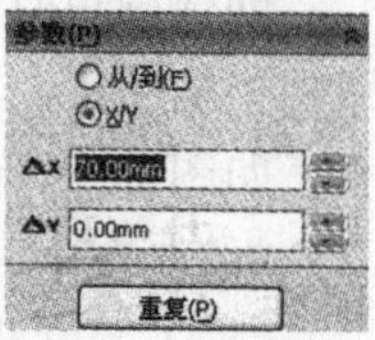

图 2-49　“参数”选项

提示： 通过设置约束关系，可以实现图形的精确移动。

2.4.7　复制草图

在草图中选中要复制的实体，单击“草图”工具栏中的（复制实体）按钮，或选择下拉菜单“工具”→“草图工具”→“复制”命令，再单击一点作为移动实体的定位点，将鼠标移动到目标点后单击，最后单击（确定）按钮即可复制实体，如图 2-50 所示。复制草图与移动草图操作步骤相同，只是命令不同，效果不同。

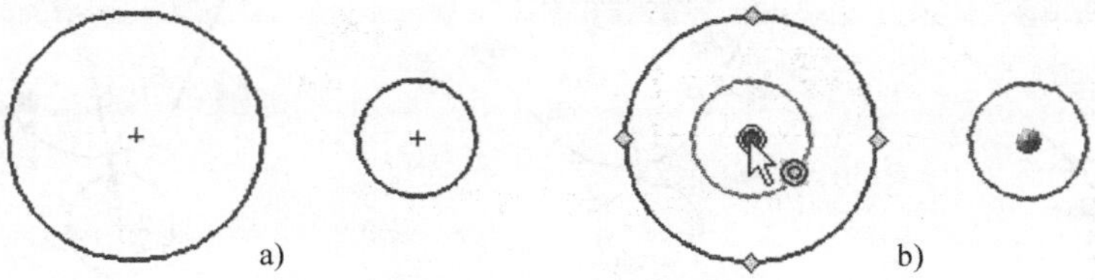

a)　　b)

图 2-50　复制实体操作

a）选择要复制的实体　b）复制后的效果

2.4.8　绘制圆角

利用“绘制圆角”命令可以将草图中两条相交图线进行圆角处理。其具体操作步骤如下。

第 1 步：首先绘制两条不平行的直线（见图 2-51），单击“草图”工具栏中的（绘制圆角）按钮，或选择下拉菜单“工具”→“草图工具”→“圆角”命令，弹出“绘制圆角”窗口，如图 2-51 所示。

第 2 步：在“绘制圆角”窗口中，设置圆角半径，如在文本框中输入 10mm，并选中“保持拐角处约束条件”复选框。

第 3 步：依次单击选取准备做圆角过渡过程的两条线段，系统将生成圆角，如图 2-52 所示。

第 4 步：单击“草图”工具栏中的（绘制圆角）按钮，按钮颜色变为灰色，即退出绘制圆角状态。

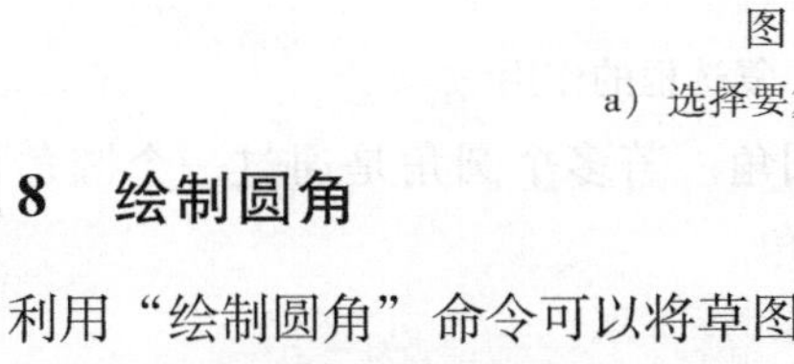

图 2-51　两条相交线段和“绘制圆角”窗口

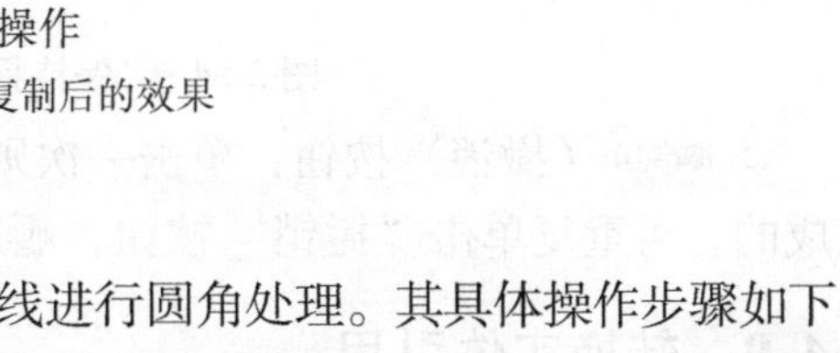

图 2-52　圆角创建完成

创建圆角时，所选取的两条线段可以相交，也可以不相交，圆角在其端点处与所选线段都是相切关系。另外，若两条线段是相交的，在创建圆角时，直接单击该交点即可生成圆角，如图 2-53 所示。

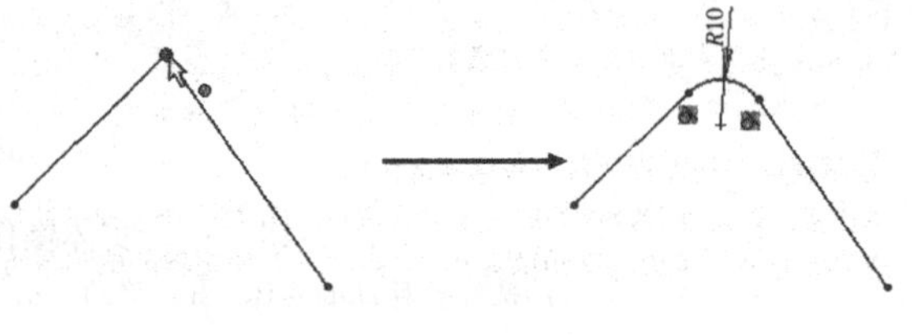

图 2-53　直接单击交点绘制圆角

“绘制圆角”窗口中各选项的作用如下。

◇ / （保持可见）图标按钮：在窗口中默认为形状，表示可连续绘制多个圆角。当单击此按钮将其图标转变为形状时，在执行完一个绘制圆角命令后，系统将自动退出圆角命令。

◇“保持拐角处约束条件”复选框：选中此复选框，如果顶点具有尺寸约束条件或几何约束条件，将保留虚拟交点；取消此复选框的选择状态，如果顶点具有尺寸约束条件或几何约束条件，则生成圆角后将删除这些约束条件，如图 2-54 所示。

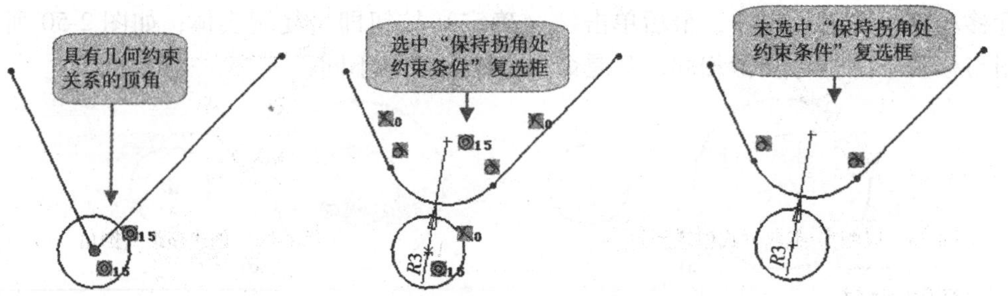

图 2-54　“保持拐角处约束条件”复选框的作用

◇ 撤消(U)（撤消）按钮：单击一次则撤销上一个圆角。若多个圆角是通过一个圆角命令完成的，可重复单击“撤销”按钮，顺序撤销这些圆角。

2.4.9　转换实体引用

使用转换实体引用工具可将现有草图或实体模型某一表面的边线投影到草图绘制平面上，并且其投影方向垂直于绘图平面，在绘图平面上生成新的草图实体。

转换实体引用的具体操作为：先进入某个基准面的草图绘制模式后再操作，如图 2-55a 所示。首先选中要进行转换实体引用的面（或线），如图 2-55b 所示，再单击“草图”工具栏中的（转换实体引用）按钮，或选择下拉菜单“工具”→“草图工具”→“转换实体引用”命令，即可在基准面上生成所选面的投影草图边线，如图 2-55c 所示。

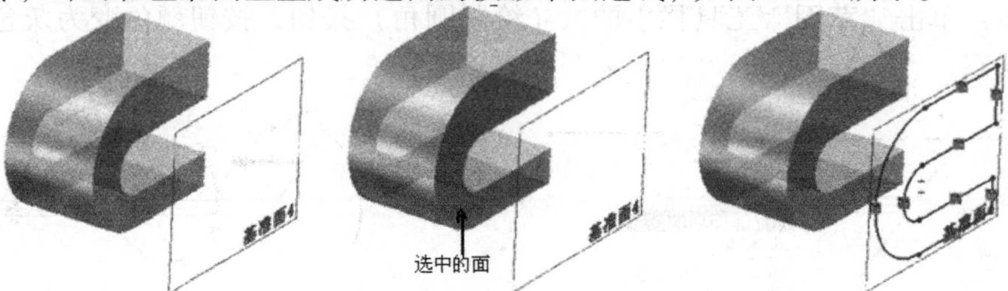

a)　　b)　　c)

图 2-55　“转换实体引用”的操作界面

a）进入基准面 4 的草图绘制模式　b）选中要进行转换实体引用的面　c）生成所选面的投影草图边线

用“转换实体引用”生成的草图与原实体之间存在链接关系，若原草图改变，则“转换实体引用”生成的图形也会随之改变。

2.5　草图几何约束

上面绘制实体的各项操作，只是确定了图形的大体轮廓，并没有具体规范图形的大小和各图形相互间的关系，图形很不精确，因此，还需要通过添加约束来确定图形间的垂直、平行等关系，以及通过标注尺寸来确定图形的具体长度、弧度等，以此达到精确定义图形的目的。

几何关系是指各几何元素之间或几何元素与基准面、轴线、边线或端点之间相对位置的关系。例如，两条直线平行或垂直、两个圆相切或同心等，均是几何元素间的几何关系。在 SolidWorks 中既可自动添加几何关系，也可手动添加几何关系，下面分别介绍其操作。

2.5.1　自动添加几何约束

自动添加几何约束是指在绘图过程中，系统根据几何元素的相对位置自动赋予几何意义，不需另行添加几何约束。例如，在绘制竖直直线时，系统自动添加 ▎（竖直）几何关系，如图 2-56a 所示，并在“线条属性”窗口的“现有几何约束”列表中列出该几何约束，如图 2-56b 所示。

图 2-56　带有竖直几何约束的直线和“线条”窗口的“现有几何约束”列表

a）绘制的竖直直线　b）“现有几何约束”列表

是否自动添加几何约束是可以设置的，选择下拉菜单“工具”→“选项”命令，系统弹出“系统选项”对话框，在其中选择“草图”→“几何关系/捕捉”选项，再在右侧选中或取消“自动几何关系”复选框，以此来设置是否自动添加几何约束，如图 2-57 所示。

2.5.2　手动添加几何约束

手动添加几何约束是指用户根据模型设计的需要，手动设置图形元素间的几何约束。每当添加一个几何约束关系，图形会根据添加的要求而改变。

【实例 2-1】　添加几何关系的操作实例。

第 1 步：绘制一条倾斜直线，作实例准备。

第 2 步：单击“**草图**”工具栏中的 ⊥（添加几何关系）按钮，或选择菜单“工具”→“几何约束”→“添加”命令，如图 2-58 所示，系统显示“添加几何关系”窗口。

第 3 步：单击倾斜直线，则该直线的名称将显示在“添加几何关系”窗口中的“所选实体”选项列表中，如图 2-59 所示。

第 4 步：单击“添加几何关系”选项中的 ▬（水平）按钮，则该倾斜直线变成水平放置，如图 2-59 所示。

第 5 步：单击“添加几何关系”窗口上的 ✔（确定）按钮，则关闭“添加几何关系”窗口。

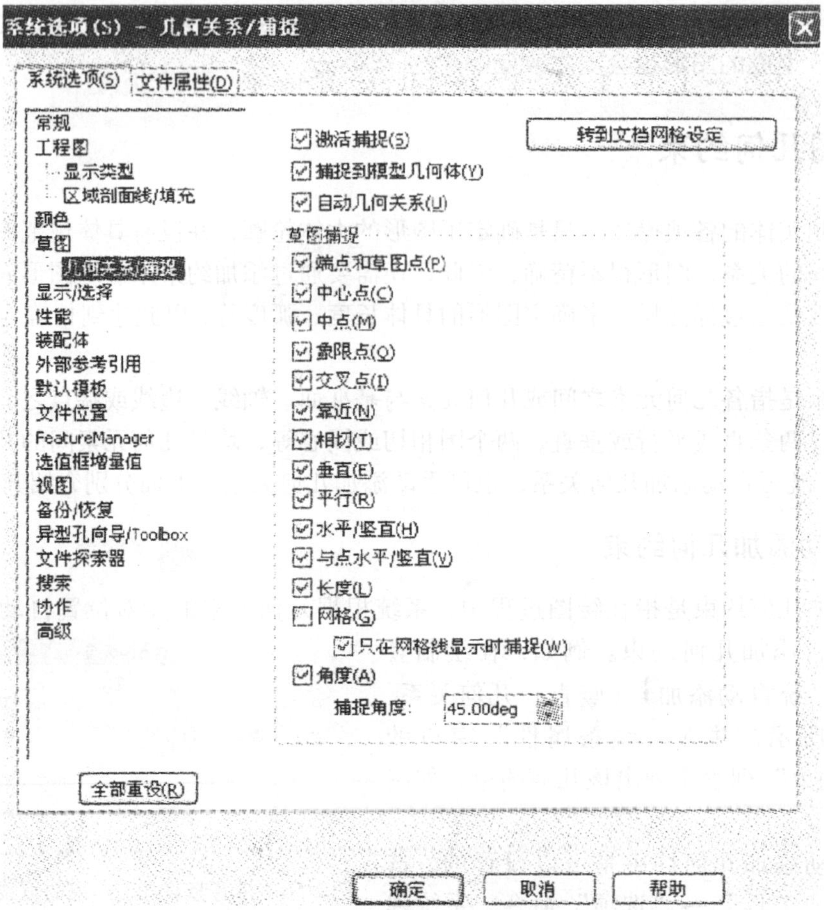

图 2-57 “系统选项”对话框

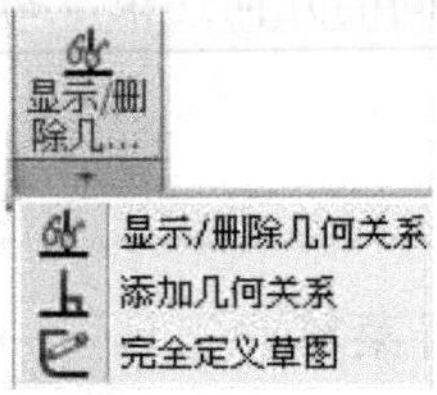

图 2-58 “添加几何关系”按钮

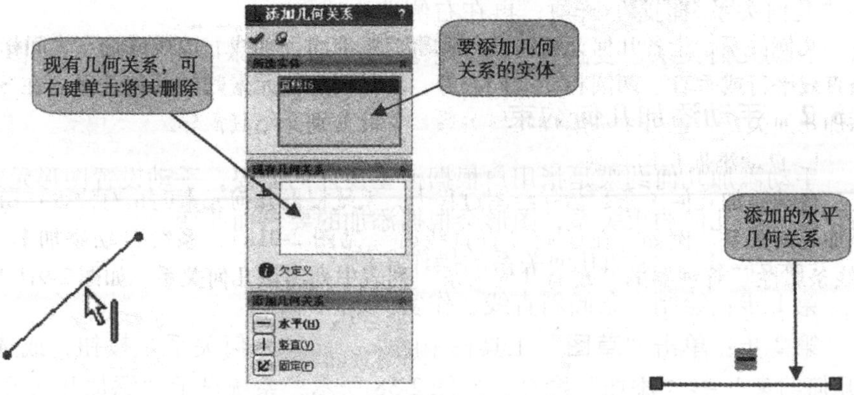

图 2-59 “添加几何关系”窗口和添加水平几何关系

手动添加几何约束的操作方法如下。

第 1 步：单击“**草图**”工具栏中的 ⊥（添加几何关系）按钮，或选择下拉菜单“工具”→“几何约束”→“添加”命令，系统显示“添加几何关系”窗口。

第 2 步：单击选择图形元素，选中的图形元素的名称将显示在“添加几何关系”窗口中的“所选实体”选项列表中。同时系统会根据用户所选中的草绘实体提供不同的几何关系按钮，通过它们可添加水平、竖直、相等、共线、平行、相切、同心、中点、对称等几何关系。

第 3 步：单击“添加几何关系”选项中的按钮，可看到图形在相应变化。

第 4 步：单击✓（确定）按钮，关闭“添加几何关系”窗口。

系统会根据用户所选中的草绘实体提供不同的几何关系按钮，通过它们可添加水平、竖直、相等、共线、平行、相切、同心、中点、对称等几何关系。下面分别介绍这些几何关系的意义。

◇—（水平）几何关系：使选取的对象水平放置，如图 2-59 所示。

◇|（竖直）几何关系：使选取的对象按竖直方向放置，如图 2-60 所示。

◇=（相等）几何关系：使选取的图形元素等长度或等直径，如图 2-61 所示。

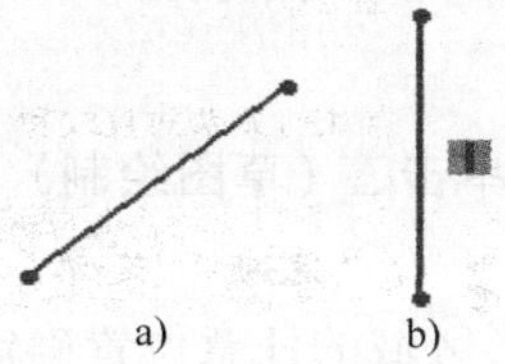

图 2-60　添加竖直几何关系

a）添加几何关系前　b）添加几何关系后

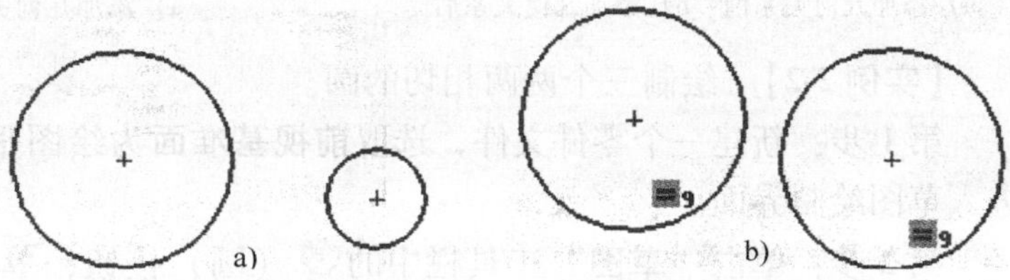

图 2-61　添加相等几何关系

a）添加几何关系前　b）添加几何关系后

◇（共线）几何关系：使两条或两条以上的直线落在同一直线或其延长线上，如图 2-62 所示。

◇（平行）几何关系：使两条或两条以上的直线与一条直线或一个实体边缘线平行，如图 2-63 所示。

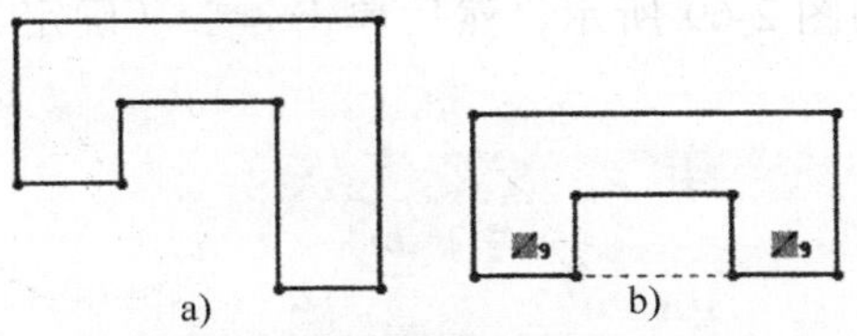

图 2-62　添加共线几何关系

a）添加几何关系前　b）添加几何关系后

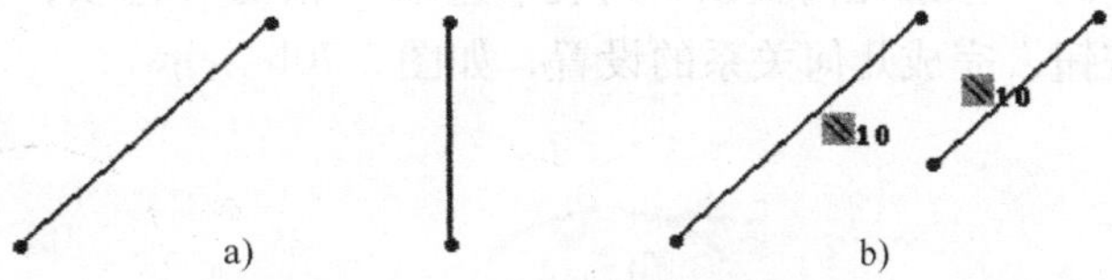

图 2-63　添加平行几何关系

a）添加几何关系前　b）添加几何关系后

◇（相切）几何关系：使两图线（直线、圆、圆弧、椭圆或实体边缘线）相切，如图 2-64 所示。

◇◎（同心）几何关系：使两圆或圆弧同圆心，如图 2-65 所示。

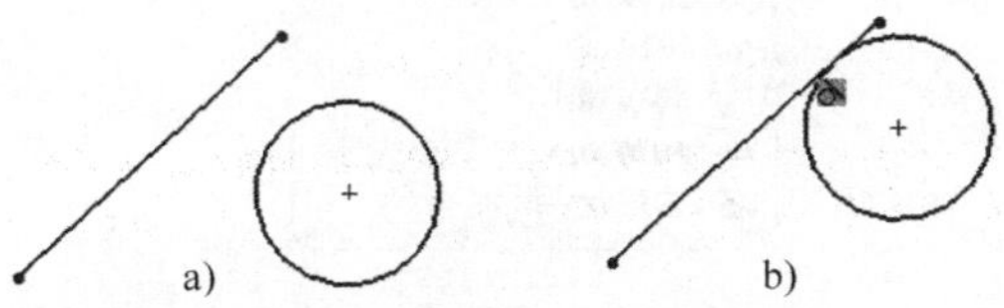

图 2-64　添加相切几何关系

a）添加几何关系前　b）添加几何关系后

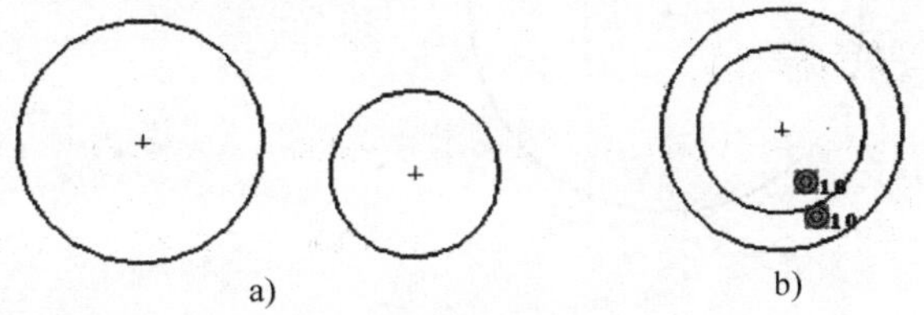

图 2-65　添加同心几何关系

a）添加几何关系前　b）添加几何关系后

◇（中点）几何关系：使点（端点或圆心点）位于线段的中点，如图 2-66 所示。

◇（对称）几何关系：使两条图线关于一条中心线对称，如图 2-67 所示。选择图形元素时，必须包含一条中心线。

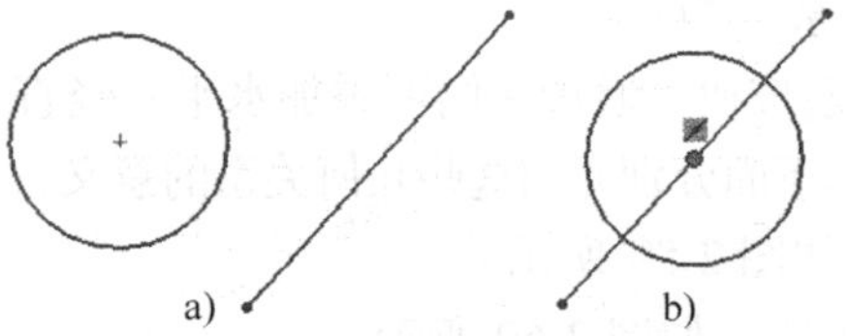

图 2-66　添加中点几何关系

a）添加几何关系前　b）添加几何关系后

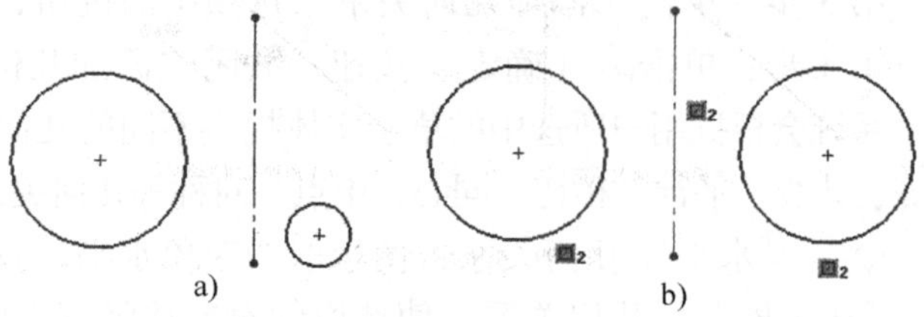

图 2-67　添加对称几何关系

a）添加几何关系前　b）添加几何关系后

【实例 2-2】 绘制三个两两相切的圆。

第 1 步：新建一个零件文件，选取**前视基准面**为绘图平面。单击（草图绘制）按钮，进入草图绘制界面。

第 2 步：单击“**草图**”工具栏中的（圆）按钮，单击图形区域的任意位置确定圆心的位置，按住鼠标左键拖出圆的半径，释放鼠标完成圆 1 的绘制。单击图形区域的任意位置确定圆心的位置，按住鼠标左键拖出圆的半径，释放鼠标完成圆 2 的绘制，注意圆 1 与圆 2 即不要相交也不要重叠。按照上述方法绘制出圆 3，绘制圆 3 之前不用过多地考虑它的半径、位置以及与圆 1、圆 2 的相切关系，如图 2-68 所示。

第 3 步：单击“**草图**”工具栏中的（添加几何关系）按钮，系统在窗口左边显示“添加几何关系”窗口。在绘图区单击选取“圆 1”与“圆 3”，在“添加几何关系”窗口中的”添加几何关系”列表中选取“相切”选项，如图 2-69 所示，然后单击（确定）按钮，完成几何关系的设置，如图 2-70b 所示。

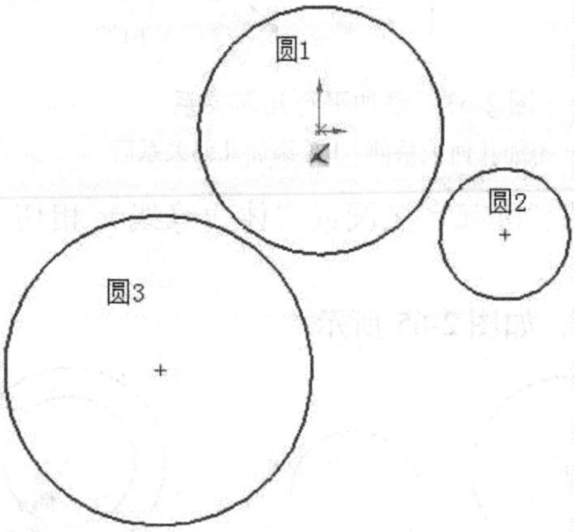

图 2-68　绘制三个不同的圆

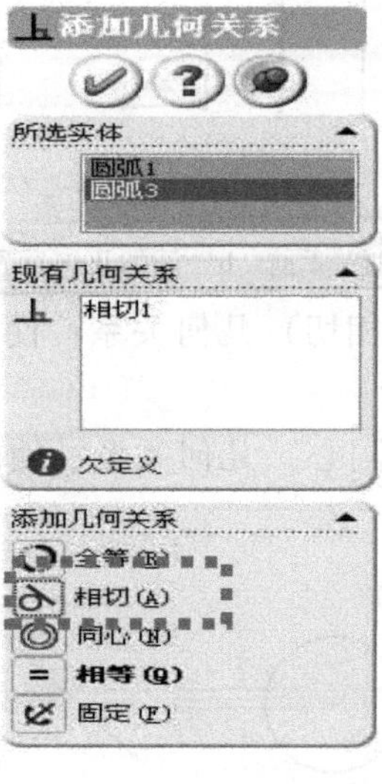

图 2-69　添加几何关系

第 4 步：单击“**草图**”工具栏中的（添加几何关系），系统在窗口左边显示“添加几何关系”窗口。在绘图区单击选取“圆 2”与“圆 3”，在“添加几何关系”窗口中的”添加几何关系”列表中选取“相切”选项，单击（确定）按钮，完成几何关系的设置。

第5步：单击“草图”工具栏中的（添加几何关系）按钮，系统在窗口左边显示“添加几何关系”窗口。在绘图区单击选取“圆1”与“圆2”，在“添加几何关系”窗口中的”添加几何关系”列表中选取“相切”选项，单击（确定）按钮，完成几何关系的设置，如图2-70c所示。

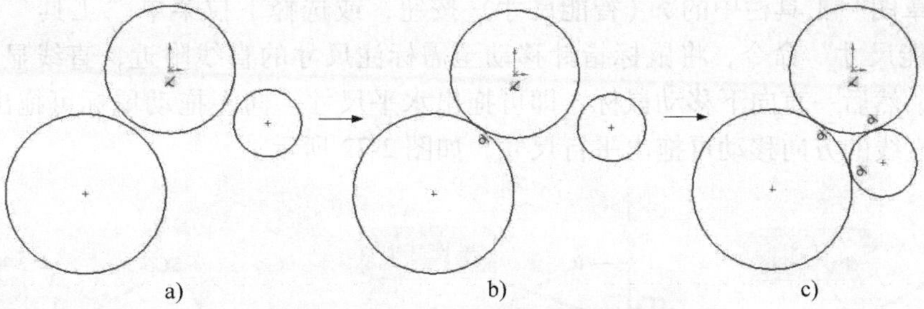

图2-70　给3个圆添加“相切”关系

a）三个任意圆　b）“圆1”与“圆3”相切　c）三个圆相切

2.5.3　几何约束符号的显示与隐藏

选择下拉菜单“视图”→“草图几何关系”命令，可显示或隐藏当前草图中的几何约束符号，如图2-71所示。

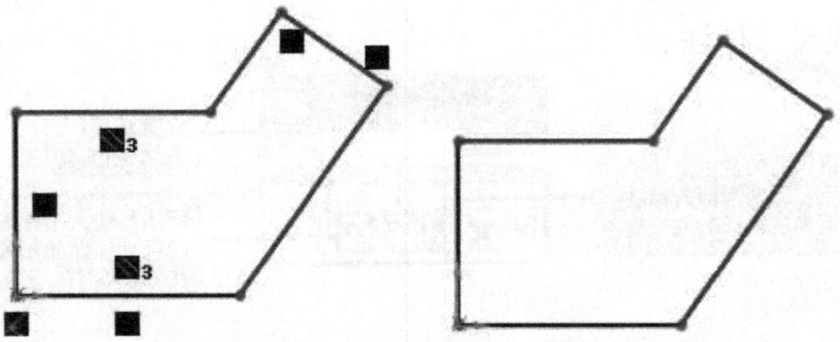

图2-71　几何约束符号的显示与隐藏

2.5.4　删除添加的几何约束

在绘图区中单击添加的几何约束符号，再按删除键，或者单击选择几何关系符号图标，然后按右键，在系统弹出的快捷菜单中选择“删除”，可以删除几何关系约束符号。

2.6　草图尺寸约束

标注尺寸就是为图形标注长度、直径、弧度等尺寸，通过标注尺寸可以定义图形的大小。在SolidWorks中，各种尺寸都可以利用（智能尺寸）命令来完成，智能尺寸可标注线性尺寸、角度尺寸、圆弧尺寸和圆的尺寸等各种尺寸，SolidWorks会根据选择的元素来识别，下面分别介绍其操作。

2. 6. 1　标注线性尺寸

线性尺寸分为水平尺寸、垂直尺寸和平行尺寸三种。执行◇（智能尺寸）命令并选择对象后，光标沿不同方向移动可自动显示水平尺寸、垂直尺寸和平行尺寸。

1. 标注直线的线性尺寸

单击“草图”工具栏中的◇（智能尺寸）按钮，或选择下拉菜单“工具”→“标注尺寸”→“智能尺寸”命令，将鼠标指针移动至需标注尺寸的直线附近，直线显示为红色时用左键单击，然后一直向下移动鼠标，即可拖出水平尺寸。向左拖动鼠标可拖出垂直尺寸，沿着垂直于直线的方向移动可拖出平行尺寸，如图 2-72 所示。

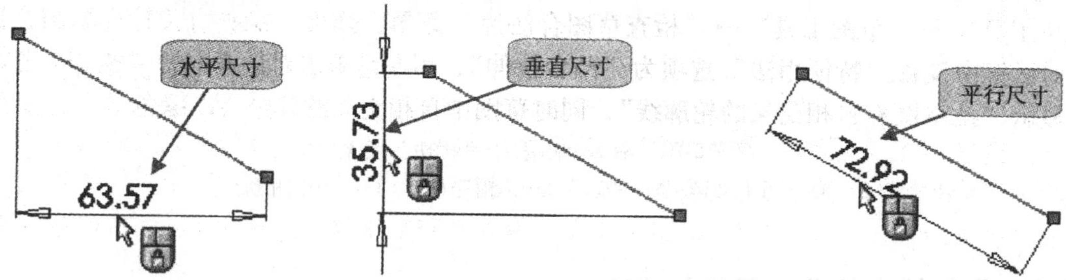

图 2-72　直线线性尺寸的标注

拖出尺寸标注后，在适当的位置单击鼠标左键，可确定所标注尺寸的位置，同时弹出“修改”对话框，如图 2-73 所示。在对话框中键入图形对象的长度，然后单击对话框中的✔（确定）按钮，完成尺寸标注。

图 2-73　“修改”对话框

在草图绘制环境下，双击所标注的尺寸，会弹出“修改”对话框，可在此对话框中修改尺寸，如图 2-74 所示。修改完成后单击✔（确定）按钮，尺寸显示为新修改后的尺寸，且图形会按新的尺寸变化。因此一般绘图时可先按自动计算的大小标注尺寸，然后再进行修改。

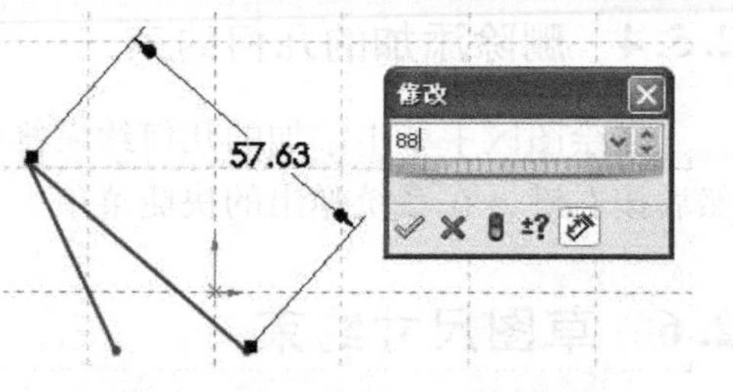

图 2-74　“修改”已标注的尺寸

2. 标注两点的线性尺寸

单击“草图”工具栏中的◇（智能尺寸）按钮，或选择下拉菜单“工具”→“标注尺寸”→“智能尺寸”命令，将鼠标指针移动到一个点附近，当该点显示为红色时用左键单击，再将鼠标指针移动到另一个点附近，当点显示为红色时用左键单击，然后一直向下移动鼠标可拖出水平尺寸，一直向左拖动鼠标可拖出垂直尺寸，沿着倾斜方向移动可拖出平行尺寸，如图 2-75 所示。移动到合适位置时单击左键即可确定标注尺寸的位置。

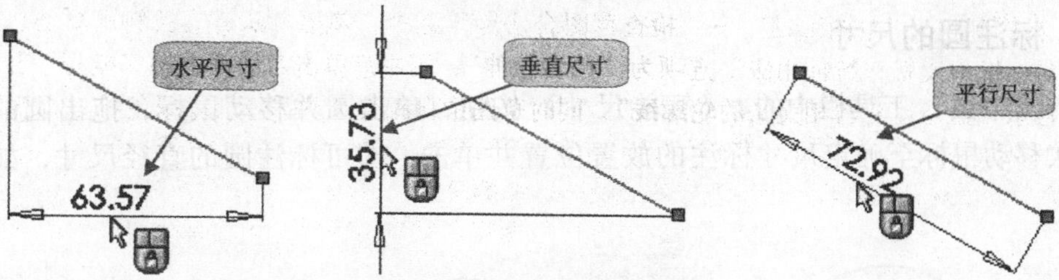

图 2-75　两点线性尺寸的标注

3. 标注点到直线的尺寸

单击“草图”工具栏中的（智能尺寸）按钮，或选择下拉菜单“工具”→“标注尺寸”→“智能尺寸”命令，将鼠标指针移动到一个点附近，当点显示为红色时用左键单击，将鼠标指针移动至需标注尺寸的直线附近，当直线显示为红色时用左键单击，然后移动鼠标，显示点与直线的垂直距离，移动到合适位置时单击左键，如图 2-76 所示。

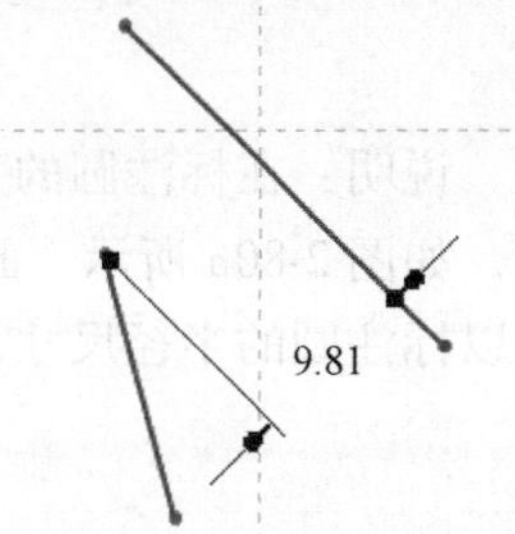

图 2-76　点到直线的尺寸

2.6.2　标注角度尺寸

单击“草图”工具栏中的（智能尺寸）按钮，然后分别单击需标注角度尺寸的两条直线，移动鼠标并在适当位置单击左键，可确定所标注尺寸的位置，同时弹出“修改”对话框，在对话框中键入需标注角度的新角度值，单击对话框中的（确定）按钮，即可完成角度尺寸标注，如图 2-77 所示。也可不修改对话框中的角度值，直接单击对话框中的“确定”按钮，标注为默认角度尺寸，在需要时再双击该尺寸进行修改。

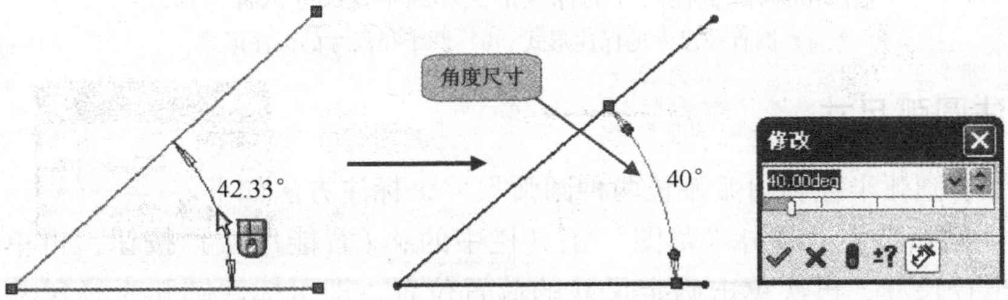

图 2-77　角度尺寸的标注

在标注角度尺寸时，光标移动至不同的位置，可得到不同的标注形式，如图 2-78 所示。

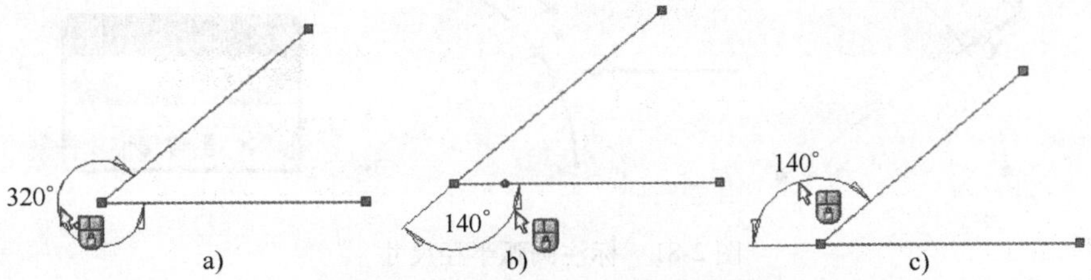

a)　b)　c)

图 2-78　几种不同的角度尺寸标注形式

a）标注形式一　b）标注形式二　c）标注形式三

2.6.3　标注圆的尺寸

单击“草图”工具栏中的◇（智能尺寸）按钮，单击圆并移动鼠标，拖出圆的直径尺寸，再次移动鼠标至确定尺寸标注的放置位置并单击，即可标注圆的直径尺寸，如图 2-79 所示。

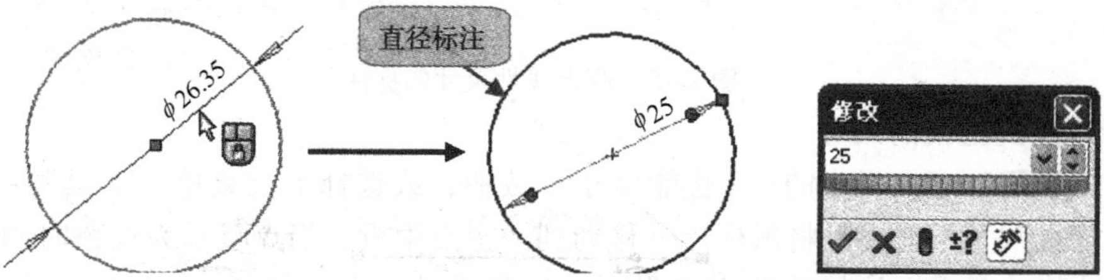

图 2-79　标注圆的直径尺寸

说明：在标注圆的直径时，用鼠标左键单击的位置不同，圆的直径的标注形式也有所不同，如图 2-80a 所示。此外，通过单击“尺寸”窗口中“引线”选项卡的◎（半径）按钮，可以标注圆的半径尺寸，如图 2-80b 所示。

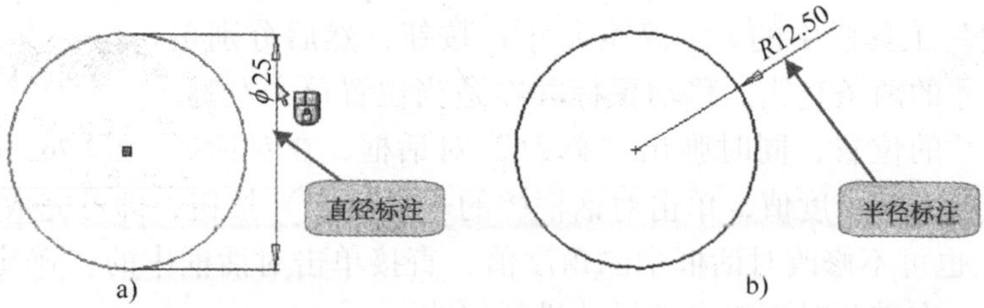

图 2-80　圆直径尺寸的标注形式和圆半径尺寸的标注形式
a）圆直径尺寸的标注形式　b）圆半径尺寸的标注形式

2.6.4　标注圆弧尺寸

圆弧尺寸有圆弧半径和圆弧弧长两种圆弧尺寸，标注方法如下。

（1）标注圆弧半径：单击“草图”工具栏中的◇（智能尺寸）按钮，再单击圆弧，移动鼠标拖出半径尺寸，再次单击确定尺寸的放置位置，即可标注圆弧半径尺寸，如图 2-81 所示。

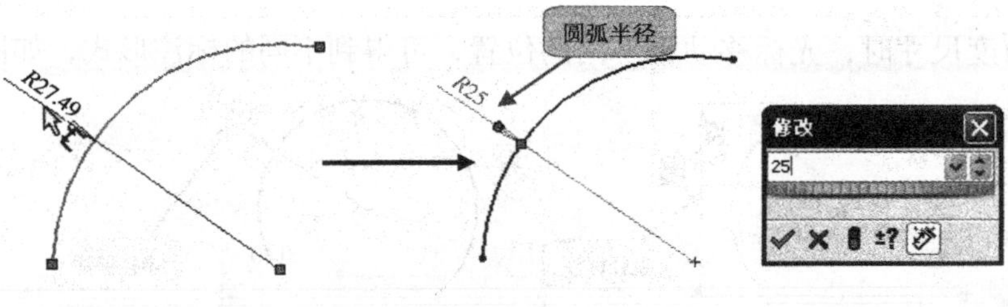

图 2-81　标注圆弧半径尺寸

（2）标注圆弧弧长：单击“草图”工具栏中的◇（智能尺寸）按钮，再分别单击圆弧的两个端点及圆弧，移动鼠标拖出圆弧的弧长尺寸，再次单击确定尺寸的放置位置，即可标注圆弧弧长尺寸，如图 2-82 所示。

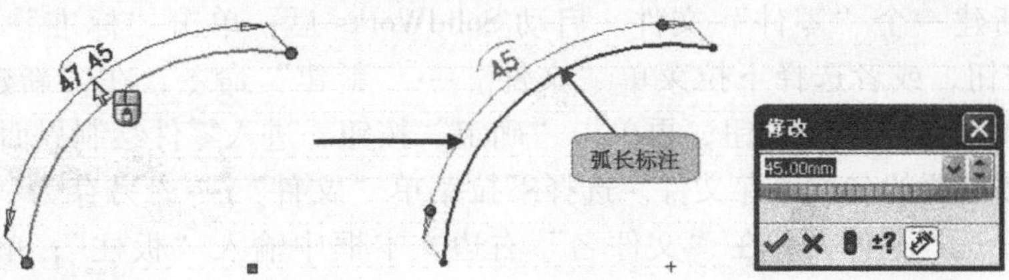

图 2-82　标注圆弧弧长尺寸

2.6.5　删除添加的尺寸约束

在绘图区中单击添加的尺寸，再按“删除”键；或者单击选择尺寸，然后按右键，在系统弹出的快捷菜单中选择“删除”，也可以很方便地删除尺寸。

2.7　草图绘制实例

使用 SolidWorks 绘制平面图形与 AutoCAD 不同，它既可以使用快速捕捉找到几何元素的精确位置，也可以使用几何关系约束几何元素间的相对位置。草图绘制一般按以下 5 步进行：选择基准面及进入草图编辑状态、绘制草图图形、添加几何约束、标注草图尺寸、保存并退出草图编辑状态，关键步骤如下。

①在合适的位置画出几何图形。定位某点在草图原点，以确认草图位置。不需要精确尺寸，但最好与尺寸接近。圆弧形状可以先绘制成圆，等添加完几何约束关系后再剪裁成圆弧。

②为几何元素添加几何约束条件。

③为几何元素标注尺寸。可以先标注草图元素的定位尺寸，再标注定形尺寸。

以上步骤并不是固定不变的，对于一些复杂的草图，有时候需要一边绘图，一边添加几何约束和尺寸。

2.7.1　草图绘制实例（一）

在“上视基准面”上绘制如图 2-83a 所示的草图（左边圆心在坐标原点），并拉伸成高度为 20mm 的柱体，如图 2-83b 所示，以“板柱”为文件名保存。具体操作步骤如下。

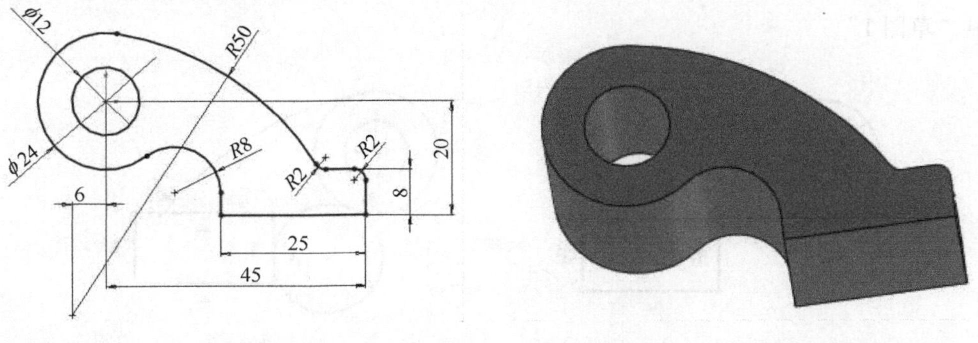

图 2-83　草图和模型图
a）草图　b）模型图

第 1 步：新建一个“零件”文件。启动 SolidWorks 后，单击“标准”工具栏中的（新建）图标按钮，或者选择下拉菜单“文件”→“新建”命令，在“新建 SolidWorks 文件”对话框中单击“零件”按钮，再单击“确定”按钮，进入零件绘制界面。

第 2 步：按需要的名称保存文件。选择下拉菜单“文件”→“另存为”命令，在“另存为”对话框中选择文件夹；在“文件名”右边文本框中输入“板柱”；单击“保存”按钮，又回到编辑界面。

第 3 步：进入草图绘制界面。在窗口左边单击选取**上视基准面**为绘图平面；单击“**草图**”工具栏上（草图绘制）按钮。将基准面旋转到与屏幕平行的方向，在窗口左边设计树上增加“草图 1”的名称，中间的红色坐标系交点代表原点。

第 4 步：绘制草图图形。

①单击（圆）按钮，按圆心在草图原点绘制两个同心圆。在绘制的过程中，根据系统显示的圆的半径，确定圆的基本大小，绘图时注意不要与最终的大小相差太大，外圆直径大小在 $\phi24$ 左右。再单击（矩形）按钮，在合适的位置绘制一个矩形，如图 2-84a 所示。

②单击（周边圆）按钮，绘制一个与 $\phi24$ 圆和矩形左边线相切的圆，在勾选“自动几何关系”后，系统就为该圆与 $\phi24$ 圆和矩形左边线添加了相切的几何关系（也可以先绘制任意圆后再添加“相切”几何约束关系）。在绘图过程中注意控制圆的位置和大小。单击（3 点圆弧）按钮，在图形上方绘制一个圆弧，如图 2-84b 所示。

③单击（添加几何关系）按钮，给使用“3 点圆弧”命令绘制的圆弧与 $\phi24$ 圆添加相切几何关系。单击（剪裁实体）按钮，用“剪裁到最近端”选项剪裁掉不需要的部分，结果如图 2-84c 所示。

④单击（绘制圆角）按钮，在“绘制圆角”窗口中设置“半径”为 2，勾选“保持拐角处约束条件”，单击右边两个交点，为草图添加两处半径为 2 的圆角，结果如图 2-84d 所示。

第 5 步：为草图添加尺寸。单击（智能尺寸）按钮，单击相应元素标注尺寸，调整尺寸值，最终结果如图 2-84e 所示。

第 6 步：草图绘制完成后，单击图形区右上角的（退出草图）按钮，结束草图绘制。

第 7 步：拉伸为柱体。

（1）单击特征窗口“特征”项，上方显示“特征”工具栏按钮，如图 2-85a 所示。单击选中“草图 1”。

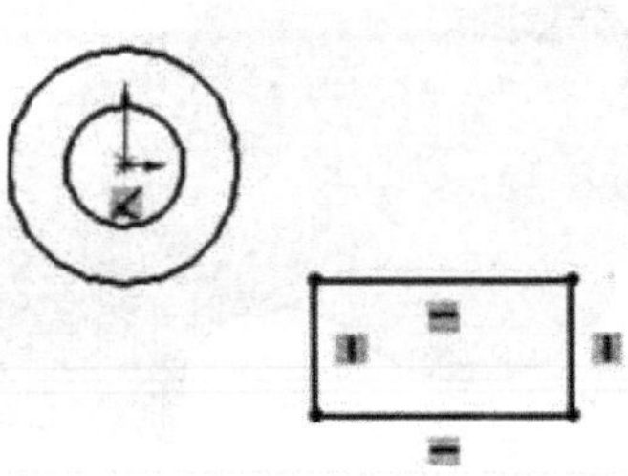

a)

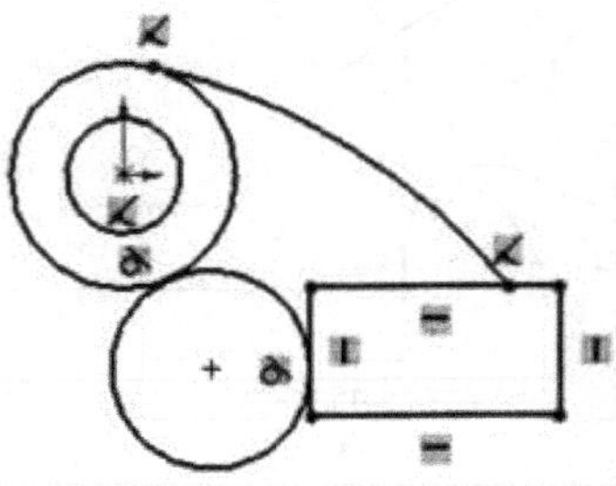

b)

图 2-84　草图

a）草图图形（一）　b）草图图形（二）

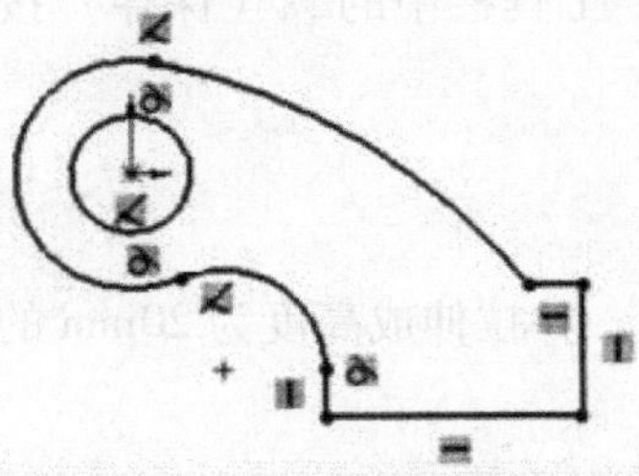

c)

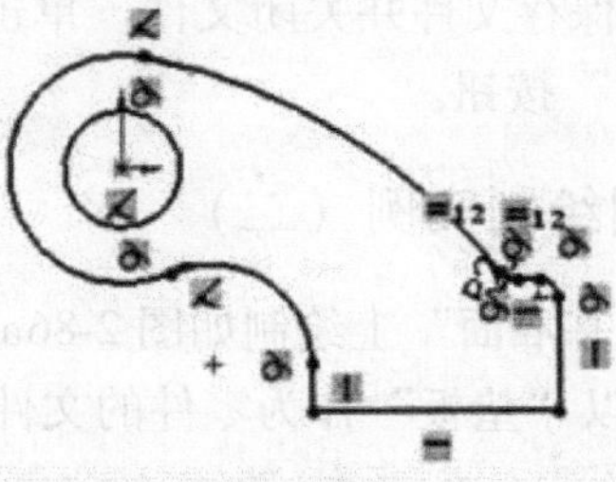

d)

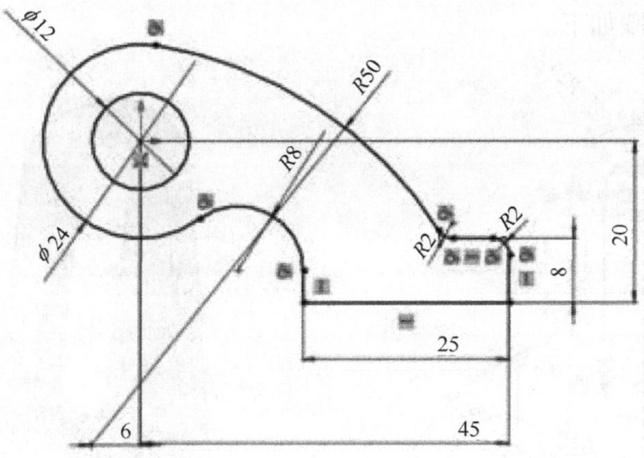

e)

图2-84　草图（续）

c）草图图形（三）　d）草图图形（四）　e）草图尺寸

（2）单击“**特征**”工具栏中的（拉伸凸台/基体）按钮，系统弹出“拉伸”窗口，如图 2-85b 所示，在（深度）右边文本框中输入 30，可看到绘图区有立体显示（黄色），单击（确定），完成拉伸。

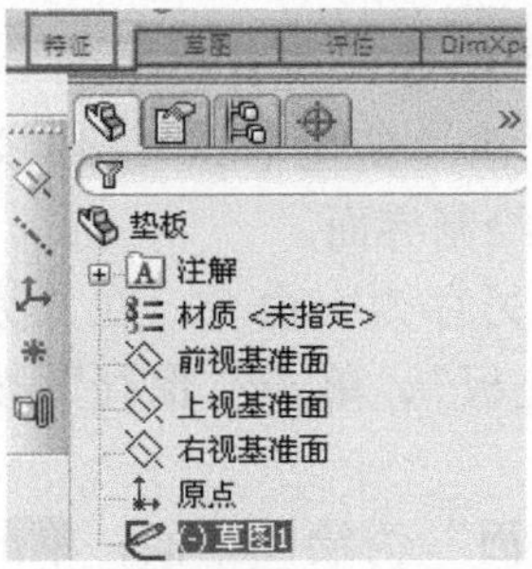

a)

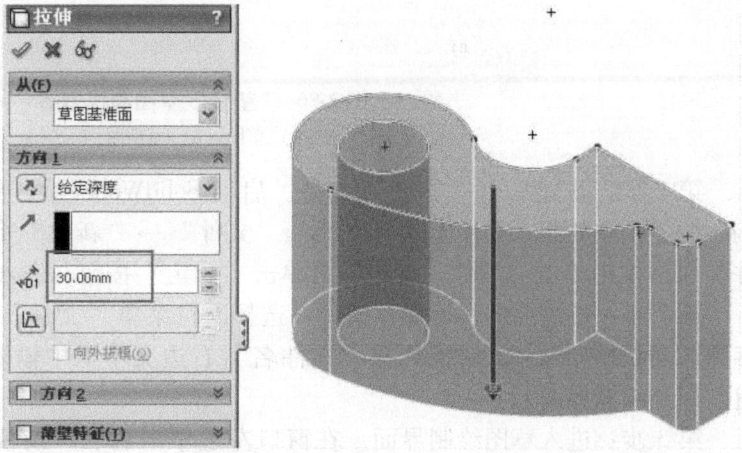

b)

图 2-85　特征工具栏和“拉伸”窗口

a）特征工具栏　b）“拉伸”窗口

第 8 步：保存文件并关闭文件。单击“标准”工具栏中的（保存）按钮，单击界面右上角“关闭”按钮。

2.7.2 草图绘制实例（二）

在“**前视基准面**”上绘制如图 2-86a 所示草图，并拉伸成高度为 20mm 的柱体，如图 2-86b 所示，并以“垫板”作为零件的文件名保存。

知识点：可以先执行特征命令，再绘制草图，也可以先绘制草图保存，再执行特征命令。

此例具体操作步骤如下。

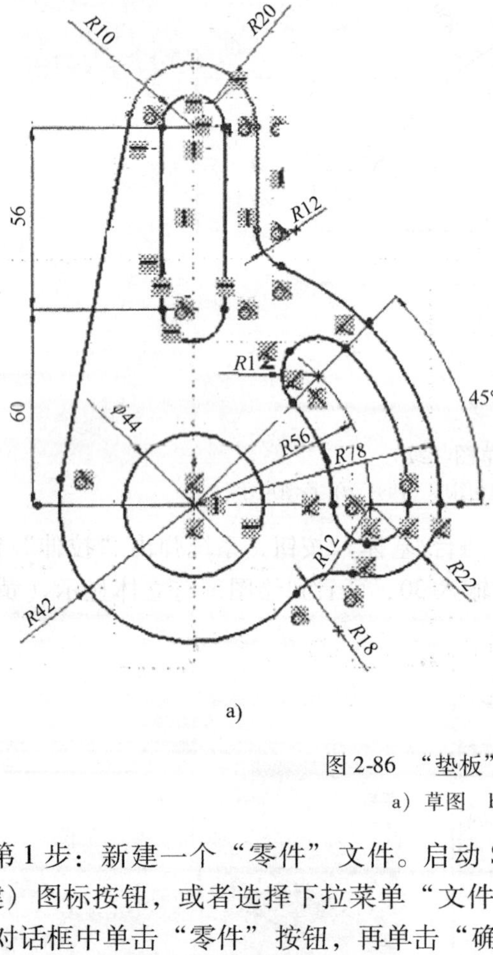

a)

b)

图 2-86 “垫板”草图和模型图

a）草图 b）模型图

第 1 步：新建一个“零件”文件。启动 SolidWorks 后，单击“标准”工具栏中的（新建）图标按钮，或者选择下拉菜单“文件”→“新建”命令，在“新建 SolidWorks 文件”对话框中单击“零件”按钮，再单击“确定”按钮，进入零件绘制界面。

第 2 步：按需要的名称保存文件。选择下拉菜单“文件”→“另存为”命令，在“另存为”对话框中选择文件夹，在“文件名”右边文本框中输入“垫板”，单击“保存”按钮，回到编辑界面。

第 3 步：进入草图绘制界面。在窗口左边单击选取“**前视基准面**”为绘图平面，单击“草图”工具栏上（草图绘制）按钮。将基准面旋转到与屏幕平行的方向，在窗口左边设计树上增加“草图 1”的名称，中间的红色坐标系交点代表原点。

第 4 步：绘制“垫板”草图。

（1）单击 （圆）按钮，在原点单击鼠标，向外拖动鼠标至适当位置后松手，绘制一个任意圆，在窗口左边的“圆”窗口下方“参数”项输入半径值 22，如图 2-87 所示，再单击上方 （确定）按钮，完成圆的绘制和设置。也可先在原点绘制任意大小的圆后，单击 （智能尺寸）按钮为圆添加尺寸，在“修改”框输入半径值 22 后单击确定按钮。图中的符号 是“约束符号”，代表输入的圆心与原点具有“重合”的几何关系。

（2）单击 （圆）按钮绘制其他草图圆。让三组同心圆的圆心在一条竖直线上（可以在绘制圆时注意观察，也可以在绘制完成后添加“对齐”约束关系）。与半径 22 的圆同心的圆的半径为 42，上面两组同心圆的半径分别为 10、20，上下位置适当即可，如图 2-88 所示。半径大小可以在绘制圆时设置参数，也可以在绘制圆完成后添加尺寸约束。

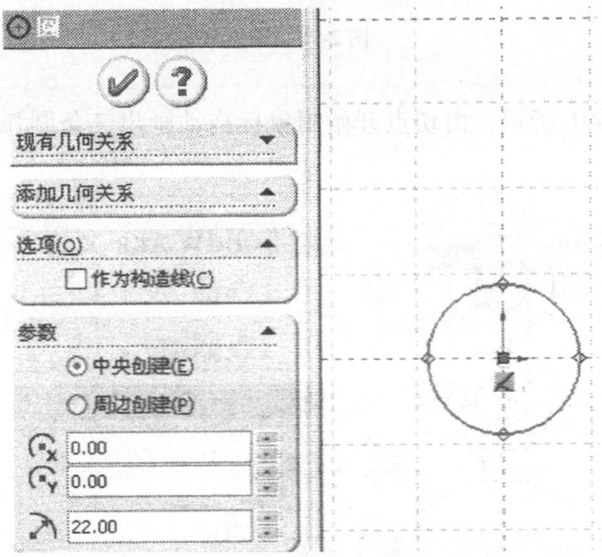

图 2-87　第一个圆图

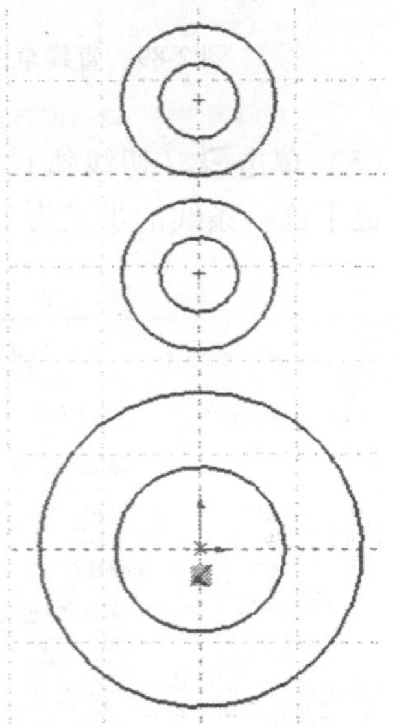

图 2-88　圆草图

（3）单击 （直线）按钮，按图 2-89 所示用鼠标分别单击两端点位置，画出四条竖直线和一条水平线。可以发现，每画一线都会伴随着几何关系约束符号，如 代表“水平”约束， 代表“竖直”约束， 代表“相切”约束。单击 （直线）按钮，在原点单击，向右上移动光标再单击第二点，绘制一条斜线，在参数项中输入长度 80、角度 45°，单击上方 （确定）按钮，完成直线的绘制和设置。

2D 草图绘制有两种模式：“单击-单击”模式和“单击-拖动”模式。如果单击第一点并释放鼠标，移动光标再单击第二点（例如刚才画直线），为“单击-单击”模式；如果单击第一点并拖动鼠标（例如：刚才画圆），则进入“单击-拖动”模式。当直线（或圆弧）命令处于“单击-单击”模式时，会产生连续的线段（称“链”）。若要终止草图链，可执行如下操作之一：双击以终止链，并保持命令（或右击鼠标并选择“结束链”命令）；按 Esc 键来终止链，并结束命令；将指针移到视图窗口外选择另一命令，也会终止链。

（4）单击 （圆心/起/终点画弧）按钮，如图 2-90 所示，用鼠标依次输入圆心、起点和终点，按逆时针方向画出四条圆弧线，半径值分别为 78、56、12、12。

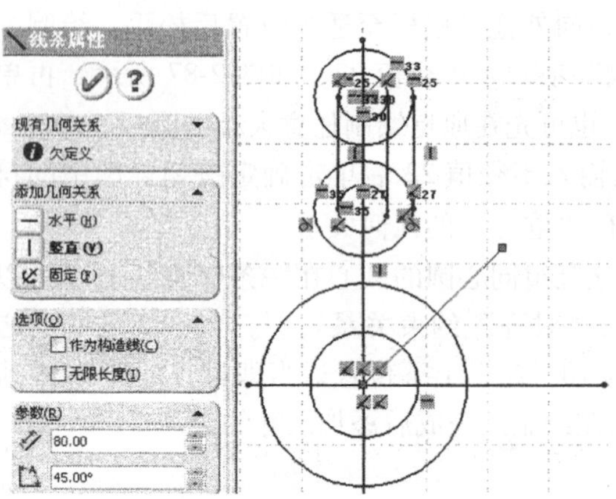

图 2-89　直线草图

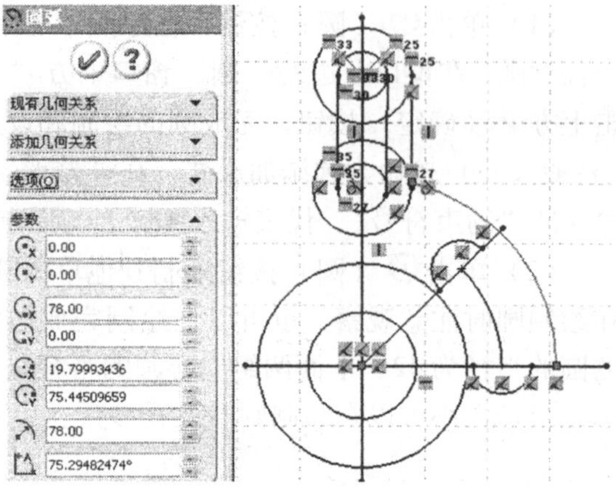

图 2-90　圆弧草图

（5）单击（切线弧）按钮，如图 2-91 所示，由切点开始用鼠标拖动画出三条圆弧线，最下面一条线的半径为 22。

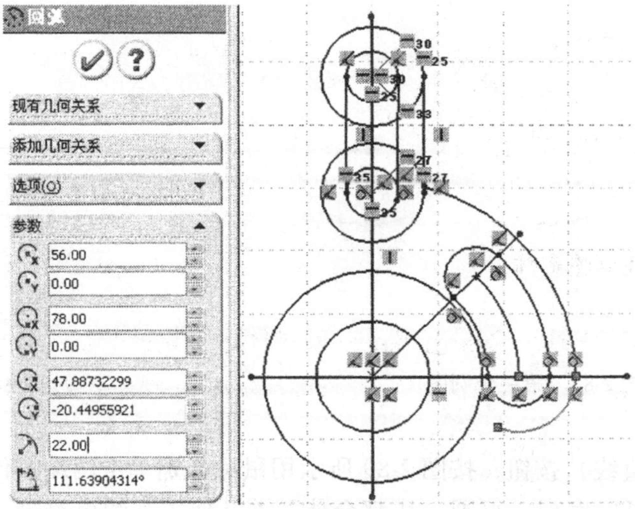

图 2-91　切线圆弧草图

（6）单击（直线）按钮，绘制如图 2-92 所示的与两圆相切的斜线。可以先在左边绘制任意一条斜线，再添加“相切”几何关系，也可以用“快速捕捉”按钮来绘制。具体步骤是：单击（直线）按钮，“快速捕捉”按钮会变亮，再单击（快速捕捉）按钮，快速捕捉按钮会展开，如图 2-93 所示，单击选择相切捕捉项，再在绘图区圆上单击确定斜线的一个端点，将光标移动到另一个圆上，单击确定另一个端点，即得到一条同时与两圆相切的斜线。

快速捕捉有一大特点，只要选择了某一种捕捉点，绘制草图实体（如上述直线）的操作从开始到结束，系统会一直自动搜索这个捕捉点，并且给出相应的推理线（黄色），而将系统预先设置的其他捕捉点过滤掉。

使用快速捕捉时要使用“单击-单击”模式绘制-草图的方法（称单步操作法）画图，如果不小心使用了“单击-拖动”模式绘制草图的方法，快速捕捉模式可能自动失效。

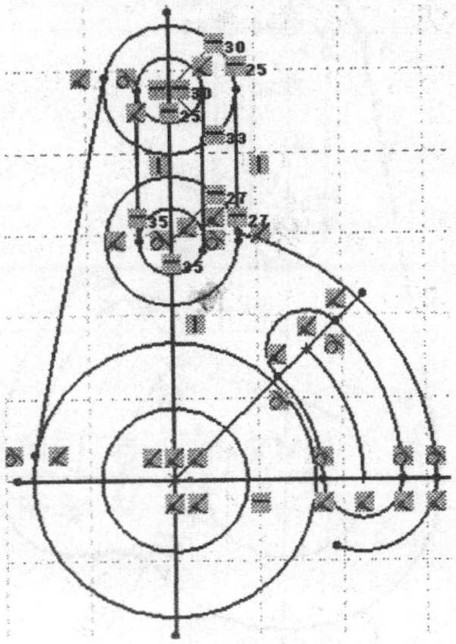

图 2-92　直线草图

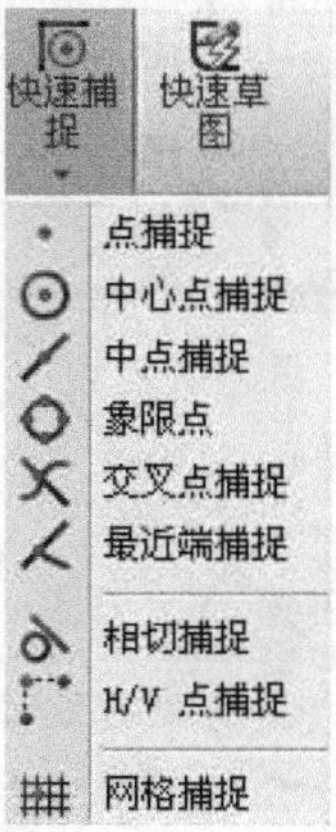

图 2-93　快速捕捉展开

（7）单击（剪裁实体）按钮，将草图修整成如图 2-94 所示的形式。

（8）单击（绘制圆角）按钮，按图 2-95 所示选择圆弧两侧，分别设定半径为 18、12，先后绘制两处过渡圆角，并自动标注尺寸 *R*18、*R*12。

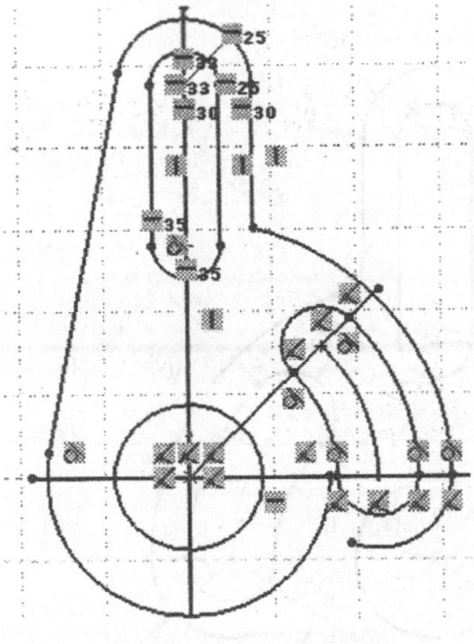

图 2-94　剪裁草图实体

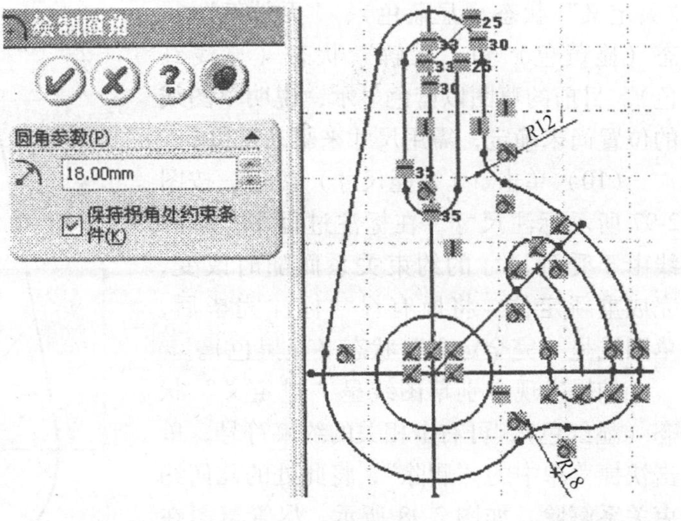

图 2-95　绘制圆角草图

（9）选择图 2-96a 所示的过下方圆心的三条直线及右边中间的一段圆弧（多元素选择方法：按住 ctrl 键的同时单击元素），在窗口左边勾选 □作为构造线(C)项，可看到所选的草图线变成点画线（称构造线），如图 2-96b 所示。构造线不能建立特征，只起到参考和定位作用。

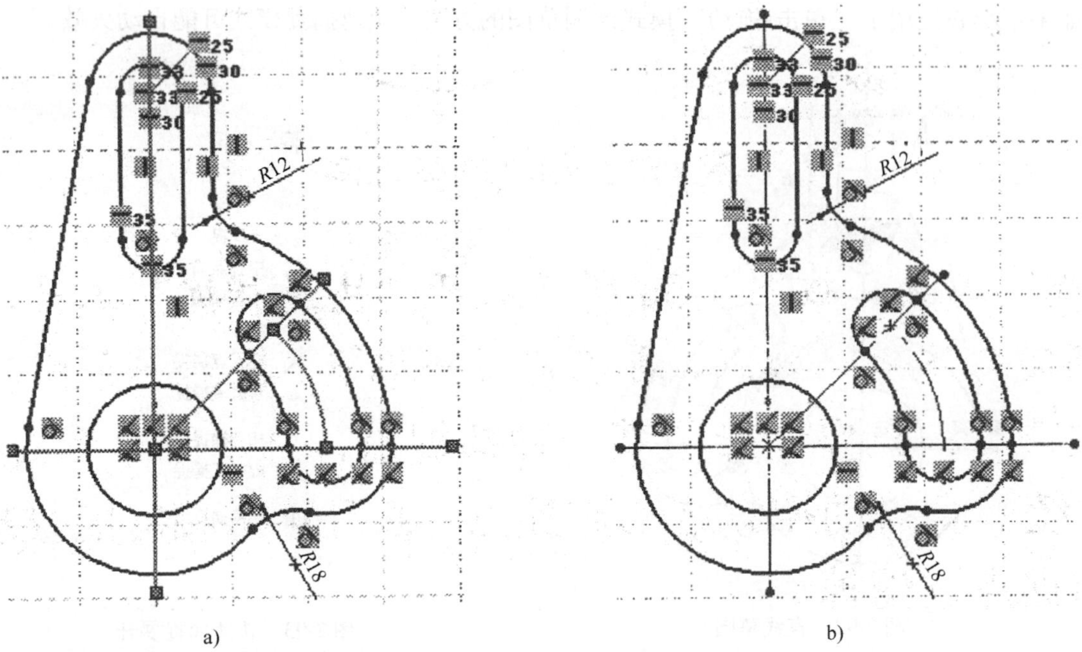

图 2-96　转换为构造线

草图通常存在五种状态，即“过定义”状态（显红色）、“完全定义”状态（显黑色）、“欠定义”状态（显蓝色）、“无效解”状态（显黄色）和“无解”状态（显浅红色）。目前的草图以蓝色显示，说明草图线的位置尚未确定，需用尺寸来驱动定位。

（10）单击（智能尺寸）按钮，按图 2-97 所示标注尺寸。在标注过程中，草图线由于受到尺寸的约束关系而随时改变，完成重新定位。将所有尺寸标注完毕后，草图线呈“完全定义”状态（显黑色）。

如果发现个别草图线呈“过定义”状态（显红色），可右击相关的约束符号，单击快捷菜单中的“删除”，将此处的几何约束关系解除，如图 2-98 所示。尽管草图在“欠定义”状态下不会影响特征的建立，但还是对特征的编辑修改带来诸多不便，因此，推荐绘制“完全定义”状态的草图。

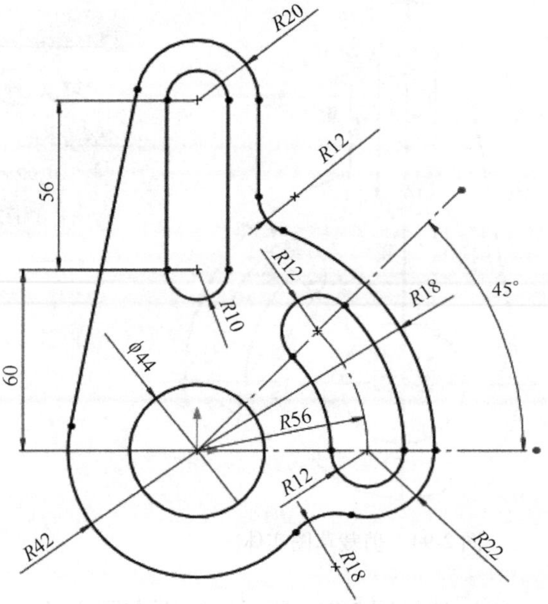

图 2-97　草图的尺寸驱动

第 5 步：草图绘制完成后，单击图形区右上角的（退出草图）按钮，结束草图绘制。

第 6 步：拉伸为柱体。

(1) 单击特征属性窗口中的“特征”项，上方显示“特征”工具栏按钮，如图 2-99 所示。单击选中“草图 1”。

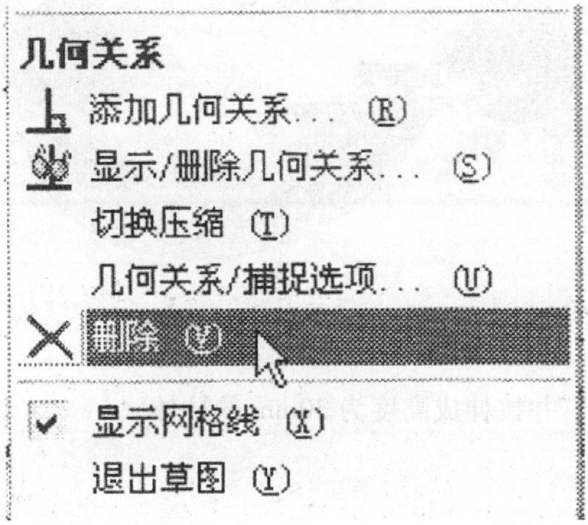

图 2-98　几何约束关系解除

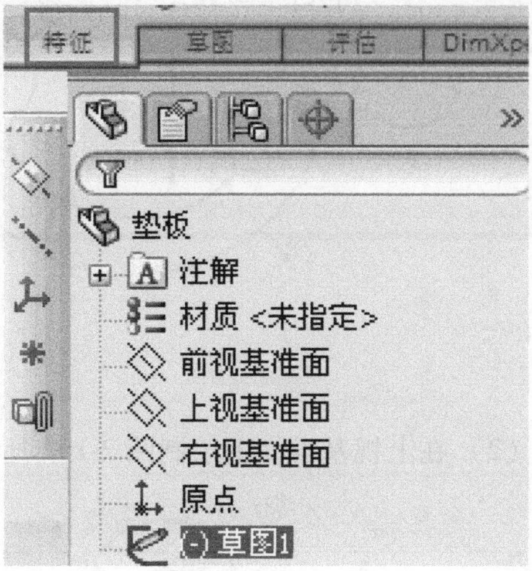

图 2-99　特征工具栏

(2) 单击“**特征**”工具栏中的（拉伸凸台/基体）按钮，系统弹出“凸台-拉伸”窗口，在（深度）右边的文本框中输入“20”，可看到绘图区有立体显示（黄色），如图 2-100 所示，单击（确定）按钮，完成拉伸。

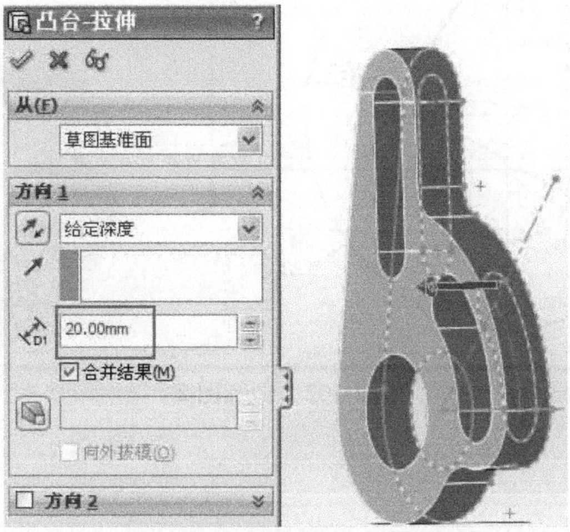

图 2-100　“凸台-拉伸”窗口

第 7 步：保存文件并关闭文件。单击“**标准**”工具栏中的保存按钮，单击界面右上角“关闭”按钮。

2.7.3　草图绘制训练

(1) 在前视基准面上绘制图 2-101 所示草图，并拉伸成高度为 20mm 的柱体。

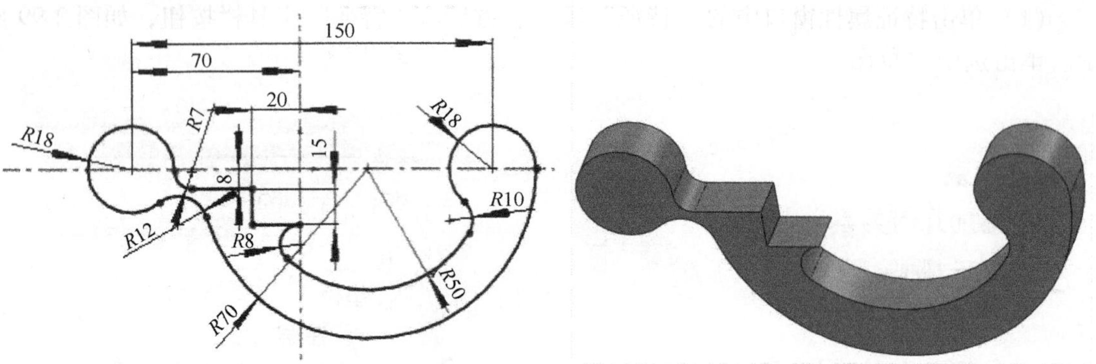

图 2-101　训练图 1

（2）在上视基准面上绘制图 2-102 所示草图，并拉伸成高度为 30mm 的柱体。

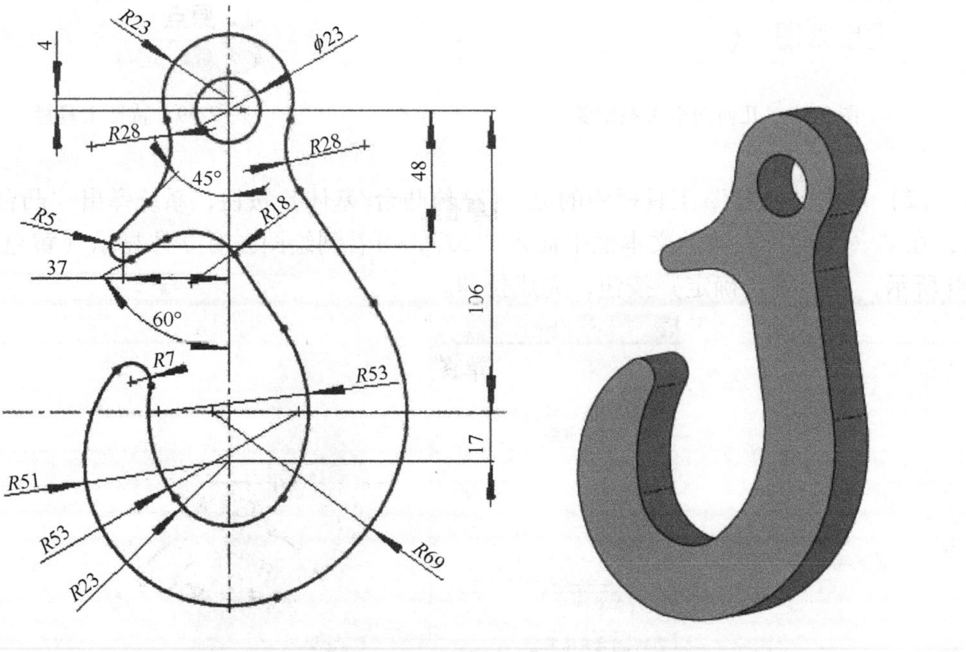

图 2-102　训练图 2

第 3 章　拉伸与旋转建模

本章要点：学习拉伸特征与旋转特征的操作方法，通过实例训练拥有对一般零件的建模能力。

基础特征是一个零件的主要结构特征，常用拉伸特征与旋转特征来建模基础特征。

3.1　拉伸凸台特征

拉伸特征是最基本且经常使用的零件造型特征，它是通过将草绘横断面沿着指定方向拉伸而形成的，如图 3-1 所示。拉伸特征主要包括拉伸凸台、拉伸薄壁和拉伸切除三个特征，如图 3-2 所示。

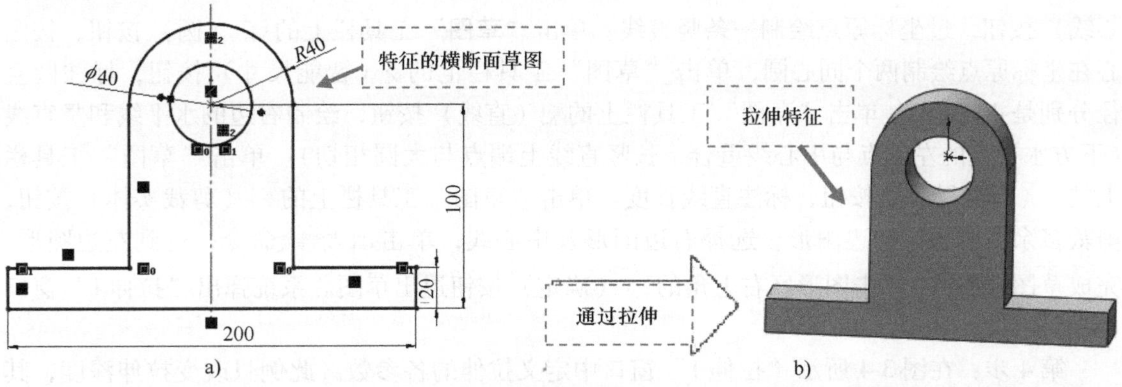

图 3-1　拉伸凸台

a）横断面草图　b）拉伸特征

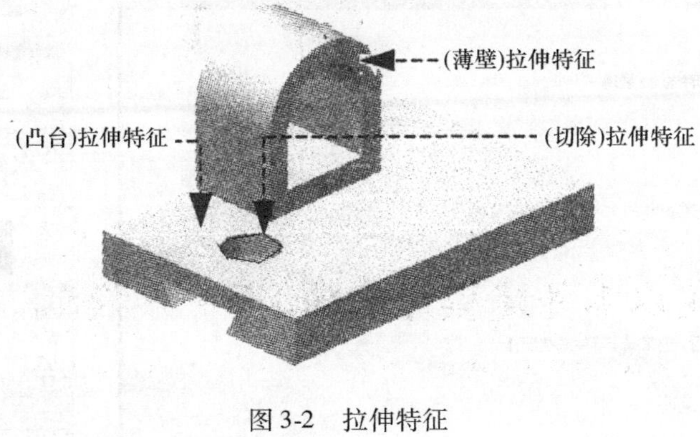

图 3-2　拉伸特征

3.1.1　创建一个拉伸凸台特征作为零件

以图 3-1 所示为例介绍拉伸凸台的操作过程。

第 1 步：启动 SolidWorks 软件后新建文件和保存文件。

(1) 执行新建文件命令。在“**标准**”工具栏中单击 (新建) 按钮，系统弹出图 3-3 所示的“新建 SolidWorks 文件”对话框。

(2) 进入零件建模界面。在对话框中单击选择“零件”按钮，单击下方“确定”按钮，进入“零件 1”建模界面。

说明：每次新建一个文件，SolidWorks 系统都会显示一个默认名。如果创建的是零件类型，默认名的格式是“零件”后加序号，如零件 1，以后再新建一个零件，序号自动加 1，如零件 2、零件 3。

(3) 换名保存文件。换名保存文件，最好不要用默认名。单击下拉菜单“文件”→“另存为”命令，弹出“另存为”对话框，在“文件名”文本框中输入“平面板”为文件名名称，单击“保存”按钮。

第 2 步：定义草图基准面和选取拉伸特征命令。单击选中“**前视基准面**”作为草图基准面，单击“**特征**”工具栏上的 (拉伸凸台/基体) 按钮，或者选择下拉菜单“插入”→“凸台/基体”→“拉伸”命令，系统进入草图绘制界面。

第 3 步：绘制横断面草图。绘制如图 3-1a 所示草图。单击“**草图**”工具栏上的 (中心线) 按钮，过坐标原点绘制一条竖直线。单击“**草图**”工具栏上的 (圆) 按钮，按圆心在坐标原点绘制两个同心圆，单击“草图”工具栏上的 (智能尺寸) 按钮，标注圆直径分别是 40 和 80。单击“草图”工具栏上的 (直线) 按钮，绘制右边的水平线和竖直线 (下方水平线的左端点与中心线重合，长竖直线上端点与大圆相切)。单击“草图”工具栏上的 (智能尺寸) 按钮，标注直线长度。单击“草图”工具栏上的 (剪裁实体) 按钮，剪裁多余线段完成右边图形。选择右边图形及中心线，单击 镜向实体 命令，得到左边图形。完成草图绘制后，单击图形区右上角的 (确定) 按钮退出草图。系统弹出“拉伸 1”窗口 (在界面的左边)。

第 4 步：在图 3-4 所示“拉伸 1”窗口中定义拉伸的各参数。此例只改变拉伸深度，其余取默认值。在 (深度) 右边文本框中单击激活，再输入深度值 40。

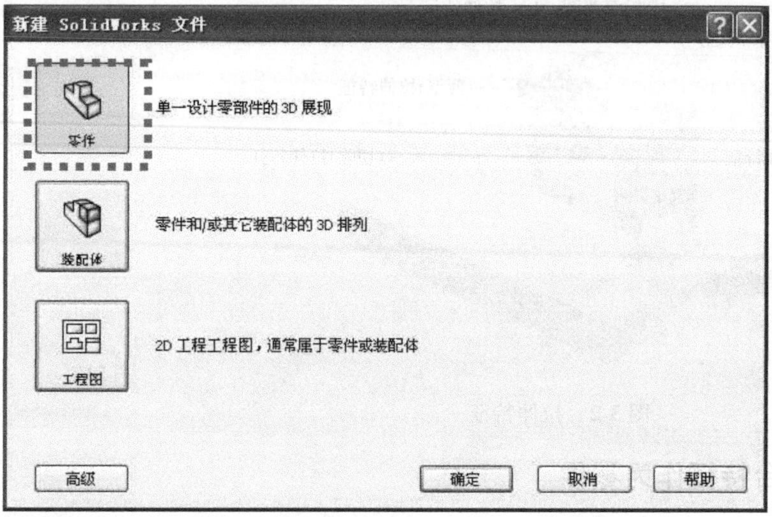

图 3-3 “新建 SolidWorks 文件”对话框

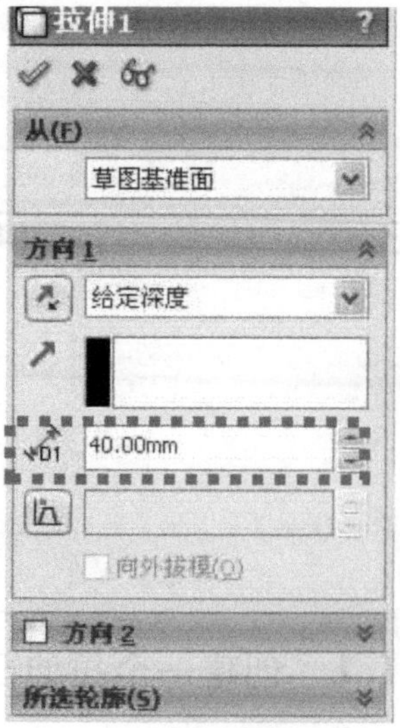

图 3-4 “拉伸 1”窗口

第5步：各参数定义完成后，单击“拉伸1”窗口上的✔（确定）按钮，完成特征的创建，如图3-1b所示。

第6步：保存文件和关闭文件。单击“**标准**”工具栏中的💾（保存）按钮，单击界面右上角“关闭”按钮。

3.1.2　拉伸凸台特征的操作

以图3-5所示的拉伸凸台特征建模为例，介绍一个拉伸凸台特征建模的详细操作过程。

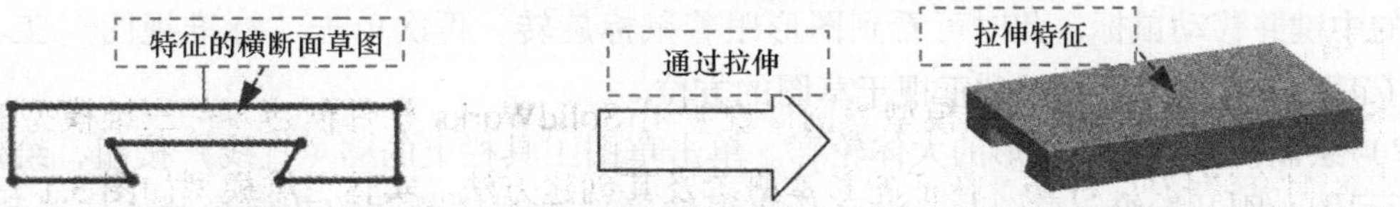

图3-5　拉伸凸台特征

第1步：新建文件和保存文件。启动SolidWorks，单击“标准”工具栏中的□（新建）按钮，弹出“新建SolidWorks文件”对话框，选择“零件”按钮，单击“确定”按钮。单击下拉菜单“文件”→“另存为”命令，弹出“另存为”对话框，在“文件名”文本框中输入文件名如“槽板”，单击“保存”按钮。

第2步：选取拉伸特征命令。选取特征命令一般有下面两种方法，一是从工具栏中获取特征命令，直接单击“**特征**”工具栏中的▣（拉伸凸台/基体）按钮。二是从下拉菜单中获取特征命令，选择下拉菜单“插入”→“凸台/基体”→“拉伸”命令。

说明：选择特征命令后，将光标移动到绘图区中拖动鼠标滚轮会显示如图3-6所示的三个相互垂直的默认基准面。这三个基准面在一般情况下处于隐藏状态，若想使它们一直处于显示状态，可在设计树中右击基准面的名称，从弹出的快捷菜单中单击选择👁（显示）命令。若再次单击选择👁按钮，则为隐藏作用。

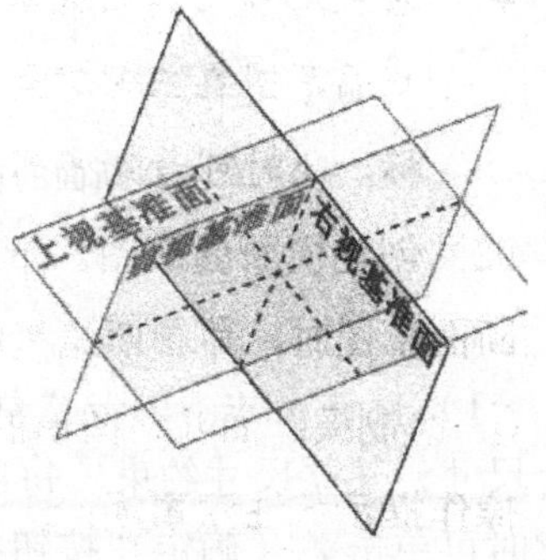

图3-6　三个默认基准面

第3步：定义拉伸特征的横断面草图。定义拉伸特征的横断面草图的方法有两种，一是新建草图作为横断面，二是选择已有草图作为横断面草图。本例选用新建草图作为横断面的方法。下面介绍创建横断面草图的一般过程，也可供以后创建横断面草图时参照。

（1）定义草图基准面。草图基准面是特征横断面或轨迹的绘制平面，选择的草图基准面可以是前视基准面、上视基准面和右视基准面中的一个，也可以是模型的某个表面。执行上一步拉伸特征命令后，系统会在窗口左边弹出“拉伸”窗口，其中显示选择一基准面来绘制特征横断面。的提示信息，等待定义基准面。此例选取**右视基准面**作为草图基准面，因此在绘图区移动光标，当**右视基准面**呈高亮显示时单击左键，系统进入草图绘制界面。

（2）绘制横断面草图轮廓图。横断面草图如图3-7所示。

1）设置草图界面，调整草图绘制区。进入草图绘制界面后，若系统没有自动调整草图视图方位，此时可单击“标准视图”工具栏中的（正视于）按钮，调整到正视于草图的方位（草图基准面与屏幕平行）。此时除可以移动和缩放草图绘制区外，如果用户想在三维空间绘制草图，或希望看到模型横断面草图在三维空间的方位，可以旋转草绘区，方法是按住鼠标的中键并移动鼠标，此时可看到图形跟着鼠标旋转。再次单击“标准视图”工具栏中的（正视于）按钮，可回到正视于草图的方位。

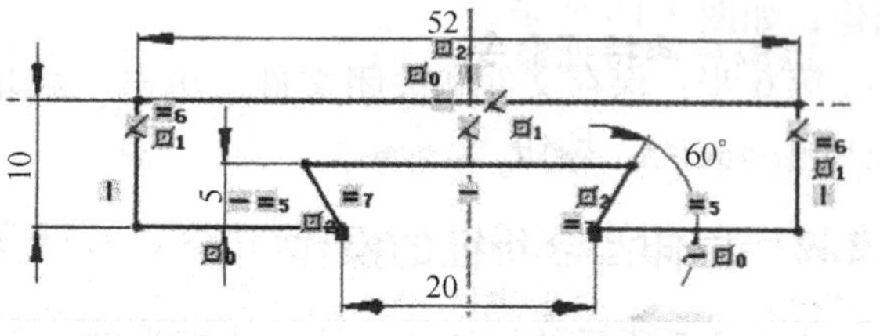

图 3-7　基础特征的横断面草图

2）绘制横断面几何图形的大体轮廓。单击草图工具栏上的（直线）按钮，绘制如图 3-8 所示图。刚开始绘制草图时，没有必要很精确地绘制横断面的几何形状、位置和尺寸，只要大概的形状与图 3-8a 相似就可以。但绘制直线时，可直接观察并建立水平约束和垂直约束，如图 3-8b 所示，详细操作参见第 2 章中草图绘制的相关内容。

（3）建立几何约束。单击“草图”工具栏上的（中心线）按钮，从原点绘制一条竖直线，建立图 3-9 所示的水平、竖直、对称、相等和重合约束，上方直线中点与坐标原点重合。

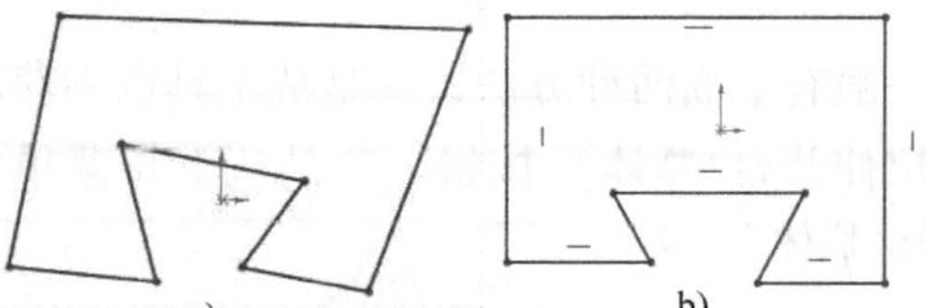
a)　　b)

图 3-8　草绘横断面的初步图形

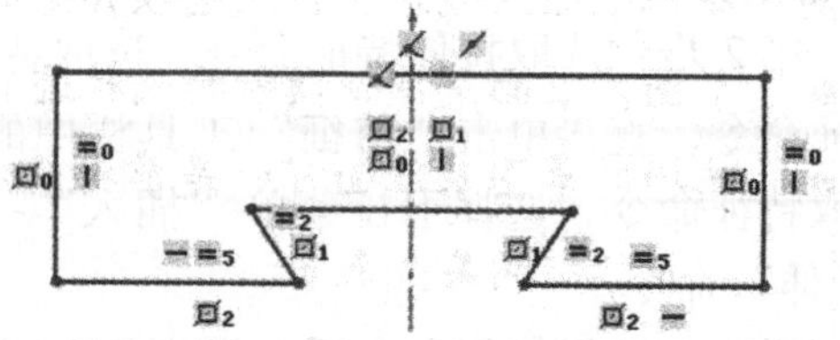
图 3-9　建立几何约束

（4）建立尺寸约束。

1）标注尺寸。单击“草图”工具栏中的（智能尺寸）按钮，标注如图 3-10 所示的五个尺寸，建立尺寸约束。每次标注尺寸时，系统都会弹出如图 3-11 所示“修改”对话框，此时可单击（确定）按钮接受默认值，然后将尺寸修改为设计值。也可以在此处直接输入设计尺寸。

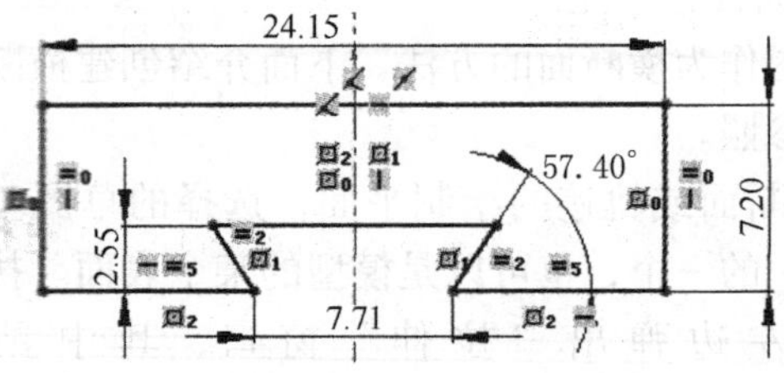

图 3-10　建立尺寸约束

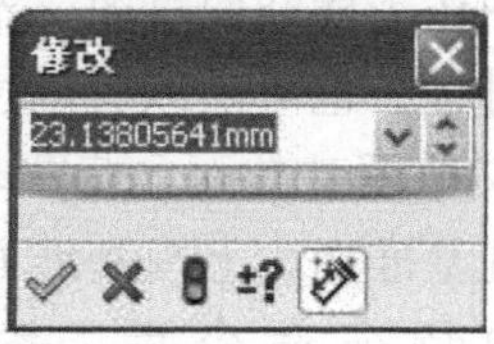

图 3-11　修改尺寸对话框

2）修改尺寸。将尺寸修改为如图 3-12 所示的尺寸。其操作是，双击尺寸数字，出现“修改”对话框，输入所需尺寸后单击（确定）按钮。由于图形会根据尺寸变化，因此需注意修改尺寸的顺序，先修改对横断面外观影响不大的尺寸。

（5）完成草图绘制后，退出草图。单击绘图区右上角如图 3-13 所示的（确定）按钮退出草图。

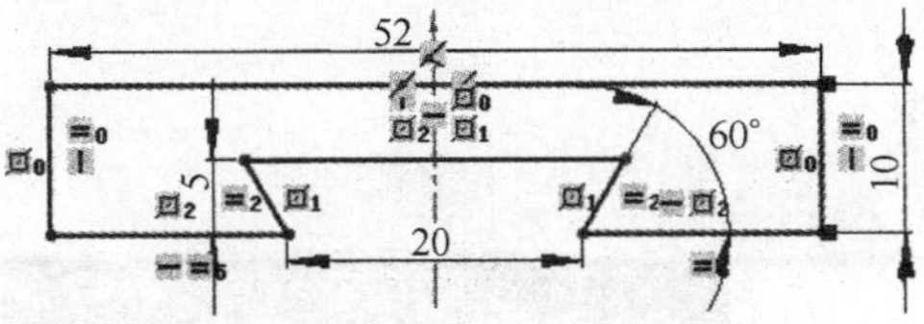

图 3-12　修改尺寸

图 3-13 “退出草图”按钮

退出草绘界面方法有四种：单击绘图区右上角的（确定）按钮退出草图；单击“草图”工具栏中的退出草图按钮，使之处于弹起状态；在绘图区右击，从弹出的快捷菜单中选择退出草图命令；选择下拉菜单“插入”→“退出草图”命令，退出草图绘制界面。

绘制实体拉伸特征横断面草图时有如下要求：横断面草图必须闭合，任何部位都不能有缺口，如图 3-14a 所示；横断面草图任何部位都不能有多余的线头，如图 3-14b 所示；横断面草图可以包含一个或多个封闭环，生成特征后，外环以实体填充，内环则为孔，环与环之间也不能有直线（或圆弧等）相连，如图 3-14c 所示。曲面拉伸特征的横断面可以是开放的，但横断面不能有多于一个的开放环。

执行退出草图绘制界面命令时，如果系统弹出图 3-15 所示的“SolidWorks”对话框，则表明横断面中有草图不闭合或横断面中有多余的线段等错误，此时可单击“是”按钮，查看问题所在，然后修改横断面中的错误，完成修改后再单击退出草图按钮。

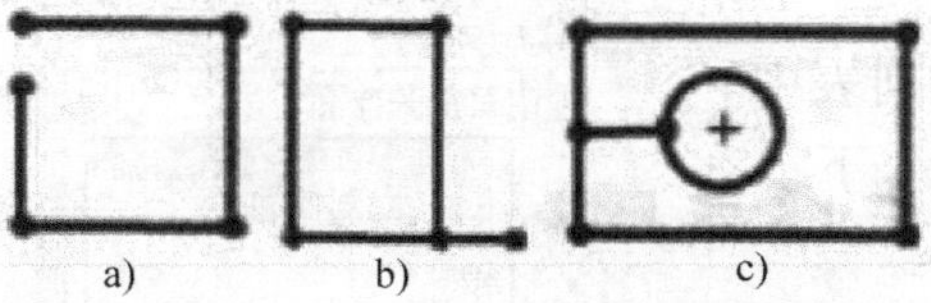

图 3-14　拉伸特征的几种错误横断面

a）有缺口　b）有多余线头　c）相连

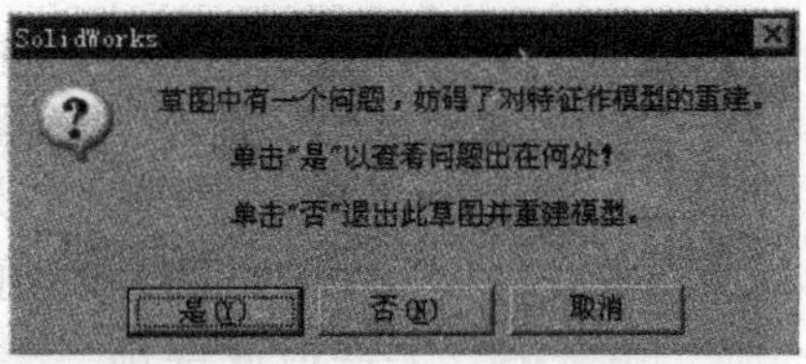

图 3-15 “SolidWorks”对话框

第 4 步：定义拉伸类型。退出草图绘制后，系统弹出图 3-16 所示的“拉伸”窗口，在其中进行拉伸参数的设置。此例在窗口中不修改选项，全采用默认值来创建向一个方向拉伸的实体类型。

利用“拉伸”窗口可以创建实体和薄壁两种类型的特征。创建实体类型时，实体特征的草绘横断面完全由材料填充，如图 3-17a 所示。若在“拉伸”窗口中选中薄壁特征(T)选项，可以将特征定义为薄壁类型。在由草图横断面生成薄壁类型时，薄壁特征的草图横断面是由材料填充成的均厚的环，环的内侧或外侧或中心轮廓边是草绘横断面，如图 3-17b 所示。

图 3-16　“拉伸”窗口

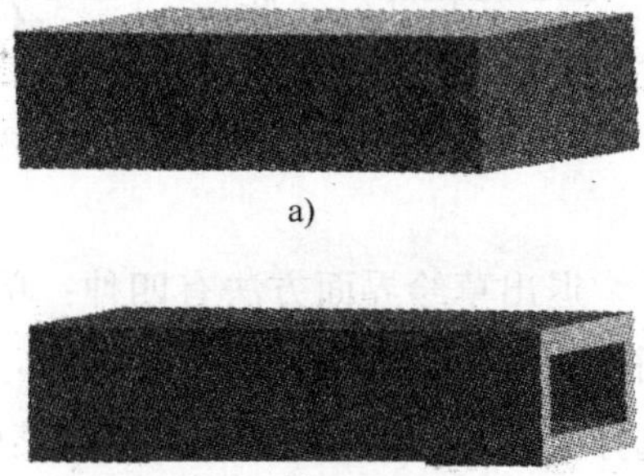

a)　b)

图 3-17　拉伸特征
a）实体类型　b）薄壁类型

利用“拉伸”窗口可以使草图向基准面的一个方向拉伸，也可以向基准面的两个方向拉伸。若只填写方向1区域内的相关项目，则草图向一个方向拉伸，若同时勾选☑方向2并填写其中的相关选项，则会在草图基准面的两侧各使用不同的厚度值向两个方向拉伸。

第 5 步：定义拉伸特征的起始条件。此例在“拉伸”窗口的从(F)下拉列表中选择草图基准面作为拉伸深度的起始条件，如图 3-18 所示。

图 3-18 所示的“拉伸”窗口的从(F)区域下拉列表中表示的是拉伸深度的起始元素选项，各选项的含义如下：

◇草图基准面：表示特征从草图基准面开始拉伸。

◇曲面/面/基准面：若选取此选项，需继续选择一个面，选择的面作为拉伸起始面。

◇顶点：若选取此选项，需继续选择一个顶点，顶点所在的面即为拉伸起始面（此面必须与草图基准面平行）。

◇等距：若选取此选项，需在文本框中输入一个数值，此数值代表的含义是拉伸起始面与草绘基准面的距离。若拉伸为反向时，可以单击下拉列表中的（反向）按钮，但不能在文本框中输入负值。

第 6 步：定义拉伸方向、终止条件和深度值。

（1）定义方向 1（拉伸方向）。因为方向 1 可以向基准面两边进行拉伸，因此要确定具体方向。此例采用系统

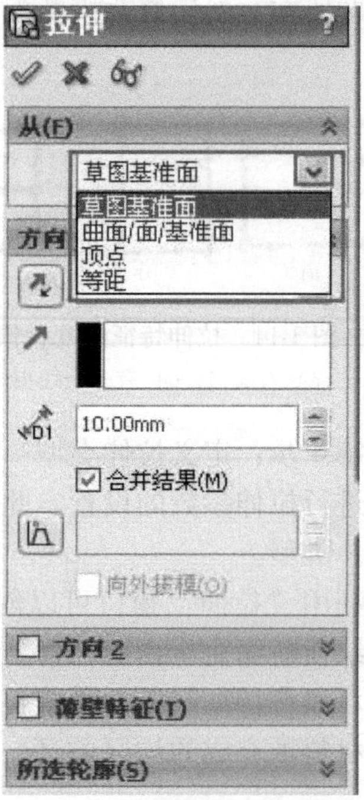

图 3-18　“拉伸”起始条件

默认的深度方向。在模型中可看到一个箭头（即拖动手柄），该箭头表示特征拉伸深度的方向。此时，若要改变拉伸深度的方向，可在“拉伸”窗口中的方向1区域中单击（反向）按钮，可看到箭头表示的拉伸深度方向变化了。若选择深度类型为双向拉伸，需同时勾选方向 1 和 方向2，并填写其中的相关选项，则模型上显示两个相反方向的箭头，如图 3-19 所示。将光标放在箭头上拖动鼠标可改变深度尺寸。按住鼠标的中键并移动鼠标，可对旋转三维视图进行观察。

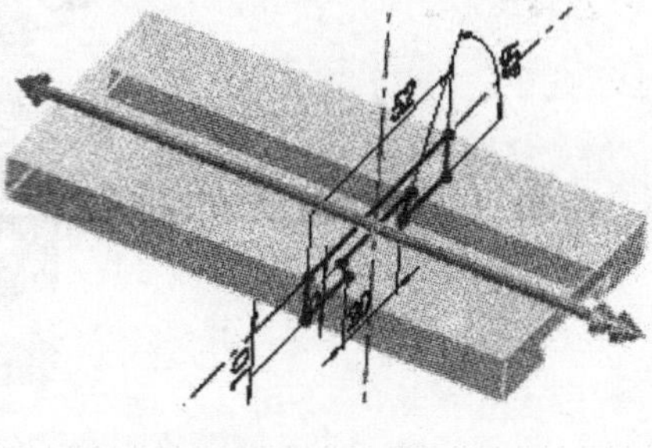

图 3-19　定义拉伸方向

（2）定义拉伸特征的终止条件。此例在方向1下拉列表中选择两侧对称作为拉伸深度终止条件。图 3-20 所示为方向1区域的下拉列表中的各拉伸深度终止选项，各选项含义如下。

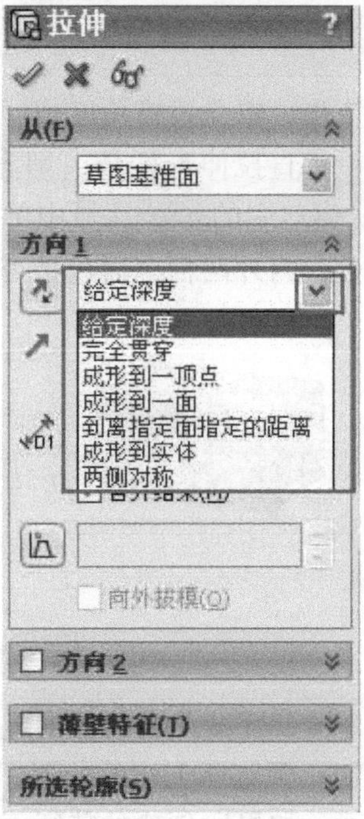

图 3-20　“拉伸”终止条件

◇给定深度：可以创建确定深度尺寸类型的特征，此时特征按照所输入的数值（即拉伸深度值）向特征创建的方向一侧进行拉伸。

◇完全贯穿：特征将与所有曲面相交。

◇成形到一顶点：特征在拉伸方向上延伸，直至与指定顶点所在的面相交（此面必须与草图基准面平行）。

◇成形到一面：特征在拉伸方向上延伸，直到与指定的平面相交。

◇到离指定面指定的距离：若选择此选项，需先选择一个面，并输入指定的距离，特征将从拉伸起始面开始到所选面指定距离处终止。

◇两侧对称：可以创建对称类型的特征，此时特征将在拉伸起始面的两侧进行拉伸，输入的深度值被拉伸起始面平均分割，起始面两边的深度值相等。（说明：当需向草图两方向拉伸一样厚度时，选用此项；当需向草图两方向拉伸不一样厚度时，勾选并填写 方向2项）

◇成形到实体：特征将从拉伸起始面沿拉伸方向延伸，直到与指定的实体相交。

选择拉伸类型时要考虑下列规则：如果特征要终止于其到达的第一个曲面，需选择成形到一面选项；如果特征要终止于其到达的最后曲面，需选完全贯穿选项；选择成形到一面选项时，可以选择一个基准面作为终止面；穿过特征可设置有关深度参数，修改偏离终止平面（或曲面）的特征深度。

图 3-21 显示了凸台特征的有效深度选项。

（3）定义拉伸深度值。在“拉伸”窗口中的方向1区域的（深度）右边文本框中单击激活后输入深度数值，此例输入 90，再按 Enter 键，完成拉伸深度值的定义。定义拉伸深度值还可通过拖动手柄来调整，即选中并拖动手柄直到其接近所需值后，再输入设计值并单击，以确定所需深度值。

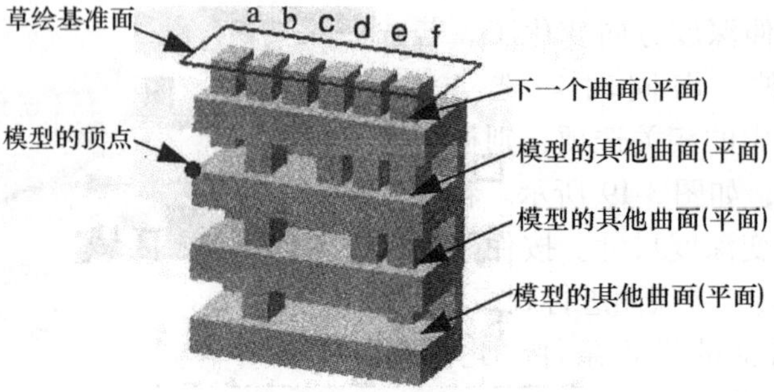

图 3-21　拉伸深度选项示意图

a—给定深度　b—完全贯穿　c—成形到下一面　d—成形到一顶点

e—成形到一面　f—到离指定面指定的距离

第 7 步：定义拔模角度值。通过拔模可以在创建拉伸特征的同时，对实体进行拔模操作。如果垂直拉伸为柱体，则省略此步，此例就省略了此步。如果想拉伸为棱台，则在“拉伸”窗口中的方向1区域中单击（拔模开关）按钮，激活角度文本框，输入角度值。拔模方向分为内外两种，通过是否勾选☑ 向外拔模(O)选项决定，图 3-22 所示即为拉伸时的拔模操作。

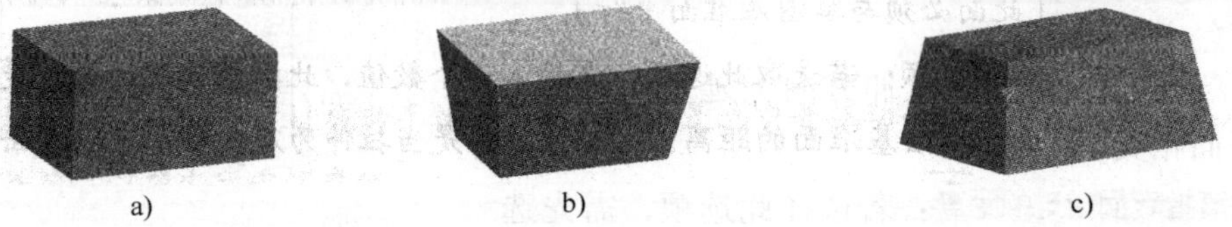

图 3-22　拉伸时的拔模操作

a）无拔模状态　b）向内拔模（10°）　c）向外拔模（10°）

第 8 步：完成凸台特征的定义。特征的所有要素被定义完毕后，单击窗口中的（预览）按钮，预览所创建的特征，检查各要素的定义是否正确。预览时可按住鼠标中键进行旋转查看，如果所创建的特征不符合设计意图，可选择窗口中的相关选项重新定义。预览完成后，单击“拉伸”窗口中的（确定）按钮，完成特征的创建。

第 9 步：保存文件和关闭文件。单击“标准”工具栏中的【保存】按钮，单击界面右上角“关闭”按钮。

3.2　添加拉伸薄壁特征

以创建图 3-23 所示的拉伸薄壁特征为例介绍操作步骤。

第 1 步：使用“打开”命令打开上例的“槽板”文件，单击下拉菜单“文件”→“另存为”命令，弹出“另存为”对话框，在“文件名”文本框中输入“添加薄壁件”，单击“保存”按钮。

第 2 步：选择拉伸命令。单击“特征”工具栏中的（拉伸）命令按钮，或选择下拉菜单“插入”→“凸台/基体”→“拉伸”命令，系统将弹出“拉伸”窗口。

第 3 步：创建横断面草图。

（1）选取草图基准面。单击选取图 3-24 所示的模型表面作为草图基准面，进入草图绘制界面。

图 3-23　添加拉伸薄壁特征

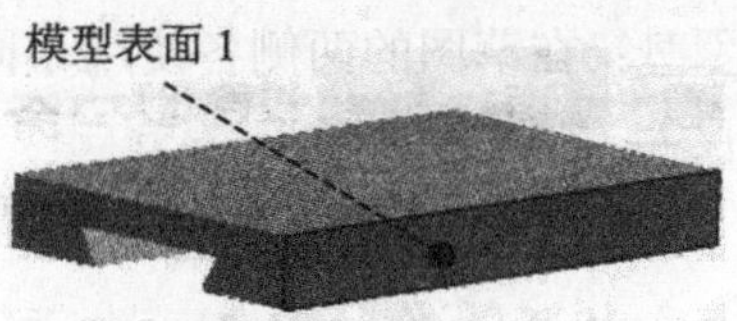

图 3-24　选取草绘平面

（2）定义特征的横断面草图。

1）绘制草图轮廓，如图 3-25a 所示。

①可使用“转换实体引用”绘制下方的一条线。单击选取边线，再在“草图”工具栏中单击（实体转换引用）按钮，或选择下拉菜单“工具”→“草图工具”→“实体转换引用”命令，该边线变亮，上面出现“实体转换引用”的约束符号，此时这条边线就变成当前草图的一部分。②单击“草图”工具栏上的（直线）按钮，绘制图 3-24 所示的横断面草图的大体轮廓。单击“草图”工具栏上的（中心线）按钮，从原点绘制一条竖直线，修剪环外多余的线。

2）建立几何约束。建立如图 3-25b 所示的对称和相切约束。

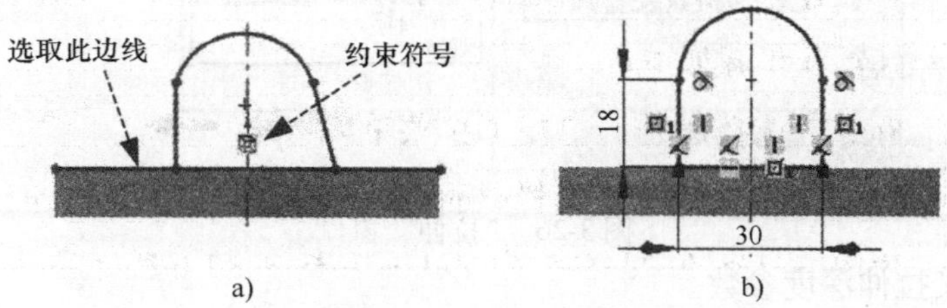

图 3-25　横断面草图绘制

a）转换实体引用　b）横断面草图

3）建立尺寸约束。单击“草图”工具栏中的（智能尺寸）按钮，标注两个位置的尺寸。

4）修改尺寸。将尺寸修改为设计要求的尺寸。

5）完成草图绘制后，选择（退出草图）命令，退出草图绘制界面。

第 4 步：选择拉伸类型。在“拉伸”窗口中选择☑ 薄壁特征(T)项，创建拉伸薄壁特征，如图 3-26 所示。

第 5 步：定义薄壁属性。

（1）选取薄壁厚度类型。在“拉伸”窗口中的☑ 薄壁特征(T)区域的下拉列表中选取单向选项。

（2）定义薄壁厚度值。单击☑ 薄壁特征(T)区域的右边的文本框并输入薄壁厚度值。

图 3-26 所示“拉伸”窗口中☑ 薄壁特征(T)区域的下拉列表中的各选项说明如下。

◇单向：使用指定的壁厚向一个方向拉伸草图。

◇两侧对称：在草图的两侧各以指定壁厚的一半向两个方向拉伸草图。

◇双向：在草图的两侧各使用不同的壁厚向两个方向拉伸草图（指定为方向 1 厚度和方向 2 厚度）。

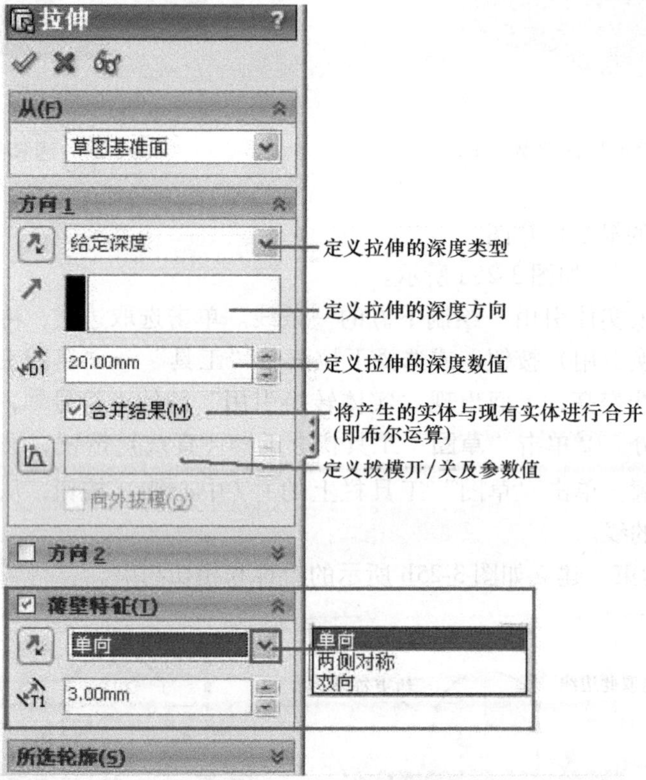

图 3-26 “拉伸”窗口

第 6 步：定义拉伸深度参数。

（1）选取拉伸深度方向。单击方向 1区域中的按钮，选取与默认相反的方向。观察图形要与设计方向一致。

（2）选取深度类型。在“拉伸”窗口中的方向 1区域的下拉列表中选择给定深度选项。

（3）定义深度值。在方向 1区域的文本框中输入深度值 20。

第 7 步：单击“拉伸”窗口中的（确定）按钮，完成特征的创建，如图 3-23 所示。

第 8 步：单击“标准”工具栏中的（保存）按钮，单击界面右上角“关闭”按钮。

3.3 拉伸切除特征的操作

拉伸切除特征的创建方法与拉伸凸台特征基本一致，只不过拉伸凸台是增加实体，而拉伸切除则是减去实体。以图 3-27 为例介绍操作方法。

第 1 步：新建文件和保存文件。启动 SolidWorks，单击“标准”工具栏中的（新建）按钮，弹出“新建 SolidWorks 文件”对话框，选择“零件”按钮，单击“确定”按钮。单击下拉菜单“文件”→“另存为”命令，弹出“另存为”对话框，在“文件名”文本框中输入文件名，如“3-27 切除槽”，单击“保存”按钮。

第 2 步：拉伸生成如图 3-28 所示特征。

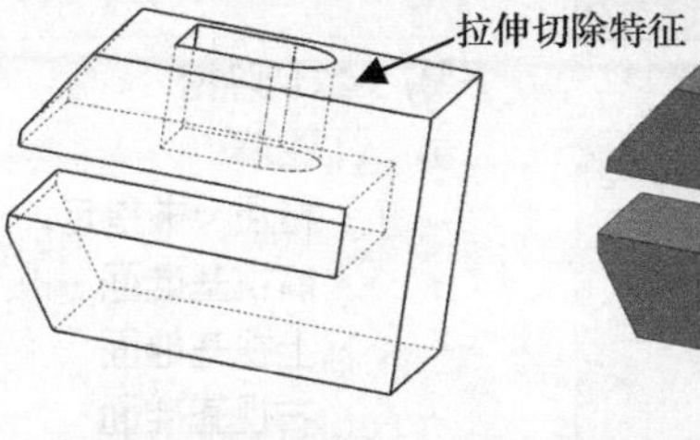

图 3-27　拉伸切除特征

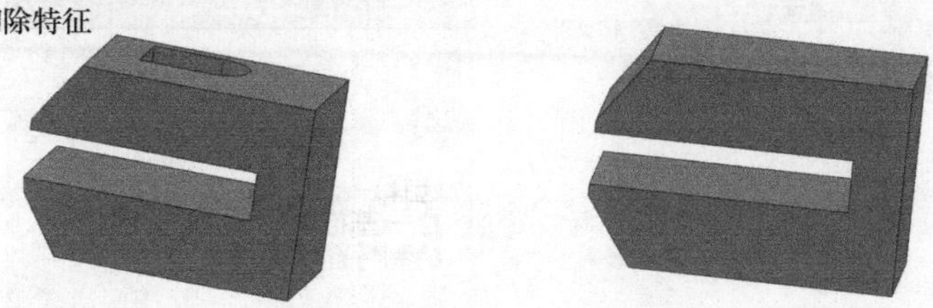

图 3-28　拉伸基础特征

（1）选取拉伸特征命令和定义草图基准面。单击“**特征**”工具栏上的（拉伸凸台/基体）按钮，或者选择下拉菜单“插入”→“凸台/基体”→“拉伸”命令，系统出现选择草图基准面的提示界面。单击选中**前视基准面**作为草图基准面，系统进入草图绘制界面。

（2）绘制拉伸横断面草图 1。绘制如图 3-29 所示草图。单击“草图”工具栏上的（中心线）按钮，绘制一条水平中心线。单击“草图”工具栏上的（直线）按钮，绘制上方图形，坐标原点在右上角，添加几何约束。选择上方图形及中心线，单击 镜向实体 命令，得到下方图形。单击“草图”工具栏上的（智能尺寸）按钮，标注尺寸。完成草图绘制后，单击图形区右上角的（确定）按钮退出草图。系统弹出“拉伸”窗口（在界面的左边）。

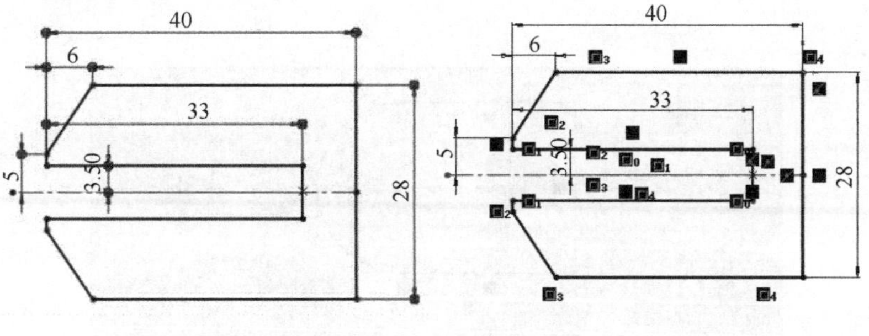

图 3-29　拉伸横断面草图 1

（3）在“拉伸 1”窗口中定义拉伸的各参数。在 方向 1 下选择 两侧对称，单击激活（深度）右边的文本框，输入数值 22，其余取默认值，如图 3-30 所示。

（4）单击“拉伸 1”窗口中的（确定）按钮，完成特征的创建，如图 3-28 所示。

第 3 步：选择拉伸切除特征命令。单击“**特征**”工具栏中的（拉伸切除）按钮，或选择下拉菜单“插入”→“切除”→“拉伸”命令，系统弹出“拉伸”窗口，如图 3-31 所示。

第 4 步：创建特征的横断面草图。

（1）选取草图基准面。此例选取**上视基准面**作为草图基准面。单击“拉伸”窗口上方的（设计树）按钮（见图 3-31），界面变化如图 3-32 所示，单击“**上视基准面**”即选中上视基准面为草图基准面。单击“标准视图”工具栏中的（正视于）按钮，调整到正视于草图的方位。

图 3-30　“拉伸 1”窗口

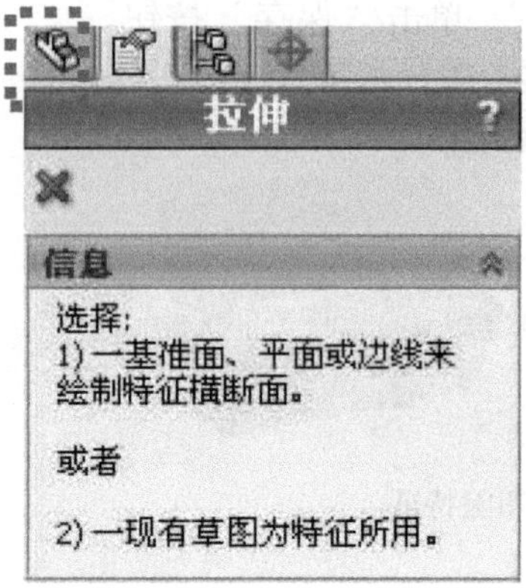

图 3-31　“拉伸”窗口

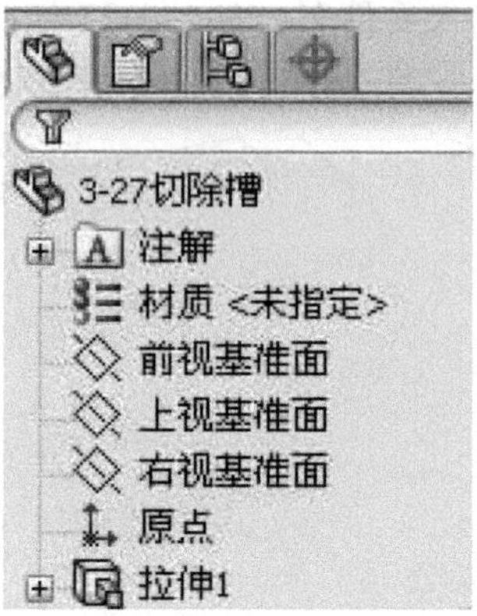

图 3-32　设计树窗口

（2）绘制横断面草图 2，如图 3-33 所示。单击“草图”工具栏上的（直线）按钮，画水平直线和竖直直线，单击“草图”工具栏上的（圆）按钮画圆，单击“草图”工具栏上的（剪裁实体）按钮，将草图修剪成图 3-33 所示图形。添加几何约束。单击“草图”工具栏上的（智能尺寸）按钮标注尺寸。完成草图绘制后，选择（退出草图）命令，退出草图绘制界面，此时系统弹出图 3-34 所示的“拉伸”窗口。

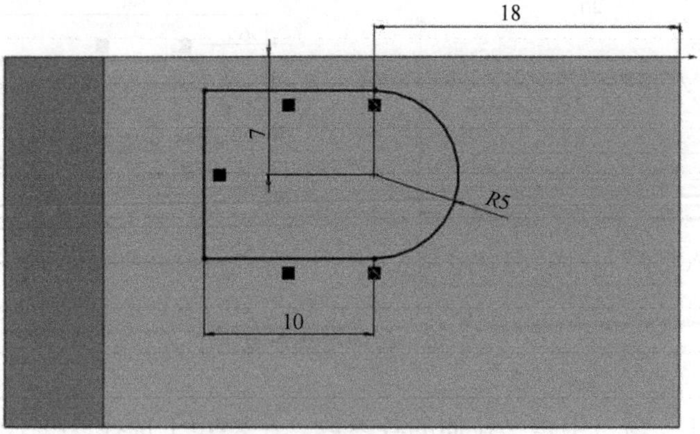

图 3-33　横断面草图 2

第 5 步：定义拉伸深度。

（1）选取深度方向。采用系统默认的深度方向。方向1区域中有一个 反侧切除(F) 复选框，若选中此选项，系统将移除轮廓外的实体（默认情况下，系统切除的是轮廓内的实体）。

（2）选取深度类型。在“拉伸”窗口方向1区域的下拉列表中选择成形到下一面选项。

成形到下一面选项的含义是，特征将把沿深度方向遇到的第一个曲面作为拉伸终止面。

第6步：单击“拉伸”窗口中的✓（确定）按钮，完成特征的创建，如图3-27所示。

第7步：保存文件和关闭文件。单击“标准”工具栏中的（保存）按钮，单击界面右上角“关闭”按钮。

如果需要切除的部分是在模型边上而不是在中间挖孔槽，如图3-35所示的模型，则截面草图可以不封闭。建模步骤如下。

第1步：打开文件和保存文件。启动SolidWorks，打开“3-27切除槽.SLDPRT”文件，单击菜单中的“文件”→“另存为”命令，以“3-35切除”文件名保存。

第2步：选择拉伸切除特征命令。单击“**特征**”工具栏上的（拉伸切除）按钮，或选择下拉菜单“插入”→“切除”→“拉伸”命令，系统弹出“拉伸”窗口。

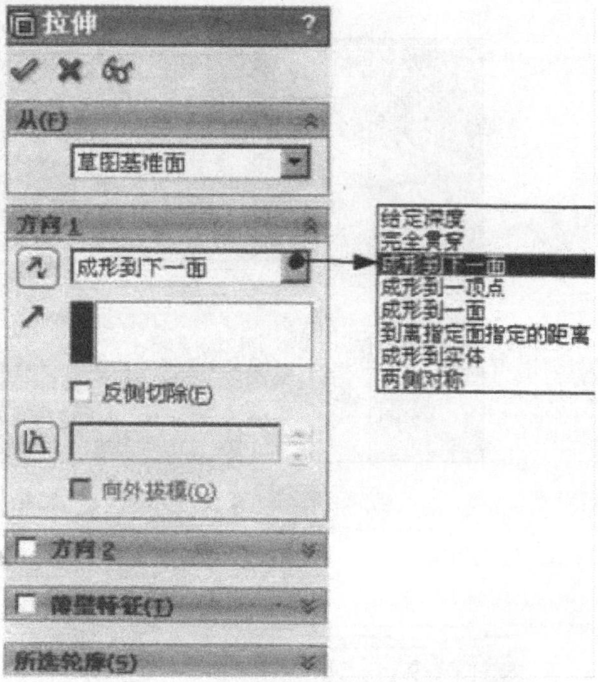

图3-34　“拉伸”窗口之终止条件

第3步：定义特征的横断面草图。

（1）选取草图基准面。单击“拉伸”窗口上方的（设计树）按钮，单击“**上视基准面**”，即选中上视基准面为草图基准面。单击“**标准视图**”工具栏中的（正视于）按钮，调整到正视于草图的方位。

（2）绘制横断面草图3，如图3-36所示。单击“草图”工具栏上的（直线）按钮，画水平直线、倾斜线和竖直直线（不封闭）。单击“草图”工具栏上的（智能尺寸）按钮标注尺寸。完成草图绘制后，选择（退出草图）命令，退出草图绘制界面，此时系统弹出“拉伸”窗口。

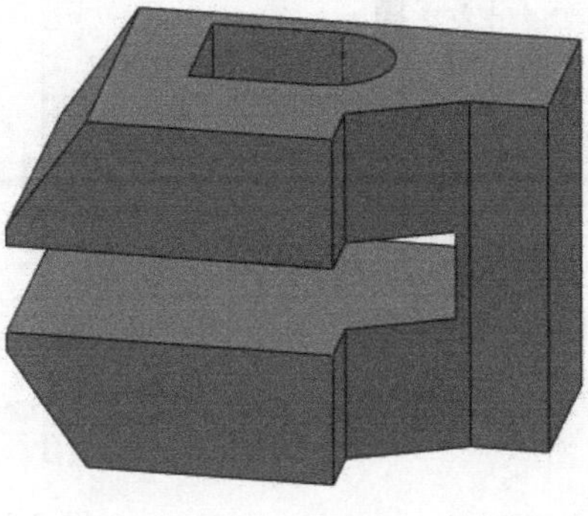

图3-35　模型

第4步：定义拉伸深度。如图3-37所示。

（1）选取深度方向。观察长箭头是否指向向下的深度方向，若不是所需方向，则单击方向1区域中的（反向）按钮。观察短箭头是否指向向前的切除方向，若不是所需方向，则单击□反侧切除(F)复选框，选中此项，系统将移除轮廓线前面的实体（默认情况下，系统切除的是轮廓线后面的实体）。不要勾选方向2选项，若默认值为已勾选，则单击方向2左边的方框，将其修改为不勾选。

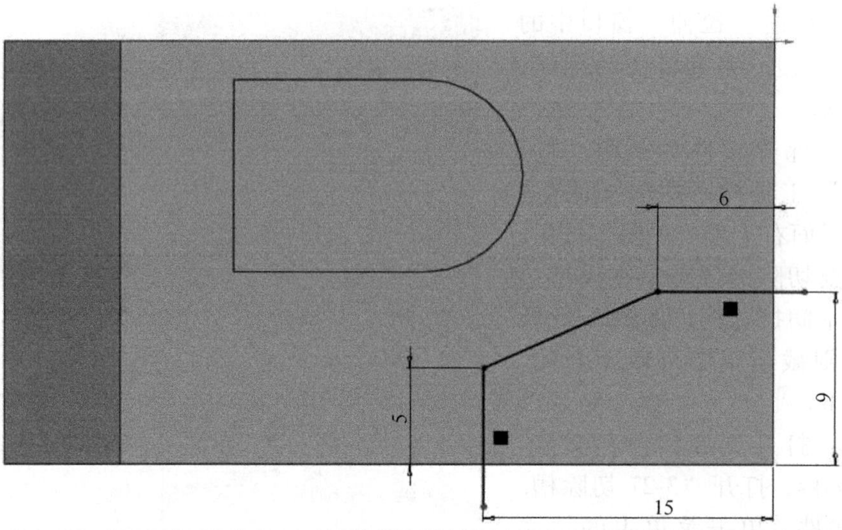

图 3-36　草图 3

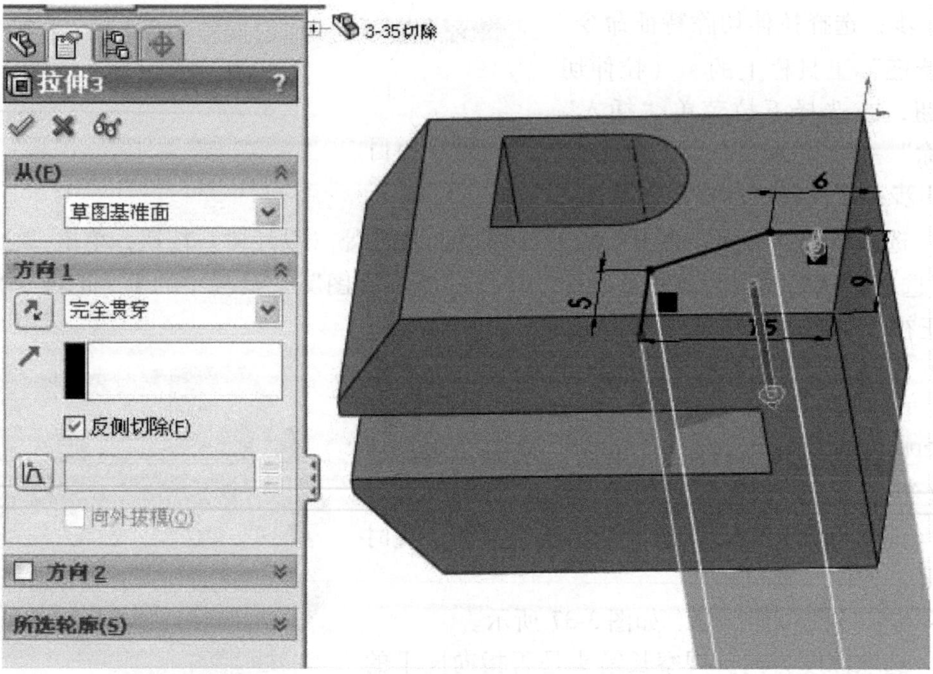

图 3-37　“拉伸”窗口定义拉伸深度

（2）选取深度类型。在“拉伸”窗口中的方向1区域的下拉列表中选择完全贯穿选项。

第 5 步：单击“拉伸”窗口中的✓（确定）按钮，完成特征的创建，如图 3-35 所示。

第 6 步：保存文件和关闭文件。单击“标准”工具栏中的（保存）按钮，单击界面右上角“关闭”按钮。

3.4　拉伸与拉伸切除实例

3.4.1　底板的建模

底板如图 3-38 所示。底板建模的操作步骤如下。

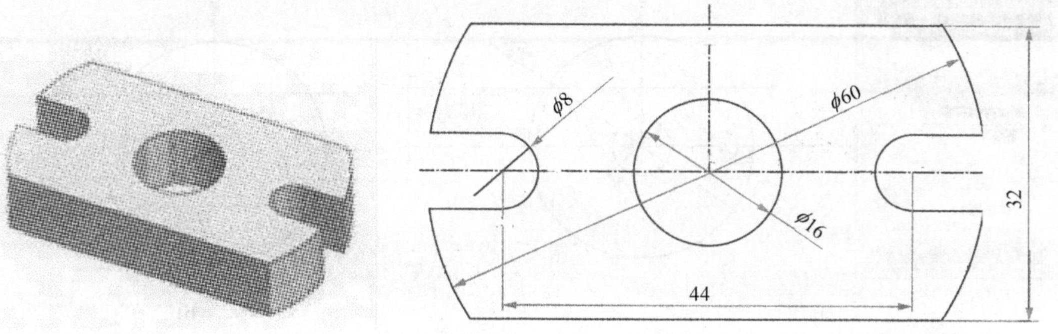

图 3-38　底板

第 1 步：新建文件和保存文件。启动 SolidWorks，单击“标准”工具栏中的（新建）按钮，弹出“新建 SolidWorks 文件”对话框，选择“零件”按钮，单击“确定”按钮。单击下拉菜单“文件”→“另存为”命令，弹出“另存为”对话框，在“文件名”文本框中输入“底板”，单击“保存”按钮。

第 2 步：画底板平面图（草图 1）。

（1）选择**上视基准面**作为基准面，并单击（正视于）按钮，如图 3-39a 所示。

绘轮廓图和标注尺寸：单击“草图”工具栏上的（中心线）按钮，从原点绘制一条水平中心线，单击“草图”工具栏上的（直线）按钮，画水平直线，单击“草图”工具栏上的（圆）按钮，画圆心与原点重合的同心圆，单击“草图”工具栏上的（智能尺寸）按钮，标注直径 $\phi16$、$\phi60$ 和 16，如图 3-39b 所示。单击“草图”工具栏上的（圆）按钮，在原点左边画圆（圆心在水平中心线上），单击草图工具栏上的（智能尺寸）按钮，标注圆直径为 8，单击“草图”工具栏上的（中心线）按钮，从原点绘制一条竖直中心线，为镜像做准备，如图 3-39c 所示。

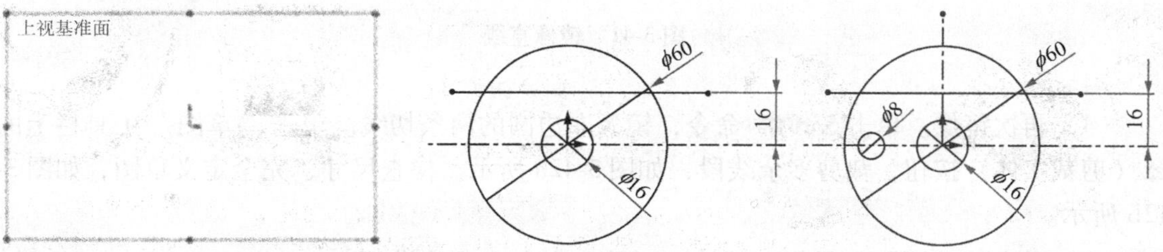

a)　　b)　　c)

图 3-39　轮廓图（一）

（2）镜像。单击镜向实体命令，在窗口中进行选择，“要镜向的实体:”项选择直径 $\phi8$ 的圆，“镜向点:”项选择竖直中心线，如图 3-40a 所示，单击（确定）按钮生成右边图形。单击“草图”工具栏上的（智能尺寸）按钮，单击两个圆弧，输入尺寸 44，单击（确定）按钮，结果如图 3-40b 所示。

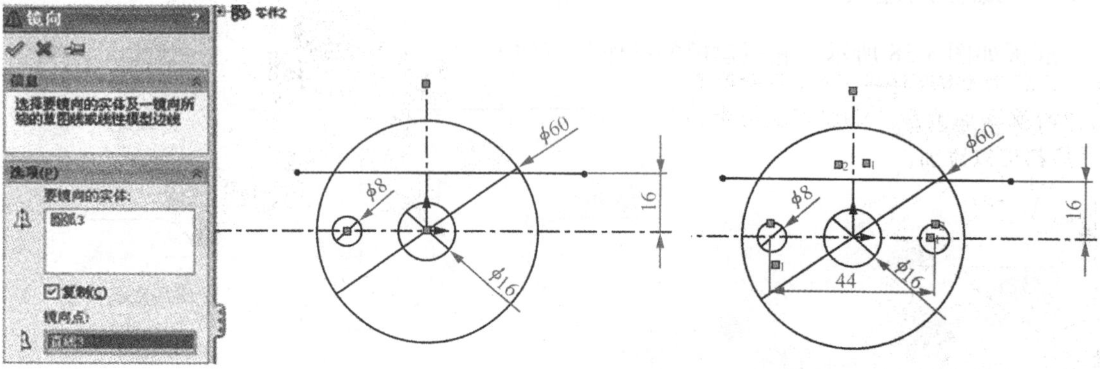

a)　　b)

图 3-40　左右镜像圆

（3）单击“草图”工具栏上的（直线）按钮，画一条图 3-41a 中箭头所指的直线，添加直线与半圆弧相切几何关系；单击镜向实体命令，在窗口中进行选择，“要镜向的实体:”项选择直径 $\phi8$ 圆的切线和上边长水平直线，“镜向点:”项选择水平中心线，如图 3-41b 所示。单击（确定）按钮。

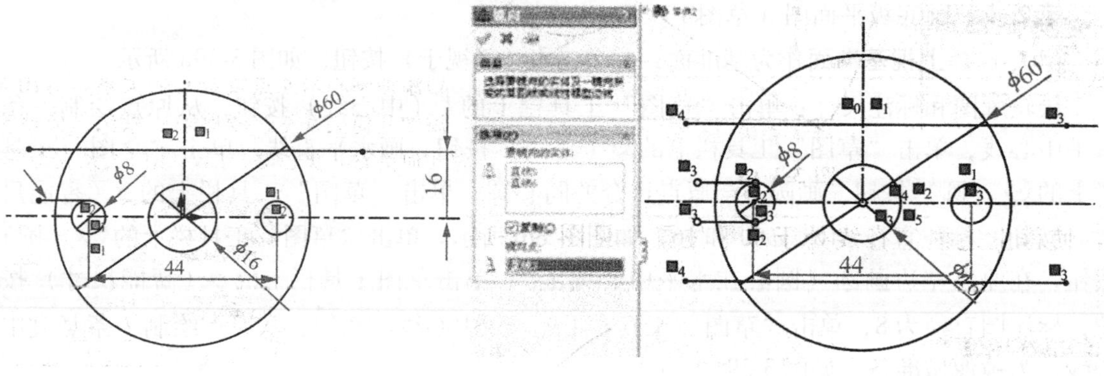

a)　　b)

图 3-41　镜像直线

（4）再次镜像。单击镜向实体命令，镜像左边圆的两条切线。单击“草图”工具栏上的（剪裁实体）按钮，裁剪多余线段，如图 3-42a 所示。检查尺寸，完全定义草图，如图 3-42b 所示。

（5）单击“草图”工具栏上的（确定）按钮，退出草图。

第 3 步：在设计树中单击选中草图 1，单击“**特征**”工具栏上的（拉伸凸台/基体）按钮，或选择下拉菜单“插入”→“凸台/基体”→“拉伸”命令，弹出“拉伸”窗口。

在（拉伸深度）右边的文本框中输入数值 8，如图 3-43a 所示，其余取默认值。单击（确定）按钮即生成实体，结果如图 3-43b 所示。

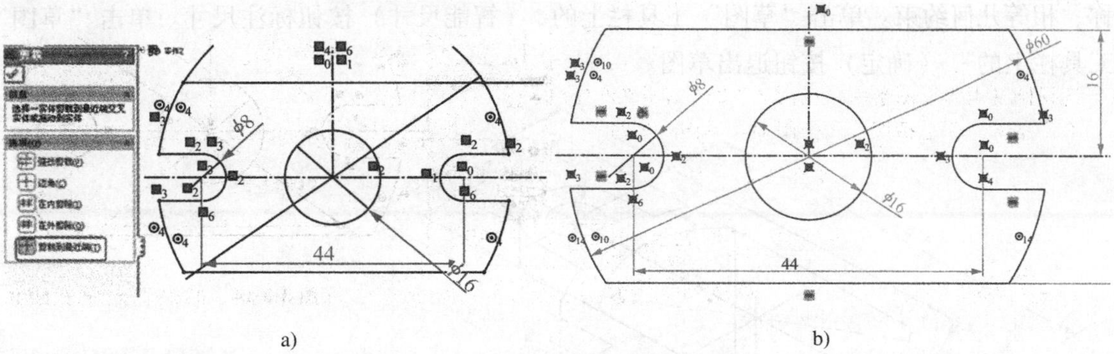

a)　　b)

图 3-42　镜像、裁剪和完全定义草图

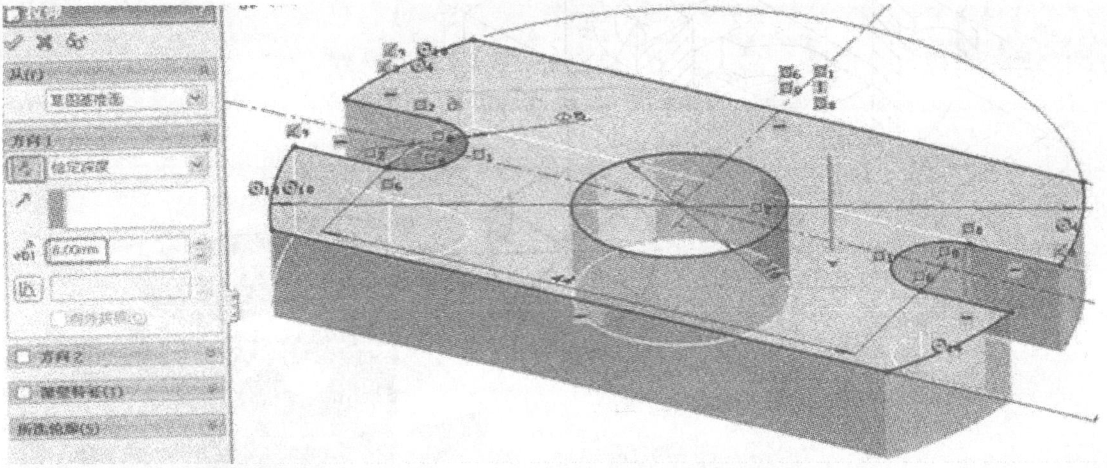

a)　　b)

图 3-43　拉伸窗口和拉伸实体

第 4 步：保存文件和关闭文件。单击“标准”工具栏中的（保存）按钮，单击右上角“关闭”按钮。

3.4.2　座体的建模

座体如图 3-44 所示。座体建模的操作步骤如下。

第 1 步：新建文件和保存文件。启动 SolidWorks，单击“标准”工具栏中的（新建）按钮，弹出“新建 SolidWorks 文件”对话框，选择“零件”按钮，单击“确定”按钮。单击菜单中的“文件”→“另存为”命令，弹出“另存为”对话框，在“文件名”文本框中输入“座体”，单击“保存”按钮。

第 2 步：拉伸实体（如图 3-45 所示底板）。

（1）单击选中“**上视基准面**”，单击（正视于）按钮，绘制如图 3-45a 所示的图形（草图 1）。单击“**草图**”工具栏上的（中心线）按钮，从原点绘制一条水平线和一条竖直线。单击“**草图**”工具栏上的（中心矩形）按钮绘制两个矩形。单击草图工具栏上的（圆）按钮绘制三个圆。单击“草图”工具栏上的（剪裁实体）按钮进行修剪。添加对称、相等几何约束。单击“草图”工具栏上的（智能尺寸）按钮标注尺寸。单击“草图”工具栏上的（确定）按钮退出草图。

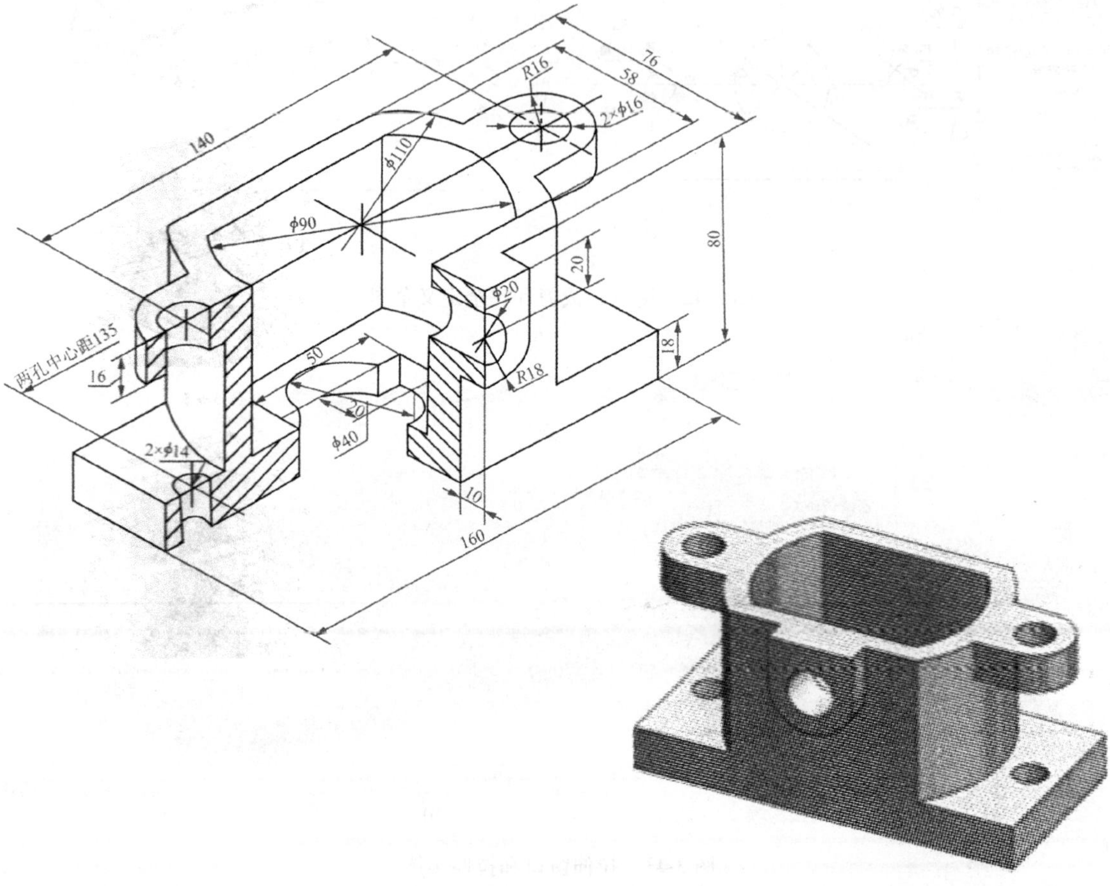

图 3-44　座体

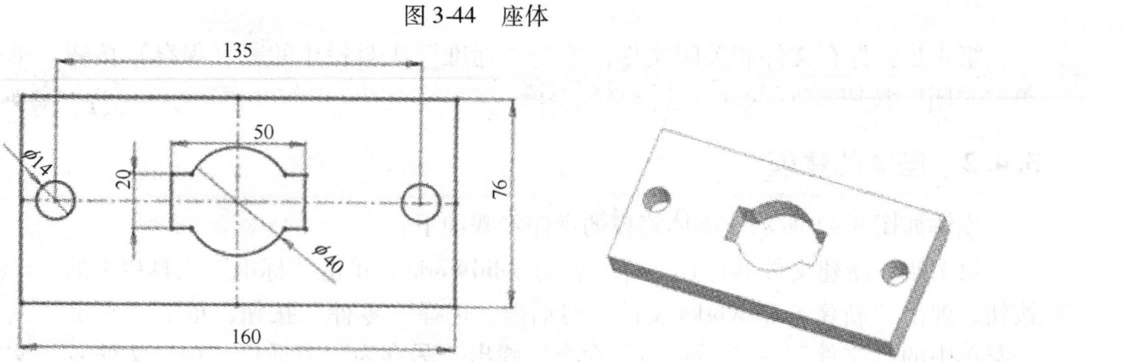

a)　　b)

图 3-45　底板

（2）在设计树中单击选中草图 1，单击“**特征**”工具栏上的（拉伸凸台/基体）按钮，在“拉伸”窗口中的（深度）右边的文本框中输入数值 18，其余取默认值。单击

(确定) 按钮即生成实体。拉伸结果如图3-45b所示。

第3步：拉伸实体（如图3-46所示中间体）。

(1) 单击选中**底板上表面**作为基准面，单击(正视于) 按钮，绘制如图3-46a所示的图形（草图2)。单击“草图”工具栏上的(中心矩形) 按钮，绘制两个中心在原点的矩形。单击“草图”工具栏上的(圆) 按钮，绘制两个圆。单击“草图”工具栏上的(剪裁实体) 按钮进行修剪。添加重合几何约束。单击“草图”工具栏上的(智能尺寸) 按钮标注尺寸。单击“草图”工具栏上的(确定) 按钮退出草图。

(2) 在设计树中单击选中草图2，单击“**特征**”工具栏上的(拉伸凸台/基体) 按钮，在“拉伸”窗口中的(拉伸深度) 右边的文本框中输入数值62 (62 = 80 - 18)，其余取默认值。单击(确定) 按钮即生成实体，结果如图3-46b所示。

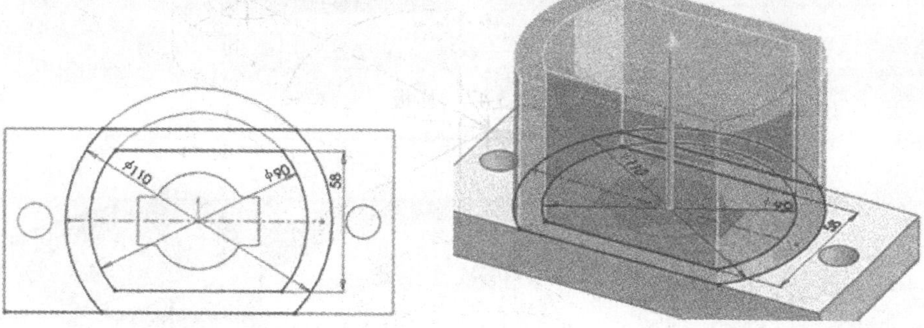

a) b)

图3-46 中间体

第4步：拉伸实体（如图3-47所示耳板）。

(1) 单击选中**中间体上表面**作为基准面，单击(正视于) 按钮，绘制如图3-47a所示的图形（草图3)。单击“草图”工具栏上的(中心线) 按钮，从原点绘制一条竖直线。单击“草图”工具栏上的(直线) 按钮，绘制左边直线。单击“草图”工具栏上的(圆) 按钮绘制圆。单击“草图”工具栏上的(剪裁实体) 按钮修剪完成左边图形。添加对称、相切和重合几何约束。单击镜向实体命令，将左边图形镜像到右边。单击“草图”工具栏上的(智能尺寸) 按钮标注尺寸。单击“草图”工具栏上的(确定) 按钮退出草图。

(2) 在设计树中单击选中草图3，单击“**特征**”工具栏上的(拉伸凸台/基体) 按钮，在拉伸窗口中的(拉伸深度) 右边的文本框中输入数值16，单击方向1下(反向) 按钮，其余取默认值。单击(确定) 按钮即生成实体，结果如图3-47b所示。

第5步：拉伸实体（如图3-48所示凸台）。

(1) 单击选中**中间体前表面**作为基准面，单击(正视于) 按钮，绘制如图3-48a所示的图形（草图4)。单击“草图”工具栏上的(中心线) 按钮，从原点绘制一条竖直线。单击“草图”工具栏上的(直线) 按钮绘制直线。单击“草图”工具栏上的(圆) 按钮绘制圆。单击“草图”工具栏上的(剪裁实体) 按钮修剪完成图形。添加对称、相切、重合几何约束。单击“草图”工具栏上的(智能尺寸) 按钮标注尺寸。单击“草图”工具栏上的（确定）按钮退出草图。

（2）在设计树中单击选中草图 4，单击“**特征**”工具栏上的（拉伸凸台/基体）按钮，在“拉伸”窗口中的（深度）右边的文本框中输入数值 10，其余取默认值。单击（确定）按钮即生成实体，结果如图 3-48b 所示。

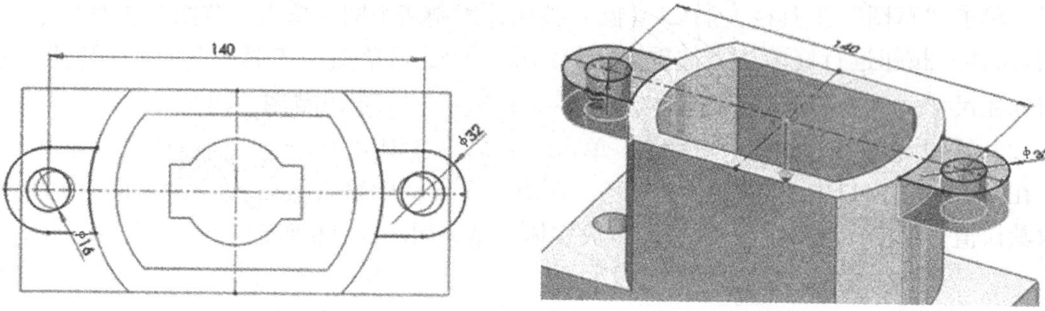

a)　　b)

图 3-47　耳板

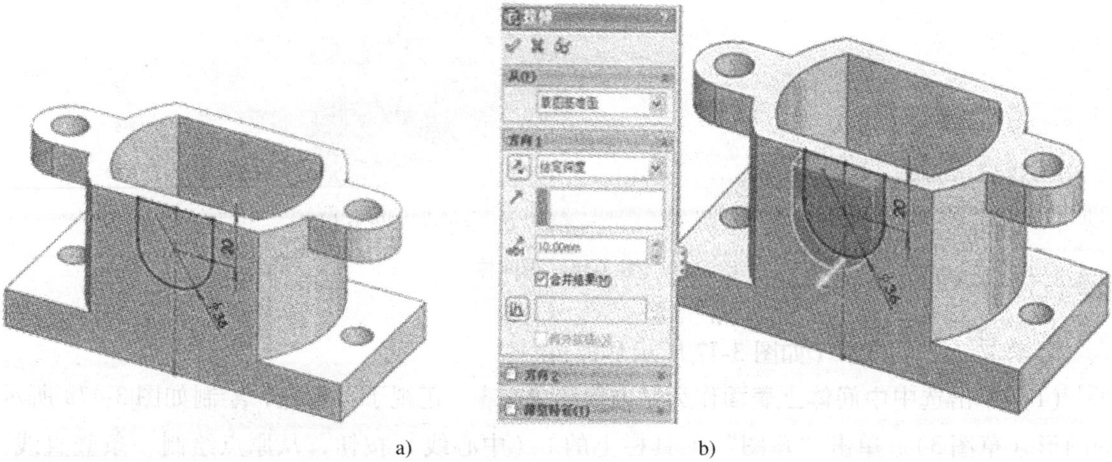

a)　　b)

图 3-48　凸台

第 6 步：拉伸切除（如图 3-49 所示圆孔）。

（1）单击**凸台前表面**作为基准面，单击（正视于）按钮，绘制如图 3-49a 所示图形（草图 5）。单击“草图”工具栏上的（圆）按钮，绘制圆（圆心与外半圆圆心重合）。单击“草图”工具栏上的（智能尺寸）按钮，标注直径 20。单击“草图”工具栏上的（确定）退出草图。

（2）在设计树中单击选中草图 5，单击“**特征**”工具栏上的（拉伸切除）按钮，在“拉伸”窗口中选择的终止条件为“下一平面”，其余取默认值。单击（确定）按钮即生成实体，结果如图 3-49b 所示。

第 7 步：保存文件和关闭文件。单击“标准”工具栏中的（保存）按钮，单击右上角“关闭”按钮。

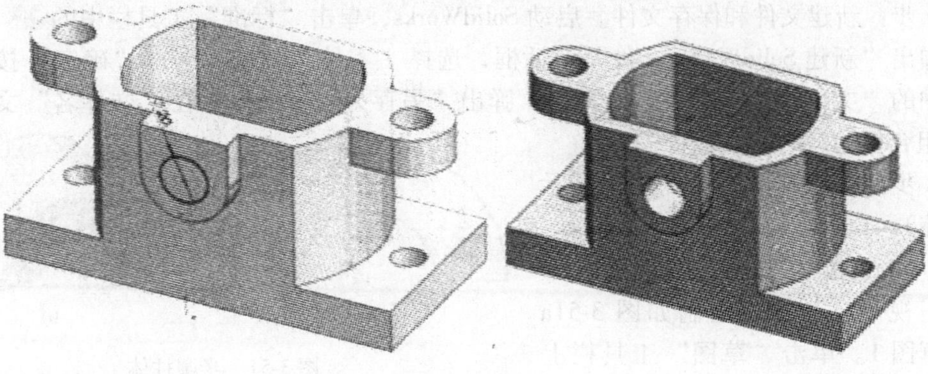

a)　　b)

图3-49　孔

3.4.3　组合板的建模

组合板如图3-50所示。组合板的建模操作步骤如下。

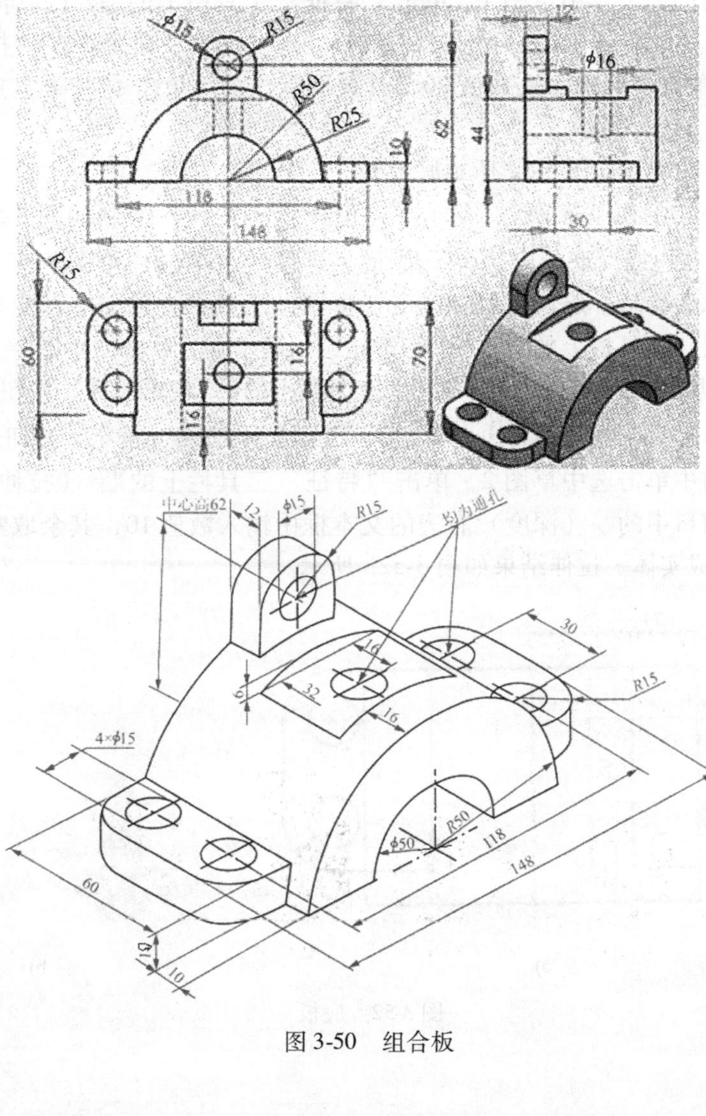

图3-50　组合板

第 1 步：新建文件和保存文件。启动 SolidWorks，单击“标准”工具栏中的（新建）按钮，弹出“新建 SolidWorks 文件”对话框，选择“零件”按钮，单击“确定”按钮。单击菜单中的“文件”→“另存为”命令，弹出“另存为”对话框，在“文件名”文本框中输入“组合板”，单击“保存”按钮。

第 2 步：拉伸实体（如图 3-51 所示半圆柱体）。

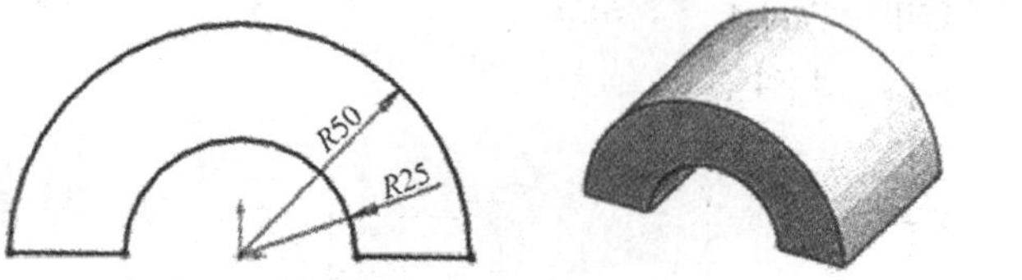

a)　　b)

图 3-51　半圆柱体

（1）单击选中“前视基准面”，单击（正视于）按钮，绘制如图 3-51a 所示的草图 1。单击“**草图**”工具栏上的（圆）按钮，让圆心与原点重合，绘制同心圆。单击“草图”工具栏上的（直线）按钮，过原点绘制水平线。单击“草图”工具栏上的（剪裁实体）按钮进行修剪。单击“草图”工具栏上的（智能尺寸）按钮标注半径。单击“草图”工具栏上的（确定）按钮退出草图。

（2）在设计树中单击选中草图 1，单击“**特征**”工具栏上的（拉伸凸台/基体）按钮，或者选择下拉菜单“插入”→“凸台/基体”→“拉伸”命令。在“拉伸”窗口中（拉伸深度）右边的文本框中输入数值 70，其余取默认值。单击（确定）按钮即生成实体。拉伸结果如图 3-51b 所示。

第 3 步：拉伸实体（如图 3-52 所示底板）。

（1）单击选中“上视基准面”，单击（正视于）按钮，绘制如图 3-52a 所示的图形（草图 2），注意使右边线（底板内边界）尽量靠近虚线。单击“草图”工具栏上的（中心线）按钮，从原点绘制一条竖直线。单击“草图”工具栏上的（直线）按钮绘制左边直线。单击“草图”工具栏上的（圆）按钮绘制两个圆。单击“草图”工具栏上的圆角按钮绘制圆角。添加几何约束。单击“草图”工具栏上的（智能尺寸）按钮标注尺寸。单击 镜向实体 命令，将左边图形镜像到右边。单击草图工具栏上的（确定）按钮退出草图。

（2）在设计树中单击选中草图 2，单击“**特征**”工具栏上的（拉伸凸台/基体）按钮，在“拉伸”窗口中的（深度）右边的文本框中输入数值 10，其余取默认值。单击（确定）按钮即生成实体。拉伸结果如图 3-52b 所示。

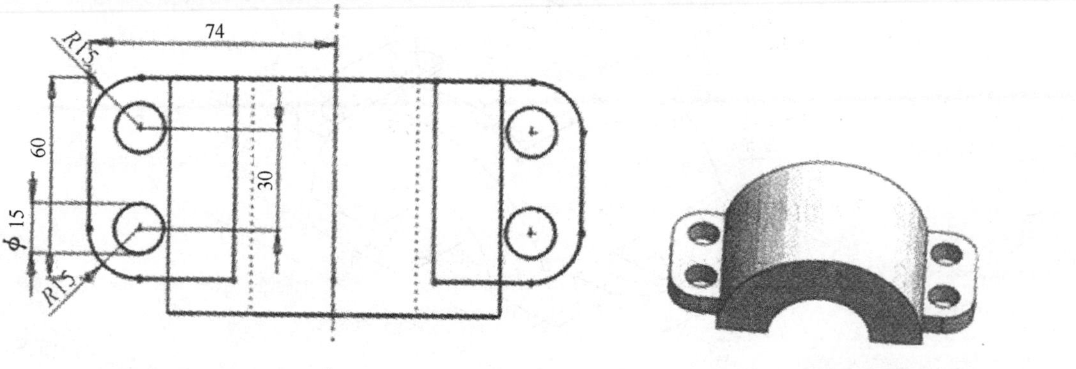

a)　　b)

图 3-52　底板

第 4 步：拉伸切除（如图 3-53 所示上方切块）。

（1）单击“**上视基准面**”，单击（正视于）按钮，绘制如图 3-53a 所示图形（草图 3）。单击“草图”工具栏上的（矩形）按钮绘制矩形，长度尺寸大些即可。单击“**草图**”工具栏上的（智能尺寸）按钮，标注宽度尺寸 16 和 32。单击“草图”工具栏上的（确定）按钮退出草图。

（2）在设计树中单击选中草图 3，单击“**特征**”工具栏上的（拉伸切除）按钮，在“拉伸”窗口中选择拉伸起始条件为**等距**，并输入数值 44，即从距离**上视基准面** 44mm 处开始。单击**方向 1**中的（反向）按钮（即向上切除），终止条件选择**完全贯穿**，其余取默认值，如图 3-53b 所示。单击（确定）按钮即生成实体。拉伸结果如图 3-53c 所示。

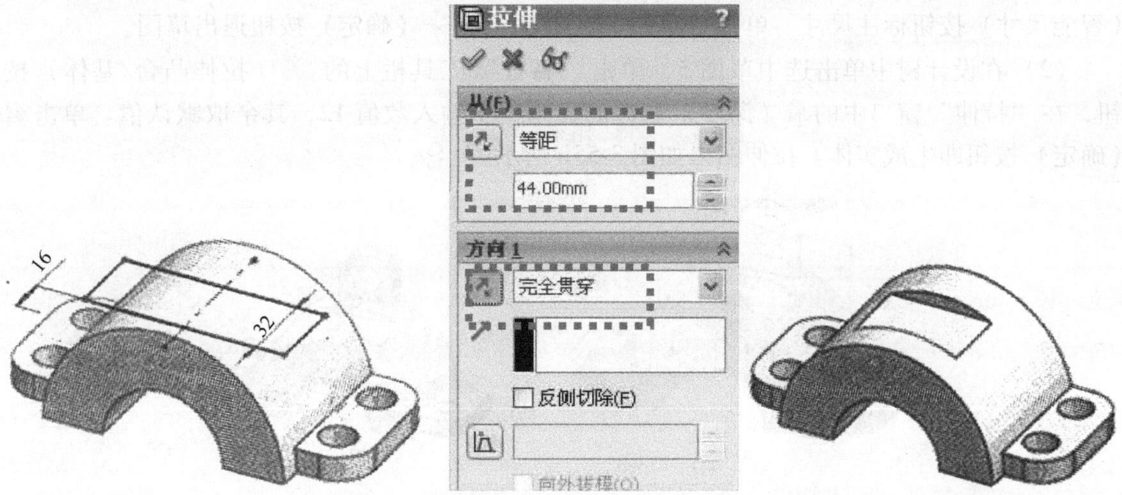

a)　　b)　　c)

图 3-53　切块

第 5 步：拉伸切除（如图 3-54 所示圆孔）。

（1）单击**切块水平面**，单击（正视于）按钮，绘制如图 3-54a 所示图形（草图 4）。单击“草图”工具栏上的（圆）按钮，绘制圆（圆心在左右对称线上）。单击“草图”工具栏上的（智能尺寸）按钮，标注宽度尺寸 16 和直径 15。单击“草图”工具栏上的（确定）按钮退出草图。

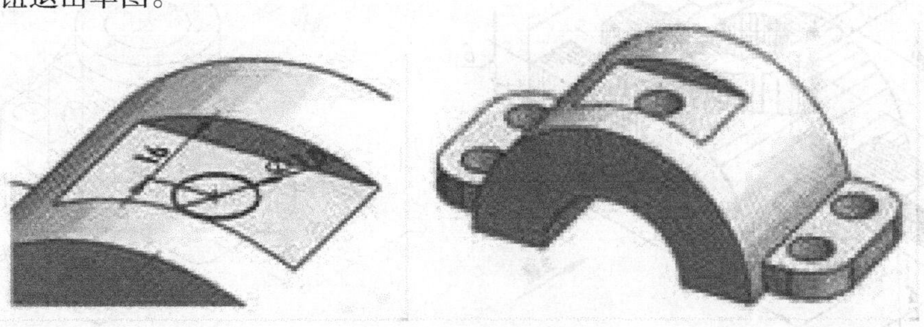

a)　　b)

图 3-54　拉伸切除孔

（2）在设计树中单击选中草图 4，单击“**特征**”工具栏上的（拉伸切除）按钮，在“拉伸”窗口中将终止条件选择为完全贯穿，其余取默认值。单击（确定）按钮即生成实体。拉伸结果如图 3-54b 所示。

第 6 步：拉伸实体（如图 3-55 所示耳板）。

（1）单击选中“**前视基准面**”，单击（正视于）按钮，绘制如图 3-55a 所示的图形（草图 5）。单击“草图”工具栏上的（中心线）按钮，从原点绘制一条竖直线。单击“草图”工具栏上的（直线）按钮绘制直线，底边线可以低些，只要不低于直径为 50 的圆的上象限点。单击“草图”工具栏上的（圆）按钮绘制两个圆。单击“草图”工具栏上的（剪裁实体）按钮进行修剪。添加对称、相切几何约束。单击“草图”工具栏上的（智能尺寸）按钮标注尺寸。单击“草图”工具栏上的（确定）按钮退出草图。

（2）在设计树中单击选中草图 5，单击“**特征**”工具栏上的（拉伸凸台/基体）按钮，在“拉伸”窗口中的（深度）右边的文本框中输入数值 12，其余取默认值。单击（确定）按钮即生成实体。拉伸结果如图 3-55b 所示。

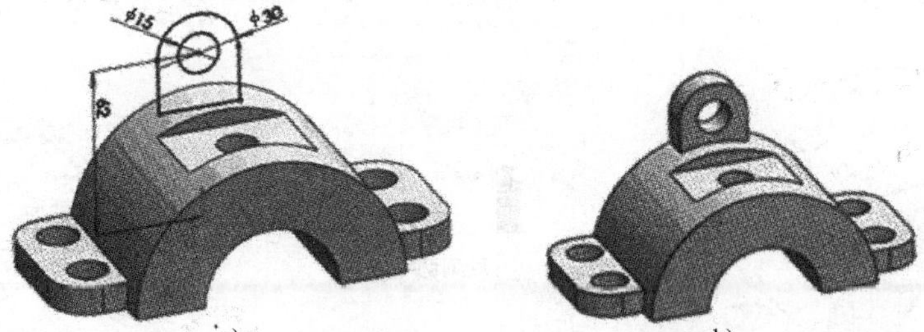

图 3-55　拉伸耳板

第 7 步：保存文件和关闭文件。单击“标准”工具栏中的（保存）按钮，单击右上角“关闭”按钮。

3.4.4　利用拉伸特征和拉伸切除特征建模训练

（1）按如图 3-56 所示尺寸建模（均为通孔）。

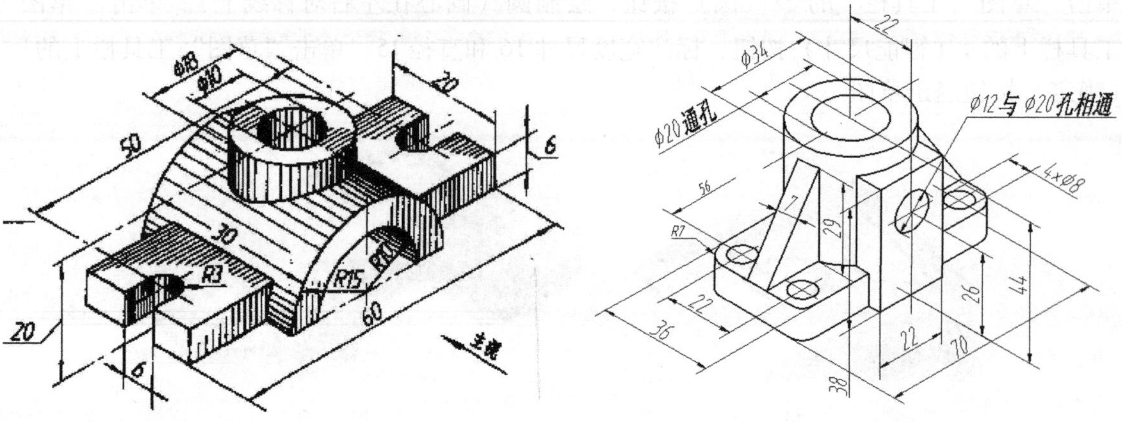

图 3-56　训练图（一）

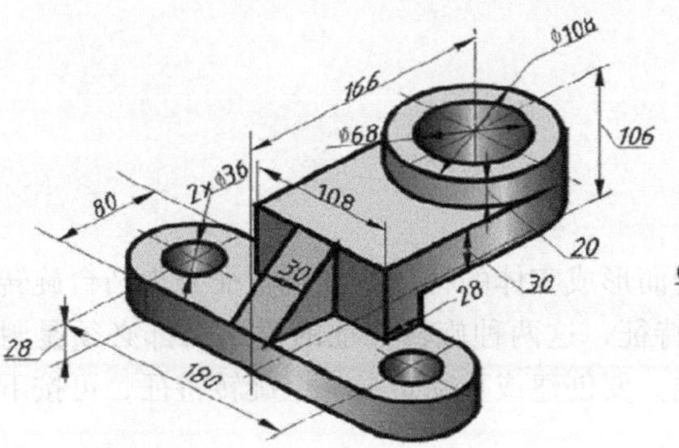

c)

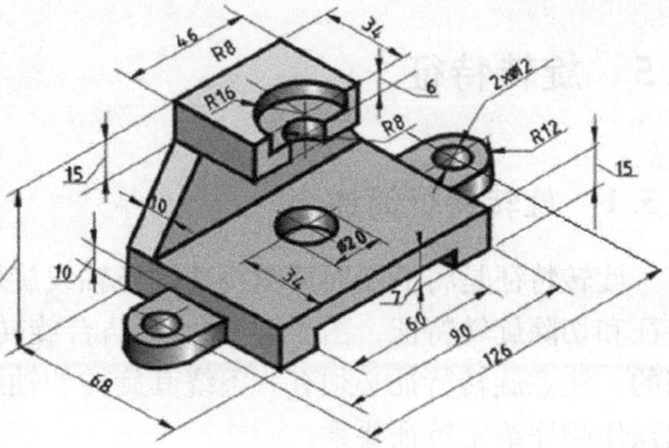

d)

图3-56　训练图（一）（续）

（2）按如图3-57所示建模（均为通孔，尺寸自定）。

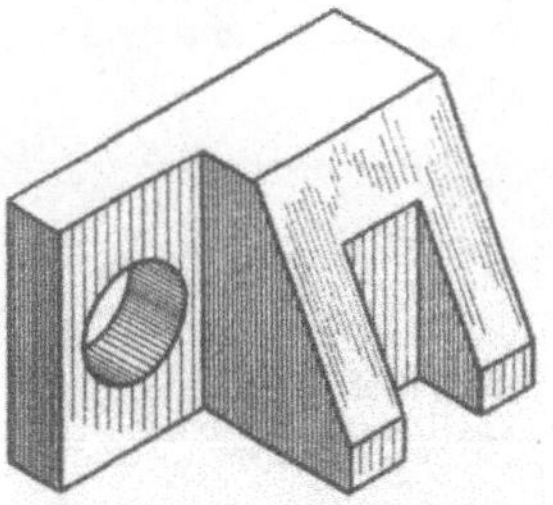

a)

b)

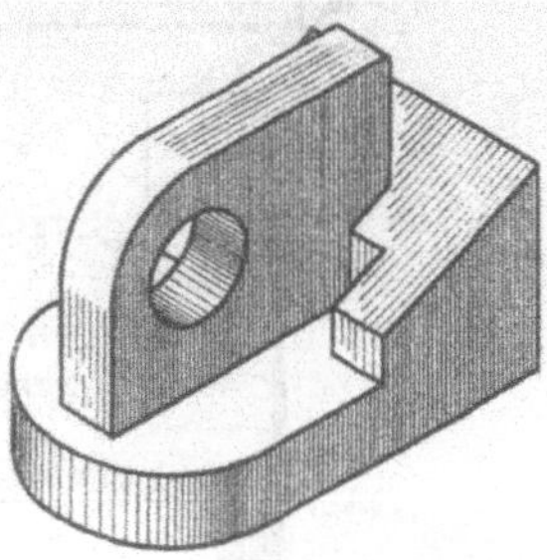

c)

d)

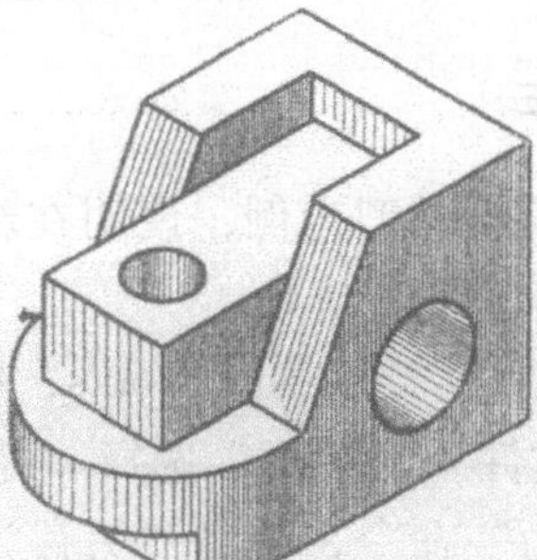

e)

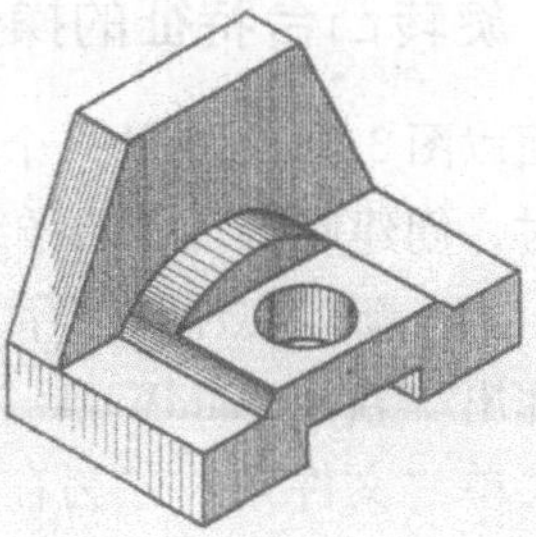

f)

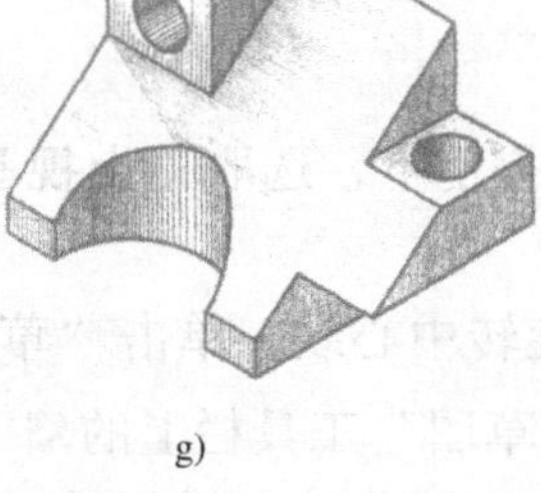

g)

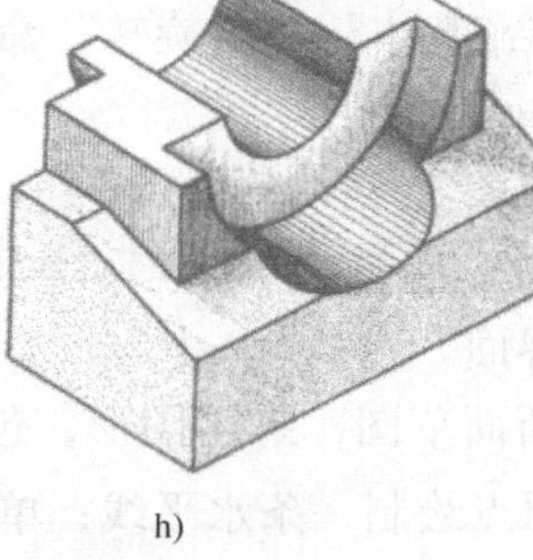

h)

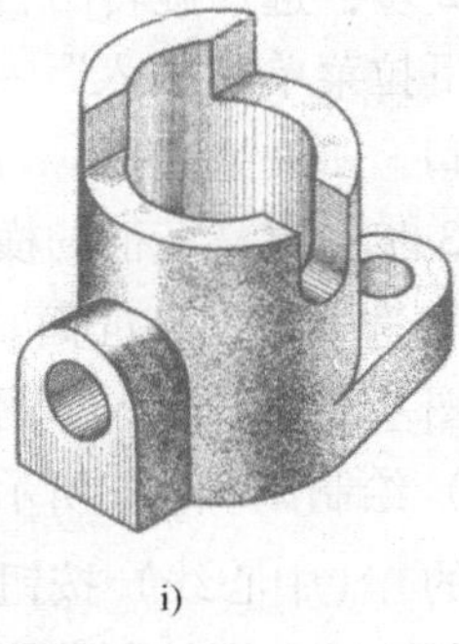

i)

图3-57　训练图（二）

3.5　旋转特征

3.5.1　旋转特征简述

旋转特征是将横断面草图绕着一条轴线旋转而形成实体的特征。旋转特征分为凸台旋转特征和切除旋转特征，图 3-58 所示为凸台旋转特征，这两种旋转特征的横断面都必须是封闭的。注意旋转特征必须有一条绕其旋转的轴线。要创建或重新定义一个旋转特征，可按下列操作顺序给定特征要素：

旋转特征命令→定义草图基准面→绘制特征横断面→确定旋转轴线→确定旋转方向→输入旋转角度。

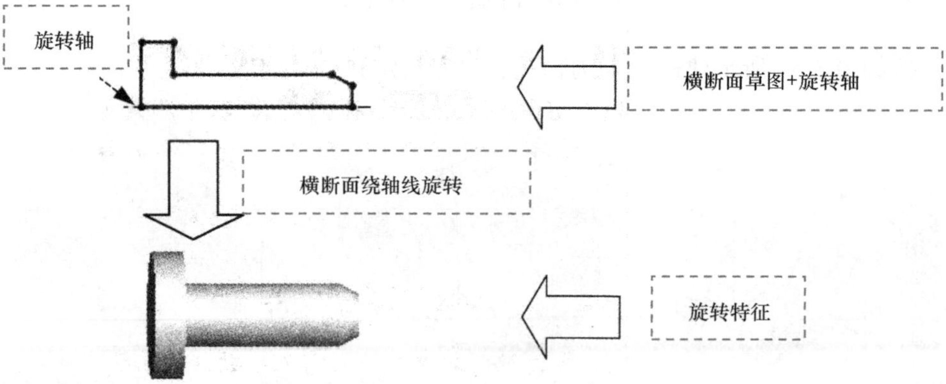

图 3-58　旋转特征示意图

3.5.2　旋转凸台特征的操作

下面以图 3-58 所示的一个简单模型为例，说明在新建一个以旋转特征为基础特征的零件模型时，创建旋转特征的详细过程。

第 1 步：新建文件和保存文件。启动 SolidWorks，单击“标准”工具栏中的（新建）按钮，弹出“新建 SolidWorks 文件”对话框，选择“零件”按钮，单击“确定”按钮。单击下拉菜单“文件”→“另存为”命令，弹出“另存为”对话框，在“文件名”文本框中输入“短轴”，单击“保存”按钮。

第 2 步：选择旋转凸台命令。单击“**特征**”工具栏上的（旋转凸台/基体）按钮，或选择下拉菜单“插入”→“凸台/基体”→“旋转”命令，系统弹出图 3-59a 所示的“旋转”窗口。

第 3 步：定义特征的横断面草图。

（1）选择草图基准面。在系统选择一基准面来绘制特征横断面。的提示下，选取“**上视基准面**”作为草图基准面，进入草图绘制界面。

（2）绘制图 3-59b 所示的横断面草图，封闭图形，包括旋转中心线。单击“草图”工具栏上的（中心线）按钮，从原点绘制一条水平线；单击“草图”工具栏上的（直线）按钮绘制直线，即绘制草图的大致轮廓。建立几何约束。单击“草图”工具栏上的（智能尺寸）按钮标注尺寸。

（3）完成草图绘制后，单击“草图”工具栏上的（确定）按钮退出草图。系统弹出如图 3-59c 所示的“旋转”窗口。

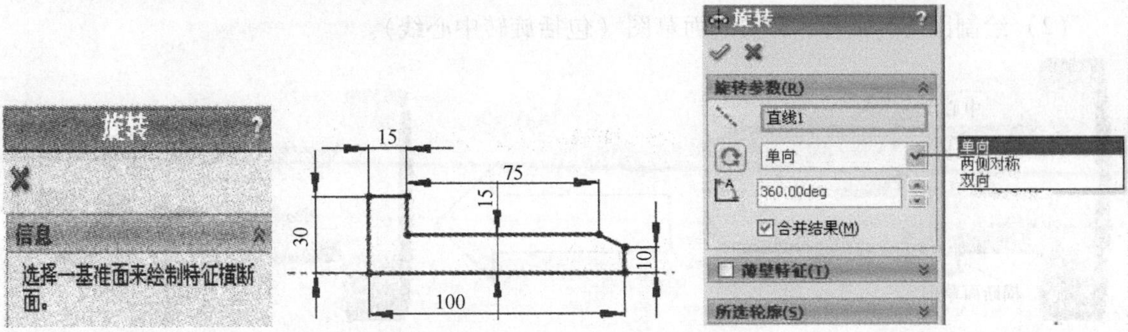

a)　b)　c)

图 3-59　旋转凸台操作

a）“旋转”窗口　b）横断面草图　c）“旋转”窗口

第 4 步：定义旋转轴线。在“旋转”窗口的旋转参数(R)区域中单击（旋转轴）右边的文本框，单击旋转轴线。此例采用草图中绘制的中心线作为旋转轴线，此时“旋转”窗口中显示出所选中心线的名称，如图 3-59c 所示“直线 1”。

第 5 步：定义旋转属性。

（1）定义旋转方向。在“旋转”窗口的旋转参数(R)区域的下拉列表中选择单向选项，采用系统默认的旋转方向。

（2）定义旋转角度。在旋转参数(R)区域的文本框中输入角度数值，如 360。

第 6 步：单击窗口中的（确定）按钮，完成旋转凸台的定义。

第 7 步：保存文件和关闭文件。单击“标准”工具栏中的（保存）按钮，单击“关闭”按钮。

说明

说明 1：旋转特征必须有一条旋转轴线，围绕轴线旋转的草图只能在该轴线的一侧。

说明 2：旋转轴线一般是用（中心线）命令绘制的一条中心线，也可以是用（直线）命令绘制的一条直线，也可以是草图轮廓的一条直线边。

说明 3：如果旋转轴线是用中心线绘制在横断面草图中的，系统会自动识别。

3.5.3　旋转切除特征的操作

下面以图 3-60 所示的一个简单模型为例，说明创建旋转切除特征的一般过程。

第 1 步：打开文件和保存文件。启动 SolidWorks，打开上例的“短轴”文件。单击下拉菜单“文件”→“另存为”命令，弹出“另存为”对话框，在“文件名”文本框中输入“轴”，单击“保存”按钮。

第 2 步：选择“旋转切除”命令。单击“**特征**”工具栏上的（旋转切除）按钮，或选择下拉菜单“插入”→“切除”→“旋转”命令，系统弹出“旋转”窗口。

第 3 步：定义特征的横断面草图。

（1）选择草图基准面。在系统选择: 1）一基准面、平面或边线来绘制特征横断面。的提示下，选择“**前视基准面**”作为草图基准面，进入草绘界面。

（2）绘制图 3-60a 所示的横断面草图（包括旋转中心线）。

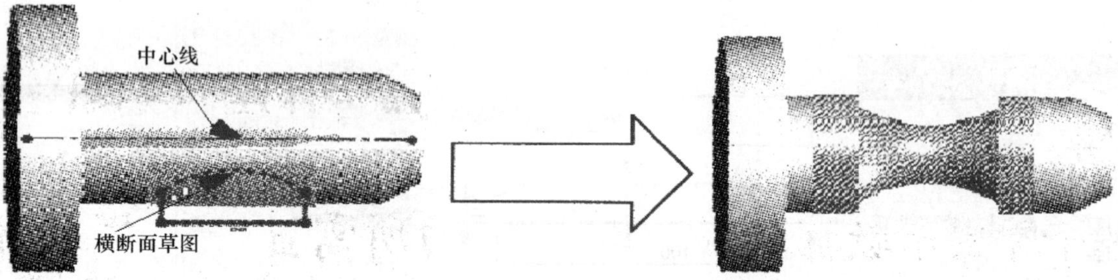

a)　　b)

图 3-60　旋转切除特征

a）旋转切除前　b）旋转切除后

（3）完成草图绘制后，选择退出草图退出草图绘制界面，系统弹出“切除-旋转”窗口。

第 4 步：定义旋转轴线。采用草图中绘制的中心线作为旋转轴线。

第 5 步：定义旋转属性。

（1）定义旋转方向。在“切除-旋转”窗口的旋转参数(R)区域的下拉列表中选择单向选项，采用系统默认的旋转方向。

（2）定义旋转角度。在旋转参数(R)区域的文本框中输入角度数值，如 360。

第 6 步：单击窗口中的（确定）按钮，完成旋转切除。

第 7 步：保存文件和关闭文件。单击“标准”工具栏中的“保存”按钮，单击“关闭”按钮。

3. 5. 4　旋转特征实例

应用旋转特征绘制图 3-61a 所示手柄。操作步骤如下：

第 1 步：新建文件和保存文件。启动 SolidWorks，单击“标准”工具栏中的（新建）按钮，弹出“新建 SolidWorks 文件”对话框，选择“零件”按钮，单击下方的确定按钮。单击下拉菜单“文件”→“另存为”命令，弹出“另存为”对话框，在“文件名”文本框中输入“手柄”，单击“保存”按钮。

第 2 步：绘制如图 3-61b 所示草图（草图 1）。选择“前视基准面”，单击（正视于）按钮，单击（中心线）按钮，过原点绘制水平中心线，单击（直线）按钮绘制直线，单击（圆）按钮绘制圆。单击（裁剪实体）按钮，剪掉多余的线。单击（添加几何关系）按钮，添加“相切”的几何关系。单击（智能尺寸）按钮，标注尺寸。单击（退出草图）按钮 ，结束草图绘制。

第 3 步：在设计树中单击选中草图 1。单击“**特征**”工具栏上的（旋转凸台/基体）按钮，系统弹出“旋转”窗口。

第 4 步：定义旋转轴线。采用草图中绘制的中心线作为旋转轴线，此时“旋转”窗口中显示所选中心线的名称。

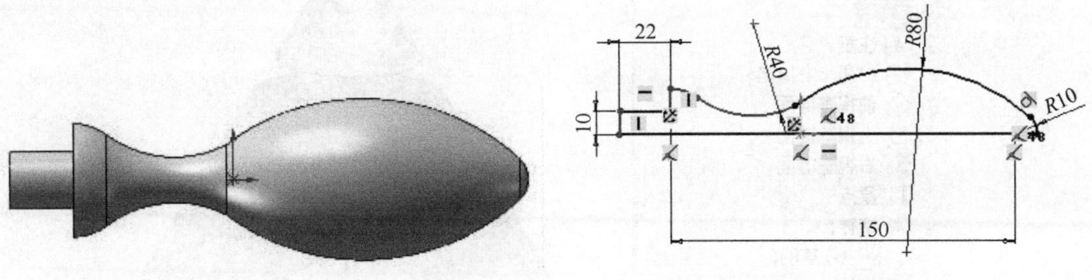

a)　　　　　　　　　　　　　　　　b)

图 3-61　手柄

a）手柄实体　b）手柄旋转草图

第 5 步：定义旋转属性。

（1）定义旋转方向。在“旋转”窗口中选择单向选项，采用系统默认的旋转方向。

（2）定义旋转角度。在旋转参数(R)区域的文本框中输入角度数值，如 360。

第 6 步：单击窗口中的（确定）按钮，完成旋转凸台的定义。

第 7 步：保存文件和关闭文件。单击“标准”工具栏中的（保存）按钮，单击“关闭”按钮。

3.5.5　旋转特征训练

绘制如图 3-62 所示模型（均为通孔，尺寸自定）。

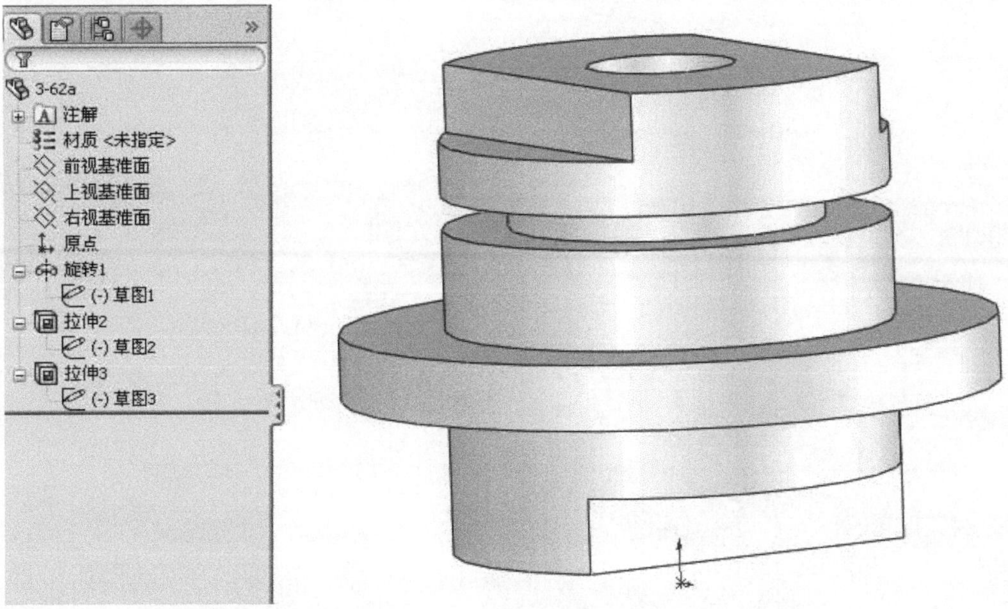

a)

图 3-62　训练图

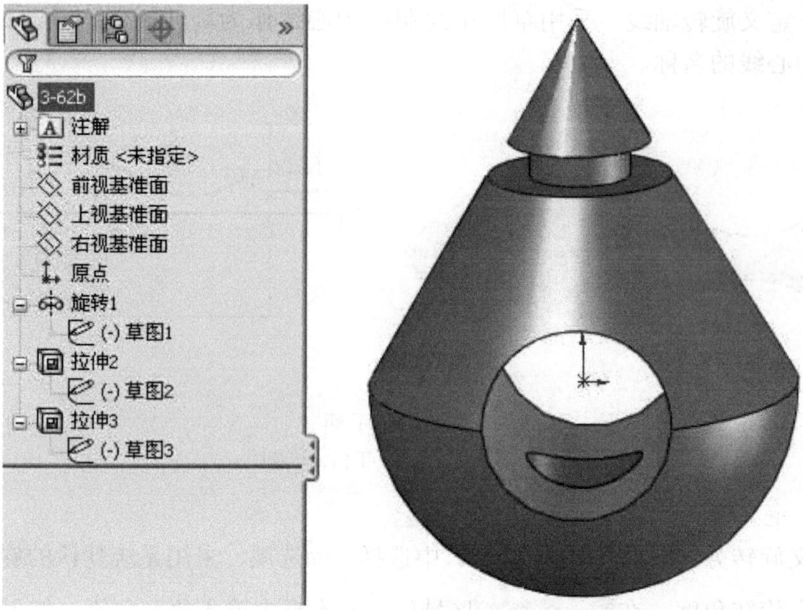

b)

图 3-62　训练图（续）

第 4 章　SolidWorks 编辑特征命令及实例

本章要点：介绍镜像、阵列、孔、筋等编辑特征。

在特征生成后，有时候需要对其进行编辑修改。另外，在实际的机械零件中有很多相同或对称的结构，在创建这些零件的过程中，可以使用镜像、阵列等特征的操作方法，免去相同的重复性工作。“特征”工具栏中的编辑特征按钮如图 4-1 所示。

图 4-1　特征工具栏中的编辑特征按钮

4.1　镜像特征

镜像就是以面或基准面为对称面，生成一个特征的复制。生成镜像特征的操作步骤如下。

（1）选择镜像命令。单击“**特征**”工具栏上的（镜像）按钮，或单击菜单“插入”→“阵列/镜向”→“镜向”命令，系统弹出“镜向”窗口，如图 4-2 所示。

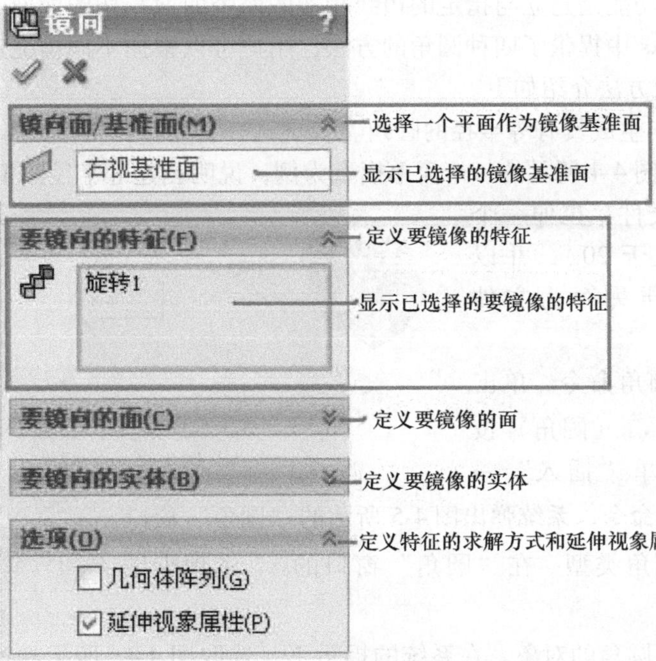

图 4-2　“镜向”窗口

（2）选择镜像基准面。先单击“镜向面/基准面”下方的右边框，再在绘图区域中选择一个作为镜像面的基准面或模型面，右边框中会显示已选择的镜像基准面。此例选取图 4-3a 所示的右视基准面作为镜像基准面。

（3）选择要镜像的特征。先单击“要镜向的特征”下方的右边框，再在设计树或绘图区单击选择要镜像的特征、面或实体，右边框会显示已选择的要镜像的特征。此例选取图 4-3a 所示的旋转 1 特征作为要镜像的特征。

（4）单击（确定）按钮，生成镜像特征，如图 4-3b 所示。

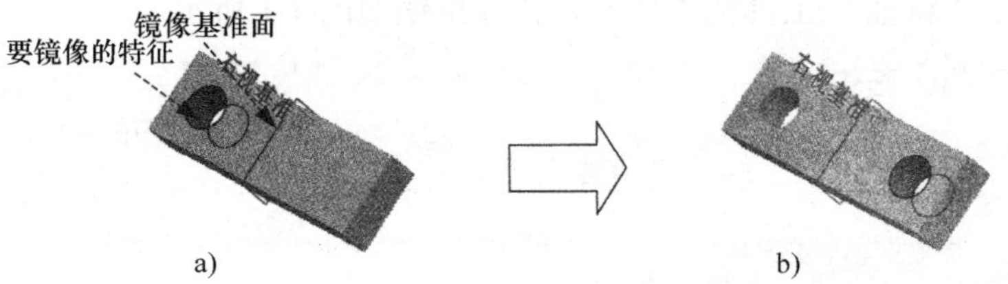

图 4-3　镜像特征
a）镜像前　b）镜像后

4.2　圆角特征和倒角特征

4.2.1　圆角特征

“圆角”特征的功能是建立与指定的边线相连的两个曲面相切的曲面，使实体曲面实现圆滑过渡。SolidWorks 中提供了四种圆角的方法，用户可以根据不同情况进行圆角操作。这里将其中的三种圆角方法介绍如下。

1. 等半径圆角　生成具有等半径的圆角。

【实例 4-1】　以图 4-4 所示的一个简单模型为例，说明创建等半径圆角特征的一般过程。

第 1 步：新建文件，拉伸一个六棱柱（取边长大于 20），并以“六棱柱”保存，再另存为文件“等半径圆角”。

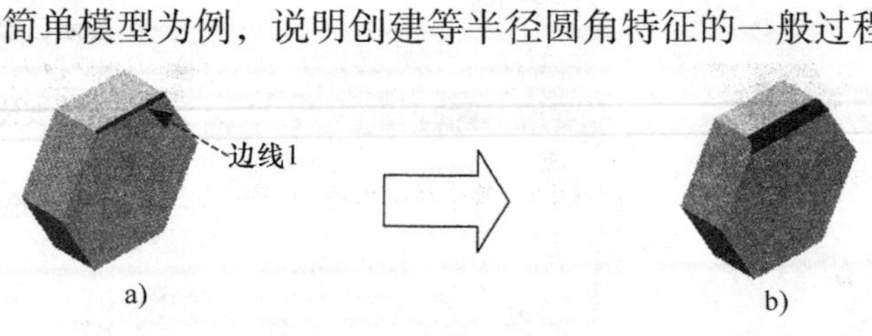

图 4-4　等半径圆角特征（圆角对象为线）
a）圆角前　b）圆角后

第 2 步：选择圆角命令。单击“**特征**”工具栏上的（圆角）按钮，或选择下拉菜单“插入”→“特征”→“圆角”命令，系统弹出图 4-5 所示的“圆角”窗口。

第 3 步：定义圆角类型。在“圆角”窗口的手工选项卡的**圆角类型(Y)**选项组中选择 ⊙ 等半径(C) 单选项。

第 4 步：选取要圆角的对象。在系统的提示下，选取图 4-4a 所示的模型边线 1 为要圆角的对象。

第 5 步：定义圆角参数。在窗口 圆角项目(I) 区域的 文本框中输入数值 10。

第 6 步：单击窗口中的 （确定）按钮，完成等半径圆角特征的定义。

第 7 步：保存文件，并关闭当前文件。

需要说明的是，等半径圆角特征的圆角对象也可以是面或环等元素，例如选取图 4-6a 所示的模型表面 1 为圆角对象，则可创建图 4-6b 所示的圆角特征。

2. 变半径圆角 生成包含变半径值的圆角，可以使用控制点帮助定义圆角。

【实例 4-2】 以图 4-7 所示的一个简单模型为例，说明创建变半径圆角特征的一般过程。

第 1 步：打开“六棱柱”文件，再另存为“变半径圆角”。

第 2 步：选择圆角命令。单击“特征”工具栏上的 （圆角）按钮，或选择下拉菜单“插入”→“特征”→“圆角”命令，系统弹出“圆角”窗口。

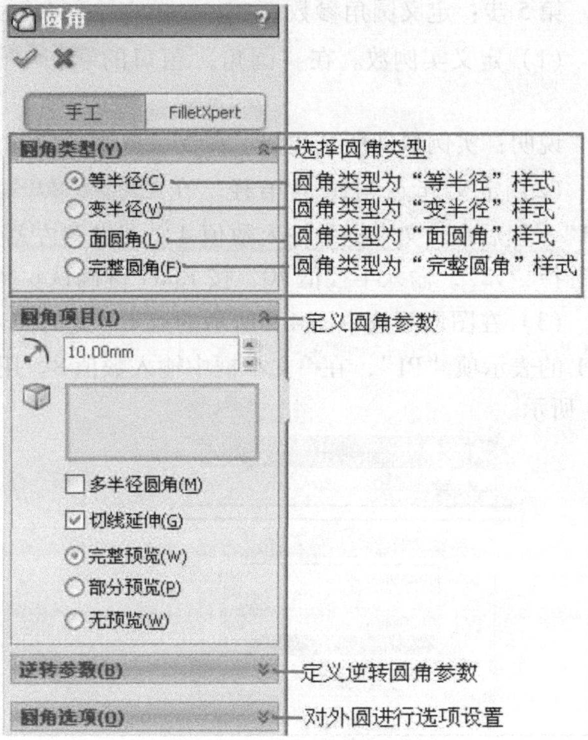

图 4-5 “圆角”窗口

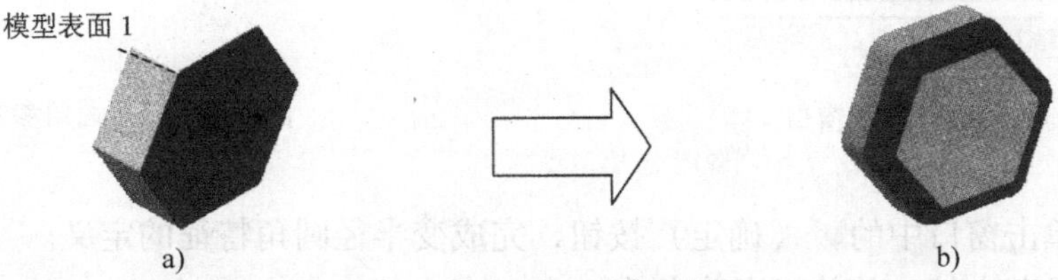

图 4-6 等半径圆角特征（圆角对象为面）

a）圆角前 b）圆角后

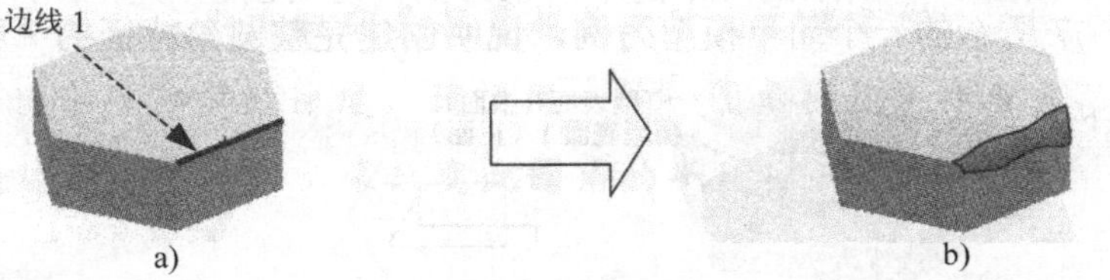

图 4-7 变半径圆角特征

a）圆角前 b）圆角后

第 3 步：定义圆角类型。在“圆角”窗口的 手工 选项卡的 圆角类型(Y) 选项组中选择 ⊙ 变半径(V) 单选项。

第 4 步：选取要圆角的对象。选取图 4-7a 所示的边线 1 为圆角的对象。

第 5 步：定义圆角参数。

（1）定义实例数。在“圆角”窗口的变半径参数(P)选项组的右边文本框中输入数值 2。

说明：实例数即所选边线上需要设置半径值的点的数目（除起点和端点外）。

（2）定义起点与端点半径。在变半径参数(P)区域的“附加的半径”列表中选择“v1”，然后在文本框中输入数值 4（即设置左端点的半径），按 Enter 键确认；在列表中选择“v2”，输入半径值 10，按 Enter 键确认。

（3）在图形区选中图 4-9 所示的点 1（此时点 1 被加入列表中），然后在列表中选择点 1 的表示项“P1”，在文本框中输入数值 8。用同样的方法操作点 2，半径值为 6，如图 4-8 所示。

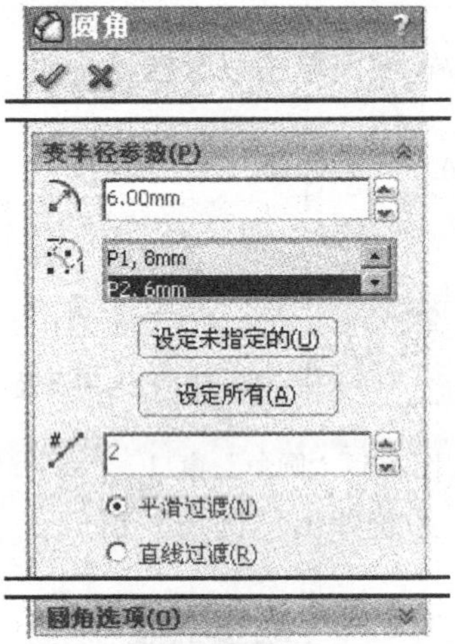

图 4-8 “圆角”窗口

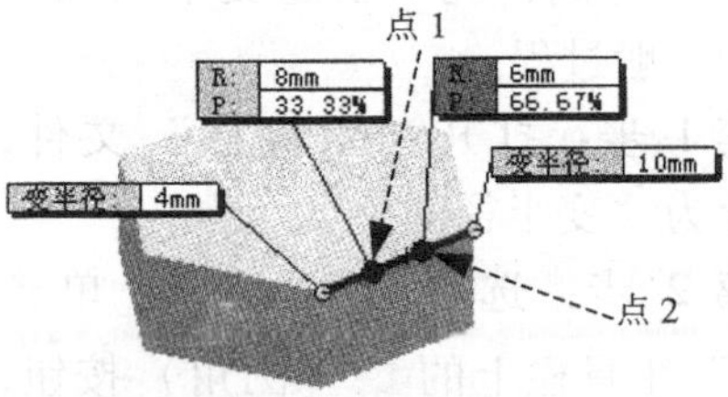

图 4-9 定义圆角参数

第 6 步：单击窗口中的（确定）按钮，完成变半径圆角特征的定义。

第 7 步：保存文件，并关闭当前文件。

3. 完整圆角　生成相切于三个相邻面组（一个或多个面相切）的圆角。

【实例 4-3】 以图 4-10 所示的一个简单模型为例，说明创建完整圆角特征的一般过程。

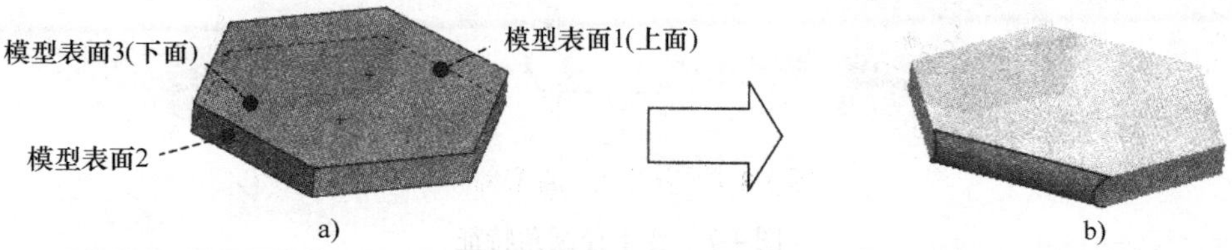

图 4-10 完整圆角特征

a）圆角前　b）圆角后

第 1 步：打开“六棱柱”文件，再另存为文件“完整圆角”。

第 2 步：选择圆角命令。单击“**特征**”工具栏上的（圆角）按钮，或选择下拉菜单“插入”→“特征”→“圆角”命令，系统弹出“圆角”窗口。

第 3 步：定义圆角类型。在“圆角”窗口的手工选项卡的圆角类型(Y)选项组中选择⊙完整圆角(F)单选项，如图 4-11 所示。

第 4 步：定义中央面组和边侧面组。

（1）定义边侧面组 1。选择如图 4-10 所示的模型表面 1 作为边侧面组 1。

（2）定义中央面组。在“圆角”窗口的圆角项目(I)区域，单击激活“中央面组”文本框，然后选择图 4-10 所示的模型表面 2 作为中央面组。

（3）定义边侧面组 2。单击激活“边侧面组 2”文本框，然后选择图 4-10 所示的模型表面 3 作为边侧面组 2。

第 5 步：单击窗口中的（确定）按钮，完成完整圆角特征的定义。

第 6 步：保存文件，并关闭当前文件。

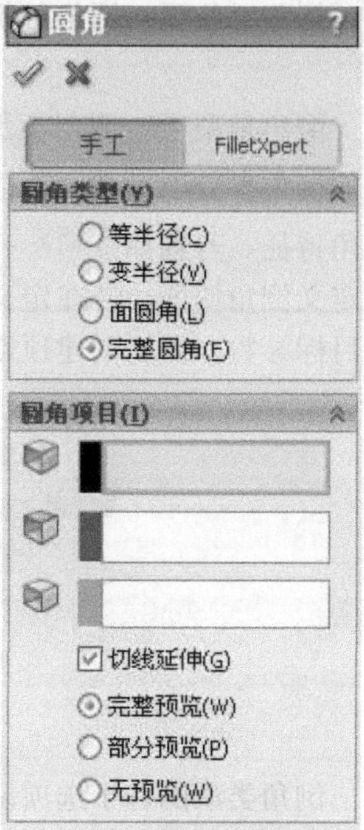

图 4-11　“圆角”窗口

4.2.2　倒角特征

倒角特征实际是一个在两个相交面的交线上建立斜面的特征。执行“倒角”命令的方法是：单击“**特征**”工具栏上的（倒角）按钮，或选择下拉菜单“插入”→“特征”→“倒角”命令，系统弹出图 4-12 所示的“倒角”窗口。

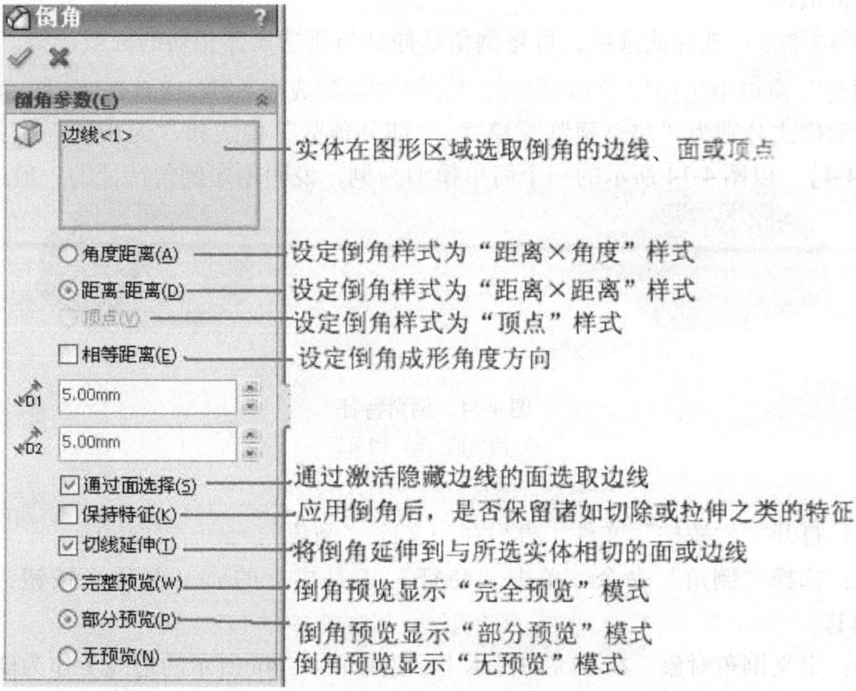

图 4-12　“倒角”窗口

倒角窗口中的选项说明。

倒角对象项：倒角对象项在窗口上方大文本框处，为实体选取要倒角的边线和面或顶点。

倒角类型项：倒角类型项有角度距离(A)、距离-距离(D)和顶点(V)，选择各项时，有不同的倒角参数项出现。若选择角度距离(A)单选项，可以在和文本框中输入参数，以定义倒角特征。若选择距离-距离(D)单选项，可以在和文本框中输入参数（可以不相同），以定义倒角特征。若在定义倒角类型时选择顶点(V)选项，然后选取所需倒角的顶点，再输入目标参数，即可创建顶点倒角特征，如图 4-13 所示。

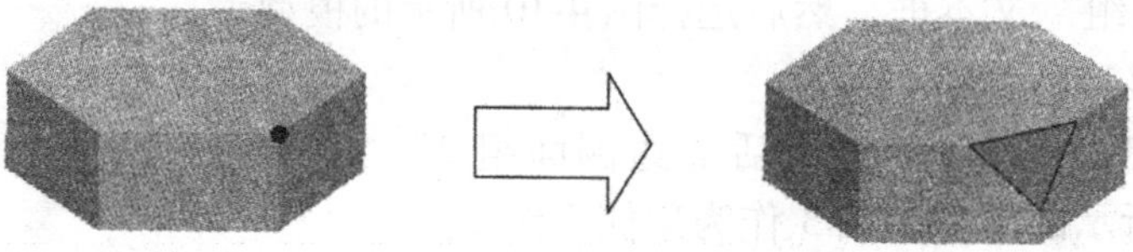

a)　　　　b)

图 4-13　顶点倒角特征

a）倒角前　b）倒角后

倒角类型的各子选项说明如下。

◇☑相等距离(E)：选择此项，可以将距离指定为单一数值。

◇☑通过面选择(S)：选择此项，可以通过隐藏边线的面以选取边线。

◇☑保持特征(K)：选择此项，可以保留倒角处的特征（如拉伸、切除等），但一般情况下这些特征将被移除。

◇☑切线延伸(T)：选择此选项，可将倒角延伸到与所选实体相切的面或边线。

在“倒角”窗口中选择完整预览(W)、部分预览(P)或无预览(N)单选项时，可以定义倒角的预览显示模式分别为“完全预览”模式、“部分预览”模式和“无预览”模式。

【实例 4-4】　以图 4-14 所示的一个简单模型为例，说明创建倒角特征的一般过程。

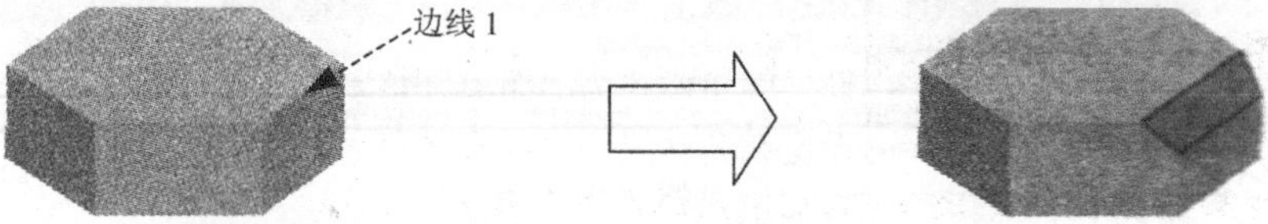

a)　　　　b)

图 4-14　倒角特征

a）倒角前　b）倒角后

第 1 步：打开“六棱柱”文件，再另存为文件“倒角”。

第 2 步：选择“倒角”命令。单击“**特征**”工具栏上的（倒角）按钮，系统弹出“倒角”窗口。

第 3 步：定义倒角对象。在系统的提示下，选取图 4-14a 所示的边线 1 作为倒角对象。

第 4 步：定义倒角类型。在“倒角”窗口中选择距离-距离(D)单选项。

第 5 步：定义倒角参数。在窗口中选择☑ 相等距离(E) 复选框，然后在文本框中输入数值 10。

第 6 步：单击窗口中的✔（确定）按钮，完成倒角特征的定义。

第 7 步：保存文件，并关闭当前文件。

4.3　抽壳特征

抽壳特征是将实体的内部掏空，留下一定壁厚（等壁厚或多壁厚）的空腔，该空腔可以是封闭的，也可以是开放的。在使用该命令时，要注意各特征的创建次序。

4.3.1　等壁厚抽壳

利用等壁厚抽壳即生成在不同面上具有相同壁厚的抽壳特征。

【实例 4-5】 以图 4-15 所示模型为例，说明创建等壁厚抽壳特征的一般过程。

第 1 步：新建文件，拉伸一个四棱柱（长、宽、高均大于 20），并以“四棱柱”保存。再另存为文件“等壁厚抽壳”。

第 2 步：选择抽壳命令。单击“**特征**”工具栏上的（抽壳）按钮，或选择下拉菜单“插入”→“**特征**”→“抽壳”命令，系统弹出图 4-16“抽壳 1”窗口。

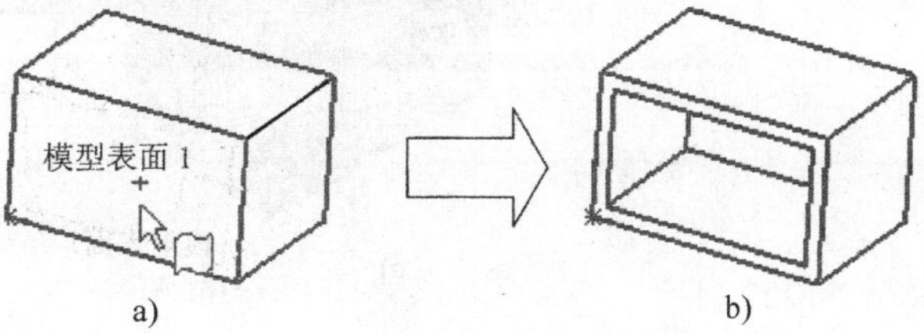

图 4-15　抽壳

a）抽壳前　b）抽壳后

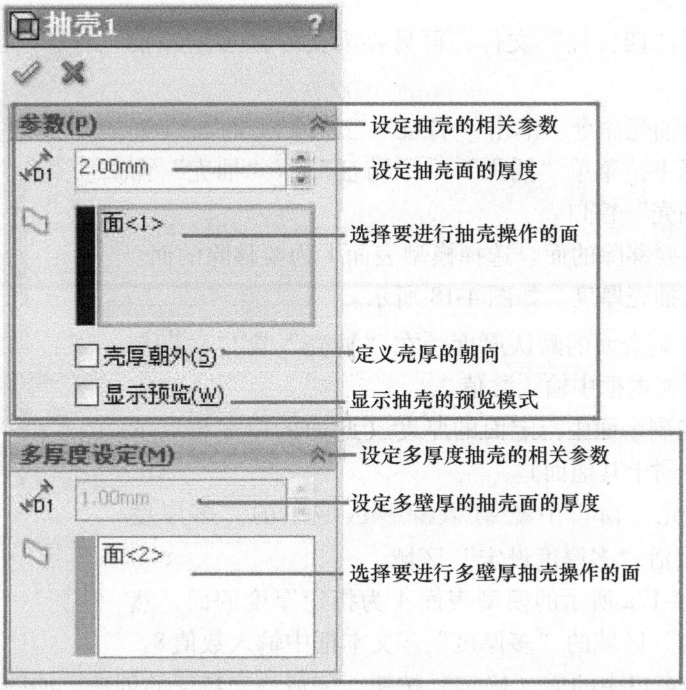

图 4-16　“抽壳”窗口

第 3 步：选择要移除的面。选择图 4-15a 所示的模型表面 1 为要移除的面。

第 4 步：定义抽壳厚度。在“抽壳”窗口参数(P)区域的“厚度”文本框中输入数值 2。如果想用抽壳特征来增加零件的外部尺寸，可以勾选壳厚朝外复选框。

第 5 步：单击窗口中的（确定）按钮，完成抽壳特征的创建。

第 6 步：保存文件，并关闭当前文件。

4.3.2　多壁厚抽壳

利用多壁厚抽壳，可以生成在不同面上具有不同壁厚的抽壳特征。

【实例 4-6】　以图 4-17 所示的简单模型为例，说明创建多壁厚抽壳特征的一般过程。

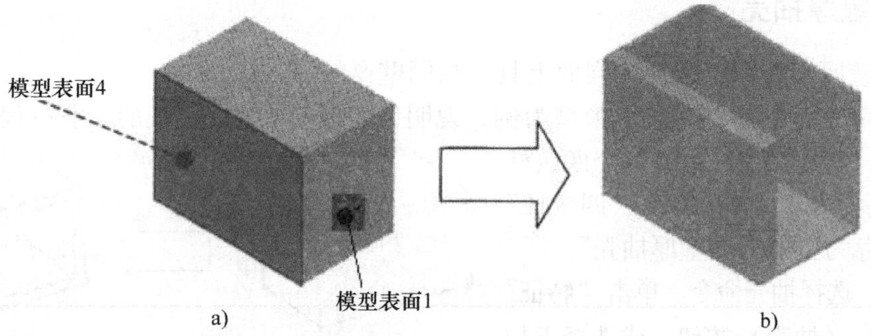

图 4-17　多壁厚的抽壳
a）抽壳前　b）抽壳后

第 1 步：打开“四棱柱”文件，再另存为文件“多壁厚抽壳”。

第 2 步：选择抽壳命令。单击“**特征**”工具栏上的（抽壳）按钮，或选择下拉菜单“插入”→“特征”→“抽壳”命令，系统弹出“抽壳”窗口。

第 3 步：选择要移除的面。选择模型表面 1 为要移除的面。

第 4 步：定义抽壳厚度。如图 4-18 所示。

（1）定义抽壳剩余面的默认厚度。在“抽壳”窗口参数(P)区域的“厚度”文本框中输入数值 2。

（2）定义抽壳剩余面中指定面的厚度（此面的厚度将取下面设定的值，而不同于其他面）。

1）单击“抽壳”窗口中多厚度设定(M)区域中的“多厚度面”文本框，激活“多厚度设定”区域。

2）选择如图 4-17a 所示的模型表面 4 为指定厚度的面，然后在“多厚度设定”区域的“多厚度”文本框中输入数值 8。

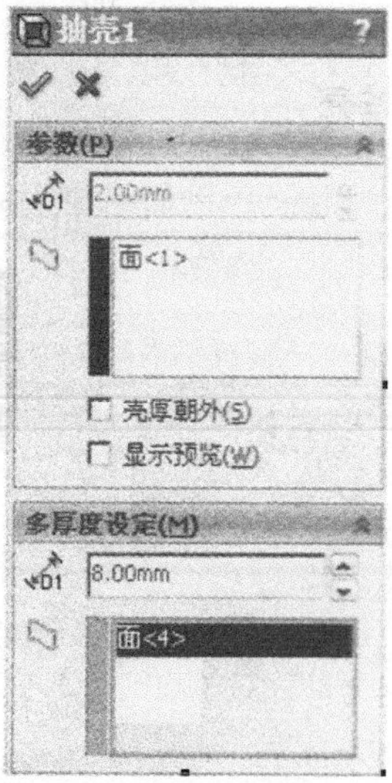

图 4-18　“抽壳”窗口（二）

第 5 步：单击窗口中的（确定）按钮，完成抽壳特征的创建，如图 4-17b 所示。

第 6 步：保存文件，并关闭当前文件。

4.4　筋（肋）特征

筋（肋）特征的创建过程与拉伸特征基本相似，不同的是筋（肋）特征的截面草图是不封闭的，例如图 4-19 所示筋特征的截面只是一条直线。必须注意的是，截面两端必须与接触面对齐。

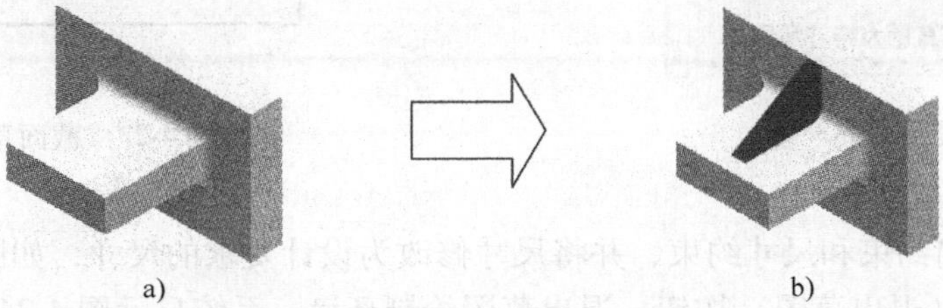

a)　　　　　　　　　　b)

图 4-19　筋（肋）特征

a）创建筋（肋）前　b）创建筋（肋）后

【实例 4-7】　以图 4-20 所示的模型为例，说明筋（肋）特征创建的一般过程。

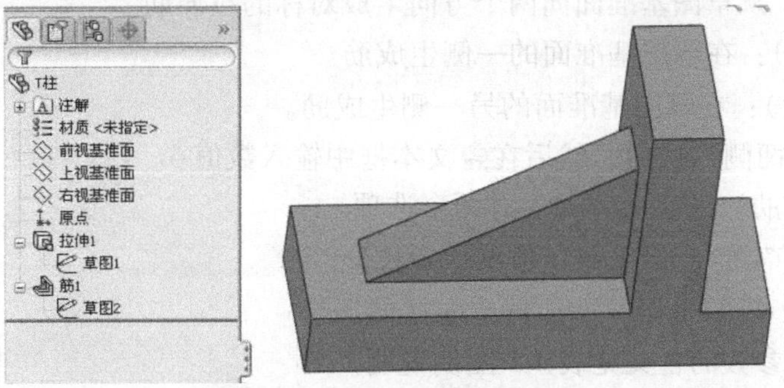

图 4-20　筋（肋）特征实例

第 1 步：新建文件，在“**前视基准面**”上绘制草图拉伸成柱体（草图如图 4-21 所示），并以“T 柱”保存。

第 2 步：选择筋特征命令。单击“**特征**”工具栏上的（筋特征）按钮，或选择下拉菜单“插入”→“特征”→“筋”命令，系统弹出图 4-22 所示的“筋”窗口。

第 3 步：定义筋（肋）特征的截面草图。

（1）选择草图基准面。在系统的提示下，选择“**前视基准面**”作为筋的草图基准面，进入草图绘制环境。

（2）绘制截面的几何图形。草图不需要封闭，两端必须与面接触，如图 4-23 所示的直线。

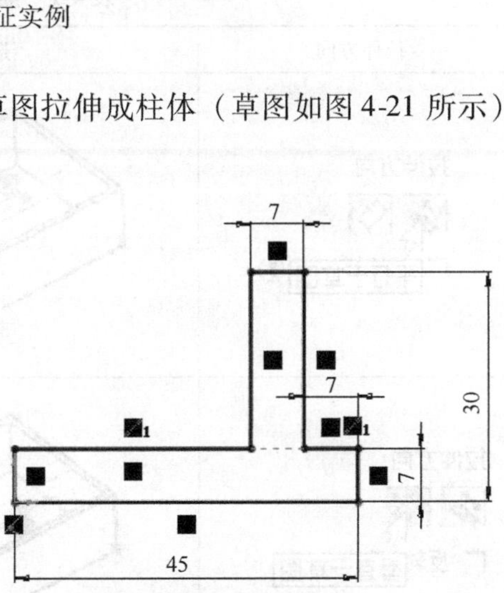

图 4-21　草图

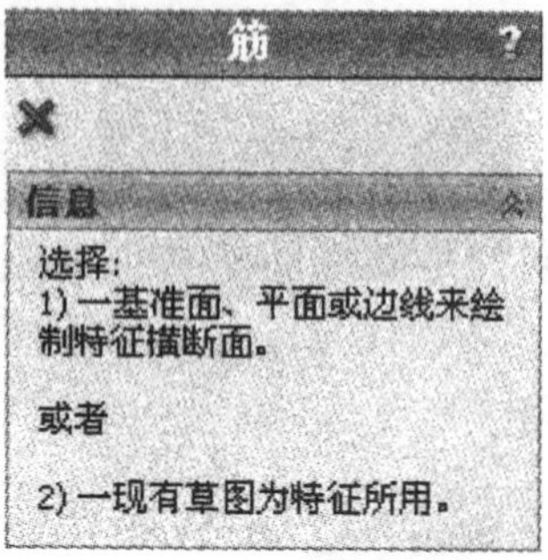

图 4-22 “筋”窗口

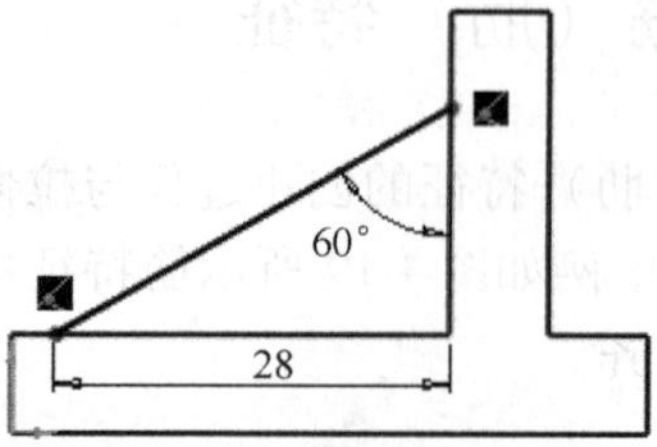

图 4-23 截面草图

（3）建立几何约束和尺寸约束，并将尺寸修改为设计要求的尺寸，如图 4-23 所示。

（4）单击（退出草图）按钮，退出草图绘制环境。系统显示图 4-24 所示的“筋”窗口。

第 4 步：定义筋（肋）特征的参数。

（1）定义筋（肋）的厚度。在参数(P)区域中有三个选项。

◇（两侧）：从草图基准面向两个方向生成对称的拉伸筋。

◇（第一边）：在草图基准面的一侧生成筋。

◇（第二边）：在草图基准面的另一侧生成筋。

此例单击（两侧）按钮，然后在文本框中输入数值 6。

（2）定义筋（肋）的生成方向。有两个选项。

◇（平行于草图）：沿平行于草图方向拉伸。

◇（垂直于草图）：沿草图法向方向拉伸。

筋（肋）特征参数的含义见表 4-1 图例说明。

表 4-1 筋特征的拉伸方向图例说明

拉伸方向	选择预览	结　果
	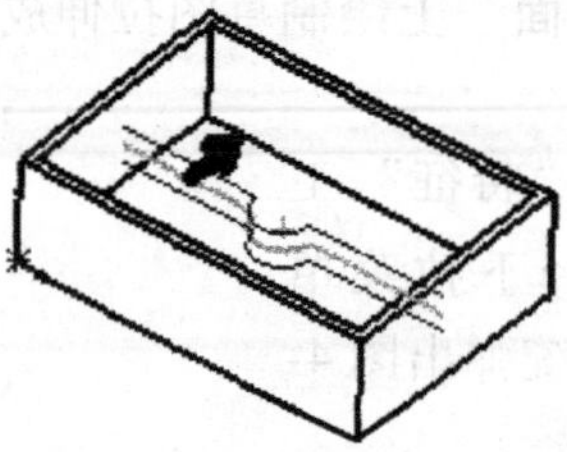	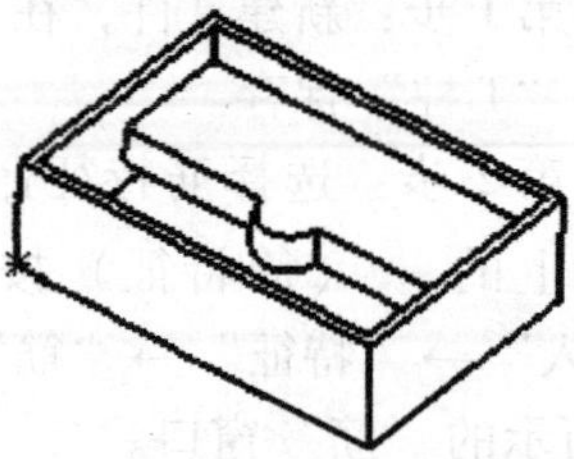
	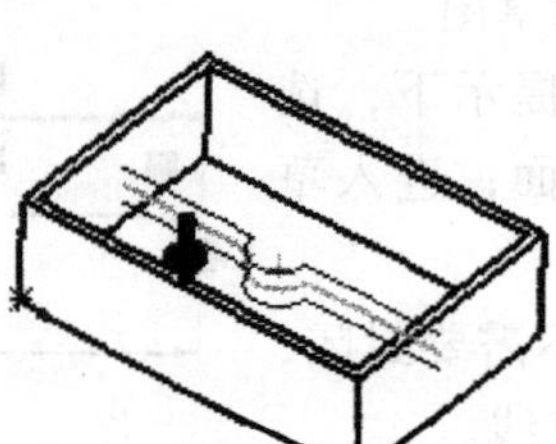	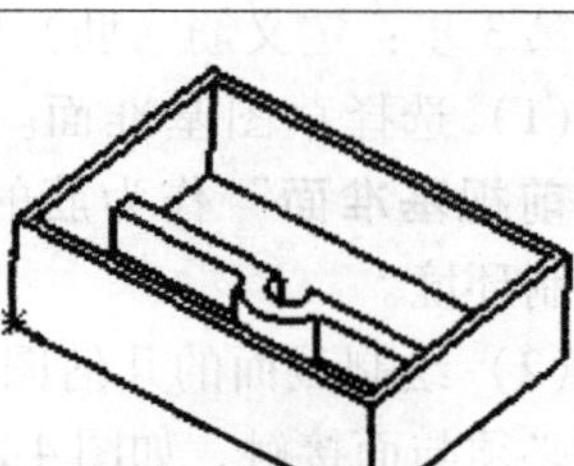

本例中单击（平行于草图）按钮，图 4-25 所示的箭头指示的是筋（肋）的正确生成方向，若方向与之相反，可选中图 4-24 所示“筋”窗口中的参数(P)区域的反转材料边(F)复选框。

图 4-24　“筋”窗口（二）

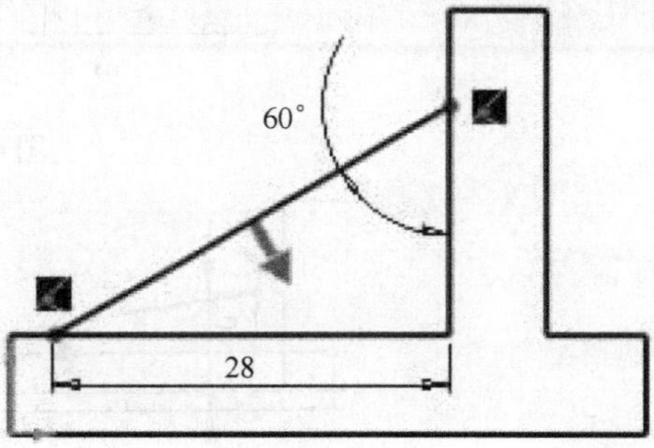

图 4-25　定义筋（肋）的生成方向

第 5 步：单击窗口中的（确定）按钮，完成筋（肋）特征的创建。

第 6 步：保存文件，并关闭当前文件。

【筋（肋）特征创建训练】绘制图 4-26 所示模型。参考步骤如下。

第 1 步：新建文件，并以“筋模型”保存。

第 2 步：拉伸实体。草图如图 4-27 所示，拉伸实体如图 4-28 所示，拉伸厚度是 20。

第 3 步：抽壳。厚度为 6，如图 4-29 所示。

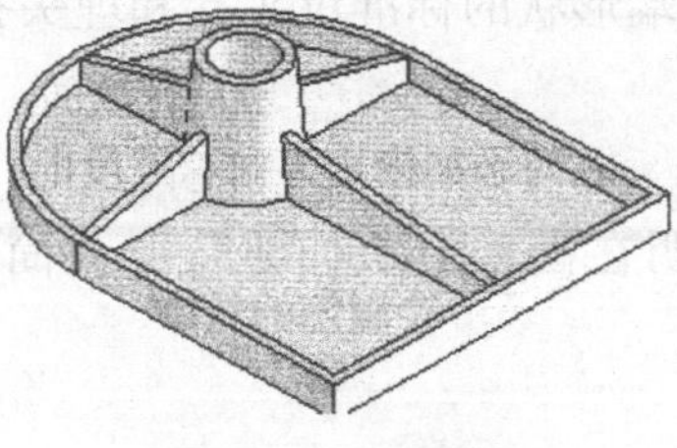

图 4-26　训练筋模型

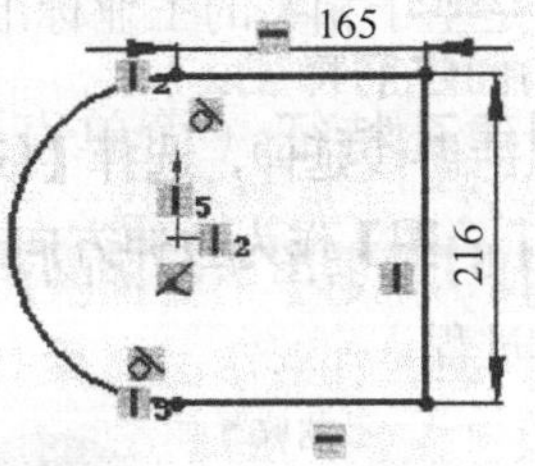

图 4-27　草图

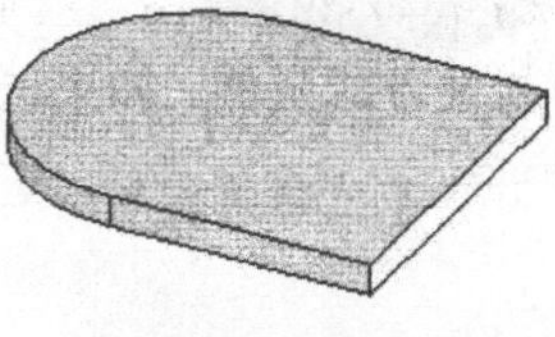

图 4-28　拉伸实体

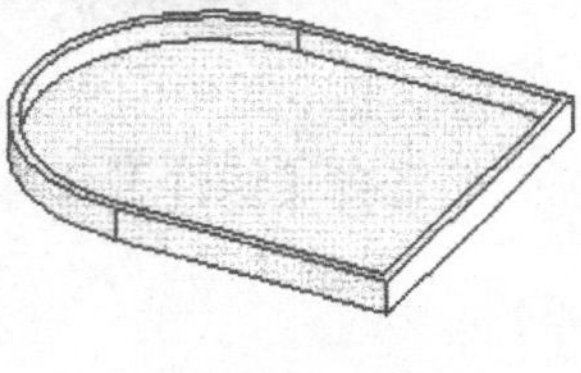

图 4-29　抽壳

第 4 步：旋转实体。草图如图 4-30a 所示，旋转实体如图 4-30b 所示。

第 5 步：筋特征 1。草图如图 4-31a 所示，筋特征 1 实体如图 4-31b 所示。

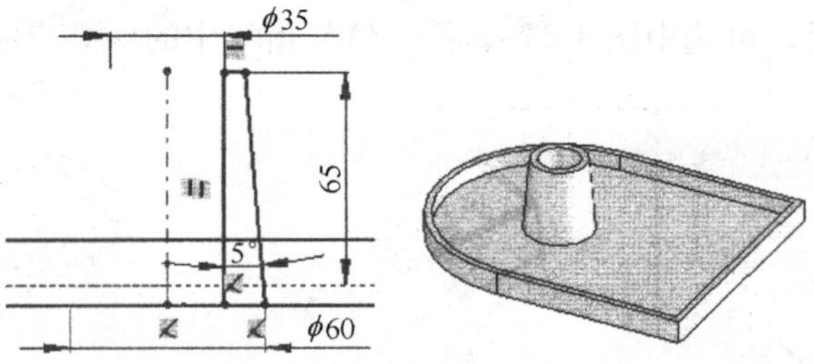

a)　　b)

图 4-30　旋转实体

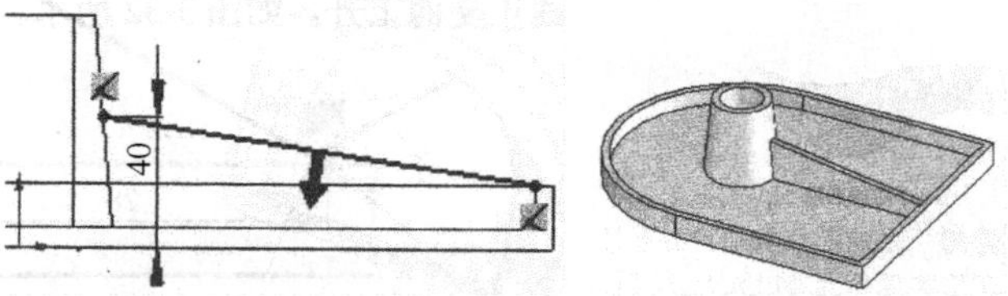

a)　　b)

图 4-31　筋特征 1 实体

第 6 步：筋特征。使用相同方法创建另外三个筋特征，其草图与步骤与第 5 步类似，只是草图所在平面不同。草图中与底边距离都为 40，最后结果如图 4-26 所示。

4.5　孔特征

在 SolidWorks 中，可以创建两种类型的孔特征，一是简单孔，具有圆截面的切口，它始于放置曲面并延伸到指定的终止曲面或用户定义的深度。二是异形向导孔，具有基本形状的螺纹孔，它是基于相关的工业标准的，可带有不同的末端形状的标准沉头孔和埋头孔。

4.5.1　创建孔特征（简单直孔）的一般过程

【实例 4-8】 以图 4-32 所示的简单模型为例，说明在模型上添加孔特征（简单直孔）的详细操作过程。

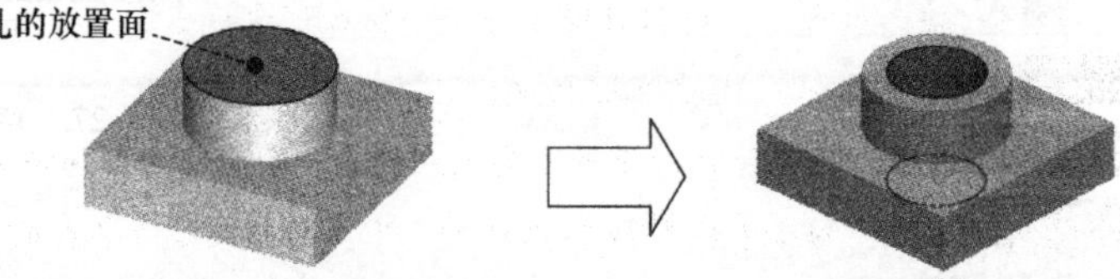

a)　　b)

图 4-32　孔特征

a）钻孔前　b）钻孔后

第 1 步：新建文件，拉伸长方体，拉伸圆柱，并以“孔柱”作文件名保存。再另存为文件“简单直孔”。

第2步：选择孔命令。选择下拉菜单“插入”→“特征”→“孔”→“简单直孔”命令，系统弹出图4-33所示的“孔”窗口。

第3步：定义孔的放置面。单击选取图4-32a所示的模型表面为孔的放置面，系统弹出图4-34所示的“孔”窗口。

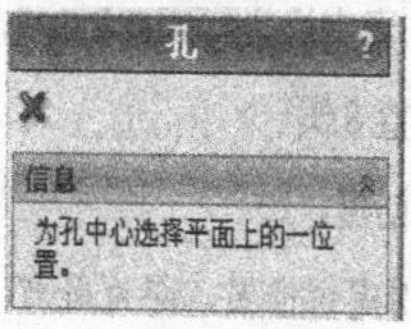

图4-33 “孔”窗口

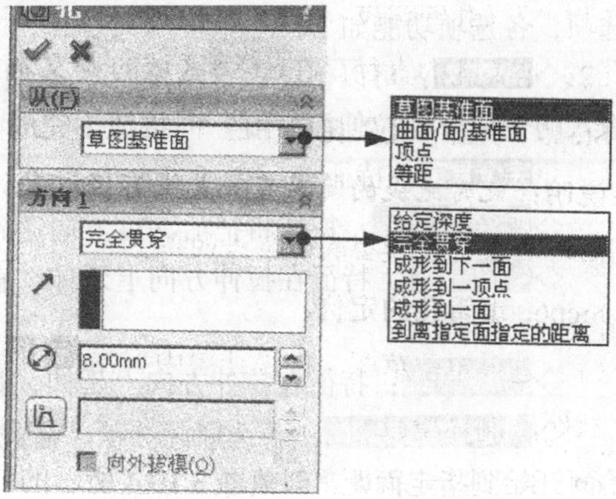

图4-34 “孔”窗口（二）

第4步：定义孔的参数。

(1) 定义孔的深度。在“孔”窗口 方向1 区域的下拉列表中选择 完全贯穿 选项。

(2) 定义孔的直径。在 方向1 区域的⌀文本框中输入数值8。

第5步：单击“孔”窗口中的✓（确定）按钮，完成简单直孔的创建。

说明：此时完成的简单直孔是没有经过定位的，孔所创建的位置即为用户选择孔的放置面时光标在模型表面单击的位置。

第6步：编辑孔的定位。

(1) 进入定位草图。在设计树中右击 孔1，从系统弹出的快捷菜单中选择（编辑草图）命令，进入草图绘制环境。

(2) 添加尺寸约束。创建图4-35所示的两个尺寸，并修改为设计要求的尺寸值。

(3) 约束完成后，单击“草图”工具栏中的按钮，退出草图绘制环境。

第7步：保存文件，并关闭当前文件。

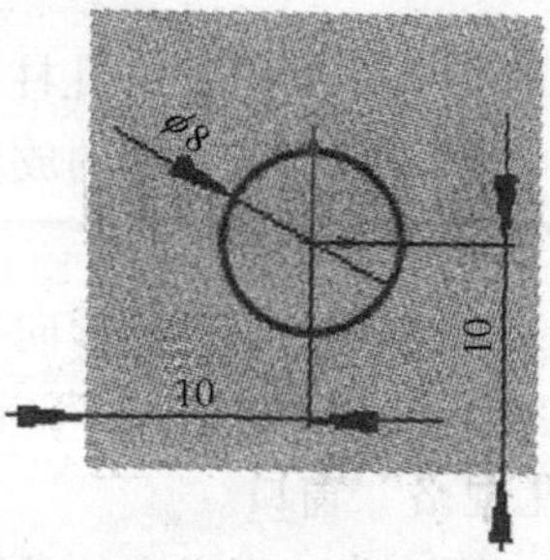

图4-35 尺寸约束

“孔”窗口中有两个区域，从(F) 区域和 方向1 区域。从(F) 区域主要定义孔的起始条件，方向1 区域用来设置孔的终止条件。

在图4-34所示“孔”窗口的 从(F) 区域中，单击“草图基准面”选项后的小三角形，可选择四种起始条件选项，各选项功能如下：

◇草图基准面：表示特征从草图基准面开始生成。

◇曲面/面/基准面：若选取此选项，需选择一个面作为孔的起始面。

◇顶点：若选取此选项，需选择一个顶点，并且所选顶点所在的与草绘基准面平行的面即为孔的起始面。

◇等距：若选取此选项，需输入一个数值，此数值代表的含义是孔的起始面与草绘基准面的距离。必须注意的是，控制距离的反向可以用下拉列表右侧的“反向”按钮，但不能在文本框中输入负值。

在“孔”窗口的方向1区域中，单击完全贯穿选项后的小三角形，可选择六种终止条件选项，各选项功能如下：

◇给定深度：可以创建确定深度尺寸类型的特征，此时特征将从草绘平面开始，按照所输入的数值（即拉伸深度值）向特征创建的方向一侧生成。

◇完全贯穿：特征将与所有曲面相交。

◇成形到下一面：特征将把沿深度方向遇到的第一个面作为拉伸终止面。

◇成形到一顶点：特征在拉伸方向上延伸，直至与指定顶点所在的并与草图基准面平行的面相交。

◇成形到一面：特征在拉伸方向上延伸，直到与指定的面相交。

◇到离指定面指定的距离：若选取此选项，需先选择一个面，并输入距离数值，孔特征将从起始面开始到指定面距离处终止。

4.5.2　创建异形向导孔

【实例4-9】 以图4-36所示的简单模型为例，说明创建异形向导孔的一般过程。

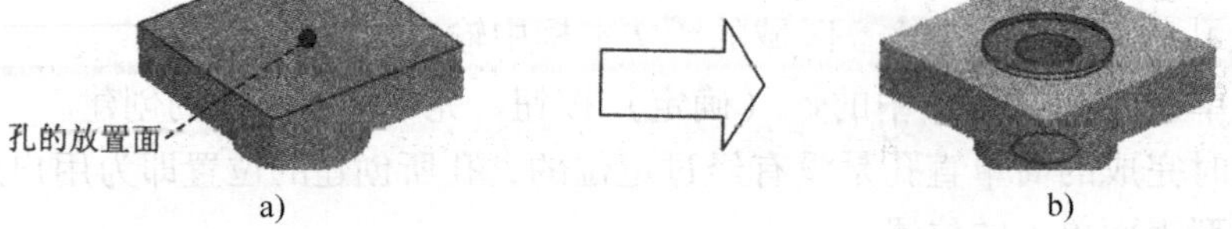

图4-36　孔特征

a）钻孔前　b）钻孔后

第1步：打开“孔柱”文件，再另存为文件“异形孔”。

第2步：定义孔的放置面。在图4-36所示的模型表面单击选择此面为孔的放置面，有黄色孔图显示。

第3步：选择异形向导孔命令。单击“**特征**”工具栏上的（异形向导孔）按钮，或选择下拉菜单“插入”→“特征”→“孔”→“向导”命令，系统弹出图4-37所示的“孔规格”窗口。

第4步：定义孔的参数。

（1）定义孔的规格。在“孔规格”窗口类...（孔类型）单项卡中选择“类型”为（柱孔），标准为GB，类型为六角头螺栓 全螺纹 C级 GB/T5781-2000，大小为M8，配合为正常。

（2）定义孔的终止条件。在“孔规格”窗口的终止条件(C)下拉列表中选择完全贯穿。

第5步：定义孔的位置。

（1）在“孔规格”窗口中单击位...（孔位置）选项卡，系统弹出图4-38所示的“孔位置”窗口。此时可以添加几何关系约束，或添加尺寸约束来定义孔的位置。

（2）建立尺寸约束。在“草图”工具栏中单击（智能尺寸）按钮，建立图 4-39 所示的尺寸约束，单击“尺寸”窗口中的（确定）按钮。

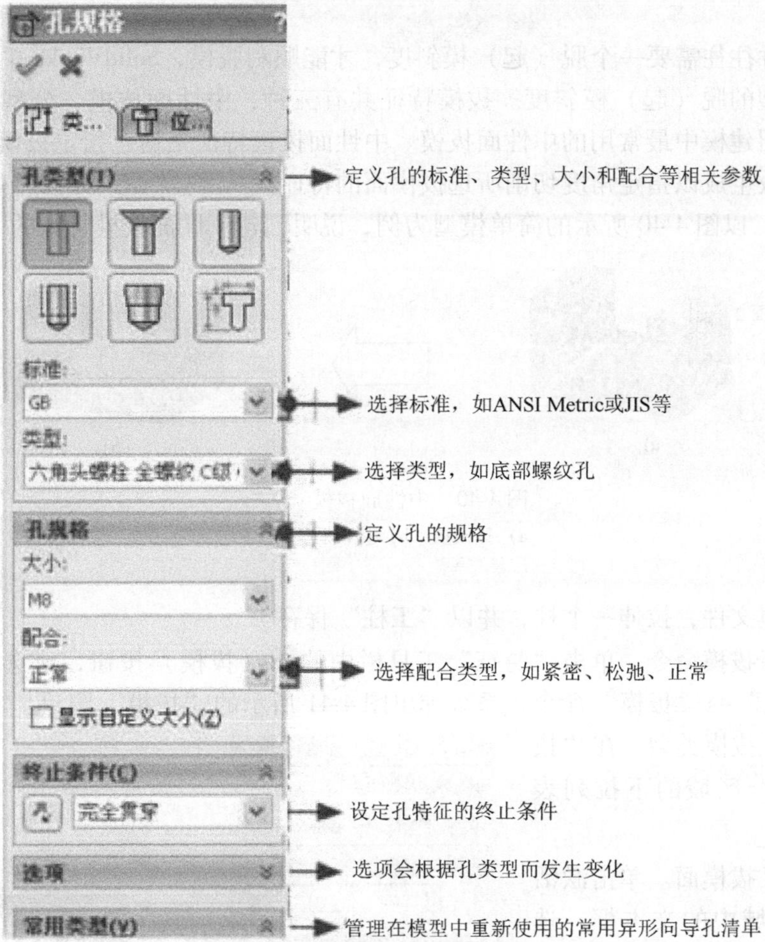

图 4-37 “孔规格” 窗口

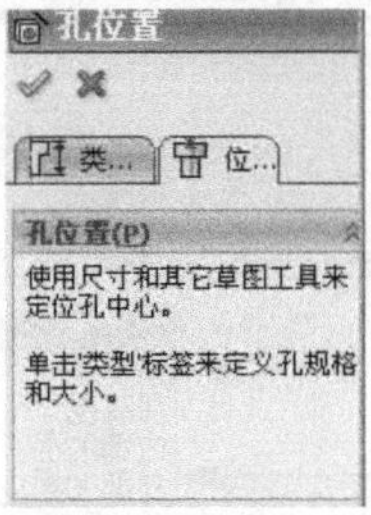

图 4-38 “孔位置” 窗口

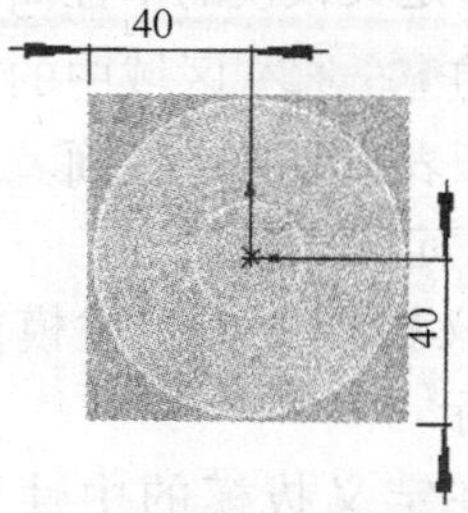

图 4-39 建立尺寸约束

第 6 步：单击“孔规格”窗口中的（确定）按钮，完成异形向导孔的创建。

第 7 步：保存文件，并关闭当前文件。

4.6 拔模特征

注塑件和铸件往往需要一个脱（起）模斜度，才能顺利脱模，SolidWorks 中的拔模特征就是用来创建模型的脱（起）模斜度。拔模特征共有三种：中性面拔模、分型线拔模和阶梯拔模。下面介绍建模中最常用的中性面拔模。中性面拔模特征是通过指定拔模面、中性面和拔模方向等参数生成以指定角度切削所选拔模面的特征。

【实例 4-10】 以图 4-40 所示的简单模型为例，说明创建中性面拔模特征的一般过程。

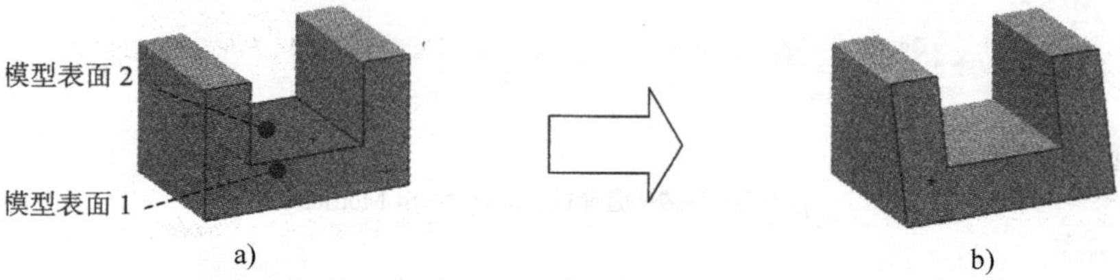

图 4-40 中性面拔模

a）拔模前 b）拔模后

第 1 步：新建文件，拉伸一个柱，并以“工柱”保存。

第 2 步：选择拔模命令。单击“**特征**”工具栏中的（拔模）按钮，或选择下拉菜单“插入”→“特征”→“拔模”命令，系统弹出图 4-41 所示的“拔模”窗口。

第 3 步：定义拔模类型。在“拔模”窗口 拔模类型(T) 区域的下拉列表中选择 中性面 选项。

第 4 步：定义拔模面。单击激活窗口的 拔模面(F) 区域中的文本框，选择图 4-40a 中的模型表面 1 为拔模面。

第 5 步：定义拔模的中性面。单击激活窗口的 中性面(N) 区域中的文本框，选择模型表面 2 为中性面。

第 6 步：定义拔模属性。

（1）定义拔模方向。拔模方向如图 4-42 所示。

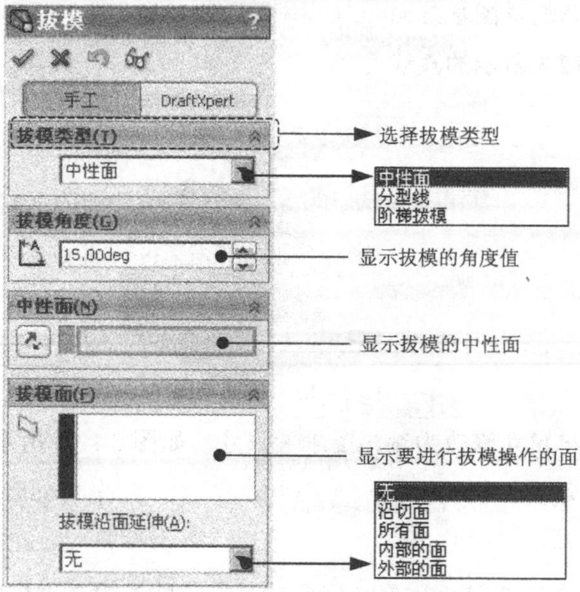

图 4-41 “拔模”窗口

说明：在定义拔模的中性面之后，模型表面将出现一个指示箭头，箭头表明的是拔模方向（即所选拔模中性面的法向），如图 4-42 所示。可单击 中性面(N) 区域中的（反向）按钮，反转拔模方向。

（2）输入角度值。在窗口的 拔模角度(G) 区域的文本框中输入角度值 15。

第 7 步：单击“拔模”窗口中的✓（确定）按钮，完成中性面拔模特征的定义。

第 8 步：保存文件，并关闭当前文件。

图 4-41 所示的**拔模面(F)**区域的下拉列表中各选项说明如下：

◇**无**：选中此选项，系统将只对所选拔模面进行拔模操作。

◇**沿切面**：选中此选项，拔模操作将延伸到所有与所选拔模面相切的面。

◇**所有面**：选中此选项，系统将对所有从中性面开始拉伸的面进行拔模操作。

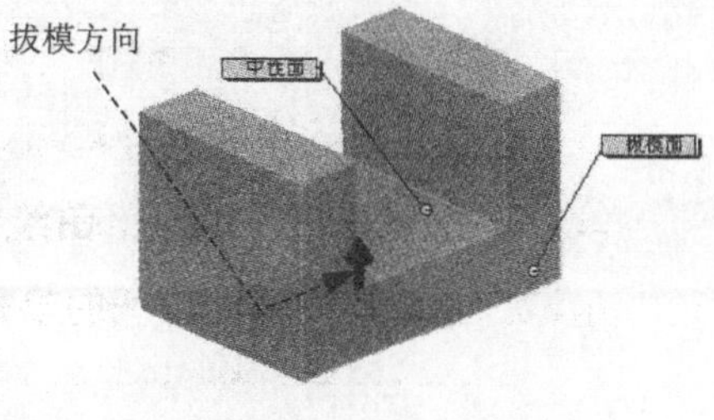

图 4-42　定义拔模方向

◇**内部的面**：选中此选项，系统将对所有从中性面开始拉伸的内部面进行拔模操作。

◇**外部的面**：选中此选项，系统将对所有从中性面开始拉伸的外部面进行拔模操作。

4.7　线性阵列和圆周阵列特征

阵列是指在实例特征上复制一个或多个特征，并按一定规律位置排列。

4.7.1　线性阵列特征

首先选中需要线性阵列的一个或多个特征，然后沿一个方向或两个方向进行复制。

【实例 4-11】　绘制图 4-43 所示模型。操作步骤如下。

第 1 步：新建文件，拉伸一个长方体，再拉伸一个小圆柱，如图 4-44 所示，并以“阵列柱”保存。

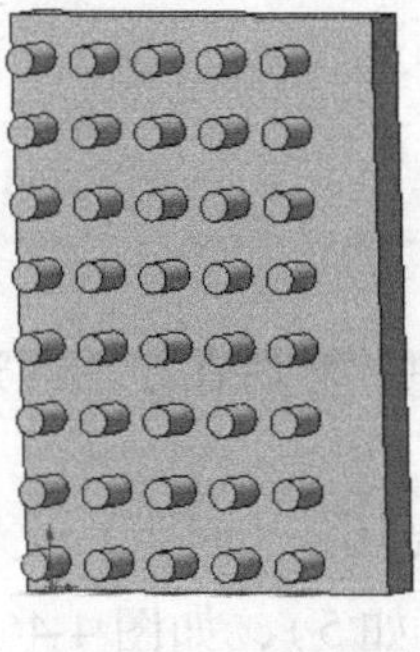

图 4-43　线性阵列

图 4-44　阵列圆柱

第 2 步：选择线性阵列命令。单击“**特征**”工具栏上的▦（线性阵列）按钮，或单击菜单“插入”→“阵列/镜向”→“线性阵列”菜单命令，弹出“线性阵列”窗口，如图 4-45 所示。

第 3 步：定义阵列源特征。单击**要阵列的特征(F)**区域中的文本框，选取图 4-45 中所示的“拉伸 2”。

第 4 步：定义阵列参数。设定阵列方向 1 的相关参数。

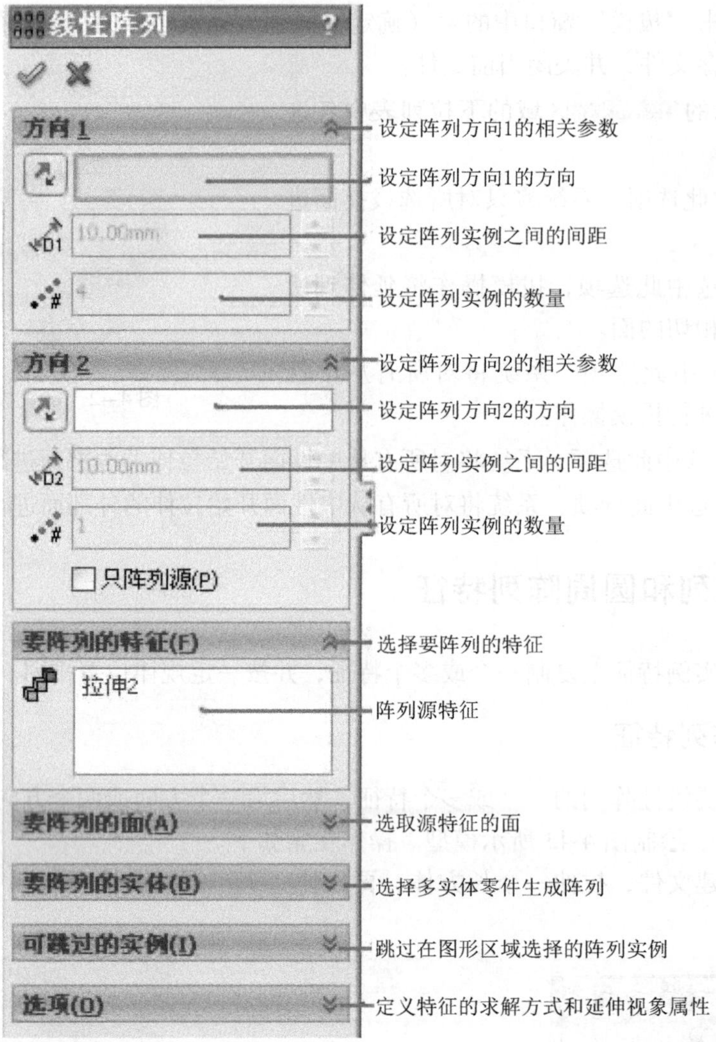

图 4-45 “线性阵列” 窗口

设定阵列方向 1 的方向。单击“方向 1”下方的文本框中，然后在绘图区选择一条边线作为方向 1 的方向（如下方水平线）。

设定阵列实例之间的间距和设定阵列实例的数量。按需要在（间距）文本框中输入间距数值（如 15）和在（实例数）文本框中输入个数数值（如 5），如图 4-46a 所示，这时可看到有一个方向的图例（黄色）显示。如果复制方向不正确，可以通过单击（反向）按钮进行修改。

第 5 步：设定阵列方向 2 的相关参数。单击“方向 2”下方的文本框，然后在绘图区选择另一条边线（如左边竖直线）作为“方向 2”的方向，并按需要输入间距和个数数值，这时可看到有两个方向的图例（黄色）显示，如图 4-46b 所示。若只需沿一个方向复制多个，则跳过此步骤，即不在“方向 2”下方文本框中单击。

第 6 步：单击（确定）按钮，生成线性阵列特征，如图 4-43 所示。

第 7 步：保存文件，并关闭当前文件。

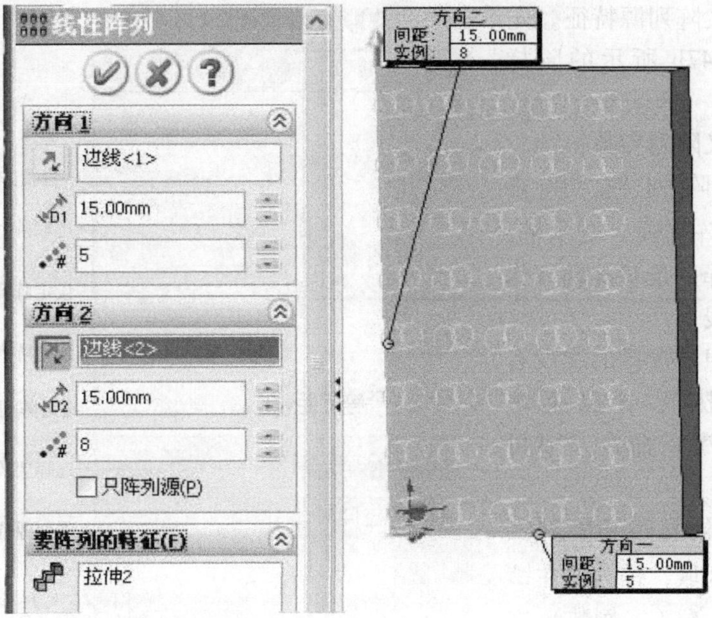

a)　　b)

图 4-46 “线性阵列”窗口和阵列特征

4.7.2　圆周阵列特征

特征的圆周阵列就是将源特征以周向排列方式进行复制，使源特征产生多个副本。操作方法和“线性阵列”相似。

【实例 4-12】　绘制图 4-47a 所示模型。操作步骤如下。

第 1 步：新建文件，拉伸一个圆柱，再拉伸切除两个小圆柱孔（阶梯孔），如图 4-47b 所示，并以“圆周阵列”保存。

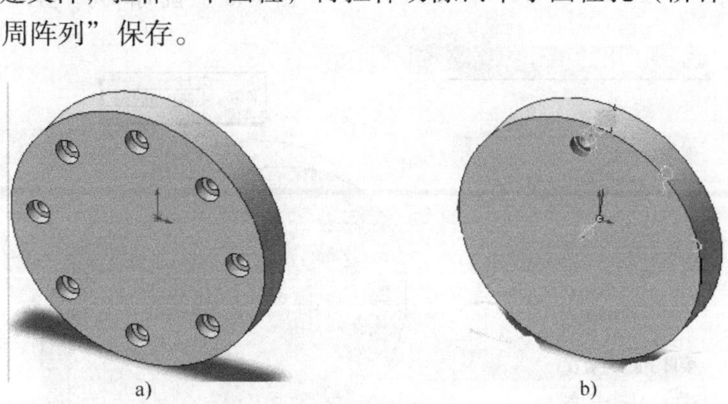

a)　　b)

图 4-47　圆周阵列

a）阵列后　b）阵列前

第 2 步：选择圆周阵列命令。单击“**特征**”工具栏上的 （圆周阵列）选项（在“线性阵列”右边下弹按钮中），或单击下拉菜单“插入”→“阵列/镜向”→“圆周阵列”命令，系统弹出“圆周阵列”窗口，如图 4-48 所示。

第 3 步：定义阵列源特征。先单击激活要阵列的特征(F)区域中的文本框，再选取要阵列的特征，如图 4-47b 所示的阶梯孔。

第 4 步：定义阵列参数。

（1）定义阵列轴。单击参数(P)下的（阵列轴）文本框，然后在绘图区选择一条基准轴，作为圆周阵列的轴线。

说明：如果想要选择的线没有显示出来，可执行下拉菜单视图(V) → 临时轴(X)命令，即可显示临时轴。

（2）定义阵列间距和阵列实例数。在参数(P)区域，按需要在（角度）文本框和（实例数）文本框输入角度和个数数值，如图 4-49a 所示。

可以在“要阵列的面”的下拉菜单中的方框中单击，然后在绘图区选择需要阵列的面。

第 5 步：单击（确定）按钮，生成圆周阵列特征，如图 4-49b 所示。

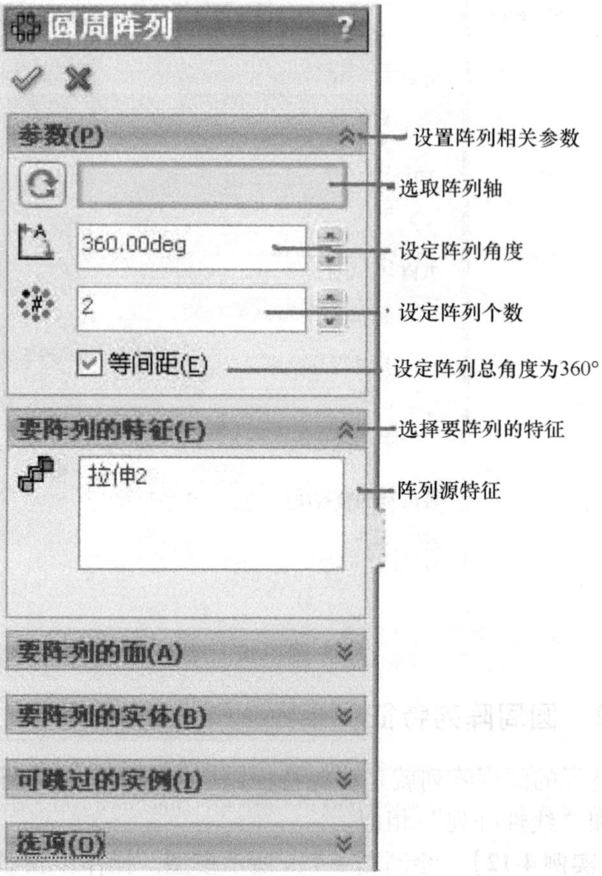

图 4-48 “圆周阵列”窗口

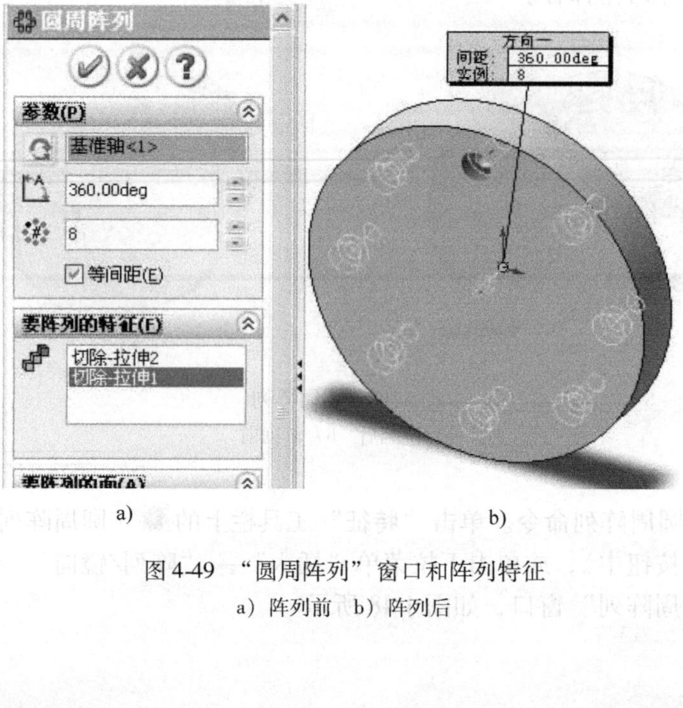

图 4-49 “圆周阵列”窗口和阵列特征

a）阵列前 b）阵列后

4.8　其他阵列特征

这部分主要学习“曲线驱动阵列”“草图驱动阵列”“填充阵列”命令，它们的共同点是通过不同的方式直接或间接地在实例特征上复制一个或多个特征，阵列并不按简单规律位置排列，但会按指定位置产生。

4.8.1　由曲线驱动的阵列

由曲线驱动的阵列可以生成沿平面曲线的阵列。若想定义阵列，可使用任何草图线段，或沿平面的边线（实体或曲面）。

【实例 4-13】 以图 4-50 所示模型为例，介绍生成曲线驱动的阵列，其操作步骤如下。

第 1 步：新建文件，拉伸一个板柱，拉伸切除一个孔，如图 4-51 所示，并以“曲线驱动阵列”保存。

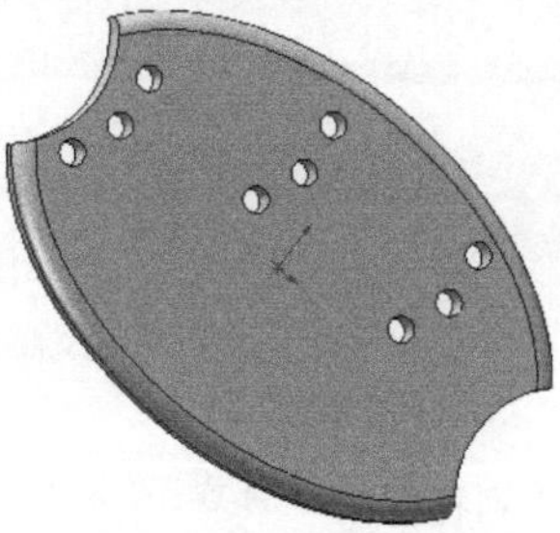

图 4-50　曲线驱动的阵列

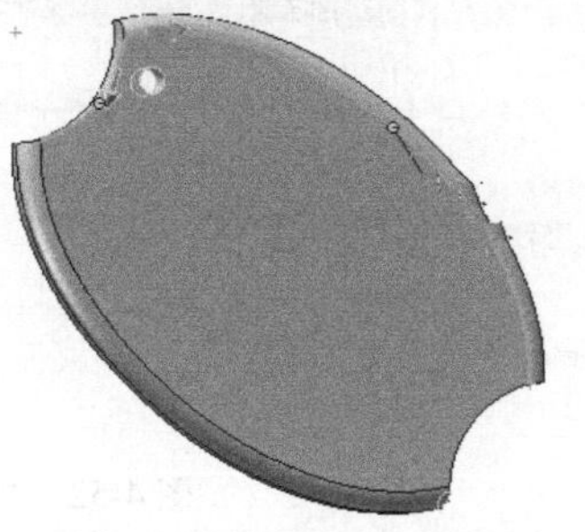

图 4-51　曲线驱动阵列的孔

第 2 步：选中生成需要沿曲线阵列的特征零件。单击选择拉伸切除的孔。

第 3 步：单击“**特征**”工具栏上的（曲线驱动的阵列）按钮，或者单击菜单“插入”→“阵列/镜向”→“曲线驱动的阵列”命令，系统弹出“曲线阵列”窗口。

第 4 步：在该窗口中进行如图 4-52a 所示设定。

单击“方向 1”下方的文本框，然后在绘图区选择一条边线作为方向 1 的方向（如大圆弧线），并按需要在（实例数）文本框中输入个数数值（如 4）。在（间距）文本框中输入间距数值（如 20），可看到有一个方向的图例（黄色）显示。如果复制方向不正确，可以通过单击（反向）按钮进行修改。

第 5 步：单击“方向 2”下方的文本框，然后在绘图区选择另一条边线（如小圆弧线）作为方向 2 的方向，并按需要输入间距和个数数值，可看到有两个方向的图例（黄色）显示，如图 4-52a 所示。若只需沿一个方向复制多个，则跳过此步骤，即不单击“方向 2”下方的文本框中单击。

第 6 步：单击（确定）按钮，生成阵列特征，如图 4-52b 所示。

4.8.2　由草图驱动的阵列

由草图驱动的阵列就是根据草图中的草图点的位置来生成特征阵列。源特征在整个阵列扩散到草图中的每个点。执行“由草图驱动的阵列”操作前要建立模型，在模型上生成阵列的源特征及作为源特征的草图。

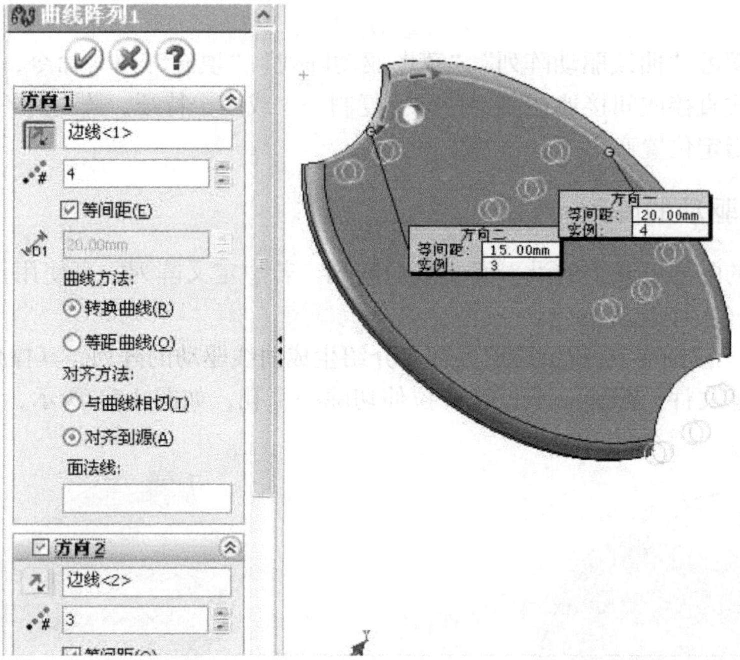

a)　　　　b)

图 4-52 “曲线阵列”窗口及生成的阵列特征

a）“曲线阵列”窗口　b）阵列特征

【实例 4-14】 以如图 4-53 所示模型介绍建立由草图驱动的阵列，操作步骤为如下。

第 1 步：新建文件，拉伸一个长方体，拉伸一个圆台，如图 4-54 所示，并以“草图驱动阵列”保存。

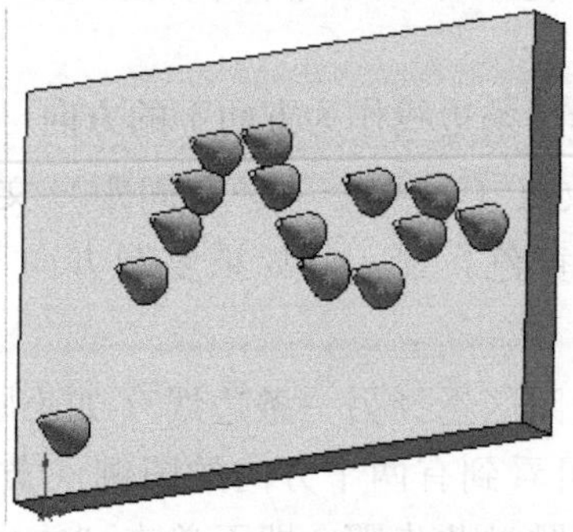

图 4-53　草图驱动阵列

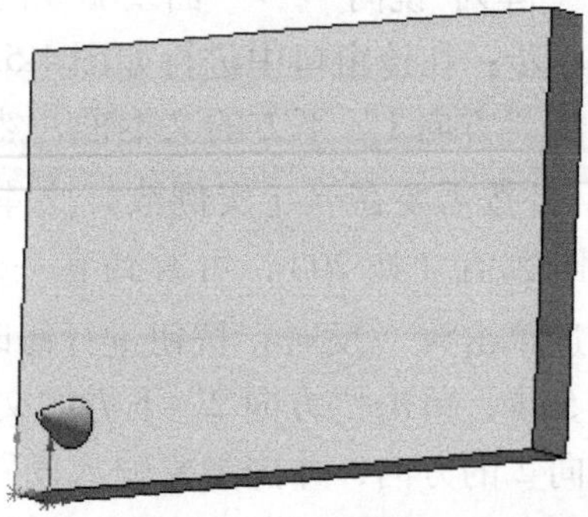

图 4-54　阵列源特征

第 2 步：基于源特征草图绘制。选择长方体上表面，进入绘制界面后，先单击“草图”工具栏上的（点）按钮，或单击下拉菜单“工具”→草图实体”→“点”命令，再单击添加多个草图点来代表要生成的阵列位置点，如图 4-55 所示。然后“确定”退出草图。

第 3 步：选择草图驱动阵列命令。单击“**特征**”工具栏上的由 （草图驱动阵列）按钮，或者单击下拉菜单“插入”→“阵列/镜向”→“由草图驱动的阵列”命令，系统弹出“由草图驱动的阵列”窗口，在该窗口中选择特征和草图来完成定义。

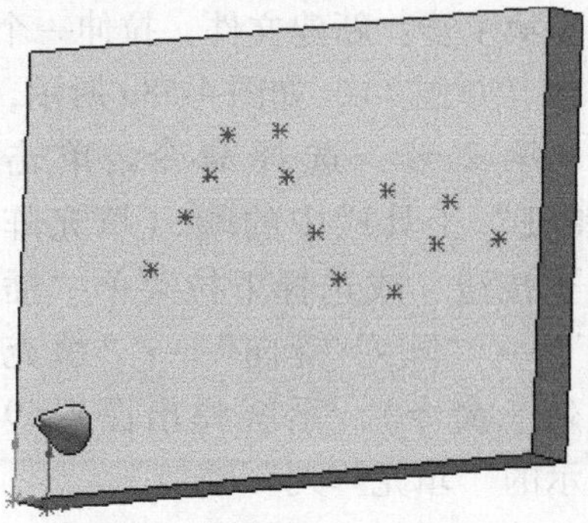

图 4-55　一个源特征及多个草图点

第 4 步：定义阵列源特征。选择图 4-56 所示的“拉伸 2”特征作为阵列的源特征。

第 5 步：定义阵列的参考草图。选取图 4-56 所示的“草图 7”作为阵列的参考草图。

第 6 步：单击 （确定）按钮，生成阵列特征，如图 4-57 所示。

第 7 步：保存文件，并关闭当前文件。

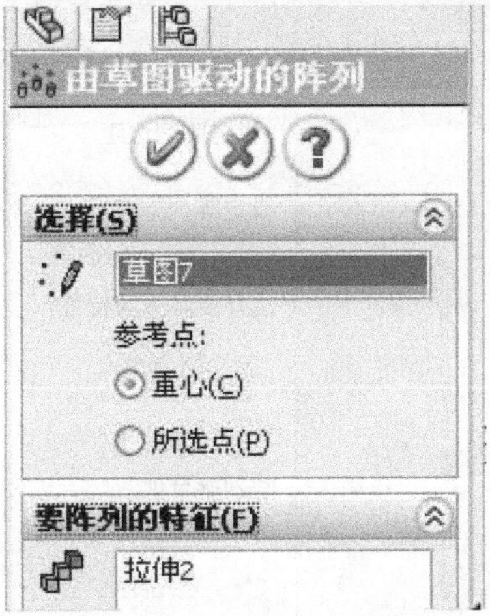

图 4-56　“由草图驱动的阵列”窗口

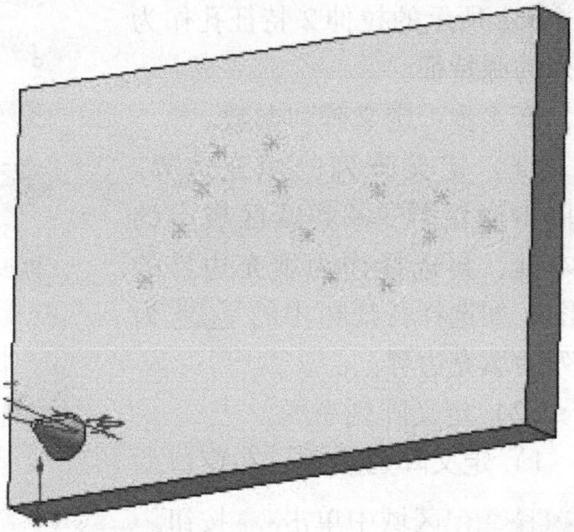

图 4-57　生成的阵列特征

4.8.3　填充阵列

填充阵列就是将源特征填充到指定的位置（指定位置一般为一片草图区域），使源特征复制成多个。

【实例 4-15】　对如图 4-58 所示的拉伸 2 特征进行填充阵列。操作过程如下。

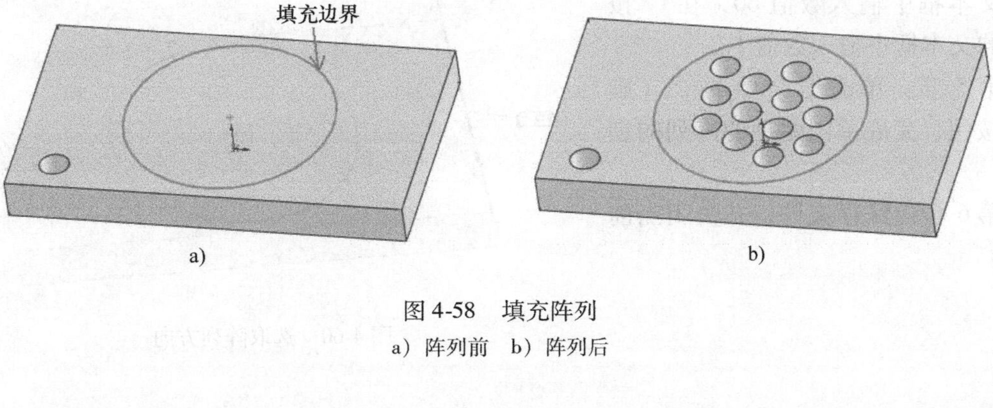

a)　　b)

图 4-58　填充阵列

a）阵列前　b）阵列后

第 1 步：新建文件，拉伸一个柱，拉伸切除一个孔，以长方体上表面为基准面，绘制草图圆（草图 3），如图 4-58a 所示，并以“填充阵列”保存。

第 2 步：选择命令。单击“特征”工具栏中的（填充阵列）按钮（或选择下拉菜单“插入”→“阵列/镜向”→“填充阵列”命令），系统弹出图 4-59 所示的“填充阵列”窗口。

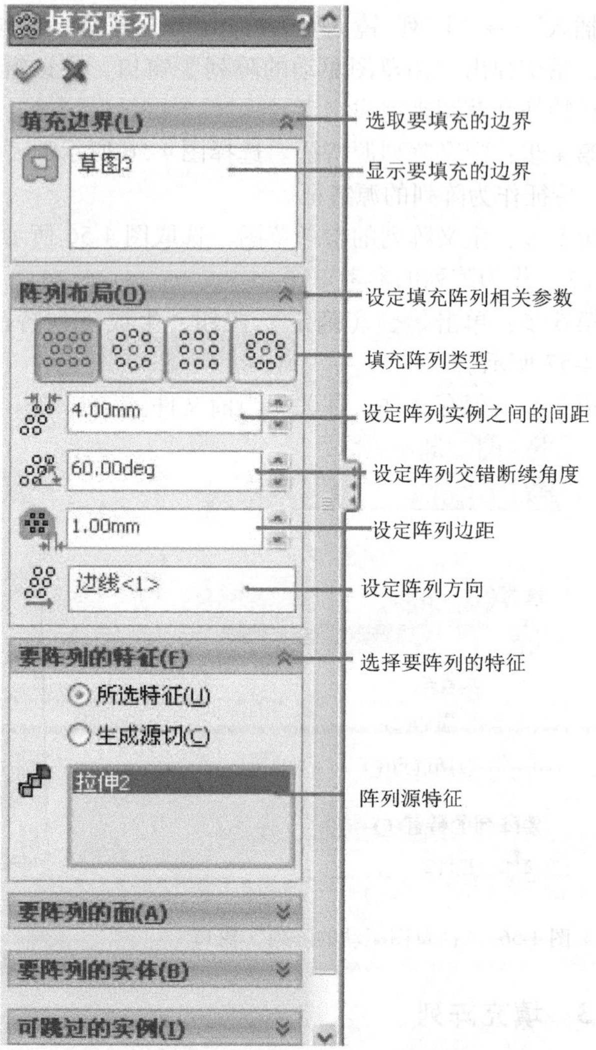

图 4-59　“填充阵列”窗口

第 3 步：定义阵列源特征。先单击激活“填充阵列”窗口**要阵列的特征(F)**区域中的文本框，再选择阵列的源特征。此例选择图 4-58a 所示的拉伸 2 特征孔作为阵列的源特征。

第 4 步：定义阵列参数。

（1）定义阵列的填充边界。先单击激活**填充边界(L)**区域中的文本框，再选择作为填充边界的草图，如选择特征树中的草图3 为阵列的填充边界。

（2）定义阵列布局。

1）定义阵列模式。在窗口的**阵列布局(O)**区域中单击按钮。

2）定义阵列方向。先单击激活**阵列布局(O)**区域的按钮后的文本框，再选择图 4-60 所示的边线作为阵列方向。线性尺寸也可以作为阵列方向。

3）定义阵列尺寸。在**阵列布局(O)**区域的按钮后的文本框中输入数值 4，在按钮后的文本框中输入数值 60，在按钮后的文本框中输入数值 1。

第 5 步：单击窗口中的（确定）按钮，完成草图驱动的阵列的创建。

第 6 步：保存文件，并关闭当前文件。

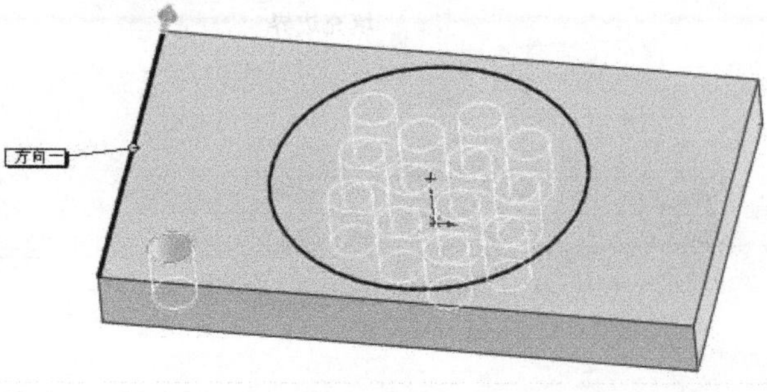

图 4-60　选取阵列方向

4.9　圆顶特征

圆顶是指将模型平面拉伸成一个曲面，曲面可以是椭圆面、圆面等。圆顶特征如同对一个大型建筑物的顶部加一个球形的盖子，如图 4-61 所示。

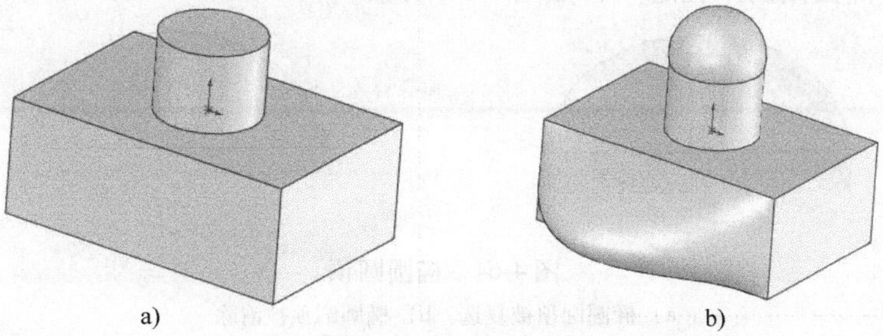

a)　　b)

图 4-61　圆顶
a）圆顶前　b）圆顶后

【实例 4-16】　以图 4-61 所示为例介绍圆顶的操作。

第 1 步：新建文件，拉伸长方体，拉伸圆柱体。

第 2 步：单击“**特征**”工具栏上的（圆顶）特征按钮，弹出如图 4-62 所示的“圆顶”窗口。选择圆柱上表面，在“距离”文本框中输入数值 16，单击（确定）按钮。

第 3 步：单击“**特征**”工具栏上的（圆顶）特征按钮，弹出如图 4-63 所示的“圆顶”窗口。选择长方体前表面，在“距离”文本框中输入数值 33，单击（确定）按钮。

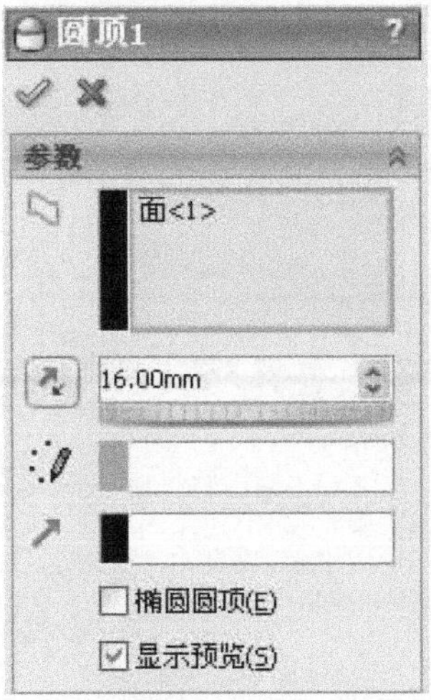

图 4-62　“圆顶”窗口（圆柱面）

图 4-63　“圆顶”窗口（长方体面）

第 4 步：保存文件，并关闭当前文件。如图 4-61b 所示。

该窗口中各选项功能如下。

◇（到圆顶的面）：在绘图区为圆顶特征选择一个或多个面。

◇（距离）：设定圆顶扩展的距离。

◇（约束点或草图）：通过选择一个草图来约束草图的形状以控制圆顶。

◇（方向）：从图形区域选择一个方向向量以垂直于面以外的方向拉伸圆顶。

◇“椭圆圆顶”：为圆柱或圆锥模型指定一个椭圆圆顶，椭圆圆顶的形状为一半椭圆面，其高度等于椭圆面的半径之一，如图 4-64 所示。

a)　　　　b)

图 4-64　椭圆圆顶

a）椭圆圆顶被复选　b）椭圆圆顶被清除

第 5 章　特征编辑及参考几何体

本章要点：介绍对生成的三维特征进行编辑的操作及参考几何体的创建方法。

特征设计完成后，如果不符合要求，可以对其进行修改或重新定义。

5.1　删除特征

对于多余的特征可以删除，删除特征的一般过程如下。

准备：打开第 3 章中创建的“添加薄壁件”文件，再拉伸-切除一个六棱柱孔，如图 5-1 所示模型，另存为“slide”文件，设计树如图 5-2 所示。

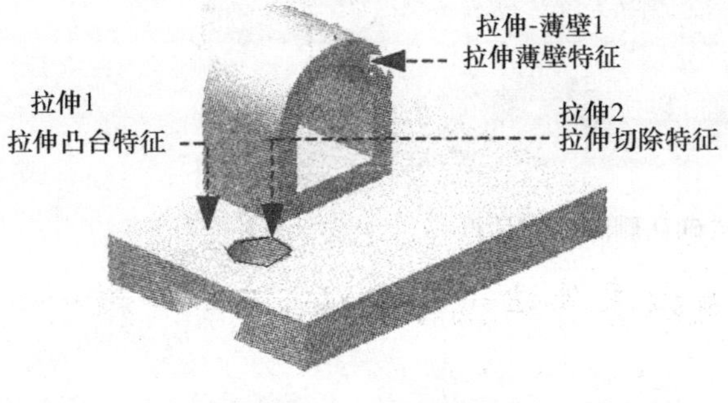

图 5-1　模型

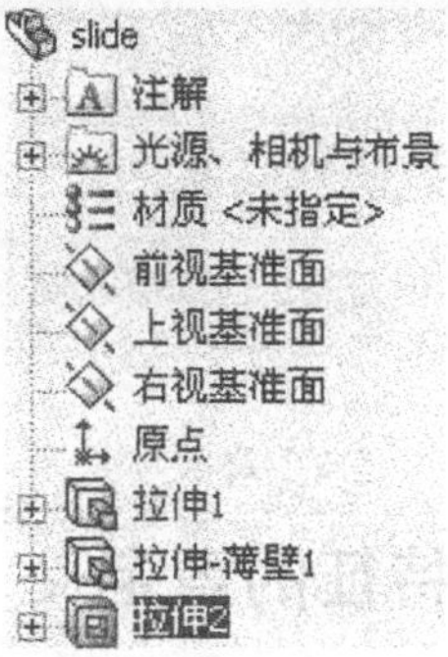

图 5-2　设计树

【实例 5-1】　删除图 5-1 模型中的“拉伸-薄壁 1”特征。

第 1 步：选择删除特征命令。在如图 5-2 所示模型的设计树中，右击薄壁拉伸特征“拉伸-薄壁 1”，系统弹出快捷菜单如图 5-3 所示，在快捷菜单中，选择 删除… (L) 命令，系统弹出图 5-4 所示的“确认删除”对话框。

第 2 步：定义是否删除内含的特征。在“确认删除”对话框中选择 ☑ 同时删除内含的特征(E) 复选框。

“内含的特征”即所选特征的子特征，如本例中所选特征的内含特征即为“草图 2（草图)”，若取消“同时删除内含的特征”复选框，则系统执行删除命令时，只删除特征，而不删除草图。如果要删除的特征是零部件的基础特征，如模型 slide 中的拉伸特征“拉伸 1”，则需选中 ☑ 也删除所有子特征 复选框，否则其子特征将因为失去参考而重建失败。

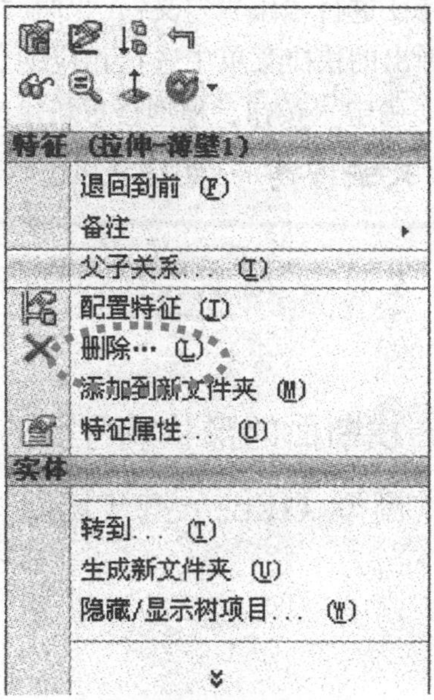

图 5-3　快捷菜单

第 3 步：单击对话框中的“是”按钮，完成特征的删除。

第 4 步：单击“标准”工具栏中的“保存”按钮，单击“关闭”按钮。

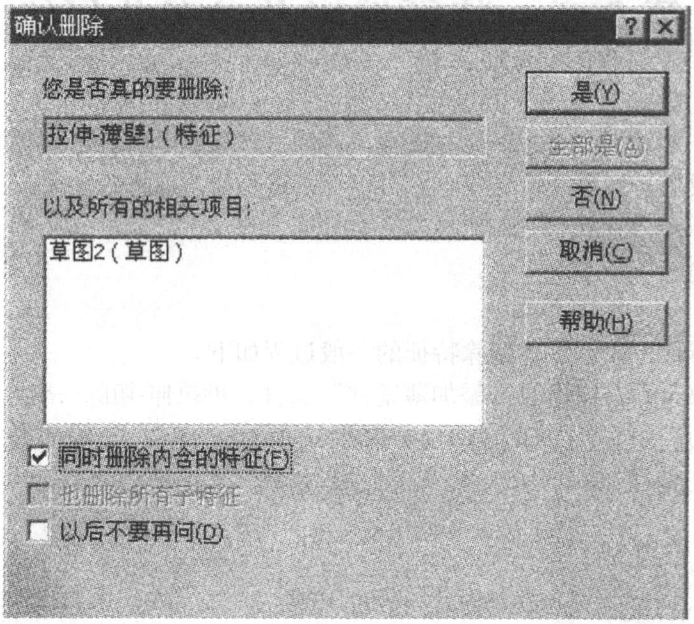

图 5-4 “确认删除”对话框

5.2 特征的重定义

特征创建完毕后，如果需要重新定义特征的属性、横断面的形状或特征的深度，就必须对特征进行“编辑定义”，也叫“重定义”。其方法是在设计树中右击需要修改的特征名称，从弹出的快捷菜单中选择相应的选项，系统将弹出修改窗口，在此窗口中修改后，再单击 ✓（确定）按钮，模型会重新建模并做相应调整。

【实例 5-2】 以图 5-5 所示模型为例，说明特征编辑定义的操作方法。

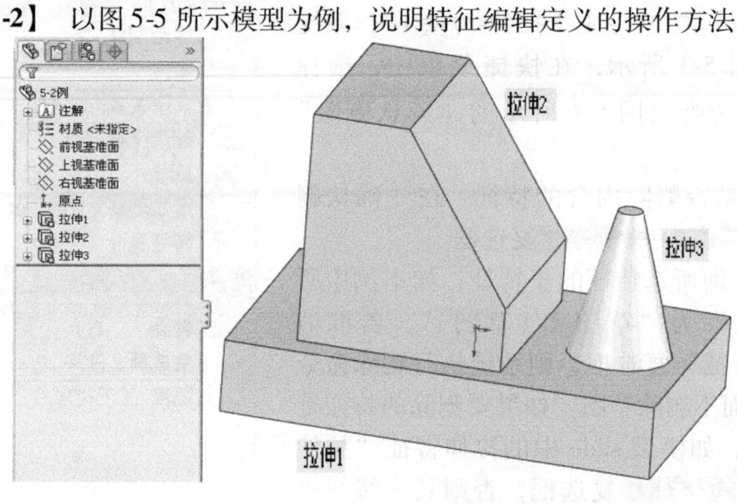

图 5-5 模型及其设计树

图 5-5 所示模型的创建步骤如下。

第 1 步：新建零件文件，另存为“5-2 例”。

第 2 步：在上视基准面上绘制草图，完成拉伸 1（长方体）的绘制。

第 3 步：在前视基准面上绘制草图，完成拉伸 2（梯形柱）的绘制。

第 4 步：以拉伸 1 的上表面为基准面绘制草图（圆），完成拉伸 3（圆台）的绘制。拉伸时激活“拔模角度”，输入数值 15，如图 5-6 所示。

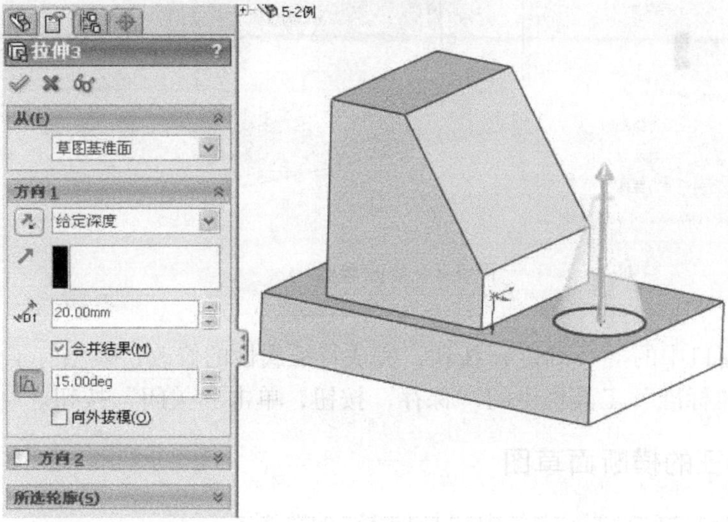

图 5-6 “拉伸 3”窗口

第 5 步：单击“标准”工具栏中的“保存”按钮，单击“关闭”按钮。

5.2.1　重定义特征的属性

【实例 5-3】　修改“5-2 例”文件中“拉伸 3”的属性。

第 1 步：打开“5-2 例”文件，另存为“5-2-1 例”文件。

第 2 步：在如图 5-5 所示模型（5-2 例）的设计树中右击“拉伸 3”，系统弹出快捷菜单如图 5-7 所示，在快捷菜单中选择（编辑特征）项，此时“拉伸”窗口都将显示出来，以便进行编辑。

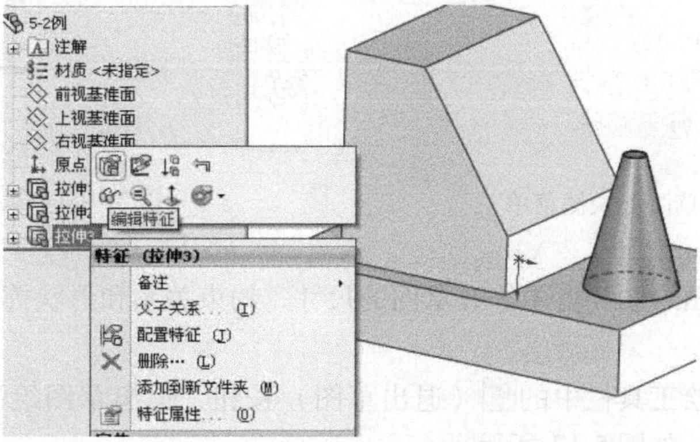

图 5-7 “编辑特征”快捷菜单

第 3 步：在窗口中重新设置特征的深度类型、深度值及拉伸方向等属性。此例修改 30.00mm 和 ☑向外拔模(O)，如图 5-8 所示，模型发生变化。

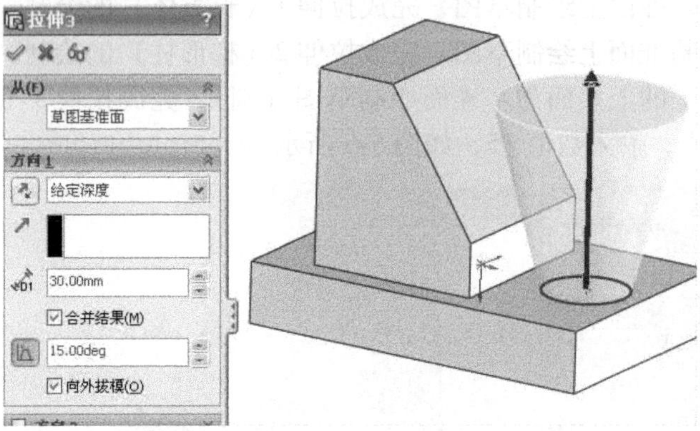

图 5-8　修改参数

第 4 步：单击窗口中的 （确定）按钮，完成特征属性的修改，模型有了变化。

第 5 步：单击“标准”工具栏中的“保存”按钮，单击“关闭”按钮。

5. 2. 2　重定义特征的横断面草图

【实例 5-4】　修改“5-2 例”文件中“拉伸 2”的草图。

第 1 步：打开“5-2 例”文件，另存为“5-2-2 例”文件。

第 2 步：在图 5-5 所示的设计树中右击“拉伸 2”特征，在系统弹出的快捷菜单（图 5-9）中选择 （编辑草图）项，回到草绘环境，如图 5-10 所示。

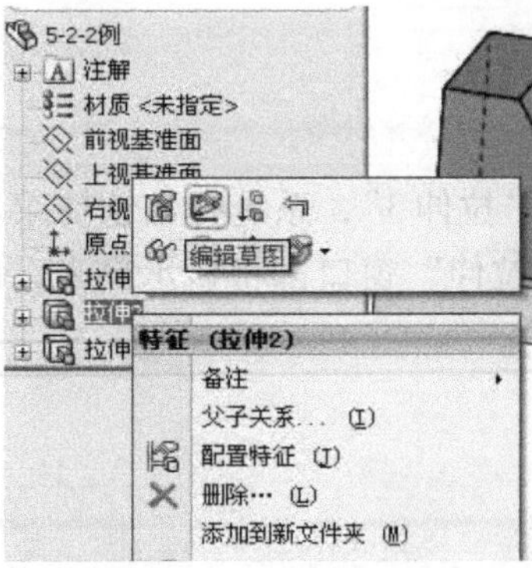

图 5-9　“编辑草图”快捷菜单

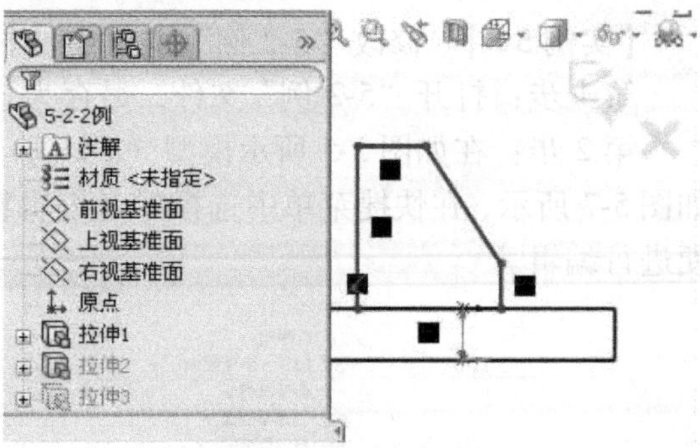

图 5-10　编辑草图界面

第 3 步：可在草图绘制环境中修改草图的尺寸、约束关系和形状等。修改后的草图如图 5-11 所示。

第 4 步：单击草绘工具栏中的 （退出草图）按钮，退出草图绘制环境，完成特征的修改。模型随之变化，如图 5-12 所示。

第 5 步：单击“标准”工具栏中的“保存”按钮，单击“关闭”按钮。

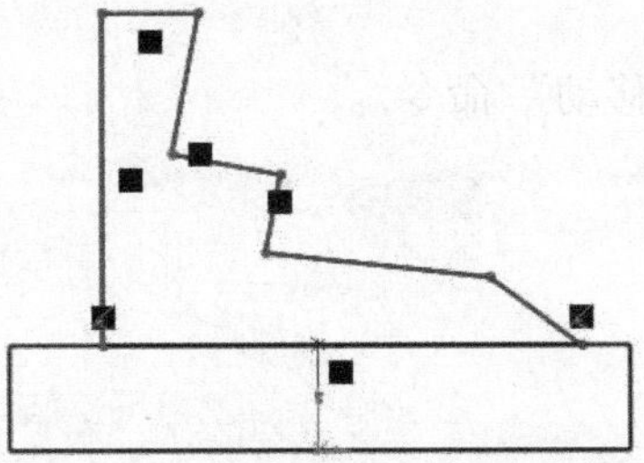

图 5-11　修改后的草图

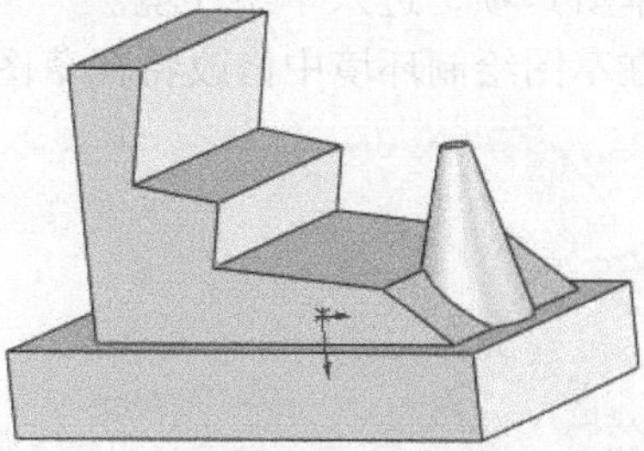

图 5-12　变化的模型

5.2.3　重定义草图基准面

【实例 5-5】 修改“5-2 例”文件中“拉伸 3”的草图平面。

第 1 步：打开“5-2 例”文件，另存为“5-2-3 例”文件。

第 2 步：在如图 5-5 所示的设计树中右击草图3，弹出如图 5-13 所示的快捷菜单，从中选择（编辑草图平面）项，系统将弹出图 5-14 所示的“草图绘制平面”窗口。

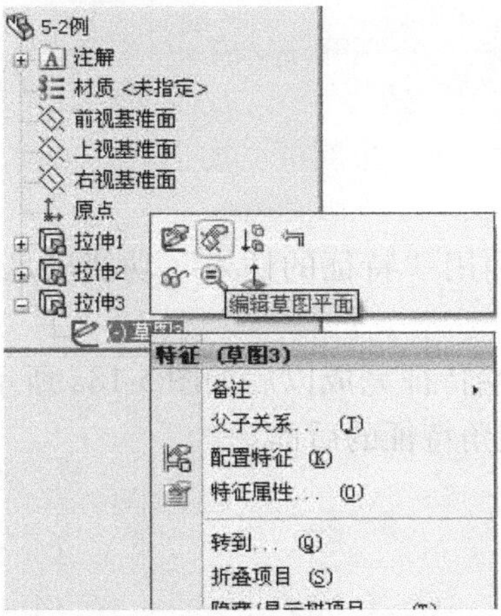

图 5-13 “编辑草图平面”快捷菜单

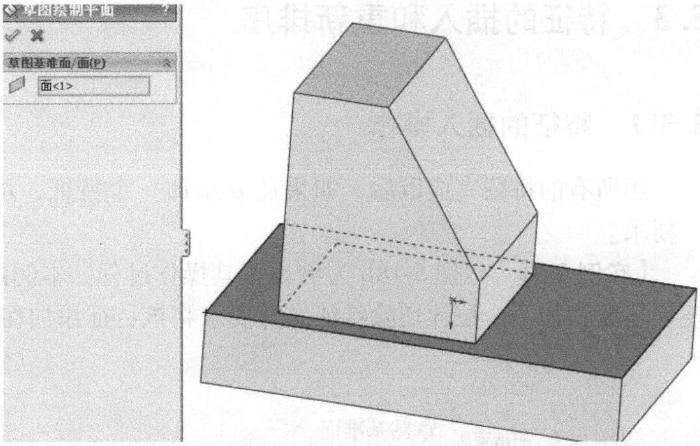

图 5-14 “草图绘制平面”窗口

第 3 步：在此窗口中单击激活草图基准面/面(P)文本框，重新选择一个基准面（单击右边倾斜平面），如图 5-15 所示。

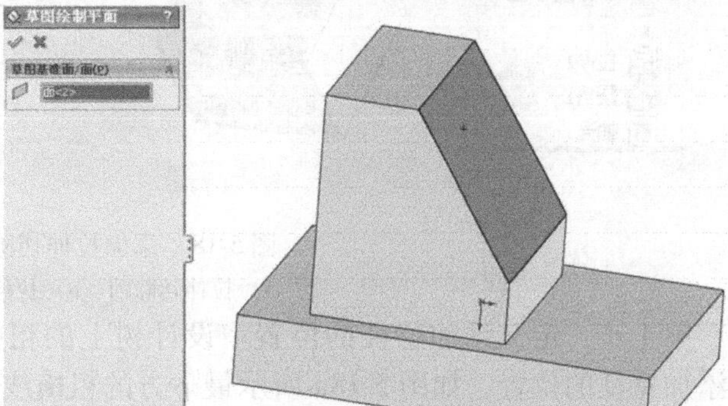

图 5-15　修改草图基准面

第 4 步：单击（确定）按钮，即可更改草图基准面，如图 5-16 所示。

第 5 步：编辑草图位置，结果如图 5-17 所示。操作方法如下。

（1）在设计树中右击“拉伸 3”特征，在系统弹出的快捷菜单中选择

（编辑草图）项，进入草绘环境。

（2）在草图绘制环境中修改特征草图。此例用了“移动”命令。

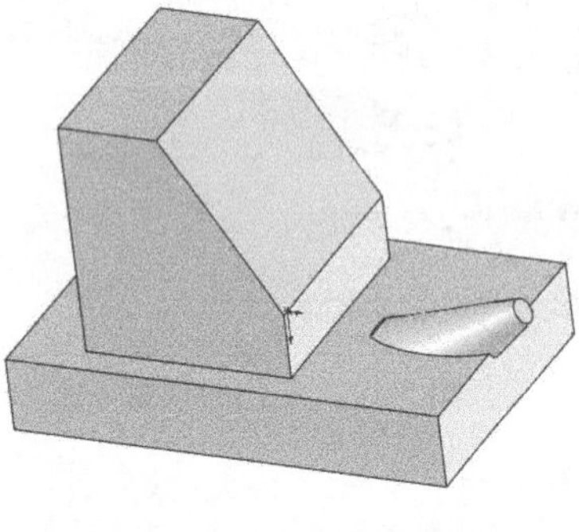

图 5-16　修改草图基准面后的模型

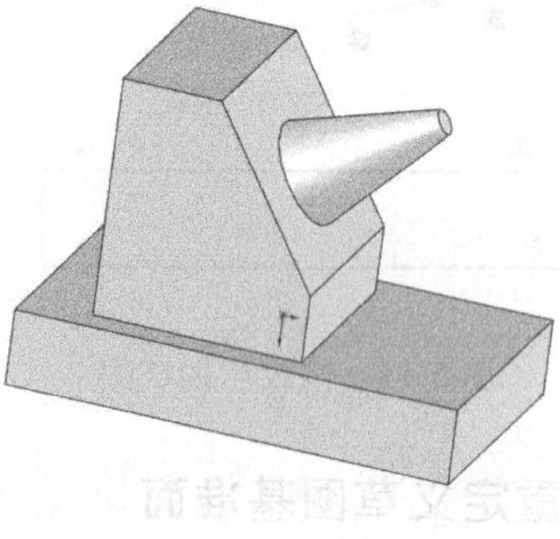

图 5-17　编辑草图后的模型

（3）单击“草绘”工具栏中的“退出草图”按钮，退出草图绘制环境，完成特征的修改。

第 6 步：单击“标准”工具栏中的“保存”按钮，单击“关闭”按钮。

5.3　特征的插入和重新排序

5.3.1　特征的插入操作

当所有的特征完成以后，如果还要添加一个特征，可利用“特征的插入”功能满足这一要求。

【实例 5-6】　以图 5-18b 为例说明其操作过程。本例前期特征完成以后如图 5-18a 所示，现在还要添加一个拉伸切除特征，并要求将该特征添加在圆角特征的后面。

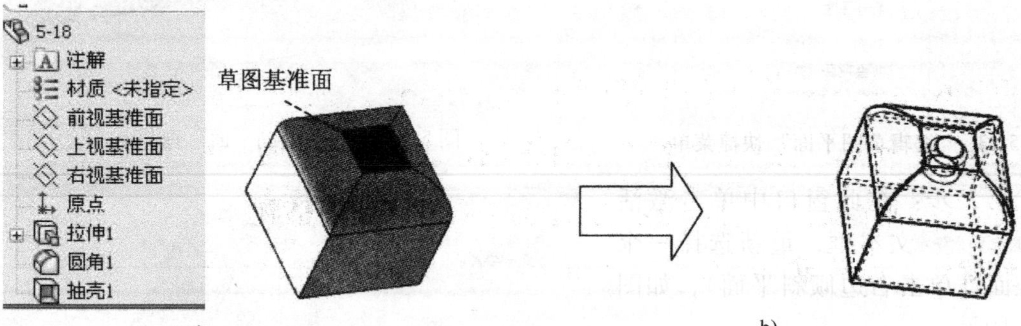

a)　　b)

图 5-18　添加拉伸切除特征 1

a）拉伸切除前　b）拉伸切除后

第 1 步：定义添加特征的位置。设计树上的粗横线（蓝色）所在位置为位置控制棒，即添加特征的位置，如图 5-18a 所示最下方的粗横线。可通过鼠标前后拖动位置控制棒来调整添加位置，从而可以在需要的位置添加特征。此例需在设计树中将位置控制棒拖动到圆角1特征之后，方法是：将光标放在设计树最下方横线上，这时横线上有手形图标出现，如图 5-19 所示，拖动鼠标向上移动，当位置控制棒显示在圆角1特征下方时松手，如图 5-

20 所示，此时位置控制棒即定位在圆角1特征下方，如图 5-21 所示，说明添加的特征在此处。

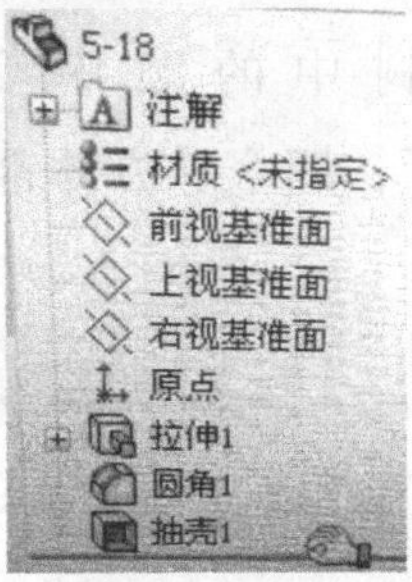

图 5-19　位置控制棒图标

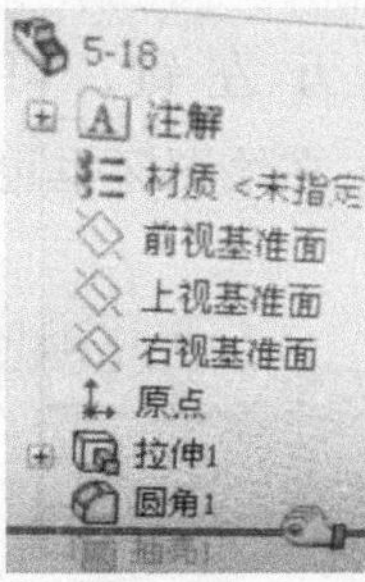

图 5-20　移动位置控制棒

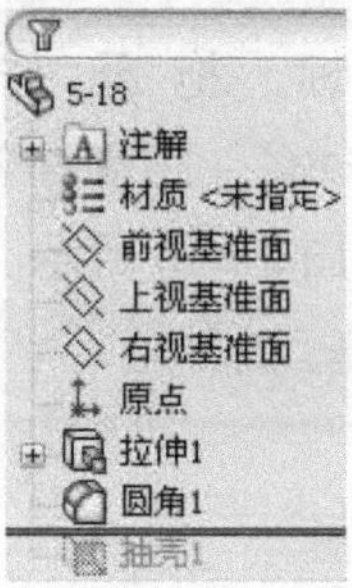

图 5-21　位置控制棒定位

第 2 步：定义添加的特征。

（1）选择拉伸切除命令。单击“**特征**”工具栏上的（拉伸切除）按钮，或选择下拉菜单“插入”→“切除”→“拉伸”命令。

（2）定义横断面草图。选择图 5-18a 所示的模型表面为草图基准面，绘制图 5-22 所示的横断面草图，并确定退出草图环境。

（3）定义深度属性。采用系统默认的方向，在“深度类型”下拉列表中选择给定深度选项，输入深度值 10。确定退出，结果如图 5-18b 所示。

第 3 步：完成拉伸切除特征的创建后，将位置控制棒拖动到抽壳1特征之后，显示所有特征。方法是：将光标放在设计树粗横线上，当有手形图标出现时，拖动鼠标向下移动，当光标显示在抽壳1特征下方时松手，则光标定位在最下方。

说明：若不用位置控制棒插入特征，而直接将拉伸切除特征添加到抽壳1之后，则生成的模型如图 5-23 所示。说明特征生成的顺序不一样，模型会是不一样的。

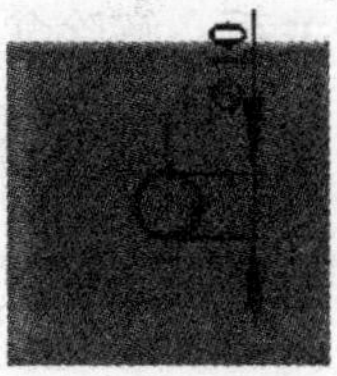

图 5-22　横断面草图

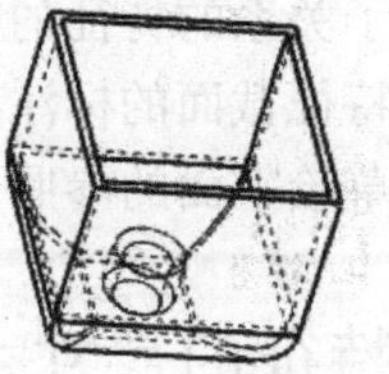

图 5-23　拉伸切除

5.3.2　重新排序的操作

建模时按特征生成顺序得到模型，因先后顺序错误导致的模型错误可以通过改变建模顺序来修改特征。特征重新排序的操作方法是：在零件的设计树中选中要改变顺序的特征，按住鼠标左键不放并向上或向下拖动鼠标，拖至需要放置特征的位置，松开左键，可以看到设计树的顺序变了，绘图区的模型也变了。

【实例 5-7】 以图 5-24 为例说明操作过程。建模顺序为：拉伸一个长方体→阵列变成四个长方体→对第一个长方体拉伸切除，设计树中的顺序为：拉伸1-长方体→阵列(线性)1→

拉伸2-切除。可以看到，只有第一个长方体被切除了，如图 5-24a 所示。

改变顺序：将光标放在设计树的拉伸2-切除上，单击选中此特征，按住左键不放并向上拖动鼠标，拖至拉伸1-长方体处松开左键，可看到设计树中的顺序变为：拉伸1-长方体→拉伸2-切除→阵列(线性)1，在绘图区也可看到模型变了，四个长方体都被切除了，如图 5-24b 所示。

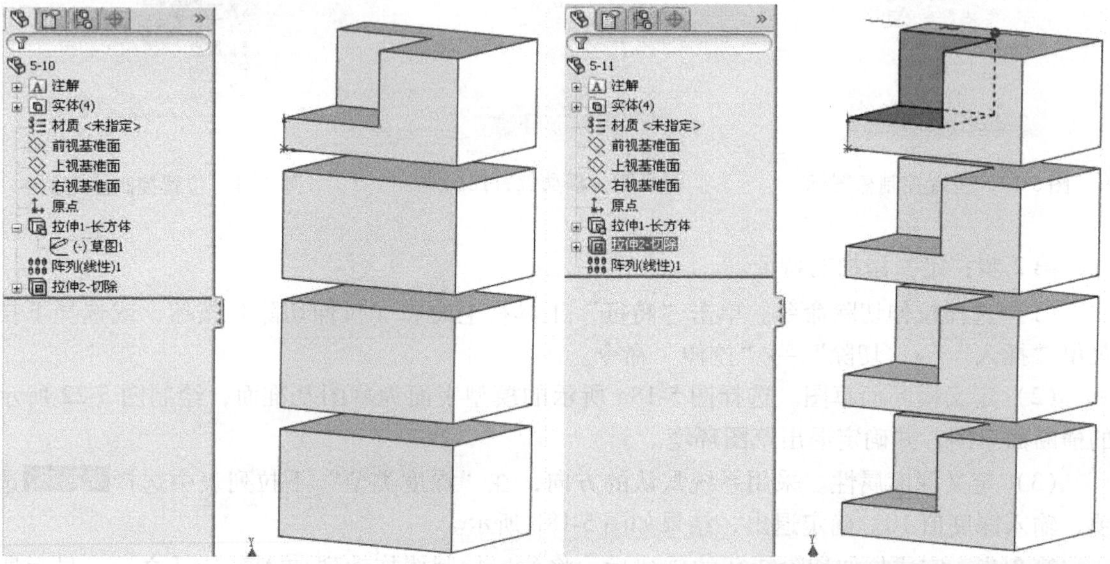

a)　　b)

图 5-24　特征的重新排序

a）“拉伸 2-切除”在后　b）“拉伸 2-切除”前移

注意：特征的重新排序是有条件的，条件是不能将一个子特征拖至其父特征的前面。如果要调整有父子关系的特征的顺序，必须先解除特征间的父子关系。解除父子关系有两种办法，一是改变特征截面的标注参照基准或约束方式，二是改变特征的重定次序，即改变特征的草绘平面和草绘平面的参照平面。

5.4　编辑特征的尺寸

5.4.1　显示特征的尺寸

尺寸控制按钮如图 5-25 所示。该按钮在特征工具栏的最右边。

操作方法：当按钮没有按下时，在设计树中双击要显示尺寸的特征的名称，或在绘图区直接双击要显示尺寸的特征，该特征的尺寸才能显示出来，如图 5-26 所示。当按钮按下时，在设计树中单击要显示尺寸的特征的名称，或在绘图区直接单击要显示尺寸的特征，该特征的尺寸即可显示出来。

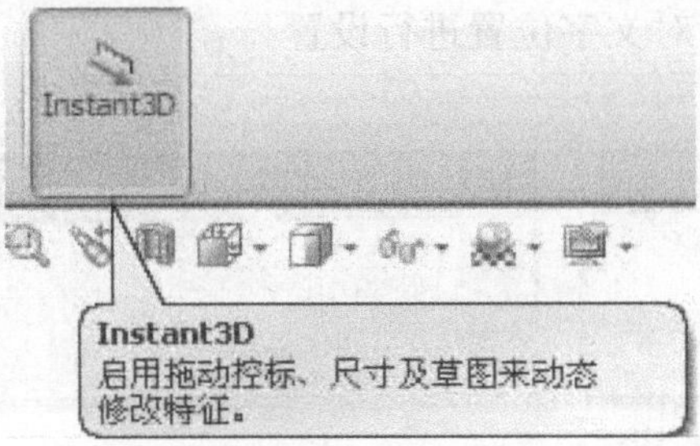

图 5-25　尺寸控制按钮

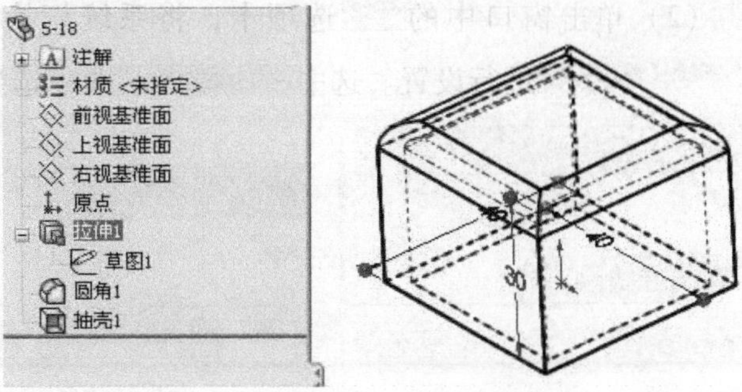

图 5-26　显示零件模型的尺寸

5.4.2　修改特征的尺寸

先显示特征的尺寸。当 Instant3D 按钮按下时，单击要修改的尺寸，尺寸变成修改文本框格式，如图 5-27 所示，然后输入新的数值，在文本框外单击，这时可看到模型出现了改变。当 Instant3D 按钮没有按下时，双击要修改的尺寸，出现“修改”对话框，如图 5-28 所示，此时输入新的数值，单击（重建模型）按钮，可看到模型有了改变，最后单击（确定）按钮。

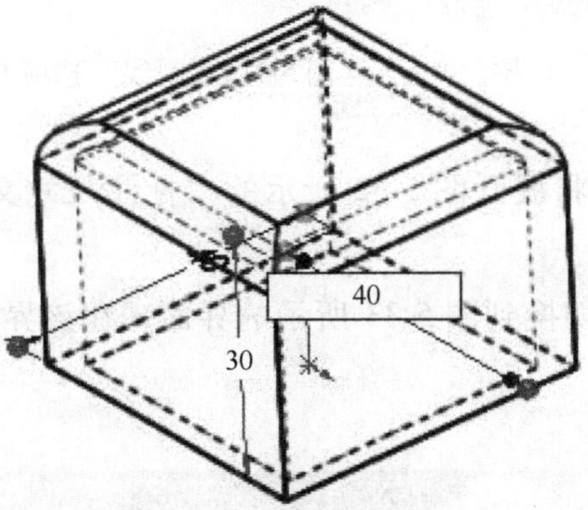

图 5-27　编辑零件模型的尺寸

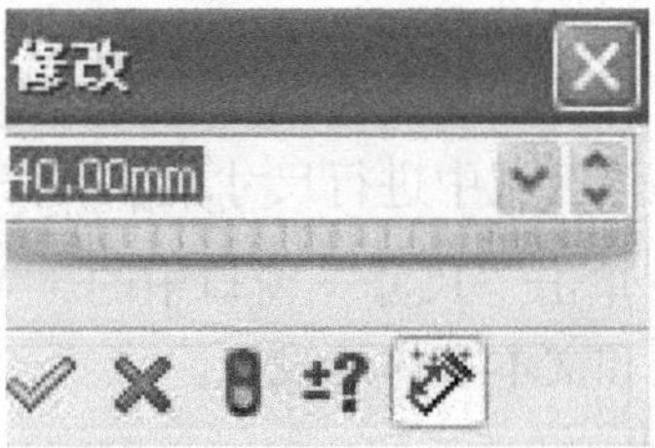

图 5-28　“修改”对话框

5.4.3　修改特征尺寸的修饰

修改特征的某个尺寸的修饰，其一般操作过程如下。

第 1 步：让 Instant3D 按钮没有按下。双击选中要修改尺寸的特征，显示特征的尺寸。

第 2 步：在模型中单击要修改其修饰的某个尺寸，此时系统弹出图 5-29 所示的“尺寸”窗口。

第 3 步：在“尺寸”窗口中进行尺寸数值、字体、公差/精度和显示等相应修饰项的设置修改。

（1）单击窗口中的公差/精度(P)，系统将展开图 5-30 所示的公差/精度(P)区域，在此进行尺寸公差/精度的设置。

（2）单击窗口中的引线选项卡，将系统切换到图 5-31 所示的界面，在该界面中对尺寸界线/引线显示(W)进行设置。选中☑ 自定义文字位置复选框，对文字位置进行设置。

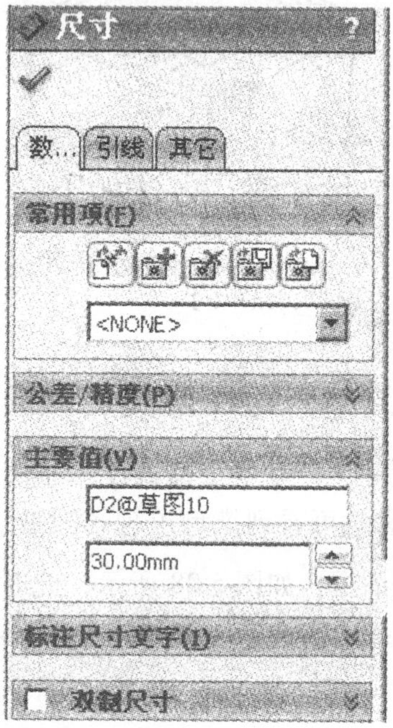

图 5-29 “尺寸”窗口

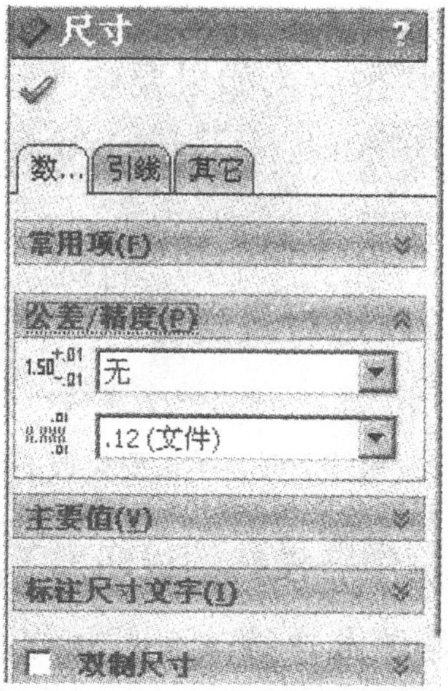

图 5-30 “公差精度”区域

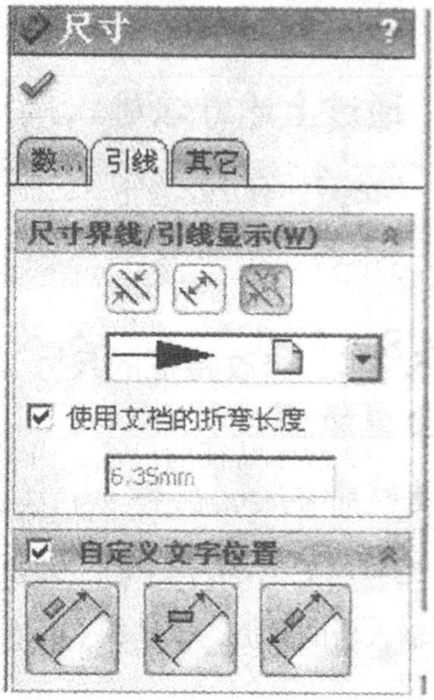

图 5-31 “引线”选项卡

（3）单击“尺寸”窗口中的标注尺寸文字(I)，系统将展开图 5-32 所示的“标注尺寸文字”区域，在该区域中进行尺寸文字的修改。

（4）单击“尺寸”窗口中的其它选项卡，系统切换到图 5-33 所示的界面，在该界面中进行单位和文本字体的设置。

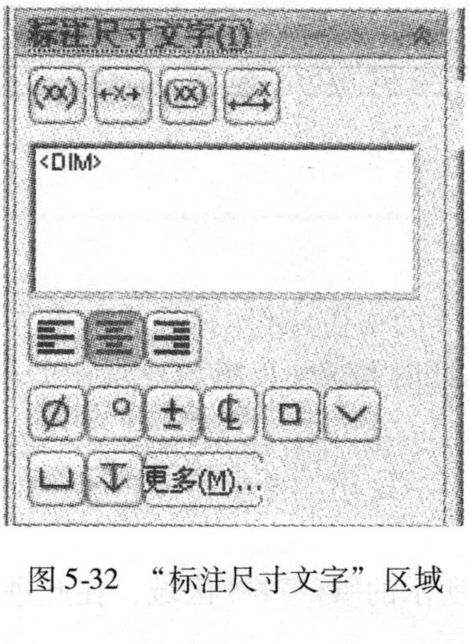

图 5-32 “标注尺寸文字”区域

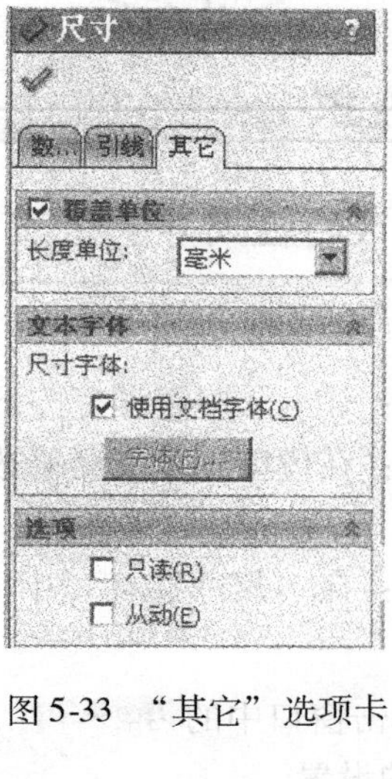

图 5-33 “其它”选项卡

5.5 参考几何体

在建模过程中经常会用到基准面、基准轴以及基准坐标等参考几何体（也称为基准特征），如图 5-34a 所示，通过这些参考几何体可以确定实体的位置和方向。使用“**参考几何体**”工具栏中的按钮可以创建参考几何体，如图 5-34b 所示。

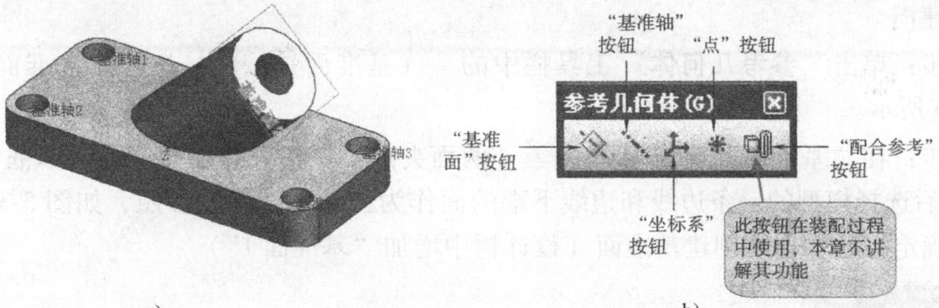

a) b)

图 5-34 基准特征和“参考几何体”工具栏

a）基准特征 b）“参考几何体”工具栏

参考几何体和临时轴的显示：单击“视图”菜单，如图 5-35 所示。单击相应的子菜单显示或隐藏相应项目。旋转生成的模型有轴线，通过拉伸生成的回转体模型也可以形成轴线，即临时轴。

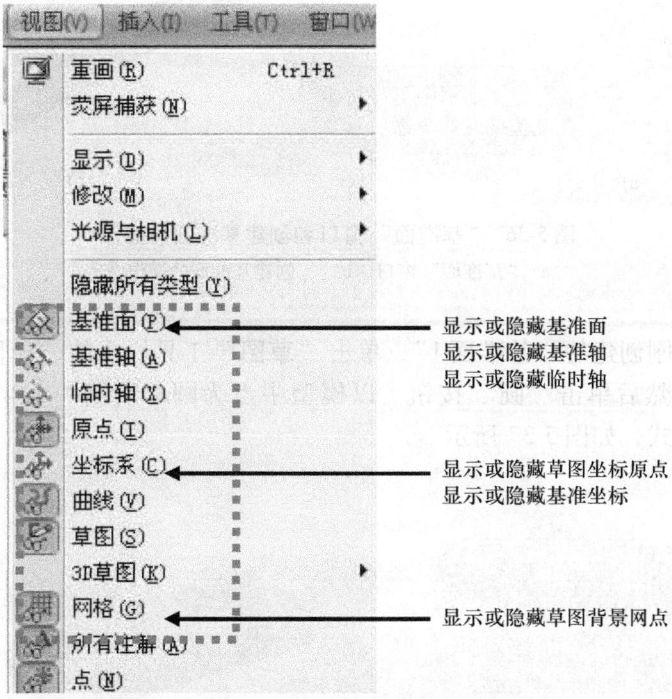

图 5-35 参考几何体的显示和临时轴的显示

5.5.1　创建其他基准面

SolidWorks 系统默认提供了前视基准面、右视基准面和上视基准面三个互相垂直的基准面，但是在很多情况下，仅仅依赖这三个基准面是远远不够的，还必须根据需要来创建其他基准面。

【实例 5-8】 先创建一个模型如图 5-36b 所示，再创建一个基准面，然后在新基准面上绘制草图建模。

第 1 步：单击“**参考几何体**”工具栏中的（基准面）按钮，打开“基准面”窗口，如图 5-36a 所示。

第 2 步：在“基准面”窗口中单击（两面夹角）按钮，并在右侧的文本框中输入数值 45，然后选择模型的一条边线和边线下端的面作为创建基准面的参照，如图 5-36b 所示，单击（确定）按钮即可创建基准面（设计树中增加“基准面 1”）。

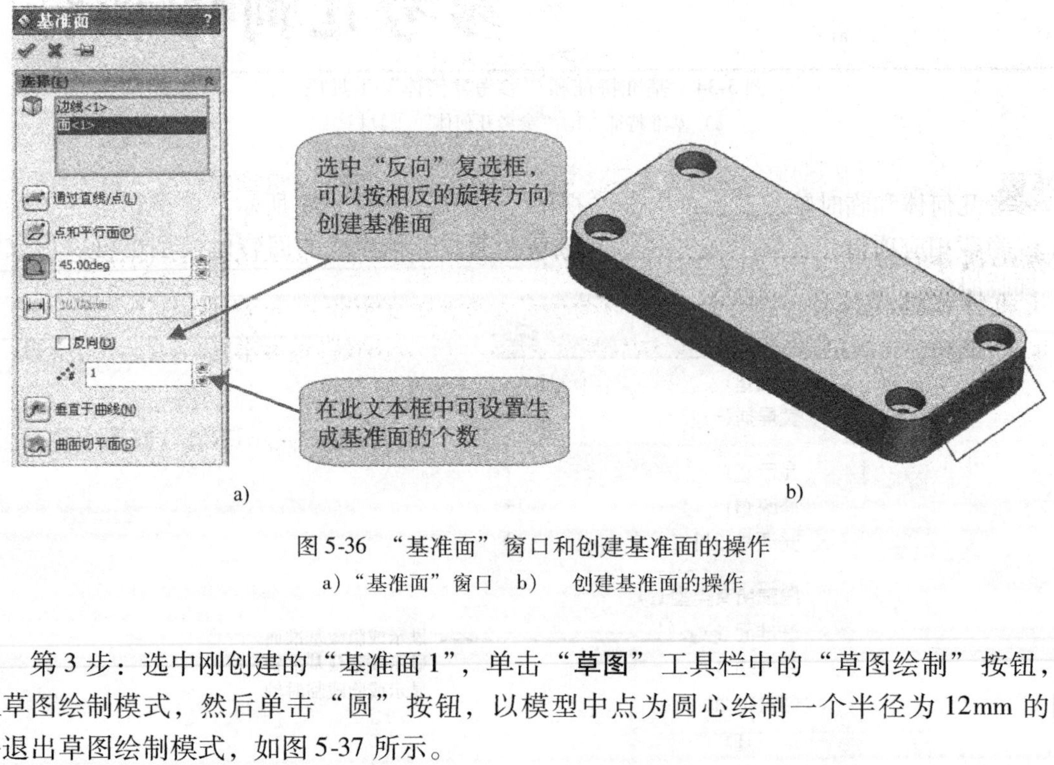

图 5-36　“基准面”窗口和创建基准面的操作
a)“基准面”窗口　b)　创建基准面的操作

第 3 步：选中刚创建的“基准面 1”，单击“**草图**”工具栏中的“草图绘制”按钮，进入草图绘制模式，然后单击“圆”按钮，以模型中点为圆心绘制一个半径为 12mm 的圆，并退出草图绘制模式，如图 5-37 所示。

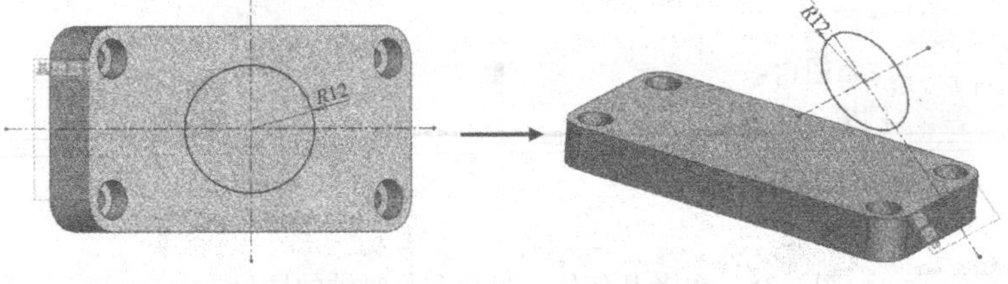

图 5-37　创建草绘图形

第 4 步：使用刚绘制的草绘图形创建一个拉伸凸台/基体特征，如图 5-38 所示。在“方向 1”区域中选择“成形到一面”选项，并在绘图区中选择模型的上表面作为拉伸延伸到的面。如方向有误，可单击 （反向）按钮进行调整。

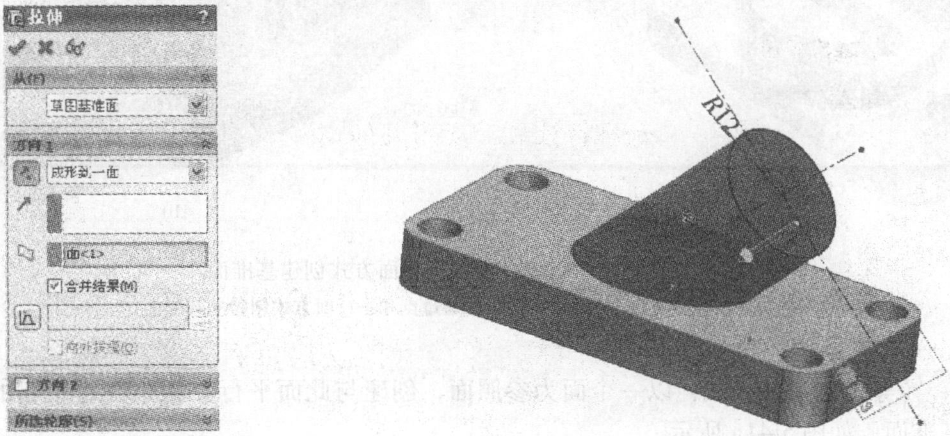

图 5-38　创建拉伸凸台/基体特征

第 5 步：以“基准面 1”作为草绘面创建一个半径为 5.2mm 的拉伸切除特征，并将其延伸到模型的下表面，完成模型的创建，如图 5-39 所示。

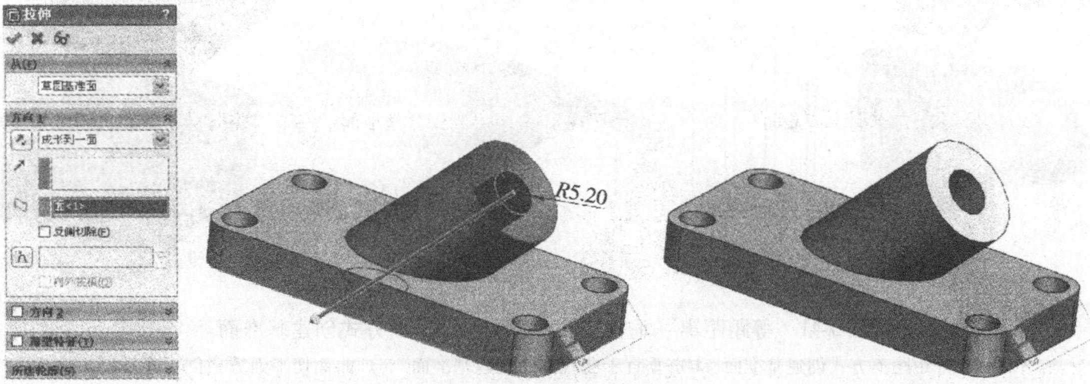

图 5-39　创建拉伸切除特征

如图 5-36a 所示，系统共提供了六种创建基准面的方式，详细说明如下。

◇ （通过直线/点）方式：用于创建通过一条直线和直线外一点的基准面，如图 5-40a 所示。

◇ （点和平行面）方式：用于创建通过某个点且与某个平面平行的基准面，如图 5-40b 所示。

◇ （两面夹角）方式：以选中的线为轴（或直线到参考面的投影为轴），创建与某个参考面成一定角度的基准面。上面实例即是使用此方法创建的基准面。

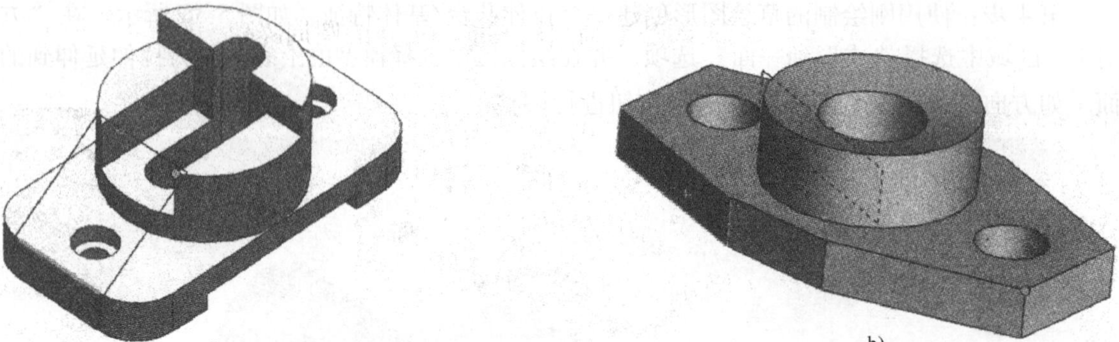
a) b)

图 5-40 通过直线/点以及点和平行面方式创建基准面
a）通过直线/点方式创建的基准面 b）通过点和平行面方式创建的基准面

◇（等距距离）方式：以一个面为参照面，创建与此面平行并相距一定距离的一个或多个基准面，如图 5-41a 所示。

◇（垂直于曲线）方式：生成通过一个点且垂直于一条边线、轴线或曲线的基准面，如图 5-41b 所示。

◇（曲面切平面）方式：创建与某个曲面相切且经过某个点（或某个点到曲面的正投影）的基准面，如图 5-41c 所示。

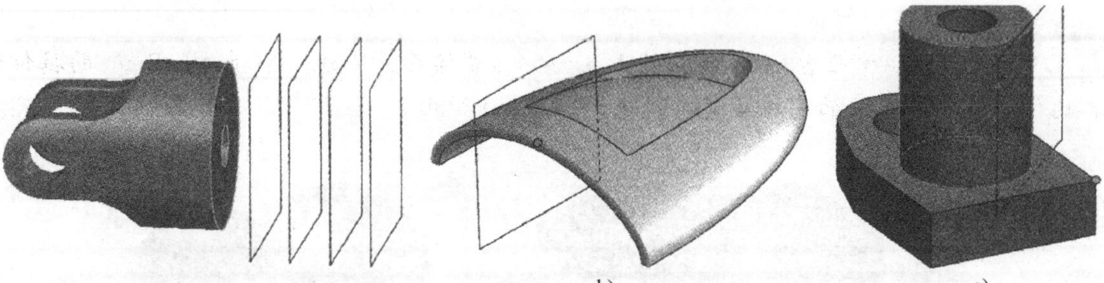
a) b) c)

图 5-41 等距距离、垂直于曲线、曲面切平面方式创建基准面
a）等距距离方式创建基准面 b）垂直于曲线方式创建基准面 c）曲面切平面方式创建基准面

5.5.2 基准轴

基准轴是创建其他特征的参照线，主要用于创建孔特征、旋转特征，以及作为阵列复制与旋转复制的旋转轴，如图 5-42 所示。要创建如图 5-42 所示的基准轴，可单击“**参考几何体**”工具栏中的（基准轴）按钮，打开“基准轴”窗口，如图 5-43 所示，然后选中圆环的内表面，单击“圆柱/圆锥面”按钮，并单击（确定）按钮即可。

如图 5-43 所示，除了上面介绍的通过圆柱/圆锥面方式创建基准轴外，还有以下几种创建基准轴的方式。

◇（一直线/边线/轴）方式：以某一直线、某一边线或某一轴线作为参照创建基准轴，生成的基准轴与选作参照的直线、边线或轴重合，如图 5-44a 所示。

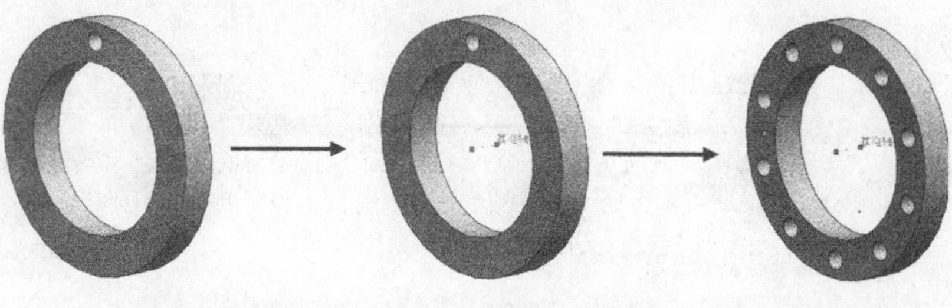

图 5-42　创建的基准轴和用基准轴创建的圆周阵列

◇（两平面）方式：创建与两个所选参考面的交线重合的基准轴，如图 5-44b 所示。

◇（两点/顶点）方式：创建通过两个点的基准轴，如图 5-44c 所示。

◇（点和面/基准面）方式：创建通过一个点且与基准面垂直的基准轴，如图 5-44d 所示。

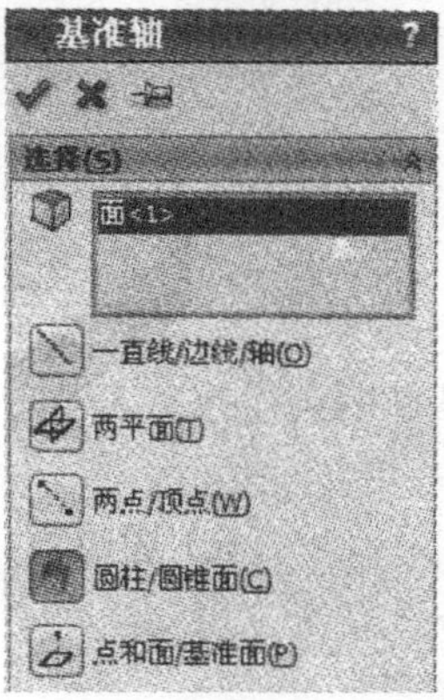

图 5-43　“基准轴”窗口

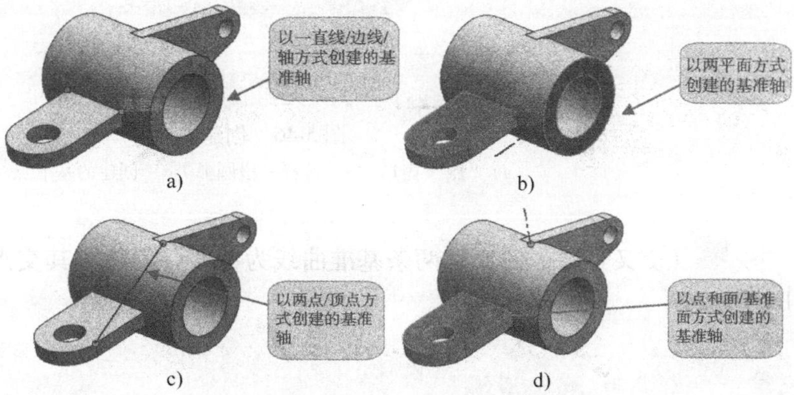

图 5-44　几种基准轴的创建方式

a）以一直线/边线/轴方式创建基准轴　b）以两平面方式创建基准轴
c）以两点/顶点方式创建基准轴　d）以点和面/基准面方式创建基准轴

5.5.3　基准点

SolidWorks 的基准点主要用于创建空间曲线，如图 5-45 所示。单击“参考几何体”工具栏中的（点）按钮，打开“点”窗口，如图 5-46a 所示，然后选择一段圆弧作为创建基准点的参照，如图 5-46b 所示，单击“圆弧中心”按钮，再单击（确定）按钮，即可创建一个基准点，如图 5-46c 所示。

如图 5-46a 所示，除了上面介绍的通过圆弧中心方式创建基准点外，还有以下几种创建基准点的方式。

◇（面中心）方式：以某一面为参照，创建与其中心点重合的基准点，如图 5-47a 所示。

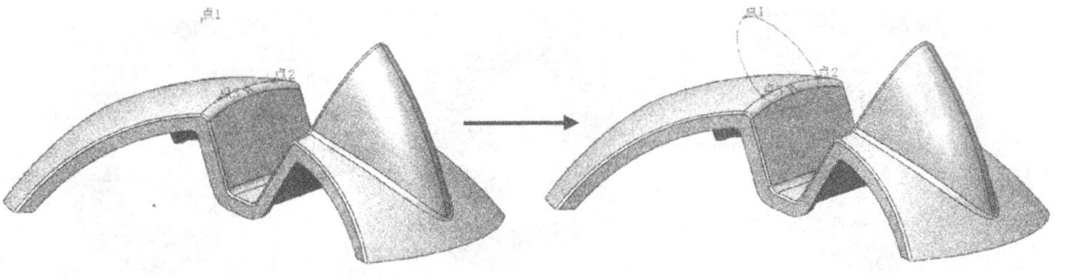

图 5-45　使用点创建空间曲线

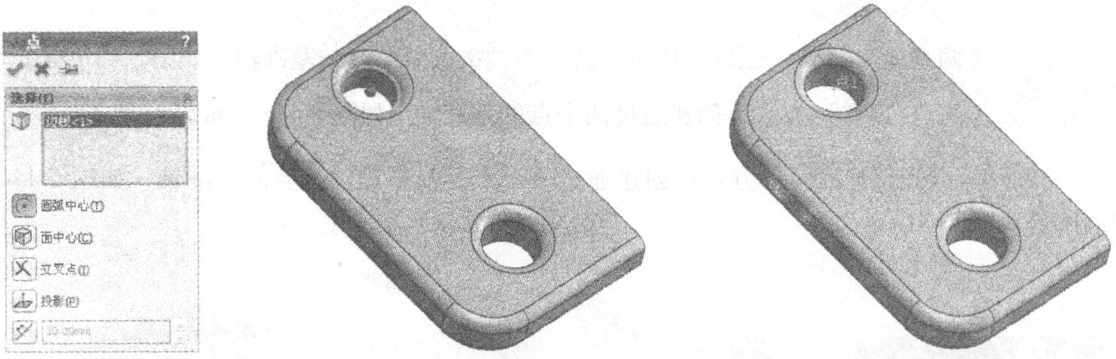

a)　　b)　　c)

图 5-46　创建点

a）“点”窗口　b）选择一段圆弧　c）创建的基准点

◇ （交叉点）方式：以两条基准曲线为参照，创建与其交点重合的基准点，如图 5-47b 所示。

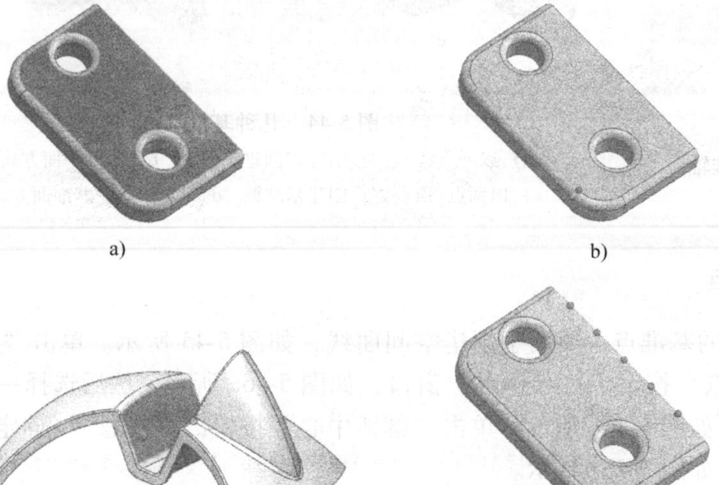

a)　　b)

c)　　d)

图 5-47　创建点的其他几种方式

a）以面中心方式创建基准点　b）以交叉点方式创建基准点

c）以投影方式创建基准点　d）以沿曲线距离或多个参考点方式创建基准点

◇（投影）方式：创建一个点到一个平面的垂直投影点，如图 5-47c 所示。

◇（沿曲线距离或多个参考点）方式：以一条曲线或边线为参照，以百分比、距离和均匀分布的方式，创建位于此曲线上的一个或多个基准点，如图 5-47d 所示。

5.5.4　坐标系

单击“**参考几何体**”工具栏中的（坐标系）按钮，打开“坐标系”窗口，如图 5-48a 所示，然后选择一个点作为坐标系的位置，再依次选择几条边线（或点）确定坐标系三条轴的方向（也可使用系统默认设置的方向），然后单击（确定）按钮，即可创建一个坐标系，如图 5-48b 所示。

图 5-48　创建坐标系的操作过程
a）“坐标系”窗口　b）创建坐标系

第 6 章　零件建模实例及零件材质设置

本章要点：通过零件建模实例的学习，熟练掌握各命令的综合应用，达到能够进行零件建模的能力。

6.1　零件建模实例

6.1.1　压力盘的三维建模

压力盘如图 6-1 所示。下面介绍其建模过程。

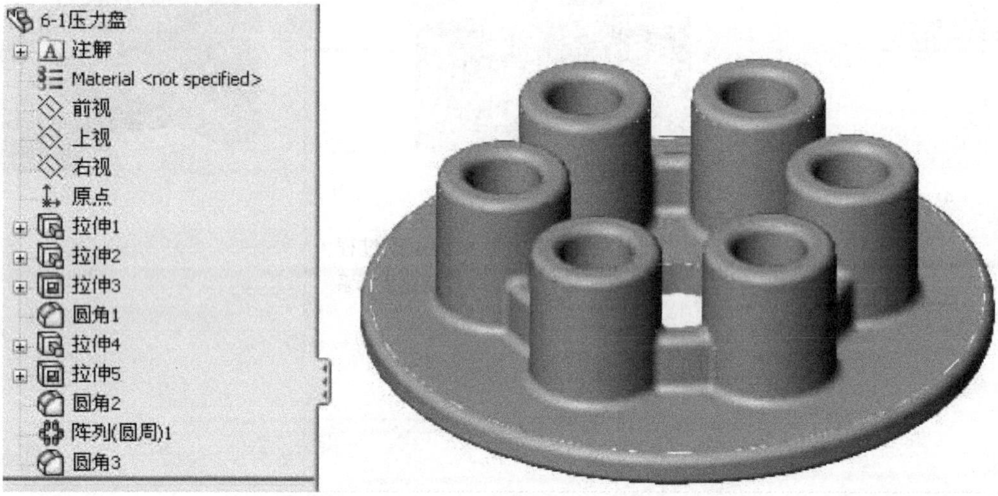

图 6-1　压力盘模型及设计树

第 1 步：新建模型文件并保存文件。单击“**标准**”工具栏上的“**新建**”按钮，“新建 SolidWorks 文件”对话框出现，单击选择“零件”模块，单击“**确定**”按钮，新零件窗口出现。单击选择下拉菜单“文件”→“另存为”命令，在对话框中键入“压力盘”为文件名，单击“保存”按钮。

第 2 步：零件中的第一个特征取最下方的圆柱，从绘制的圆形轮廓拉伸而成圆柱——拉伸 1。

（1）单击“特征”工具栏上的（拉伸凸台/基体）按钮，前视、上视、右视基准面出现在绘图区。

（2）将鼠标指针移动到“**上视基准面**”，将其高亮显示，然后单击将其选择，更改显示，使上视基准面正对着操作者，在“上视基准面”上打开一张草图。

（3）单击“草图”工具栏上的（圆）按钮，“圆”窗口在左窗格中打开。将鼠标指针移到（原点）上，指针形状将变为，这表示圆心和原点之间有重合几何关系。单击将圆心点放置在原点上，移动鼠标指针，注意圆的预览动态跟随指针，松开鼠标，然后在窗口中单击（确定）按钮，完成圆的绘制。草图实体的大小不必完全与此图相同，例如此圆半径不必为 64mm，可在以后添加尺寸来指定草图实体的大小。

（4）添加直径尺寸到圆上。单击“草图”工具栏上的（智能尺寸）按钮，选择绘制的圆，注意直径尺寸的预览。将指针移动到想放置尺寸的地方，单击添加尺寸。在“修改”对话框中键入数值 128，再单击（确定）按钮，接着单击绘图区，完成尺寸添加，如图 6-2 所示。

（5）拉伸 2D 草图来生成 3D 圆柱。在完成 2D 轮廓并准备生成 3D 圆柱时退出草图，即单击“草图”工具栏上的（退出草图）按钮，拉伸的设置窗口出现在左窗格的窗口中。

（6）在窗口中的“**方向 1**”下面，在终止条件中选择“**给定深度**”；将（深度）设定为 7，注意拉伸的上色预览。单击（确定）按钮，完成第一个特征，如图 6-3 所示，“**拉伸 1**”出现在左窗格的设计树中。

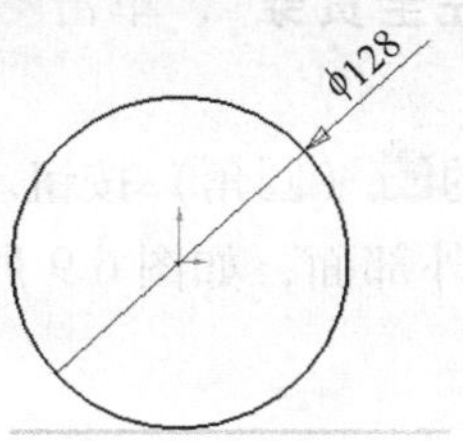

图 6-2　添加圆尺寸

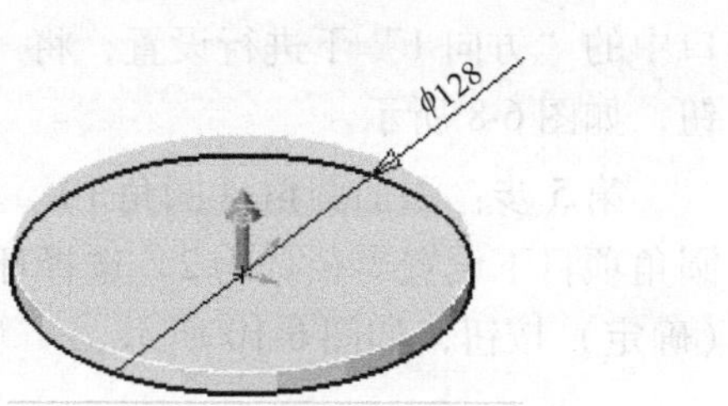

图 6-3　拉伸圆柱

第 3 步：绘制环凸台——拉伸 2。

（1）为环凸台生成一个草图。单击“特征”工具栏上的（**拉伸凸台/基体**）按钮，选择圆柱的顶面，单击“草图”工具栏上的（圆）按钮，将指针移到原点上，指针形状将变为，单击放置圆心，移动指针以生成圆，放开指针，然后在窗口中单击（确定）按钮完成圆的绘制，如图 6-4 所示。

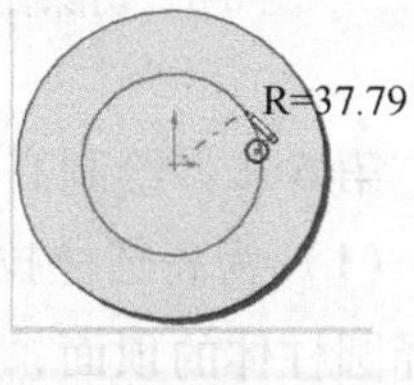

图 6-4　绘制圆

（2）给凸台草图标注尺寸。单击“尺寸/几何关系”工具栏上的（智能尺寸）按钮，选择此圆，移动指针并单击来放置尺寸。在修改框中键入数值 75，然后单击（确定）按钮，接着在绘图区单击。

（3）所绘制的圆代表环的外侧，使用等距实体工具生成环的内侧。单击“草图”工具栏上的（等距实体）按钮 。在窗口中的“**参数**”下面，将“**等距距离**”设置为 5，选择“**反转**”将圆向内侧等距，选择绘制的圆，如图 6-5 所示，单击（确定）按钮 。

（4）拉伸草图来制作环凸台。单击“草图”工具栏上的（退出草图）按钮，在窗口中的“方向 1”下面设置深度为 12，单击（确定）按钮，如图 6-6 所示。

第 4 步：绘制孔——拉伸 3（切除）。

（1）单击“特征”工具栏上的（拉伸切除）按钮。选择零件的顶面，单击“草图”工具栏上的（圆）按钮。将鼠标指针移到原点上，指针形状将变为，单击放置圆心。移动鼠标指针以生成圆，放开指针，然后在窗口中单击（确定）按钮完成圆的绘制。如图 6-7 所示。

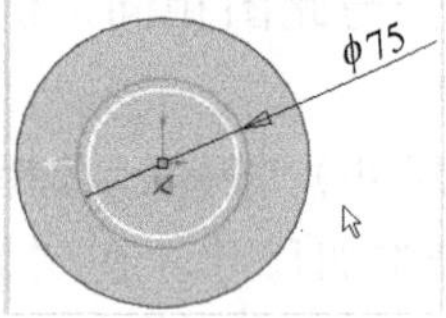

图 6-5　绘制圆环

图 6-6　拉伸环凸台

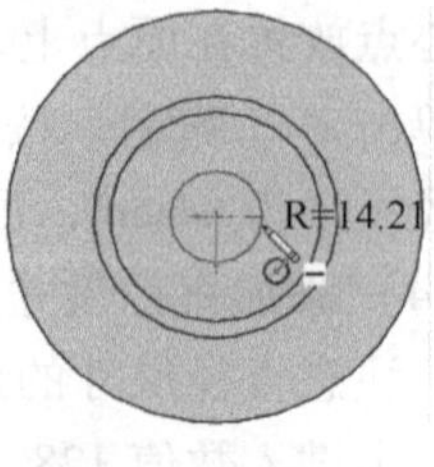

图 6-7　绘制圆

（2）给孔草图标注尺寸，单击“尺寸/几何关系”工具栏上的（智能尺寸）按钮，选择此圆，移动指针并单击来放置尺寸，在修改框中键入数值 25，然后单击（确定）按钮，接着在绘图区单击。

（3）切除一通过零件中心的孔。单击“草图”工具栏上的（退出草图）按钮。在窗口中的“方向 1”下进行设置，将“**终止条件**”选择为“**完全贯穿**”，单击（确定）按钮，如图 6-8 所示。

第 5 步：添加圆角（圆角 1）。单击“特征”工具栏上的（圆角）按钮。在窗口中的圆角项目下设置半径为 2。选择环凸台的顶面及圆柱体的外部面，如图 6-9 所示。单击（确定）按钮，如图 6-10 所示。

图 6-8　切除孔

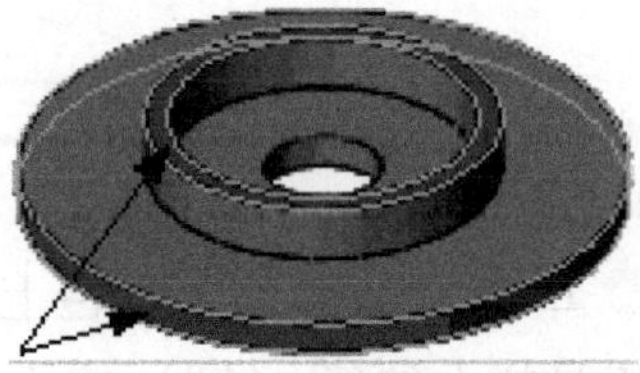

图 6-9　选择面

图 6-10　添加圆角

第 6 步：绘制高圆柱拉伸——拉伸 4。

（1）为高圆柱拉伸绘制一个圆。单击“**特征**”工具栏上的（拉伸凸台/基体）按钮，选择圆柱体的顶面，单击“草图绘制”工具栏上的（中心线）按钮，将鼠标指针移到原点上，直到指针变成，单击开始中心线；将鼠标指针移动到中心线的起点上方，指针变成，表示中心线为竖直，使线条长度约为 45mm 时放开指针；单击左键，如图 6-11 所示。

（2）单击“草图”工具栏上的（圆）按钮，将鼠标指针移到中心线的上端点（不是原点处的端点），指针形状将变为，单击开始绘制圆，向外移动指针单击定义圆，单击（确定）按钮结束，如图 6-12 所示。

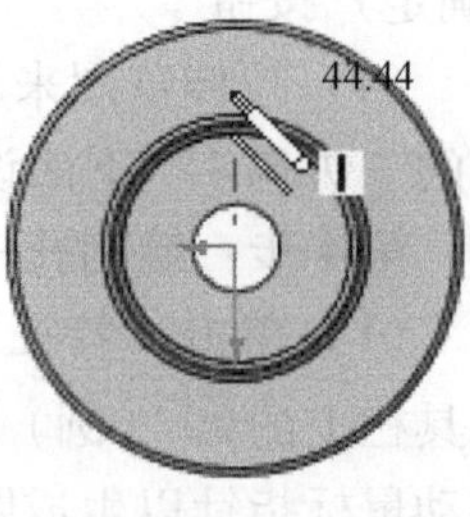

图 6-11　绘制中心线

（3）给草图添加尺寸。单击“尺寸/几何关系”工具栏上的（智能尺寸）按钮，选择此圆，移动鼠标指针并单击放置尺寸，在修改框中为圆的尺寸键入数值 27，单击（确定）按钮，接着单击绘图区。选择竖直中心线，移动鼠标指针并单击放置尺寸，在修改框中键入数值 35 以定位圆，单击✓（确定）按钮，接着单击绘图区，如图 6-13 所示。

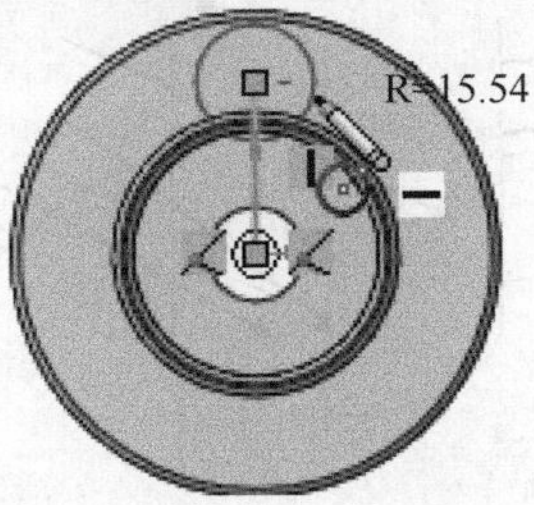

图 6-12　绘制圆

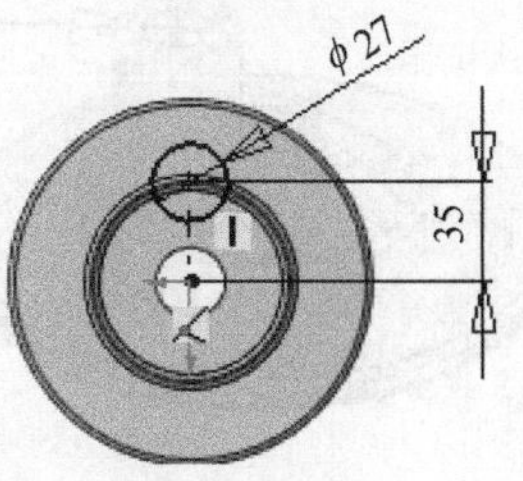

图 6-13　标注尺寸

（4）为高圆柱凸台制作拉伸。单击“草图”工具栏上的（退出草图）按钮。在窗口“方向 1”下设置深度为 30，选取圆以定义所选轮廓，如图 6-14 所示，单击✓（确定）按钮。

第 7 步：绘制高圆柱孔——拉伸 5。

（1）为拉伸的孔制作一个草图。单击“特征”工具栏上的（拉伸切除）按钮。选择高圆柱拉伸的顶面，单击“草图”工具栏上的（圆）按钮，将鼠标指针移到高圆柱的边线并保留在此处，直到高圆柱的中心点出现，如图 6-15 所示。将鼠标指针移到新中心点上单击放置圆心，移动鼠标指针单击完成圆的绘制，单击✓（确定）按钮。

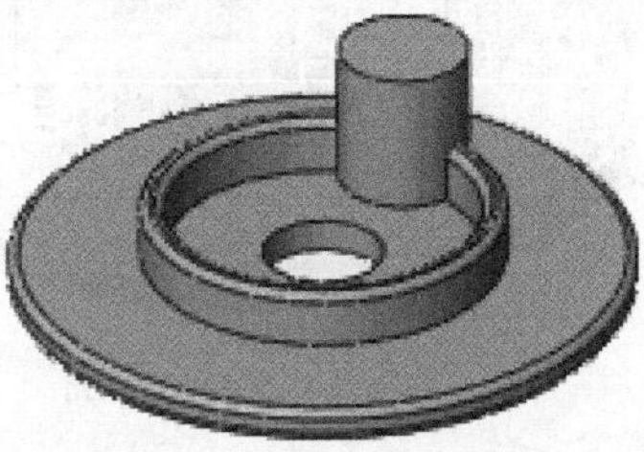

图 6-14　拉伸高圆柱凸台

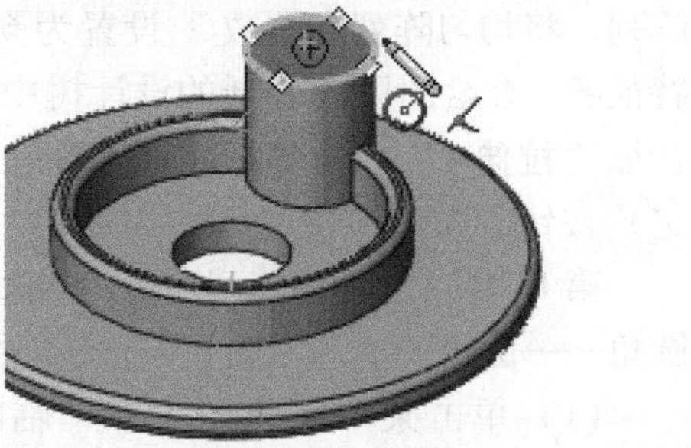

图 6-15　孔草图

（2）添加一个尺寸来控制圆的直径。单击“草图”工具栏上的（智能尺寸）按钮，选择此圆，移动鼠标指针并单击放置尺寸，在修改框中键入数值 15，单击✓（确定）按钮，接着单击绘图区。

（3）在高圆柱中生成一个孔。单击“草图”工具栏上的（退出草图）按钮。在窗口中的“方向 1”下设置，终止条件选择“**完全贯穿**”，单击✓（确定）按钮，如图 6-16 所示。

第 8 步：添加圆角到高圆柱——圆角 2。

（1）单击“**视图**”工具栏上的（隐藏线可见）按钮，显示圆角所需的边线。

（2）单击“**特征**”工具栏上的（圆角）按钮，半径设为 2mm。

（3）选择 4 处需添加圆角的位置，如图 6-17 所示：高圆柱拉伸的顶面，高圆柱每边侧上与环拉伸相交的一条边线，在第一个拉伸底部切过高圆柱的孔的边线。

（4）单击✓（确定）按钮。

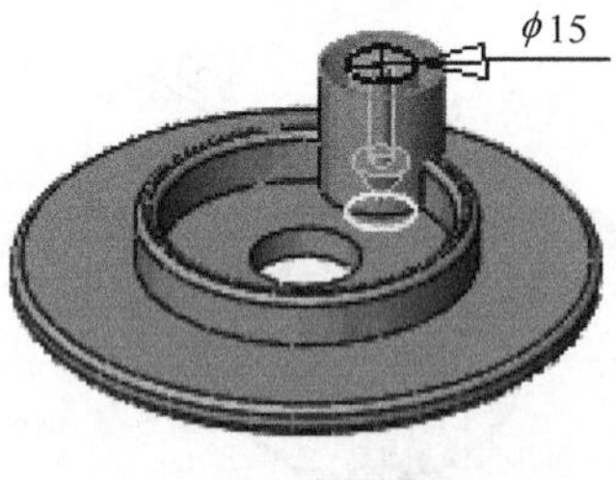

图 6-16　拉伸切除孔

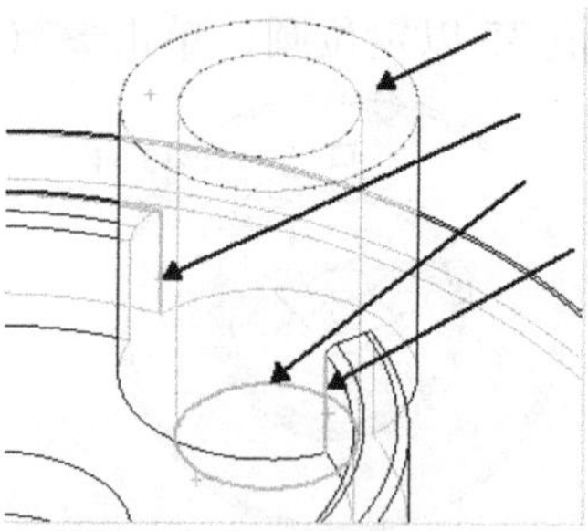

图 6-17　添加圆角边线

第 9 步：生成圆周阵列。用圆周阵列工具生成六个高圆柱拉伸且带有沿零件中心轴的切除和圆角。

（1）单击“**视图**”工具栏上的（**带边线上色**）按钮。

（2）单击菜单“视图”→“临时轴”命令，在零件中显示所有系统所生成的轴。

（3）选择一个轴为阵列的中心轴。

（4）在“**特征**”工具栏上“线性阵列”按钮右边单击下弹按钮，再单击（圆周阵列）按钮。在窗口中的参数下面为**阵列轴**选择零件中心的临时轴，选择“**等间距**”，在 360°内绕轴心均匀阵列，将均匀阵列实例数设置为 6。单击要阵列的特征，在绘图区中展开的设计树中，选择最后三个特征“**拉伸 4**”、“**拉伸 5**”和“**圆角 2**”。单击（确定）按钮，如图 6-18 所示。

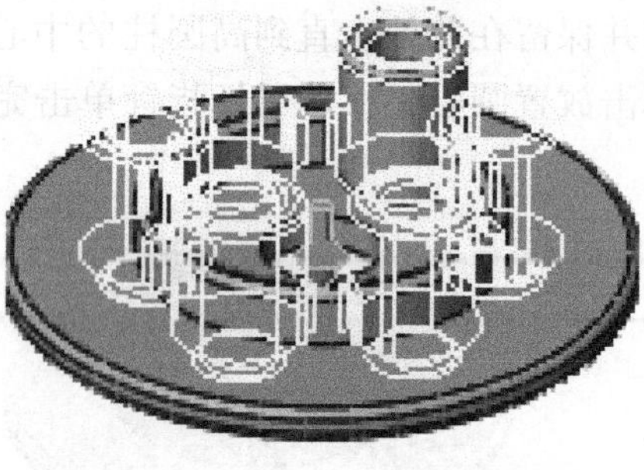

图 6-18　圆周阵列

第 10 步：为环绕阵列项目的内边线和外边线添加圆角——圆角 3。

（1）单击菜单“视图”→“临时轴”命令，关闭轴显示。

（2）单击“**特征**”工具栏上的（圆角）按钮，选择如图 6-19 所示两条边线，即环内的一条边线及环外的一条边线，半径值设为 2mm。

（3）单击（确定）按钮添加一个 2mm 圆角，如图 6-20 所示。

第 11 步：单击“**标准**”工具栏上的“**保存**”按钮，完成压力盘零件的三维建模。

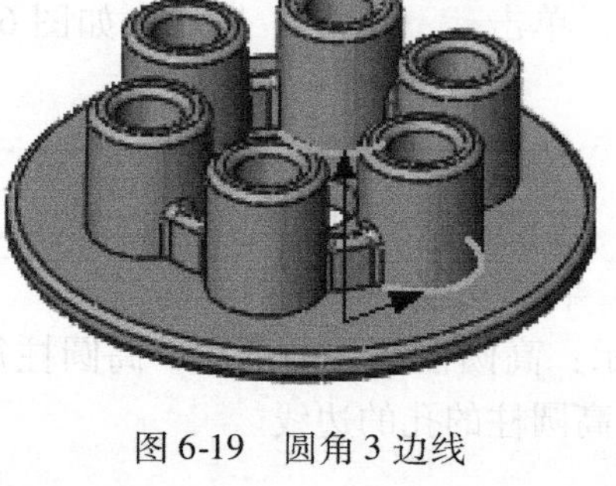

图 6-19　圆角 3 边线

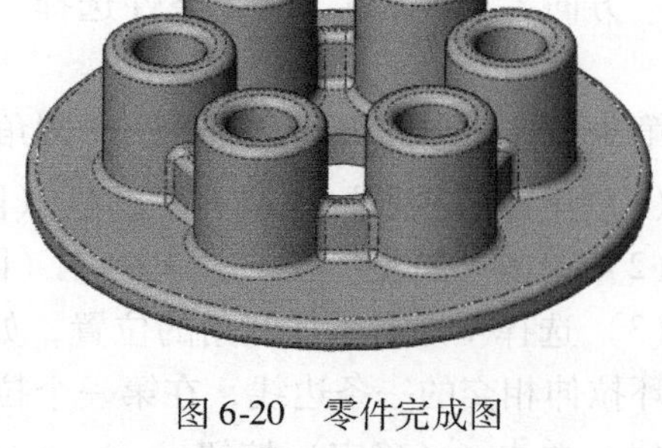

图 6-20　零件完成图

6.1.2　套筒的三维建模

套筒零件图如图 6-21 所示，模型图如图 6-22 所示。其建模操作步骤如下。

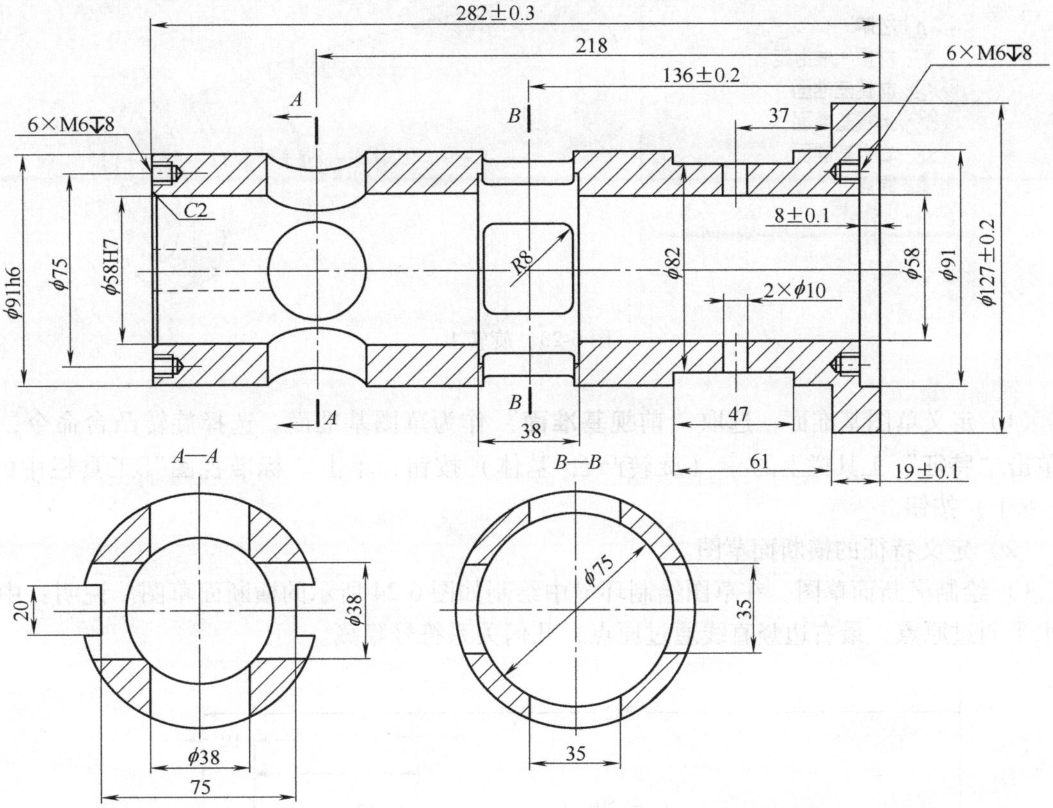

图 6-21　套筒零件图

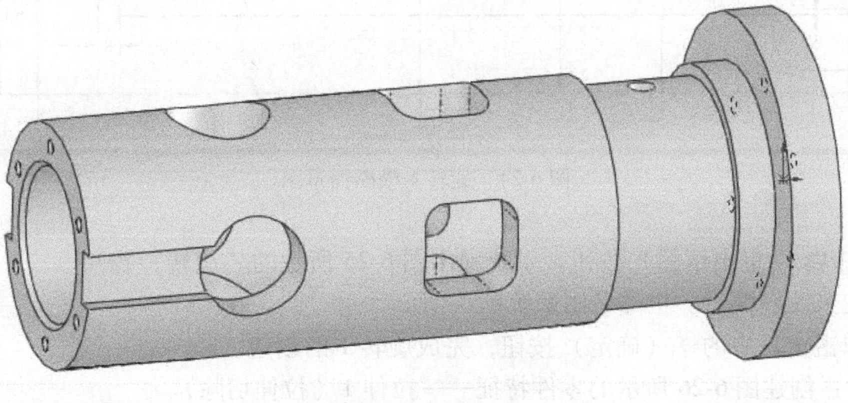

图 6-22　套筒模型图

第 1 步：新建模型文件并保存文件。单击“标准”工具栏上的“**新建**”按钮，“新建 SolidWorks 文件”对话框出现，单击选择“零件”模块，单击“**确定**”按钮，新零件窗口出现。单击选择下拉菜单“文件”→“另存为”命令，在对话框中键入“套筒”为文件名，单击“保存”按钮。

第 2 步：创建图 6-23 所示的零件基础特征——旋转 1。

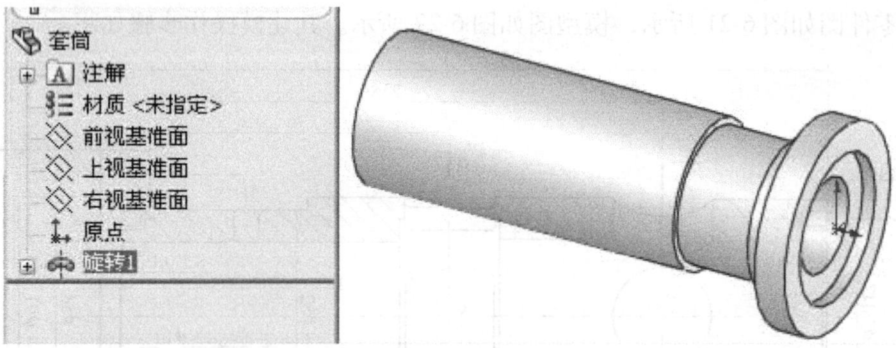

图 6-23　旋转 1

(1) 定义草图基准面，选取“**前视基准面**”作为草图基准面。选择旋转凸台命令，可以单击“**特征**”工具栏上的 (旋转凸台/基体) 按钮，单击“**标准视图**”工具栏中的 (正视于) 按钮。

(2) 定义特征的横断面草图。

1) 绘制横断面草图。在草图绘制环境中绘制如图 6-24 所示的横断面草图。说明：中心线水平通过原点，最右边竖直线通过原点，几何关系符号隐藏。

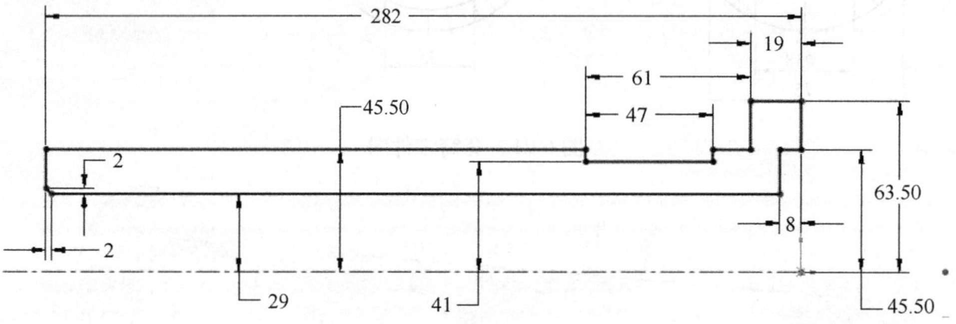

图 6-24　旋转 1 横断面草图

2) 单击 (退出草图) 按钮，系统弹出图 6-25 所示的“旋转”窗口。

(3) 定义旋转属性。全部采用系统默认项。

(4) 单击窗口中的 (确定) 按钮，完成旋转 1 的创建。

第 3 步：创建图 6-26 所示的零件特征——拉伸 1 (拉伸切除)。

(1) 选取“**上视基准面**”作为草图基准面。选择“拉伸切除”命令，可以单击“**特征**”工具栏上的 (拉伸切除) 按钮。单击“**标准视图**”工具栏中的 (正视于) 按钮。

(2) 绘制如图 6-27 所示的横断面草图。约束所绘圆心点与原点在同一水平线上。

(3) 单击 (退出草图) 按钮，退出草图命令，系统弹出“拉伸”窗口。

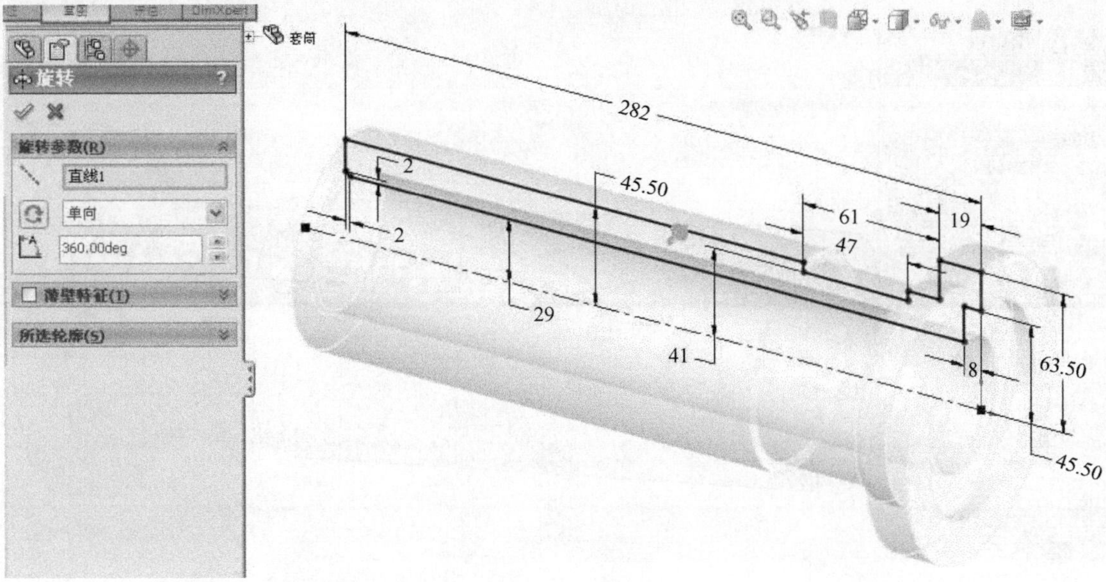

图 6-25　“旋转”窗口

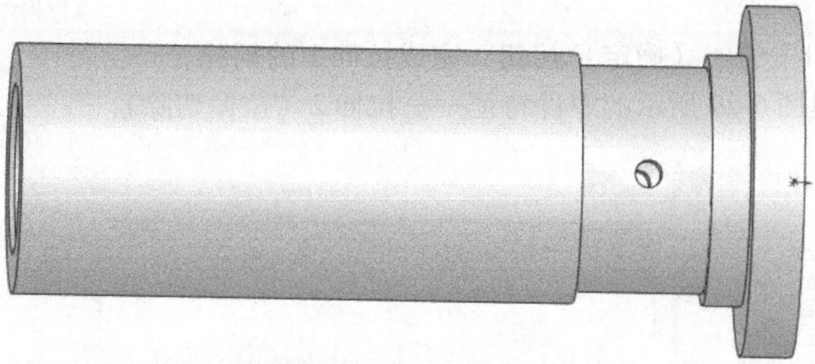

图 6-26　拉伸 1（切除）

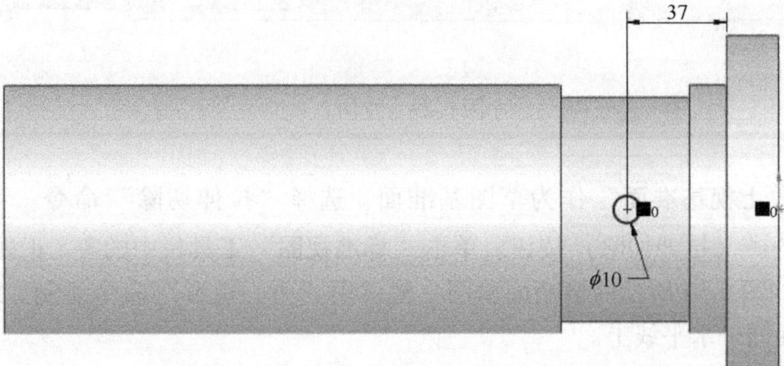

图 6-27　横断面草图

（4）定义拉伸深度属性。采用系统默认的深度方向，在“拉伸”窗口 方向1 区域的下拉列表中选择 完全贯穿 。在“方向 2”前单击，如 方向2 ，也选取 完全贯穿 ，如图 6-28 所示。

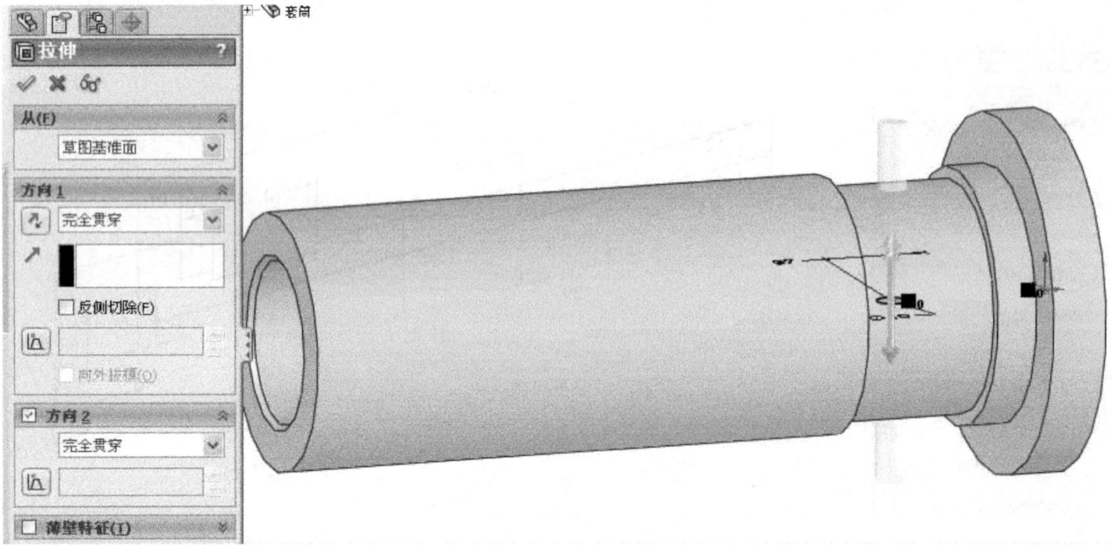

图 6-28　“拉伸”窗口

（5）单击窗口中的（确定）按钮，完成拉伸 1 的创建。

第 4 步：创建图 6-29 所示的零件特征——拉伸 2（拉伸切除）。

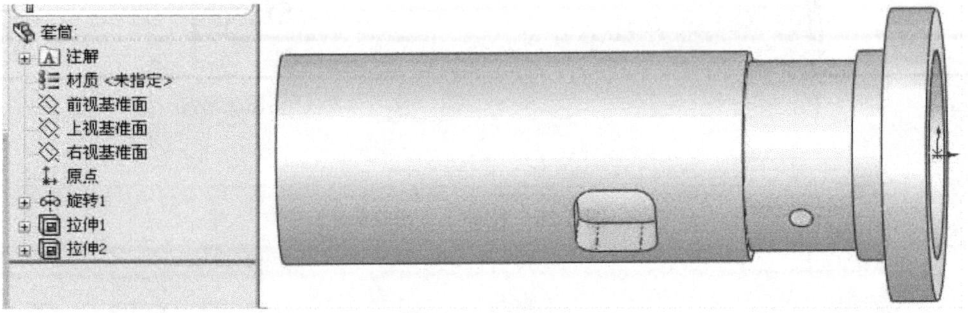

图 6-29　拉伸 2

（1）选取“**上视基准面**”作为草图基准面，选择“拉伸切除”命令。可以单击“**特征**”工具栏上的（拉伸切除）按钮。单击“**标准视图**”工具栏中的（正视于）按钮。

（2）绘制如图 6-30 所示的横断面草图。建议用“中心矩形”命令绘制，约束所绘矩形中心点与原点在同一水平线上。

（3）单击（退出草图）按钮，退出草图命令，系统弹出“拉伸”窗口。

（4）定义拉伸深度属性。采用系统默认的深度方向，在“拉伸”窗口方向 1 区域的下拉列表中选择完全贯穿，如图 6-31 所示。

（5）单击窗口中的（确定）按钮，完成拉伸 2 的创建。

第 5 步：创建图 6-32 所示的零件特征——拉伸 3（拉伸切除）。

（1）选取“**上视基准面**”作为草图基准面。选择“拉伸切除”命令，单击“**特征**”工具栏上的（拉伸切除）按钮。单击“**标准视图**”工具栏中的（正视于）按钮。

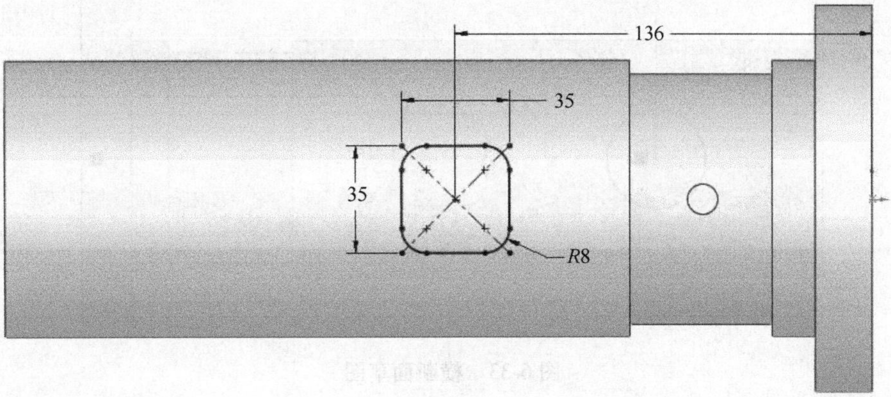

图 6-30　横断面草图

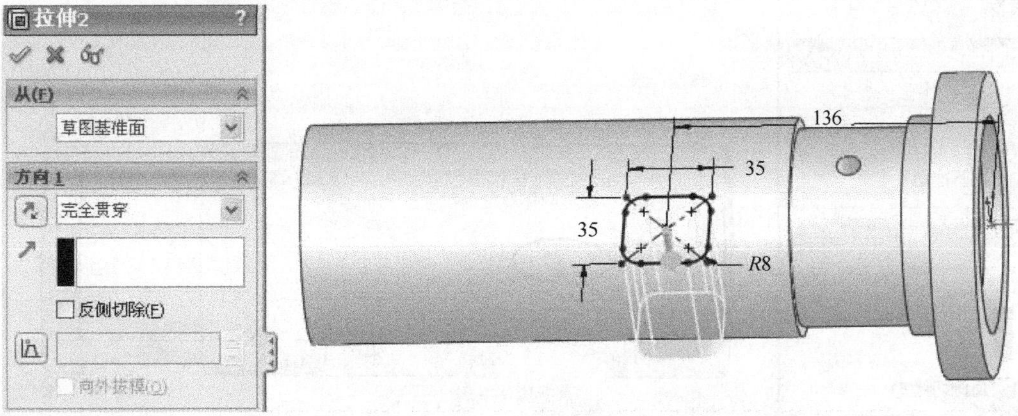

图 6-31　“拉伸”窗口

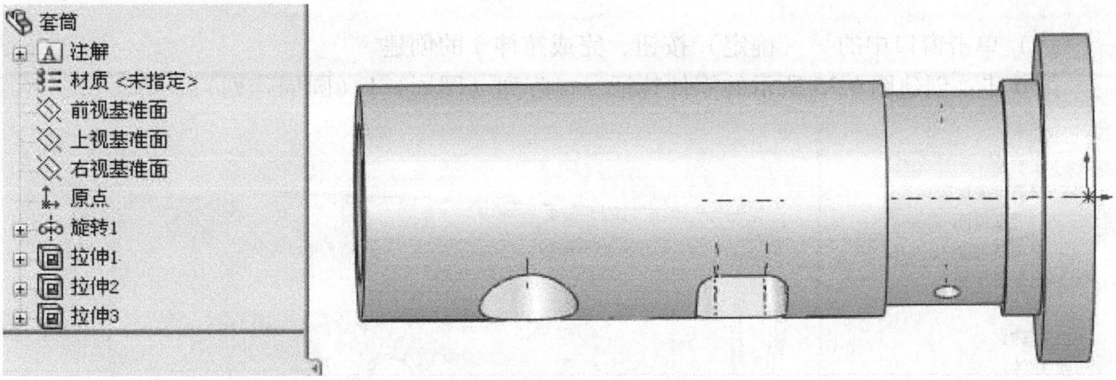

图 6-32　拉伸 3

（2）绘制图 6-33 所示的横断面草图。约束所绘圆心点与原点在同一水平线上。

（3）单击（退出草图）按钮，退出草图命令，系统弹出“拉伸”窗口。

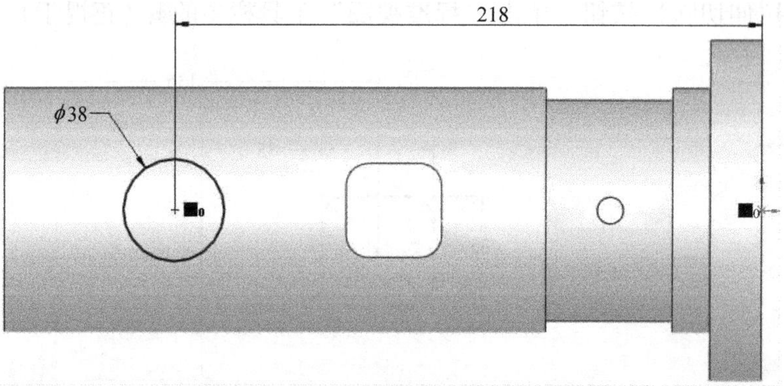

图 6-33 横断面草图

（4）定义拉伸深度属性。采用系统默认的深度方向，在“拉伸”窗口 方向1 区域的下拉列表中选择 完全贯穿，如图 6-34 所示。在“方向 2”前单击，如 方向2，也选取 完全贯穿。

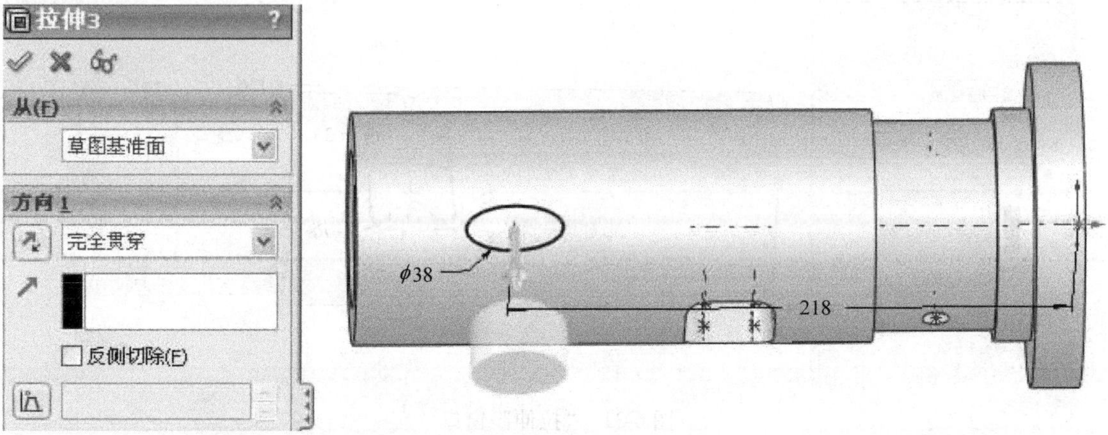

图 6-34 “拉伸”窗口

（5）单击窗口中的（确定）按钮，完成拉伸 3 的创建。

第 6 步：创建图 6-35 所示的零件特征——阵列（圆周）1（圆周阵列）。

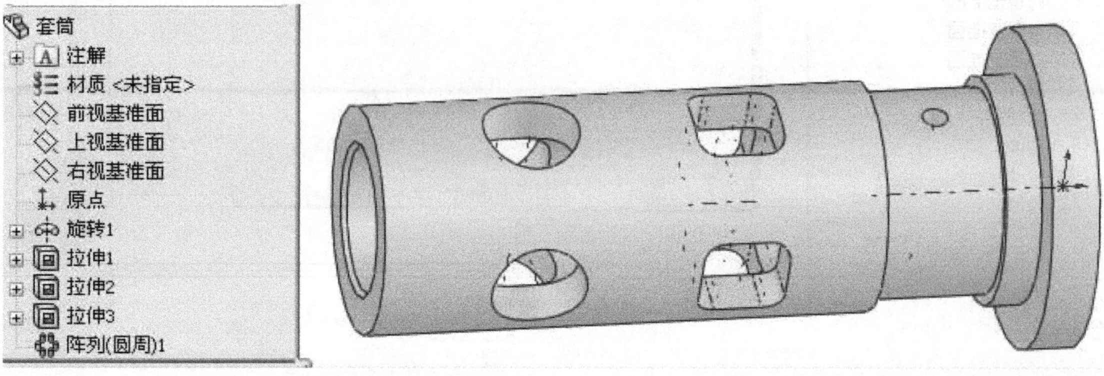

图 6-35 圆周阵列

（1）选择圆周阵列命令，单击“特征”工具栏上的 （圆周阵列）（在“线性阵列”右边下弹按钮中），系统弹出“阵列（圆周）1”窗口。

（2）定义阵列源特征。先单击激活要阵列的特征(F)区域中的文本框，再选取要阵列的特征（“拉伸 2”和“拉伸 3”），如图 6-36 所示。

（3）定义阵列轴。单击参数(P)下的 （阵列轴）文本框，然后在绘图区选择“旋转 1”的基准轴作为圆周阵列的轴线。

说明：如果所选择的线没有显示，可选择下拉菜单视图(V)中的 临时轴(X)命令，即显示临时轴。

（4）定义阵列间距和阵列实例数。在参数(P)区域，按需要在 （角度）文本框和 （实例数）文本框输入角度数值 360 和个数数值 4，如图 6-36 所示。

（5）单击 （确定）按钮，生成圆周阵列特征，如图 6-35 所示。

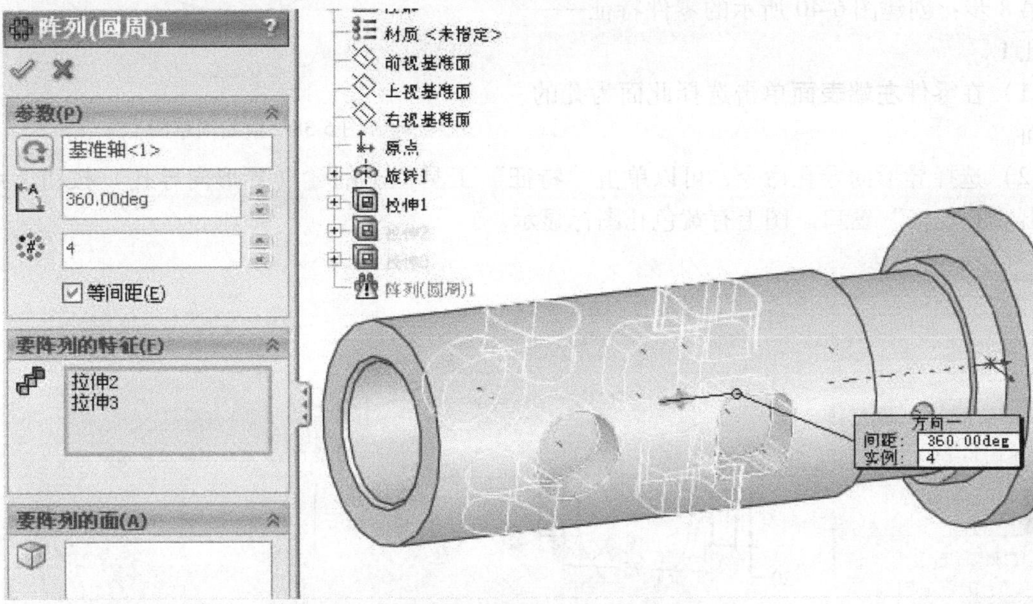

图 6-36　“阵列（圆周）1”窗口

第 7 步：创建图 6-37 所示的零件特征——拉伸 4（拉伸切除）。

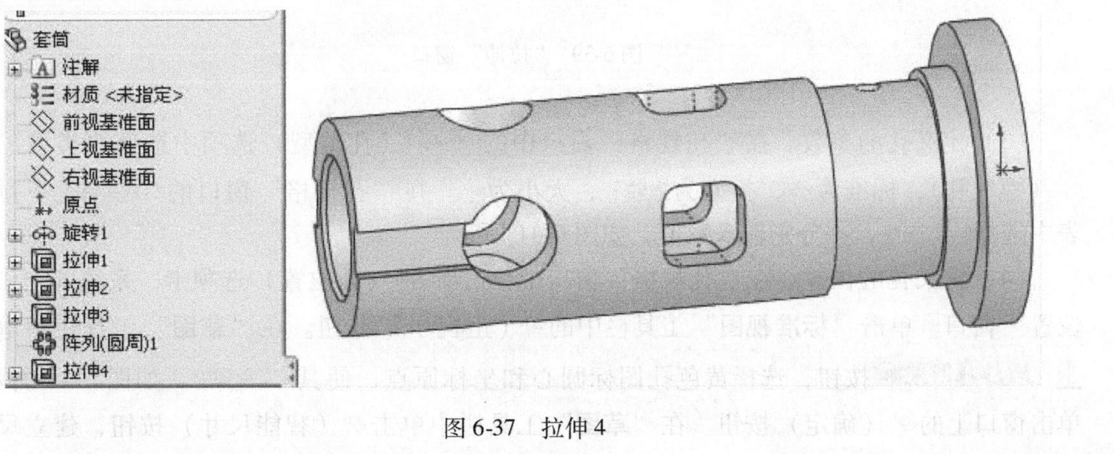

图 6-37　拉伸 4

(1) 选取**旋转 1 的左端面**作为草图基准面。选择“拉伸切除”命令，可以单击“**特征**”工具栏上的 (拉伸切除) 按钮。单击“**标准视图**”工具栏中的 (正视于) 按钮。

(2) 绘制图 6-38 所示的横断面草图。注意对称约束关系，可用镜像命令绘制。

(3) 单击 (退出草图) 按钮，退出草图命令，系统弹出“拉伸”窗口。

(4) 定义拉伸深度属性。采用系统默认的深度方向，在“拉伸”窗口中的方向 1 区域的下拉列表中选择成形到下一面，如图 6-39 所示。

(5) 单击窗口中的 (确定) 按钮，完成拉伸 4 的创建。

第 8 步：创建图 6-40 所示的零件特征——螺纹孔 1。

(1) 在零件**左端表面**单击选择此面为孔的放置面。

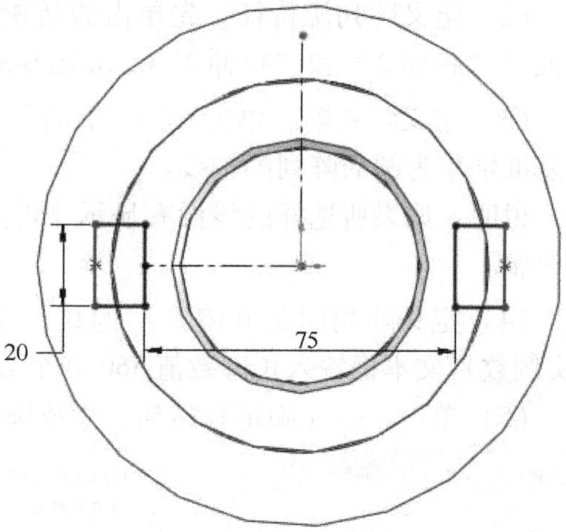

图 6-38　横断面草图

(2) 选择异形向导孔命令，可以单击“**特征**”工具栏上的 (异形向导孔) 按钮，系统弹出“孔规格”窗口。图上有黄色孔图标显示。

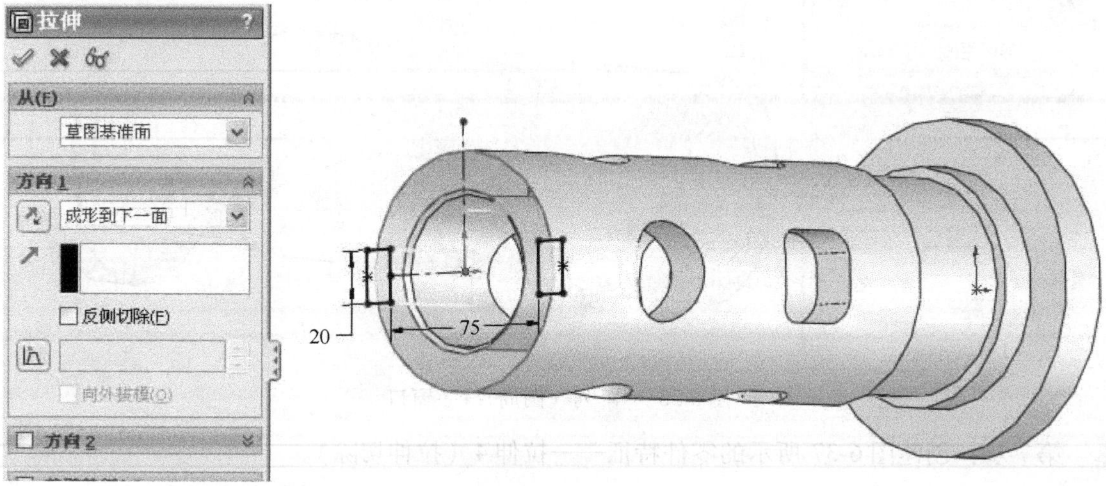

图 6-39　“拉伸”窗口

(3) 定义孔的参数。在“孔规格”窗口中的 (孔类型) 选项中选择“类型”为 (螺纹孔)，标准为GB，类型为螺纹孔，大小为M6。在“孔规格”窗口的终止条件(C下拉列表中选择给定深度，并分别输入数值，如图 6-41 所示。

(4) 定义孔的位置。在“孔规格”窗口中单击 (孔位置) 选项卡，系统弹出“孔位置”窗口。单击“**标准视图**”工具栏中的 (正视于) 按钮。在“**草图**”工具栏中单击 添加几何关系按钮，选择黄色孔图标圆心和坐标原点，使其 竖直(V)，如图 6-42 所示，单击窗口上的 (确定) 按钮。在“**草图**”工具栏中单击 (智能尺寸) 按钮，建立尺寸约束，单击“尺寸”窗口上的✔（确定）按钮，如图 6-43 所示。

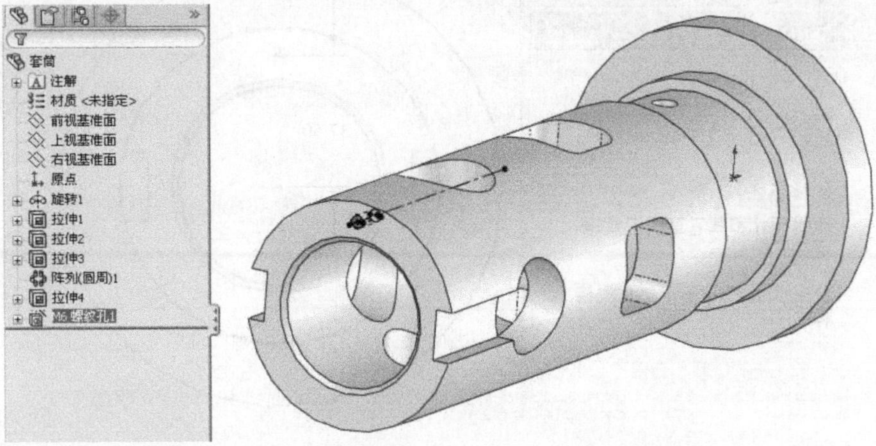

图 6-40　零件特征（螺纹孔 1）

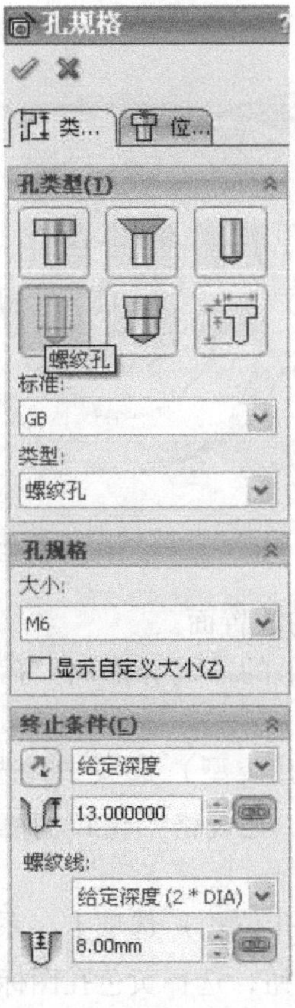

图 6-41　“孔规格”窗口

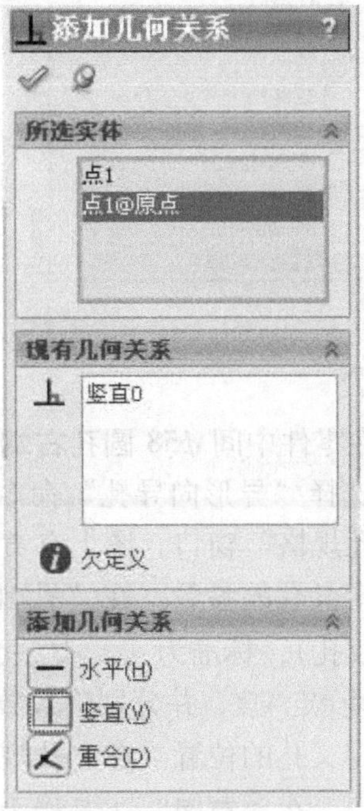

图 6-42　几何关系

（5）单击“孔规格”窗口上的✔（确定）按钮，完成异形向导孔的创建。

第 9 步：创建图 6-44 所示的零件特征——螺纹孔 2。

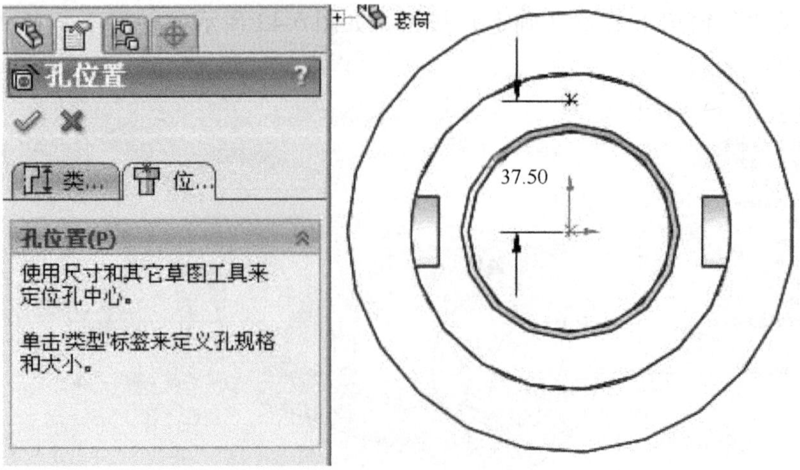

图 6-43　建立尺寸约束

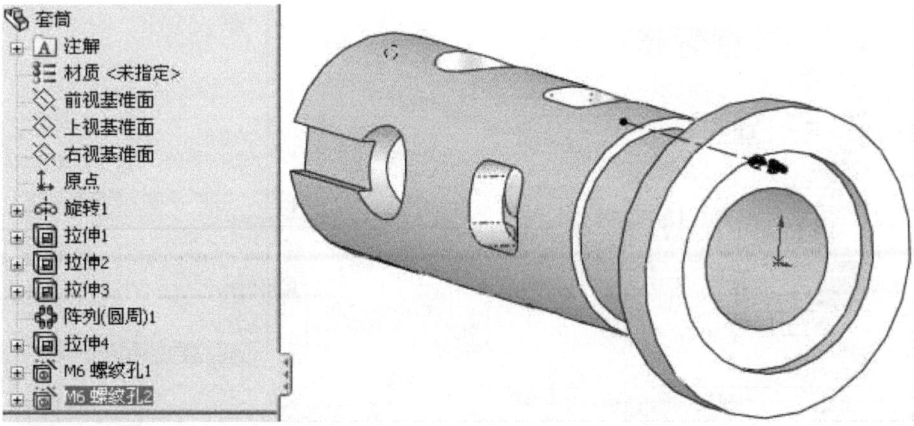

图 6-44　零件特征（螺纹孔 2）

（1）在零件中间 **ϕ58 圆孔右端面**上单击选择此面为孔的放置面。

（2）选择“异形向导孔”命令，单击“特征”工具栏上的（异形向导孔）按钮，系统弹出“孔规格”窗口，图上有黄色孔图标显示。

（3）定义孔的参数。在“孔规格”窗口中的类...（孔类型）选项中，选择“类型”为（螺纹孔），标准为GB，类型为螺纹孔，大小为M6。在“孔规格”窗口的终止条件(C)下拉列表中选择给定深度，并分别输入数值，如图 6-41 所示。

（4）定义孔的位置。在“孔规格”窗口中单击位...（孔位置）选项卡，系统弹出“孔位置”窗口。在“**草图**”工具栏中单击 添加几何关系按钮，选择黄色孔图标圆心和坐标原点，使其竖直(V)，如图 6-42 所示，单击窗口上的（确定）按钮。在“**草图**”工具栏中单击（智能尺寸）按钮，建立尺寸约束，单击“尺寸”窗口上的（确定）按钮，如图 6-43 所示。

（5）单击“孔规格”窗口上的（确定）按钮，完成异形向导孔的创建。

第 10 步：创建图 6-45 所示的零件特征——阵列（圆周）2（圆周阵列）。

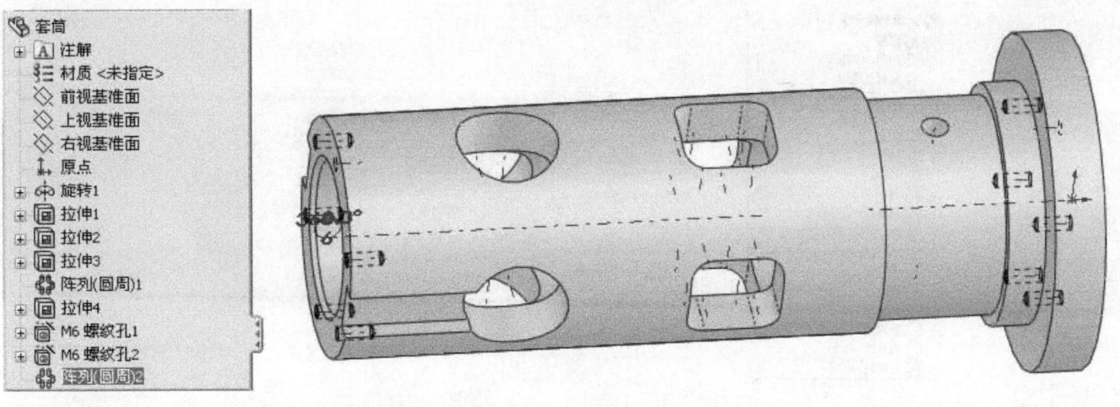

图 6-45　阵列 2

（1）选择圆周阵列命令，单击“特征”工具栏上的（圆周阵列）（在“线性阵列”右边下弹按钮中），系统弹出“阵列（圆周）2”窗口。

（2）定义阵列轴。单击参数(P)下（阵列轴）文本框，然后在绘图区选择“旋转 1”的基准轴作为圆周阵列的轴线。说明：如果所选择的线没有显示，可选择下拉菜单“视图”→“临时轴”命令，即可显示临时轴。

（3）定义阵列源特征。先单击激活要阵列的特征(F)区域中的文本框，再选取要阵列的特征（螺纹孔 1 和螺纹孔 2），如图 6-46 所示。

（4）定义阵列间距和阵列实例数。在参数(P)区域，按需要在（角度）文本框和（实例数）文本框输入角度数值 360 和个数数值 6，如图 6-46 所示。

（5）单击（确定）按钮，生成圆周阵列特征，如图 6-45 所示。

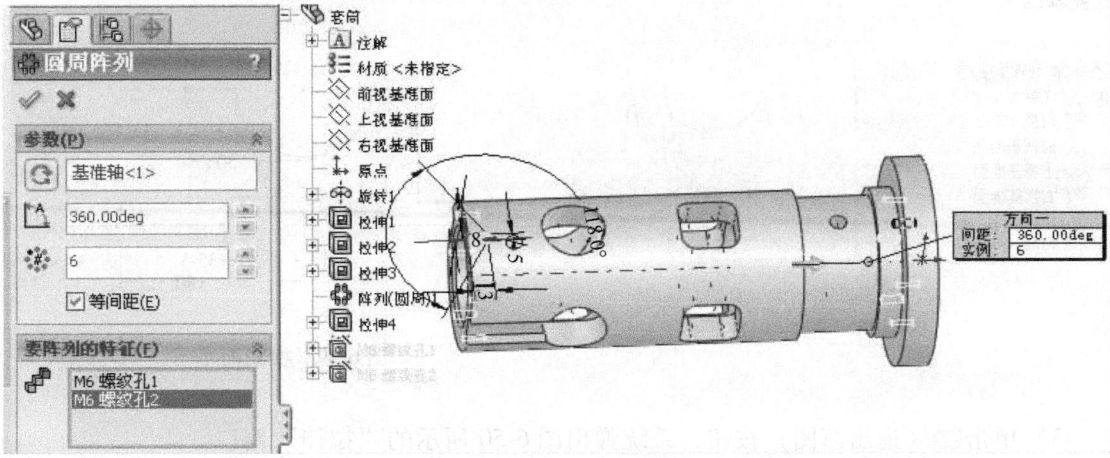

图 6-46　“圆周阵列”窗口

第 11 步：套筒的零件模型创建完毕，保存零件模型。

6.1.3　滑动轴承座的三维建模

滑动轴承座如图 6-47 所示，其三维建模操作步骤如下。

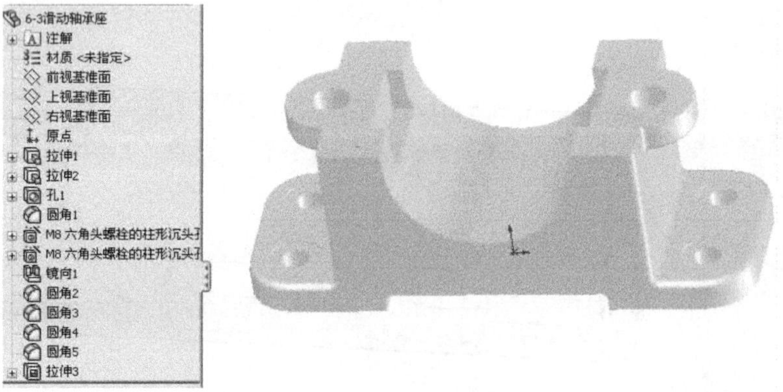

图 6-47　滑动轴承座模型

第 1 步：新建模型文件并保存文件。单击“标准”工具栏上的“**新建**”按钮，“新建 SolidWorks 文件”对话框出现，单击选择“零件”模块，单击“**确定**”按钮，新零件窗口出现。单击“标准”工具栏上的“**保存**”按钮，在对话框中键入“滑动轴承座”为文件名，单击“**保存**”按钮。

第 2 步：创建图 6-48 所示的零件基础特征——拉伸 1。

（1）选择拉伸凸台/基体命令。单击“**特征**”工具栏中的（拉伸凸台/基体）按钮。

（2）定义特征的横断面草图。

1）定义草图基准面。选取“**前视基准面**”作为草图基准面。

2）绘制横断面草图。在草图绘制环境中绘制如图 6-49 所示的横断面草图。

说明：图形左右对称，为了清楚表现草图，图中的几何约束，如对称、水平和垂直等均被隐藏。

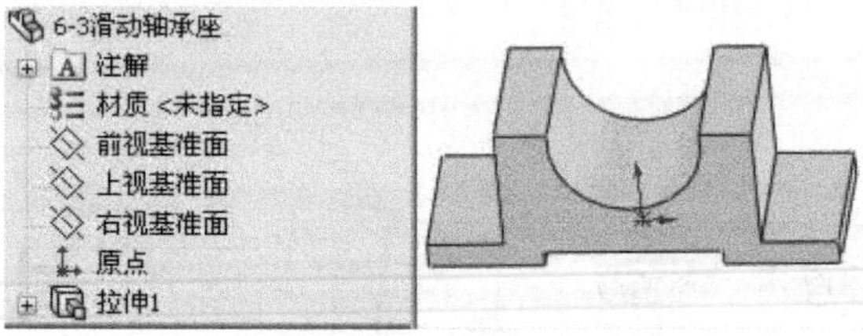

图 6-48　拉伸 1

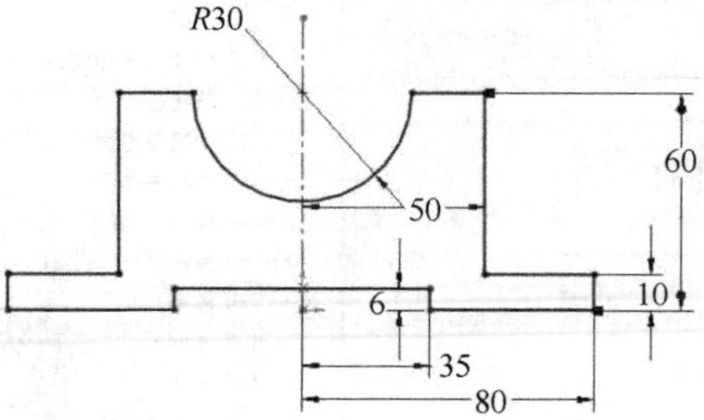

图 6-49　横断面草图

3）单击（退出草图）按钮，系统弹出图 6-50 所示的“拉伸”窗口。

（3）定义拉伸深度属性。

1）定义深度方向。采用系统默认的深度方向。

2）定义深度类型和深度值。在**方向 1** 区域中选择**两侧对称**选项，输入深度值 66，如图 6-50 所示。

（4）单击窗口中的（确定）按钮，完成拉伸 1 的创建。

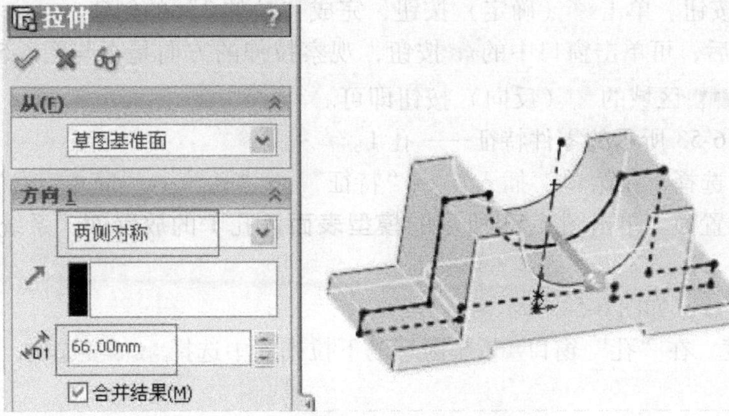

图6-50　“拉伸”窗口

第3步：创建图6-51所示的零件特征——拉伸2。

（1）选择“拉伸凸台/基体”命令。单击“**特征**”工具栏中的（拉伸凸台/基体）按钮，或选择下拉菜单“插入”→“凸台/基体”→“拉伸”命令。

（2）选取图6-51所示的**模型表面**作为草图基准面，在草图绘制环境中绘制横断面草图，图形左右对称，是两个封闭的框，绘制中心线用来约束几何关系，如图6-52所示。单击（退出草图）按钮，系统弹出“拉伸2”窗口。

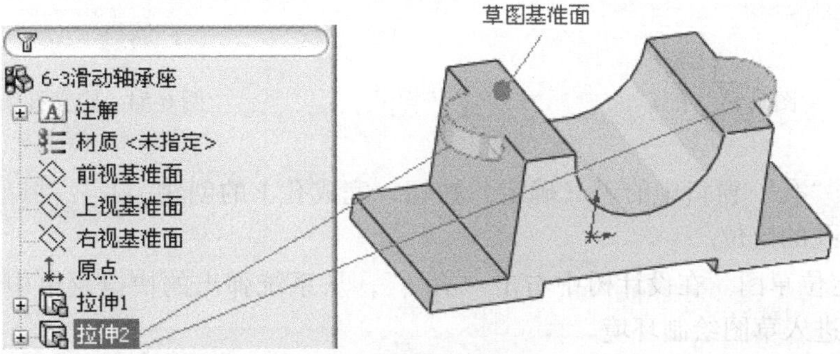

图6-51　拉伸2及草图基准面

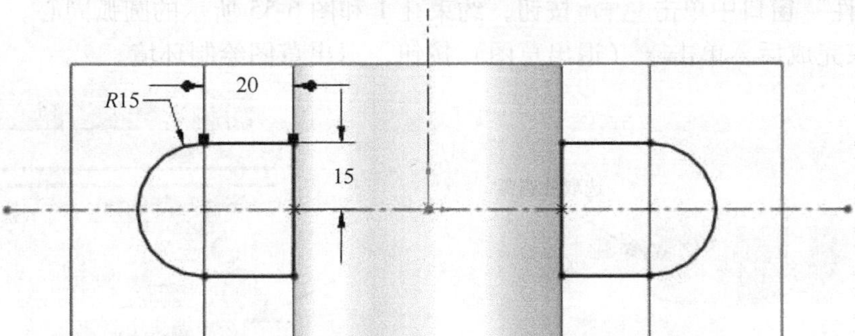

图6-52　横断面草图

（3）在“拉伸2”窗口的方向1区域的下拉列表中选择给定深度选项，输入深度值12，单击方向1区域的按钮。单击（确定）按钮，完成“拉伸 2”的创建。

说明：定义完成后，可单击窗口中的按钮，观察拉伸的方向是否与图 6-51 相同，如果相反，只需单击方向1区域的（反向）按钮即可。

第 4 步：创建图 6-53 所示的零件特征——孔 1。

（1）选择命令。选择下拉菜单“插入”→“特征”→“孔”→“简单直孔”命令。

（2）定义孔的放置面。单击图 6-53 所示的**模型表面**为孔 1 的放置面，系统弹出“孔”窗口。

（3）定义孔的参数，如图 6-54 所示。

1）定义孔的深度。在“孔”窗口方向1区域的下拉列表中选择给定深度选项，输入深度值 6。

2）定义孔的直径。在方向1区域的（孔直径）文本框中输入数值 10。

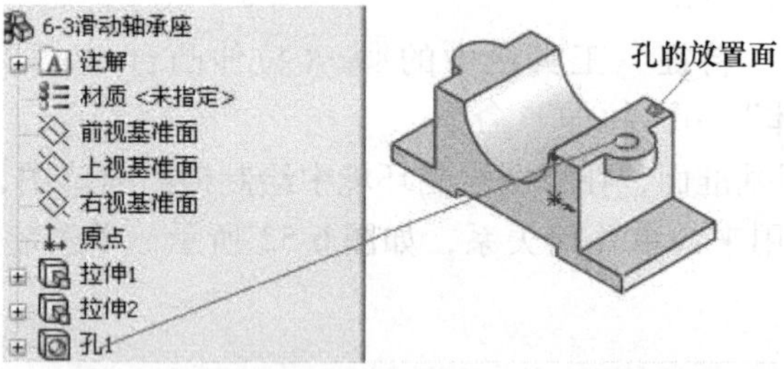

图 6-53　孔 1

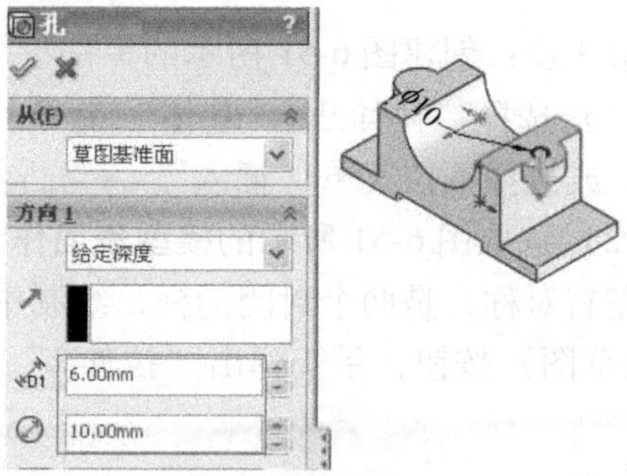

图 6-54　定义孔

（4）单击“孔”窗口中的（确定）按钮，完成孔 1 的创建。

（5）编辑孔的定位。

1）进入定位草图。在设计树中右击“孔 1”，从系统弹出的快捷菜单中选择（编辑草图）命令，进入草图绘制环境。

2）添加几何约束。按住 Ctrl 键，选择“孔 1”和图 6-55 所示的圆弧，在弹出的图 6-56 所示的“属性”窗口中单击同心(N)按钮，约束孔 1 和图 6-55 所示的圆弧同心。

3）约束完成后，单击（退出草图）按钮，退出草图绘制环境。

图 6-55　孔的定位

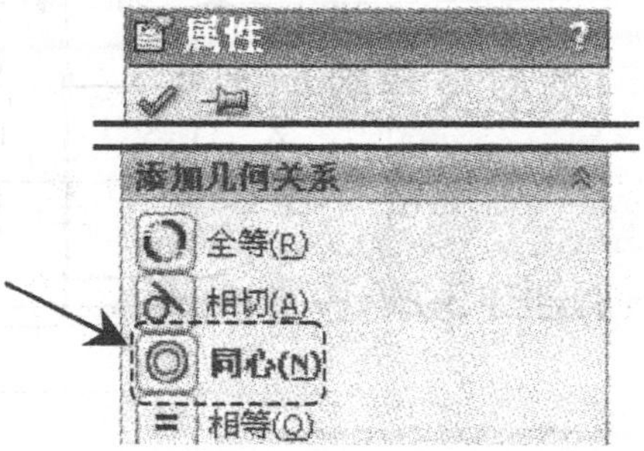

图 6-56　“属性”窗口

第 5 步：创建图 6-57b 所示的特征——圆角 1。

（1）选择圆角命令。单击“**特征**”工具栏上的（圆角）按钮，系统弹出“圆角”窗口。

（2）定义圆角对象。在“圆角”窗口中选择 FilletXpert 选项卡，然后选择图 6-57a 所示的边线为需要圆角的对象。

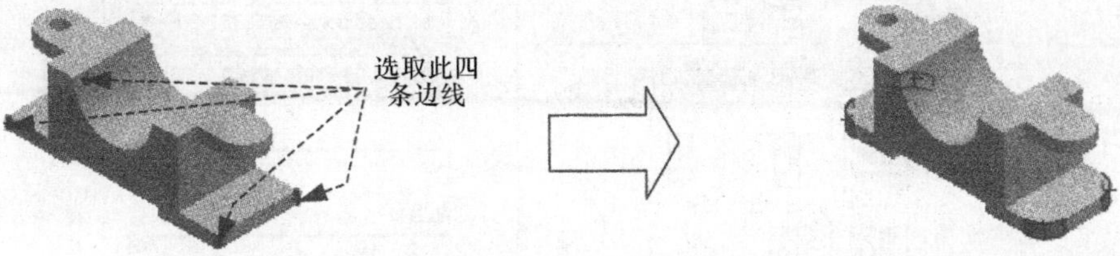

a)　b)

图 6-57　圆角 1

a）圆角前　b）圆角后

（3）定义圆角的半径。在“圆角”窗口中输入圆角半径值 12。

（4）单击“圆角”窗口中的（确定）按钮，完成圆角 1 的创建。

第 6 步：创建图 6-58 所示的零件特征——沉头孔 1。

（1）选择命令。选择下拉菜单“插入”→“特征”→“孔”→“向导”命令，系统弹出“孔规格”窗口。

（2）定义孔的位置。

1）定义孔的放置面。单击“孔规格”窗口中的位..选项卡，单击图 6-58 所示**模型表面**作为孔的放置面。

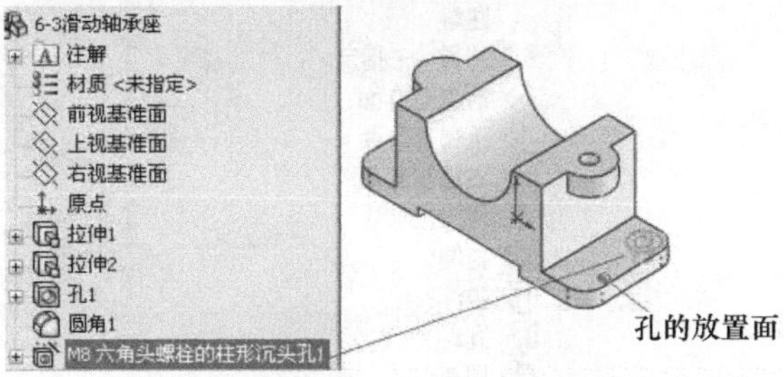

图 6-58　沉头孔 1 及定义孔的放置面

2）建立沉头孔 1 的约束。在绘图区中右击，在弹出的快捷菜单中选择 选择(K) 选项，按住 Ctrl 键，依次选取沉头孔 1 和其相邻的圆弧，建立同心约束，（如图 6-59 所示），单击窗口中的（确定）按钮，完成沉头孔 1 的约束。

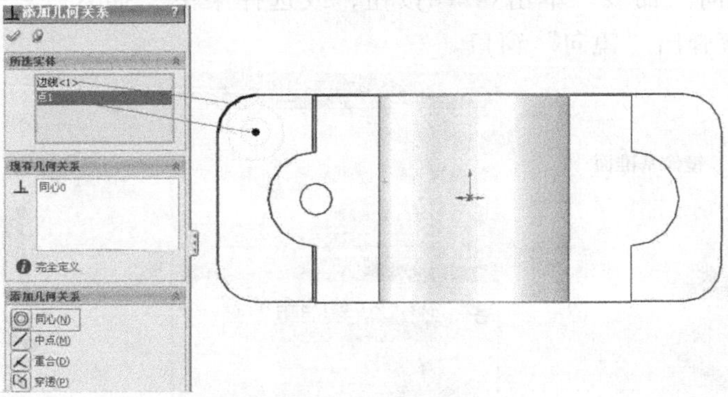

图 6-59　定义孔的位置

（3）孔的类型及参数如图 6-60 所示。

（4）单击“孔规格”窗口中的✓（确定）按钮，完成沉头孔 1 的创建。

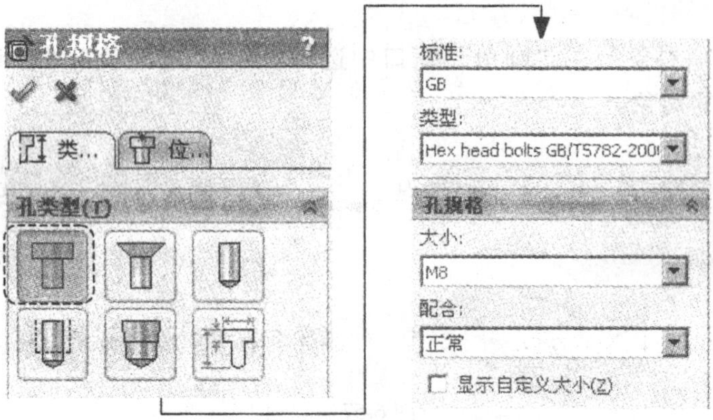

图 6-60 “孔规格”窗口

第 7 步：创建图 6-61 所示的零件特征——沉头孔 2。操作方式同第 6 步。

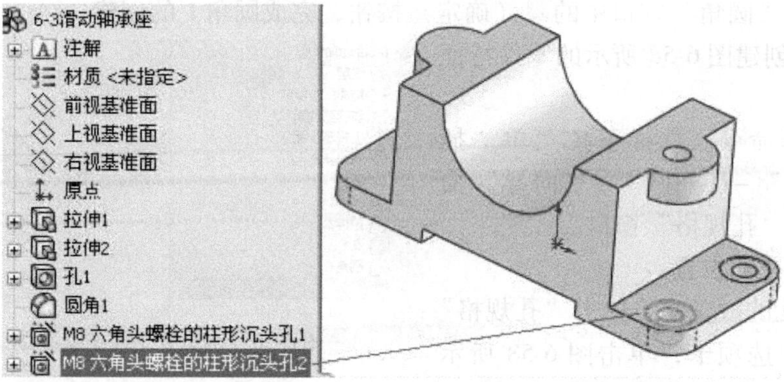

图 6-61 沉头孔 2

第 8 步：创建图 6-62 所示的零件特征——镜像 1。

（1）选择“镜向”命令。单击镜向按钮，或选择菜单“插入”→“阵列/镜向”→“镜向”命令，系统弹出“镜向”窗口。

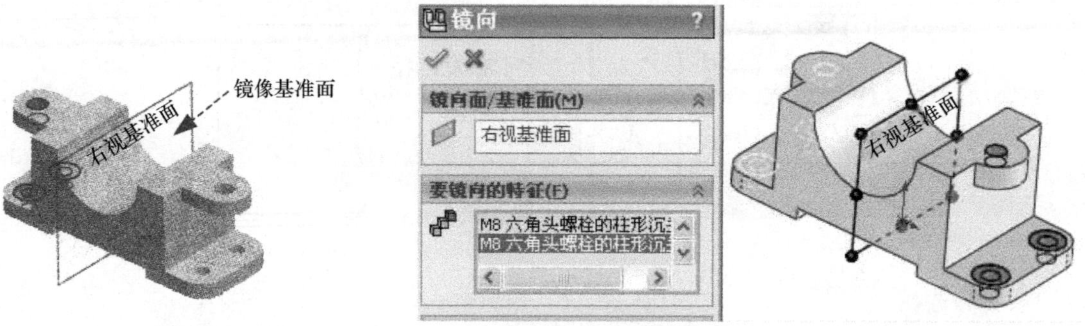

图 6-62 镜向 1 特征及窗口

（2）定义镜像对象。在设计树中选择“孔 1”“M8 六角头螺栓的柱形沉头孔 1”和“M8 六角头螺栓的柱形沉头孔 2”作为镜向 1 的对象。

（3）定义镜像基准面。在设计树中选取**“右视基准面”**为镜像基准面。

（4）单击“镜向”窗口中的（确定）按钮，完成镜向 1 的创建。

第 9 步：创建零件特征——“圆角 2”“圆角 3”“圆角 4”“圆角 5”。操作步骤参照第 5 步。需要圆角的对象为图 6-63 所示的边线或边链，圆角半径值为 2。

图 6-63　圆角的对象

第 10 步：创建图 6-64 所示的零件特征——拉伸 3（拉伸切除）。

（1）选择命令。单击（拉伸切除）按钮，或选择菜单“插入”→“切除”→“拉伸”命令。

（2）定义特征的横断面草图。

1）选取图 6-64 所示的**模型表面**作为草图基准面。

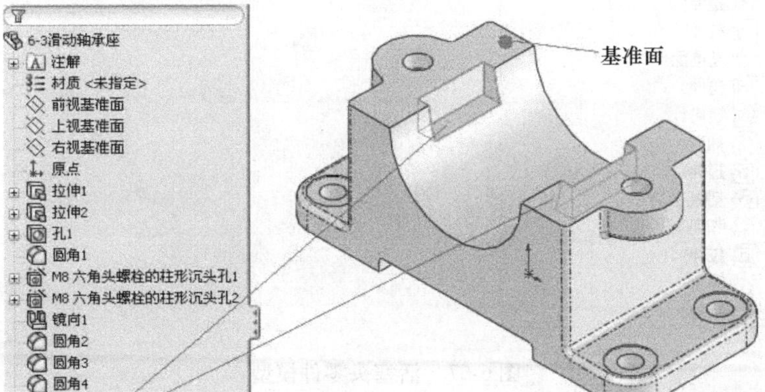

图 6-64　拉伸 3 及草图基准面

2）绘制图 6-65 所示的横断面草图。建议使用“中心矩形”命令，并约束所绘矩形中点与原点重合。

3）单击（退出草图）按钮，退出草图命令，系统弹出“拉伸”窗口。

（3）定义拉伸深度属性。采用系统默认的深度方向，在“拉伸”窗口中的 方向 1 区域的下拉列表

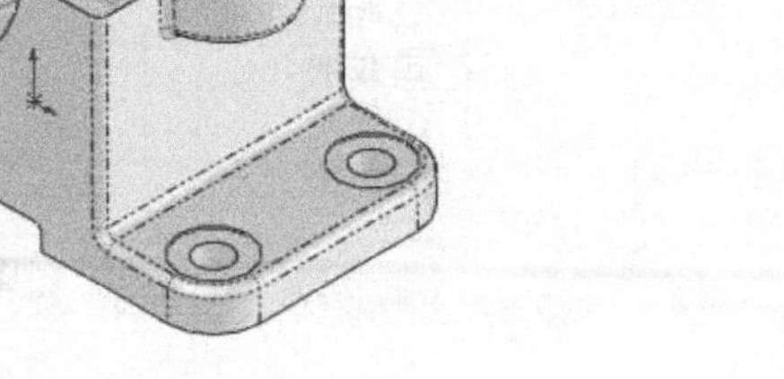

图 6-65　横断面草图

中选择给定深度，输入深度值 13，如图 6-66 所示。

（4）单击窗口中的（确定）按钮，完成拉伸 3 的创建。

第 11 步：滑动轴承座的零件模型创建完毕，保存零件模型。

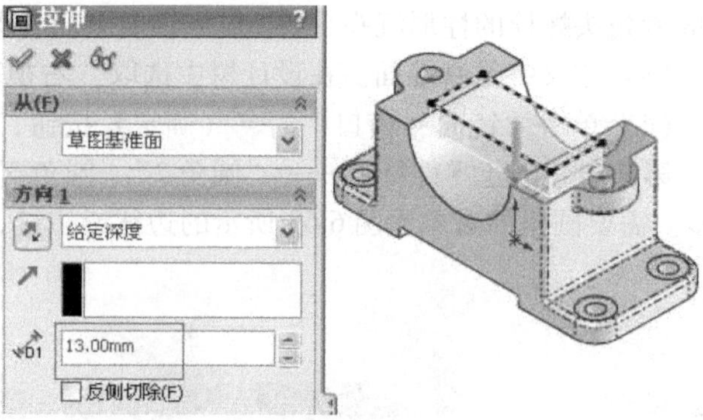

图 6-66 “拉伸”窗口

6.1.4 活塞头的三维建模

活塞头零件模型如图 6-67 所示，其三维建模操作步骤如下。

第 1 步：新建模型文件并保存文件。选择下拉菜单“文件”→“新建”命令，在系统弹出的“新建 SolidWorks 文件”对话框中选择“零件”模块，单击确定按钮，新零件窗口出现，另存为文件“活塞头”。

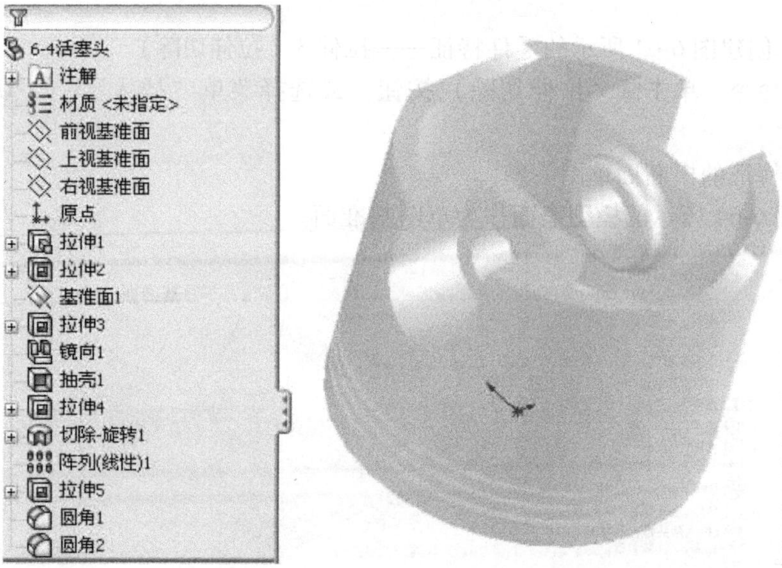

图 6-67 活塞头零件模型

第 2 步：创建图 6-68 所示的零件基础特征——拉伸 1。

（1）选择命令。单击（拉伸凸台/基体）按钮，或选择菜单“插入”→“凸台/基体”→“拉伸”命令。

（2）选取“**前视基准面**”作为草图基准面，绘制图 6-69 所示的横断面草图，圆心与草图坐标原点重合。

（3）采用系统默认的深度方向，在“拉伸”窗口方向 1区域的下拉列表中选择给定深度选项，输入深度值 80。

（4）单击（确定）按钮，完成拉伸 1 的创建。

图 6-68 拉伸 1

第 3 步：创建图 6-70 所示的零件特征——拉伸 2（拉伸切除）。

（1）单击（拉伸切除）按钮，或选择菜单“插入”→“切除”

→“拉伸” 命令。

(2) 选取“**右视基准面**”作为草图基准面，绘制图 6-71 所示的横断面草图，圆心与原点在水平线上。

(3) 采用系统默认的切除深度方向，在“拉伸” 窗口中的方向1区域和方向2区域的下拉列表中均选择完全贯穿选项。

(4) 单击窗口中的✓（确定）按钮，完成拉伸 2 的创建。

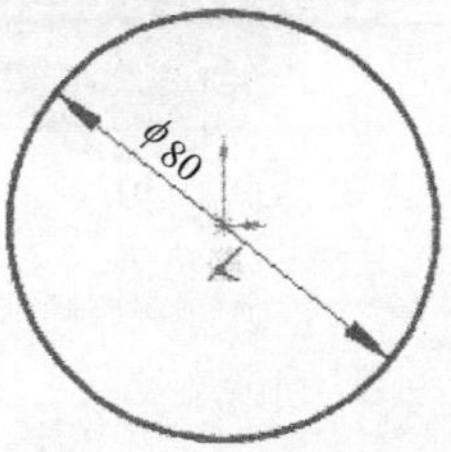

图 6-69　横断面草图

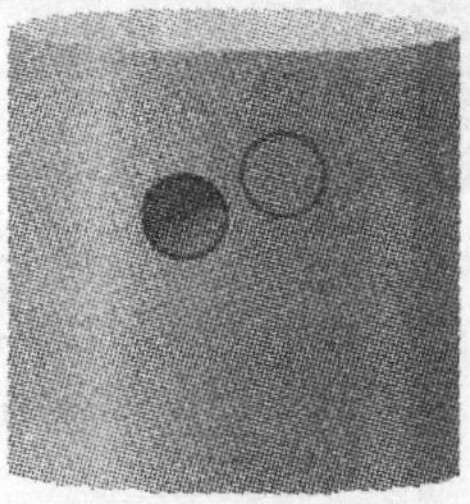

图 6-70　拉伸 2

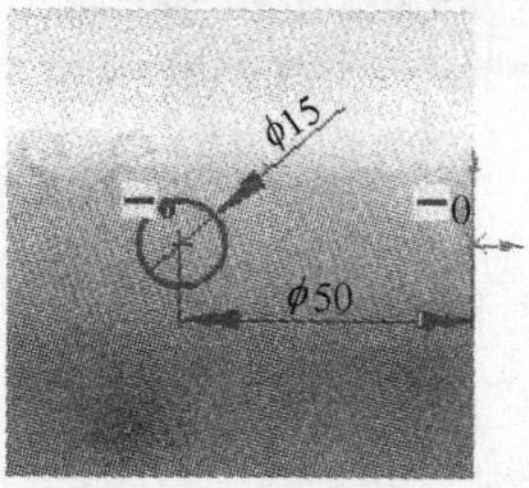

图 6-71　横断面草图

第 4 步：创建图 6-72 所示的基准面 1。

(1) 单击“**参考几何体**”工具栏上的（基准面）按钮，或选择菜单“插入”→“参考几何体”→“基准面” 命令。

(2) 定义基准面的创建类型。在窗口中单击按钮，创建偏移基准面。

(3) 选取“**右视基准面**”为参考实体，采用系统默认的偏移方向，输入偏移距离值 20。

(4) 单击✓（确定）按钮，完成“基准面 1” 的创建。

第 5 步：创建图 6-73 所示的零件特征——拉伸 3（拉伸切除）。

(1) 单击（拉伸切除）按钮，或选择菜单“插入”→“切除”→“拉伸” 命令。

(2) 选取“**基准面 1**”作为草图基准面，绘制图 6-74 所示的横断面草图。

(3) 单击“拉伸” 窗口中的按钮，在方向1区域的下拉列表中选择完全贯穿选项。

(4) 单击窗口中的✓（确定）按钮，完成拉伸 3 的创建。

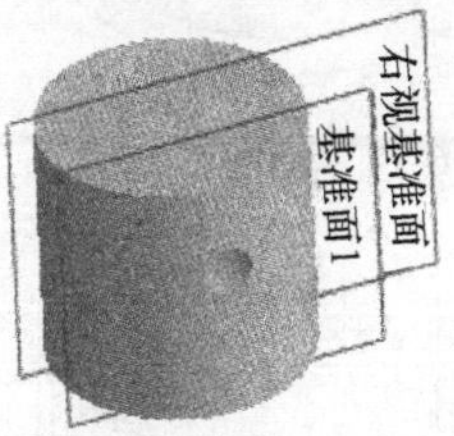

图 6-72　基准面 1

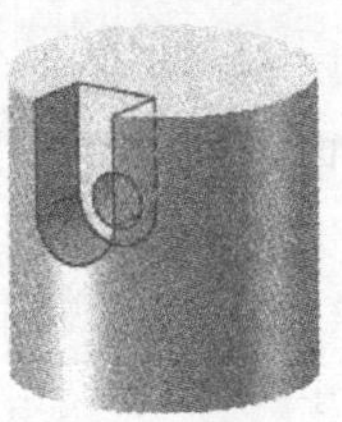

图 6-73　拉伸 3

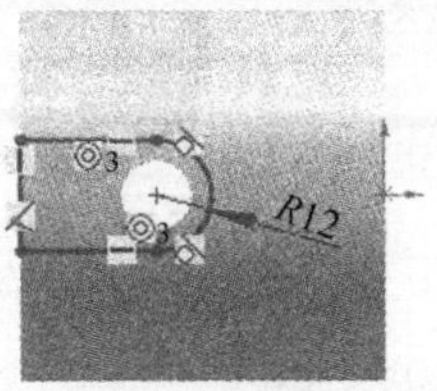

图 6-74　横断面草图

第 6 步：创建图 6-75 所示的零件特征——镜向 1。

(1) 单击镜向按钮，或选择菜单“插入”→“阵列/镜向”→“镜向” 命令。

(2) 选取“**右视基准面**”作为镜像基准面，选择拉伸 3 作为镜向 1 的对象。

(3) 单击窗口中的✓（确定）按钮，完成镜向 1 的创建。

第 7 步：创建图 6-76 所示的零件特征——抽壳 1。

(1) 单击（抽壳）按钮，或选择下拉菜单“插入”→“特征”→“抽壳” 命令。

（2）定义要移除的面。选取图 6-76a 所示的模型表面为要移除的面。

（3）定义抽壳 1 的参数。在“抽壳”窗口的参数(P)区域输入壁厚值 5。

（4）单击窗口中的✓（确定）按钮，完成抽壳 1 的创建。

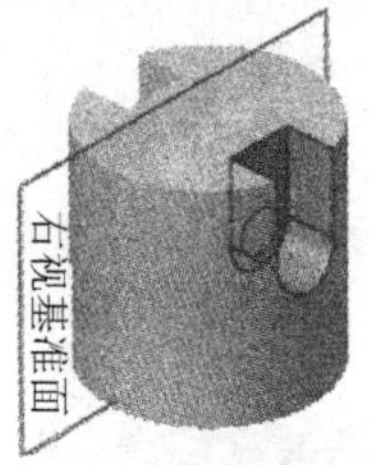

图 6-75　镜向 1

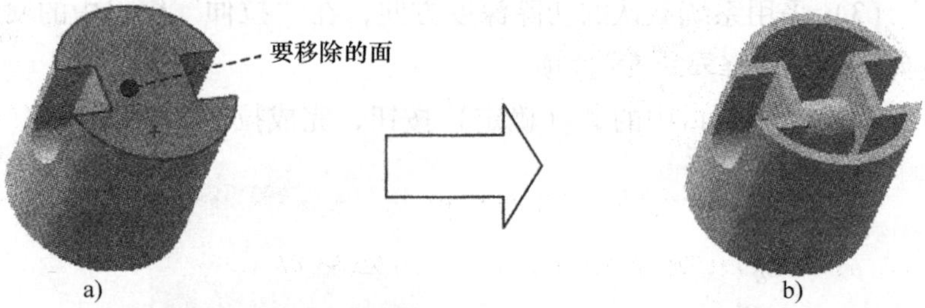

图 6-76　抽壳 1

a）抽壳前　b）抽壳后

第 8 步：创建图 6-77 所示的切除零件特征——拉伸 4（拉伸切除）。

（1）单击（拉伸切除）按钮，或选择菜单“插入”→“切除”→“拉伸”命令。

（2）选取图 6-77 所示的**模型表面**作为草图基准面，绘制图 6-78 所示的横断面草图。

（3）采用系统默认的切除深度方向。在“拉伸”窗口中的方向1区域的下拉列表中选择成形到一面选项，然后选取图 6-79 所示的模型内表面为拉伸终止面，如图 6-80 所示。

（4）单击窗口中的✓（确定）按钮，完成拉伸 4 的创建。

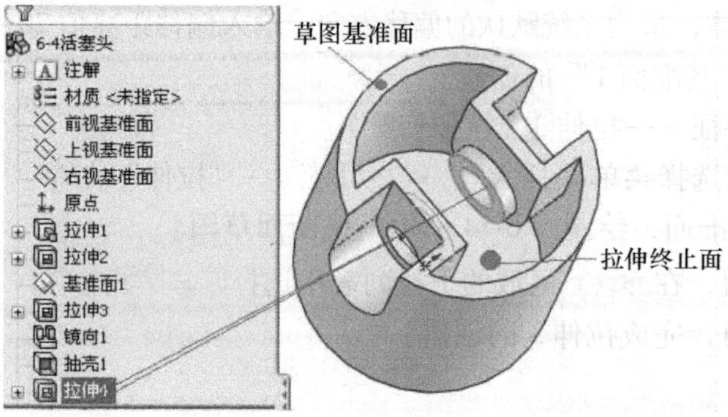

图 6-77　拉伸 4 及草图基准面

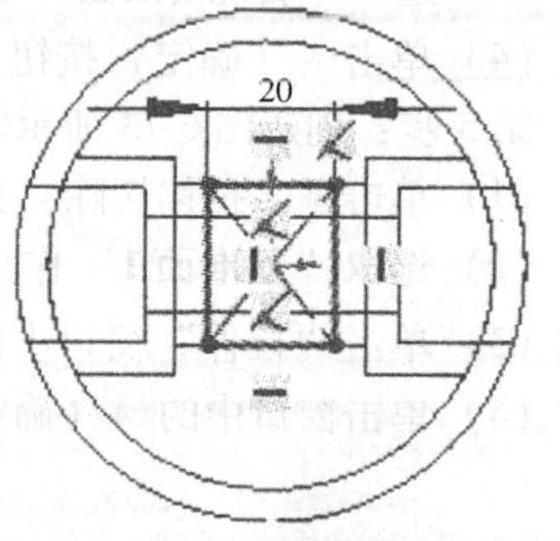

图 6-78　横断面草图

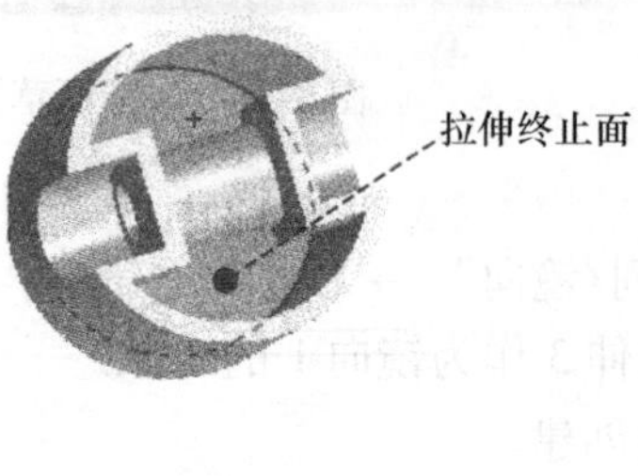

图 6-79　拉伸终止面

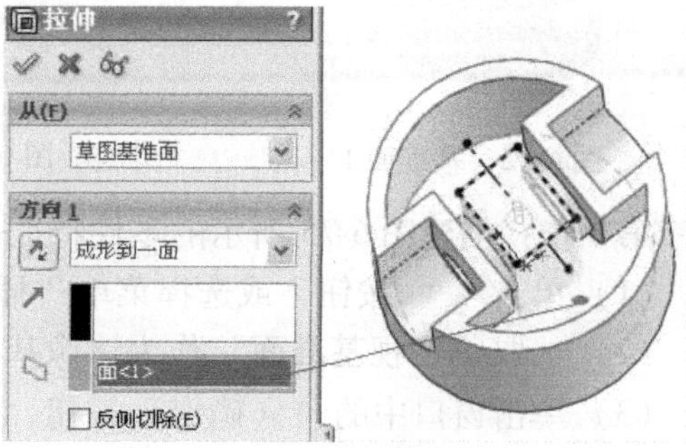

图 6-80　拉伸窗口

第 9 步：创建图 6-81 所示的切除零件特征——切除旋转 1。

（1）单击（旋转切除）按钮，或选择菜单“插入”→“切除”→“旋转”命令。

（2）选取“**右视基准面**”作为草图基准面，绘制图 6-82 所示的横断面草图，一条中心线（轴心线处）和一个矩形（有放大图）。

（3）定义旋转轴线。采用草图中绘制的中心线作为旋转轴线（也可以使用临时轴）。

（4）定义旋转角度值。在“切除-旋转”窗口中输入旋转角度值 360。

（5）单击（确定）按钮，完成切除-旋转 1 的创建。

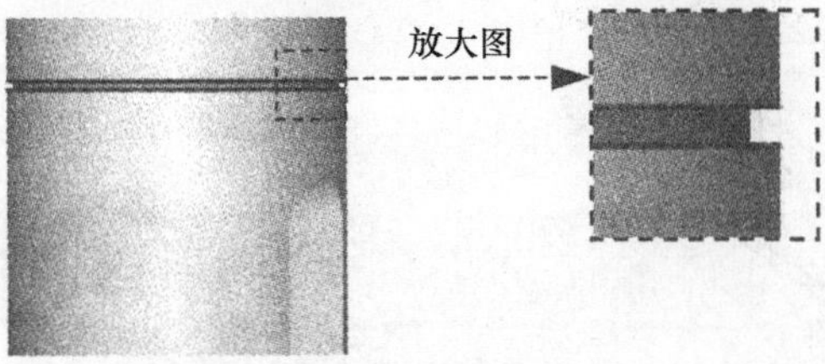

图 6-81　切除-旋转 1

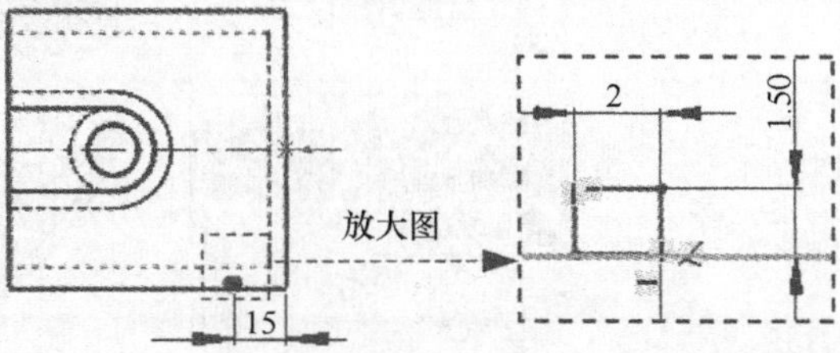

图 6-82　横断面草图

第 10 步：创建图 6-83 所示的零件特征——阵列 1（线性阵列）。

（1）单击（线性阵列）按钮，或选择菜单“插入”→“阵列/镜向”→“线性阵列”命令。

（2）选择切除-旋转 1 作为要阵列的对象（旋转 1），选择菜单“视图”→“临时轴”命令，显示临时轴，在绘图区选择临时轴为方向1的参考实体，然后单击按钮，如图 6-84 所示。

（3）定义阵列的参数。在窗口中输入间距值 4，输入实例数 3，如图 6-84 所示。

（4）单击（确定）按钮，完成阵列（线性）1 的创建。

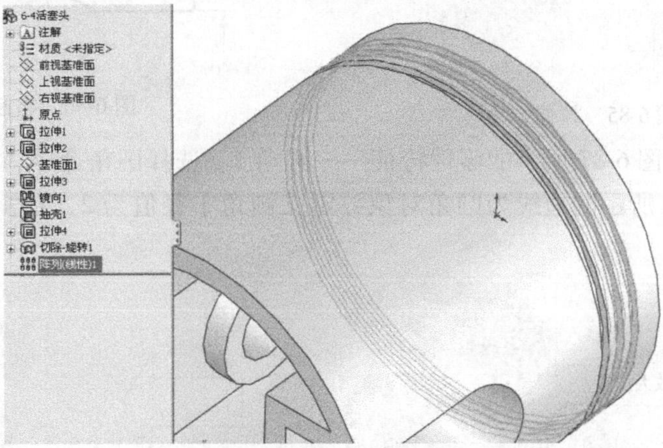

图 6-83　阵列（线性）1

第 11 步：创建图 6-85 所示的零件特征——拉伸 5（拉伸切除）。

（1）单击“**特征**”工具栏上的（拉伸切除）按钮，或选择菜单“插入”→“切除”→“拉伸”命令。

（2）选取“**上视基准面**”作为草图基准面，绘制图 6-86 所示的横断面草图。不是封闭图形。

（3）选中“拉伸”窗口中的☑反侧切除(F)复选框，在方向1区域和方向2区域的下拉列表中均选择完全贯穿选项。

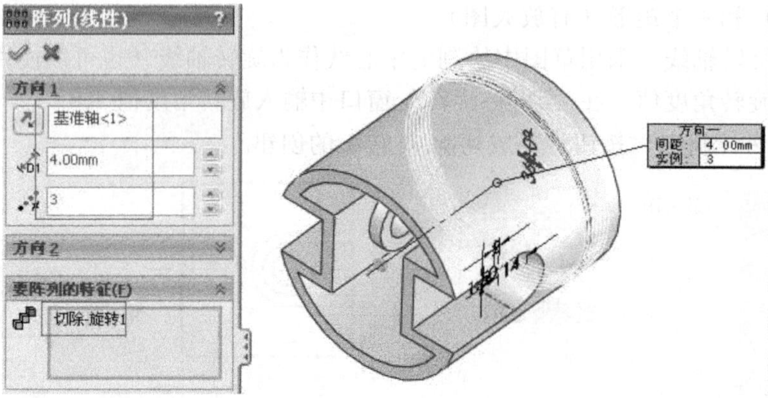

图 6-84　定义阵列方向

（4）单击窗口中的✔（确定）按钮，完成拉伸 5 的创建。

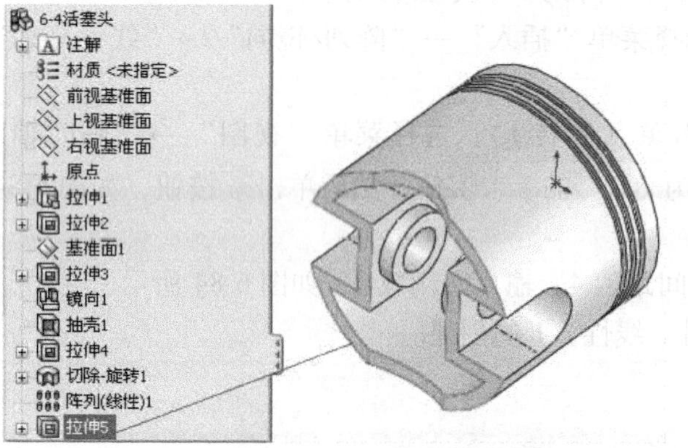

图 6-85　拉伸 5

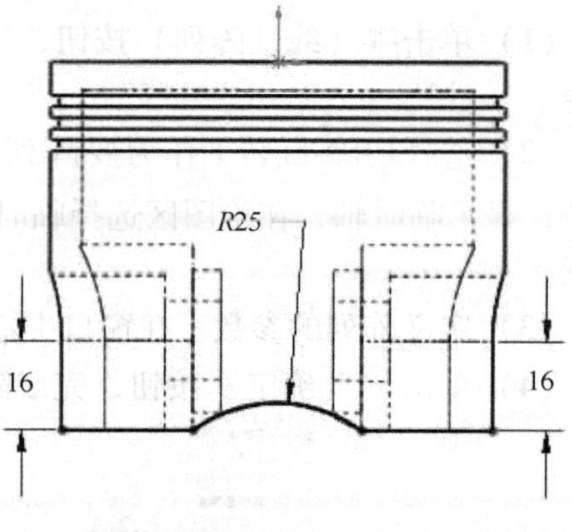

图 6-86　横断面草图

第 12 步：创建图 6-87 所示的零件特征——圆角 1。选择圆角命令，圆角类型采用默认方式，选择图 6-87a 所示的边线为圆角对象，定义圆角半径值为 2，单击✔（确定）按钮，完成圆角 1 的创建。

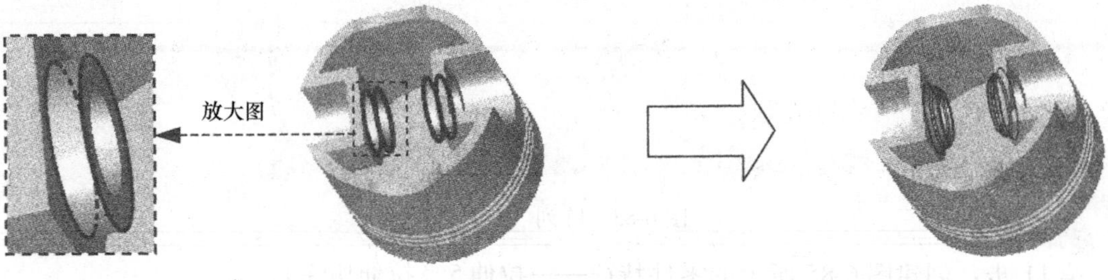

a)　　b)

图 6-87　圆角 1

a）圆角前　b）圆角后

第 13 步：创建零件特征——圆角 2。选取模型内边线为需要圆角的对象，圆角半径值为 3。

第 14 步：零件模型创建完毕。保存零件模型。

6.1.5　四通阀的三维建模

四通阀零件图形如图 6-88 所示，模型图如图 6-89 所示。操作步骤如下：

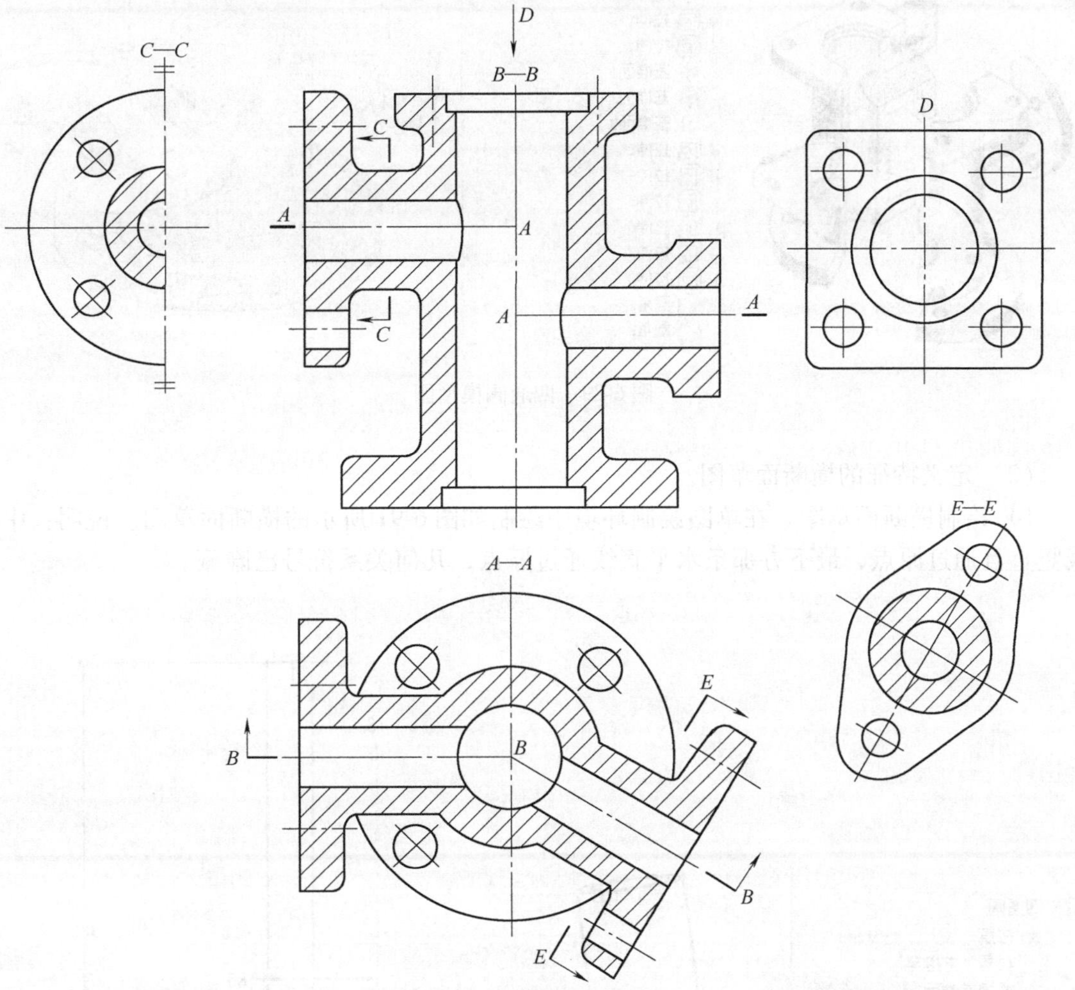

图 6-88　四通阀零件图形

第 1 步：新建模型文件并保存文件。单击“**标准**”工具栏上的“**新建**”按钮，“新建 SolidWorks 文件”对话框出现，单击选择“零件”模块，单击“**确定**”按钮，新零件窗口出现。单击选择下拉菜单“文件”→“另存为”命令，在对话框中键入“四通阀”为文件名；单击“保存”按钮。

第 2 步：创建图 6-90 所示的零件基础特征——旋转 1。

（1）定义草图基准面，选取“**前视基准面**”作为草图基准面。选择“旋转凸台”命令，单击“**特征**”工具栏上的（旋转凸台/基体）按钮，单击“**标准视图**”工具栏中的（正视于）按钮。

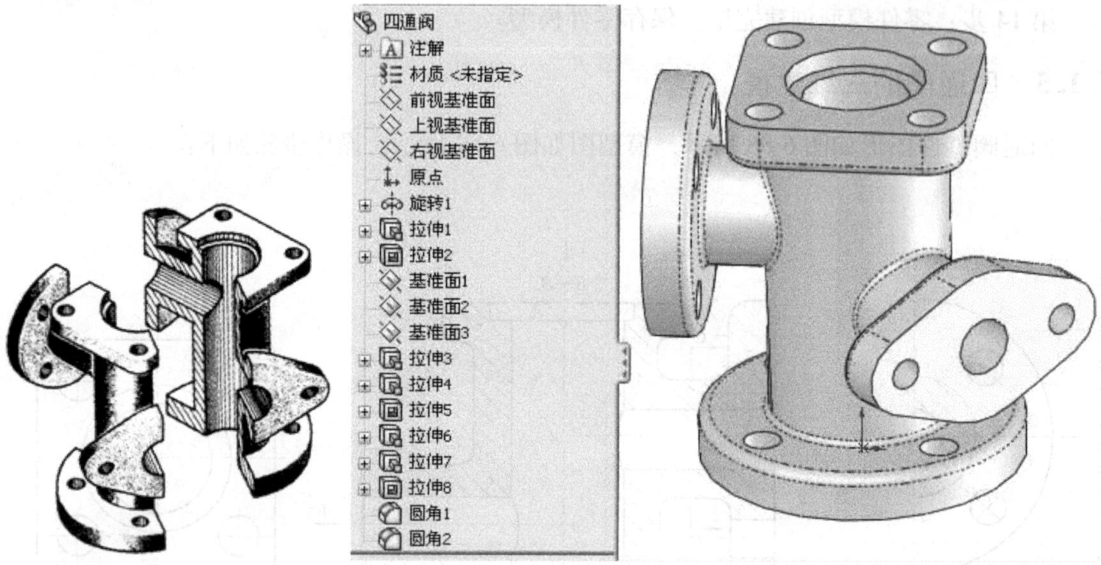

图 6-89　四通阀模型图

（2）定义特征的横断面草图。

1）绘制横断面草图。在草图绘制环境中绘制如图6 91所示的横断面草图。说明：中心线竖直且通过原点，最下方那条水平直线通过原点，几何关系符号已隐藏。

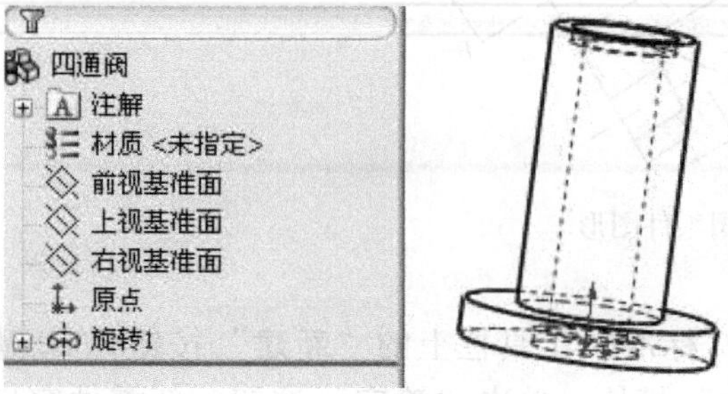

图 6-90　旋转 1

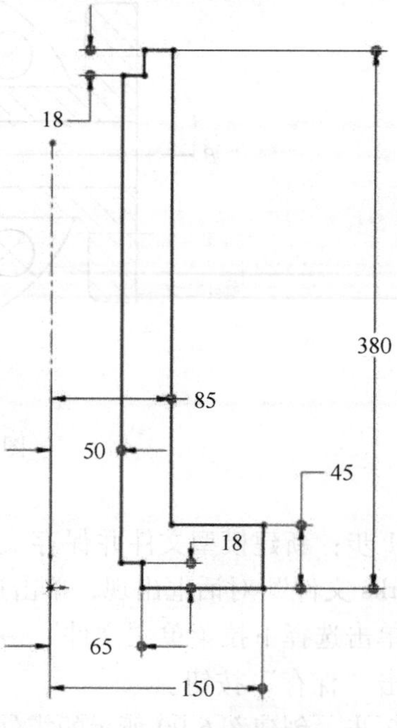

图 6-91　旋转 1 横断面草图

2）单击（退出草图）按钮，系统弹出图 6-92 所示的“旋转”窗口。

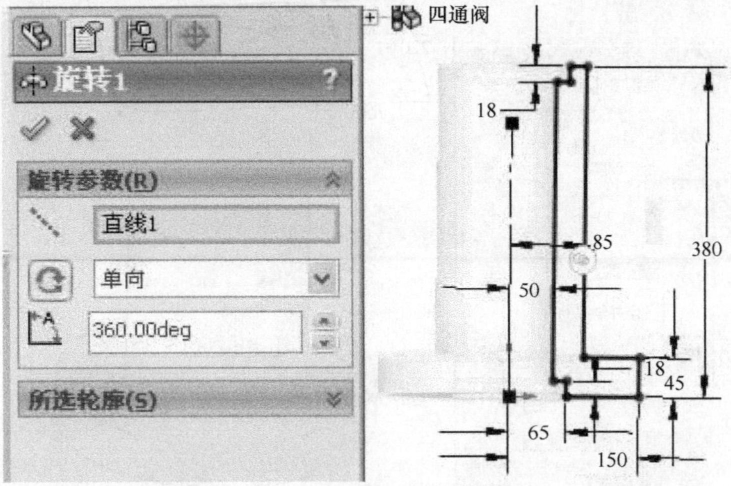

图 6-92　“旋转”窗口

（3）定义旋转属性。全部采用系统默认项。

（4）单击窗口中的（确定）按钮，完成旋转 1 的创建。

第 3 步：创建图 6-93 所示的零件特征——拉伸 1。

（1）选取**旋转 1 最上方的面**作为草图基准面。选择拉伸命令，可以单击“**特征**”工具栏上的（拉伸凸台/基体）按钮。单击“**标准视图**”工具栏中的（正视于）按钮。

（2）绘制如图 6-94 所示的横断面草图。注意约束关系，中间圆可用“旋转 1”的第二个圆“转换实体引用”得到；外部可用“中心矩形”命令绘制，中心点与圆心重合，周围四个圆可以先绘制一个，然后用“镜向”命令绘制。

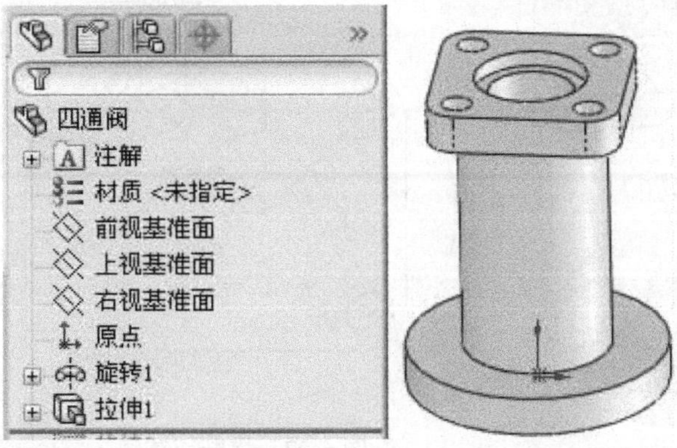

图 6-93　拉伸 1

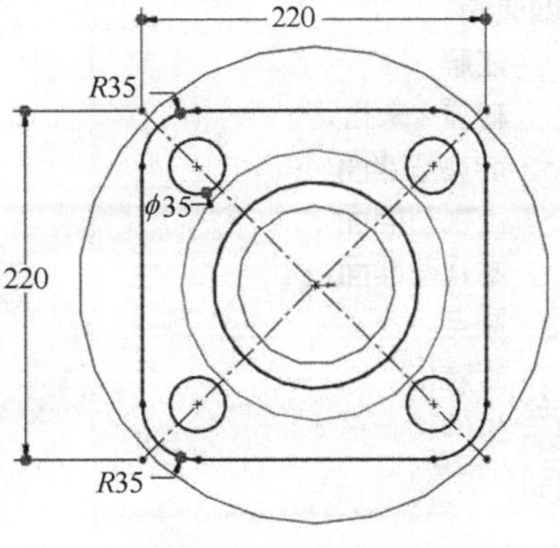

图 6-94　横断面草图

（3）单击（退出草图）按钮，退出草图命令，系统弹出“拉伸 1”窗口。

（4）定义拉伸深度属性。采用系统默认的深度方向，在“拉伸 1”窗口中的方向 1 区域的下拉列表中选择“给定深度”，将（深度）设定为 45，如图 6-95 所示。

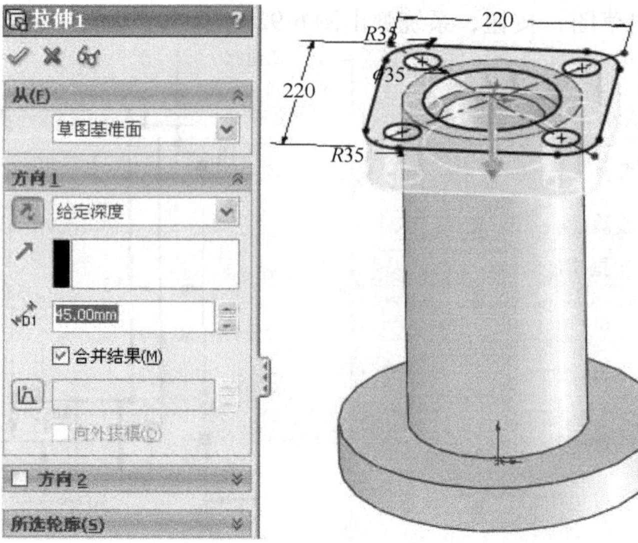

图 6-95　“拉伸”窗口

（5）单击窗口中的（确定）按钮，完成拉伸 1 的创建。

第 4 步：创建图 6-96 所示的零件特征——拉伸 2（拉伸切除）。

（1）选取“**上视基准面**”作为草图基准面。选择“拉伸切除”命令，单击“**特征**”工具栏上的（拉伸切除）按钮。单击“**标准视图**”工具栏中的（正视于）按钮。

（2）绘制如图 6-97 所示的横断面草图。建议绘制中心线，先绘制一个圆，然后用镜像绘制完成另外三个。

（3）单击（退出草图）按钮，退出草图命令，系统弹出“拉伸 2”窗口。

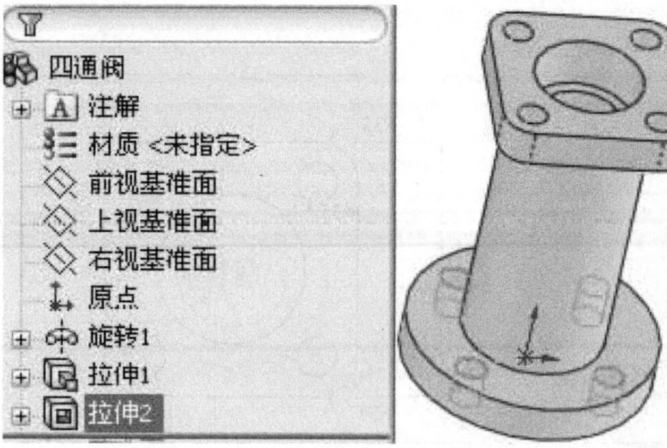

图 6-96　拉伸 2

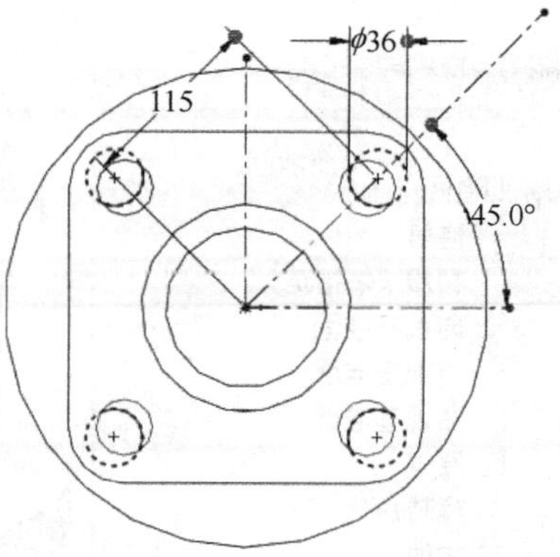

图 6-97　横断面草图

（4）定义拉伸深度属性。采用系统默认的深度方向，在“拉伸 2”窗口中的**方向1**区域的下拉列表中选择“**给定深度**”，将（深度）设定为 45，如图 6-98 所示。

（5）单击窗口中的（确定）按钮，完成拉伸 2 的创建。

第 5 步：创建基准面。

（1）创建如图 6-99 所示的基准面 1。单击“**参考几何体**”工具栏上的 ◇（基准面）按钮，或选择菜单“插入”→“参考几何体”→“基准面”命令，在窗口中单击 ⟷ 按钮，创建偏移基准面。选取**右视基准面**为参考实体，勾选 ☑ 反向(D) 项改变偏移的方向，输入偏移距离值 185。单击 ✔（确定）按钮，完成基准面 1 的创建。

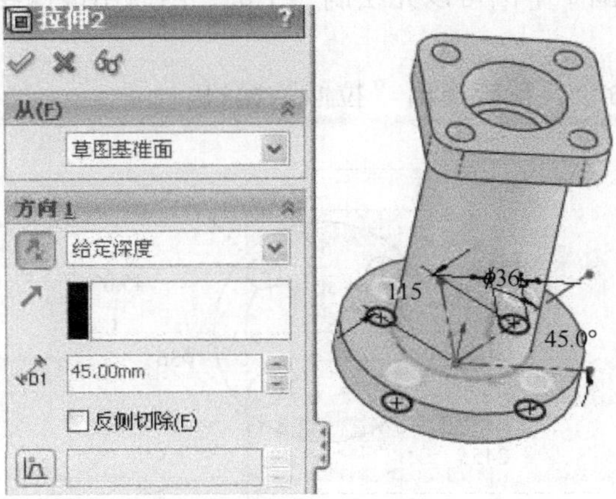

图 6-98　“拉伸”窗口

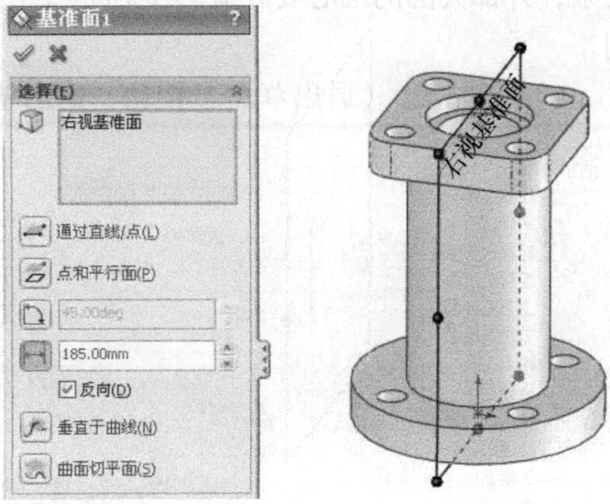

图 6-99　基准面 1

（2）创建如图 6-100 所示的“基准面 2”。单击“**参考几何体**”工具栏上的 ◇（基准面）按钮，或选择菜单“插入”→“参考几何体”→“基准面”命令，在窗口中选取“**右视基准面**”和“**基准轴**”为参考实体。单击 ◠ 按钮，输入角度值 45。单击 ✔（确定）按钮，完成基准面 2 的创建。

（3）创建如图 6-101 所示的基准面 3。单击“**参考几何体**”工具栏上的 ◇（基准面）按钮，或选择菜单“插入”→“参考几何体”→“基准面”命令，在窗口中单击 ⟷ 按钮，创建偏移基准面。选取**基准面 2** 为参考实体，采用系统默认的偏移方向，输入偏移距离值 185。单击 ✔（确定）按钮，完成基准面 3 的创建。

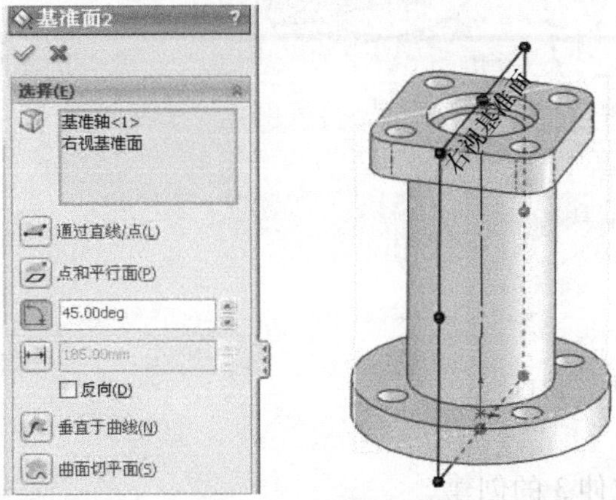

图 6-100　基准面 2

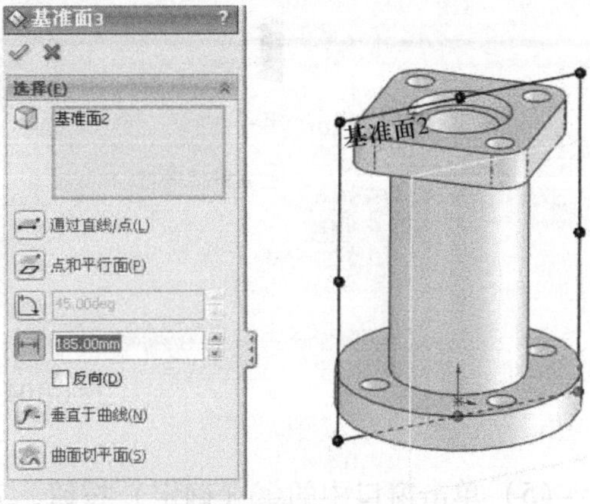

图 6-101　基准面 3

第 6 步：创建图 6-102 所示的零件特征——拉伸 3。

（1）选取**基准面 1** 作为草图基准面。选择“拉伸”命令，单击“**特征**”工具栏上的（拉伸凸台/基体）按钮，单击“**标准视图**”工具栏中的（正视于）按钮。

（2）绘制如图 6-103 所示的横断面草图。水平中心线与坐标原点距离为 245，注意约束关系，外部大圆的圆心要在旋转 1 轴心线上，周围 4 个圆可以先绘制一个圆，然后用镜像绘制。

（3）单击（退出草图）按钮，退出草图命令，系统弹出“拉伸”窗口。

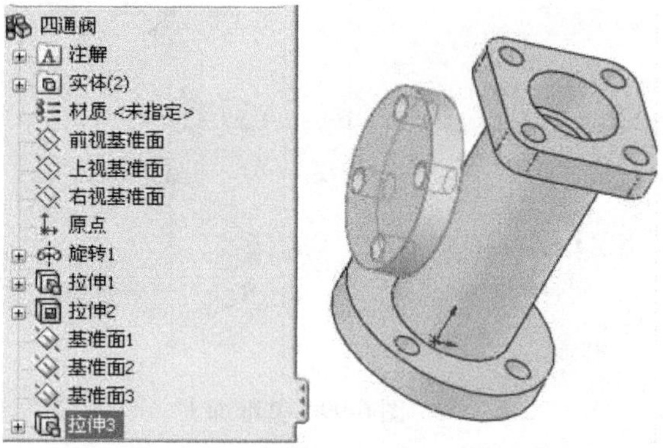

图 6-102　拉伸 3

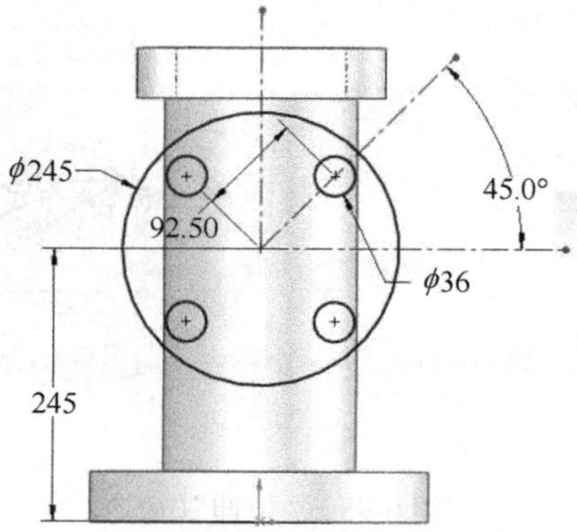

图 6-103　横断面草图

（4）定义拉伸深度属性。采用系统默认的深度方向，在“拉伸”窗口中的**方向 1** 区域的下拉列表中选择“**给定深度**”，将（深度）设定为 45，如图 6-104 所示。

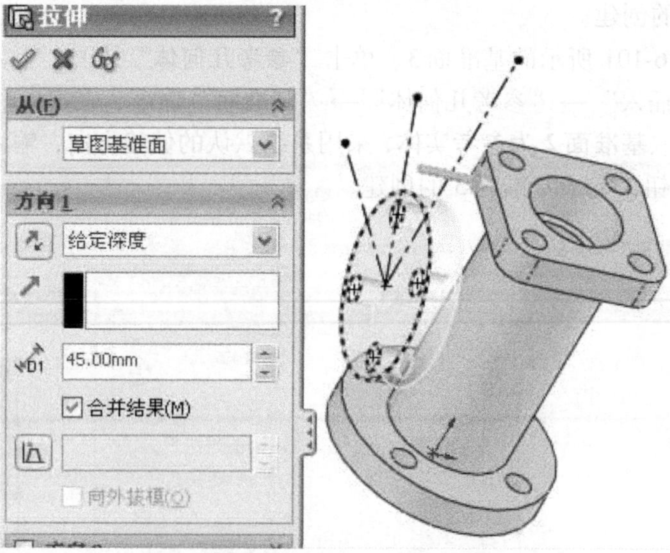

图 6-104　“拉伸”窗口

（5）单击窗口中的（确定）按钮，完成拉伸 3 的创建。

第 7 步：创建图 6-105 所示的零件特征——拉伸 4。

（1）选取**拉伸 3 的右端面**作为草图基准面。选择“拉伸”命令，单击“**特征**”工具栏

上的 （拉伸凸台/基体）按钮，单击“**标准视图**”工具栏中的 （正视于）按钮。

（2）绘制如图 6-106 所示的横断面草图。圆的圆心与拉伸 3 的外圆同心。

（3）单击 （退出草图）按钮，退出草图命令，系统弹出“拉伸”窗口。

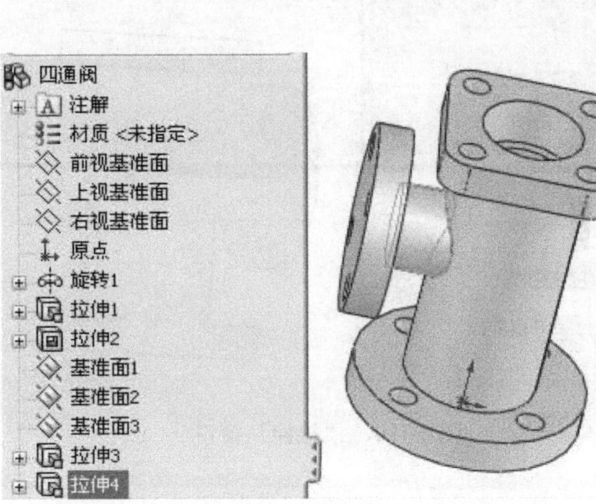

图 6-105　拉伸 4

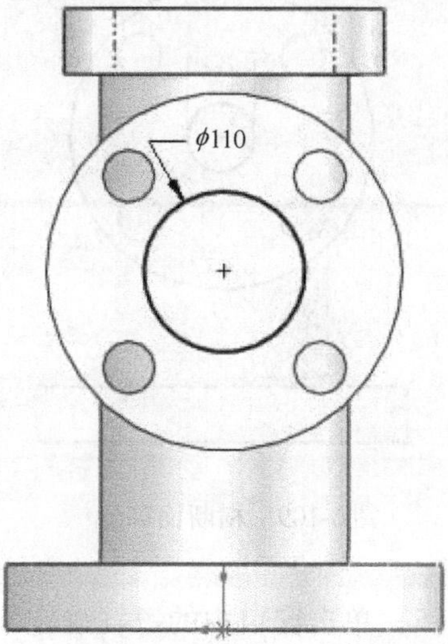

图 6-106　横断面草图

（4）定义拉伸深度属性。采用系统默认的深度方向，在“拉伸”窗口中的 方向 1 区域的下拉列表中选择 成形到下一面，如图 6-107 所示。

（5）单击窗口中的 （确定）按钮，完成拉伸 4 的创建。

第 8 步：创建图 6-108 所示的零件特征——拉伸 5（拉伸切除）。

（1）选取**基准面 1** 作为草图基准面。选择“拉伸切除”命令。单击“**特征**”工具栏上的 （拉伸切除）按钮。单击“**标准视图**”工具栏中的 （正视于）按钮。

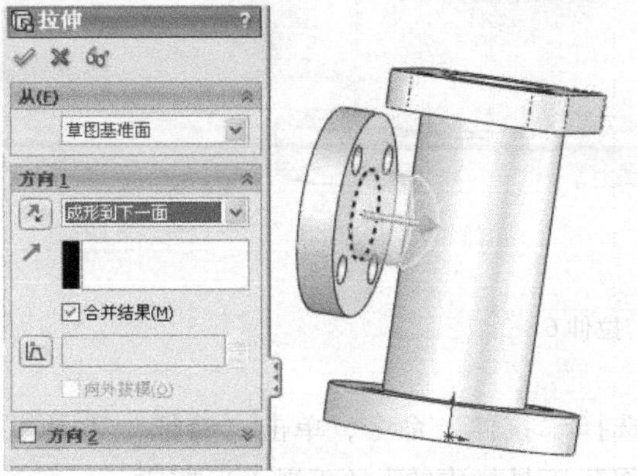

图 6-107　“拉伸”窗口

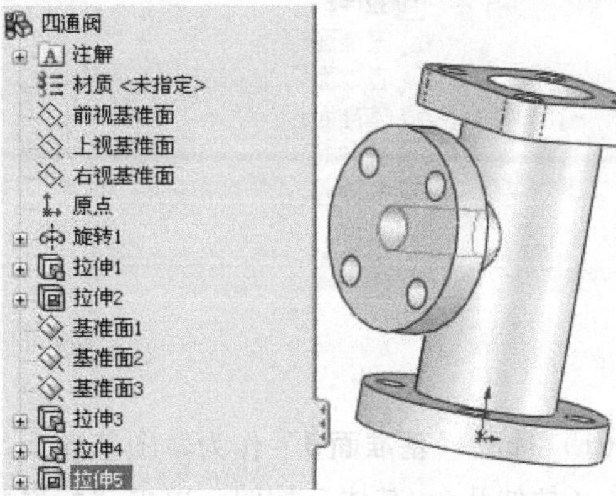

图 6-108　拉伸 5

（2）绘制如图 6-109 所示的横断面草图。圆的圆心与拉伸 3 的外圆同心。

（3）单击 （退出草图）按钮，退出草图命令，系统弹出“拉伸”窗口。

（4）定义拉伸深度属性。采用系统默认的深度方向，在“拉伸”窗口中的 方向 1 区域的下拉列表中选择“**给定深度**”，将（深度）设定为 185，如图 6-110 所示。

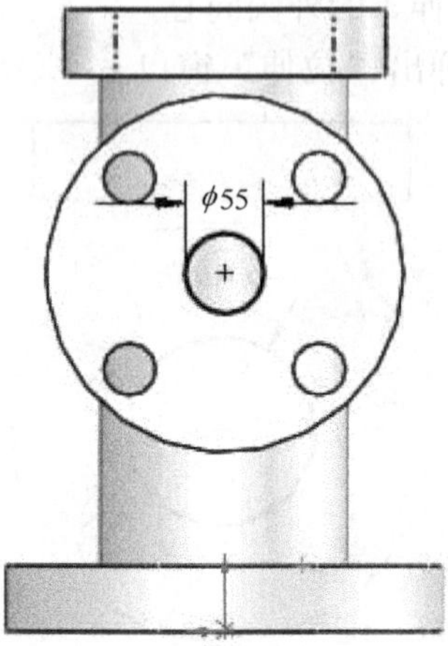

图 6-109　横断面草图

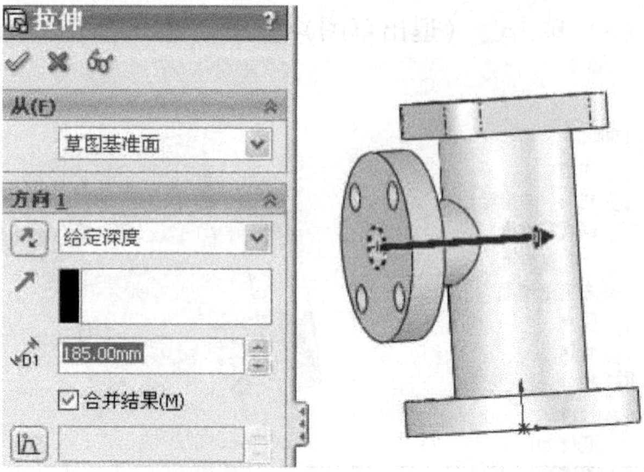

图 6-110　“拉伸”窗口

（5）单击窗口中的（确定）按钮，完成拉伸 5 的创建。

第 9 步：创建图 6-111 所示的零件特征——拉伸 6。

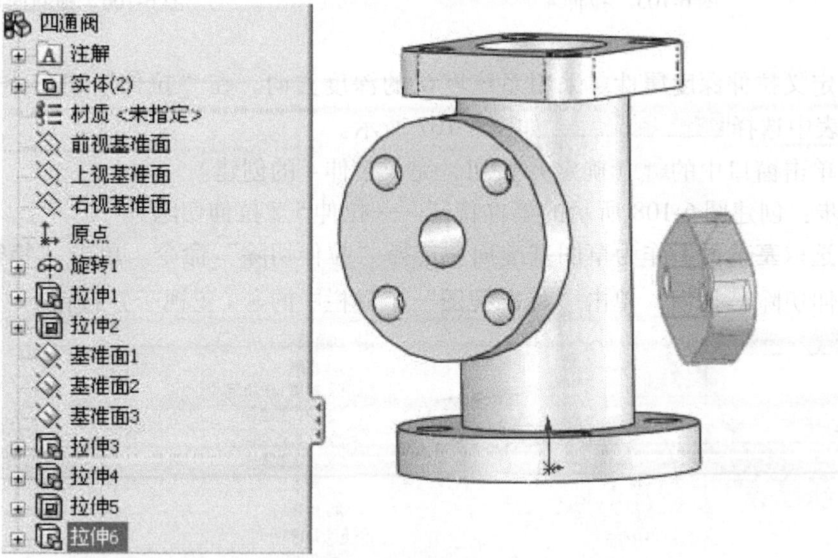

图 6-111　拉伸 6

（1）选取“**基准面 3**”作为草图基准面。选择“拉伸”命令，单击“**特征**”工具栏上的（拉伸凸台/基体）按钮。单击“**标准视图**”工具栏中的（正视于）按钮。

（2）绘制如图 6-112 所示的横断面草图。水平中心线与坐标原点距离为 175。外部可以先绘制一个圆，然后用镜像命令绘制。注意约束关系，中间大圆的圆心在旋转 1 的轴心线上，内部两个圆的圆心与左右圆弧的圆心在同一水平线上。

（3）单击（退出草图）按钮，退出草图命令，系统弹出“拉伸”窗口。

（4）定义拉伸深度属性。采用系统默认的深度方向，在“拉伸”窗口中的方向1区域的下拉列表中选择给定深度，将D1（深度）设定为 45，如图 6-113 所示。

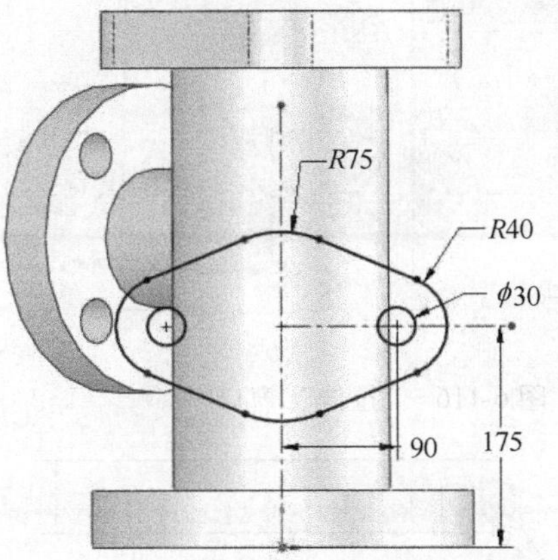

图 6-112　横断面草图

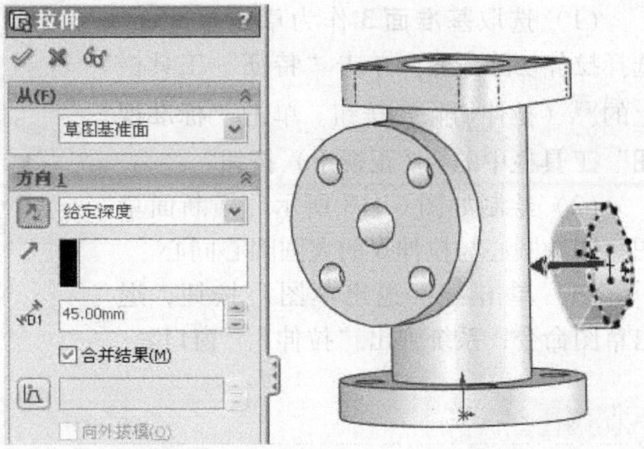

图 6-113　“拉伸”窗口

（5）单击窗口中的✔（确定）按钮，完成拉伸 6 的创建。

第 10 步：创建图 6-114 所示的零件特征——拉伸 7。

（1）选取**拉伸 6 的内端面**作为草图基准面。选择拉伸命令，可以单击“**特征**”工具栏上的（拉伸凸台/基体）按钮，单击“**标准视图**”工具栏中的（正视于）按钮。

（2）绘制如图 6-115 所示的横断面草图。圆的圆心与拉伸 6 的大圆圆心同心。

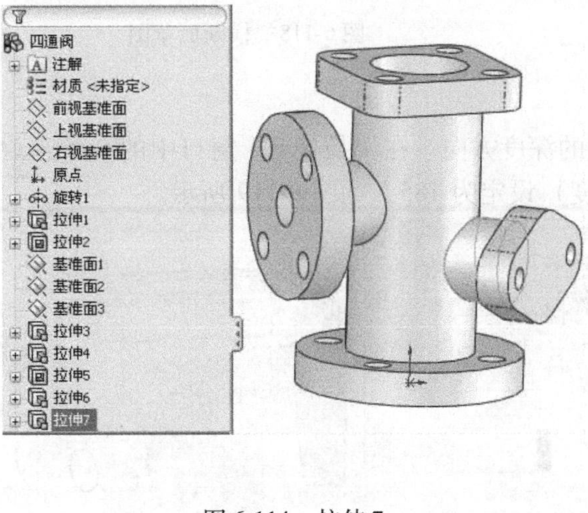

图 6-114　拉伸 7

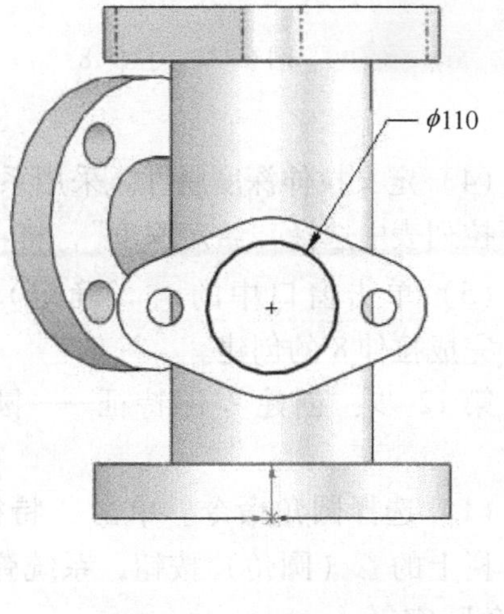

图 6-115　横断面草图

（3）单击（退出草图）按钮，退出草图命令，系统弹出“拉伸”窗口。

（4）定义拉伸深度属性。采用系统默认的深度方向，在“拉伸”窗口中的方向1区域的下拉列表中选择“**成形到下一面**”。如图 6-116 所示。

（5）单击窗口中的✓（确定）按钮，完成拉伸 7 的创建。

第 11 步：创建图 6-117 所示的零件特征——拉伸 8（拉伸切除）。

（1）选取**基准面 3** 作为草图基准面。选择拉伸切除命令。单击“**特征**”工具栏上的（拉伸切除）按钮。单击“**标准视图**”工具栏中的（正视于）按钮。

（2）绘制如图 6-118 所示的横断面草图。圆的圆心与拉伸 6 的大圆圆心同心。

（3）单击（退出草图）按钮，退出草图命令，系统弹出“拉伸 8”窗口。

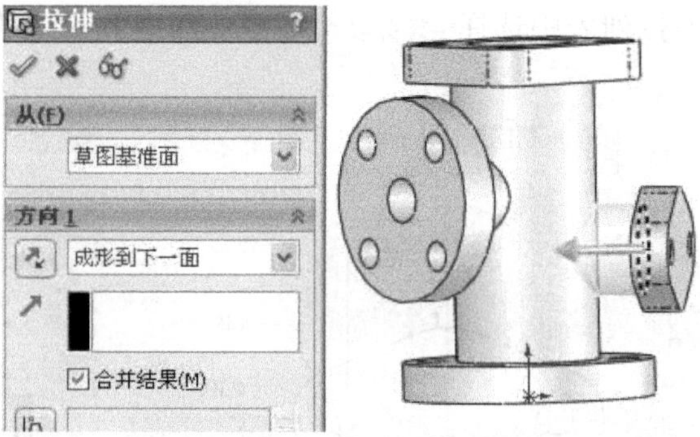

图 6-116　“拉伸”窗口

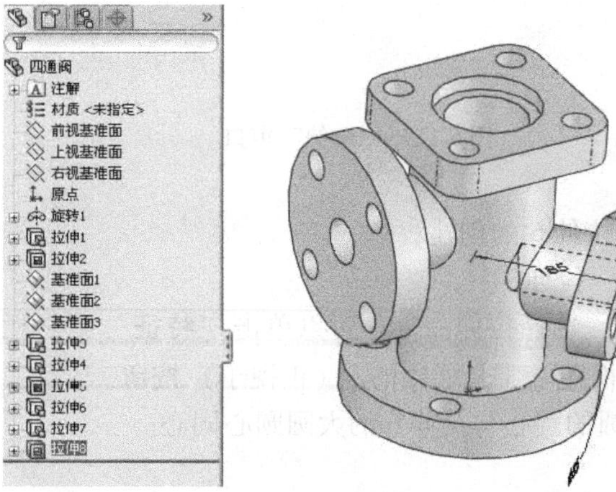

图 6-117　拉伸 8

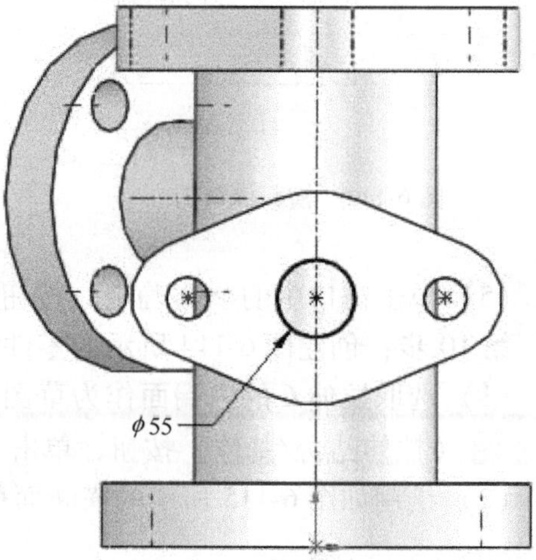

图 6-118　横断面草图

（4）定义拉伸深度属性。采用系统默认的深度方向，在“拉伸 8”窗口中的**方向 1** 区域的下拉列表中选择“**给定深度**”，将（深度）设定为 185，如图 6-119 所示。

（5）单击窗口中的✓（确定）按钮，完成拉伸 8 的创建。

第 12 步：创建零件特征——圆角 1。

（1）选择圆角命令。单击“**特征**”工具栏上的（圆角）按钮，系统弹出“圆角”窗口。

（2）定义圆角对象。在“圆角”，窗口中选择 FilletXpert 选项卡，然后选择图 6-120 所示的边线为需要圆角的对象。

（3）定义圆角的半径。在“圆角”

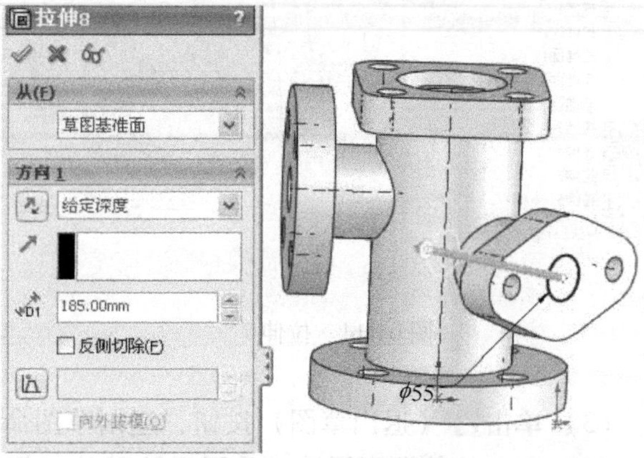

图 6-119　“拉伸 8”窗口

窗口中输入圆角半径值 10。

（4）单击“圆角”窗口中的✓（确定）按钮，完成圆角 1 的创建。

第 13 步：创建零件特征——圆角 2。

（1）选择圆角命令。单击“**特征**”工具栏上的（圆角）按钮，系统弹出“圆角”窗口。

（2）定义圆角对象。在“圆角”窗口中选择 FilletXpert 选项卡，然后选择图 6-121 所示的边线为需要圆角的对象。

（3）定义圆角的半径。在“圆角”窗口中输入圆角半径值 5。

（4）单击“圆角”窗口中的✓（确定）按钮，完成圆角 2 的创建。

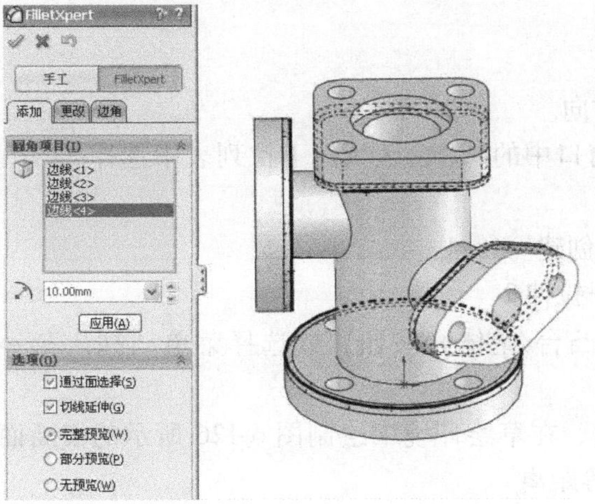

图 6-120　圆角 1

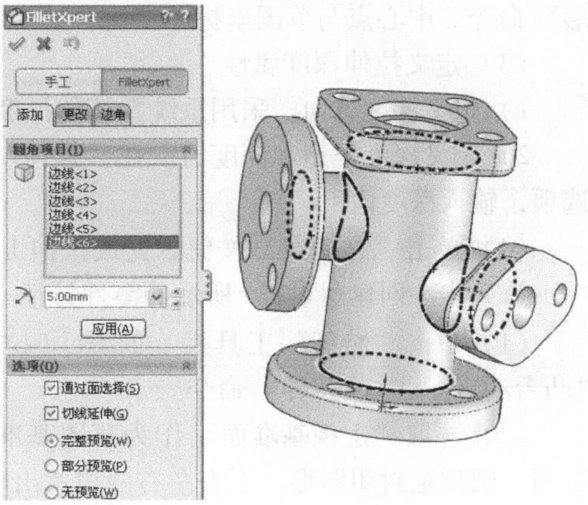

图 6-121　圆角 2

第 14 步：零件模型创建完毕，保存零件模型。

6.1.6　减速器上盖的三维建模

减速器上盖模型如图 6-122 所示，其三维建模的操作步骤如下。

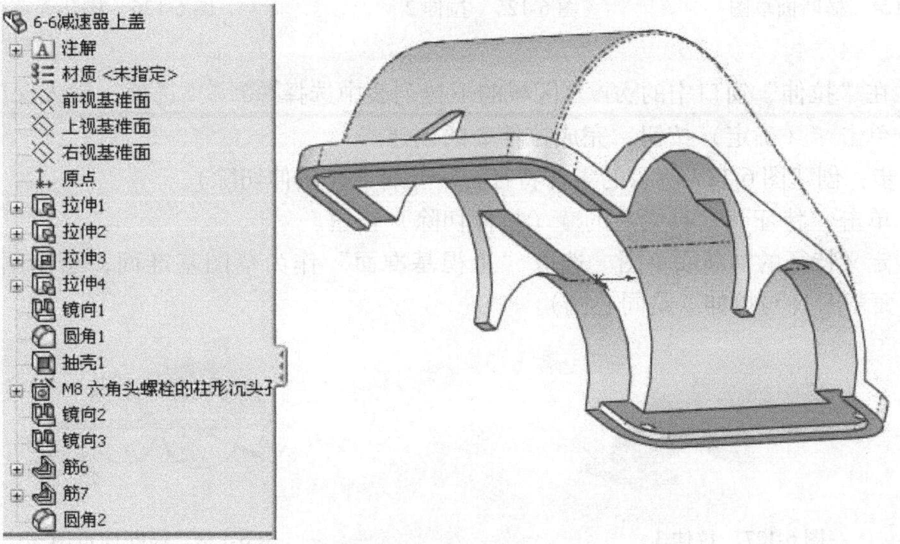

图 6-122　减速器上盖模型

第 1 步：新建模型文件并保存文件。单击（新建）按钮，在系统弹出的“新建 SolidWorks 文件”对话框中选择“零件”模块，单击“确定”按钮，新零件窗口出现，另存为文件“减速器上盖”。

第 2 步：创建图 6-123 所示的零件基础特征——拉伸 1。

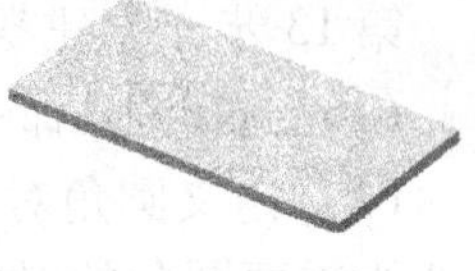

图 6-123　拉伸 1

（1）单击“**特征**”工具栏上的（拉伸凸台/基体）按钮。

（2）定义特征的横断面草图。

1）定义草图基准面。选取“**前视基准面**”作为草图基准面。

2）定义横断面草图。在草绘环境中绘制图 6-124 所示的横断面草图（可用“中心矩形”命令，中心点与草图坐标原点重合）。

（3）定义拉伸深度属性。

1）定义深度方向。采用系统默认的深度方向。

2）定义深度类型和深度值。在“拉伸”窗口中的方向1区域的下拉列表中选择给定深度选项，输入深度值 15。

（4）单击（确定）按钮，完成拉伸 1 的创建。

第 3 步：创建图 6-125 所示的零件特征——拉伸 2。

（1）单击“**特征**”工具栏上的（拉伸凸台/基体）按钮，或选择菜单“插入”→“凸台/基体”→“拉伸”命令。

（2）选取“**上视基准面**”作为草图基准面，在草绘环境中绘制图 6-126 所示的横断面草图。图形是封闭图形，下方左右两边留出相等距离。

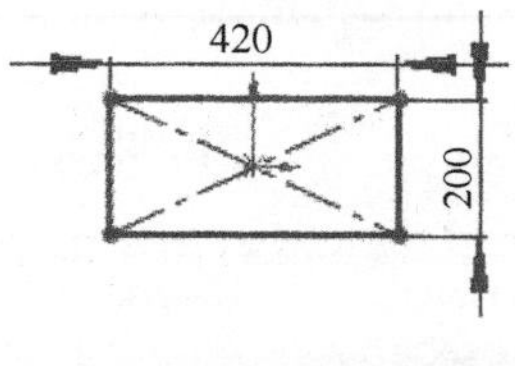

图 6-124　横断面草图

图 6-125　拉伸 2

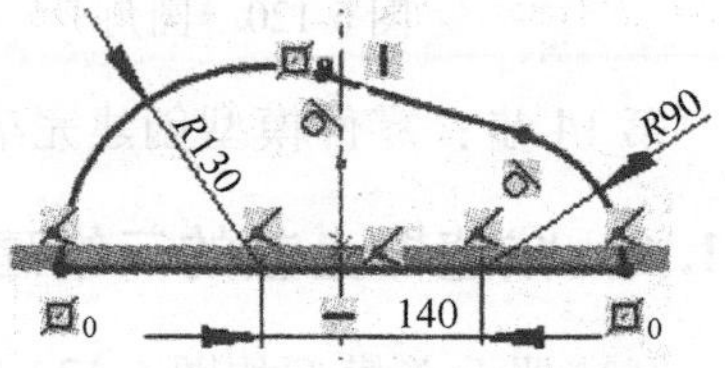

图 6-126　横断面草图

（3）在“拉伸”窗口中的方向1区域的下拉列表中选择两侧对称选项，输入深度值 160。

（4）单击（确定）按钮，完成拉伸 2 的创建。

第 4 步：创建图 6-127 所示的零件特征——拉伸 3（拉伸切除）。

（1）单击“**特征**”工具栏上的（拉伸切除）按钮。

（2）定义特征的横断面草图。选取“**上视基准面**”作为草图基准面，绘制图 6-128 所示的横断面草图（与拉伸 2 是同心圆）。

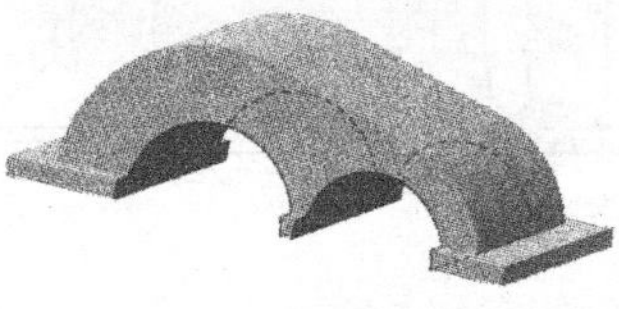

图 6-127　拉伸 3

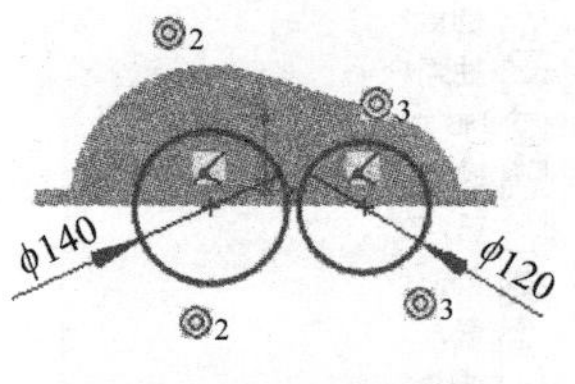

图 6-128　横断面草图

（3）定义切除深度属性。

1）定义切除深度方向。采用系统默认的切除深度方向。

2）定义深度类型和深度值。选中☑方向2复选框，在“拉伸”窗口中的方向1区域和☑方向2区域的下拉列表中均选择完全贯穿项。

（4）单击窗口中✓（确定）按钮，完成拉伸 3 的创建。

第 5 步：创建图 6-129 所示的零件特征——拉伸 4。

（1）单击“**特征**”工具栏上的（拉伸凸台/基体）按钮。

（2）定义特征的横断面草图。

1）定义草图基准面。选取图 6-129 所示的**模型表面**作为草图基准面。

2）定义横断面草图。在草绘环境中绘制图 6-130 所示的横断面草图（是封闭图形）。（建议先绘制出大体轮廓，然后建立约束并修改为目标尺寸。绘制时，下部分线使用“转换实体引用”命令选用模型轮廓线转换为草图线；上方圆弧线用“等距实体”命令绘制，再用“延伸”命令将左右两端延长；绘制水平直线，用“裁剪”命令完成大体轮廓图形。后添加相切等几何约束关系）。

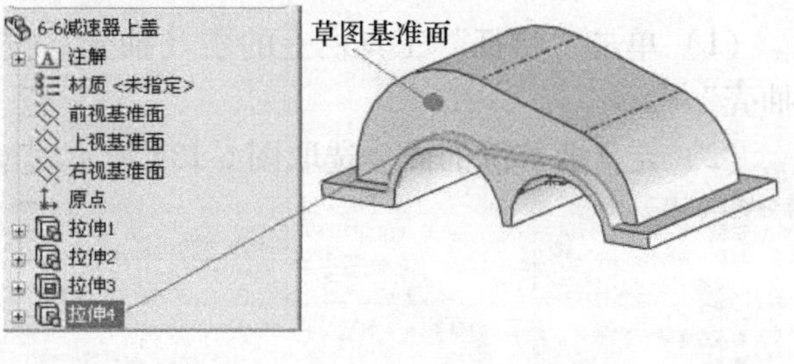

图 6-129　拉伸 4 及草图基准面

（3）定义深度属性。采用系统默认的深度方向，在“拉伸”窗口中方向1区域的下拉列表中选择给定深度项，输入深度值 20。

（4）单击✓（确定）按钮，完成拉伸 4 的创建。

第 6 步：创建图 6-131 所示的零件特征——镜向 1。

（1）单击“**特征**”工具栏上的镜向按钮。

（2）定义镜像基准面。在设计树中选取“**上视基准面**”作为镜像基准面。

（3）定义镜像对象。选择拉伸 4 作为镜向 1 的对象。

（4）单击窗口中的✓（确定）按钮，完成镜向 1 的创建。

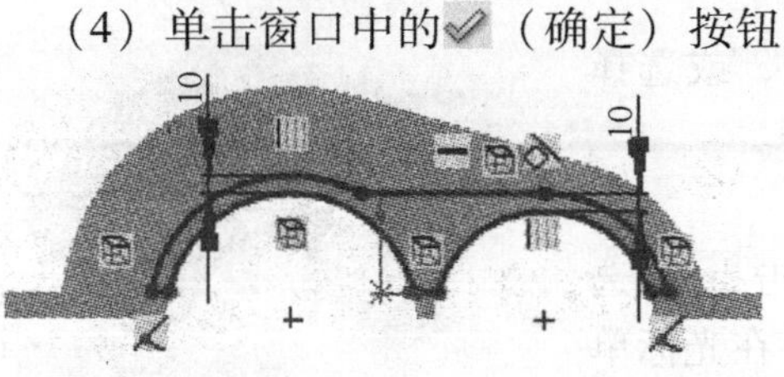

图 6-130　横断面草图

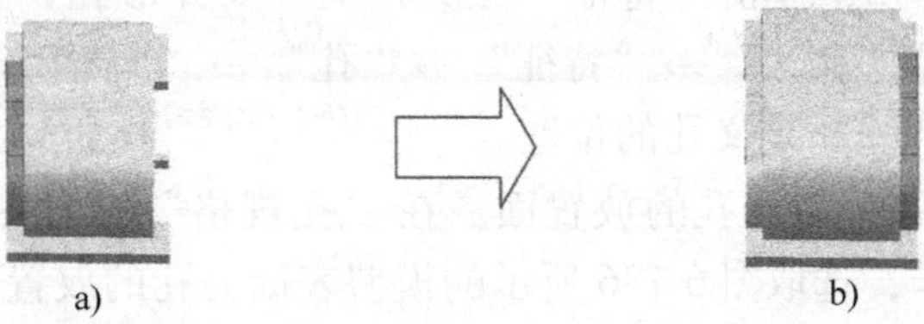

图 6-131　镜向 1

a）镜向前　b）镜向后

第 7 步：创建图 6-132 所示的零件特征——圆角 1。

（1）单击“**特征**”工具栏上的（圆角）按钮。选择下拉菜单“插入”→“特征”→“圆角”命令。

（2）定义圆角类型。采用系统默认的圆角类型。

（3）定义圆角对象。选取图 6-132a 所示的模型底版的四个角为需要圆角的对象。

（4）定义圆角半径。在“圆角”半径窗口中输入值为 30。

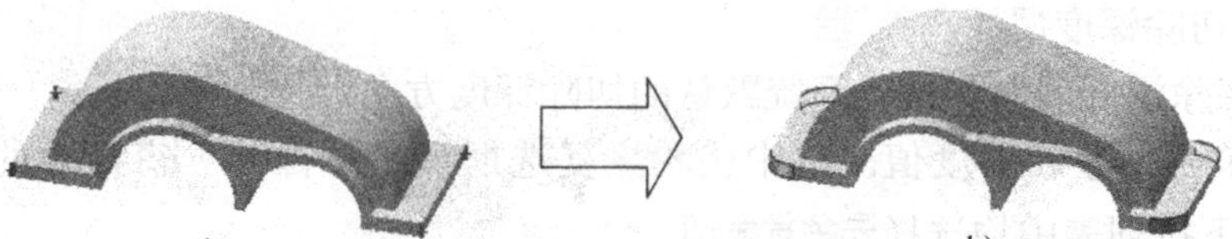

a)　b)

图 6-132　圆角 1

a）圆角前　b）圆角后

（5）单击“圆角”窗口中的（确定）按钮，完成圆角 1 的创建。

第 8 步：创建图 6-133 所示的零件特征——抽壳 1。

（1）单击“**特征**”工具栏上的（抽壳）按钮。选择下拉菜单“插入”→“特征”→“抽壳”命令。

（2）定义要移除的面。选取图 6-134 所示的模型表面为要移除的面。

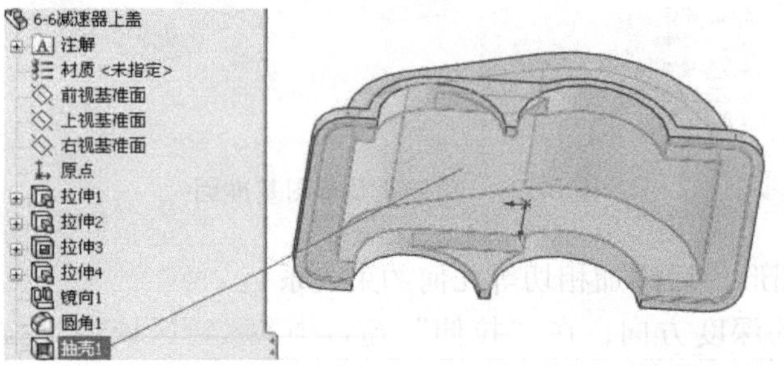

图 6-133　抽壳 1

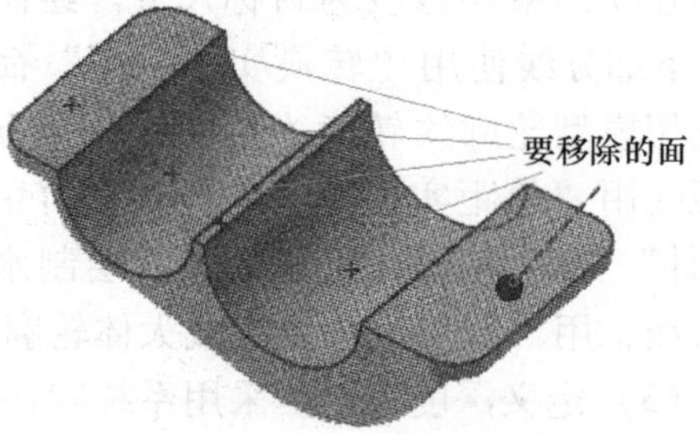

图 6-134　要移除的面

（3）定义抽壳厚度。在“抽壳 1”窗口中的参数(P)区域输入壁厚值 10。

（4）单击窗口中的（确定）按钮，完成抽壳 1 的创建。

第 9 步：创建图 6-135 所示的零件特征——M8 六角头螺栓的柱形沉头孔 1。可以同时绘制两个孔，也可以绘制一个孔后镜像。

（1）单击“特征”工具栏上（异形孔）按钮，或选择菜单“插入”→“特征”→“孔”→“向导”命令。

（2）定义孔的位置。

1）定义孔的放置面。在“孔规格”窗口中单击位...选项卡，选取图 6-136 所示的模型表面为孔的放置面，在光标单击处将出现孔的预览。

2）建立尺寸。在“草图”工具栏中单击（智能尺寸），建立图 6-137 所示的尺寸，并修改为目标尺寸。

图 6-135　M8 六角头螺栓的柱形沉头孔 1

（3）定义孔的参数。

1）定义孔的规格。在“孔规格”窗口中单击类...选项卡，在孔类型(T)区域选择孔的“类型”为（柱孔），标准为GB。

2）定义孔的终止条件。采用系统默认的深度方向，然后在终止条件(C)下拉列表中选择完全贯穿选项。

（4）定义孔的大小。在孔规格区域选中☑ 显示自定义大小(Z)复选项，定义孔的大小为M8，配合为正常。在右边的文本框中输入数值 9，在右的文本框中输入数值 18，在右的文本框中输入数值 3。

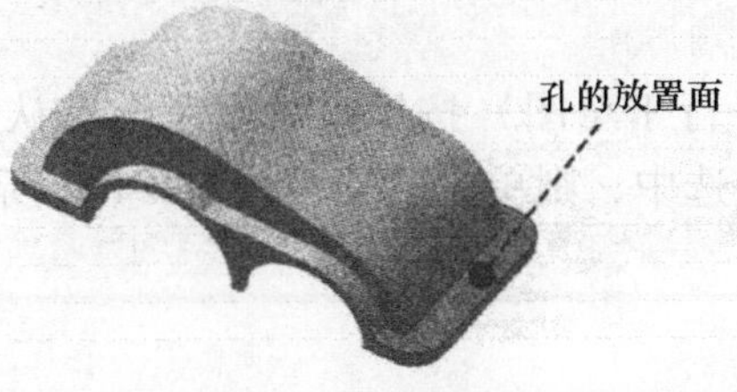

图 6-136　定义孔的放置面

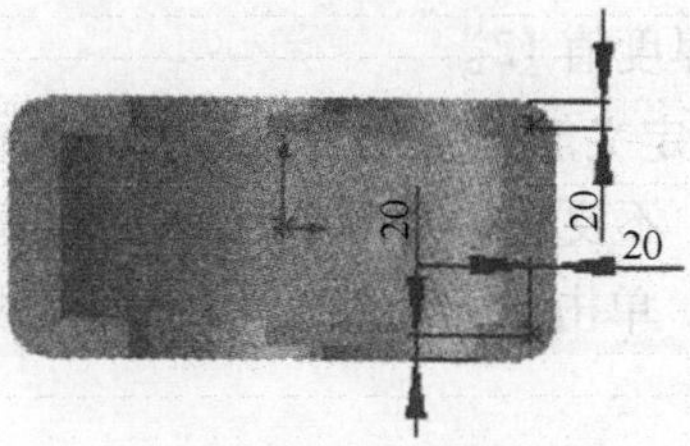

图 6-137　建立尺寸

（5）单击窗口中的✔（确定）按钮，完成 M8 六角头螺栓的柱形沉头孔 1 的创建。

第 10 步：创建图 6-138 所示的零件特征——镜像 2。

（1）单击“**特征**”工具栏上的镜向按钮。选择下拉菜单“插入”→“阵列/镜向”→“镜向”命令。

（2）选择“M8 六角头螺栓的柱形沉头孔 1”作为镜像 2 的对象，在设计树中选取“**右视基准面**”为镜像基准面。

（3）单击窗口中的✔（确定）按钮，完成镜像 2 的创建。

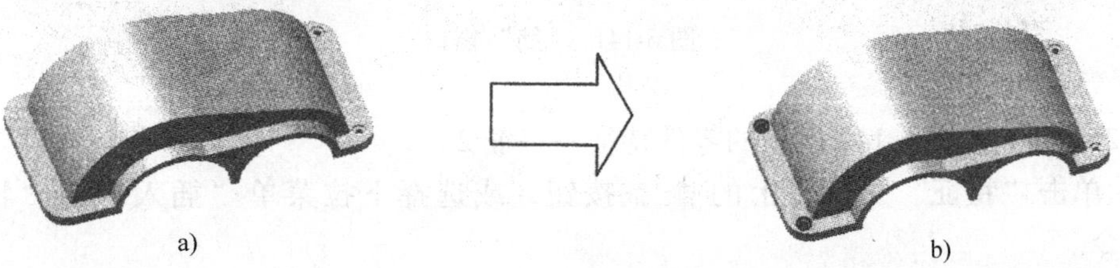

图 6-138　镜像 2
a）镜像前　b）镜像后

第 11 步：创建图 6-139 所示的零件特征——筋 1。

（1）单击“**特征**”工具栏上的筋按钮或选择下拉菜单“插入”→“特征”→“筋”命令。

（2）定义筋（肋）特征的横断面草图。

1）定义草图基准面。选取“**上视基准面**”作为草图基准面。

2）绘制图 6-140 所示的横断面草图（只需要一条斜线），建立尺寸和几何约束，并修改为目标尺寸。

图 6-139　筋 1

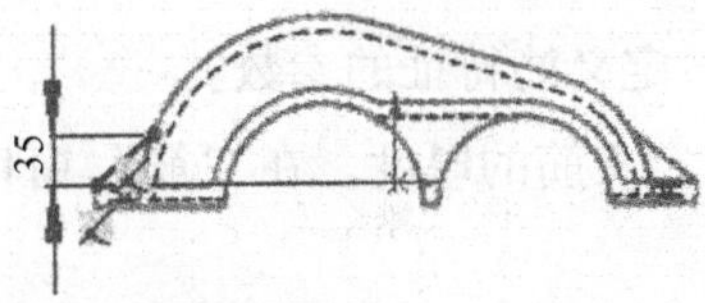

图 6-140　横断面草图

3）单击（退出草图）按钮，退出草图绘制环境，系统显示“筋”窗口。

（3）定义筋特征的参数。

1）定义筋的厚度。在“筋”窗口的参数(P)区域中单击（两侧）按钮，在文本框输入筋厚度值 12。

2）定义筋的生成方向。在拉伸方向下单击（平行于草图）按钮，采用系统默认的生成方向。不要选中反转材料边(F)复选框，若默认状态是选中，则单击取消，如图 6-141 所示。

（4）单击（确定）按钮，完成筋 1 的创建。

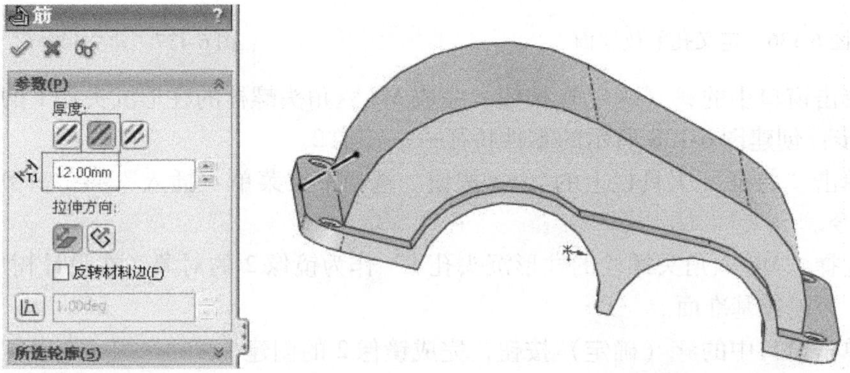

图 6-141　“筋”窗口

第 12 步：创建图 6-142 所示的零件特征——筋 2。

（1）单击“**特征**”工具栏上的筋按钮，或选择下拉菜单“插入”→“特征”→“筋”命令。

（2）定义筋（肋）特征的横断面草图。选取“**上视基准面**”作为草图基准面，绘制图 6-143 所示的横断面草图。单击（退出草图）按钮，退出草图绘制环境，系统显示“筋”窗口。

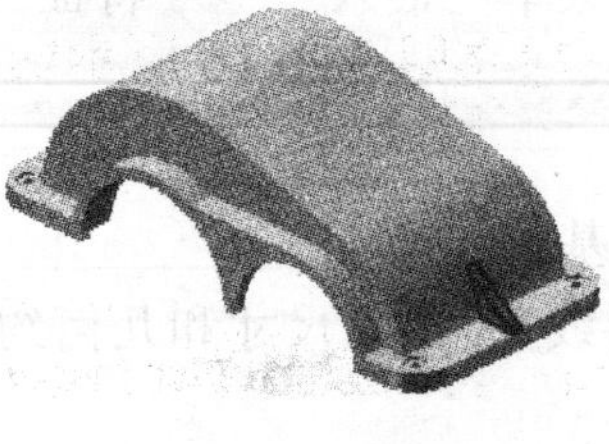

图 6-142　筋 2

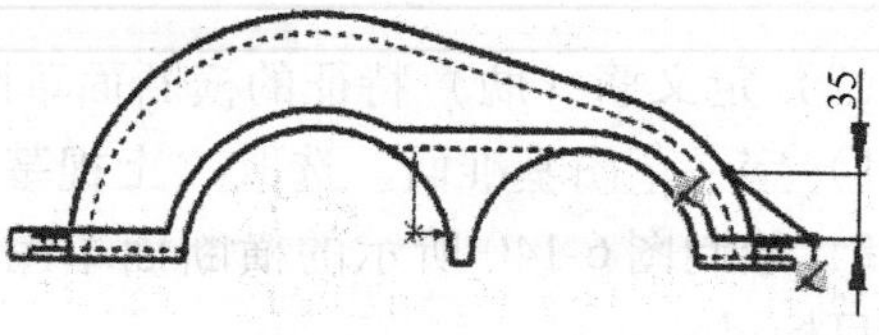

图 6-143　横断面草图

（3）定义筋特征的参数。

1）定义筋的厚度。在“筋”窗口的参数(P)区域中单击（两侧）按钮，输入筋的厚度值 12。

2）定义筋的生成方向。在拉伸方向下单击（平行于草图）按钮，采用系统默认的生成方向。选中反转材料边(F)复选框，如图 6-144 所示。

（4）单击✓（确定）按钮，完成筋 2 的创建。

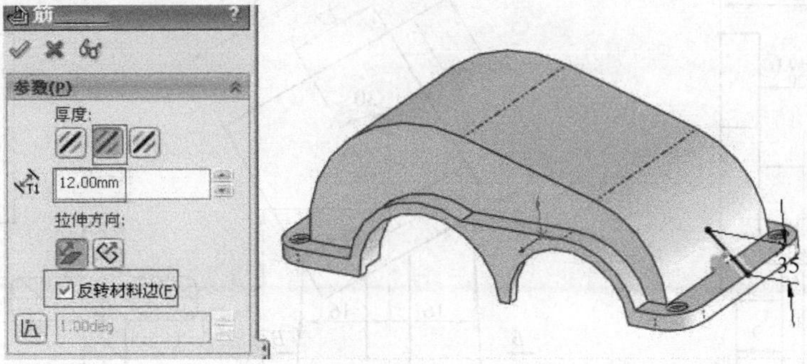

图 6-144　“筋”窗口

第 13 步：创建图 6-145 所示的零件特征——圆角 2。

（1）单击“**特征**”工具栏上的（圆角）按钮或选择命令“插入”→“特征”→“圆角”命令。

（2）定义圆角类型。采用系统默认的圆角类型。

（3）定义圆角对象。选取图 6-145a 所示的模型两条边链为需要圆角的对象。

（4）定义圆角半径。在“圆角”半径窗口中输入数值 2。

（5）单击“圆角”窗口中的✓（确定）按钮，完成圆角 2 的创建。

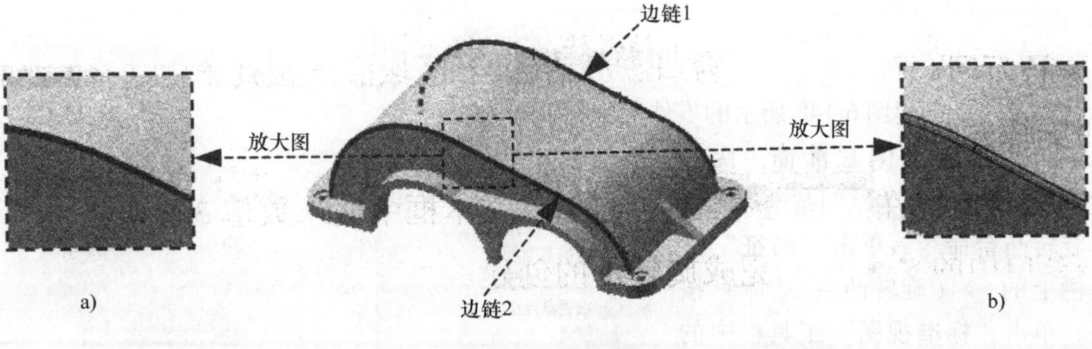

图 6-145　圆角 2
a）圆角前　b）圆角后

第 14 步：零件模型创建完毕。保存零件模型。

6.1.7　拨叉的三维建模

拨叉零件图如图 6-146 所示，模型图如图 6-147 所示。拨叉的三维建模操作步骤如下。

第 1 步：新建模型文件并保存文件。单击“**标准**”工具栏上的“**新建**”按钮，“新建 SolidWorks 文件”对话框出现；单击选择“零件”模块；单击“**确定**”按钮，新零件窗口出现。单击选择下拉菜单“文件”→“另存为”命令；在对话框中键入“拨叉”为文件名；单击“保存”按钮。

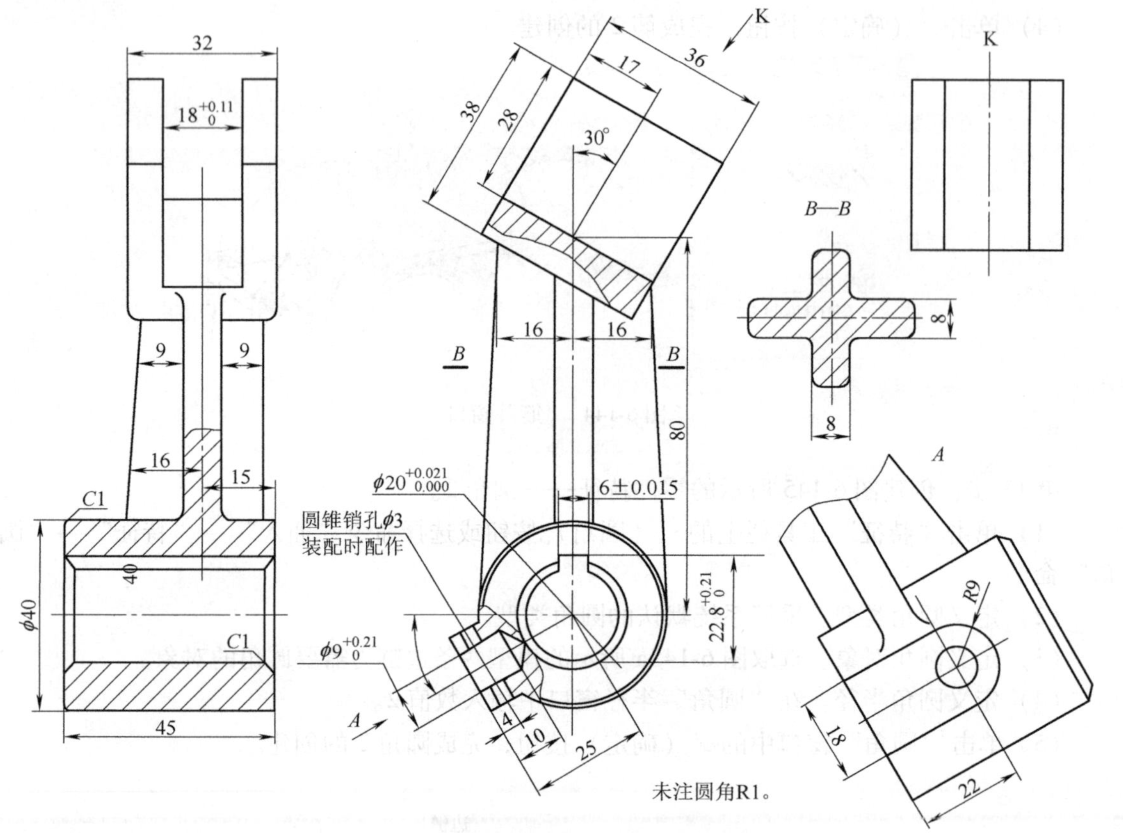

图 6-146　拨叉零件图

第 2 步：创建图 6-148 所示的零件基础特征——旋转 1。

（1）定义草图基准面，选取“**右视基准面**”作为草图基准面。选择旋转凸台命令，单击“**特征**”工具栏上的（旋转凸台/基体）按钮，单击“**标准视图**”工具栏中的（正视于）按钮。

（2）定义特征的横断面草图。

1）绘制横断面草图。在草图绘制环境中绘制如图 6-149 所示的横断面草图。说明：中心线水平且通过原点，最左方那条竖直直线与原点距离为 15，几何关系符号隐藏。

2）单击（退出草图）按钮，系统弹出图 6-150 所示的“旋转”窗口。

（3）定义旋转属性。全部采用

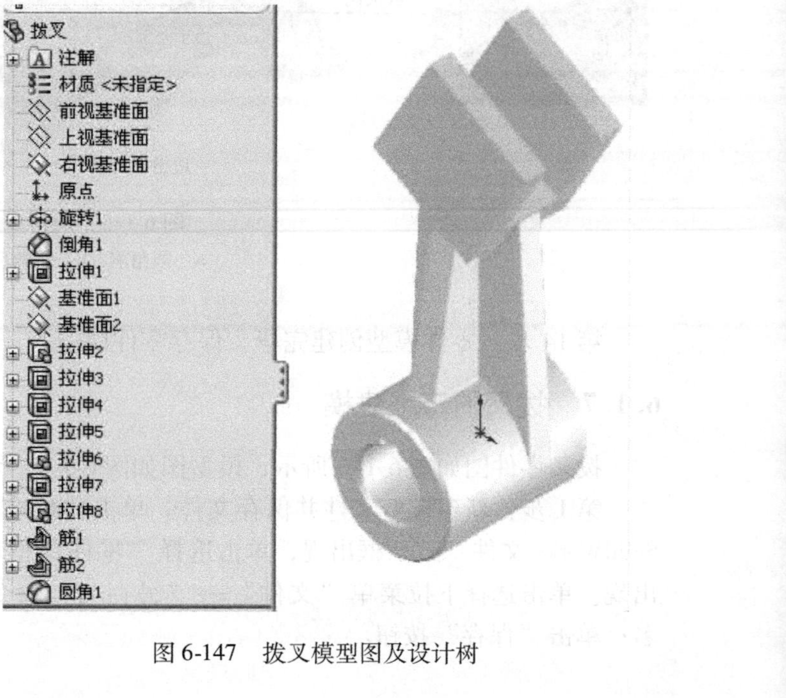

图 6-147　拨叉模型图及设计树

系统默认项。

（4）单击窗口中的（确定）按钮，完成旋转 1 的创建。

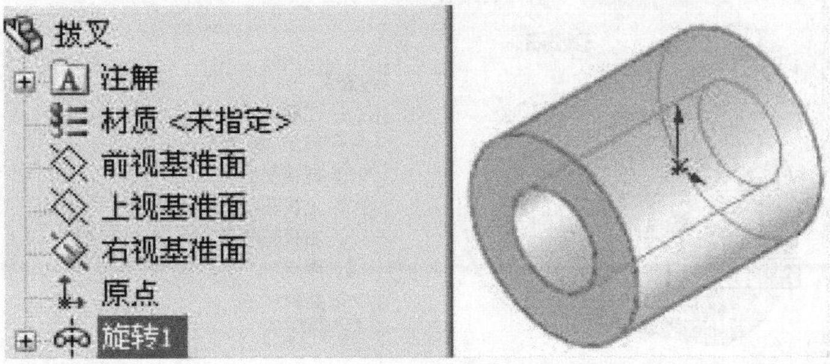

图 6-148　旋转 1

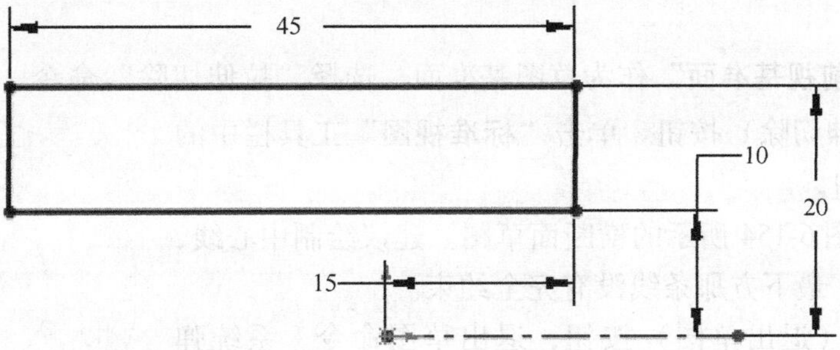

图 6-149　旋转 1 横断面草图

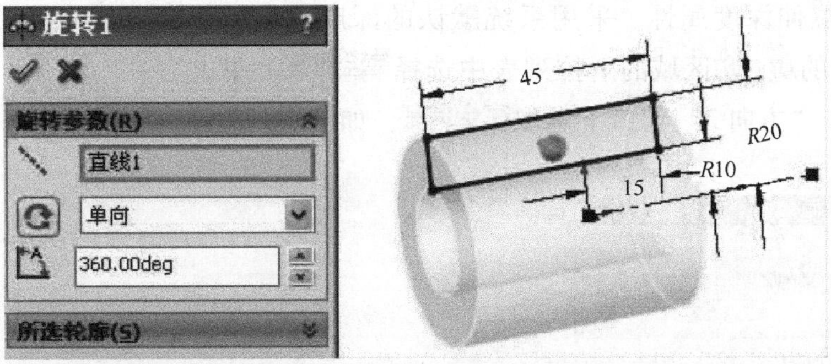

图 6-150　“旋转”窗口

第 3 步：创建图 6-151 所示零件特征——倒角 1。

（1）选择倒角命令。单击“**特征**”工具栏上的（倒角）按钮，系统弹出“倒角”窗口。

（2）定义倒角对象。在“倒角”窗口右边框中单击，再选择图 6-152 所示的面和边线为需要倒角的对象。

（3）定义倒角的参数。在“倒角”窗口中输入值 1，在中输入值 45。

（4）单击“倒角”窗口中的（确定）按钮，完成倒角 1 的创建。

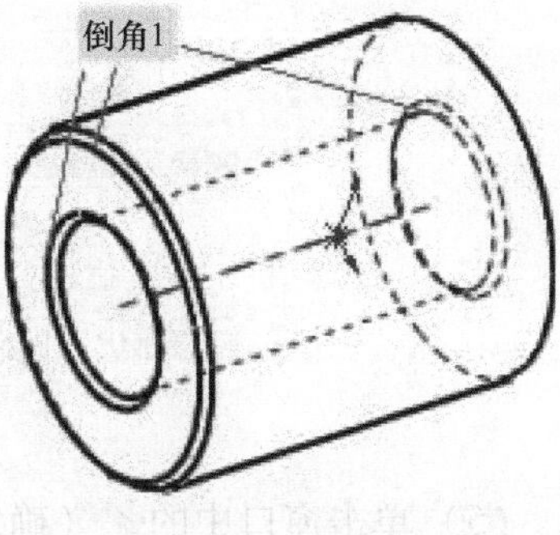

图 6-151　倒角 1

第 4 步：创建图 6-153 所示的零件特征——拉伸 1（拉伸切除）。

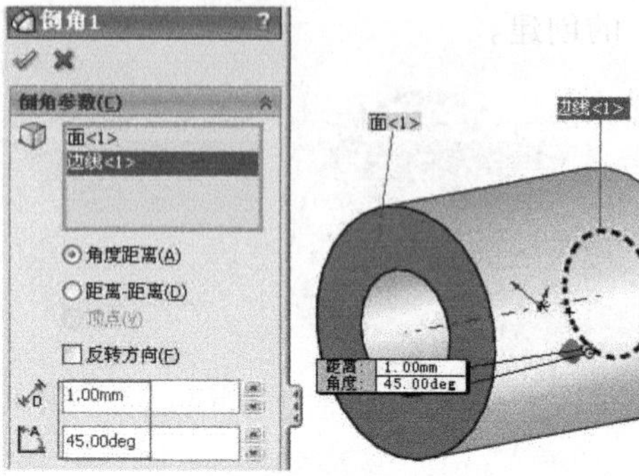

图 6-152　“倒角 1”窗口

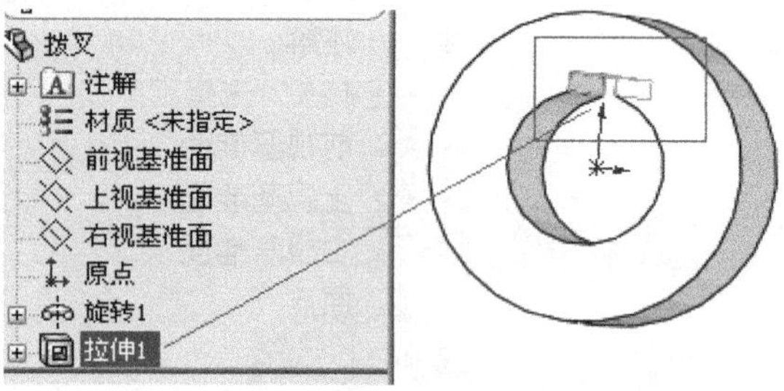

图 6-153　拉伸 1

（1）选取“**前视基准面**”作为草图基准面。选择“拉伸切除”命令，单击“**特征**”工具栏上的（拉伸切除）按钮。单击“**标准视图**”工具栏中的（正视于）按钮。

（2）绘制如图 6-154 所示的横断面草图。建议绘制中心线，用对称约束关系。最下方那条线没有完全约束。

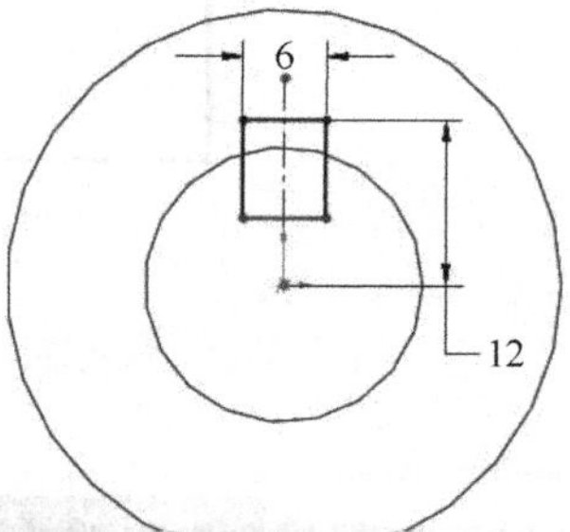

图 6-154　横断面草图

（3）单击（退出草图）按钮，退出草图命令，系统弹出“拉伸”窗口。

（4）定义拉伸深度属性。采用系统默认的深度方向，在“拉伸”窗口中的方向 1 区域的下拉列表中选择完全贯穿。单击勾选方向 2，在“方向 2”窗口下选取完全贯穿，如图 6-155 所示。

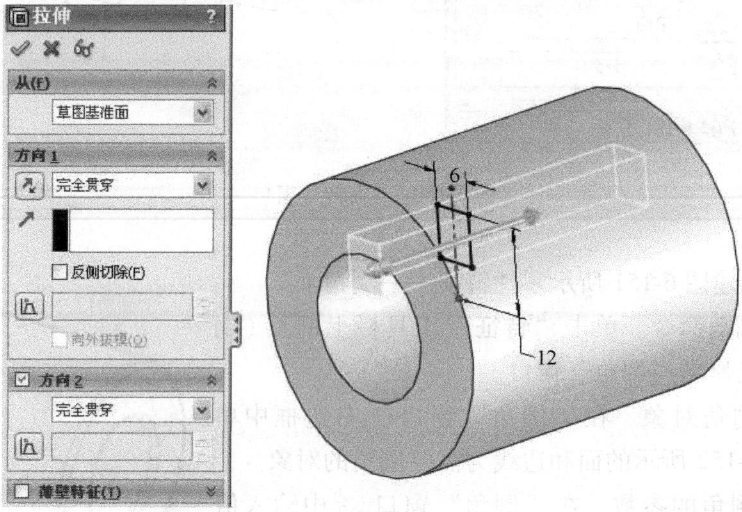

图 6-155　“拉伸”窗口

（5）单击窗口中的（确定）按钮，完成拉伸 1 的创建。

第 5 步：创建基准面。

（1）创建如图 6-156 所示的基准面 1。单击“**参考几何体**”工具栏上的（基准面）按钮，或选择菜单“插入”→“参考几何体”→“基准面”命令，在窗口中选取“**右视基准面**”和“**基准轴**”为参考实体，单击按钮，输入角度值 30，单击（确定）按钮，完成基准面 1 的创建。

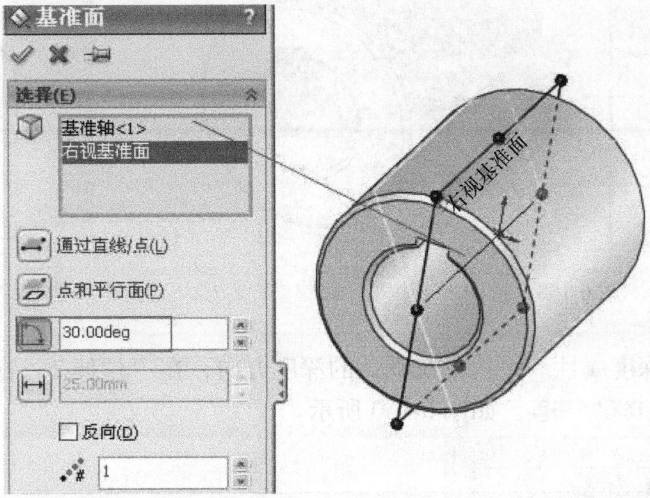

图 6-156　基准面 1

（2）创建如图 6-157 所示的基准面 2。选取**基准面 1** 为参考实体，单击“**参考几何体**”工具栏上的（基准面）按钮，或选择菜单“插入”→“参考几何体”→“基准面”命令，在窗口中单击按钮，创建偏移基准面，勾选 ☑ **反向(D)** 项，改变偏移的方向，输入偏移距离值 25，单击（确定）按钮，完成基准面 2 的创建。

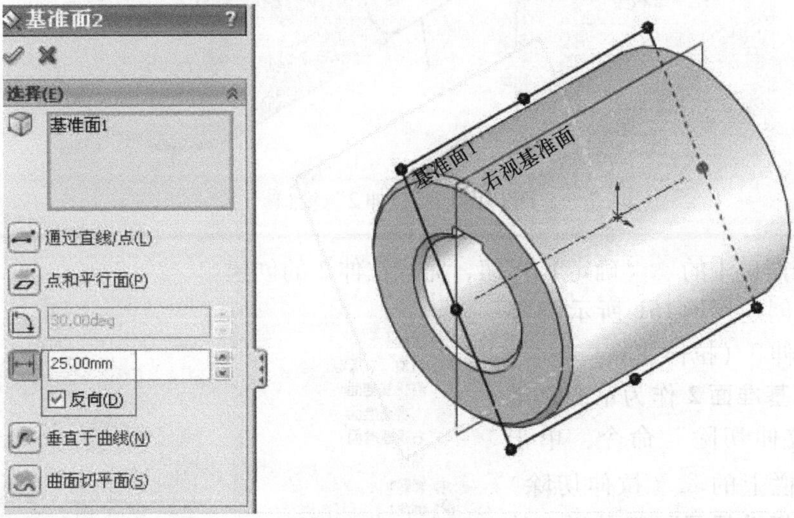

图 6-157　基准面 2

第 6 步：创建图 6-158 所示的零件特征——拉伸 2。

（1）选取**基准面 2** 作为草图基准面。选择“拉伸”命令，单击“**特征**”工具栏上的（拉伸凸台/基体）按钮。单击“**标准视图**”工具栏中的（正视于）按钮。

（2）绘制如图 6-159 所示的横断面草图。圆心线与坐标原点在一条线上。

（3）单击（退出草图）按钮，退出草图命令，系统弹出“拉伸 2”窗口。

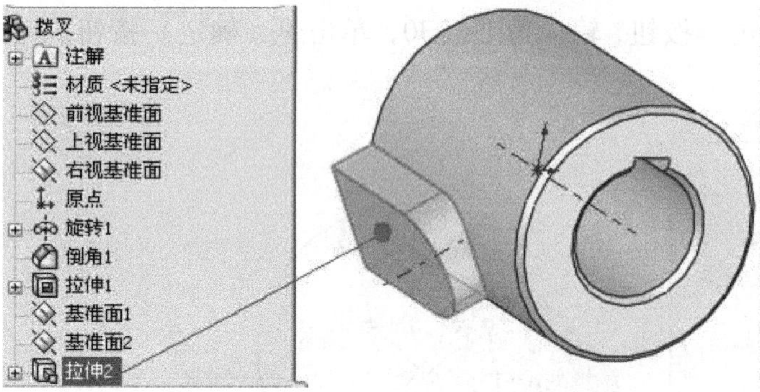

图 6-158　拉伸 2

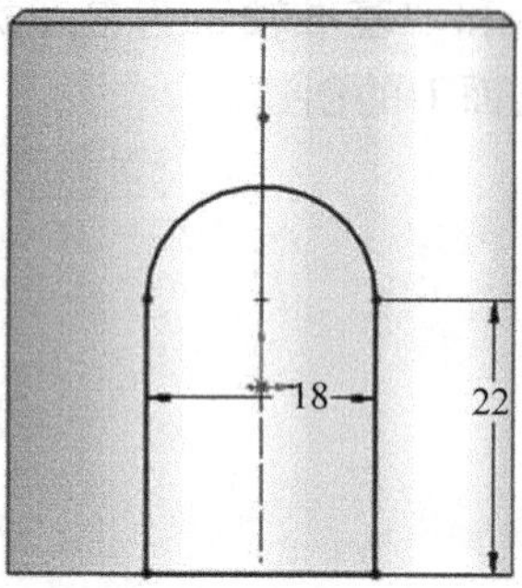

图 6-159　横断面草图

（4）定义拉伸深度属性。采用系统默认的深度方向，在“拉伸 2”窗口中的方向 1 区域的下拉列表中选择成形到下一面，如图 6-160 所示。

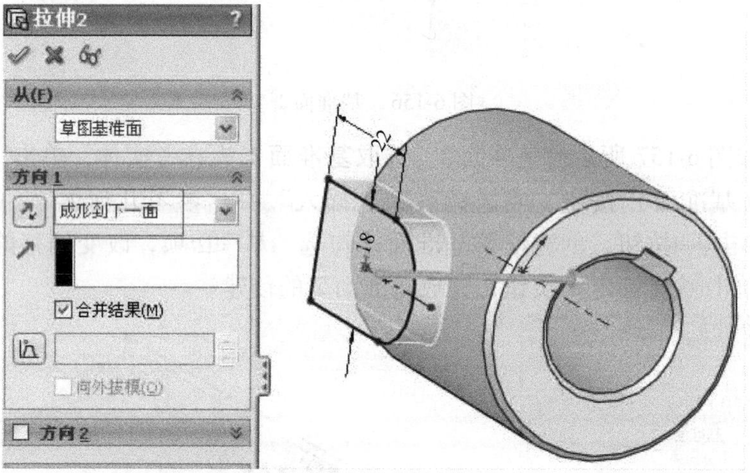

图 6-160　“拉伸 2”窗口

（5）单击窗口中的（确定）按钮，完成拉伸 2 的创建。

第 7 步：创建图 6-161 所示的零件特征——拉伸 3（拉伸切除）。

（1）选取**基准面 2** 作为草图基准面。选择“拉伸切除”命令，单击“**特征**”工具栏上的（拉伸切除）按钮。单击“**标准视图**”工具栏中的（正视于）按钮。

（2）绘制如图 6-162 所示的横断面草图。圆的圆心与“拉伸 2”的半圆同心。

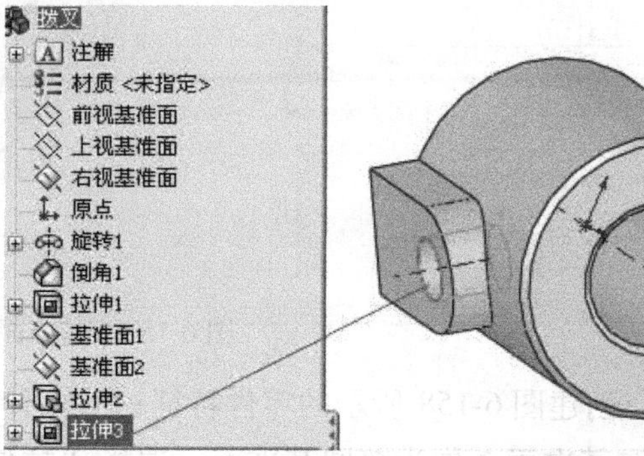

图 6-161　拉伸 3（拉伸切除）

(3) 单击（退出草图）按钮，退出草图命令，系统弹出“拉伸 3”窗口。

(4) 定义拉伸深度属性。采用系统默认的深度方向，在“拉伸 3”窗口中的方向1区域的下拉列表中选择**给定深度**，将（深度）设定为 10。单击（反向），观察方向，如图 6-163 所示。

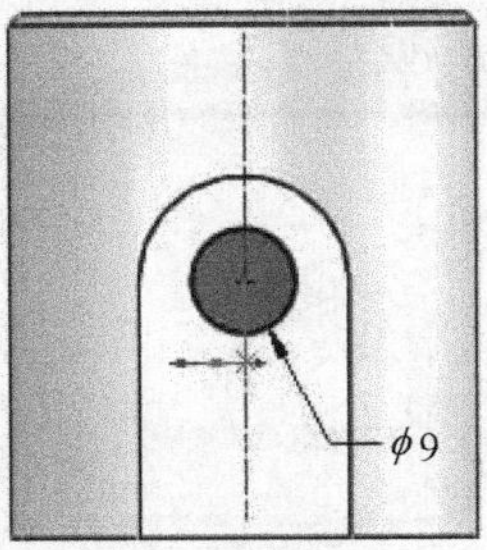

图 6-162　横断面草图

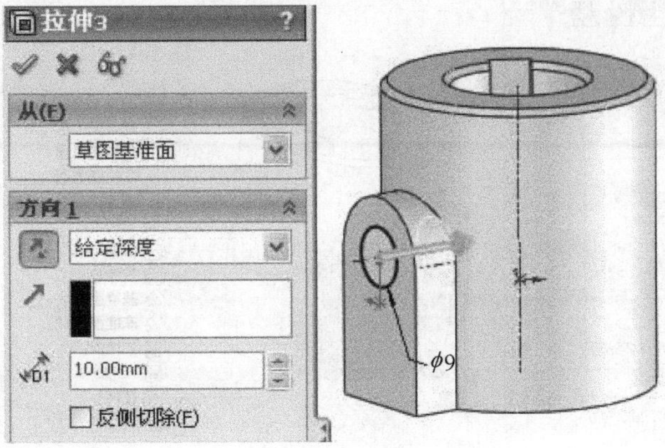

图 6-163　“拉伸 3”窗口

(5) 单击窗口中的（确定）按钮，完成拉伸 3 的创建。

第 8 步：创建图 6-164 所示的零件特征——拉伸 4（拉伸切除）。

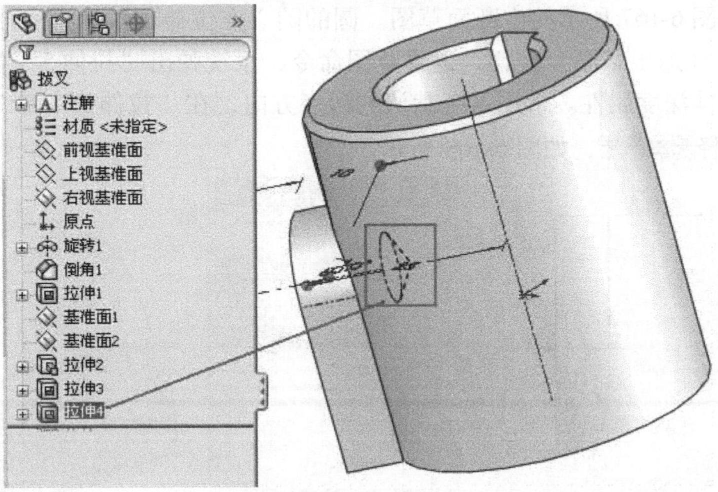

图 6-164　拉伸 4（拉伸切除）

(1) 选取**基准面 2** 作为草图基准面。选择“拉伸切除”命令，单击“**特征**”工具栏上的（拉伸切除）按钮。单击“**标准视图**”工具栏中的（正视于）按钮。

(2) 绘制横断面草图。单击选用“拉伸 3”的圆，再单击“转换实体引用”命令得到草图（与拉伸 3 的草图相同）。

(3) 单击（退出草图）按钮，退出草图命令，系统弹出“拉伸 4”窗口。

(4) 定义拉伸深度属性。在“拉伸 4”窗口中的方向1区域的下拉列表中选择给定深度，将（深度）设定为 10，单击（反向），观察方向。在从(F)下方选择**等距**，在下方文本框中输入距离数值 10。采用系统默认的深度方向，单击，在右方文本框中输入角度值 60，如图 6-165 所示。

（5）单击窗口中的（确定）按钮，完成拉伸 4 的创建。

第 9 步：创建图 6-166 所示的零件特征——拉伸 5（拉伸切除）。

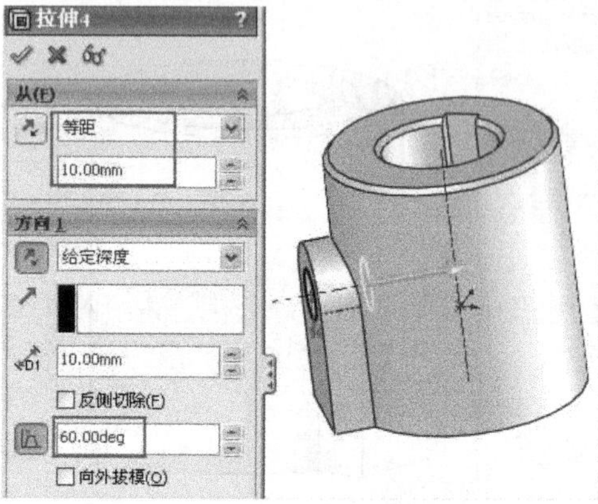

图 6-165　“拉伸 4”窗口

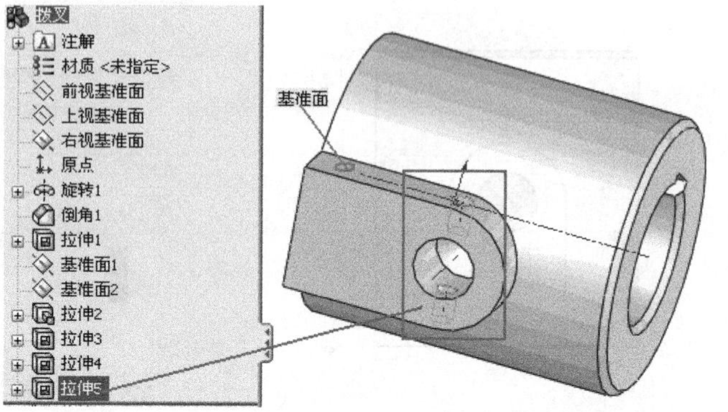

图 6-166　拉伸 5（拉伸切除）

（1）选取**拉伸 2 的上表面**作为草图基准面。选择拉伸切除命令，单击“**特征**”工具栏上的（拉伸切除）按钮。单击“**标准视图**”工具栏中的（正视于）按钮。

（2）绘制如图 6-167 所示的横断面草图。圆的圆心在拉伸 2 半圆的轴心线上。

（3）单击（退出草图）按钮，退出草图命令，系统弹出“拉伸 5”窗口。

（4）定义拉伸深度属性。采用系统默认的深度方向，在“拉伸 5”窗口中的方向1区域的下拉列表中选择完全贯穿，如图 6-168 所示。

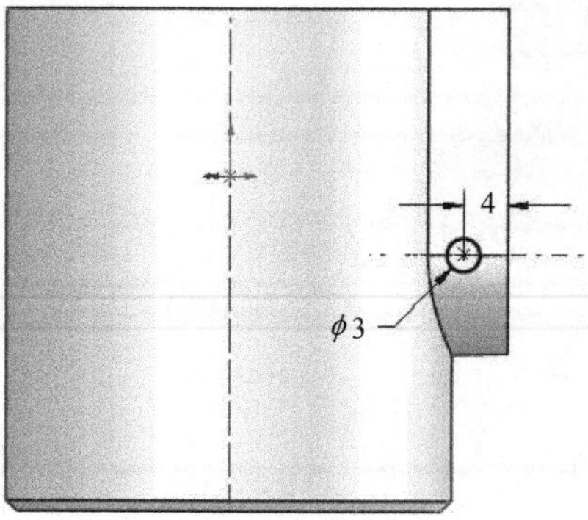

图 6-167　横断面草图

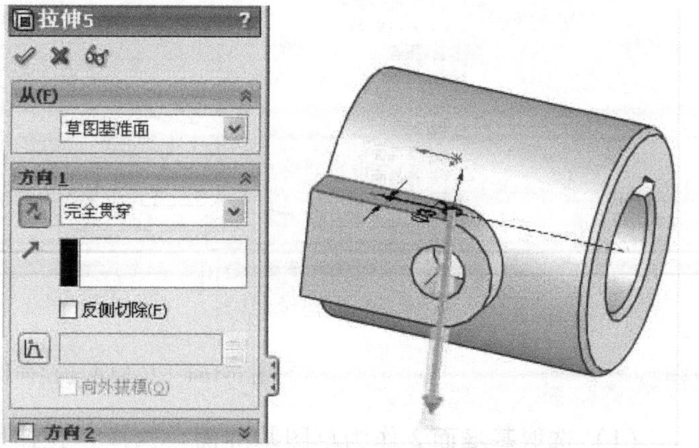

图 6-168　“拉伸 5”窗口

（5）单击窗口中的（确定）按钮，完成拉伸 5 的创建。

第 10 步：创建图 6-169 所示的零件特征——拉伸 6。

（1）选取“**前视基准面**”作为草图基准面。选择“拉伸”命令，单击“**特征**”工具栏上的（拉伸凸台/基体）按钮。单击“**标准视图**”工具栏中的（正视于）按钮。

（2）绘制如图 6-170 所示的横断面草图。绘制竖直中心线，尺寸为 80，绘制矩形（可用 3 点边角矩形 命令），再定义尺寸。

（3）单击（退出草图）按钮，退出草图命令，系统弹出“拉伸”窗口。

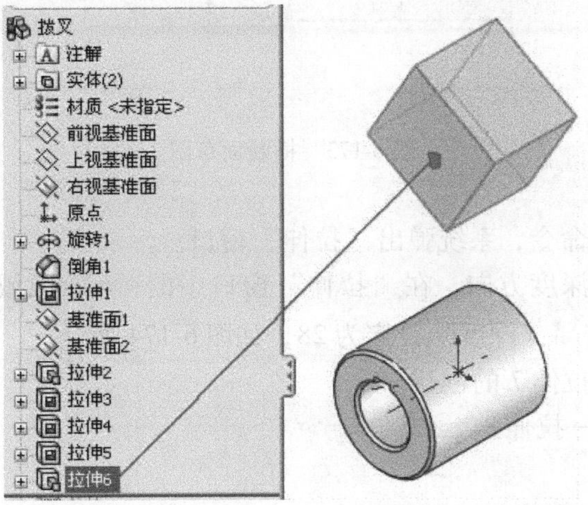

图 6-169　拉伸 6

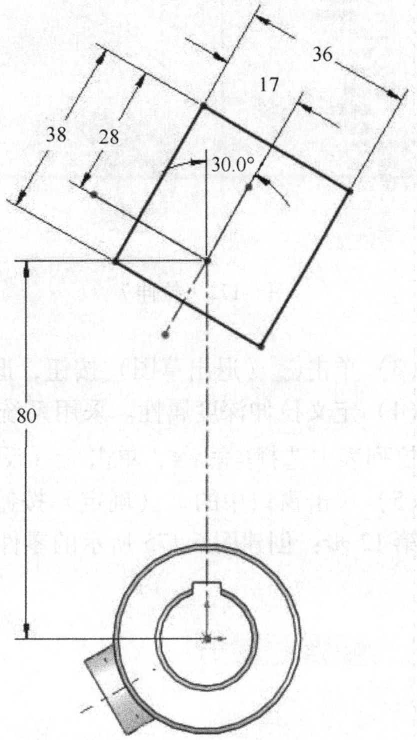

图 6-170　横断面草图

（4）定义拉伸深度属性。采用系统默认的深度方向，在“拉伸”窗口中的方向 1 区域的下拉列表中选择两侧对称，将（深度）设定为 32，如图 6-171 所示。

（5）单击窗口中的（确定）按钮，完成拉伸 6 的创建。

第 11 步：创建图 6-172 所示的零件特征——拉伸 7（拉伸切除）。

（1）选取**拉伸 6 的上表面**作为草图基准面。选择“拉伸切除”命令。单击“**特征**”工具栏上的（拉伸切除）按钮。单击“**标准视图**”工具栏中的（正视于）按钮。

（2）绘制如图 6-173 所示的横断面草图。绘制矩形，没有完全定义。

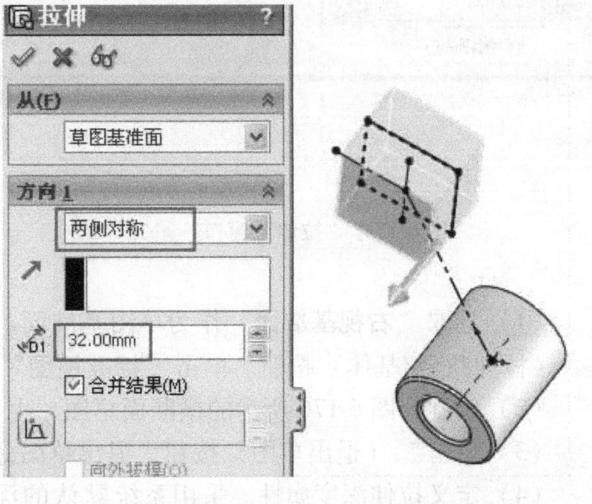

图 6-171　“拉伸”窗口

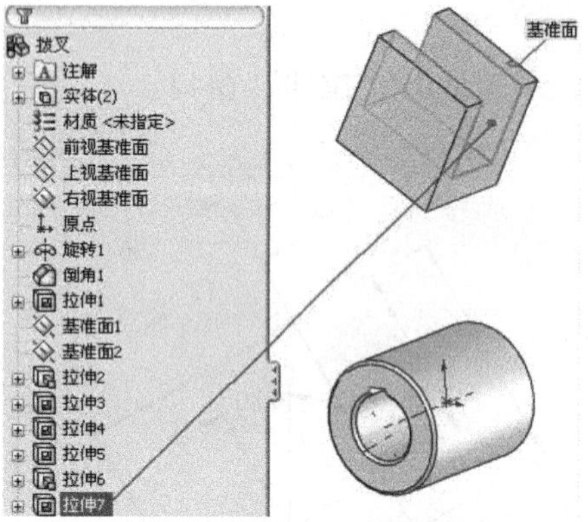

图 6-172　拉伸 7

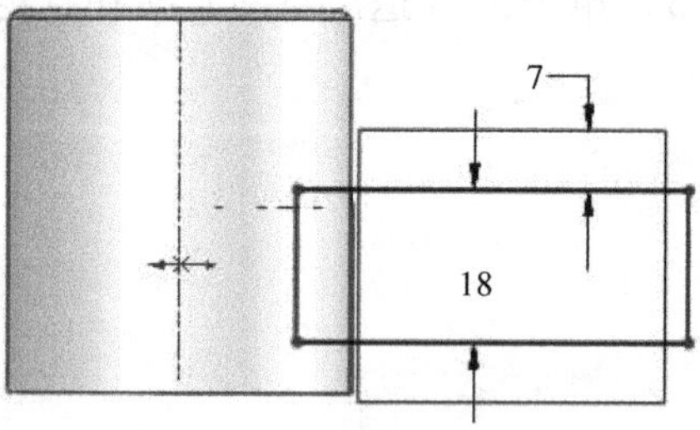

图 6-173　横断面草图

（3）单击（退出草图）按钮，退出草图命令，系统弹出“拉伸”窗口。

（4）定义拉伸深度属性。采用系统默认的深度方向，在“拉伸”窗口中的方向1区域的下拉列表中选择给定深度，单击（反向），将（深度）设定为 28，如图 6-174 所示。

（5）单击窗口中的（确定）按钮，完成拉伸 7 的创建。

第 12 步：创建图 6-175 所示的零件特征——拉伸 8。

图 6-174　“拉伸”窗口

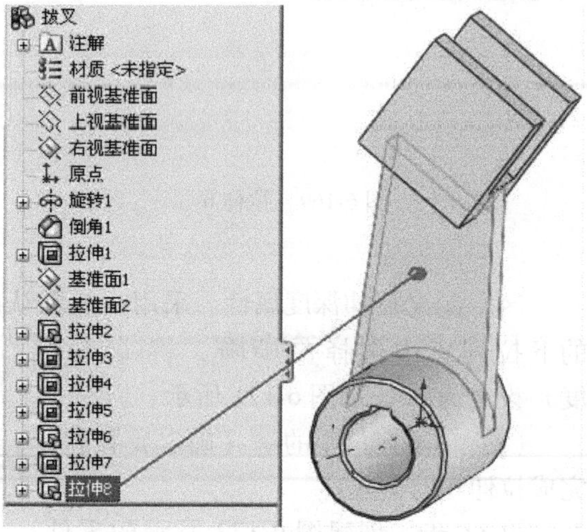

图 6-175　拉伸 8

（1）选取“**右视基准面**”作为草图基准面。选择拉伸命令，单击“**特征**”工具栏上的（拉伸凸台/基体）按钮。单击“**标准视图**”工具栏中的（正视于）按钮。

（2）绘制如图 6-176 所示的横断面草图。上下部分可用“实体转换引用”命令绘制。

（3）单击（退出草图）按钮，退出草图命令，系统弹出“拉伸”窗口。

（4）定义拉伸深度属性。采用系统默认的深度方向，在“拉伸”窗口中的方向1区域的下拉列表中选择两侧对称，将（深度）设定为 8，如图 6-177 所示。

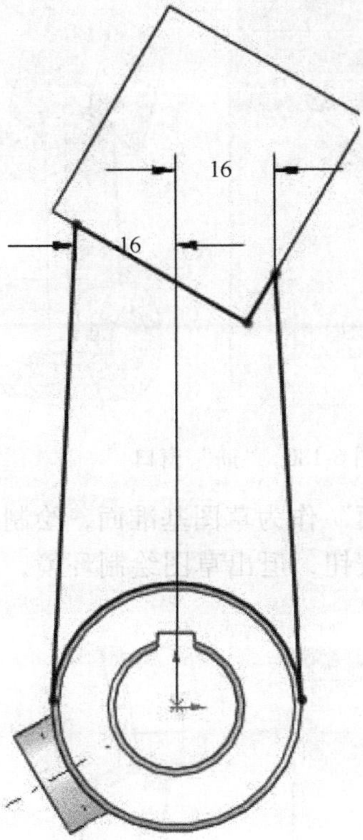

图 6-176　横断面草图

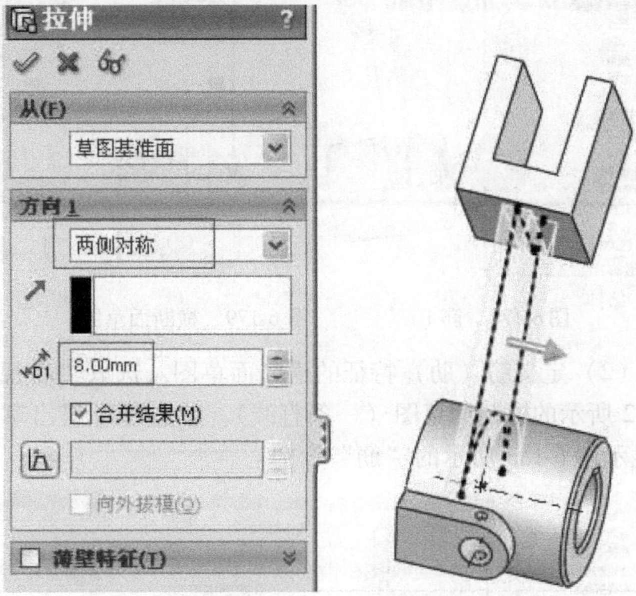

图 6-177　“拉伸”窗口

（5）单击窗口中的（确定）按钮，完成拉伸 8 的创建。

第 13 步：创建图 6-178 所示的零件特征——筋 1。

（1）单击“**特征**”工具栏上的筋按钮，或选择下拉菜单“插入”→“特征”→“筋”命令。

（2）定义筋（肋）特征的横断面草图。选取“**右视基准面**”作为草图基准面，绘制图 6-179 所示的横断面草图（一条直线）。单击（退出草图）按钮，退出草图绘制环境。系统显示图 6-180 所示的“筋”窗口。

（3）定义筋特征的参数。

1）定义筋的厚度。在“筋”窗口的**参数(P)**区域中单击（两侧）按钮，输入筋的厚度值 8。

2）定义筋的生成方向。在拉伸方向下单击（平行于草图）按钮，采用系统默认的生成方向，不要选中□反转材料边复选框，若默认状态是选中，则单击取消选中状态。

（4）单击（确定）按钮，完成筋 1 的创建。

第 14 步：创建图 6-181 所示的零件特征——筋 2。

（1）单击“**特征**”工具栏上的筋按钮，或选择下拉菜单“插入”→“特征”→“筋”命令。

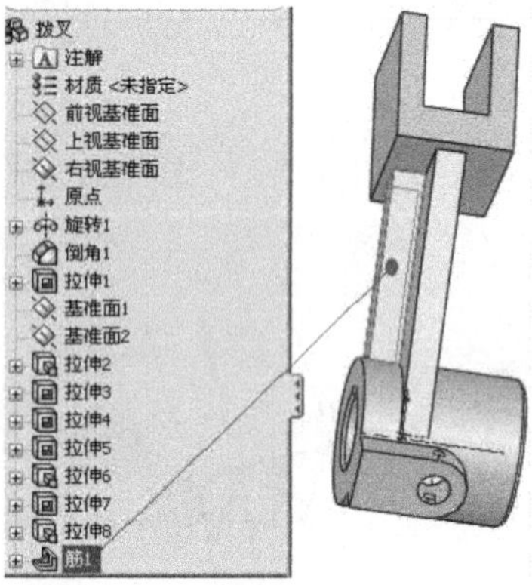

图 6-178　筋 1

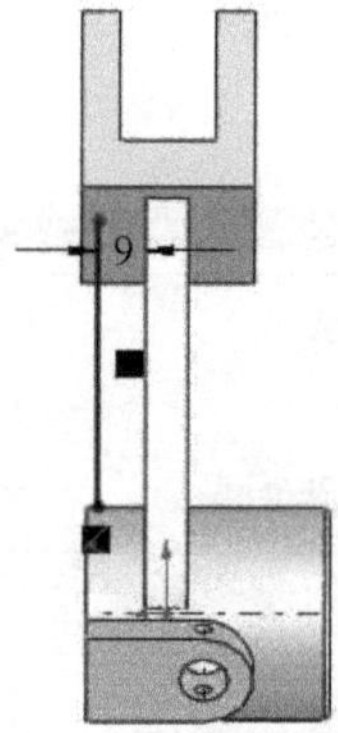

图 6-179　横断面草图

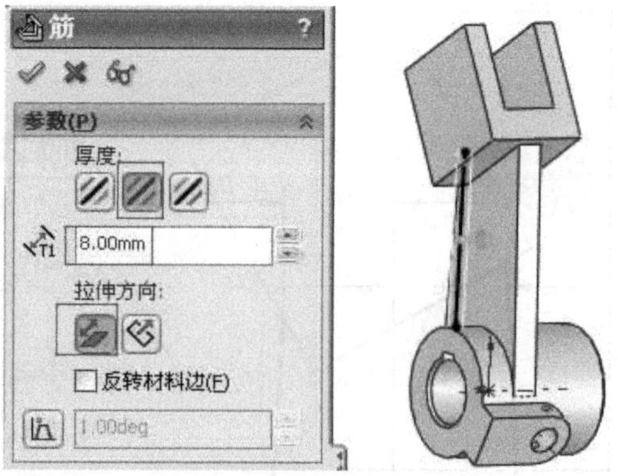

图 6-180　“筋”窗口

（2）定义筋（肋）特征的横断面草图。选取“**右视基准面**”作为草图基准面，绘制图 6-182 所示的横断面草图（一条直线）。单击（退出草图）按钮，退出草图绘制环境，系统显示图 6-183 所示的“筋”窗口。

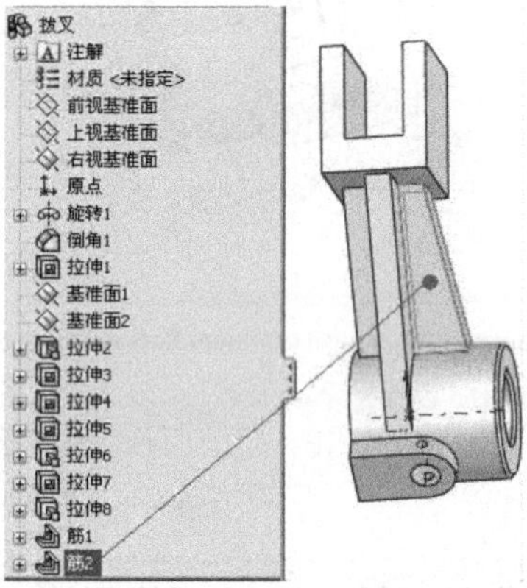

图 6-181　筋 2

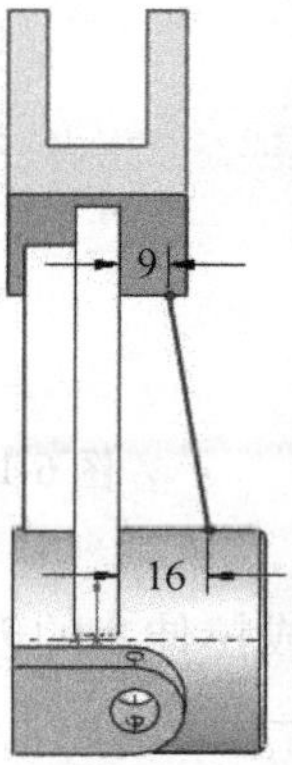

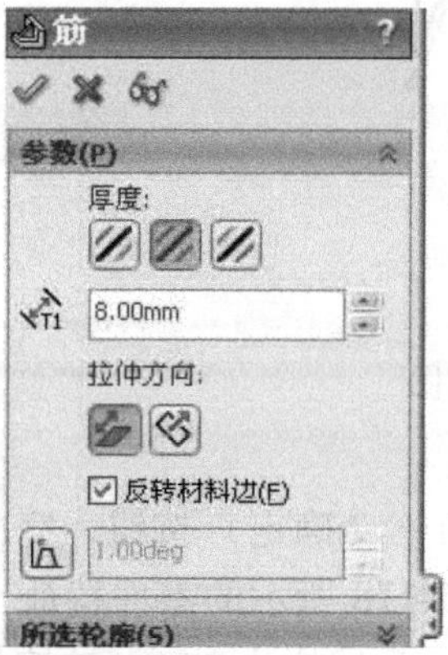

图 6-182　横断面草图

图 6-183　“筋”窗口

（3）定义筋特征的参数。

1）定义筋的厚度。在“筋”窗口的**参数(P)**区域中单击（两侧）按钮，输入筋的厚度值 8。

2）定义筋的生成方向。在拉伸方向下单击（平行于草图）。选中反转材料边(F)复选框。（若默认状态没有选中，则单击选中）。

（4）单击（确定）按钮，完成筋 2 的创建。

第 15 步：创建图 6-184 所示的零件特征——圆角 1。

（1）选择圆角命令。单击“**特征**”工具栏上的圆角（圆角）按钮，系统弹出“圆角”窗口。

（2）定义圆角对象。在“圆角”窗口中选择 FilletXpert 选项卡，然后选择图 6-185 所示的边线为需要圆角的对象。

（3）定义圆角的半径。在“圆角”窗口中输入圆角半径值 1。

（4）单击“圆角”窗口中的（确定）按钮，完成圆角 1 的创建。

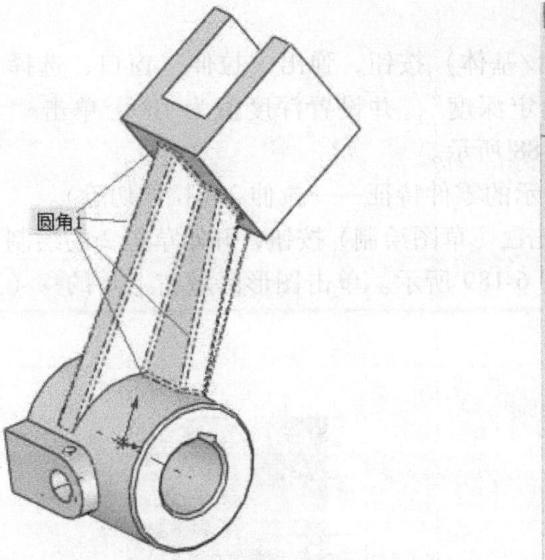

图 6-184　圆角 1

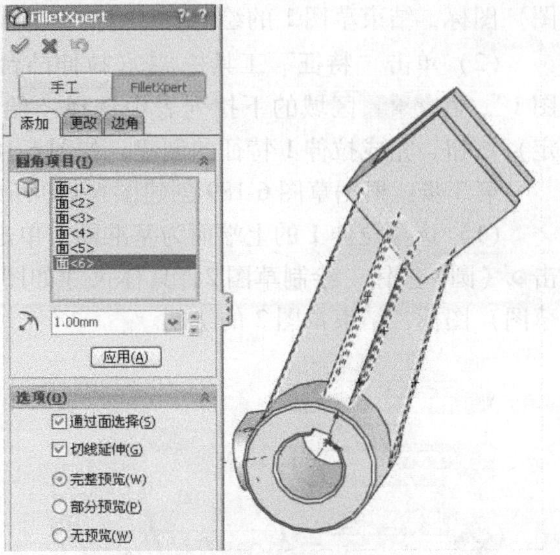

图 6-185　“圆角”窗口

第 16 步：零件模型创建完毕，保存零件模型。

6.1.8　变速箱体的三维建模

变速箱体模型如图 6-186 所示，其三维建模操作步骤如下。

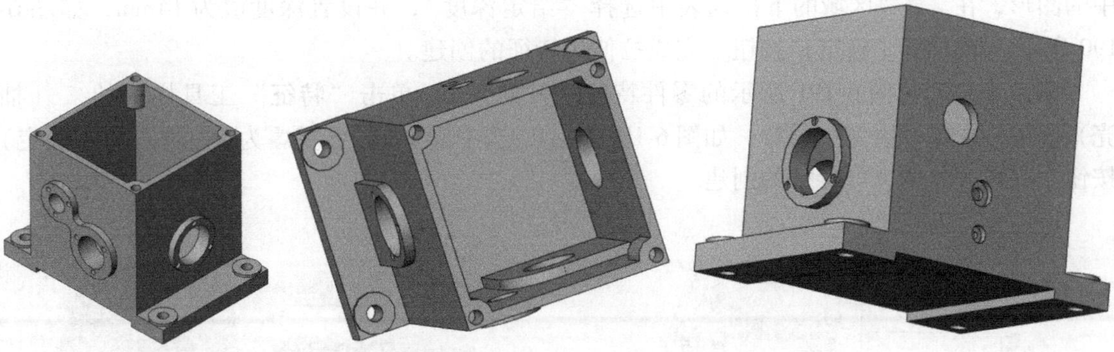

图 6-186　变速箱体模型

第 1 步：新建模型文件并保存文件。选择下拉菜单“文件”→“新建”命令，在系统弹出的“新建 SolidWorks 文件”对话框中选择“零件”模块，单击“确定”按钮，新零件窗口出现。将文件另存为“变速箱体”。

第 2 步：根据草图 6-187 创建图 6-188 所示的零件特征——拉伸 1。

(1) 在特征管理器设计树中选择“**上视基准面**”为基准面，单击（草图绘制）按钮开始草图 1 的绘制。单击（中心矩形）按钮，绘制如图 6-187 所示草图 1，单击图形区域右上角的（退出草

图 6-187　草图 1

图）图标，结束草图 1 的绘制。

（2）单击“**特征**”工具栏（拉伸凸台/基体）按钮，弹出“拉伸”窗口，选择“草图 1”，在方向 1区域的下拉列表中选择“给定深度”，并设置深度值为 100，单击（确定）按钮，完成拉伸 1 特征的创建，如图 6-188 所示。

第 3 步：根据草图 6-189 创建图 6-190 所示的零件特征——拉伸 2（拉伸切除）。

（1）选择拉伸 1 的上端面为基准面，单击（草图绘制）按钮，开始草图 2 的绘制。单击（圆）按钮，绘制草图 2，具体尺寸如图 6-189 所示。单击图形区域右上角的（退出草图）图标，结束草图 2 的绘制。

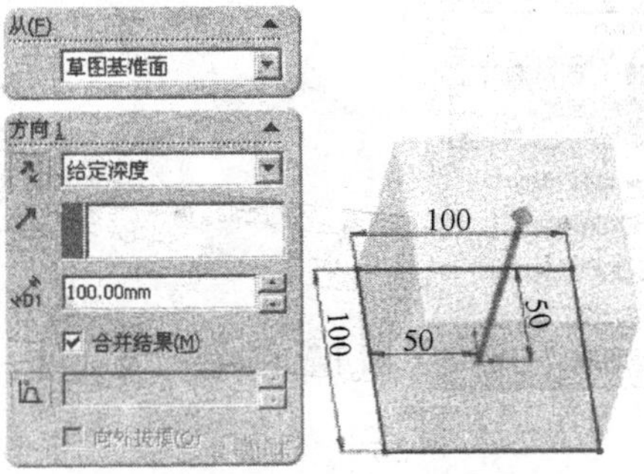

图 6-188　“拉伸 1”特征

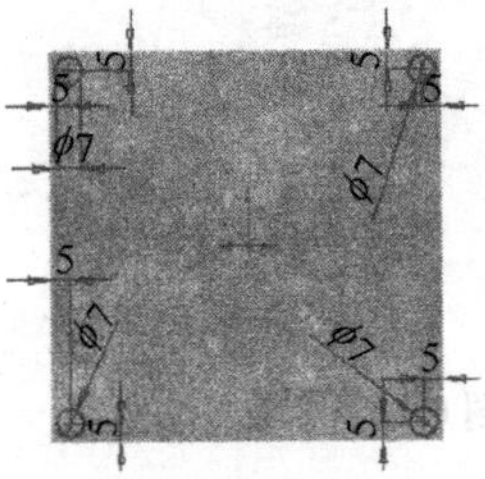

图 6-189　草图 2

（2）单击“特征”工具栏中的（拉伸切除）按钮，弹出“拉伸”窗口，选中草图 2 中的图形，在方向 1区域的下拉列表中选择“给定深度”，并设置深度值为 14mm，如图 6-190 所示。单击（确定）按钮，完成拉伸 2 特征的创建。

第 4 步：创建图 6-191 所示的零件特征——抽壳 1。单击“**特征**”工具栏中的（抽壳）按钮，弹出“抽壳”窗口，如图 6-191 所示，选中面 1，设置壁厚为 5，单击（确定）按钮，完成“抽壳 1”特征的创建。

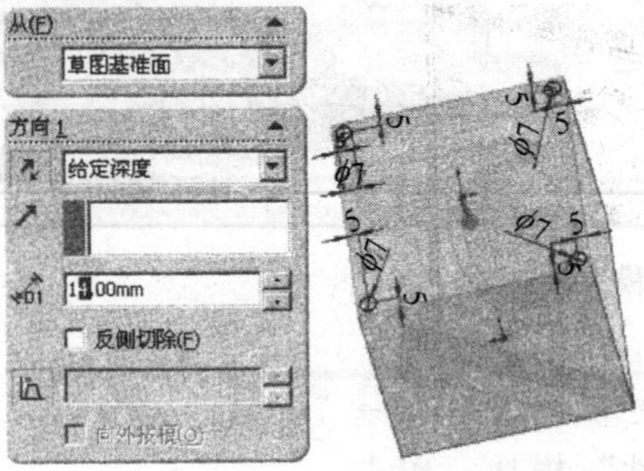

图 6-190　创建拉伸 2 特征

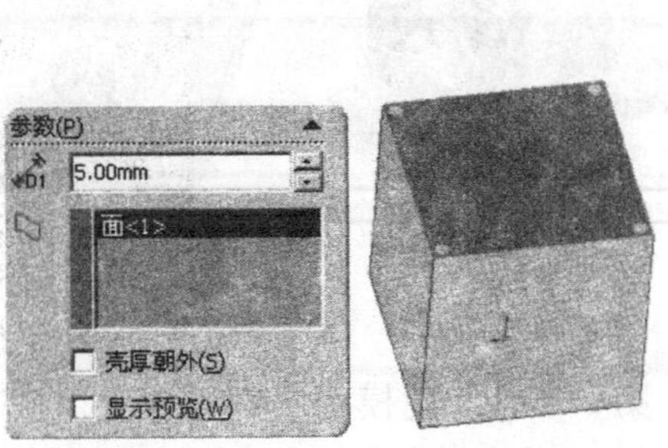

图 6-191　创建抽壳 1 特征

第 5 步：根据草图 6-192a 创建图 6-192b 所示的零件特征——拉伸 3。

（1）选择拉伸 1 的左端面，单击（草图绘制）按钮，开始草图 3 的绘制。单击（直线）按钮和（三点弧）按钮，绘制草图 3，具体尺寸如图 6-192a 所示。单击图形区域右上角的（退出草图）图标，结束草图 3 的绘制。

（2）单击“**特征**”工具栏上的（拉伸凸台/基体）按钮，弹出“拉伸”窗口，选择“草图 3”，在方向1区域的下拉列表中选择“给定深度”，并设置深度值为 5mm，如图 6-192b 所示，单击（确定）按钮完成特征的创建。

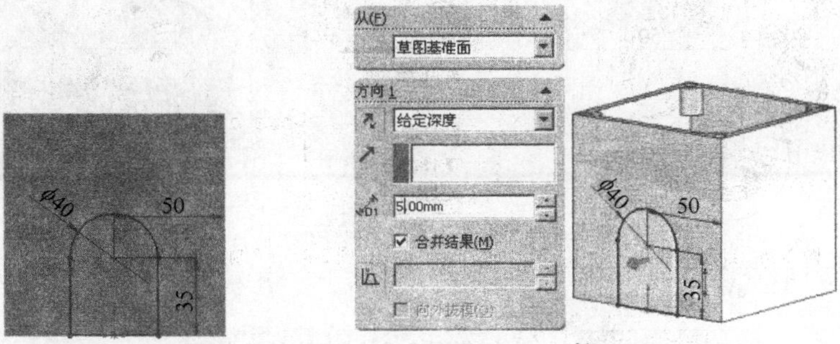

a)　b)

图 6-192　绘制草图 3 和创建拉伸 3 特征

a）绘制草图 3　b）创建拉伸 3 特征

第 6 步：根据草图 6-193a 创建图 6-193b 所示的零件特征——拉伸 4（拉伸切除）。

（1）选择拉伸 3 的端面，单击（草图绘制）按钮，开始草图 4 的绘制。单击（圆）按钮，绘制草图 4，具体尺寸如图 6-193a 所示，注意圆心与草图 3 中圆弧的圆心重合。

（2）单击“**特征**”工具栏上的（拉伸切除）按钮，选中草图 4 所绘制的图形，其他参数设置如图 6-193b 所示。在方向1区域的下拉列表中选择“完全贯通”，在方向2区域的下拉列表中选择“给定深度”，并设置深度值为 10mm。单击（确定）按钮，完成拉伸 4 特征的创建。

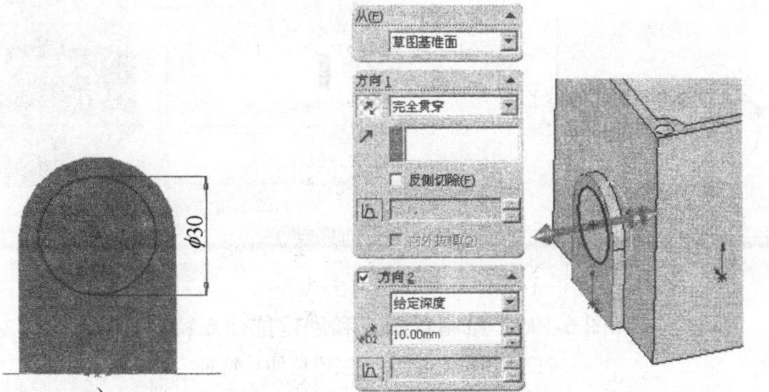

a)　b)

图 6-193　绘制草图 4 和创建拉伸 4 特征

a）绘制草图 4　b）创建拉伸 4 特征

第 7 步：创建图 6-194b 所示的零件特征——拉伸 5。

（1）选择拉伸 1 的右端面，单击（草图绘制）按钮，开始草图 5 的绘制，具体尺寸如图 6-194a 所示。单击图形区域右上角的（退出草图）图标，结束草图 5 的绘制。

（2）单击“**特征**”工具栏上的（拉伸凸台/基体）按钮，弹出“拉伸”窗口，选择

“草图 5”，在方向1区域的下拉列表中选择“给定深度”，并设置深度为 5mm，如图 6-194b 所示。单击（确定）按钮，完成特征的创建。

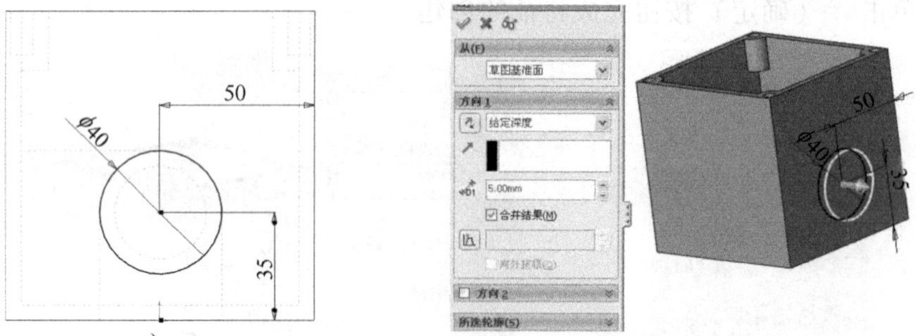

a)　　b)

图 6-194　绘制草图 5 和创建拉伸 5 特征

a）绘制草图 5　b）创建拉伸 5 特征

第 8 步：根据草图 6-195a 创建图 6-195b 所示的零件特征——拉伸 6（拉伸切除）。

（1）选择拉伸 5 的端面，单击（草图绘制）按钮，开始草图 6 的绘制。单击（圆）按钮，绘制草图 6，具体尺寸如图 6-195a 所示，注意圆心与草图 6 中圆弧的圆心重合。

（2）单击“**特征**”工具栏上的（拉伸切除）按钮，选中草图 6 所绘制的图形，其他参数设置如图 6-195b 所示，在方向1区域的下拉列表中选择“成形到下一面”，单击（确定）按钮，完成拉伸 6 特征的创建。

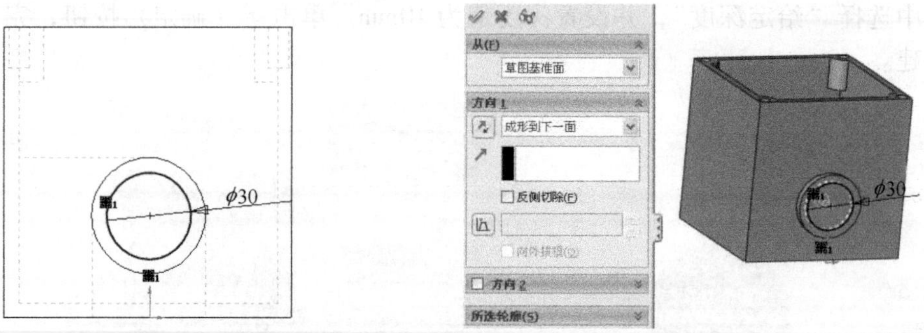

a)　　b)

图 6-195　绘制草图 6 和创建拉伸 6 特征

a）绘制草图 6　b）创建拉伸 6 特征

第 9 步：根据草图 6-196a 创建图 6-196b 所示的零件特征——拉伸 7。

（1）选择拉伸 1 的**前端面**作为基准面，单击（草图绘制）按钮，开始草图 7 的绘制。单击（圆）按钮，绘制草图 7，具体尺寸如图 6-196a 所示。单击图形区域右上角的（退出草图）图标，结束草图 7 的绘制。

（2）单击“**特征**”工具栏上的（拉伸凸台/基体）按钮，弹出“拉伸”窗口，选择“草图 7”，在方向1区域的下拉列表中选择“给定深度”，并设置深度为 5mm，如图 6-196b 所示，单击（确定）按钮，完成特征的创建。

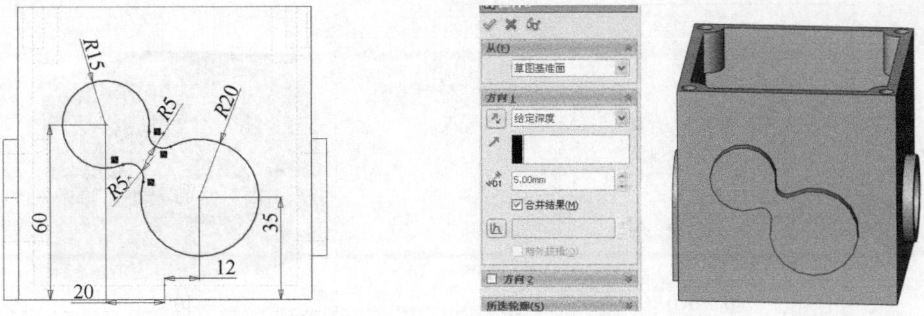

a)　　b)

图 6-196　绘制草图 7 和创建拉伸 7 特征

a）绘制草图 7　b）创建拉伸 7 特征

第 10 步：根据草图 6-197a 创建图 6-197b 所示的零件特征——拉伸 8。

（1）选择抽壳 1 的**前端面**作为基准面，单击（草图绘制）按钮，开始草图 8 的创建。具体尺寸如图 6-197a 所示。单击图形区域右上角的（退出草图）图标，结束草图 8 的绘制。

（2）单击“**特征**”工具栏上的（拉伸凸台/基体）按钮，弹出“拉伸”窗口，选择“草图 8”，在方向 1 区域的下拉列表中选择“给定深度”，并设置深度为 5mm，如图 6-197b 所示。单击（确定）按钮，完成特征的创建。

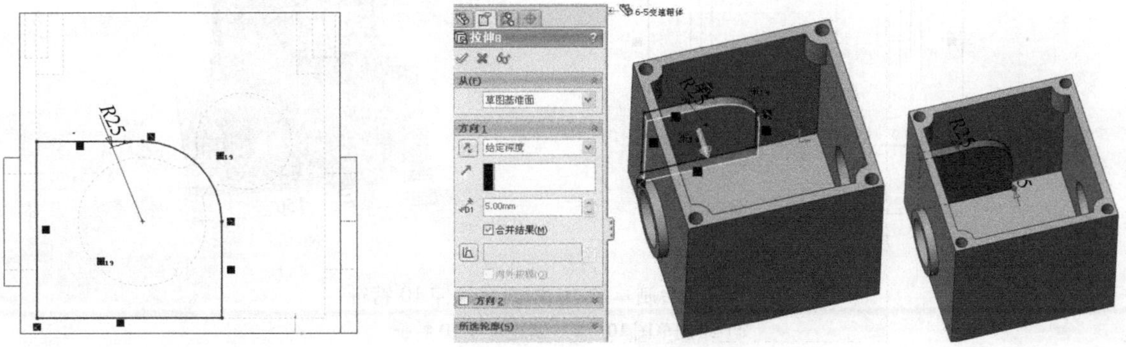

a)　　b)

图 6-197　绘制草图 8 和创建拉伸 8 特征

a）绘制草图 8　b）创建拉伸 8 特征

第 11 步：根据草图 6-198a 创建图 6-198b 所示的零件特征——拉伸 9。

（1）选择拉伸 8 的**端面**作为基准面，单击（草图绘制）按钮，开始草图 9 的绘制。单击（圆）按钮，绘制草图 9，具体尺寸如图 6-198a 所示，注意圆心与草图 8 中圆弧的圆心重合。

（2）单击“**特征**”工具栏上的（拉伸切除）按钮，选中草图 9 所绘制的图形，其他参数设置如图 6-198b 所示，在方向 1 区域的下拉列表中选择“成形到下一面”。单击（确定）按钮，完成拉伸 9 特征的创建。

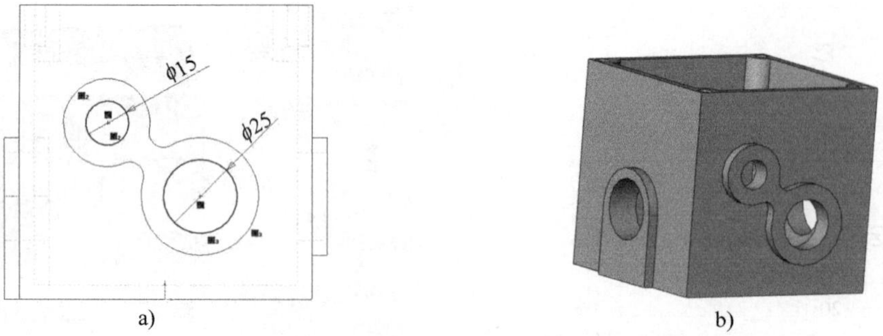

图 6-198　绘制草图 9 和创建拉伸 9 特征
a）绘制草图 9　b）创建拉伸 9 特征

第 12 步：根据草图 6-199a 创建图 6-199b 所示的零件特征——拉伸 10。

（1）选择“**上视基准面**”，单击（草图绘制）按钮，开始草图 10 的绘制，具体尺寸如图 6-199a 所示。单击图形区域右上角的（退出草图）图标结束草图 10 的绘制。

（2）单击“**特征**”工具栏上的（拉伸凸台/基体）按钮，弹出“拉伸”窗口，选择“草图 10”，在方向 1 区域的下拉列表中选择“给定深度”，并设置深度为 8mm，如图 6-199b 所示。单击（确定）按钮完成特征的创建。

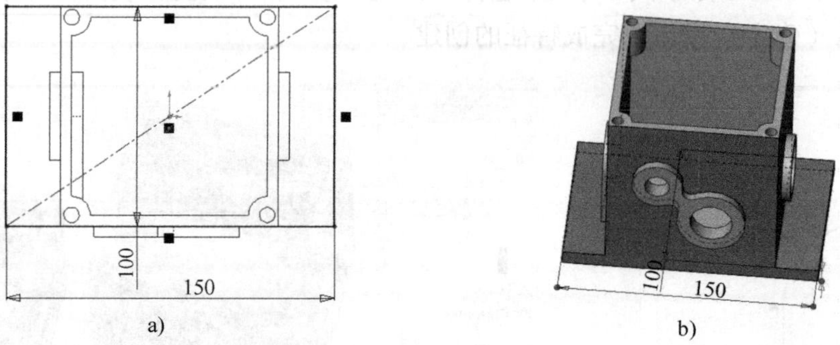

图 6-199　绘制草图 10 和创建拉伸 10 特征
a）绘制草图 10　b）创建拉伸 10 特征

第 13 步：根据草图 6-200a 创建图 6-200b 所示的零件特征——拉伸 11。

（1）选择拉伸 10 的**下端面**作为基准面，单击（草图绘制）按钮，开始草图 11 的绘制，具体尺寸如图 6-200a 所示。单击图形区域右上角的（退出草图）图标，结束草图 11 的创建。

（2）单击“**特征**”工具栏上的（拉伸凸台/基体）按钮，弹出“拉伸”窗口，选择“草图 11”，在方向 1 区域的下拉列表中选择“给定深度”，并设置深度为 4mm，如图 6-200b 所示。单击（确定）按钮，完成特征的创建。

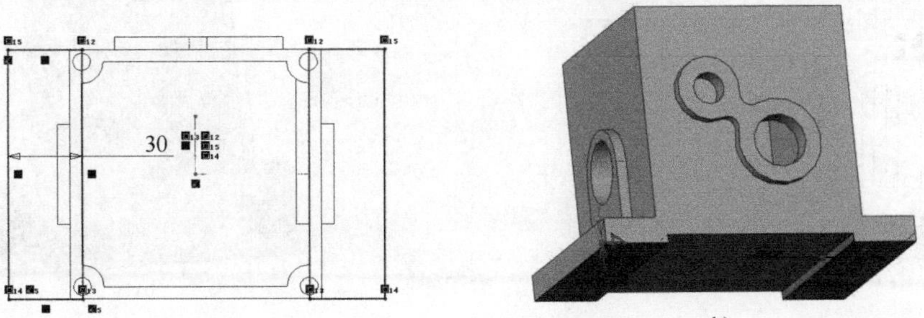

a)　　b)

图 6-200　绘制草图 11 和创建拉伸 11 特征

a）绘制草图 11　b）创建拉伸 11 特征

第 14 步：根据草图 6-201a 创建图 6-201b 所示的零件特征——拉伸 12。

（1）选择拉伸 10 的**上端面**作为基准面，单击（草图绘制）按钮，开始草图 12 的绘制，具体尺寸如图 6-201a 所示。单击图形区域右上角的（退出草图）图标，结束草图 12 的绘制。

（2）单击“**特征**”工具栏上的（拉伸凸台/基体）按钮，弹出“拉伸”窗口，选择“草图 12”，在方向1区域的下拉列表中选择“给定深度”，并设置深度为 2mm，如图 6-201b 所示。单击（确定）按钮，完成特征的创建。

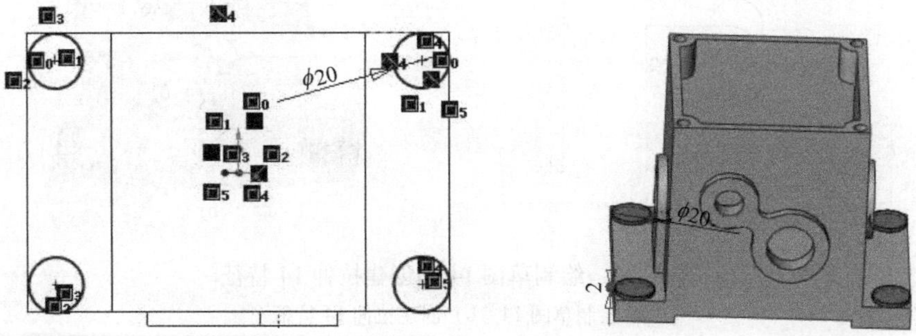

a)　　b)

图 6-201　绘制草图 12 和创建拉伸 12 特征

a）绘制草图 12　b）创建拉伸 12 特征

第 15 步：根据草图 6-202a 创建图 6-202b 所示的零件特征——拉伸 13（拉伸切除）。

（1）选择拉伸 12 的**端面**作为基准面，单击（草图绘制）按钮，开始草图 13 的绘制。单击（圆）按钮绘制草图 13，具体尺寸如图 6-202a 所示，注意圆心与草图 13 中圆弧的圆心重合。

（2）单击“**特征**”工具栏上的（拉伸切除）按钮，选中草图 13 所绘制的图形，其他参数设置如图 6-202b 所示，在方向1区域的下拉列表中选择“成形到下一面”。单击（确定）按钮，完成拉伸 13 特征的创建。

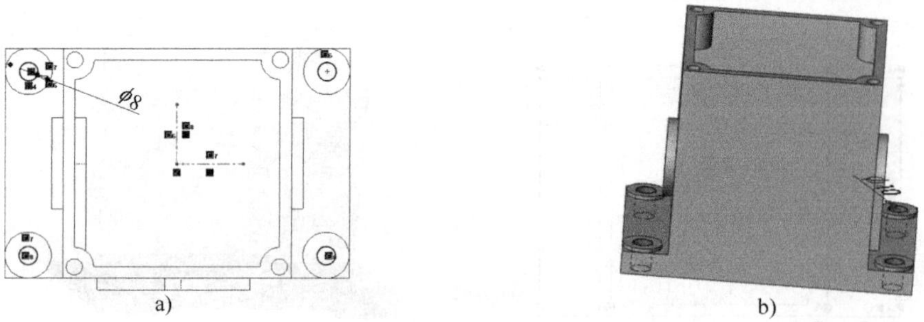

图 6-202　绘制草图 13 和创建拉伸 13 特征
a）绘制草图 13　b）创建拉伸 13 特征

第 16 步：根据草图 6-203a 创建图 6-203b 所示的零件特征——拉伸 14。

（1）选择拉伸 1 的**后端面**作为基准面，单击（草图绘制）按钮，开始草图 14 的绘制。单击（圆）按钮绘制草图 14，具体尺寸如图 6-203a 所示。

（2）单击“**特征**”工具栏上的（拉伸切除）按钮，选中草图 14 所绘制的图形，其他参数设置如图 6-203b 所示，在 方向1 区域的下拉列表中选择“成形到下一面”。单击（确定）按钮，完成拉伸 14（切除）特征的创建。

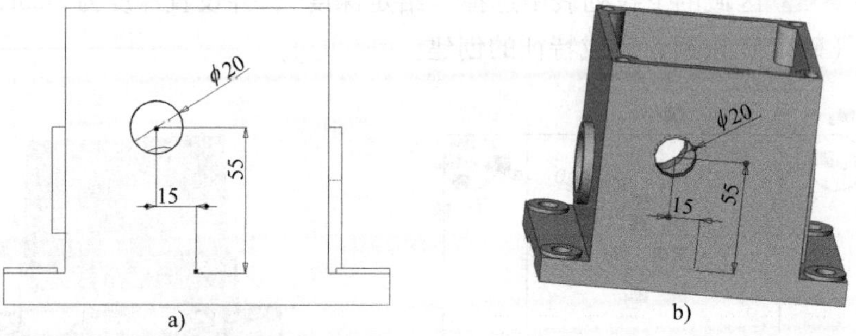

图 6-203　绘制草图 14 和创建拉伸 14 特征
a）绘制草图 14　b）创建拉伸 14 特征

第 17 步：根据草图 6-204a 创建图 6-204b 所示的零件特征——拉伸 15（拉伸切除）。

（1）选择拉伸 1 的**后端面**作为基准面，单击（草图绘制）按钮，开始草图 15 的绘制。单击（圆）按钮，绘制草图 15，具体尺寸如图 6-204a 所示。

（2）单击“**特征**”工具栏上的（拉伸切除）按钮，选中草图 15 所绘制的图形，其他参数设置如图 6-204b 所示，在 方向1 区域的下拉列表中选择“给定深度”，并设置深度为 3mm。单击（确定）按钮，完成拉伸 15 特征的创建。

第 18 步：根据草图 6-205a 创建图 6-205b 所示的零件特征——拉伸 16（拉伸切除）。

（1）选择拉伸 1 的**后端面**作为基准面，单击（草图绘制）按钮，开始草图 16 的绘制。单击（圆）按钮，绘制草图 16，具体尺寸如图 6-205a 所示，注意圆心与草图 15 中圆弧的圆心重合。

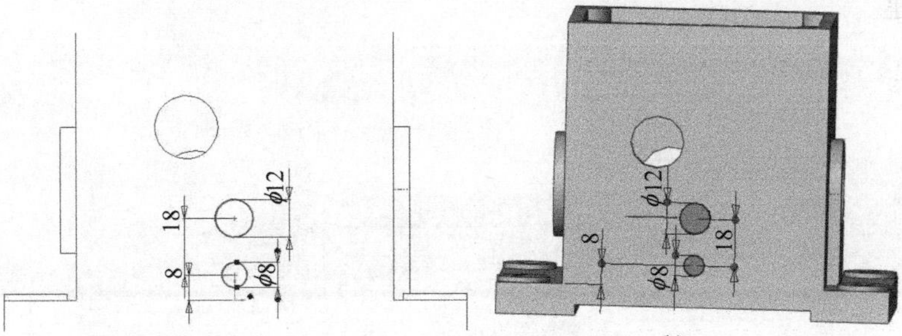

a)　　b)

图 6-204　绘制草图 15 和创建拉伸 15 特征

a）绘制草图 15　b）创建拉伸 15 特征

（2）单击“**特征**”工具栏上的（拉伸切除）按钮，选中草图 16 所绘制的图形，其他参数设置如图 6-205b 所示。在 **方向 1** 区域的下拉列表中选择“给定深度”，并设置深度为 3mm。单击（确定）按钮，完成拉伸 16 特征的创建。

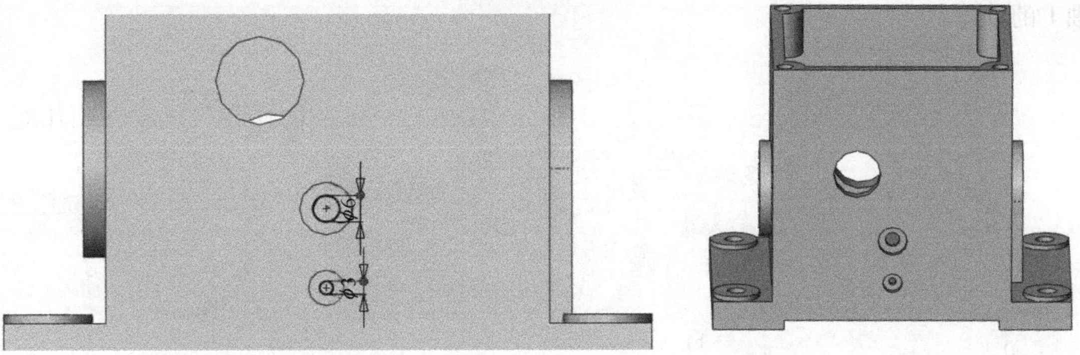

a)　　b)

图 6-205　绘制草图 16 和创建拉伸 16 特征

a）绘制草图 16　b）创建拉伸 16 特征

第 19 步：创建图 6-206 所示的零件特征——圆角 1。单击“**特征**”工具栏中的（圆角）工具，弹出“圆角”窗口，如图 6-206 所示，选中边线 1～4，设置圆角半径为 5mm，单击（确定）按钮，完成圆角 1 特征的创建。

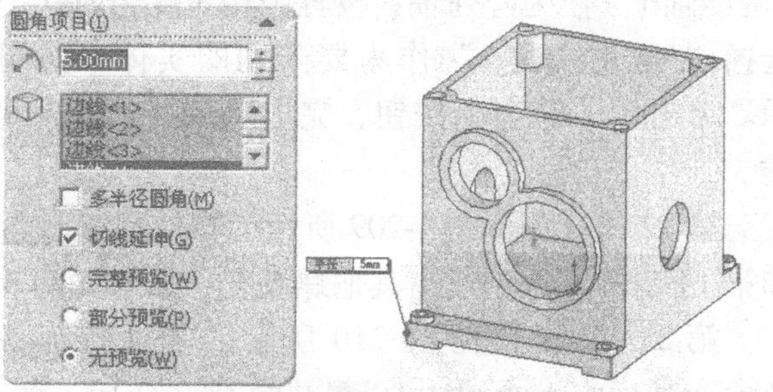

图 6-206　绘制圆角 1 特征

第 20 步：根据图 6-207 所示参数创建图 6-208 所示的零件特征——螺纹孔 1。单击“**特征**”工具栏中的（异型孔向导）按钮，弹出“孔规格”窗口，设置“类型”标签页的参数设置如图 6-

207 所示，孔中心位置如图 6-208a 所示（拉伸 5 的端面），单击✔（确定）按钮，完成 M4 螺纹孔 1 的创建。

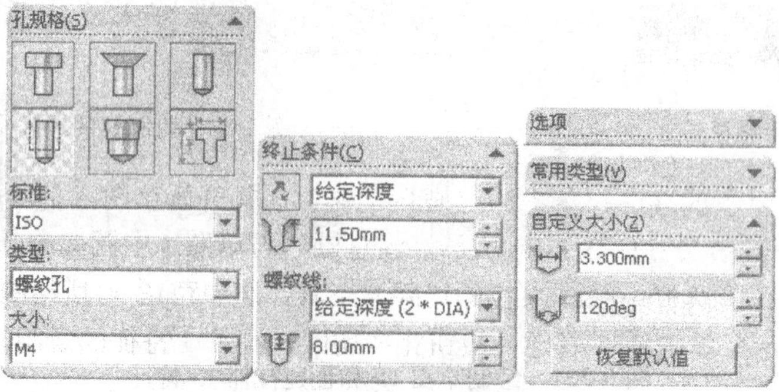

图 6-207　创建 M4 螺纹孔 1

第 21 步：创建图 6-208c 所示的零件特征——阵列（圆周）1（圆周阵列）。

（1）单击“参考几何体”工具栏中的（基准轴）按钮，弹出“基准轴”窗口，如图 6-208b 所示，选择“面 1”，单击“圆柱/圆锥面”按钮，单击✔（确定）按钮，完成基准轴 1 的创建。

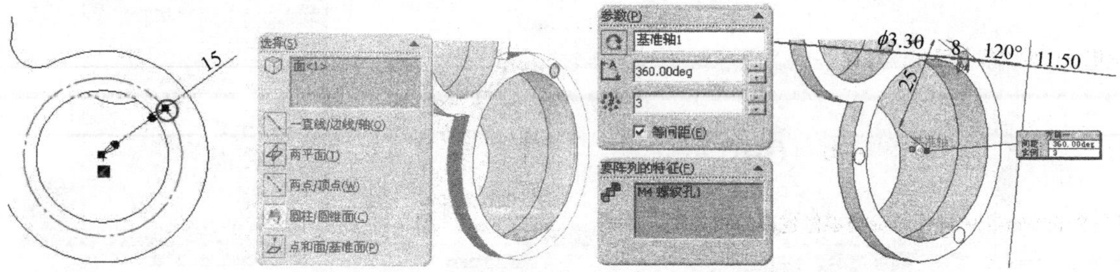

a)　b)　c)

图 6-208　螺纹孔 1 特征

a）设置螺纹孔中心位置　b）绘制基准轴 1　c）创建阵列（圆周）1 特征

（2）单击“特征”工具栏中的（圆周阵列）工具，弹出“圆周阵列”窗口，选择“基准轴 1”作为阵列轴，设置旋转角度为 360°，个数为 3，选择“M4 螺纹孔 1”作为要阵列的实体，如图 6-208c 所示。单击✔（确定）按钮，完成阵列（圆周）1 特征的创建。

第 22 步：创建图 6-209 所示的零件特征。利用第 13 步和第 14 步的方法创建出其他螺纹孔，结果如图 6-209 所示。

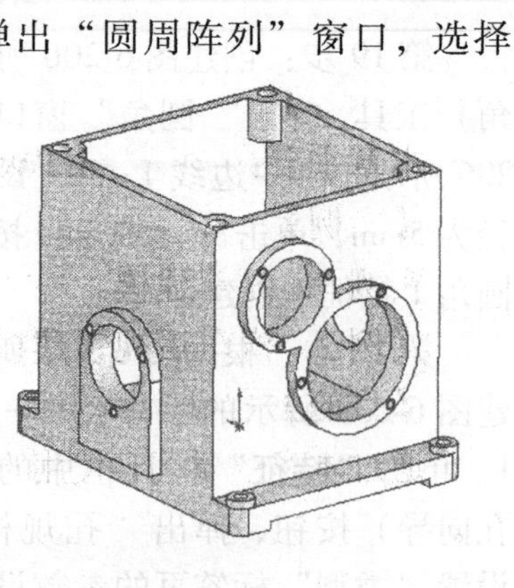

图 6-209　创建其他螺纹孔

第 23 步：创建图 6-210 所示的零件特征——圆角 2。单击“特征”工具栏中的（圆角）按钮，弹出“圆角”窗口，如图 6-210 所示，选中边线 1，设置圆角半径为 5 mm，单击✔（确定）按钮，完成圆角 2 特征的创建。

第 24 步：变速箱体绘制结束，单击“标准”工具栏中的“保存”按钮，效果如图 6-211 所示。

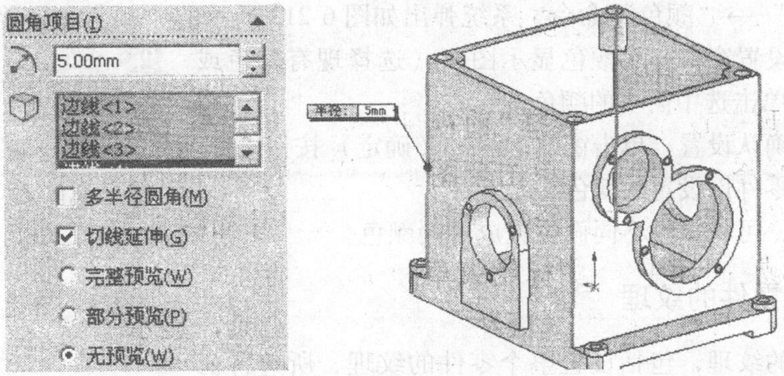

图 6-210　创建圆角 2 特征

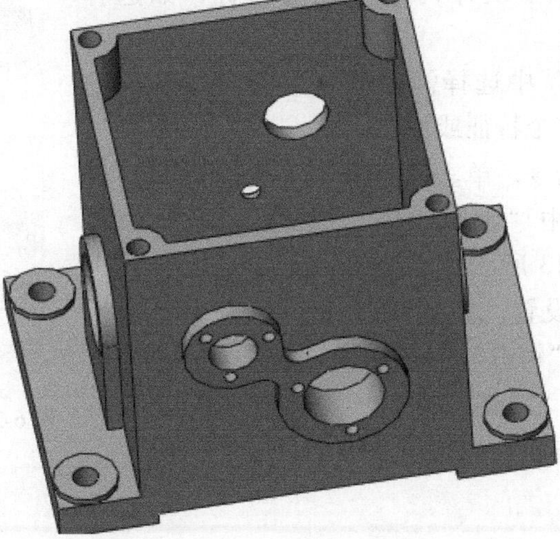

图 6-211　变速箱体

6.2　零件颜色设置、纹理设置和材质设置

6.2.1　零件颜色设置

SolidWorks 可以为整个零件，零件的某个特征或某个面设置颜色属性。

操作步骤如下。

第 1 步：选择需要设置颜色的要素（整个零件，零件的某个特征或某个面）。单击设计树中对应的名称，如选择“垫板”零件。

说明：在“设计树”中选择需要改变颜色的特征或面时，可以按 Ctrl 键选择多个特征或面。

第 2 步：执行颜色命令。单击“标准”工具栏上（颜色）按钮，或选择菜单中“编辑”→“外观”→“颜色”命令，系统弹出如图 6-212 所示的“颜色和光学”窗口。

第 3 步：设置窗口。在颜色显示图例（选择现有颜色或添加颜色）中单击选中需要的颜色。

第 4 步：确认设置。单击窗口中的（确定）按钮。

此时整个零件以设置的颜色显示。

重复操作，可将零件不同面设置成不同颜色。

图 6-212 “颜色和光学”窗口

6.2.2 设置零件的纹理

设置零件的纹理，包括设置整个零件的纹理、所选特征的纹理以及所选面的纹理。

操作步骤如下。

第 1 步：选择需要设置纹理的要素（整个零件，零件的某个特征或某个面）。单击设计树中对应的名称，如选择“拉伸 1”特征。

说明：在“设计树”中选择需要改变颜色的特征或面时，可以按 Ctrl 键选择多个特征或面。

第 2 步：执行纹理命令。单击“标准”工具栏上（纹理）按钮，或选择菜单中“编辑”→“外观”→“纹理”命令，系统弹出如图 6-213 所示的“纹理”窗口。

第 3 步：选择纹理设置。在“纹理树”列表中单击选择，如选择“金属”→“铸造”→“铸铁”选项。

第 4 步：确认设置。单击窗口中的（确定）按钮。

此时整个零件以“铸铁”的纹理显示。

6.2.3 零件材质设置

可以为零件设置材质属性。

操作步骤如下。

第 1 步：选择需要设置材质的要素（整个零件，零件的某个特征或某个面）。单击设计树中对应的名称，如选择“垫板”零件。

第 2 步：执行材质命令。选择菜单中“编辑”→“外观”→“材质”命令，系统弹出如图 6-214 所示的“材质编辑器”窗口。

第 3 步：在“材质”列表中选择执行纹理命令。如选择“红铜及其合金”→“锰青铜”选项。

第 4 步：确认设置。单击窗口中的（确定）按钮。

此时整个零件以“锰青铜”的材质显示。

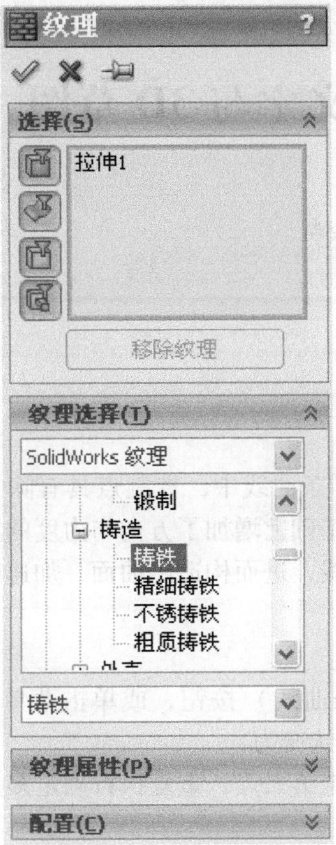

图 6-213　“纹理” 窗口

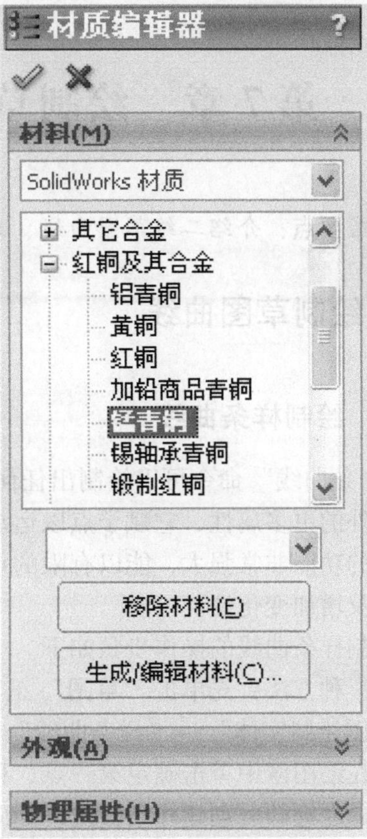

图 6-214　“材质编辑器” 窗口

第 7 章　绘制草图曲线、文字与 3D 草图

本章要点：介绍二维草图曲线、文字和 3D 草图的绘制。

7.1　绘制草图曲线

7.1.1　绘制样条曲线

“样条曲线”命令可以绘制出任何复杂的曲线。在样条曲线中，控制点具有除空间位置坐标以外的更多属性，它赋予点以运动的特性，在位置基础上增加了方向与力度的属性。样条曲线的功能非常强大，能以有限的点来绘制复杂的曲线，进而构造出曲面，加速产品的开发过程及增加变化性。

绘制样条曲线的操作步骤如下。

第一种方法：先单击“**草图**”工具栏上的～（样条曲线）按钮，或单击菜单“工具”→“草图绘制实体”→“样条曲线”命令，鼠标指针形状变为。

再在绘图区中单击确定第一点，移动鼠标后单击确定第二点，重复执行确定多点，最后双击鼠标左键即可创建样条曲线，如图 7-1 所示。

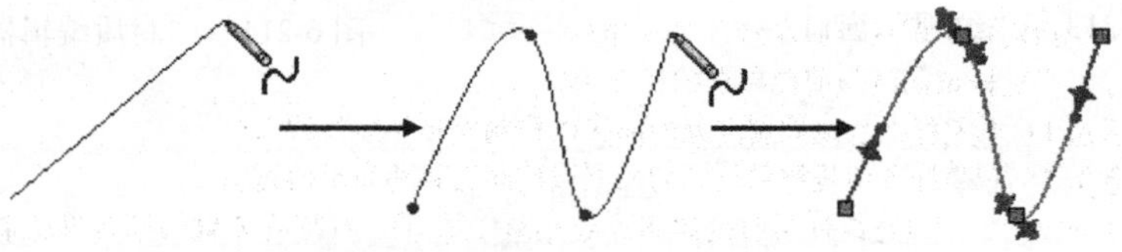

图 7-1　样条曲线的创建过程

第二种方法：执行命令后，在绘制区中单击确定放置样条曲线的第一点，按住鼠标左键拖动出第一段线段，释放鼠标左键完成第一段线段的绘制。然后单击第一段线段的终点并按住鼠标左键拖动出第二段线段，重复以上步骤直到完成样条曲线的绘制，如图 7-2 所示。

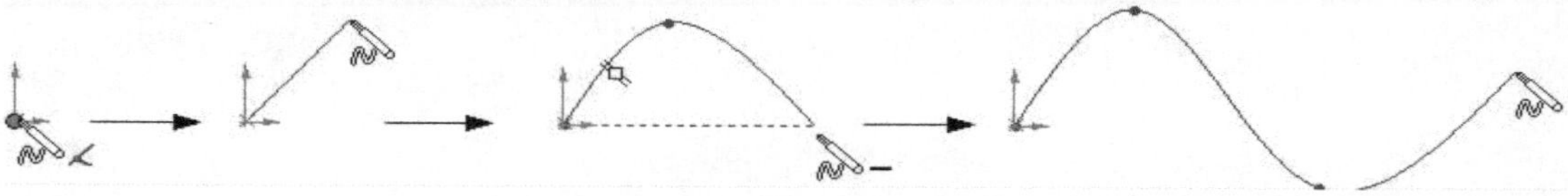

图 7-2　样条曲线的绘制过程

7.1.2　绘制椭圆

（1）绘制椭圆的方法。进入草图绘制环境后，单击“草图”工具栏中的（椭圆）按

钮，或选择菜单“工具”→“草图绘制实体”→“椭圆（长短轴）”命令，此时鼠标指针形状变为，然后在绘图区的适当位置单击确定椭圆圆心的位置，拖动鼠标并单击确定椭圆一个半轴的长度，再次拖动鼠标并单击确定椭圆另一个半轴的长度，椭圆即绘制完成，如图 7-3 所示。

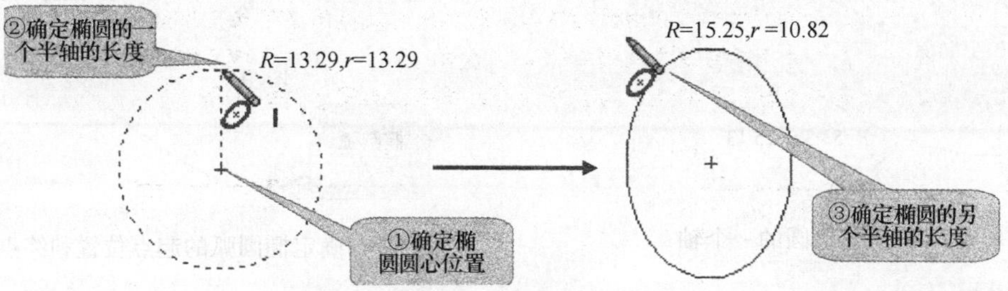

图 7-3　绘制椭圆

（2）调整椭圆的方法。选中椭圆时，其上有四个星位，若在星位处按住鼠标左键并拖动，可让椭圆绕圆心旋转，或改变大小，如图 7-4a 所示。若在圆心处按住鼠标左键并拖动，可让椭圆绕一个星位旋转，如图 7-4b 所示。

a)　　b)

图 7-4　调整椭圆的方法
a）绕圆心旋转椭圆　b）绕星位旋转椭圆

7.1.3　绘制椭圆弧

【实例 7-1】　绘制椭圆弧。可通过以下操作来绘制椭圆弧（即部分椭圆）。

第 1 步：进入草图绘制环境后，单击草图工具栏中的（部分椭圆）按钮，或选择菜单“工具”→“草图绘制实体”→“部分椭圆”命令，此时鼠标指针形状变为。

第 2 步：在绘图区的适当位置单击确定椭圆弧圆心的位置，然后移动鼠标指针拖出一个虚线圆，如图 7-5 所示。

第 3 步：单击确定椭圆的一个轴，此时再移动鼠标指针就能拖出一个椭圆，如图 7-6 所示。

第 4 步：在椭圆圆周上单击确定椭圆弧的起点位置和椭圆弧另一个轴的长度，然后移动鼠标指针，在椭圆圆周

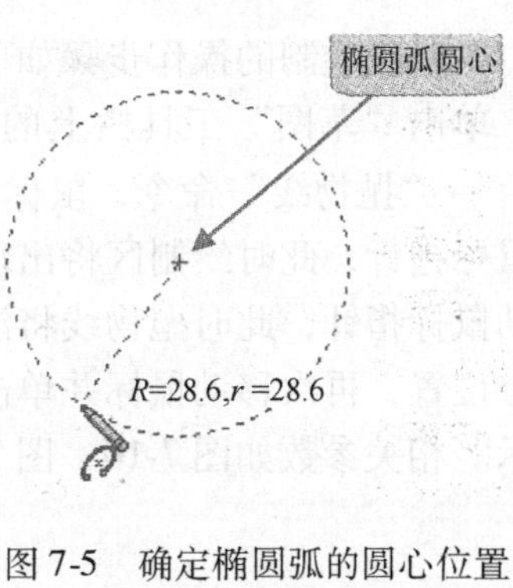

图 7-5　确定椭圆弧的圆心位置

上再次单击确定椭圆弧的终点位置，如图 7-7 所示，此时椭圆弧即创建完成。

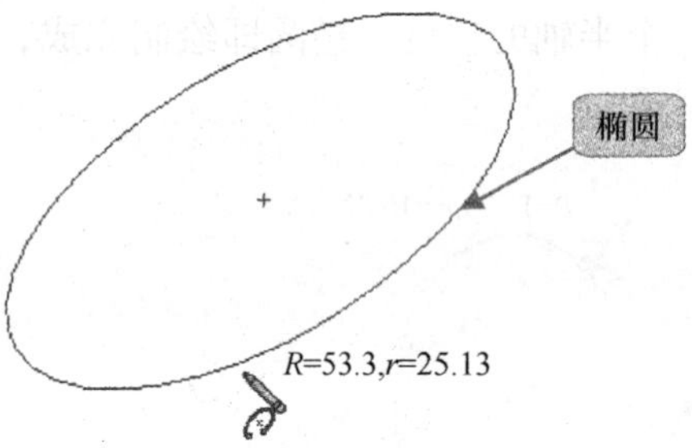

图 7-6　确定椭圆的一个轴

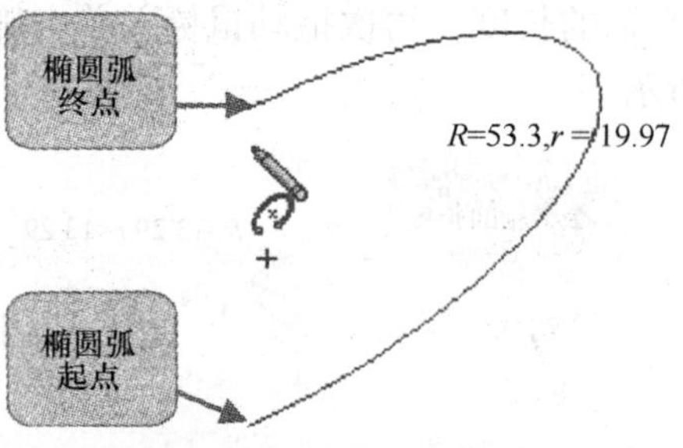

图 7-7　确定椭圆弧的起点位置和终点位置

调整椭圆弧的方法：选中椭圆弧，椭圆弧上会出现星位，用鼠标拖动椭圆弧的星位，可调整椭圆弧的大小，如图 7-8a 所示。用鼠标拖动椭圆弧的线，可调整椭圆弧的形状，如图 7-8b 所示。用鼠标拖动椭圆弧的圆心，可移动椭圆弧的位置，如图 7-8c 所示。

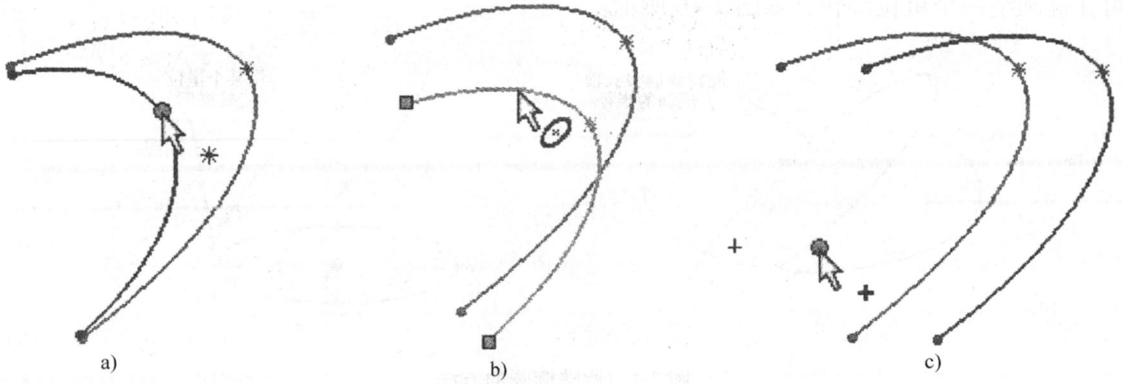

图 7-8　调整椭圆弧的方法
a）调整椭圆弧的大小　b）调整椭圆弧的形状　c）移动椭圆弧

7.1.4　绘制抛物线

抛物线绘制的操作步骤如下。

单击“草图”工具栏上的∪（抛物线）按钮，或单击菜单“工具”→“草图绘制实体”→“抛物线”命令，鼠标指针形状变为。在绘制区中，单击确定抛物线的焦点，拖动鼠标指针，此时绘制区将出现一条虚的抛物线。然后将鼠标指针放到虚线的某一处单击，移动鼠标指针，此时抛物线将沿着虚线逐渐显示。移动鼠标至合适位置，单击确定抛物线的起点位置，再次移动鼠标并单击确定抛物线的终止点位置，即完成抛物线的绘制，如图 7-9 所示。相关参数如图 7-10、图 7-11 所示。

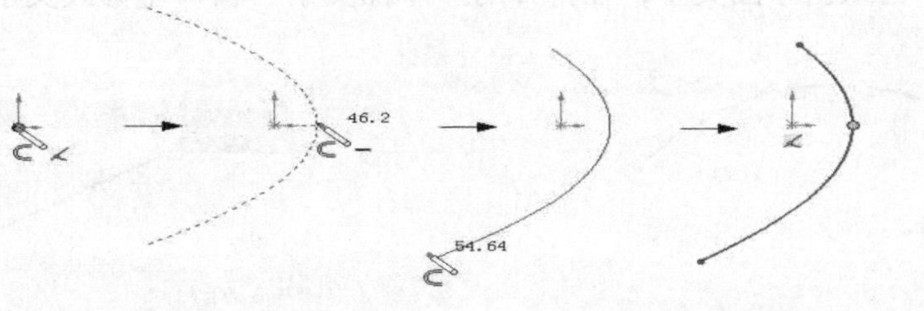

图7-9　绘制抛物线的过程

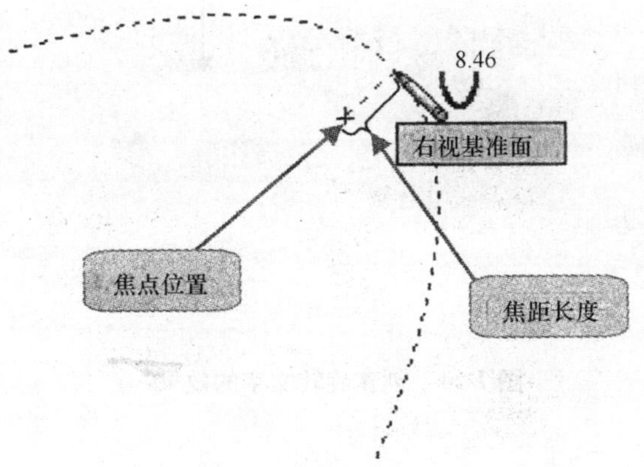

图7-10　确定抛物线的焦点位置和焦距长度

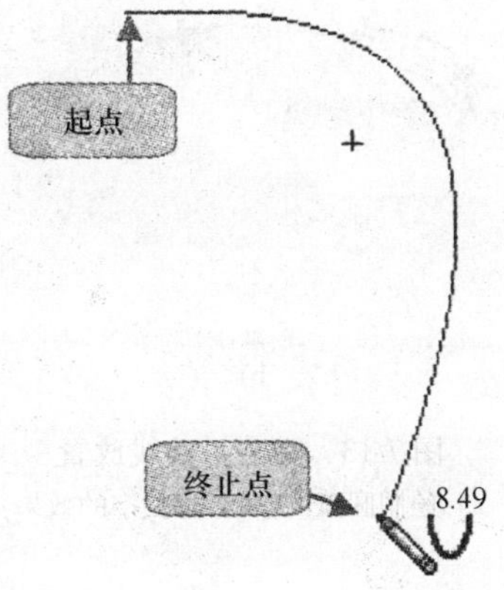

图7-11　确定抛物线的起点和终止点位置

7.2　创建文字

在绘制草图时，可以使用文本工具为图形添加一些文字注释信息。通过设置文字的格式，还可以制作出各种各样的文字效果。下面是一个在 SolidWorks 中添加文字的操作实例。

【实例7-2】　创建文字

第1步：确定草图绘制平面后，首先绘制一段圆弧，如图7-13a 所示，然后单击“草图”工具栏中的 （绘制文字）按钮，或选择菜单“工具”→“草图绘制实体”→“文本”命令，在绘图区的左侧弹出“草图文字”窗口，如图7-12 所示。

第2步：在管理器的“文字”编辑框内输入文字“雅马哈 YZF-R6”，在绘图区中选中“圆弧”，如图7-13a 所示，将文字设置为沿圆弧放置，效果如图7-13b 所示。

第3步：在窗口的“文字”编辑框中选中文字“雅马哈 YZF-R6”，并单击 （旋转）按钮，使文字旋转30°，最后单击“草图文字”窗口中的 （确定）按钮即可。创建旋转文字的效果如图7-14 所示。

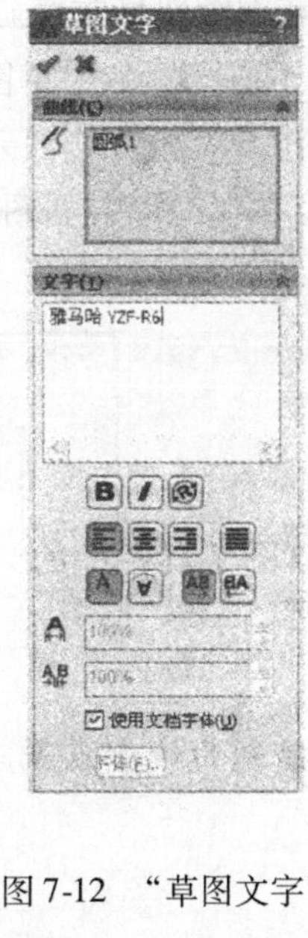

图7-12　“草图文字”窗口

说明：草图文字创建后，拖动草图文字附着的曲线，文字将会随曲线移动。可双击草图文字，在打开的“草图文字”窗口中修改文字。

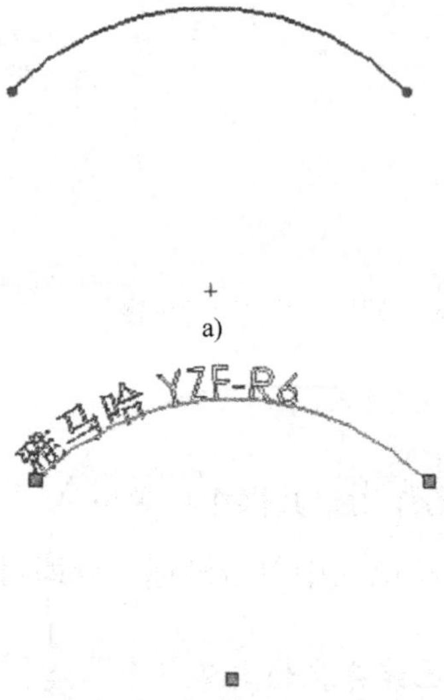

图 7-13　文字沿曲线放置

a）绘制圆弧　b）添加文字的效果

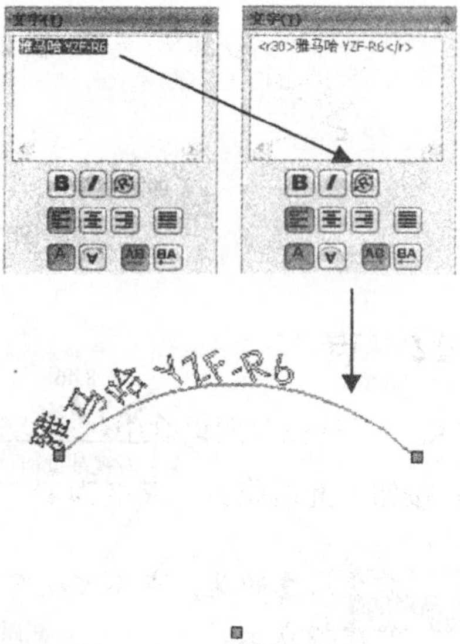

图 7-14　创建旋转文字的效果

7.3　编辑草图

7.3.1　旋转草图

在草图中选择需要旋转的实体，单击“草图”工具栏中的（旋转实体）按钮，或选择菜单“工具”→“草图工具”→“旋转”命令，系统弹出“旋转”窗口，单击一点作为旋转中心，选择后将显示一个坐标系，按下鼠标左键并拖动即可旋转实体，最后单击（确定）按钮即可，如图 7-15 所示。

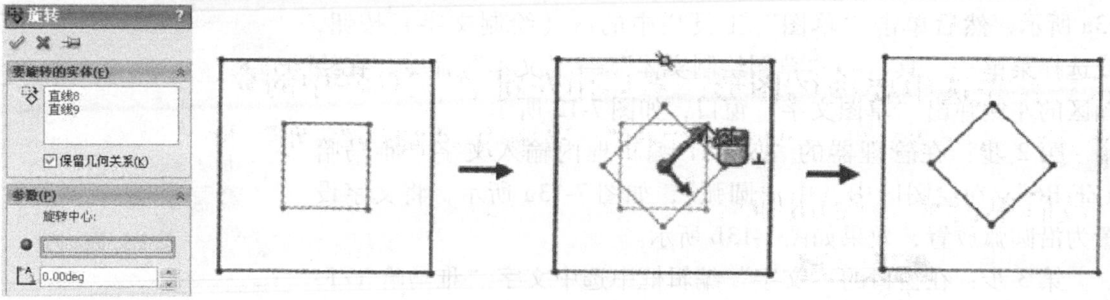

a)　　b)

图 7-15　“旋转”窗口和旋转实体的操作方式

a）“旋转”窗口　b）旋转实体的操作方式

说明：在旋转实体的操作过程中，可在窗口左侧“旋转”窗口的（角度）文本框中输入角度值来确定精确的角度。

7.3.2　缩放实体

在草图中选中需要缩放的实体，单击“草图”工具栏中的（缩放实体）按钮，或选择菜单“工具”→“草图工具”→“缩放比例”命令，系统弹出“比例”窗口，单击圆心设置比例缩放点，再在（比例因子）文本框中设置缩放的比例，最后单击（确定）按钮即可缩放实体，如图 7-16 所示。若在“比例”窗口中选中复制(Y)复选项，则在生成缩放实体时保留原实体，即同时实现复制的操作。

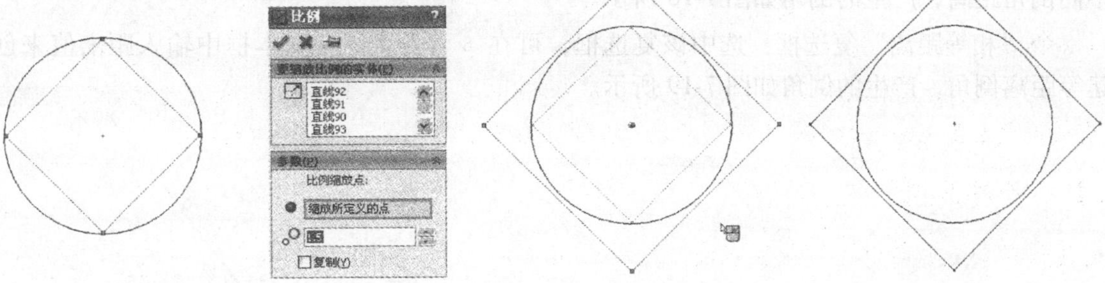

a)　b)　c)　d)

图 7-16　缩放实体的操作方式

a）选择需要缩放的实体　b）“比例”窗口　c）缩放　d）缩放后的效果

7.3.3　绘制倒角

绘制倒角与绘制圆角类似，单击草图工具栏中的（绘制倒角）按钮，或选择菜单“工具”→“草图工具”→“倒角”命令，弹出“绘制倒角”窗口，然后设置倒角参数，再在绘图区选取倒角的两条线即可，如图 7-17 所示。

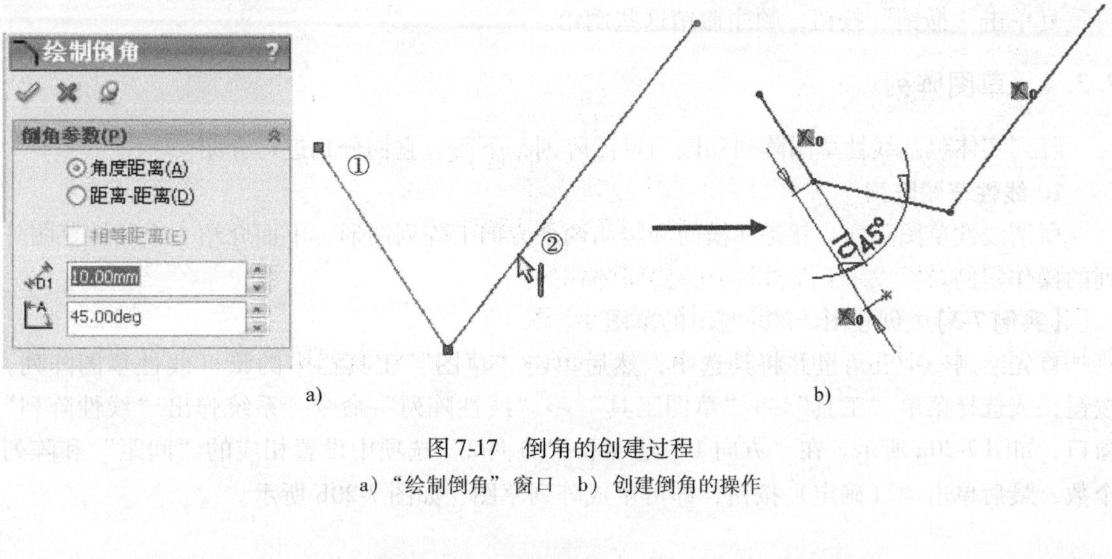

a)　b)

图 7-17　倒角的创建过程

a）“绘制倒角”窗口　b）创建倒角的操作

说明：若两条线段是相交的，在创建倒角时，直接单击该交点即可生成倒角。另外，创建倒角时，所选取的两条线段可以相交，也可以不相交。

下面解释一下“绘制倒角”窗口中各选项的作用。

◇“角度-距离”单选钮：以角度和距离的形式来创建倒角。可在下方参数（距离 1）和（方向 1 角度）文本框中设置距离值和角度值。图 7-17 所示即是使用此方法来创建倒角的，其中“角度”是选择的第一条边与倒角线的夹角，“距离”是所选择的第一条边与倒角线的交点至原来两线交点的距离。

◇“距离-距离”单选钮：选中该单选钮，将以“距离-距离”的形式创建倒角。在此模式下可在（距离 1）和（距离 2）文本框中分别设置所选第一条线和第二条线上的不同倒角距离，产生的倒角如图 7-18 所示。

◇“相等距离”复选框：选中该复选框，可在（距离 1）文本框中输入距离值来创建等距离倒角，产生的倒角如图 7-19 所示。

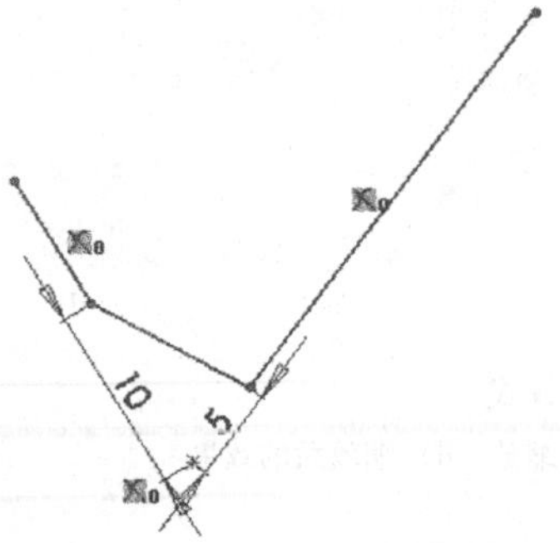

图 7-18　以距离-距离方式创建倒角

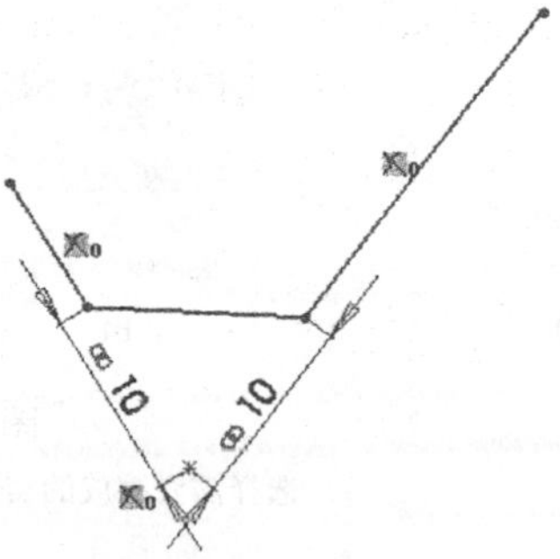

图 7-19　创建等距离倒角

◇/（保持可见）图标按钮：在窗口中默认为（保持可见）形状，表示可连续绘制多个倒角。当单击此按钮将其图标转变为（保持可见）形状时，执行一个绘制倒角命令后，系统将自动退出倒角命令。

◇撤消(U)按钮：单击一次则撤销上一个倒角。若多个倒角是通过一个倒角命令完成的，可重复单击“撤销”按钮，顺序撤销这些倒角。

7.3.4　草图阵列

阵列实体包括线性草图阵列和圆周草图阵列，下面对它们分别进行介绍。

1. 线性草图阵列

所谓线性草图阵列，就是在横向和竖向两个方向上阵列图形。下面介绍一个线性草图阵列的操作实例。

【实例 7-3】　创建图 7-20b 所示的草图。

首先绘制一个五角星并将其选中，然后单击“草图”工具栏中的（线性草图阵列）按钮，或选择菜单“工具”→“草图工具”→“线性阵列”命令，系统弹出“线性阵列”窗口，如图 7-20a 所示。在“方向 1”选项和“方向 2”选项中设置相应的“间距”和阵列个数，最后单击（确定）按钮，即可生成阵列草图，如图 7-20b 所示。

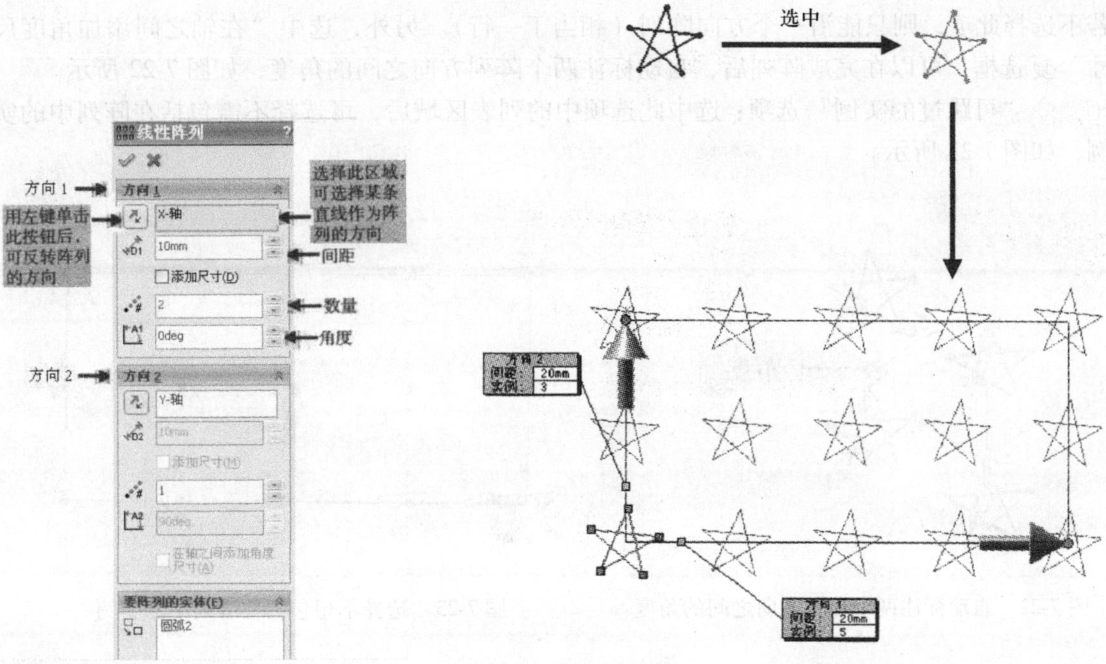

a)　　　　　　　　　　　　　　　　　　b)

图 7-20　线性草图阵列的操作方式

a）“线性阵列”窗口　b）操作过程

下面解释一下“线性阵列”窗口中各选项的作用。

◇“方向 1”选项：用于设置阵列第一个方向上的参数。例如，可设置阵列的参考轴以及各阵列对象间的距离、个数，以及阵列方向与参考轴之间的角度等，如图 7-21a 所示。另外，选中“添加尺寸”复选框，可以在完成阵列后自动标注两个阵列方向之间的尺寸，如图 7-21b 所示。

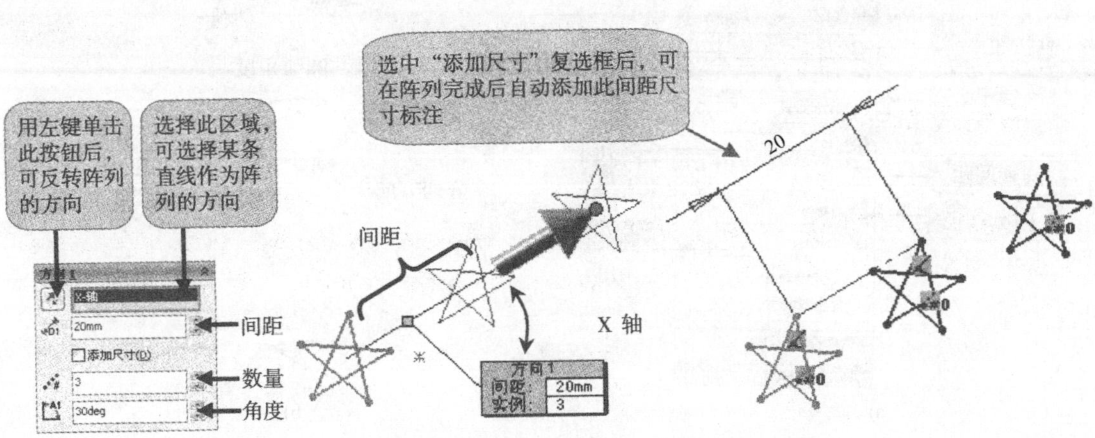

a)　　　　　　　　　　　　　　　　　　b)

图 7-21　“方向 1”选项的作用

a）“方向 1”选项　b）“添加尺寸”复选框的作用

◇“方向 2”选项：用于设置阵列在第二个方向上的参数，其操作同“方向 1”选项。若不选择此项，则只能沿一个方向阵列（相当于一行）。另外，选中“在轴之间添加角度尺寸”复选框，可以在完成阵列后，自动标注两个阵列方向之间的角度，如图 7-22 所示。

◇“可跳过的实例”选项：选中此选项中的列表区域后，可选择不需包括在阵列中的实例，如图 7-23 所示。

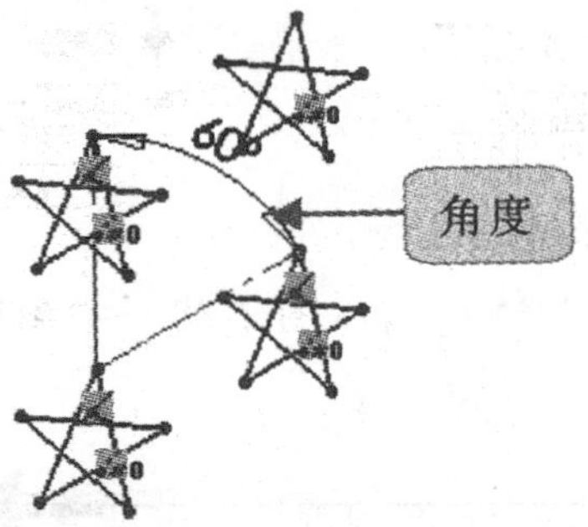

图 7-22　自动标注两个阵列方向之间的角度

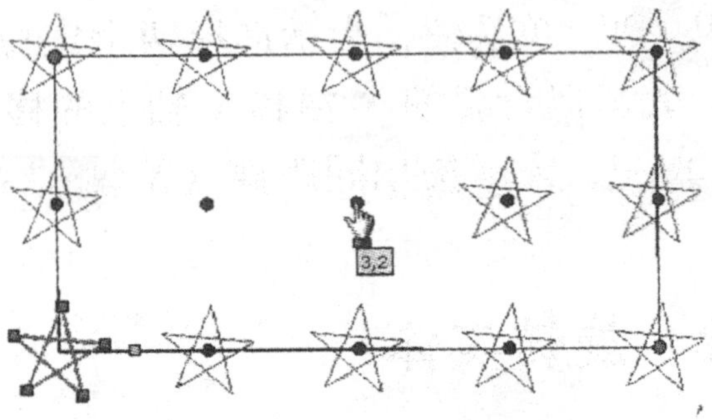

图 7-23　选择不想包括在阵列中的实例

2. 圆周草图阵列

圆周草图阵列用于将草图中的图形以圆周的形式阵列。下面介绍一个圆周草图阵列的操作实例。

【实例 7-4】　创建图 7-24b 所示草图。

如图 7-24 所示，首先选中要进行阵列的图形，然后单击“草图”工具栏中的（圆周草图阵列）按钮，或选择菜单“工具”→“草图工具”→“圆周阵列”命令，系统弹出“圆周阵列”窗口，设置阵列个数和角度，最后单击（确定）按钮即可。

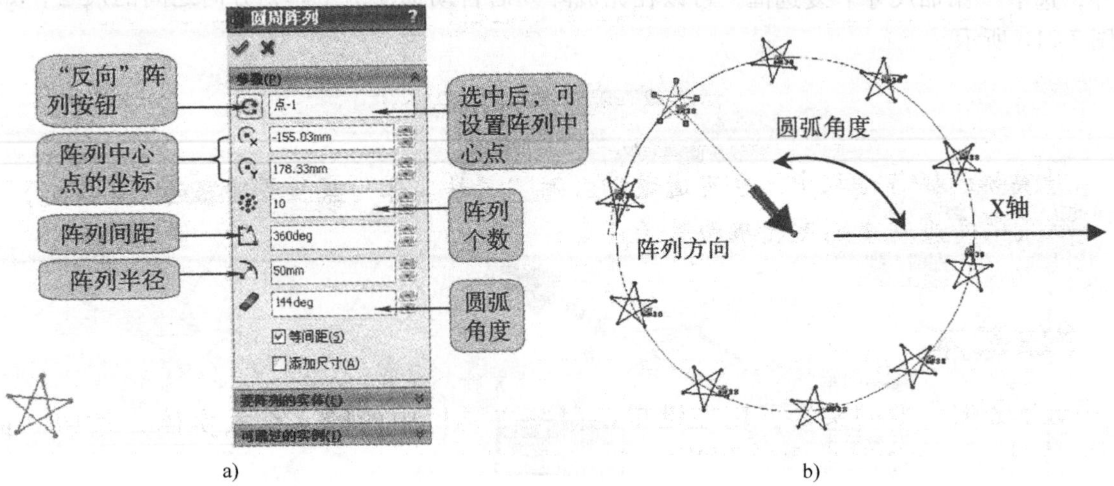

a)　　b)

图 7-24　圆周草图阵列的操作方式

a）“圆周阵列”窗口　b）操作方式

说明：选中“等间距”复选框后，将在阵列间距（要进行阵列操作的总角度）内平均分配阵列对象，如取消其选中状态，阵列间距则为两个阵列对象间的角度值。

7.3.5　分割实体

使用“分割实体”命令，可将草图实体在某一位置上一分为二。单击“草图”工具栏中的（分割实体）按钮，或选择菜单“工具”→“草图工具”→“分割实体”命令，再在绘图区单击需要分割的图线位置，即可在此位置进行分割，如图 7-25 所示。

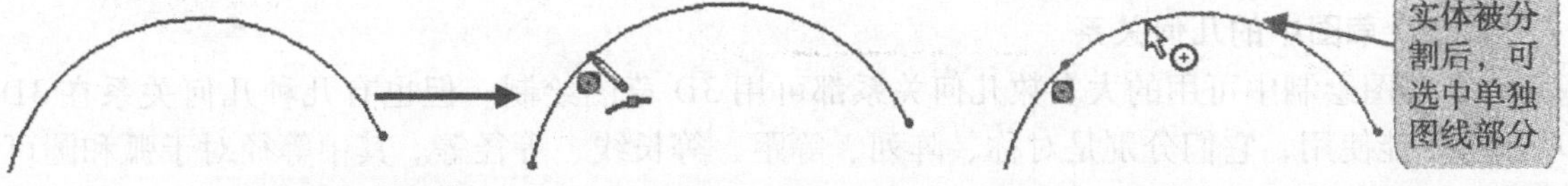

图 7-25　分割实体的操作方式
a）分割的操作　b）分割后的效果

说明：若想将两个分割的草图实体合并成一个实体，则可在草图绘制环境中单击选中该草图上的分割点，再按“删除”键即可。

7.4　3D 草图的绘制

7.4.1　3D 草图操作

2D 草图绘制和 3D 草图绘制之间既相似又有区别，2D 草图绘制必须在基准面上完成，而 3D 草图绘制是在立体空间完成的。3D 草图绘制工具如图 7-26 所示。

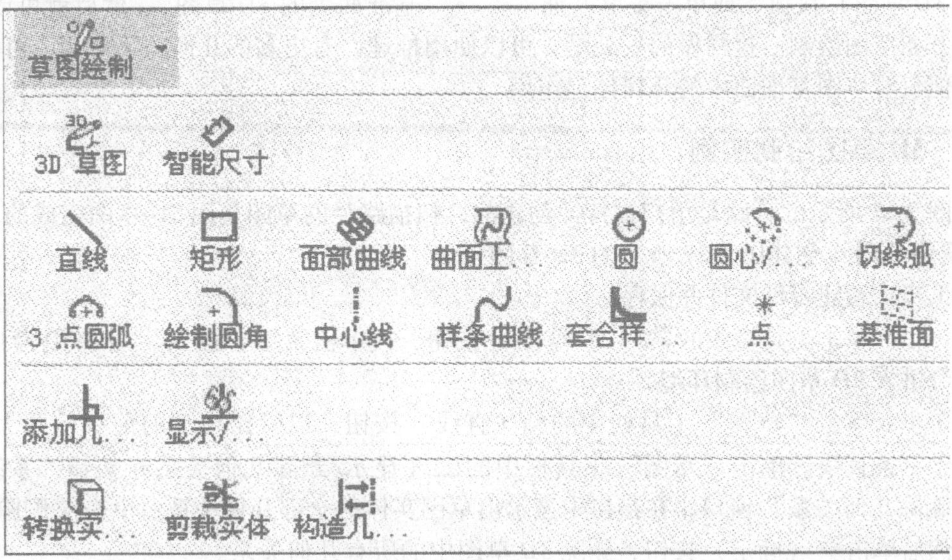

图 7-26　3D 草图绘制工具

1. 3D 草图绘制

可以选择一个基准面或模型平面或在三维空间的任意点生成 3D 草图实体。单击工具栏中的 （3D 草图）按钮，或单击菜单“插入”→“3D 草图”命令。在等轴测视图的“前视基准面”中打开一个 3D 草图，进入 3D 草图绘制环境。或选择一个基准面，然后单击菜单“插入”→“基准面上的 3D 草图” 命令，基准面上的 3D 草图就是在选择的基准面中添加一个 3D 草图。

当在三维空间中绘制草图时，可以捕捉到主要方向 *X*、*Y* 或 *Z*，并且分别沿 *X*、*Y* 和 *Z* 方向应用约束，这些是对整体坐标系的约束。当在基准面上绘制草图时，可以捕捉到基准面的水平或垂直方向，并且约束应用于水平和垂直，这些是对基准面、平面等的约束。

2. 3D 草图中的几何关系

2D 草图绘制中可用的大多数几何关系都可用 3D 草图绘制。但也有几种几何关系在 3D 草图中不能使用，它们分别是对称、阵列、等距、等长线、等径等。其中等径对于弧和圆可用。

3. 3D 草图的基准面

在 3D 草图中可以添加基准面。3D 基准面包括以下特性。

（1）定义基准面。基准面可以被完全定义、过定义和欠定义。

（2）添加几何关系。可以在基准面上添加或删除几何关系。

（3）使用几何关系定位其他几何体或定位基准面。

（4）移动基准面。通过拖动来移动。通过拖动角落控标调整基准面大小，并使用中心控标旋转基准面。

（5）激活基准面。双击鼠标激活基准面。

4. 三维空间中的 2D 草图绘制

当在三维空间打开草图时，可以从任意位置开始草图绘制，并且都将添加一个原点。要在 3D 草图中使用 2D 草图模式，可通过添加 3D 草图基准面激活平面，也可以单击 （基准面上的 3D 草图）按钮，或单击菜单“插入”→“基准面上的 3D 草图”，然后就可以在 2D 模式下开始草图绘制。这样做的好处是，可以使用推理，有更多的几何关系可用，可以使用捕捉，但仅对草图基准面中的几何体起作用。

7.4.2 3D 草图绘制实例

如图 7-27 所示的管路是用扫描特征创建的，扫描路径的草图是用 3D 草图完成的。

【实例 7-5】 创建图 7-27 所示的 3D 草图。

第 1 步：新建零件文件并保存。

第 2 步：单击工具栏中的 （3D 草图）按钮，或单击菜单“插入”→“3D 草图”命令，系统进入 3D 草图绘制环境。

第 3 步：单击“草图”工具栏中的 （直线）按钮，以管路模型的前视轮廓为参考，绘制出十一条直线。单击“草图”工具栏中的 （显示/删除几何关系）按钮，系统弹出“显示/删除几何关系”窗口，在窗口中显示出草图实体的全部几何关系，单击“删除所有”按钮，然后单击 （确定）按钮，删除 3D 草图中的所有几何关系。

第 4 步：选择直线的起点，在窗口中修改 *X*、*Y*、*Z* 的参数值，然后单击 （固定）按钮，将点固定。用同样的方法分别将十二个点的 *X*、*Y*、*Z* 参数修改并作“固定”约束，如图 7-28 和图 7-29 所示。十二个点的参数值见表 7-1。

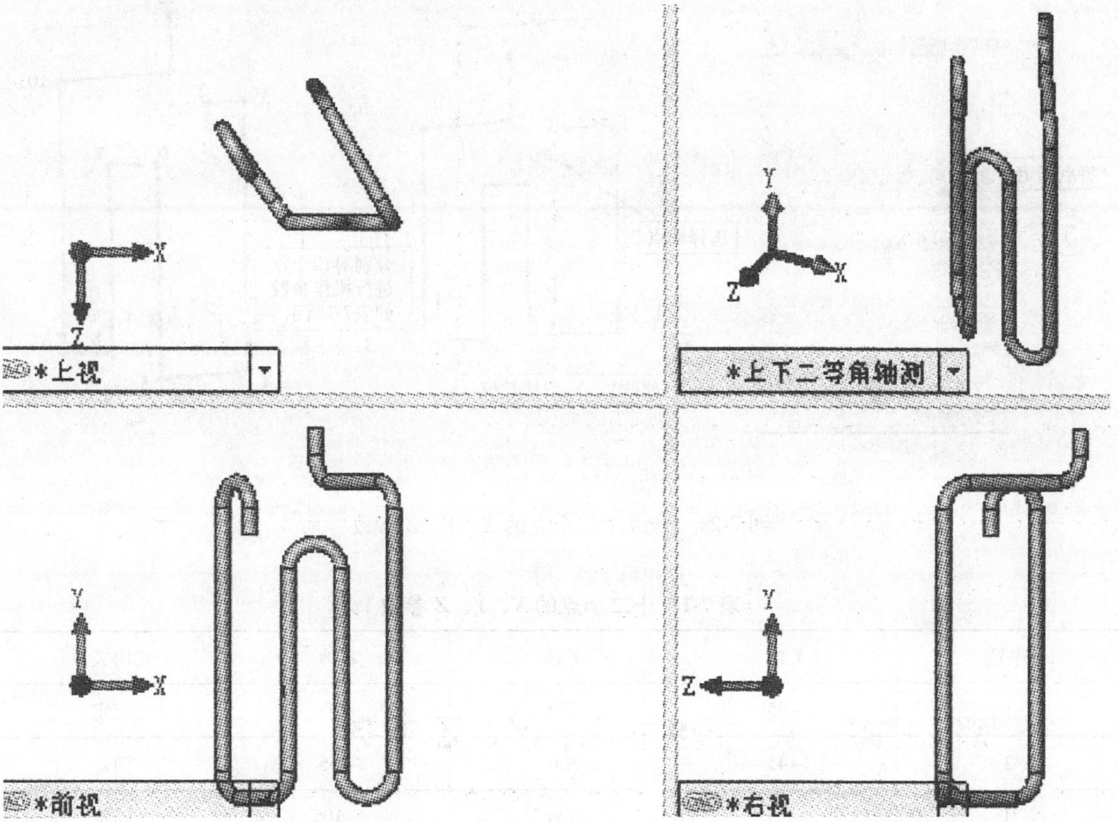

图 7-27　管路模型

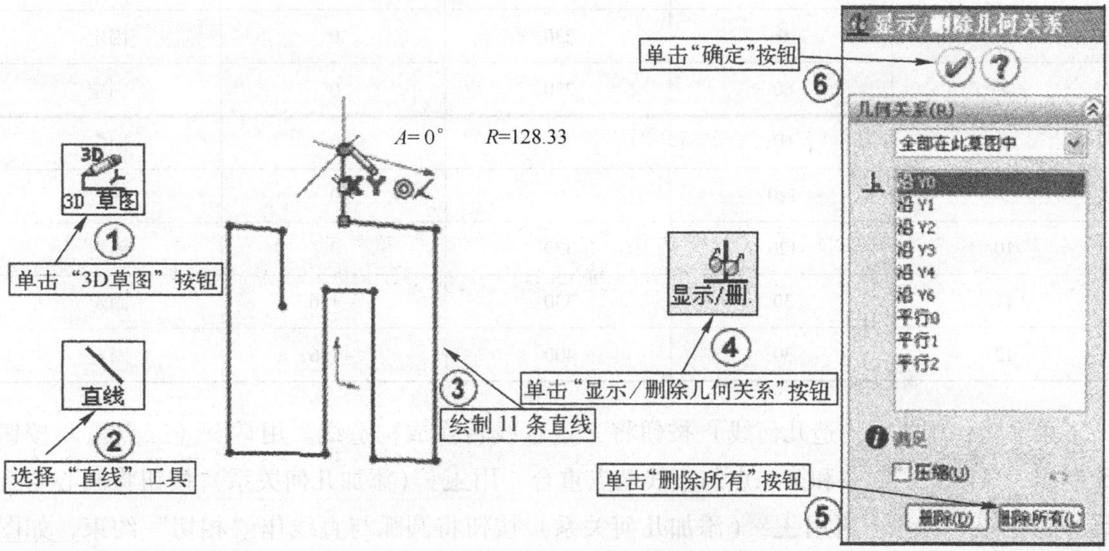

图 7-28　绘制 3D 草图，删除余部几何关系

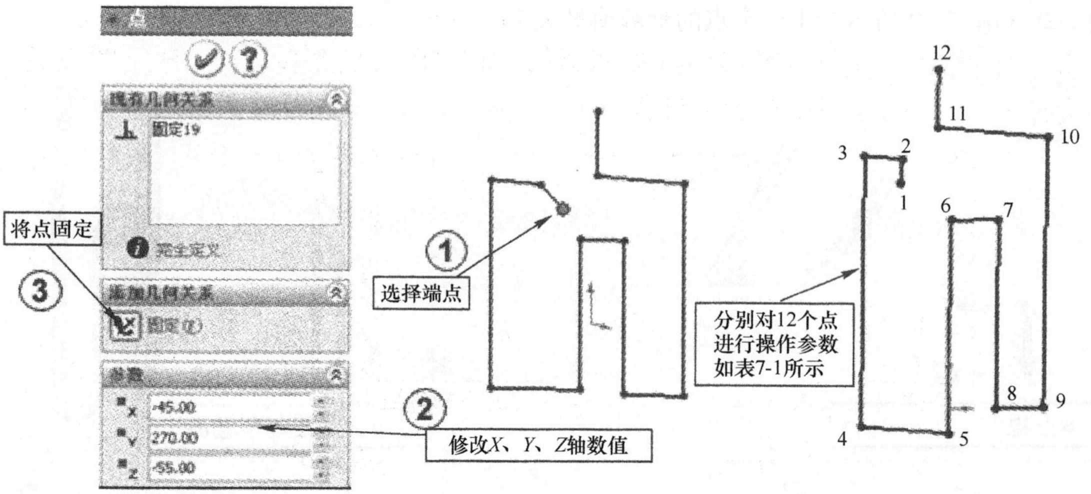

图 7-29　修改十二个点的 X、Y、Z 参数

表 7-1　十二个点的 X、Y、Z 参数

序号	X 轴	Y 轴	Z 轴	几何关系
1	-45	270	-55	固定
2	-45	300	-55	固定
3	-75	300	-105	固定
4	-75	-30	-105	固定
5	0	-30	0	固定
6	0	230	0	固定
7	60	230	0	固定
8	60	0	0	固定
9	120	0	0	固定
10	120	330	0	固定
11	30	330	-156	固定
12	30	400	-156	固定

第 5 步：用（构造几何线）按钮将三条直线转换成构造线。用（三点弧）按钮绘制出一条圆弧，起点和第二点与直线端点重合。用（添加几何关系）按钮将圆心与直线作“中点”约束。再用（添加几何关系）按钮将圆弧与直线作“相切”约束，如图 7-30 所示。

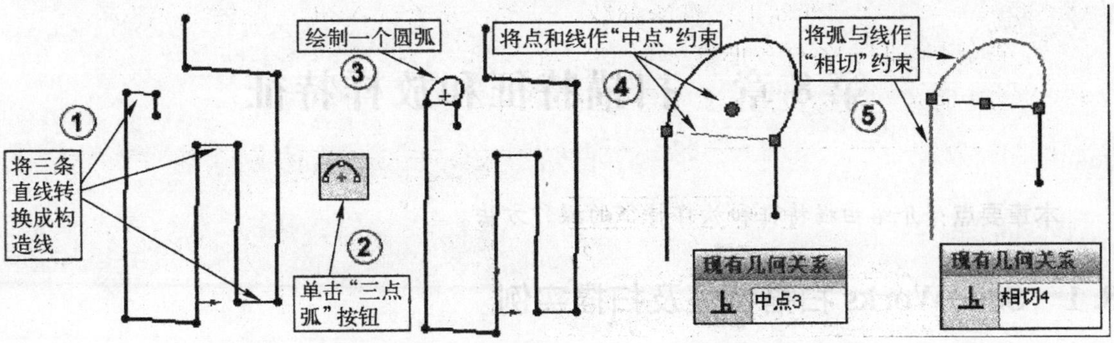

图 7-30　绘制三点弧并添加约束

第 6 步：用同样的方法绘制另外两个三点弧，如图 7-31 所示。

第 7 步：单击 （绘制圆角）工具，在"绘制圆角"窗口中设置圆角半径为 30，选择需要倒圆角的两条边，产生 *R*30 的圆角，如图 7-32 所示。用同样的方法绘制另外三个圆角，如图 7-33 所示。

第 8 步：退出草图绘制。草图绘制完毕后，单击"**草图**"工具栏的 （退出草图）按钮，退出草图绘制环境。

第 9 步：保存文件，关闭文件。

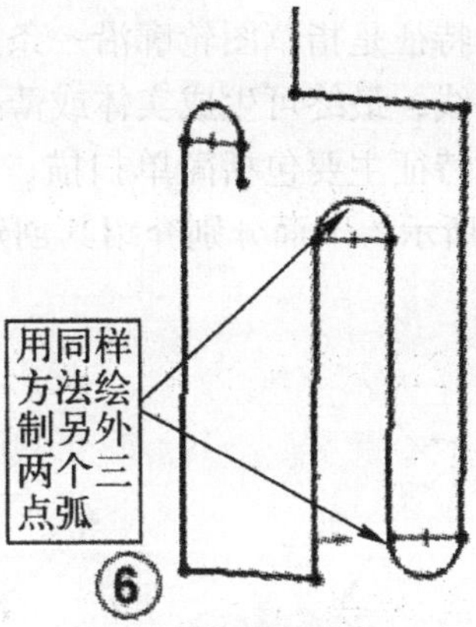

图 7-31　绘制另外三点弧

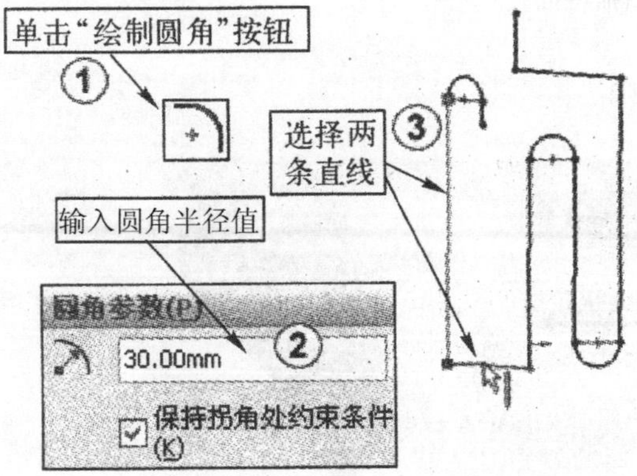

图 7-32　绘制圆角

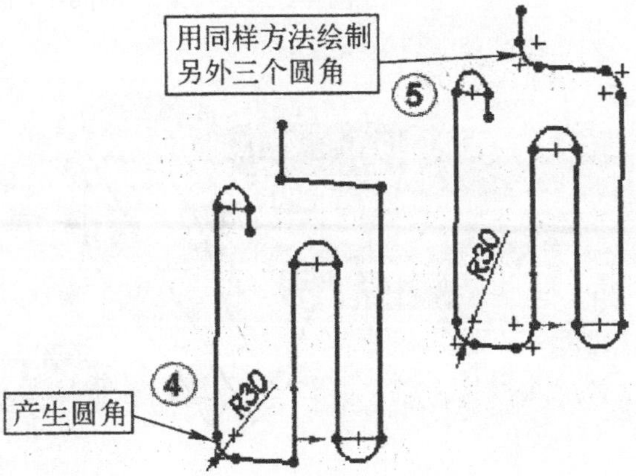

图 7-33　绘制另外圆角

第 8 章　扫描特征和放样特征

本章要点：介绍扫描特征和放样特征的操作方法。

8.1　SolidWorks 扫描特征及扫描实例

8.1.1　扫描特征概述

扫描特征是指草图轮廓沿一条路径移动获得的特征。在扫描过程中，用户可设置一条或多条引导线，最终可生成实体或薄壁特征。

扫描特征主要包括简单扫描、引导线扫描和扫描切除三个特征，分别如图 8-1、图 8-2 和图 8-3 所示。下面分别介绍其创建方法，并介绍扫描特征参数设置的意义。

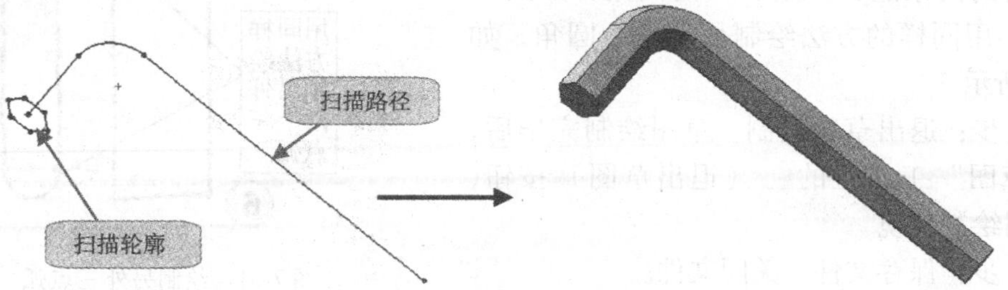

图 8-1　简单扫描特征

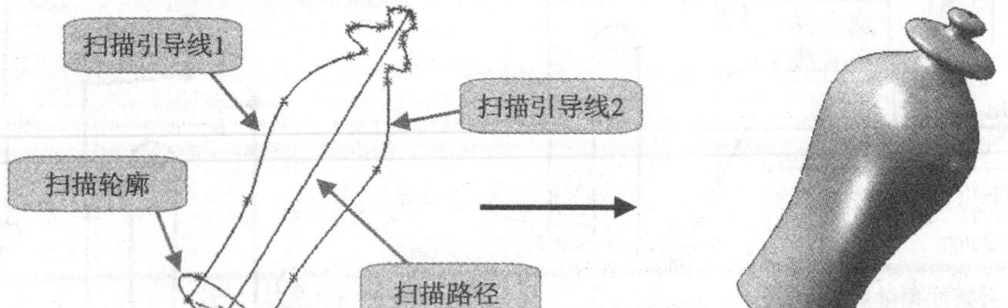

图 8-2　引导线扫描特征

扫描特征的绘图步骤如下。

第 1 步：在不同的基准面上绘制轮廓草图和路径草图。

第 2 步：单击“**特征**”工具栏中的（扫描）按钮，或选择菜单“插入”→“凸台/基体”→“扫描”命令，系统弹出“扫描”窗口，如图 8-4 所示。

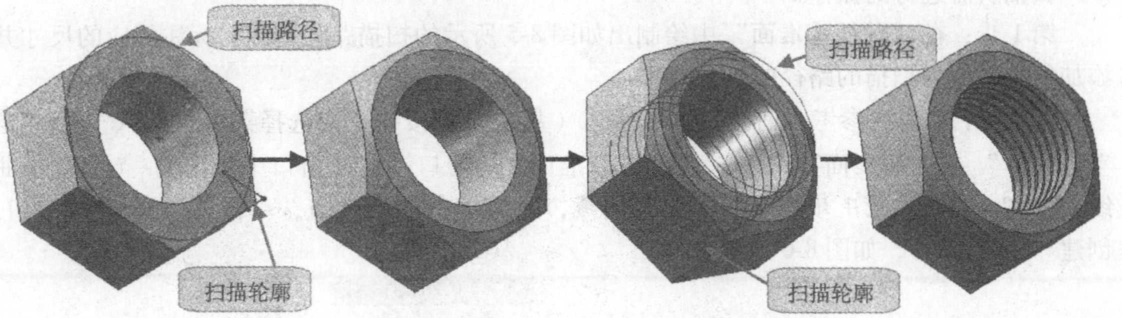

图 8-3　扫描切除特征

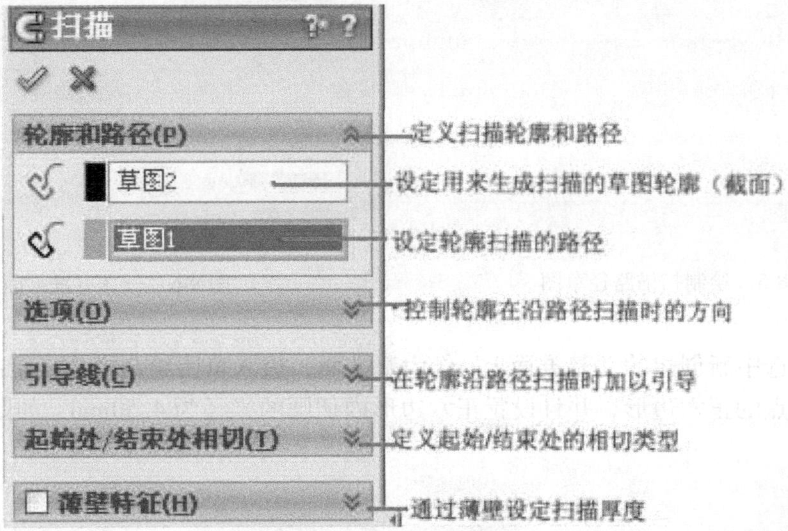

图 8-4　“扫描”窗口

第 3 步：选择扫描轮廓。先将光标移到**轮廓和路径(P)**下方（扫描轮廓）右边的文本框中单击激活轮廓选项，再在设计树（或绘图区）中选中轮廓草图。

第 4 步：选择扫描路径。将光标移到（扫描路径）右边的文本框中单击激活路径选项，再在设计树（或绘图区）中选中路径草图。

第 5 步：选择引导线。可选用系统默认的引导线。

第 6 步：单击（确定）按钮，完成扫描特征的创建。

8.1.2　简单扫描特征的操作过程及实例

如图 8-1 所示，仅仅由扫描轮廓线和扫描路径构成的扫描特征称为简单扫描特征，即扫描轮廓沿扫描路径运动形成扫描特征。此种扫描特征的特点是每一个与路径垂直的截面尺寸都不发生变化。

【实例 8-1】　绘制如图 8-1 所示内六角扳手模型。

扫描所需进行的操作如下。

第 1 步：在“**前视基准面**”中绘制出如图 8-5 所示的扫描路径草图，标注相应的尺寸并添加约束，作为扫描的路径曲线。

第 2 步：单击“参考几何体”工具栏（基准面）按钮，或选择菜单“插入”→“参考几何体”→“基准面”命令，弹出“基准面 1”窗口，在此窗口中单击（垂直于曲线）按钮，再选中第 1 步中绘制的路径曲线，并选中其一个端点，单击（确定）按钮，创建“基准面 1”，如图 8-6 所示。

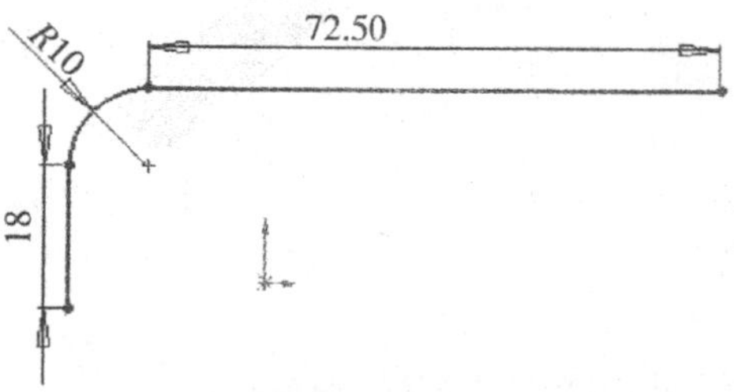

图 8-5　绘制扫描路径草图

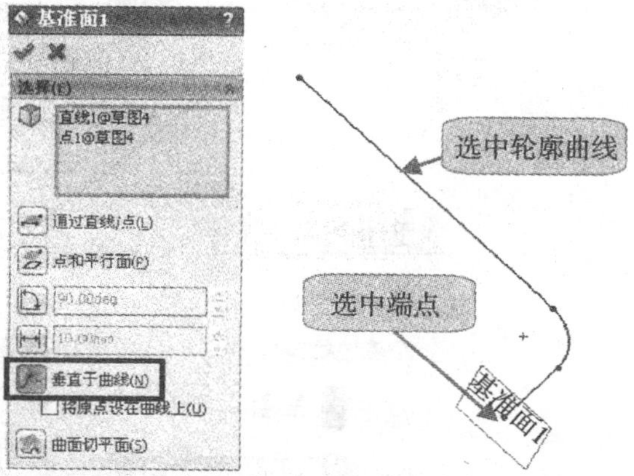

图 8-6　创建基准平面

第 3 步：选中新创建的“**基准面** 1”作为基准面，进入草图绘制模式，绘制一个中心经过扫描路径端点的正六边形，并且设置正六边形内切圆的半径为 4. 50mm，如图 8-7 所示。

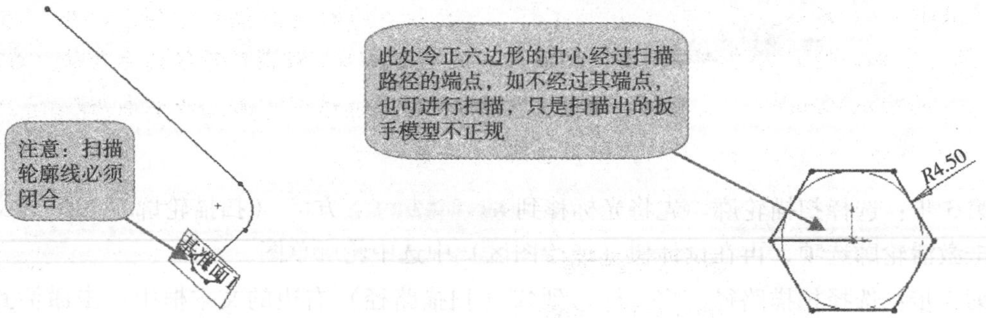

图 8-7　绘制六边形

第 4 步：单击“**特征**”工具栏中的（扫描）按钮，或选择菜单“插入”→“凸台/基体”→“扫描”命令，系统弹出“扫描”窗口，先单击激活**轮廓和路径(P)**下方（扫描轮廓）右边的文本框中单击，并在设计树（或绘图区）中选中轮廓草图（即正六边形）；再单击激活（扫描路径）右边的文本框，并在设计树（或绘图区）中选中路径曲线（即图 8-5 所示曲线），可观察到三维图。单击（确定）按钮，即可完成内六角扳手模型的绘制，如图 8-8 所示。

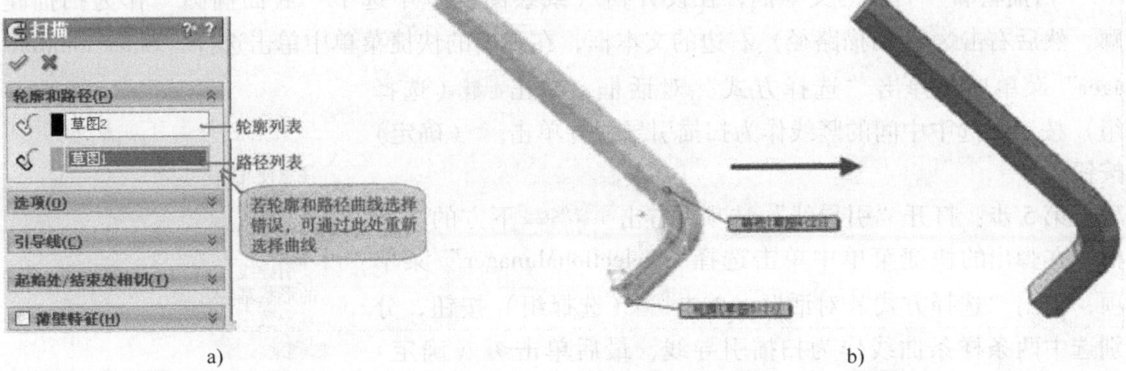

a)　　b)

图 8-8　“扫描”窗口和创建的内六角扳手模型

a)“扫描”窗口　b) 创建的内六角扳手模型

8.1.3　引导线扫描特征的操作过程及实例

在扫描过程中，当草图的截面形状有变化时，可以使用引导线来控制扫描过程中间轮廓的形状，这种扫描称为变截面扫描，又称为引导线扫描。

【实例 8-2】　扫描出如图 8-2 所示的一个变截面瓶的实体。

引导线扫描的操作过程如下。

第 1 步：在“**前视基准面**”中绘制如图 8-9 所示的草绘图形（注意此处无需添加尺寸和约束），作为扫描的轮廓曲线。

第 2 步：在“**上视基准面**”中绘制如图 8-10 所示的草绘图形，并添加相应的尺寸和约束，其中垂直直线作为扫描路径，样条曲线作为第一条引导线。

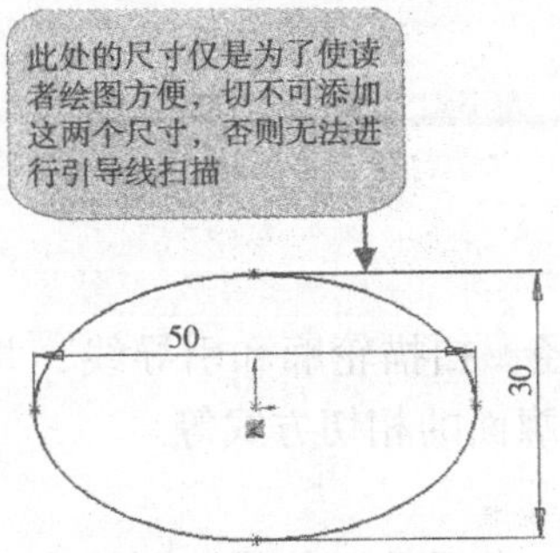

图 8-9　绘制轮廓曲线

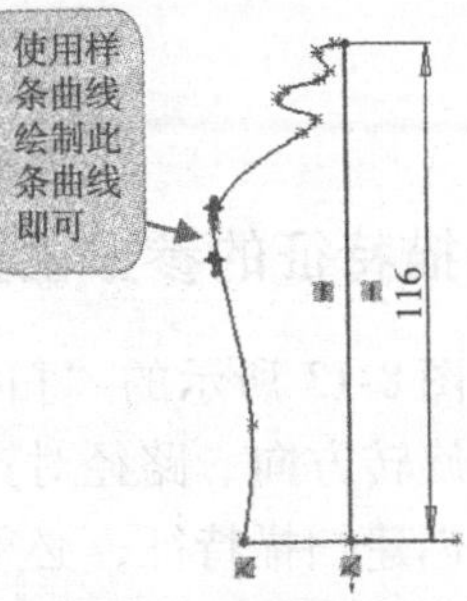

图 8-10　绘制路径曲线和第一条引导线

第 3 步：在“**右视基准面**”中绘制如图 8-11 所示的草绘图形，并添加相应的尺寸和约束，作为第二条引导线。

第 4 步：如图 8-12 所示，单击“**特征**”工具栏中的（扫描）按钮，或选择菜单“插入”→“凸台/基体”→“扫描”命令，打开“扫描 1”窗口，先单击激活轮廓和路径(P)下方（扫描轮廓）右边的文本框，在设计树（或绘图区）中选中“底面椭圆”作为扫描轮廓，然后右击（扫描路径）右边的文本框，在弹出的快捷菜单中单击选择“SelectionManager”菜单项，弹出“选择方式”对话框，单击（选择组）按钮，选中中间的竖线作为扫描引导线并单击（确定）按钮。

第 5 步：打开“引导线”选项，右击引导线(C)下方的文本框，在弹出的快捷菜单中单击选择“SelectionManager”菜单项，弹出“选择方式”对话框，单击（选择组）按钮，分别选中两条样条曲线作为扫描引导线，最后单击（确定）按钮，即可完成变截面瓶实体的绘制。

说明：在进行引导线扫描时要注意，引导线必须与扫描轮廓线相交于一点，并作为这条引导线的一个顶点，所以最好在引导线和轮廓线间添加相交处的穿透关系。

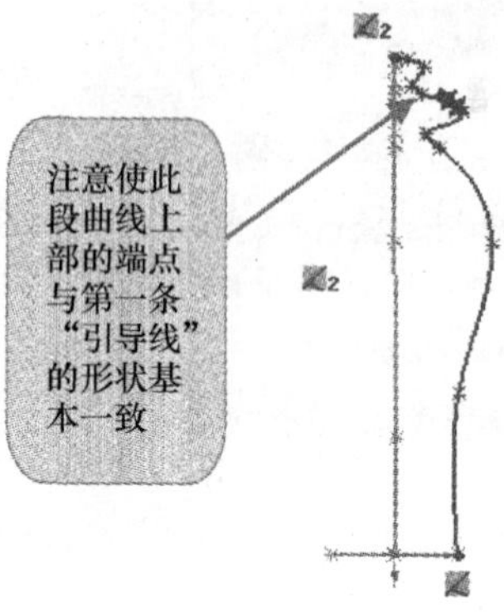

图 8-11　绘制第二条引导线

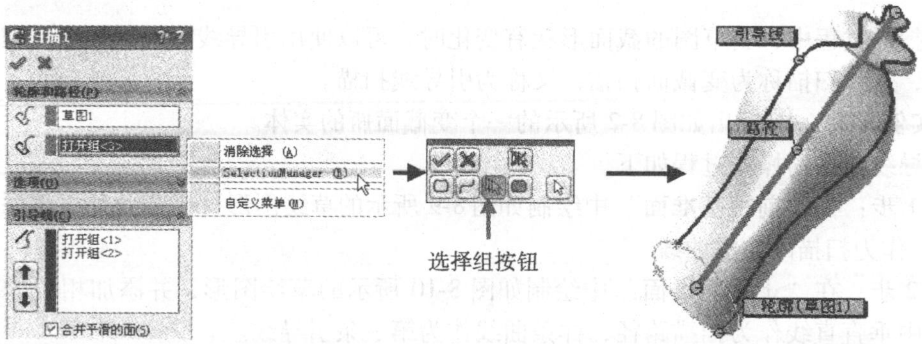

图 8-12　选择扫描路径

8.1.4　扫描特征的参数设置

通过如图 8-13 所示的“扫描”窗口，可设置扫描路径、扫描轮廓和引导线，并可设置扫描轮廓的旋转方向、路径对齐方式以及扫描面与扫描轮廓面的相切方式等。

说明：创建扫描特征，必须遵循以下规则。

➢ 对于扫描凸台/基体特征而言，轮廓必须是封闭环；若是曲面扫描，则轮廓可以是开环也可以是闭环。

➢ 路径可以为开环或闭环。

➢ 路径可以是一张草图、一条曲线或模型边线。

➢ 路径的起点必须位于轮廓的基准面上。

➢ 不论是截面、路径还是所要形成的实体，都不能出现自相交叉的情况。

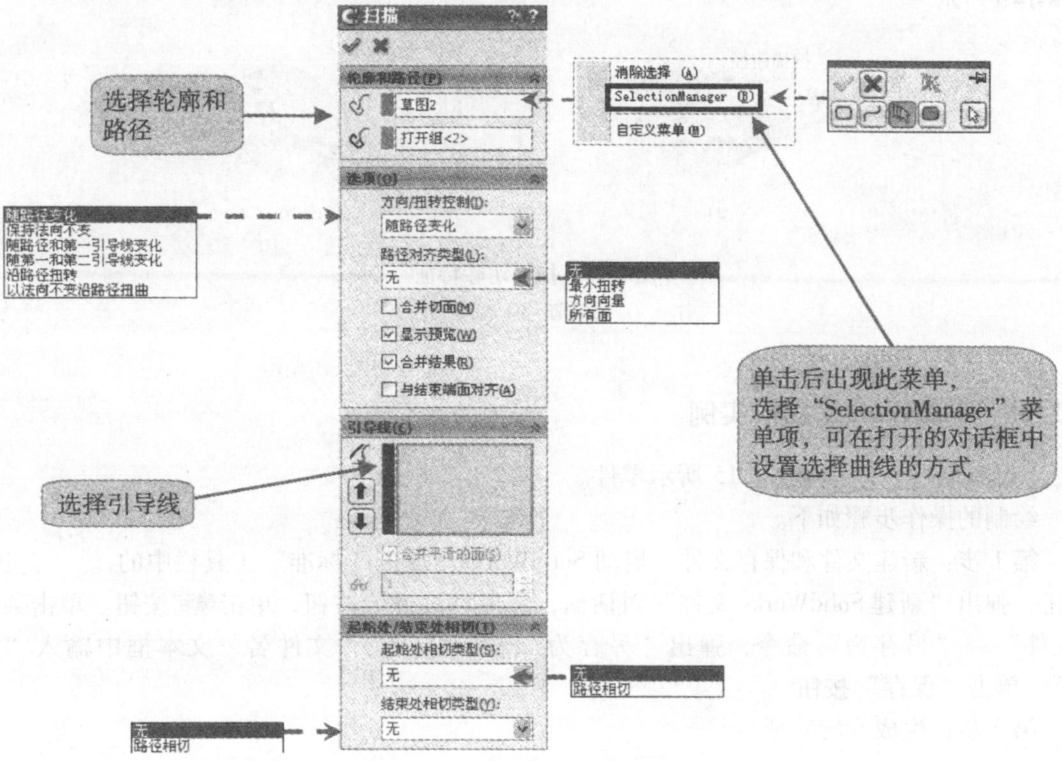

图 8-13 “扫描”窗口

8.1.5 创建扫描切除特征的一般过程及实例

【实例 8-3】 绘制如图 8-14 所示模型。

创建扫描切除特征的一般过程如下。

第 1 步：准备，如图 8-14a 所示。进入零件建模界面，绘制切除前实体（长方体）。

第 2 步：绘制扫描切除路径草图。以长方体上表面为基准面，进入草图界面，绘制样条曲线，退出草图界面。

第 3 步：绘制扫描切除轮廓草图。以长方体左表面为基准面，进入草图界面，绘制圆，圆心与路径样条曲线草图一个端点重合，退出草图界面。

第 4 步：执行扫描切除命令。单击“**特征**”工具栏中的 (扫描切除) 按钮，或选择菜单“插入”→“切除”→“扫描”命令，系统弹出“切除-扫描”窗口。

第 5 步：填写“切除-扫描”窗口。

(1) 选择扫描轮廓。在**轮廓和路径(P)**下方 (扫描轮廓) 右边的文本框中单击，再在设计树（或绘图区）中选中轮廓草图，选择图 8-14a 所示的圆作为扫描切除轮廓。

(2) 选择扫描切除路径。在 (扫描路径) 右边的文本框中单击，再在设计树（或绘图区）中选中路径曲线，选择图 8-14a 所示的曲线作为扫描切除路径。

(3) 选择引导线。选用系统默认的引导线。

第 6 步：在“扫描切除”窗口中单击 (确定) 按钮，完成扫描切除特征的创建，如

图 8-14b 所示。

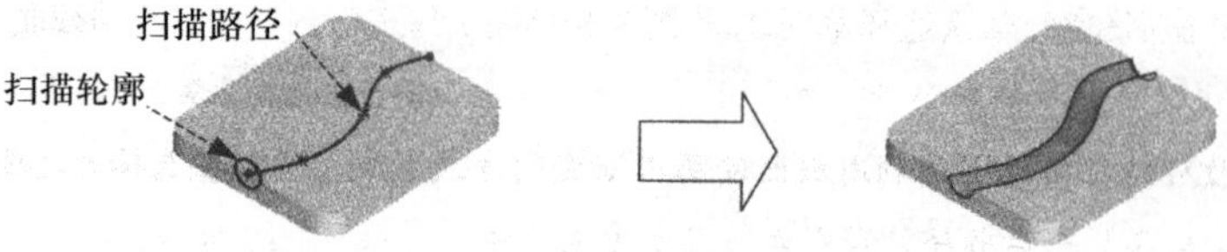

a)　　　　b)

图 8-14　扫描切除特征

a）切除前　b）切除后

8.1.6　SolidWorks 扫描实例

【实例 8-4】　创建如图 8-15 所示零件。

绘制的操作步骤如下。

第 1 步：新建文件和保存文件。启动 SolidWorks，单击“标准”工具栏中的（新建）按钮，弹出“新建 SolidWorks 文件”对话框，选择“零件”按钮，单击确定按钮。单击菜单“文件”→“另存为”命令，弹出“另存为”对话框，在“文件名”文本框中输入“烛台”，单击“保存”按钮。

第 2 步：生成旋转特征。

（1）单击“**特征**”工具栏上的（旋转凸台/基体）按钮，单击选中“**前视基准面**”，此时在前视基准面上打开一张草图，即自动进入草图绘制界面，单击“标准视图”工具栏上的（正视于）按钮。

（2）绘制旋转轮廓草图（草图 1），如图 8-16 所示。

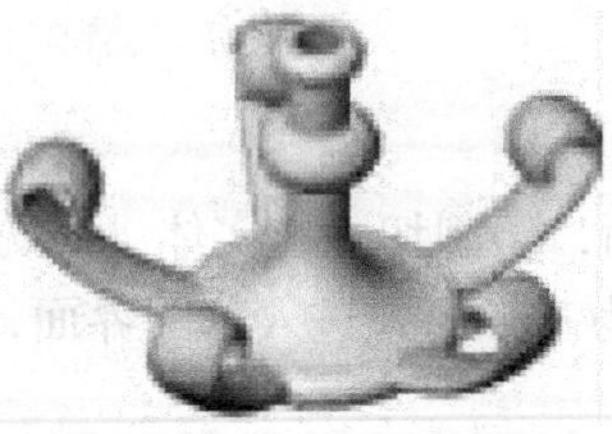

图 8-15　扫描实例图

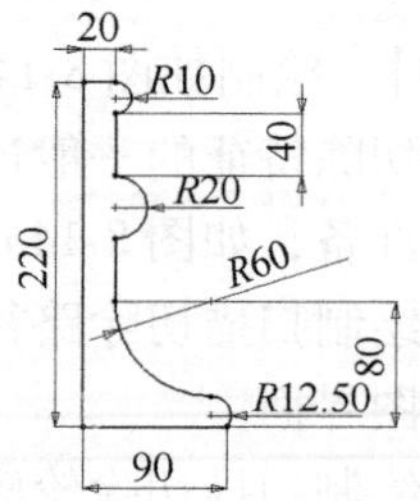

图 8-16　旋转轮廓草图

1）绘制如图 8-17a 所示图。单击“草图”工具栏上的（直线）按钮，从原点绘制一条竖直线，在竖直线两端创建水平线。单击“草图”工具栏上的（智能尺寸）按钮，标注直线的尺寸。

2）在草图的顶部生成小圆弧。单击“草图”工具栏上的（切线弧）按钮，单击顶部水平直线右边的端点，然后将光标向右移动，接着向下移动，当竖直推断线（即虚线）可见时，如图 8-17b 所示，单击左键。单击“草图”工具栏上的（智能尺寸）按钮，将圆弧半径标注为 10。

3）生成竖直线和第二个圆弧。单击“草图”工具栏上的（直线）按钮，以弧下方的端点为起点向下绘制约 150mm 长的竖直线（此时不要标注这条直线的尺寸）。单击“草图”工具栏上的⊙（圆）按钮，绘制圆并使圆心与直线重合。单击“草图”工具栏上的（剪裁实体）按钮，剪裁掉竖直线左半圆。单击“草图”工具栏上的◇（智能尺寸）按钮，将圆弧的半径标注为 20，如图 8-17c 所示。单击“草图”工具栏上的（剪裁实体）按钮，剪裁掉半圆中间的竖直线。单击“草图”工具栏上的◇（智能尺寸）按钮，将上部竖直线的尺寸标注为 40，如图 8-17d 所示。

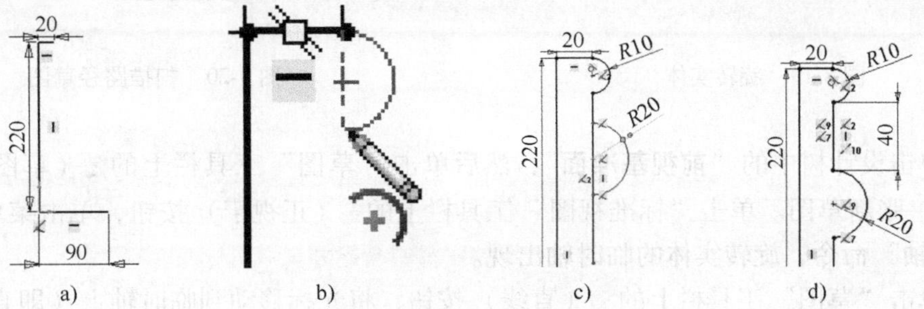

图 8-17　绘制旋转轮廓图（一）

4）创建下方切线弧。单击“草图”工具栏上的（切线弧）按钮，单击下端竖直线的端点，将光标往下移动，再向右移动，单击完成放置圆弧，如图 8-18a 所示。再继续向右移动光标，然后将光标往下移动，直到圆弧的端点与底部水平线的端点重合，单击完成放置圆弧，如图 8-18b 所示。单击“草图”工具栏上的◇（智能尺寸）按钮，标注高度尺寸 80 和两圆弧的半径 *R*60 和 *R*12.5，如图 8-18c 所示。

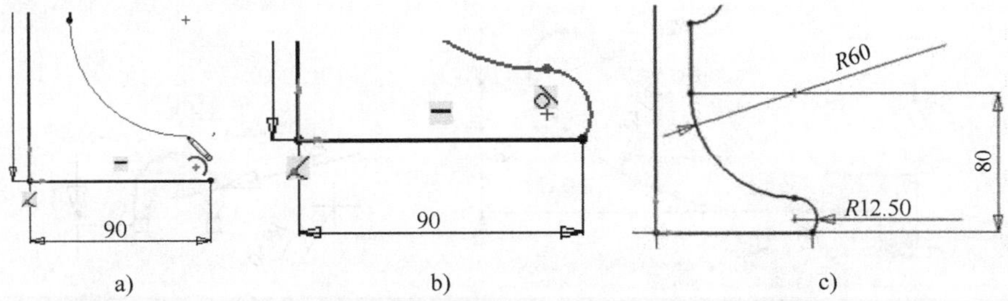

图 8-18　绘制旋转轮廓图（二）

5）创建中心线。单击“草图”工具栏上的（中心线）按钮，从原点绘制一条竖直线。

6）单击绘图区右上角的（确定）按钮退出草图，旋转窗口出现。

（3）在窗口中设置旋转参数。选择草图中的中心线作为旋转轴（会自动捕捉），在“旋转类型”中选择“单向”，设定（角度）为 360，单击✔（确定）按钮，生成旋转实体如图 8-19 所示。

第 3 步：建立一个扫描特征。

（1）绘制扫描路径（草图 2），如图 8-20 所示。

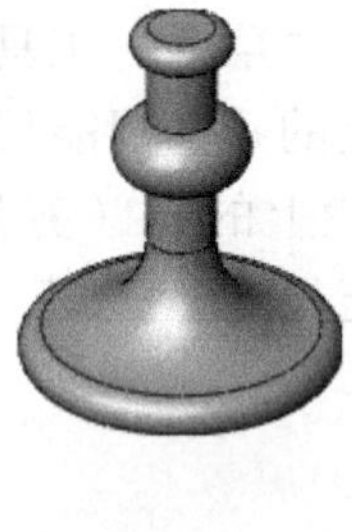

图 8-19　旋转实体

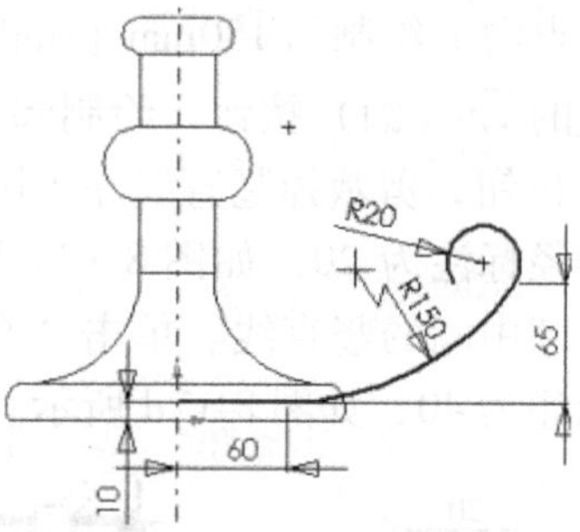

图 8-20　扫描路径草图

1）单击设计树中的“**前视基准面**”，然后单击“草图”工具栏上的（草图绘制）按钮，进入一张新草图。单击“标准视图”工具栏上的（正视于）按钮，单击菜单“**视图**”→“**临时轴**”命令，旋转实体的临时轴出现。

2）单击“草图”工具栏上的（直线）按钮，将光标移动到临时轴上（即直线起点重合在临时轴上），绘制一条水平线。单击“草图”工具栏上的（智能尺寸）按钮，标注直线尺寸为 60。单击“草图”工具栏上的（切线弧）按钮，从直线的右端点开始向右移动，然后再向上移动，单击绘制一个圆弧。单击“草图”工具栏上的（智能尺寸）按钮，标注弧的半径为 150，竖直尺寸为 65。单击“草图”工具栏上的（切线弧）按钮，从切线弧上端点绘制另一个圆弧。单击“草图”工具栏上的（智能尺寸）按钮，标注圆弧的半径为 20，如图 8-21a 所示。为刚才绘制的上方切线弧的两端点添加水平几何关系，如图 8-21b 所示。

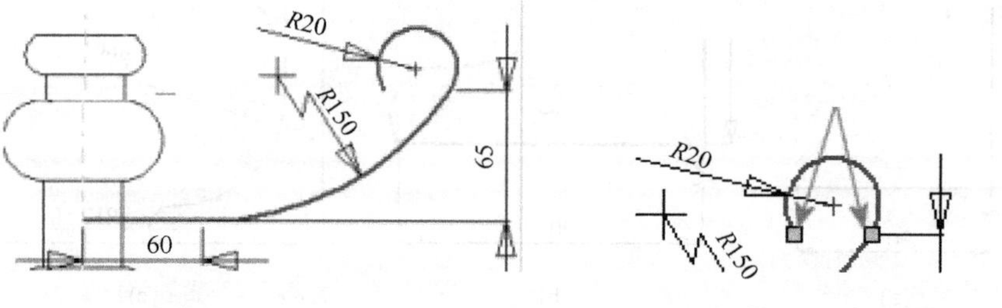

图 8-21　扫描路径图

3）标注扫描路径水平线段到旋转特征底边的距离为 10，图形会向下移动。扫描路径已完全定义。单击绘图区右上角的（确定）按钮退出草图界面。

（2）绘制扫描截面图（草图 3）。单击设计树中的“**右视基准面**”，单击“草图”工具栏上的（草图绘制）按钮，进入一张新草图。单击“标准视图”工具栏上的（正视于）按钮。单击“草图”工具栏上的（椭圆）按钮，绘制一个椭圆（椭圆心与扫描路径左边直线端点重合）。单击“草图”工具栏上的（智能尺寸）按钮，标注尺寸，如图 8-22 所示（椭圆定位：可以先绘制在绘图区任何

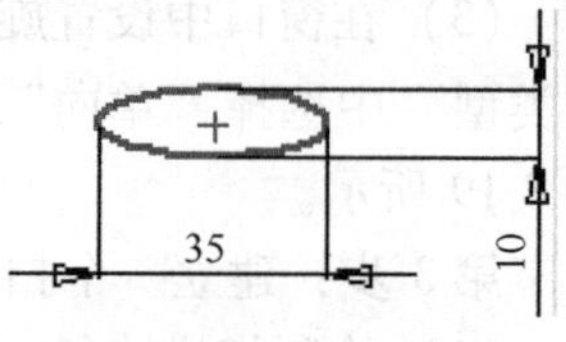

图 8-22　扫描截面图

地方，再添加几何关系来定位）。单击绘图区右上角的（确定）按钮退出草图界面。

（3）生成扫描特征（扫描 1）。单击“特征”工具栏上的（扫描凸台/基体）按钮，在扫描窗口中为“轮廓”选择草图 3（椭圆），为“路径”选择草图 2（路径），在“选项”下选择“方向/扭转类型”中的“随路径变化”，单击（确定）按钮生成扫描特征，如图 8-23 所示。

第 4 步：建立一个具有拔模角度的拉伸切除特征。

（1）单击旋转基体特征的顶面，单击“**特征**”工具栏上的（拉伸切除）按钮，单击“**标准视图**”工具栏上的（正视于）按钮。单击“草图”工具栏上的（圆）按钮，选择坐标原点作为圆心绘制一个圆，单击“草图”工具栏上的（智能尺寸）按钮，标注直径尺寸为 $\phi 30$。单击绘图区右上角的（确定）按钮退出草图界面。

（2）在“拉伸”窗口中设置参数。在方向1区域设置，在终止条件的下拉列表中选择“**给定深度**”，将（深度）设定为 25，单击（拔模打开/关闭）按钮，设置拔模角度为 15。单击（确定）按钮，生成拉伸切除实体，如图 8-24 所示。

图 8-23　扫描特征

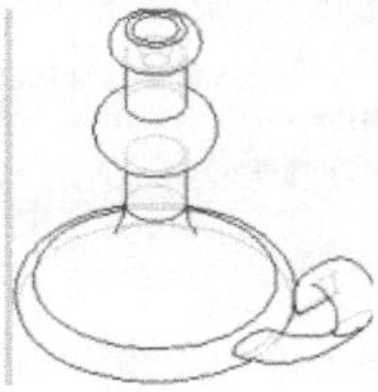

图 8-24　拉伸切除实体

第 5 步：圆周阵列特征。

（1）在设计树中单击选中“扫描 1”特征，单击“**特征**”工具栏上的（圆周阵列）（在“线性阵列”右边的下弹按钮中），或单击菜单“插入”→“阵列/镜向”→“圆周阵列”命令，系统弹出“圆周阵列”窗口。

（2）定义阵列参数。

1）定义阵列轴。在“参数”下的（阵列轴）文本框中单击，然后在绘图区选择基准轴 1（即旋转实体的轴线）作为圆周阵列的轴线。

2）定义阵列间距和阵列实例数。在参数(P)区域中勾选等间距(E)，在（角度）文本框中输入 360，在（实例数）文本框中输入 5，如图 8-25 所示。

（3）单击（确定）按钮，生成圆周阵列特征，如图 8-15 所示。

【实例 8-5】　绘制如图 8-26 所示弹簧线零件。

图 8-26 所示的弹簧线由一个扫描特征创建而成，创建弹簧线的关键是选择扫描类型为沿路径扭转，步骤如下。

第 1 步：新建文件。选择“文件”→“新建”命令，在弹出的“新建 SolidWorks 文件”对话框中选择“零件”，单击确定按钮。选择下拉菜单“文件”→“另存为”命令，用“弹簧线”作为文件名，单击“保存”按钮。

第 2 步：绘制“草图 1”。单击设计树中的“**前视基准面**”；单击“草图”工具栏上的（草图绘制）按钮，进入一张新草图，单击“标准视图”工具栏上的（正视于）按钮。单

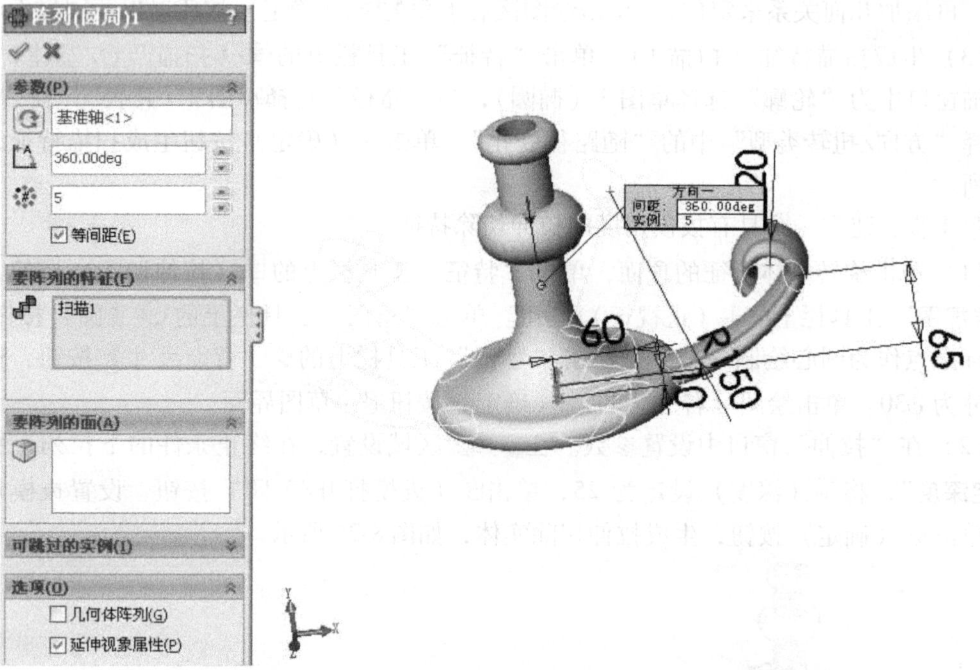

图 8-25　圆周阵列特征

击“草图”工具栏上的（样条曲线）按钮，绘制出一条曲线，拖动曲线控制点，使曲线形状符合设计要求，如图 8-27a 所示。单击“草图”工具栏上的（智能尺寸）按钮，标注出曲线的长度尺寸，如图 8-27b 所示。单击“草图”工具栏上的（确定）按钮退出草图。

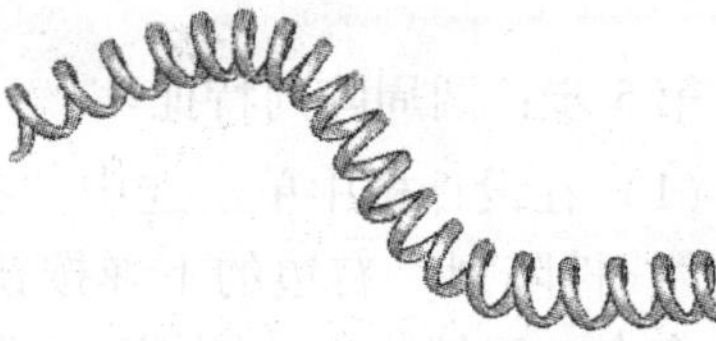

图 8-26　弹簧线

第 3 步：绘制“草图 2”。单击设计树中的“**前视基准面**”，单击“草图”工具栏上的（草图绘制）按钮，进入一张新草图，单击“标准视图”工具栏上的（正视于）按钮。单击“草图”工具栏上的（椭圆）按钮，绘制一个椭圆，如图 8-28a 所示。将椭圆的两个长轴点作为“水平”约束，将椭圆的短轴点与原点作“竖直”约束。单击“草图”工具栏上的（智能尺寸）按钮，标注尺寸，如图 8-28b 所示。单击绘图区右上角的（确定）按钮退出草图界面。

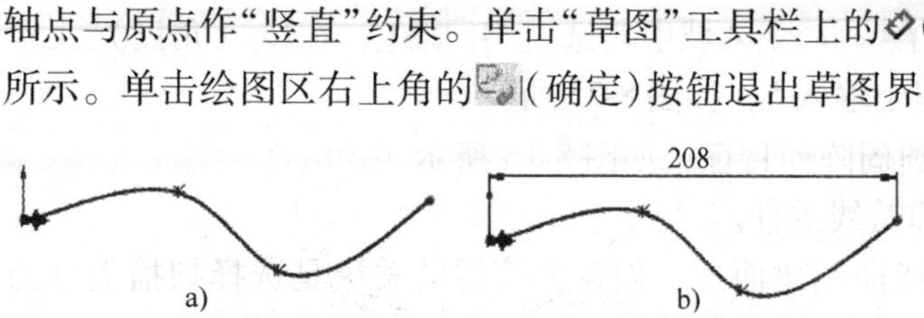

图 8-27　绘制草图 1

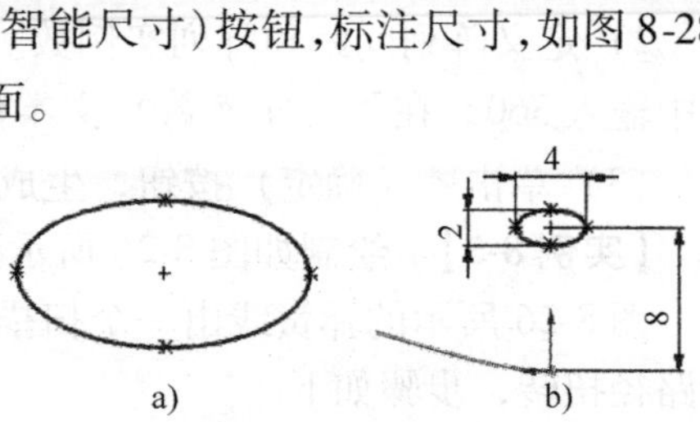

图 8-28　绘制草图 2

第 4 步：创建“扫描”。单击“**特征**”工具栏中的（扫描）按钮，或选择菜单“插入”→“凸台/基体”→“扫描”命令，系统弹出“扫描 1”窗口，在（扫描轮廓）右边的文本框中选择“草图 2”作为扫描轮廓，在（扫描路径）文本框中选择“草图 1”作为扫描路径，在“选项”下选择“沿路径扭转”，“定义方式”为“旋转”，其他选项选用默认设置，如图 8-29a 所示。单击（确定）按钮，完成扫描操作，结果如图 8-29b 所示。

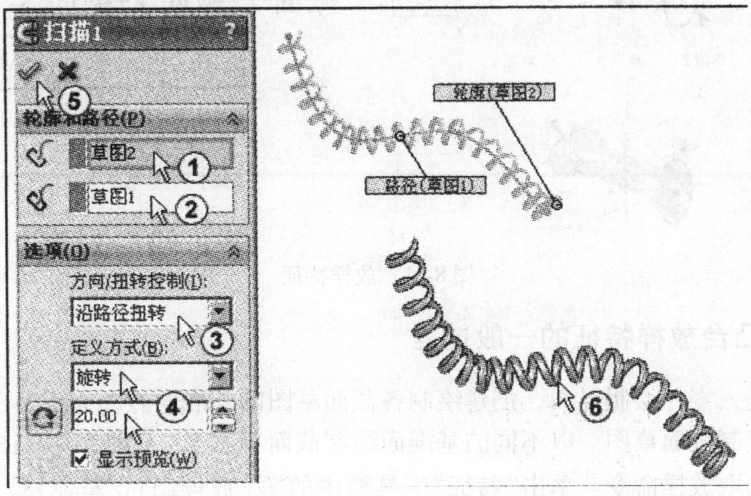

图 8-29　“扫描 1”窗口

【扫描特征绘图训练】

绘制图 8-30 所示模型。

提示：用 3D 草图作为路径扫描生成。

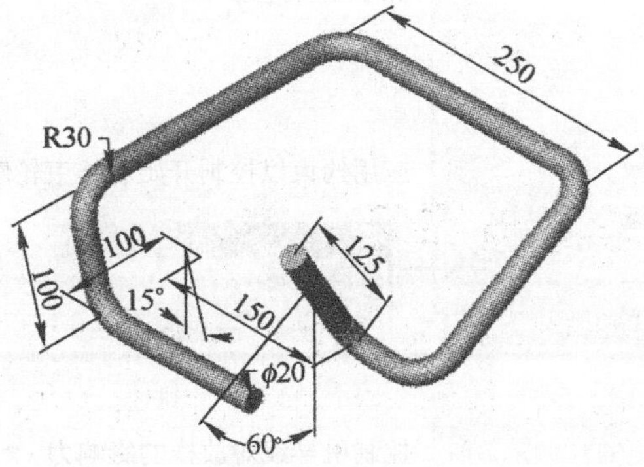

图 8-30　训练图

8.2　SolidWorks 放样特征及放样实例

8.2.1　放样特征简述

将一组不同的截面沿其边线用过渡曲面连接形成一个连续的特征，就是放样特征。放样特征分为放样凸台特征和放样切割特征，分别用于生成实体和切除实体。放样特征至少需要两个截面，且不同截面应事先绘制在不同的草图平面上。图 8-31 所示的放样特征是由三个截面混合而成的凸台放样特征。

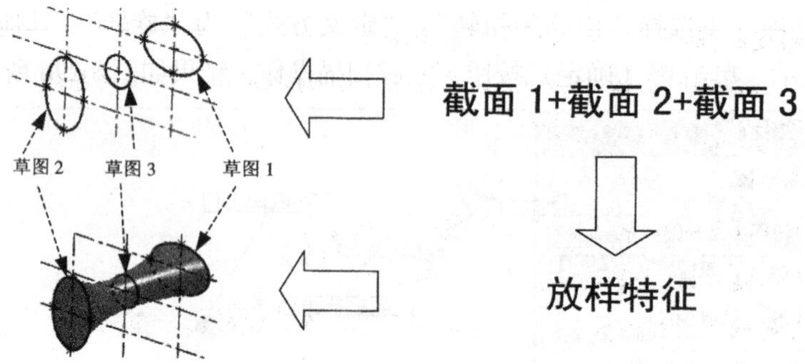

图 8-31　放样特征

8.2.2　创建凸台放样特征的一般过程

第 1 步：进入零件绘制界面，创建绘制各截面草图的基准面。

第 2 步：绘制截面草图。以不同的基准面绘制截面草图 1、草图 2 和草图 3 等。

第 3 步：选取放样命令。单击“**特征**”工具栏中的(放样凸台/基体)按钮,或选择菜单“插入”→“凸台/基体”→“放样”命令,系统弹出“放样”窗口,如图 8-32 所示。

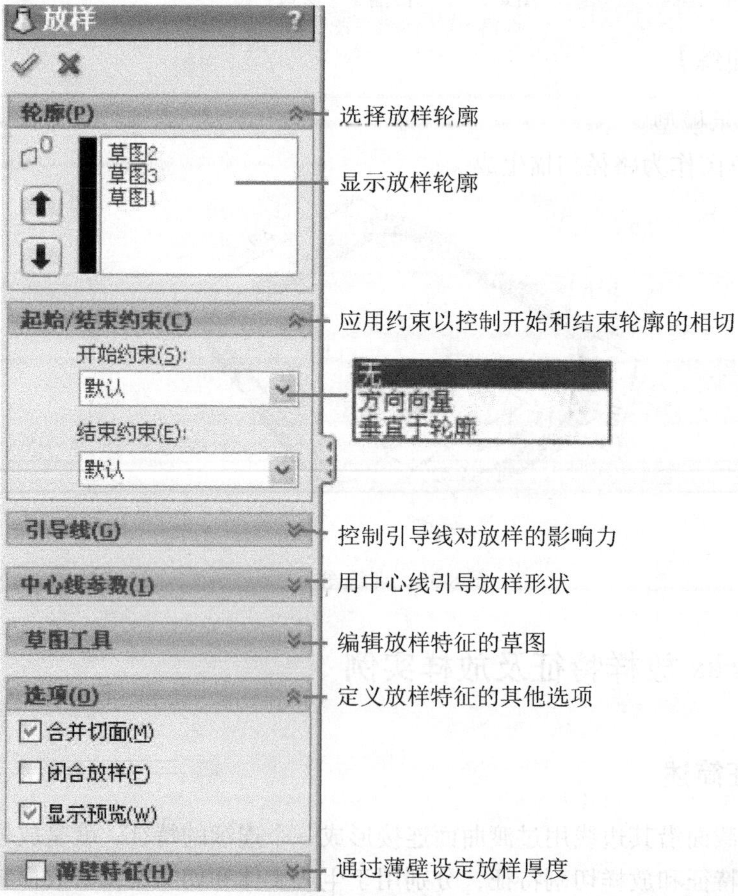

图 8-32　“放样”窗口

第 4 步：选择截面轮廓草图。先在轮廓(P)下方文本框，再在设计树或绘图区依次单击选择草图 2、草图 3 和草图 1 作为放样凸台特征的截面轮廓。

注意：凸台放样特征实际上是利用截面轮廓以渐变的方式生成的，所以在选择的时候要注意截面轮廓的先后顺序，否则无法正确生成实体。当选择一个截面轮廓后，单击窗口⬆或⬇可以调整轮廓的顺序。

第 5 步：选择引导线。本例中使用系统默认的引导线。

说明：在一般情况下，系统默认的引导线经过截面轮廓的几何中心。使用引导线放样时，可以使用一条或多条引导线来连接轮廓，引导线可控制放样实体的中间轮廓。需注意的是，引导线与轮廓之间应存在几何关系，否则无法生成目标放样实体。

第 6 步：单击“放样”窗口中的✔（确定）按钮，完成凸台放样特征的定义。

说明：在“放样”窗口中单击☐ 薄壁特征(H)选项，可以通过设定参数创建薄壁凸台放样特征。

第 7 步：保存文件和关闭文件。单击“标准”工具栏中的（保存）按钮，单击界面右上角的“关闭”按钮。

8.2.3　简单放样特征和引导线放样特征

放样特征包括简单放样特征（仅使用放样轮廓得到的放样特征，如图 8-33 所示）和引导线放样特征（使用放样轮廓和引导线共同控制的放样特征，如图 8-34 所示），下面分别介绍其创建方法。

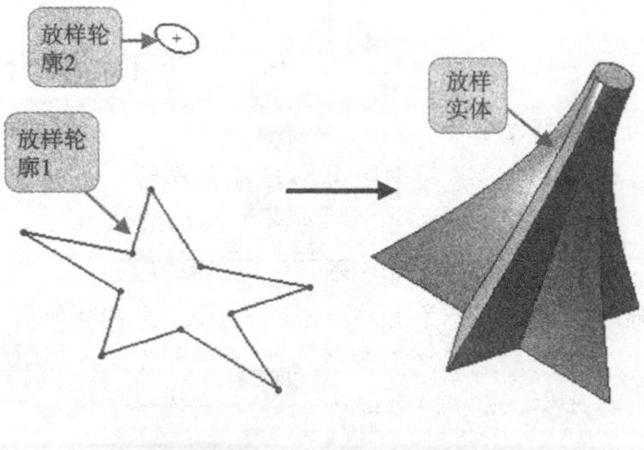

图 8-33　简单放样特征

1. 简单放样特征

简单放样特征是直接在两个或多个轮廓间进行的放样特征，操作步骤如下。

第 1 步：新建文件和保存文件。启动 SolidWorks，单击“标准”工具栏中的（新建）按钮，弹出“新建 SolidWorks 文件”对话框，选择“零件”按钮，单击确定按钮。单击菜单中的“文件”→“另存为”命令，弹出“另存为”对话框，在“文件名”文本框中输入“星柱”，单击“保存”按钮。

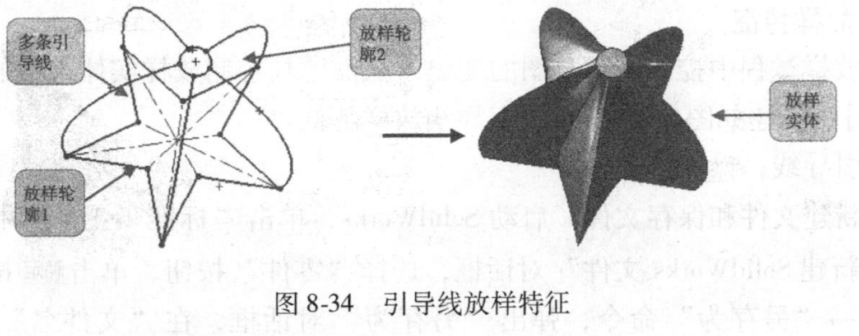

图 8-34　引导线放样特征

第 2 步：创建基准面 1。单击选中“**前视基准面**”，单击“**参考几何体**”工具栏上（基准面）按钮，或选择菜单“插入”→“参考几何体”→“基准面”命令，系统弹出“基准面”窗口，设置（偏移距离）为 90，单击（确定）按钮，创建一个新的基准面。

第 3 步：在“前视基准面”上绘制一个五角星，作为一个轮廓（草图 1）。在新创建的“基准面 1”中绘制一个小于五角星的圆，作为放样特征的另外一个轮廓（草图 2），如图 8-35 所示。

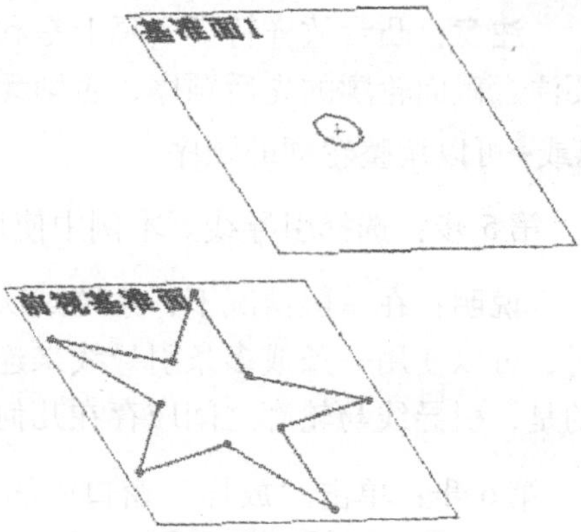

图 8-35　绘制一个小于五角星的圆

第 4 步：单击“**特征**”工具栏中的（放样凸台/基体）按钮，或选择菜单“插入”→“凸台/基体”→“放样”命令，打开“放样”窗口，在绘图区中依次选择五角星和圆。打开“放样”窗口中的“起始/结束约束”项，在“结束约束”下拉列表中选择“垂直于轮廓”选项，让结束位置处的放样面与放样轮廓面垂直相切。单击（确定）按钮即可完成放样操作，如图 8-36 所示。

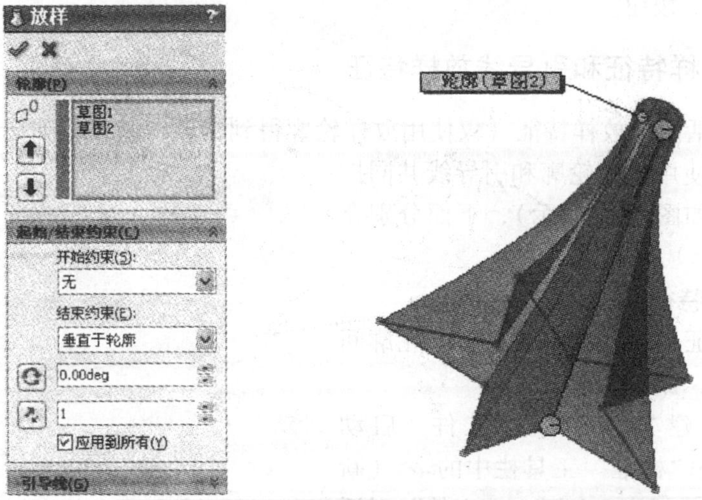

a)　　b)

图 8-36　简单放样操作

a）“放样”窗口　b）放样效果

2. 引导线放样特征

引导线在放样过程中控制截面草图的变化，从而达到控制放样实体模型的目的。

【实例 8-6】　创建如图 8-34 所示的引导线放样特征。

需要添加引导线，操作步骤如下。

第 1 步：新建文件和保存文件。启动 SolidWorks，单击“标准”工具栏中的（新建）按钮，弹出“新建 SolidWorks 文件”对话框，选择“零件”按钮，单击确定按钮。单击菜单中的“文件”→“另存为”命令，弹出“另存为”对话框，在“文件名”文本框中输入

“五星体”，单击“保存”按钮。

第 2 步：创建基准面 1。单击选中“**前视基准面**”，单击“参考几何体”工具栏上（基准面）按钮，或选择菜单“插入”→“参考几何体”→“基准面”命令，系统弹出“基准面”窗口，设置（等距距离）为 90，单击（确定）按钮创建一个新的基准面。

第 3 步：在“前视基准面”上绘制一个五角星并绘制中心线（中心在坐标原点），作为一个轮廓（草图 1），如图 8-37 所示。在新创建的基准面 1 中绘制一个小于五角星的圆（圆心在坐标原点），作为放样特征的另外一个轮廓（草图 2）。

第 4 步：创建五个基准面。单击“**参考几何体**”工具栏上（基准面）按钮，或选择菜单“插入”→“参考几何体”→“基准面”命令，以（通过线/点）方式，创建五个经过五角星（草图 1）中心线和顶端圆（草图 2）圆心的基准面，如图 8-38 所示。

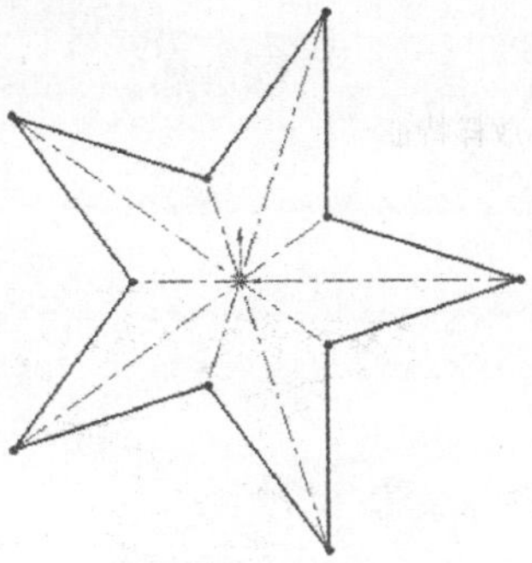

图 8-37　草图 1（含辅助线）

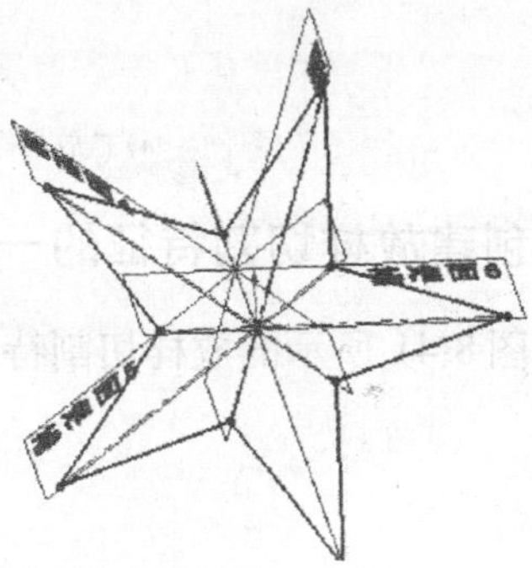

图 8-38　创建几个基准面

第 5 步：创建五个草图作为引导线。分别在新创建的基准面中创建经过顶端圆和下端五角星顶点的圆弧，并添加相应的约束，如图 8-39 所示。

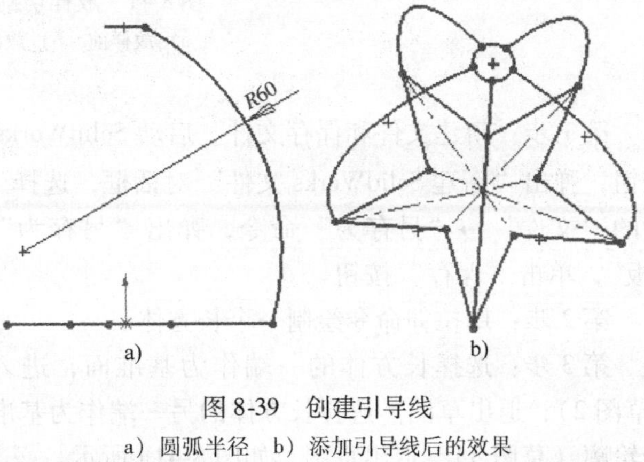

图 8-39　创建引导线

a）圆弧半径　b）添加引导线后的效果

说明：采用引导线放样特征时，引导线草图节点和轮廓节点之间必须建立重合几何关系或穿透几何关系，否则无法进行引导放样。

第 6 步：单击“**特征**”工具栏中的（放样凸台/基体）按钮，或选择菜单“插入”→“凸台/基体”→“放样”命令，打开“放样”窗口，在绘图区中依次选择五角星和圆，打开“引导线”项，分别选中刚创建的五条圆弧线，打开“放样”窗口中的“起始/结束约束”项，在“结束约束”下拉列表中选择“垂直于轮廓”选项，让结束位置处的放样面与放样轮廓面垂直相切。单击（确定）按钮即可完成放样操作，如图 8-40 所示。

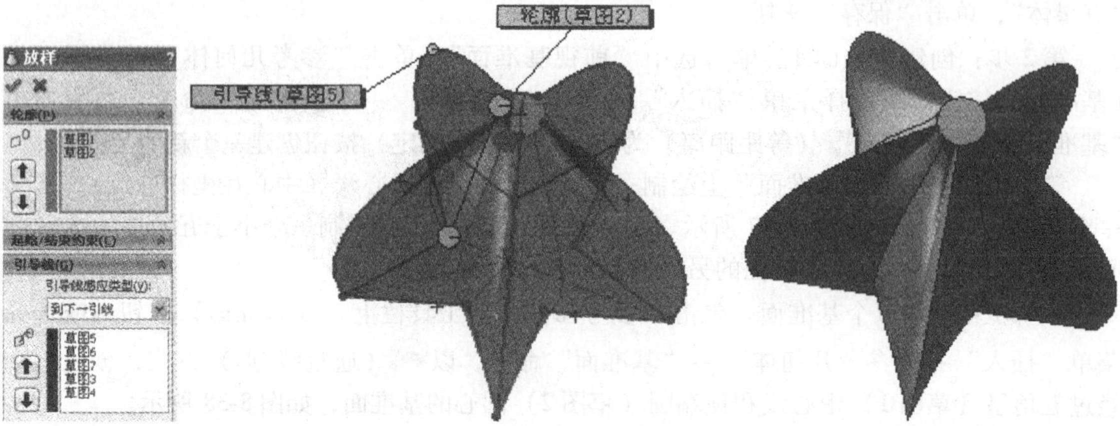

a)　　b)　　c)

图 8-40　引导线放样特征

a）“放样”窗口　b）选择引导线　c）放样特征

8. 2. 4　创建放样切割特征的一般过程

创建图 8-41 所示的放样切割特征的一般过程如下。

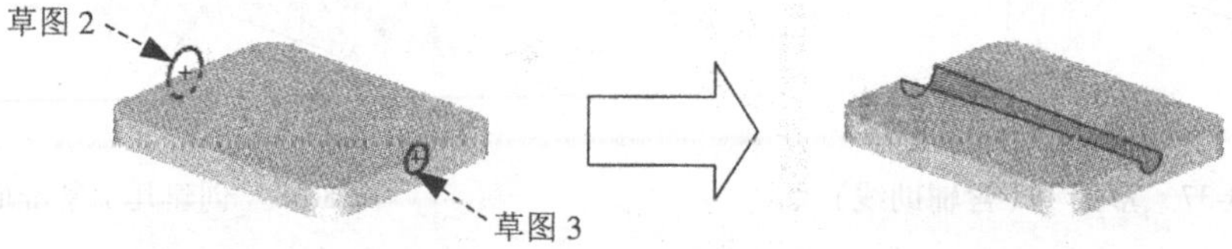

a)　　b)

图 8-41　放样切割特征

a）放样前　b）放样后

第 1 步：新建文件和保存文件。启动 SolidWorks，单击“标准”工具栏中的（新建）按钮，弹出“新建 SolidWorks 文件”对话框，选择“零件”按钮，单击确定按钮。单击菜单中的“文件”→“另存为”命令，弹出“另存为”对话框，在“文件名”文本框中输入“板”，单击“保存”按钮。

第 2 步：用拉伸命令绘制一个长方体。

第 3 步：选择长方体的一端作为基准面，进入草图界面，绘制一个圆作为一个轮廓（草图 2），退出草图。选择长方体的另一端作为基准面，进入草图界面，绘制一个圆作为一个轮廓（草图 3），退出草图。如图 8-41a 所示。

第 4 步：选取放样切割命令。单击“**特征**”工具栏中的（放样-切割）按钮，或选择下拉菜单“插入”→“切除”→“放样”命令，系统弹出“切除-放样”窗口，如图 8-42 所示。

第 5 步：选择切除-放样轮廓。单击激活轮廓(P)下方文本框，在设计树或绘图区依次选择草图 2、草图 3 作为切除-放样特征的截面轮廓。

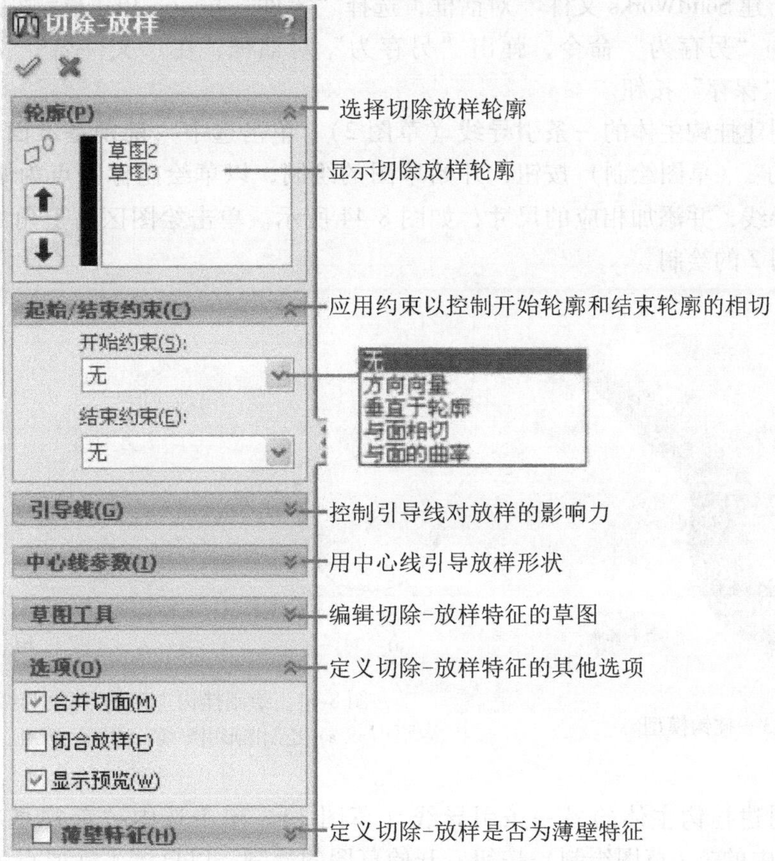

图 8-42　“切除-放样”窗口

说明：选择一个截面轮廓后，单击⬆或⬇可以调整轮廓的顺序。

第 6 步：选择引导线。本例中使用系统默认的引导线。

第 7 步：单击“切除-放样”窗口中的✓（确定）按钮，完成切除-放样特征的定义，如图 8-41b 所示。

第 8 步：保存文件和关闭文件。单击“标准”工具栏中的▣（保存）按钮，单击界面右上角的“关闭”按钮。

8.2.5　SolidWorks 放样实例

【实例 8-7】　挂钩的三维建模，挂钩模型如图 8-43 所示。

制作分析：可将挂钩模型拆为几个几何体，即挂钩柄、挂钩主体、挂钩尖角。挂钩柄通过拉伸操作创建，挂钩主体通过放样操作创建，挂钩尖角通过圆顶操作创建。

本实例的难点是创建挂钩主体的放样引导线和轮廓的操作，在操作过程中应注意辅助中心线的使用。

操作步骤如下。

第 1 步：新建文件和保存文件。启动 SolidWorks，单击“标准”工具栏中的□（新建）

按钮，弹出“新建 SolidWorks 文件”对话框，选择“零件”按钮，单击确定按钮。单击菜单中的“文件”→“另存为”命令，弹出“另存为”对话框，在“文件名”文本框中输入“挂钩”，单击“保存”按钮。

第 2 步：创建挂钩主体的一条引导线（草图 2）。单击选中“**前视基准面**”，单击“草图”工具栏中的（草图绘制）按钮，开始草图的绘制，以草绘坐标原点为圆心绘制挂钩主体的一条引导线，并添加相应的尺寸，如图 8-44 所示。单击绘图区右上角的（确定）图标，完成草图 2 的绘制。

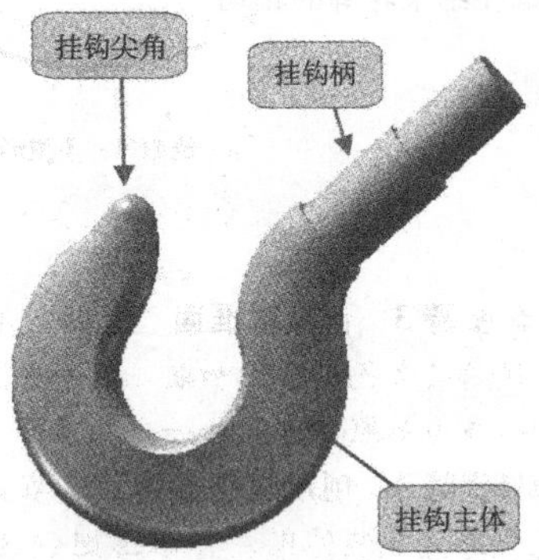

图 8-43　挂钩模型

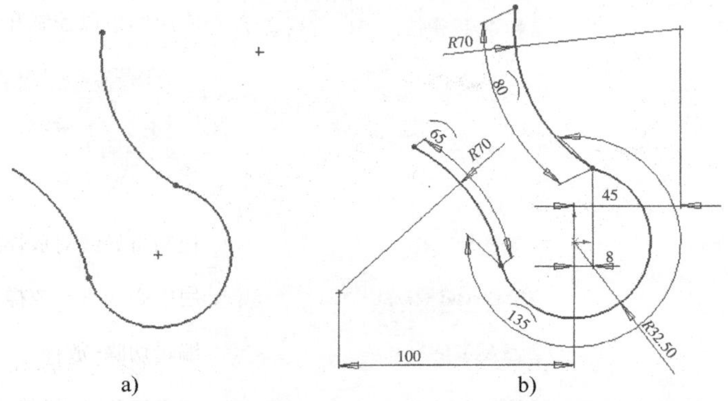

图 8-44　绘制挂钩主体的一条引导线

a）绘制图形引导线　b）添加尺寸

第 3 步：创建挂钩主体的另一条引导线（草图 3）。单击选中“**前视基准面**”，单击“草图”工具栏中的（草图绘制）按钮，开始草图的绘制。以草绘坐标原点为圆心绘制挂钩主体的另一条引导线，并添加相应的尺寸和约束（注意给最上面的两个点添加水平约束，给左边的两个点添加竖直约束），如图 8-45 所示。绘制两条中心线用作辅助线。单击绘图区右上角的（确定）图标，完成草图 3 的绘制。

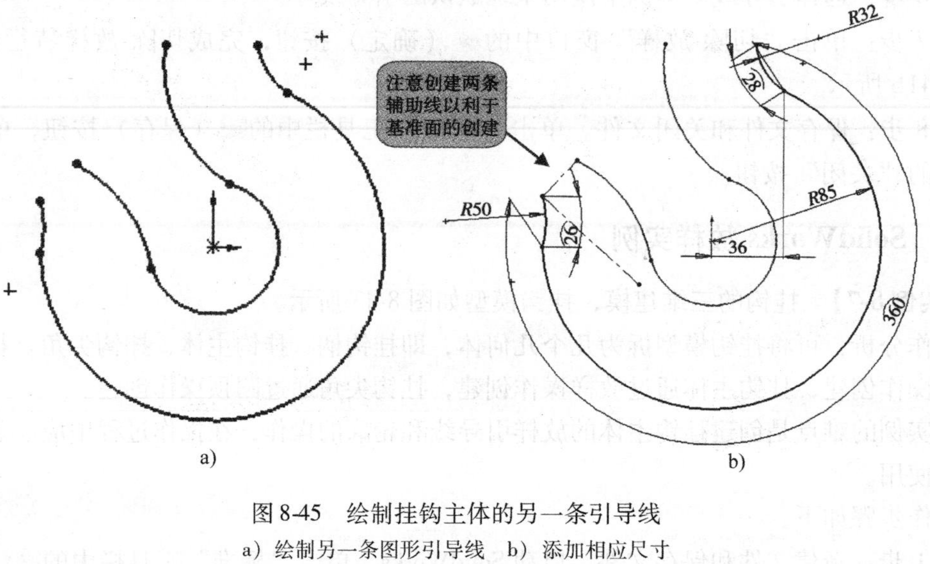

图 8-45　绘制挂钩主体的另一条引导线

a）绘制另一条图形引导线　b）添加相应尺寸

第 4 步：创建两个基准面（基准面 1 和基准面 2）。单击“**参考几何体**”工具栏中的（基准面）按钮，或者选择菜单“插入”→“参考几何体”→“基准面”命令，以“点和平行面”的方式创建通过上视基准面和最上边一个点的基准面（基准面 1），再以“垂直于曲线”方式，以步骤 3 中创建的中心线为参照，创建另外一个基准面（基准面 2）。新创建的两个基准面如图 8-46 所示。

第 5 步：创建放样轮廓线 1（草图 4）。单击选中“基准面 1”，单击“草图”工具栏中的（草图绘制）按钮，开始草图的绘制。在两条引导线的端点之间绘制一条中心线，并以此线的中点为圆心，创建通过两条引导线端点的圆（草图 4），以该图作为上端的放样轮廓线。单击绘图区右上角的（确定）图标，完成草图 4 的绘制，如图 8-47 所示。

第 6 步：创建放样轮廓线 2（草图 5）。单击选中“基准面 2”，单击“草图”工具栏中的（草图绘制）按钮，开始草图的绘制。在两条引导线的端点之间绘制一条中心线，并以此线的中点为圆心，创建通过两条引导线端点的圆（草图 5），以该图作为左端的放样轮廓线。单击绘图区右上角的（确定）图标，完成草图 5 的绘制，如图 8-47 所示。

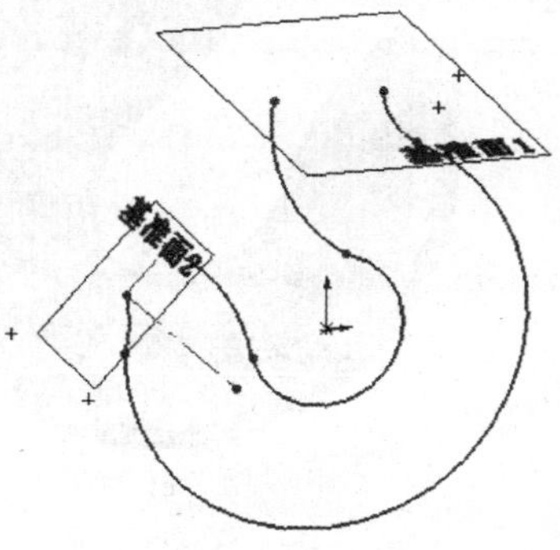

图 8-46　新创建的两个基准面

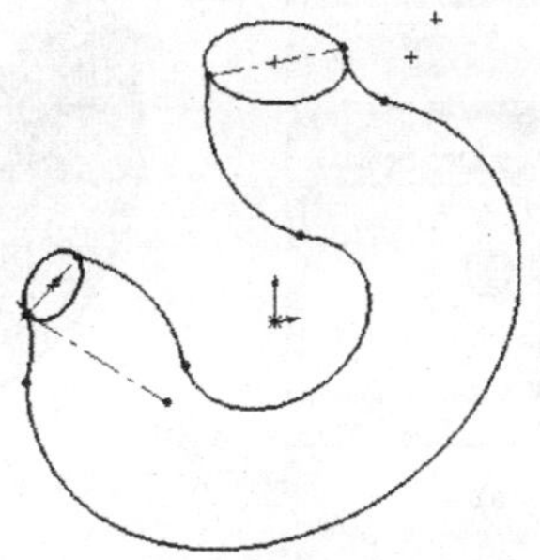
图 8-47　在基准面上创建的放样轮廓线

第 7 步：创建中间轮廓线（草图 7 和草图 8）。单击选中“**上视基准面**”，单击“草图”工具栏中的（草图绘制）按钮，开始草图的绘制，创建如图 8-48a 所示的与两条引导线相交的草绘图形，并添加相应的尺寸和约束，将以此草绘图形（草图 7）作为此处的挂钩主体轮廓线。单击绘图区右上角的（确定）图标，完成草图 7 的绘制。

第 8 步：单击选中“**右视基准面**”，单击“草图”工具栏中的（草图绘制）按钮，开始草图的绘制，创建如图 8-48b 所示的草绘图形（草图 8），单击绘图区右上角的（确定）图标，完成草图 8 的绘制。效果如图 8-48c 所示。

第 9 步：放样挂钩主体。单击“**特征**”工具栏中的（放样凸台/基体）按钮，或选择菜单“插入”→“凸台/基体”→“放样”命令，系统弹出“放样”窗口。在轮廓(P)下方的文本框单击，再依次选中轮廓曲线（草图 4、草图 7、草图 8 和草图 5）；在引导线(G)下方的文本框单击，再选中引导线（草图 3 和草图 2）。单击（确定）按钮即可创建挂钩主体，如图 8-49 所示。

第 10 步：创建挂钩尖角部分。选择菜单“插入”→“特征”→“圆顶”命令，弹出如图 8-50a 所示的“圆顶”窗口，保持系统默认，单击挂钩的顶角面，如图 8-50b 所示，然后单击（确定）按钮，创建挂钩尖角。

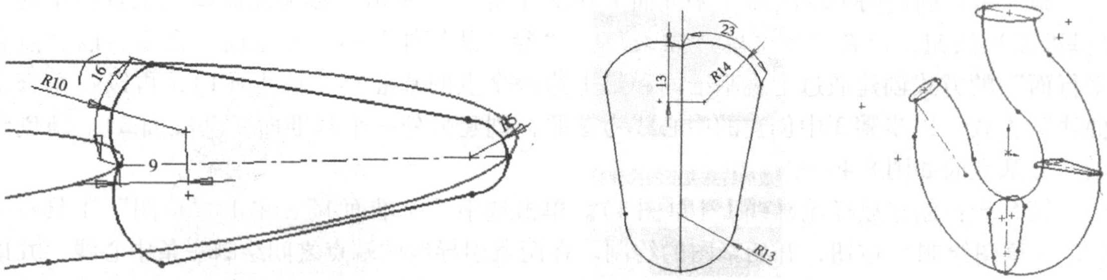

a)　　b)　　c)

图 8-48　创建挂钩主体中间的两个轮廓线

a）上视基准面中的草绘图形　b）右视基准面中的草绘图形　c）图形效果

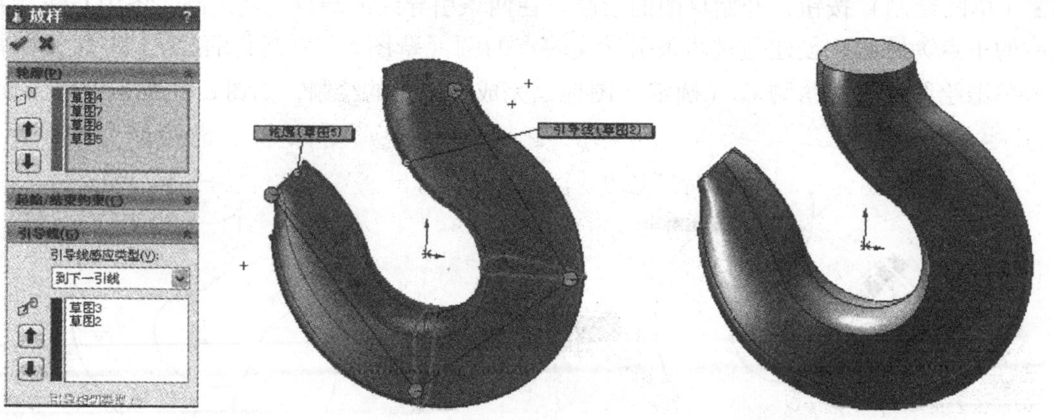

a)　　b)　　c)

图 8-49　放样创建挂钩主体

a）“放样”窗口　b）放样　c）放样后的效果

第 11 步：创建挂钩柄部分。在基准面 1 上绘制圆（直径为 35mm），再拉伸为 50mm 高的圆柱。以此圆柱上表面为基准面，绘制圆（直径为 30mm），再拉伸为 50mm 高的圆柱，即拉伸出挂钩柄，如图 8-51 所示。到此可完成挂钩的建模。

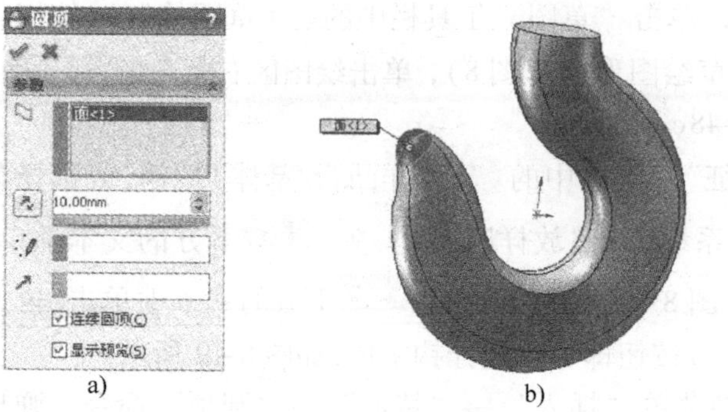

a)　　b)

图 8-50　创建挂钩尖角

a）“圆顶”窗口　b）挂钩的顶角面

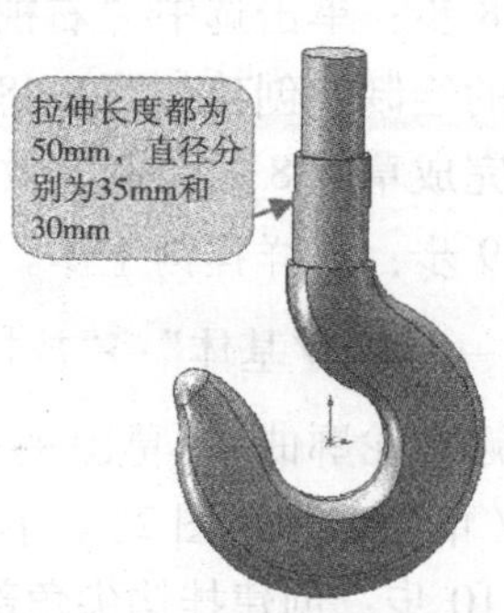

图 8-51　拉伸出挂钩柄

第 12 步：保存文件和关闭文件。单击“标准”工具栏中的“保存”按钮，单击界面右上角的“关闭”按钮。

【放样特征创建训练】

创建如图 8-52 所示模型。

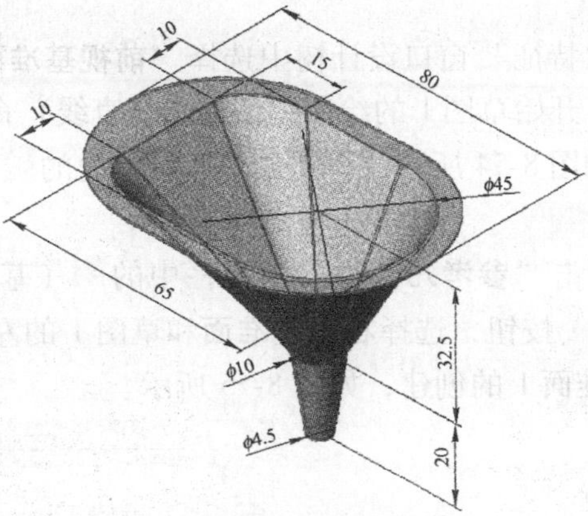

图 8-52　训练图

8.3　扫描特征与放样特征综合实例

【实例 8-8】　发动机进气管的建模。

发动机进气管模型如图 8-53 所示，由弯管、立管、底座和弯管口四部分组成。

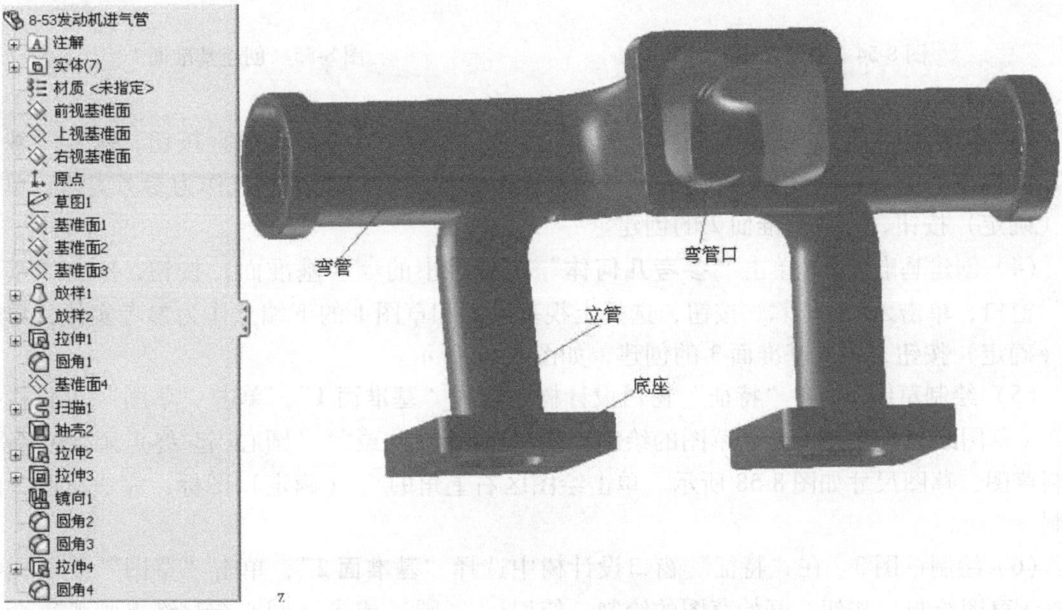

图 8-53　发动机进气管模型

发动机进气管建模的操作步骤如下。

第 1 步：新建文件和保存文件。启动 SolidWorks，单击“标准”工具栏中的（新建）按钮，弹出“新建 SolidWorks 文件”对话框，选择“零件”按钮，单击确定按钮。单击菜单中的“文件”→“另存为”命令，弹出“另存为”对话框，在“文件名”文本框中输入“发动机进气管”，单击“保存”按钮。

第 2 步：创建弯管。

（1）绘制草图 1。在“特征”窗口设计树中选择**“前视基准面”**，单击“草图”工具栏中的（草图绘制）按钮，开始草图 1 的绘制。使用（直线）命令和（绘制圆角）命令绘制草图，并标注尺寸，如图 8-54 所示。单击绘图区右上角的（确定）图标，完成草图 1 的绘制。

（2）创建基准面 1。单击**“参考几何体”**工具栏中的（基准面）按钮，弹出“基准面”窗口，单击点和平行面(P)按钮，选择**右视基准面**和草图 1 的左端点作为参考实体，单击（确定）按钮，完成基准面 1 的创建，如图 8-55 所示。

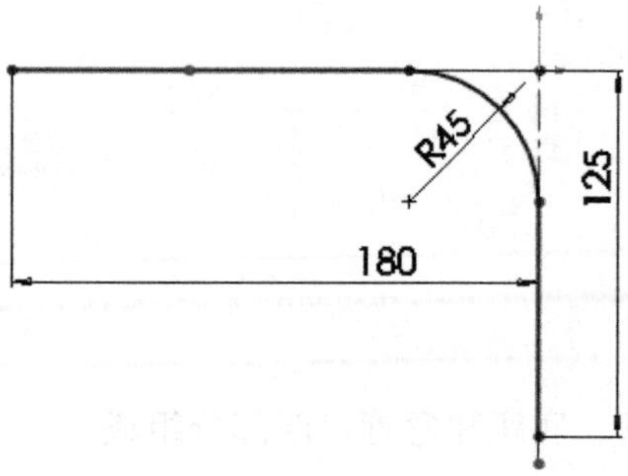

图 8-54　创建草图 1

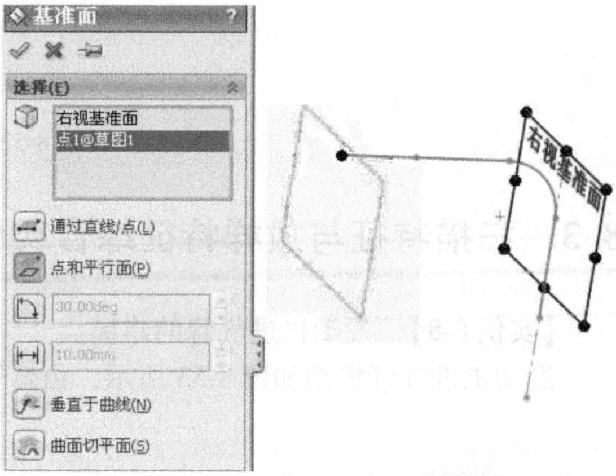

图 8-55　创建基准面 1

（3）创建基准面 2。单击**“参考几何体”**工具栏中的（基准面）按钮，弹出“基准面”窗口，单击点和平行面(P)按钮，选择**基准面 1** 和如图 8-56 所示的点作为参考实体，单击（确定）按钮，完成基准面 2 的创建。

（4）创建基准面 3。单击**“参考几何体”**工具栏中的（基准面）按钮，弹出“基准面”窗口，单击点和平行面(P)按钮，选择**上视基准面**和草图 1 的下端点作为参考实体，单击（确定）按钮，完成基准面 3 的创建，如图 8-57 所示。

（5）绘制草图 2。在“特征”窗口设计树中选择**“基准面 1”**，单击“草图”工具栏中的（草图绘制）按钮，开始草图的绘制。使用（圆）或（圆心/起/终点画弧）命令绘制草图，草图尺寸如图 8-58 所示。单击绘图区右上角的（确定）图标，完成草图 2 的绘制。

（6）绘制草图 3。在“特征”窗口设计树中选择**“基准面 2”**，单击“草图”工具栏中的（草图绘制）按钮，开始草图的绘制。使用（圆）或（圆心/起/终点画弧）命令绘制草图，具体尺寸如图 8-59 所示。单击绘图区右上角的（确定）图标，完成草图 3 的绘制。

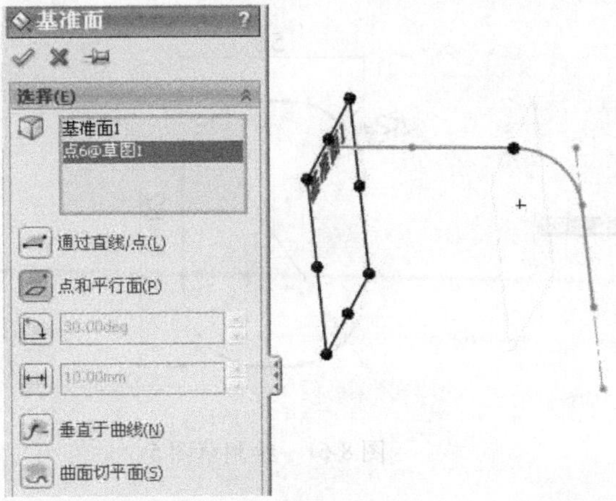

图 8-56　创建基准面 2

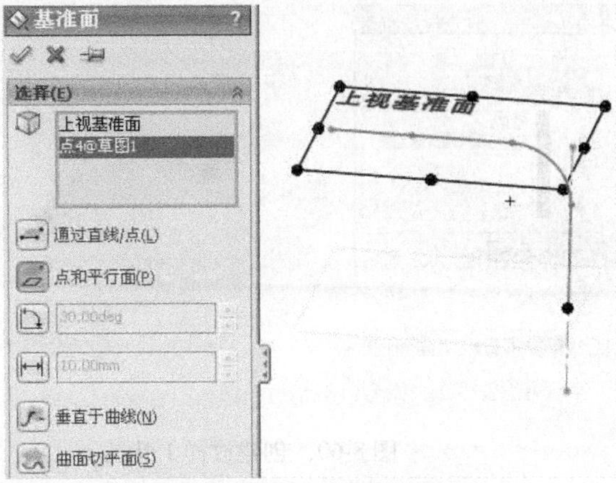

图 8-57　创建基准面 3

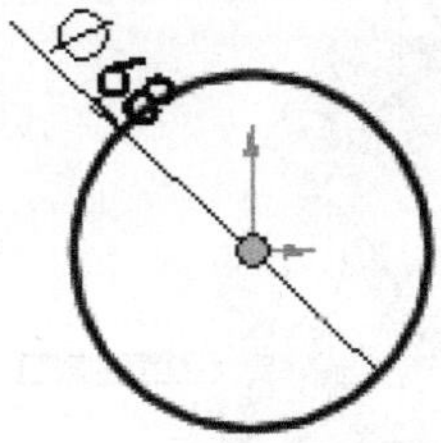

图 8-58　绘制草图 2

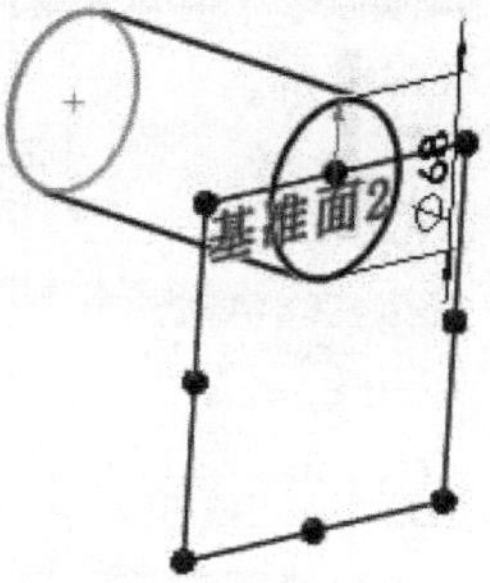

图 8-59　绘制草图 3

（7）创建放样 1 特征。用左键单击“**特征**”工具栏中的（放样凸台/基体）按钮，或选择菜单“插入”→“凸台/基体”→“放样”命令，弹出“放样”窗口，选择“草图 2”和“草图 3”作为放样的轮廓，单击（确定）按钮，完成放样 1 特征的创建，如图 8-60 所示。

（8）绘制草图 4。在“特征”窗口设计树中选择“**基准面 2**”，单击“草图”工具栏中的（草图绘制）按钮，开始草图的绘制，选择圆柱边线，单击（转换实体引用）按钮，生成放样截面草图 4，单击绘图区右上角（确定）图标，完成草图 4 的绘制。

（9）绘制草图 5。在“特征”窗口设计树中选择“**基准面 3**”，单击“草图”工具栏中的（草图绘制）按钮，开始草图的绘制，使用（矩形）命令和（切线弧）命令绘制草图，具体尺寸如图 8-61 所示。单击绘图区右上角的（确定）图标，完成草图 5 的绘制。

（10）创建放样 2 特征。单击“**特征**”工具栏中的（放样凸台/基体）按钮，或选择菜单“插入”→“凸台/基体”→“放样”命令，弹出“放样”窗口，选择“草图 4”和“草图 5”作为放样的轮廓，在“开始约束”和“结束约束”选项框中均选择“垂直于轮廓”，单击✓（确定）按钮，完成放样2特征的创建，如图8-62所示。

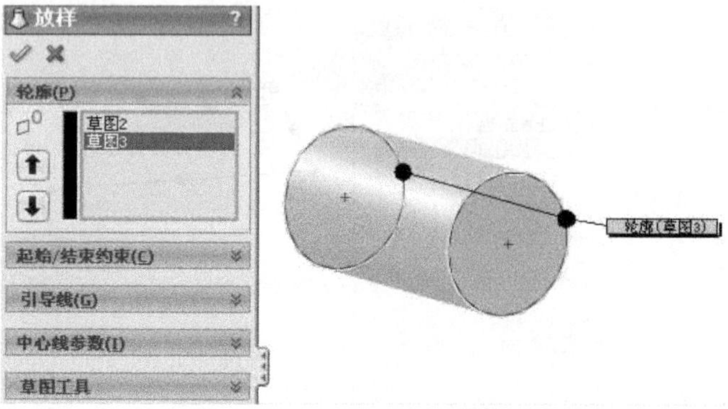

图 8-60　创建放样 1 特征

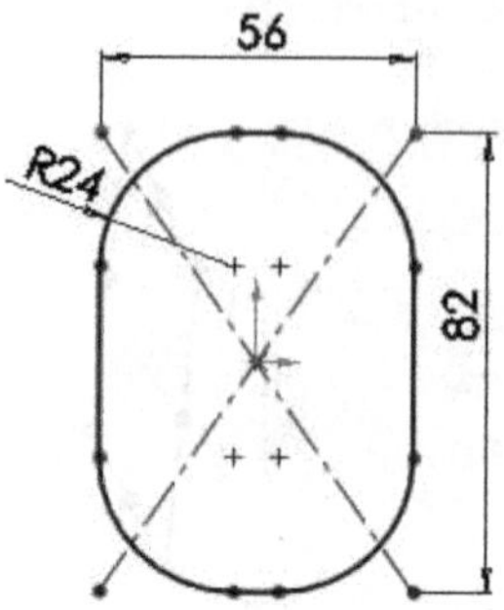

图 8-61　绘制草图 5

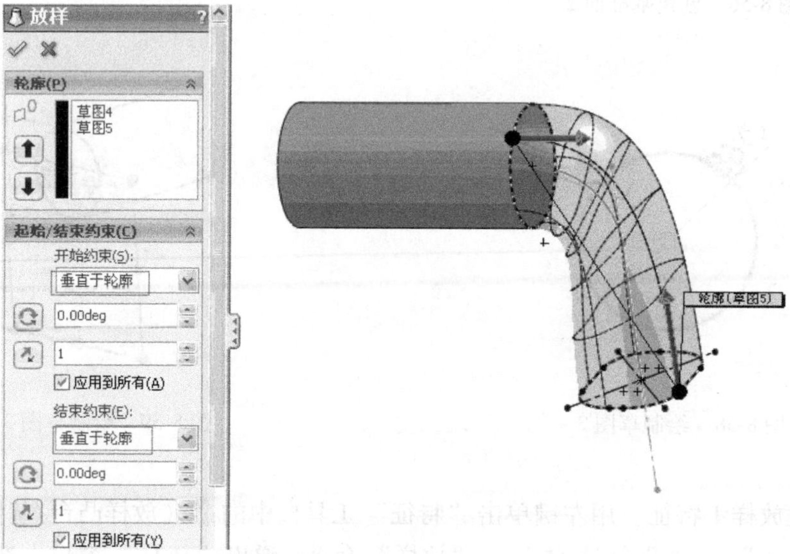

图 8-62　创建放样 2 特征

(11) 绘制草图6。单击弯管的**基准面1**；单击“草图”工具栏中的（草图绘制）按钮，开始草图的绘制，可使用（圆）命令和（转换实体引用）命令，绘制弯管端口拉伸草图（两个圆），具体尺寸如图8-63所示。单击绘图区右上角的（确定）图标，完成草图6的绘制。

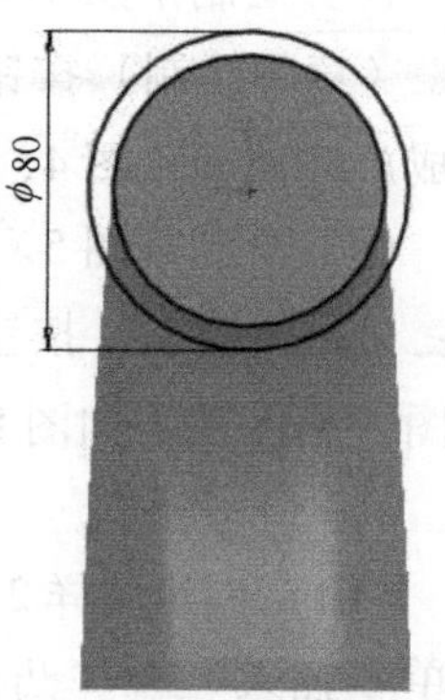

图 8-63　绘制草图 6

(12) 创建拉伸1特征。选择草图6，单击“**特征**”工具栏上的（拉伸凸台/基体）按钮，弹出“拉伸”窗口，在方向1，区域终止条件的下拉列表中选择给定深度，并设置深度为20mm，单击（反向）按钮，单击✓（确定）按钮，完成拉伸1特征（弯管端口拉伸）的创建，如图8-64所示。

(13) 创建圆角1特征。单击“**特征**”工具栏中的（圆角）

按钮，弹出“圆角”窗口，设置半径为 2mm，选择弯管端口边线，如图 8-65 所示。单击✓（确定）按钮，完成圆角 1 特征的创建。

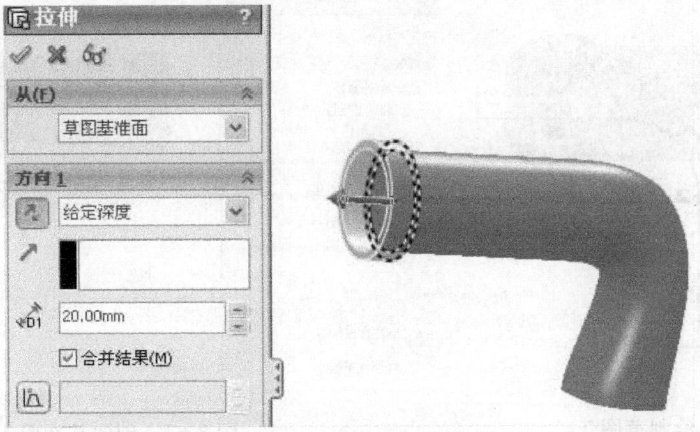

图 8-64　创建拉伸 1 特征

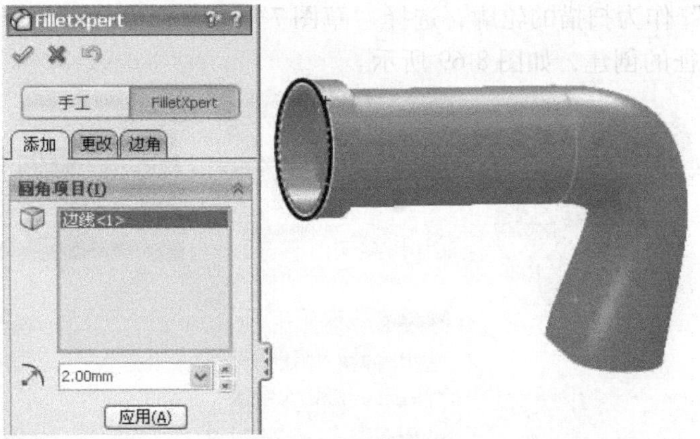

图 8-65　创建圆角 1 特征

第 3 步：创建立管。

（1）绘制草图 7。在“特征”窗口设计树中选择“**上视基准面**”，单击“草图”工具栏中的（草图绘制）按钮，开始草图的绘制，使用（直线）、（圆心/起/终点画弧）命令绘制立管扫描路径，具体尺寸如图 8-66 所示。单击绘图区右上角的（确定）图标，完成草图 7 的绘制。

（2）创建基准面 4。单击“**参考几何体**”工具栏中的（基准面）按钮，弹出“基准面”窗口，单击点和平行面(P)按钮，选择**前视基准面**和扫描路径（草图 7）的下端点作为参考实体，单击✓（确定）按钮，完成基准面 4 的创建，如图 8-67 所示。

（3）绘制草图 8。在“特征”窗口设计树中选择“**基准面 4**”，单击“草图”工具栏中的（草图绘制）按钮，开始草图的绘制。使用（圆）命令绘制扫描截面草图，单击“草图”工具栏中的（添加几何关系）按钮，为扫描截面圆的圆心与图 8-67 所示的扫描路径草图中的直线添加“穿透”约束。单击绘图区右上角的（确定）图标，完成草图 8 的绘制，如图 8-68 所示。

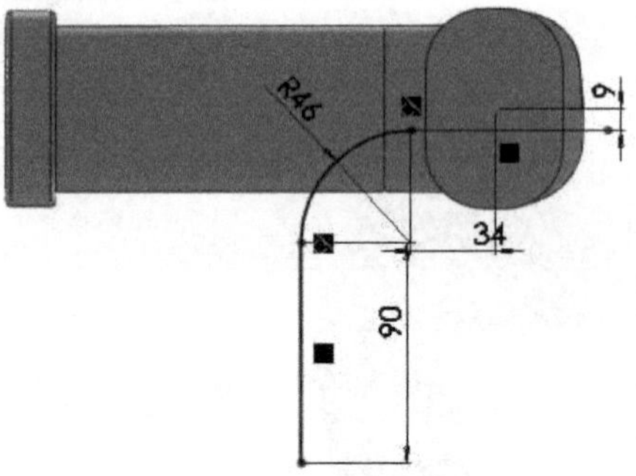

图 8-66　绘制草图 7

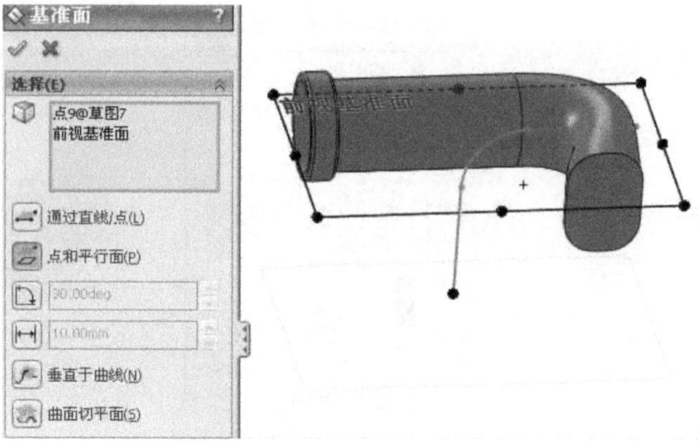

图 8-67　创建基准面 4

（4）创建扫描 1 特征。单击“**特征**”工具栏中的（扫描）按钮，弹出“扫描”窗口，选择“草图 8”作为扫描的轮廓，选择“草图 7”作为扫描的路径，单击（确定）按钮，完成扫描 1 特征的创建，如图 8-69 所示。

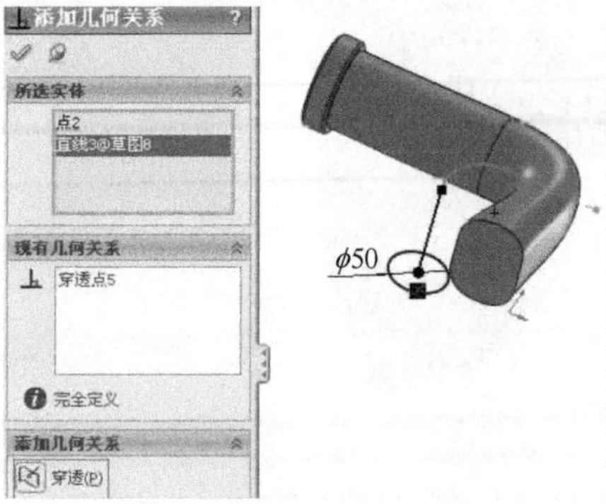

图 8-68　绘制草图 8（扫描截面图）

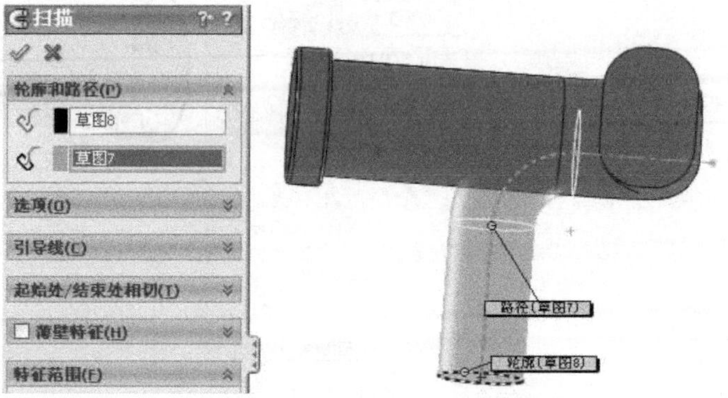

图 8-69　创建扫描 1 特征

（5）创建抽壳 1 特征。单击“**特征**”工具栏中的（抽壳）按钮，弹出“抽壳 1”窗口，选择组成实体的三个端面，设定壳厚为 4mm，如图 8-70 所示。单击（确定）按钮，完成抽壳 1 特征的创建，如图 8-71 所示。

第 4 步：创建底座。

（1）绘制草图 9。在“特征”窗口设计树中选择“**基准面 4**”，单击“草图”工具栏中的（草图绘制）按钮，开始草图的绘制。单击（中心线）按钮绘制辅助线，单击（矩形）、（圆角）和（转换实体引用）命令绘制草图，具体尺寸如图 8-72 所示。单击绘图区右上角的（确定）图标，完成草图 9 的绘制。

（2）创建拉伸 2 特征。选择“草图 9”，单击“**特征**”工具栏上的（拉伸凸台/基体）按钮，弹出“拉伸”窗口，在 方向1 区域的下拉列表中选择给定深度，并设置深度为 25mm。

单击✓（确定）按钮，完成拉伸 2 特征的创建，如图 8-73 所示。

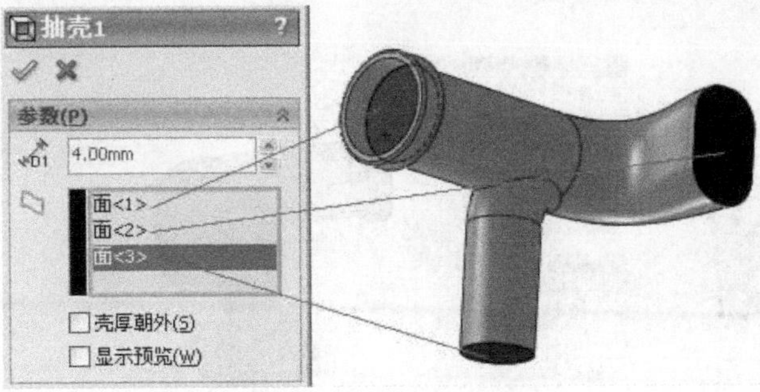

图 8-70　“抽壳 1”窗口

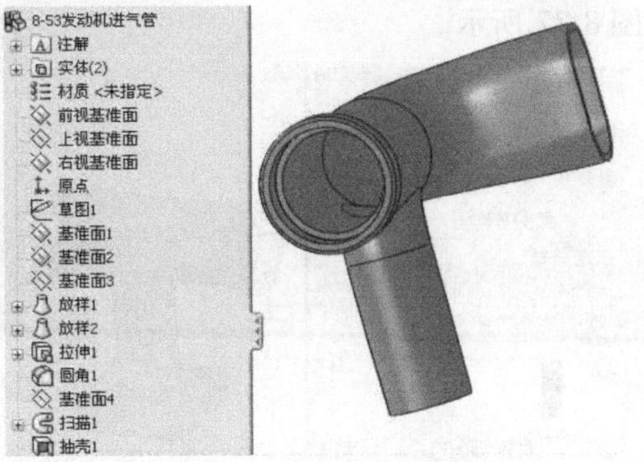

图 8-71　创建抽壳 1 特征

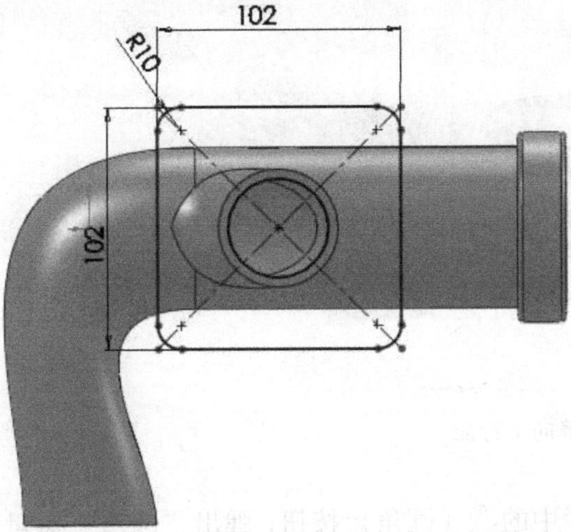

图 8-72　绘制草图 9

图 8-73　创建拉伸 2 特征

第 5 步：创建弯管口。

（1）绘制草图 10。在“特征”窗口设计树中选择“**基准面 3**”，单击“草图”工具栏中的（草图绘制）按钮，开始草图的绘制，具体尺寸如图 8-74 所示。单击绘图区右上角的（确定）图标，完成草图 10 的绘制。

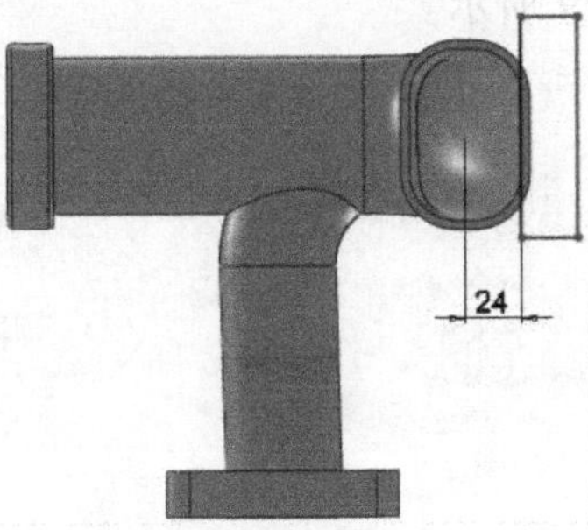

图 8-74　绘制草图 10

（2）创建拉伸 3 特征。单击“**特征**”工具栏中的（拉伸切除）按钮，弹出“拉伸”窗口，在 方向 1 区域的终止条件下拉列表中选择“完全贯穿”，单击（反向）按钮。单击✓（确定）按钮，完成拉伸 3 特征的创建，如图 8-75 所示。

（3）创建镜向 1 特征。单击“**特征**”工具栏中的（镜向）按钮，弹出“镜向”窗口，选择上一步操作生成的切除面作为镜像面，选择全部实体作为要镜像的实体，如图 8-76 所示。单击✓（确定）按钮，完成镜向 1 特征的创建，如图 8-77 所示。

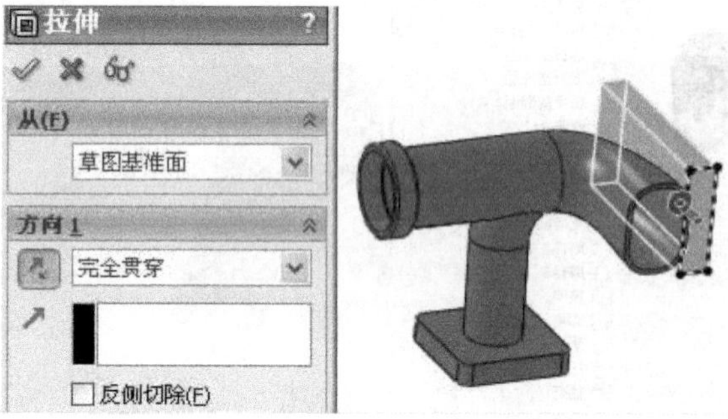

图 8-75　创建拉伸 3 特征

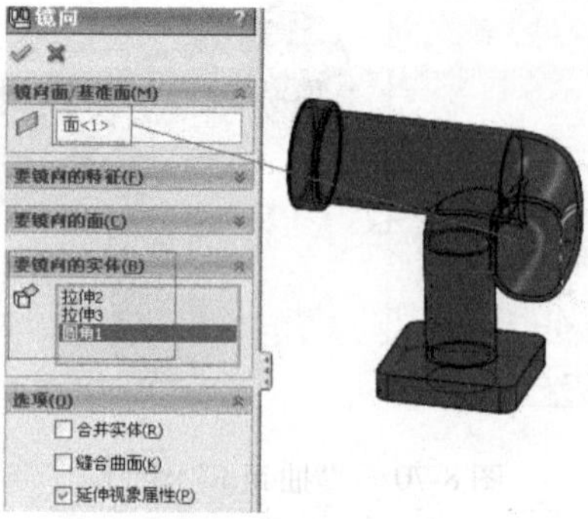

图 8-76　“镜向”窗口

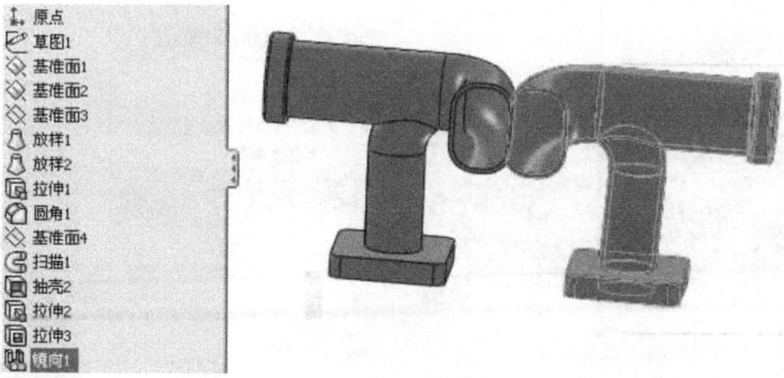

图 8-77　创建镜向 1 特征

（4）创建圆角 2 特征。单击“**特征**”工具栏中的（圆角）按钮，弹出“圆角”窗口，设置半径为 3mm，选择边线，单击✓（确定）按钮，完成圆角 2 特征的创建，如图 8-78 所示。

（5）创建圆角 3 特征。单击“**特征**”工具栏中的（圆角）按钮，弹出“圆角”窗口，设置半径为 3mm，选择另一条边线，单击✓（确定）按钮，完成圆角 3 特征的创建，如图 8-79 所示。

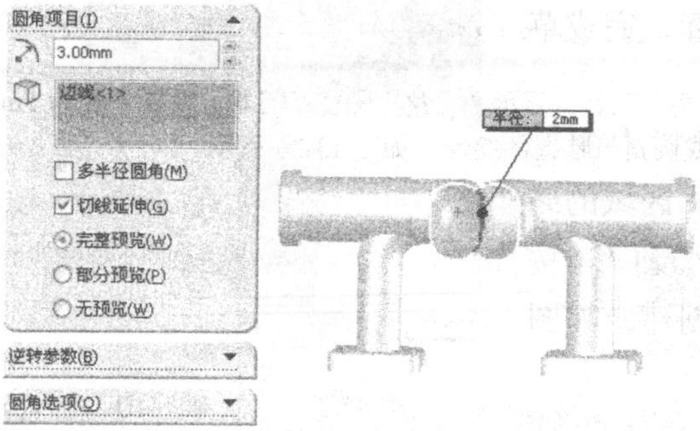

图 8-78　创建圆角 2 特征

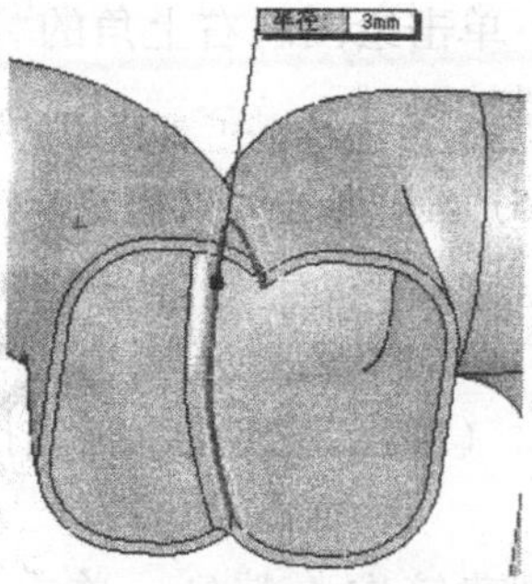

图 8-79　创建圆角 3 特征

（6）绘制草图 11。选择“**基准面 3**”，单击“草图”工具栏中的（草图绘制）按钮，开始草图的绘制。单击（中心线）按钮绘制辅助线，单击（矩形）、（圆角）、（转换实体引用）命令绘制草图，具体尺寸如图 8-80 所示。单击绘图区右上角的（确定）图标，完成草图 11 的绘制。

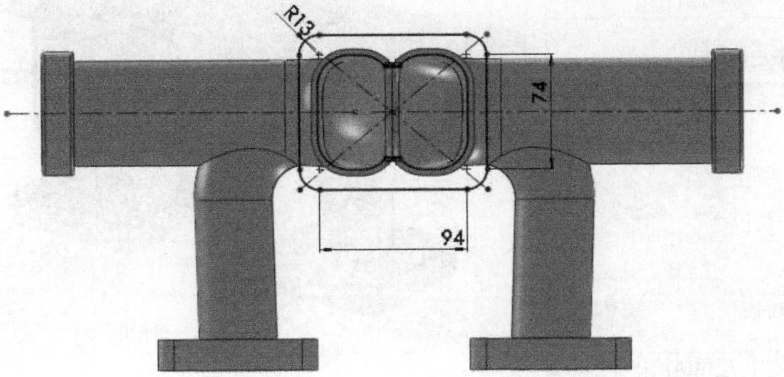

图 8-80　绘制草图 11

（7）创建拉伸 4 特征。选择“草图 11”，单击“**特征**”工具栏上的（拉伸凸台/基体）按钮，弹出“拉伸”窗口，在方向 1 区域终止条件的下拉列表中选择给定深度，并设置深度为 25mm，单击（确定））按钮，完成拉伸 4 特征的创建，如图 8-81 所示。

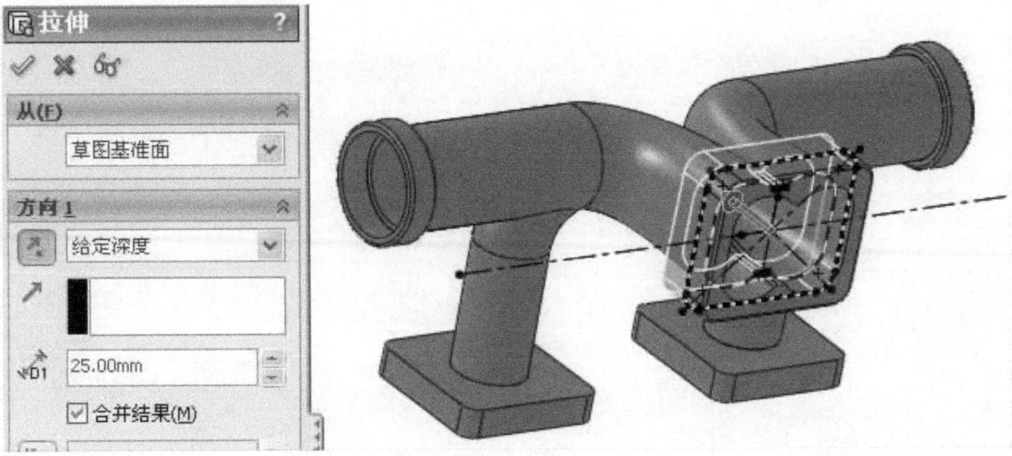

图 8-81　创建拉伸 4 特征

（8）创建圆角 4 特征。单击“**特征**”工具栏中的（圆角）按钮，弹出“圆角”窗口，设置半径为 2mm，选择边线，单击（确定）按钮，完成圆角 4 特征的创建，如图 8-82 所示。

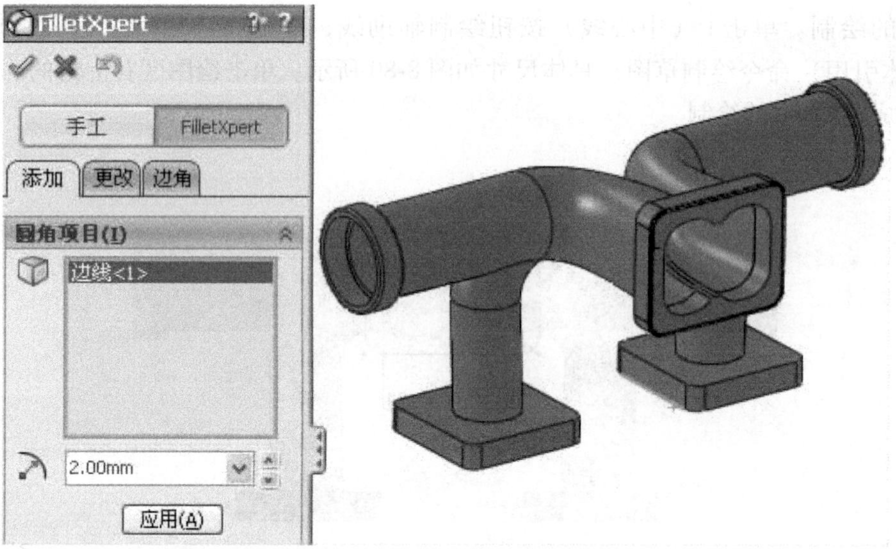

图 8-82　创建圆角 4 特征

第 6 步：保存文件和关闭文件。

第 9 章　曲线曲面绘制和复杂零件建模

本章要点：曲线曲面的基本创建方法及复杂零件建模操作过程。

9.1　绘制曲线

曲线和曲面是复杂和不规则实体模型的主要组成部分，尤其在工业设计中，该组命令的应用更为广泛。曲线和曲面使不规则实体的绘制更加灵活、快捷。

曲线造型是曲面造型的基础，本节主要介绍常用的几种生成曲线的方法，包括投影曲线、分割线、螺旋线和涡状线以及组合曲线等。

9.1.1　投影曲线

单击“**曲线**”工具栏中的（投影曲线）按钮，或选择菜单中的“插入”→“曲线”→“投影曲线”命令，弹出“投影曲线”窗口。投影曲线可以由两种方式生成，即草图到面和草图到草图，如表 9-1 所示。

表 9-1　投影曲线类型

投影类型	窗　口	效　果　图
1. 草图到面 将一幅草图投影到模型中的面上形成的曲线。将所绘制的曲线投影到曲面上，可以生成一个三维曲线	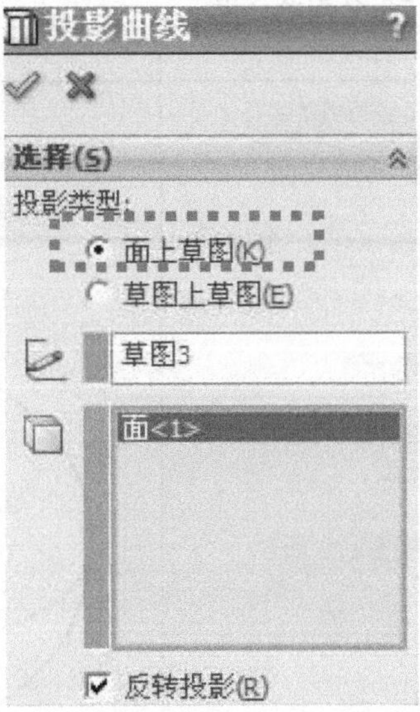	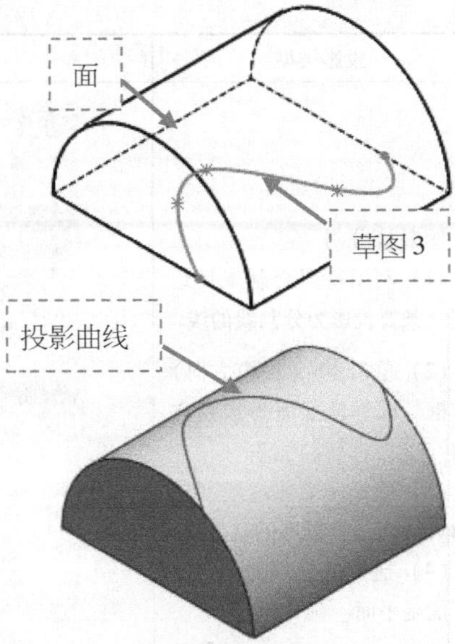

（续）

投影类型	窗　　口	效　果　图
2. 草图到草图 在两个相交的基准面上分别绘制草图，系统会将每一个草图向所在平面的垂直方向投影，分别得到一个曲面，这两个曲面在空间中相交生成一条 3D 曲线	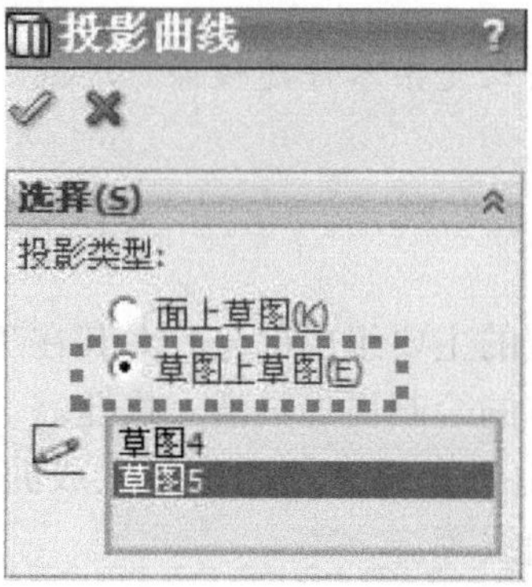	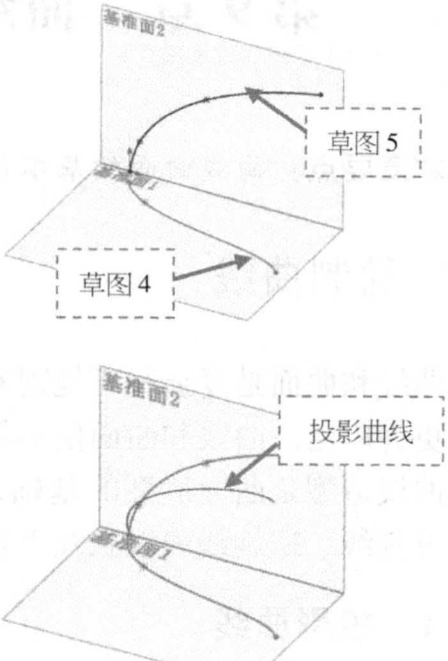

9.1.2　分割线

“分割线”工具可将草图投影到曲面或平面，它可以将所选的面分割为多个分离的面，也可将草图投影到曲面实体。单击“**曲线**”工具栏上的(分割线)按钮，或选择菜单栏中的“插入”→“曲线”→“分割线”命令，弹出“投影曲线”窗口。生成分割线有三种方式，即通过轮廓、通过投影、通过交叉点。本章主要介绍常用的前两种方式，如表 9-2 所示。

表 9-2　分割线类型

投影类型	窗　　口	效　果　图
1. 轮廓分割 （1）利用草图绘制工具绘制一条要投影为分割线的线 （2）单击（拔模方向）方框，取一基准面为拔模方向 （3）选择一个通过模型轮廓（外边线）投影的基准面 （4）选择要分割的面，面不能是平面	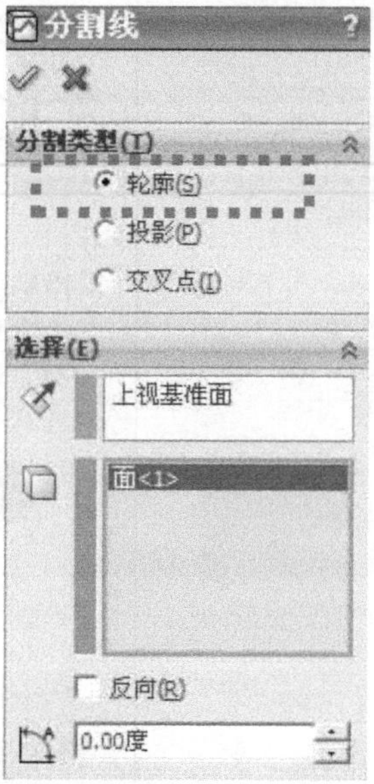	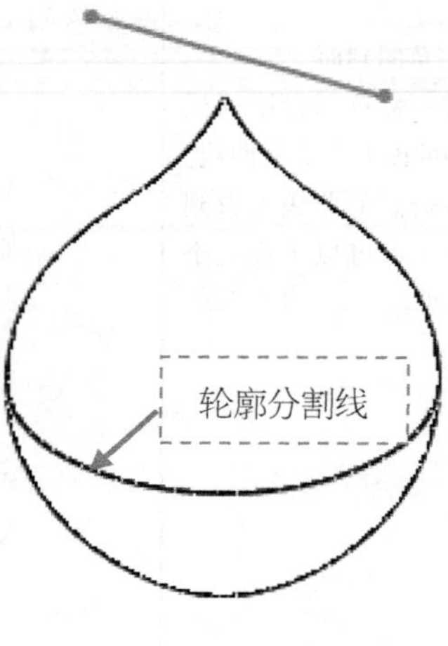

（续）

<table>
<tr><th>投影类型</th><th>窗　口</th><th>效　果　图</th></tr>
<tr>
<td>2. 投影分割
(1) 利用草图绘制工具绘制一条要投影为分割线的线（如图中椭圆）
(2) 单击（要分割的面）方框，选择一个或多个要分割的面
(3) 选择“单向”复选框只以一个方向投影分割线。如果需要，可选择“反向”复选框以反向投影分割线</td>
<td>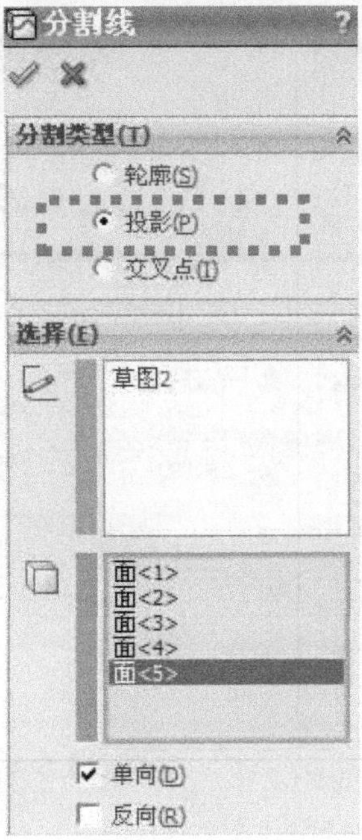
</td>
<td>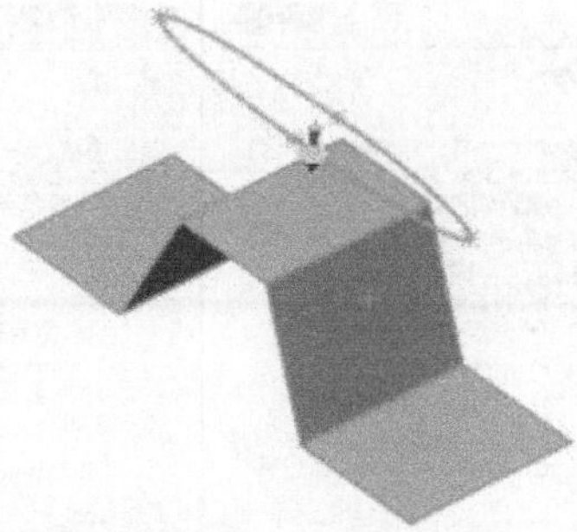
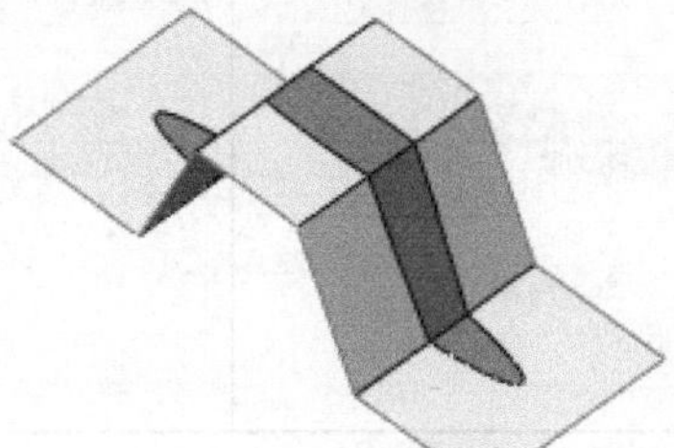</td>
</tr>
</table>

9.1.3　螺旋线和涡状线

绘制螺旋线和涡状线都需要事先选定一个基圆作为基体。

单击“**曲线**”工具栏上的（螺旋线）按钮，或选择菜单栏中的“插入”→“曲线”→“螺旋线/涡状线”命令，弹出“螺旋线/涡状线”窗口，在弹出的窗口中进行设置，即可生成螺旋线或者涡状线。

螺旋线有多种定义方式，通过不同定义方式可以得到相同的结果。如表 9-3 所示，要得到高度为 50mm，螺距为 10mm，圈数为 5 的螺旋线，可以选择定义方式“螺距和圈数”中恒定螺距为 10mm，圈数为 5，或者选择定义方式“高度和圈数”，设置高度为 50mm，圈数为 5，也可以选择定义方式“高度和螺距”，设置恒定螺距 10 为 mm，高度为 50mm。

涡状线通过螺距和圈数来设定，如图 9-1 所示。

【实例 9-1】　绘制图 9-2 所示螺旋线。

第 1 步：选择基准面，绘制圆。在设计树中选择“**前视基准面**”，单击（草图绘制）按钮，进入草图绘制。绘制圆心在原点直径为 26mm 的圆。然后单击（结束草图）按钮，退出草图绘制。

第 2 步：先单击选中绘制的圆，再选择主菜单的“插入”→“曲线”→“螺旋线/涡状线”命令，弹出“螺旋线/涡状线”窗口。

第 3 步：在窗口中设置选项。如：“定义方式”选择“螺距和圈数”，“螺距”填入 5mm，“圈数”填入 10 圈，“起始角度”填入 0，如图 9-2 所示。

第 4 步：单击（确定）按钮后得到螺旋线，如图 9-2 所示。

表 9-3　螺旋线定义方式

螺距和圈数	高度和圈数	高度和螺距	效果图
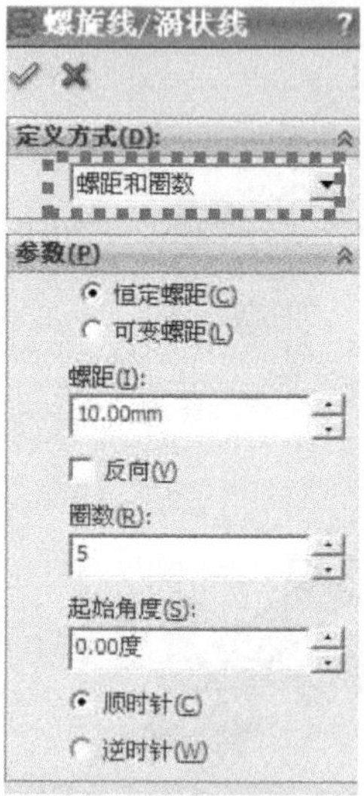	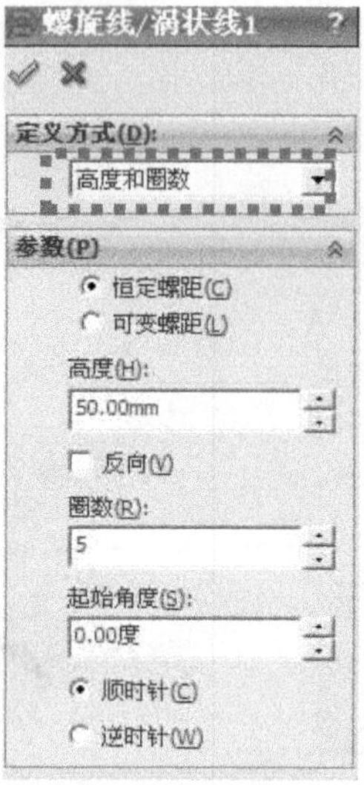	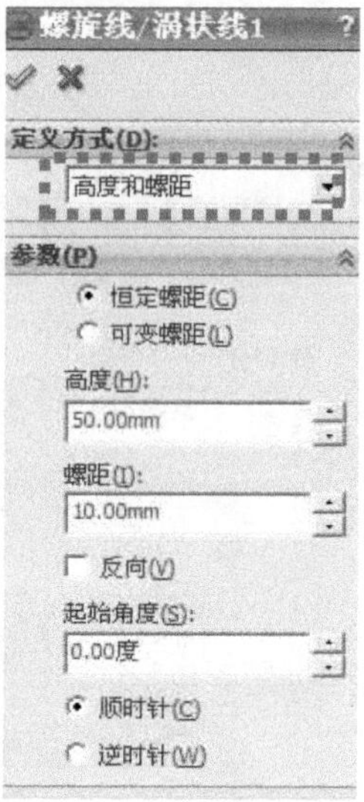	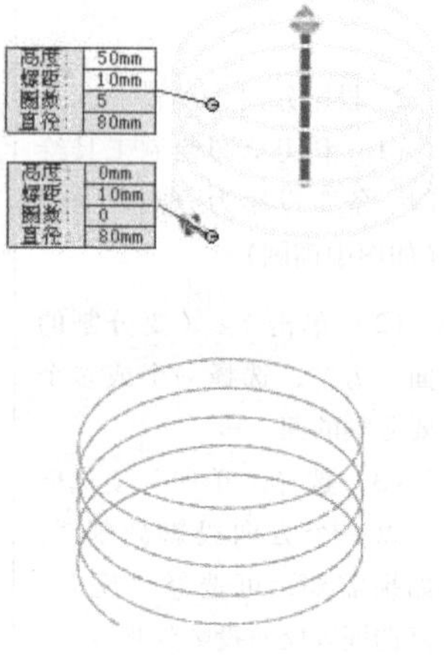

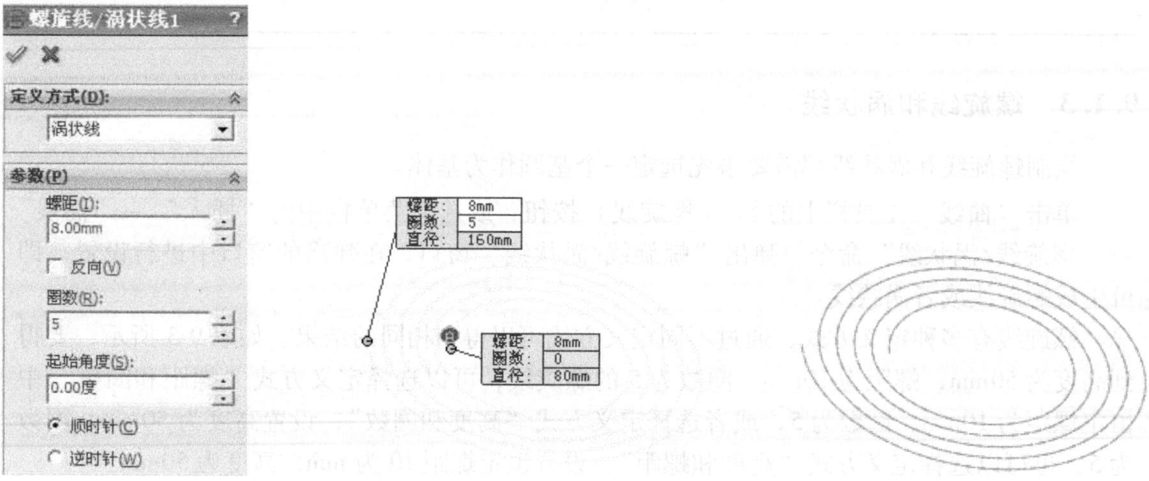

图 9-1　生成涡状线

【实例 9-2】　绘制图 9-3 所示涡状线。

第 1 步：选择基准面，绘制圆。在特征窗口中选择“前视基准面”，单击（草图绘制）按钮，进入草图绘制。绘制圆心在原点半径为 40mm 的圆，然后单击（结束草图）按钮，退出草图绘制。

第 2 步：单击选中圆，选择主菜单的“插入”→“曲线”→“螺旋线/涡状线”命令，弹出“螺旋线/涡状线”窗口。

第 3 步：在窗口中设置选项。如“定义方式”选择“螺距和圈数”，“螺距”填入 8mm，“圈数”输入 9，“起始角度”填入 0，选择“锥形螺纹线”角度为 15，如图 9-3 所示。

第 4 步：单击（确定）后得到涡状螺旋线，如图 9-3 所示。

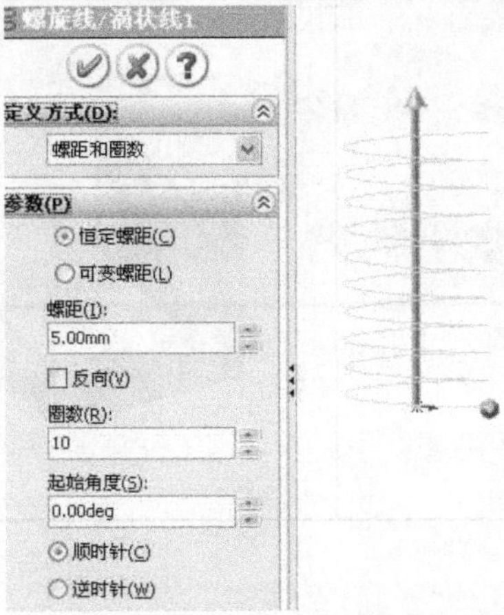

图 9-2　螺旋线窗口和预览图

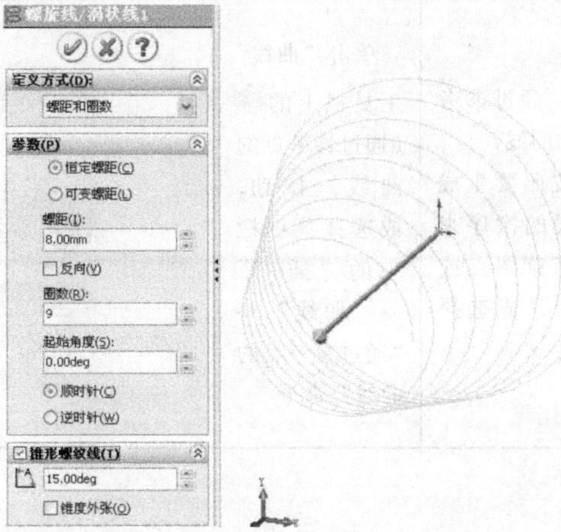

图 9-3　涡状线窗口和弹簧预览

9.1.4　其他曲线生成方式

组合曲线，通过 *X*、*Y*、*Z* 点的曲线和通过参考点的曲线生成方式相对简单，如表 9-4 所示。

表 9-4　其他曲线生成方式

曲线类型	启动方法	窗　口	效果图
1. 组合曲线 通过将曲线、模型边线或者草图几何组合为一条单一曲线来生成组合曲线	单击“曲线”工具栏上的（组合曲线）按钮，或选择菜单栏中的“插入”→“曲线”→“给合曲线”命令	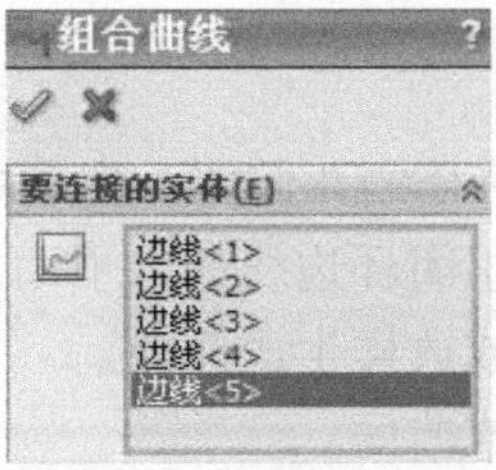	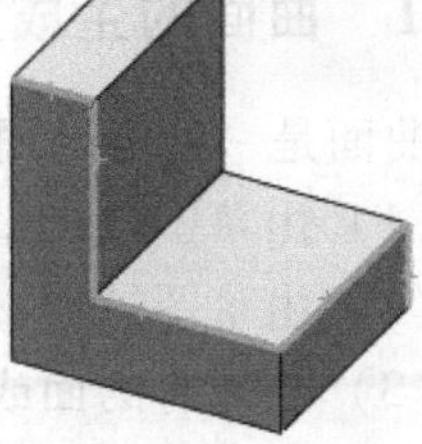
2. 通过 X、Y、Z 点的曲线 通过双击 X、Y 和 Z 坐标列中的单元格并在每个单元格中输入一个点坐标，生成一套新的坐标	单击“曲线”工具栏上的（通过 X、Y、Z 点的曲线）按钮，或选择菜单栏中的“插入”→“曲线”→“通过 X、Y、Z 点的曲线”命令	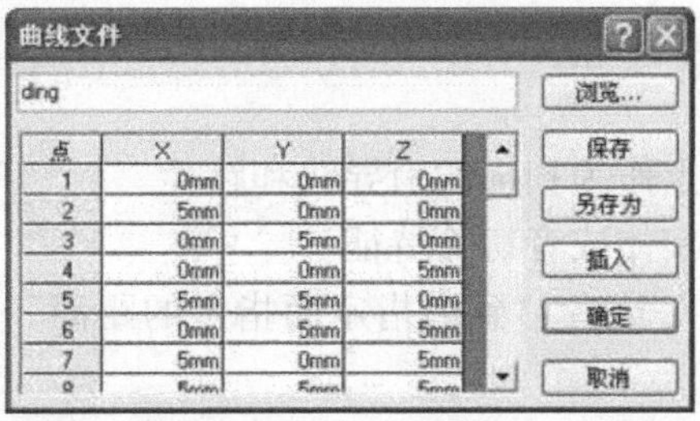	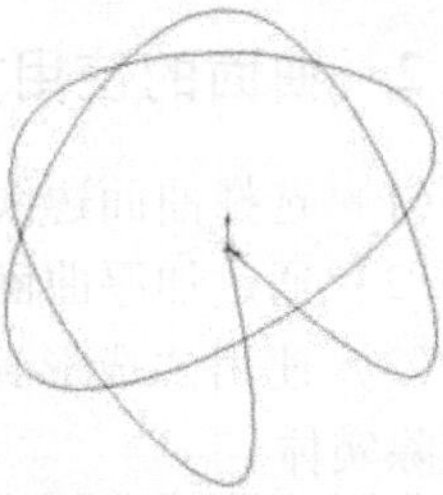

（续）

曲线类型	启动方法	窗　口	效果图
3. 通过参考点的曲线 按照要生成曲线的次序来选择草图点或顶点，或选择两者	单击“曲线”工具栏上的（通过参考点的曲线）按钮，或选择菜单栏中的“插入”→“曲线”→“通过参考点的曲线”命令	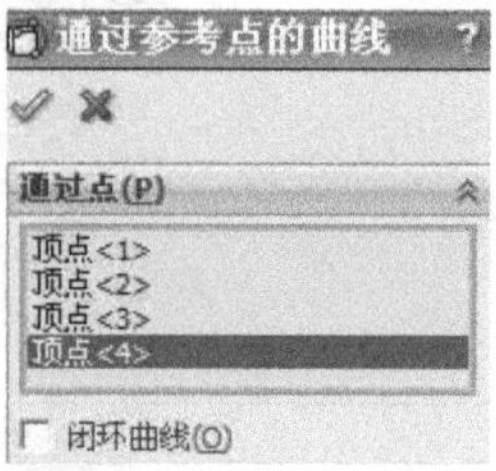	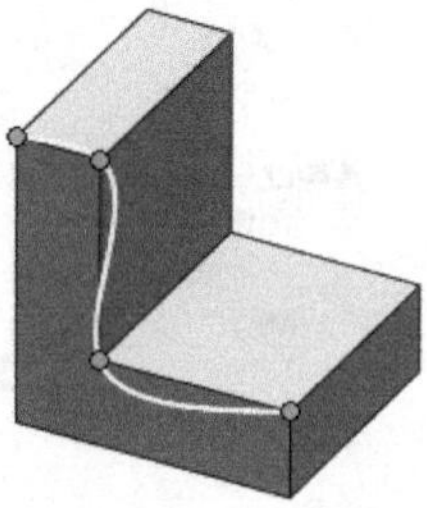

9.2 曲面

在许多情况下，需要曲面建模。例如输入其他 CAD 系统的数据生成曲面模型，而不是实体模型；将自由曲面缝合到一起，生成实体。“**曲面**”工具栏如图 9-4 所示。

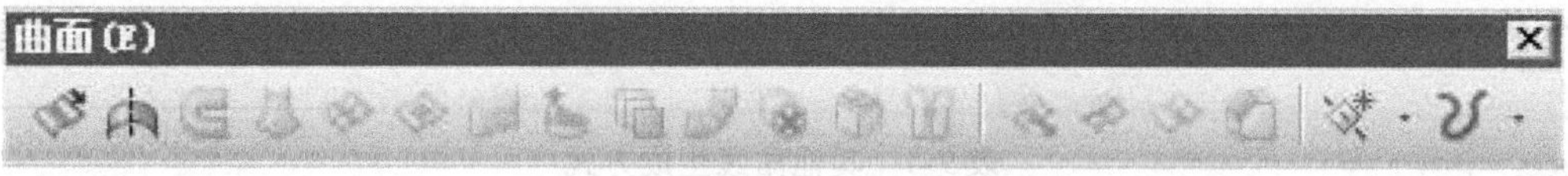

图 9-4　“曲面”工具栏

9.2.1 曲面的生成方式

曲面是一种可以用来生成实体特征的几何体。生成曲面的方式如下。

（1）由草图或者基准面上的一组闭环边线插入平面。

（2）由草图拉伸、旋转、扫描或放样生成曲面。

（3）从现有的面或曲面等距生成曲面。

（4）从其他程序输入曲面文件，如 CATIA，ACIS，Pro/ENGINEER，Unigraphics，SolidEdge，Inventor 等。

（5）由多个曲面组合而成曲面。

9.2.2 曲面的使用方式

（1）选择曲面边线和顶点作为扫描的引导线和路径。

（2）通过加厚曲面生成实体或者切除特征。

（3）使用“成形到一面”或者“到离指定面指定的距离”作为终止条件，拉伸实体或者切除实体。

（4）加厚已经缝合成实体的曲面生成实体特征。

（5）将曲面作为替换面。

常用的曲面生成方式如表 9-5 所示，可以看到其中有很多选项与实体特征类似。

表 9-5　常用的曲面生成方式

曲面生成方式	属性设置	效果图
1. 拉伸曲面 单击“曲面”工具栏中的（拉伸曲面）按钮，或者选择菜单栏中的“插入”→“曲面”→“拉伸曲面”命令，弹出“曲面-拉伸”窗口，设置属性	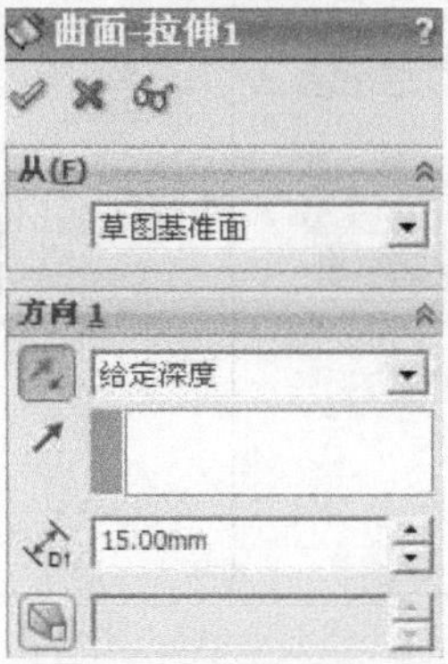	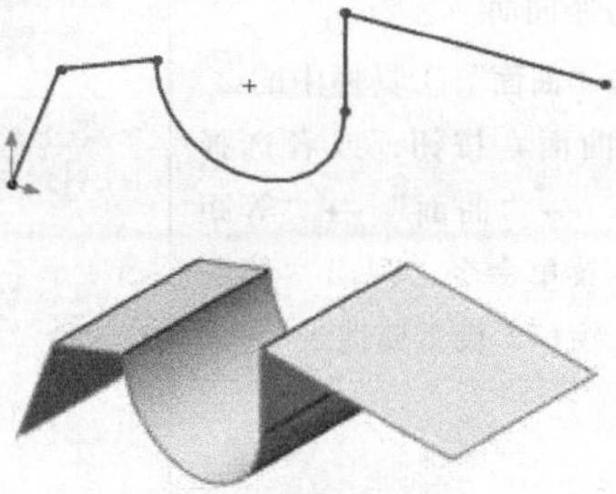
2. 旋转曲面 单击“曲面”工具栏中的（旋转曲面）按钮，或者选择“插入”→“曲面”→“旋转曲面”菜单命令，弹出“曲面-旋转”窗口，设置属性		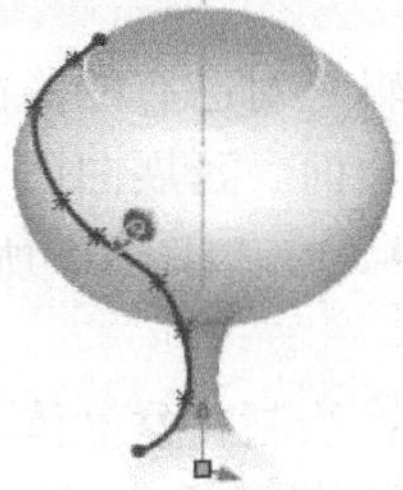
3. 扫描曲面 单击“曲面”工具栏中的（扫描曲面）按钮，或者选择“插入”→“曲面”→“扫描曲面”菜单命令，弹出“曲面-扫描”窗口，设置属性设置	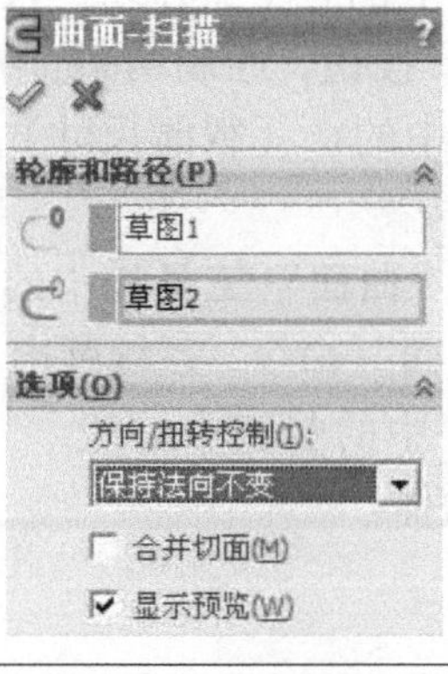	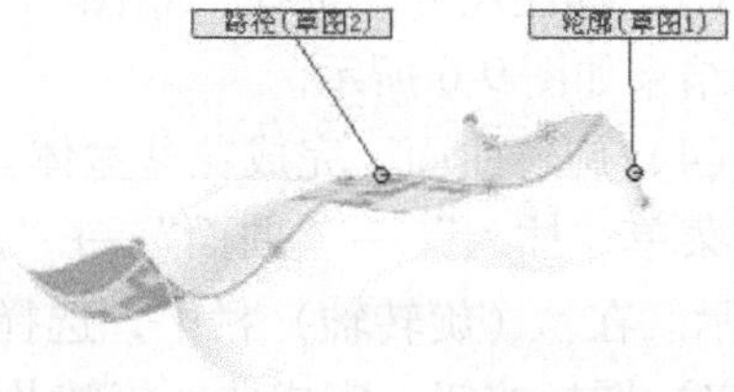
4. 曲面放样 单击“曲面”工具栏中的（放样曲面）按钮，或者选择“插入”→“曲面”→“放样曲面”菜单命令，弹出“曲面-放样”窗口，设置属性	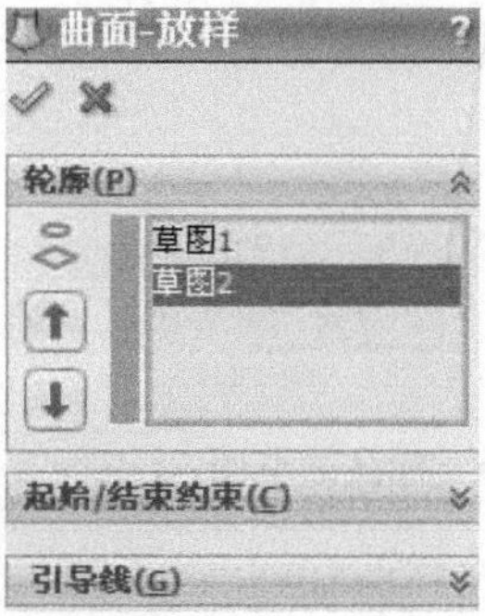	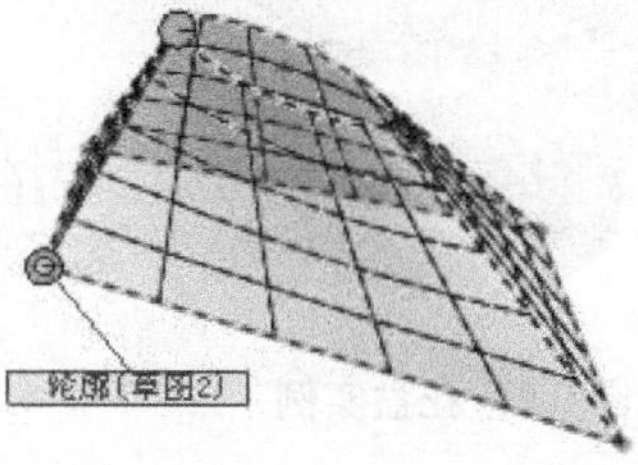

（续）

曲面生成方式	属性设置	效　果　图
5. 等距曲面 单击“**曲面**”工具栏中的（等距曲面）按钮，或者选择“插入”→“曲面”→“等距曲面”菜单命令，弹出“等距曲面”窗口，设置属性。	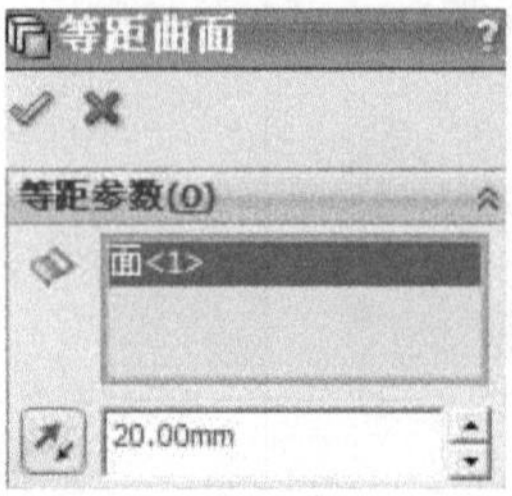	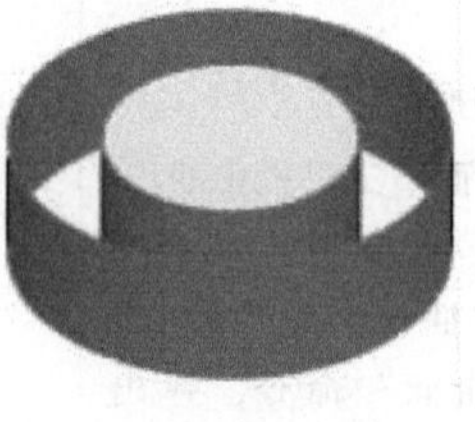

9.2.3　曲面编辑

曲面编辑是对已有的曲面进行编辑和修改，达到创建复杂曲面的目的。常用的曲面编辑工具有缝合曲面、延展曲面、圆角曲面、剪裁曲面、移动/复制曲面、删除面等。

【实例 9-3】 以图 9-5 所示的花盆为例，介绍曲面生成和编辑命令的操作过程。操作步骤如下。

第 1 步：绘制花盆盆体。

（1）定义草图基准面。单击选中“上视基准面”作为草图基准面。

（2）绘制草图。单击“**草图**”工具栏上的（中心线）按钮，过坐标原点绘制一条竖直线，然后单击草图工具栏中的（直线）按钮，绘制两条直线。

（3）标注尺寸。选择“草图”工具栏中的（智能尺寸）按钮，标注上一步绘制的草图，结果如图 9-6 所示。

（4）旋转曲面，完成花盆盆体。单击“**曲面**”工具栏中的（旋转曲面）按钮，或者选择菜单“插入”→“曲面”→“旋转曲面”命令，系统弹出“曲面-旋转”窗口，如图 9-7 所示。在（旋转轴）栏中，选择图 9-6 中的竖直中心线，其他设置参考图 9-7。单击（确定）图标按钮，完成曲面旋转及花盆盆体。

图 9-5　花盆实例

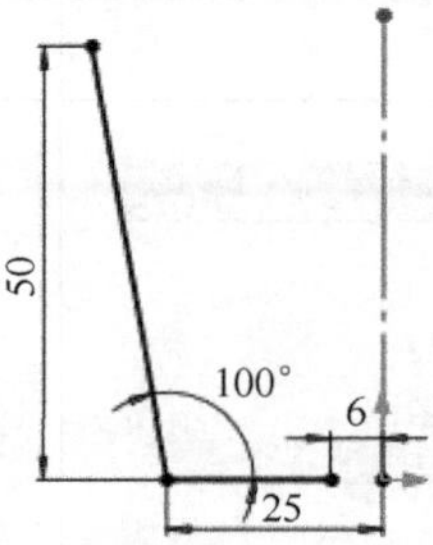

图 9-6　标注的草图

图 9-7　“曲面-旋转”窗口

第 2 步：绘制花盆边沿。

（1）延展曲面。单击“**曲面**”工具栏中的（延展曲面）按钮，或者选择菜单“插入”→“曲面”→“延展曲面”命令，系统弹出“曲面-延展”窗口，如图 9-8 所示。

（2）设置延展曲面窗口。在图 9-8 所示的“曲面-延展”窗口中定义拉伸的各参数。在“延展方向参考”一栏中，选择设计树中的“上视基准面”，在“要延展的边线”一栏中，选择图 9-9 中的边线 1，此时窗口如图 9-8 所示。在设置过程中要注意延展曲面的方向。

（3）确认延展曲面。单击（确定）图标按钮，生成延展曲面，结果如图 9-10 所示。

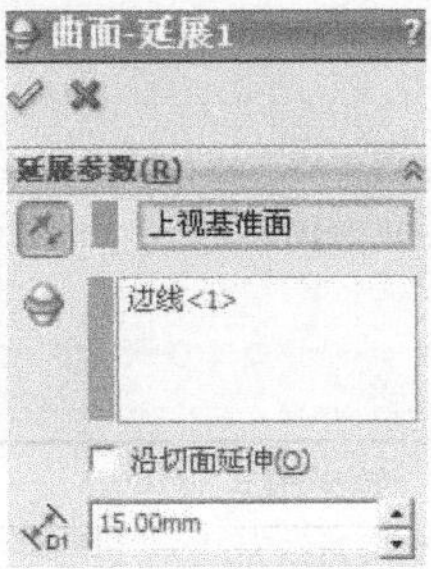

图 9-8　“曲面-延展”窗口

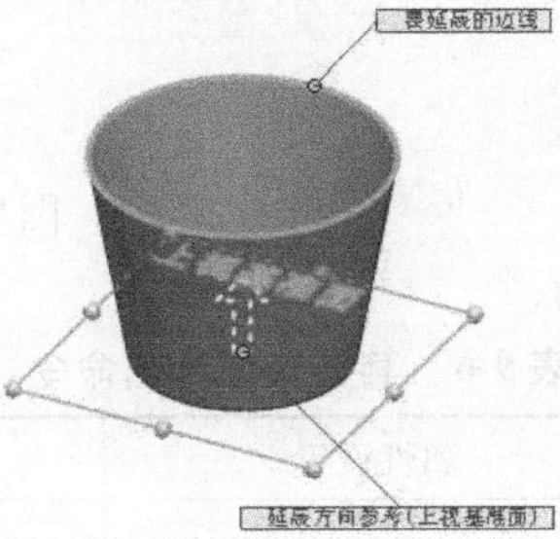

图 9-9　延展曲面方向图示

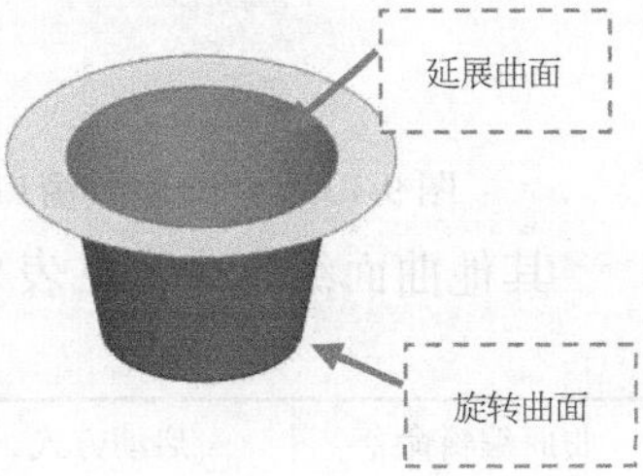

图 9-10　生成延展曲面

（4）缝合曲面。单击“**曲面**”工具栏上的（缝合曲面）按钮，或选择菜单“插入”→“曲面”→“缝合曲面”命令，弹出图 9-11 所示“缝合曲面”窗口。在“要缝合的曲面和面”一栏中，选择图 9-10 中的延展曲面和旋转曲面。然后单击（确定）图标按钮，生成缝合曲面，结果如图 9-12 所示。

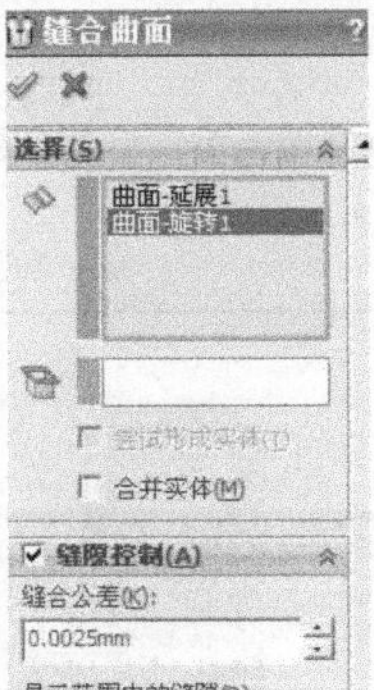

图 9-11　“缝合曲面”窗口

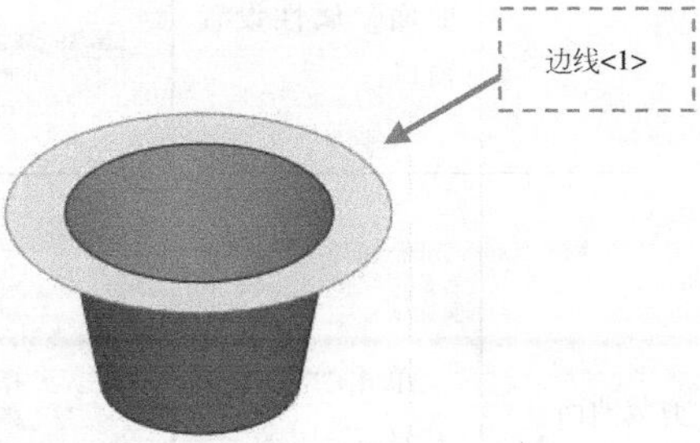

图 9-12　缝合后的图形

（5）圆角曲面。单击“**曲面**”工具栏上的（圆角曲面）按钮，或选择菜单栏中的“插入”→“曲面”→“圆角曲面”命令，弹出图 9-13 所示“圆角”窗口。在“圆角项目”中的“边线、面、特征和环”一栏中，选择图 9-12 中的边线 <1>，在“半径”一栏中输入数值 8。其他设置如图 9-13 所示。最后单击（确定）图标按钮，生成圆角曲面，结果如图 9-14 所示。

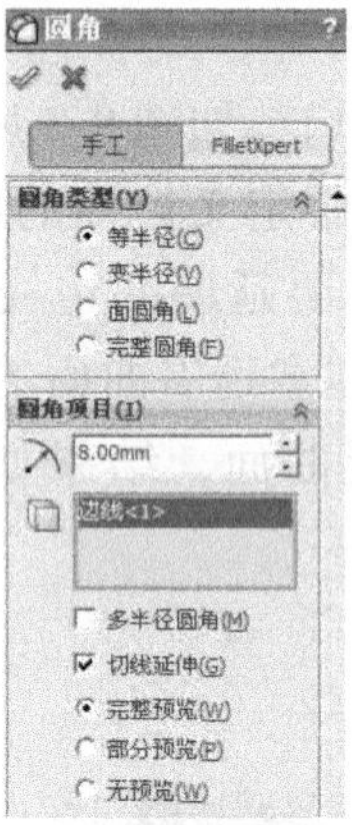

图 9-13　“圆角”窗口

图 9-14　圆角后的图形

其他曲面编辑命令见表 9-6 所示。

表 9-6　其他曲面编辑命令

曲面编辑命令	启动方式	属性设置	效果图
1. 延伸曲面 可以通过选择一条边线、多条边线或一个面来延伸曲面	单击“曲面”工具栏上的（延伸曲面）按钮，或选择菜单栏中的“插入”→“曲面”→“延伸曲面”命令，弹出“延伸曲面”属性设置窗口	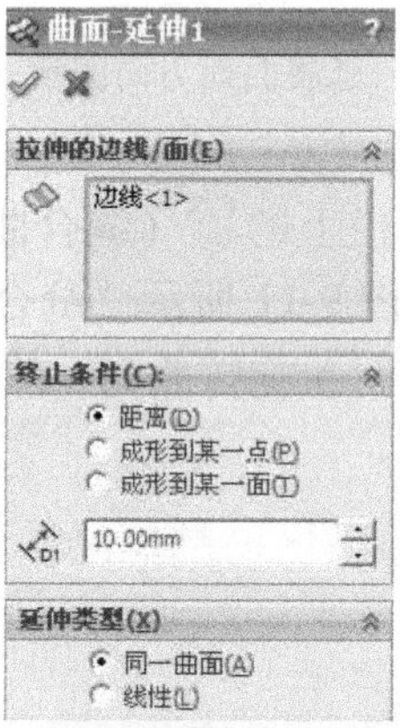	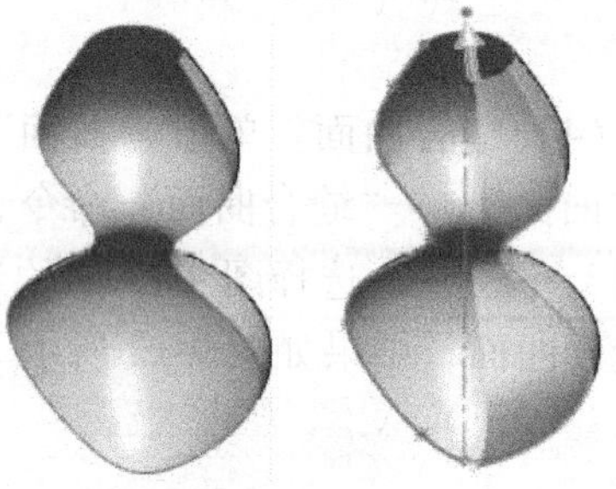 延伸前曲面　延伸后曲面
2. 剪裁曲面 可以使用曲面、基准面或草图作为剪裁工具来剪裁相交曲面；也可以将曲面或其他曲面联合使用作为相互的剪裁工具	单击“曲面”工具栏上的（剪裁曲面）按钮，或选择菜单栏中的“插入”→“曲面”→“剪裁曲面”命令，弹出“剪裁曲面”属性设置窗口	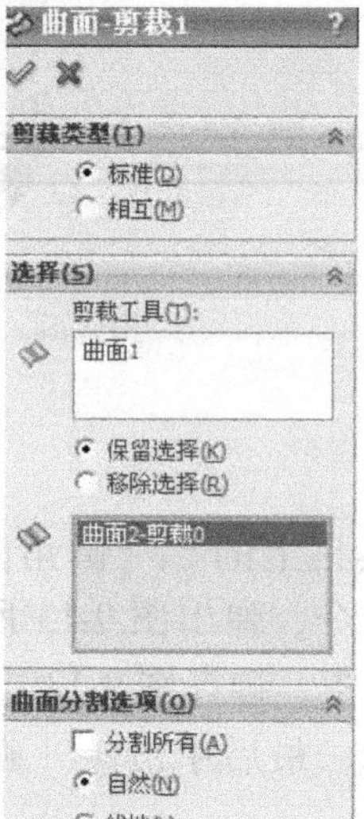	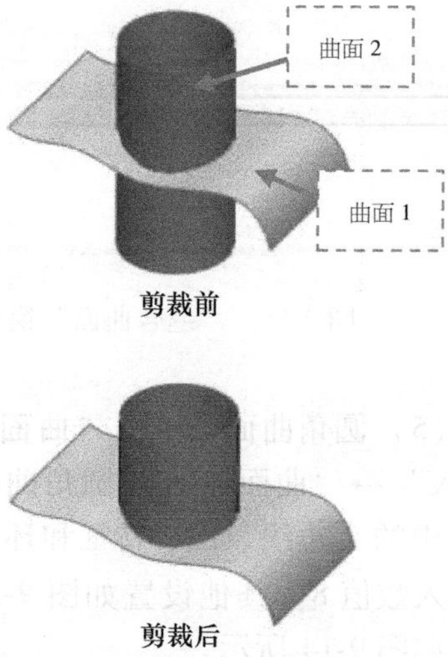

（续）

曲面编辑命令	启动方式	属性设置	效果图
3. 删除面 从曲面实体删除面，或从实体中删除一个或多个面来生成曲面	单击“曲面”工具栏上的（删除面）按钮，弹出“删除曲面”属性设置窗口	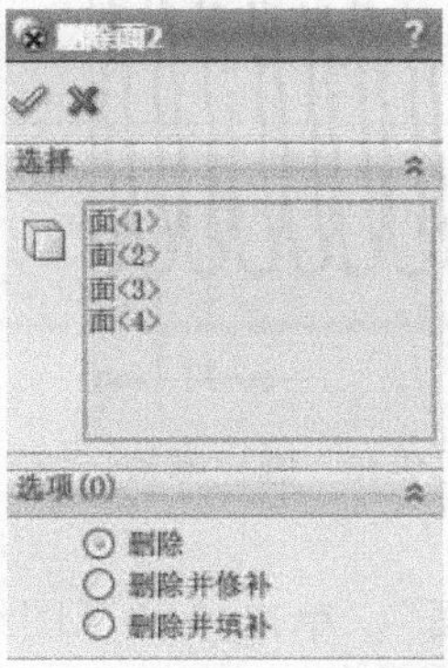	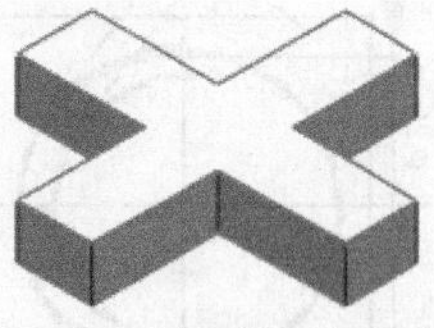 删除前  删除后

【曲线曲面绘制训练】

绘制如图 9-15 所示的扇叶、小瓶、水壶。

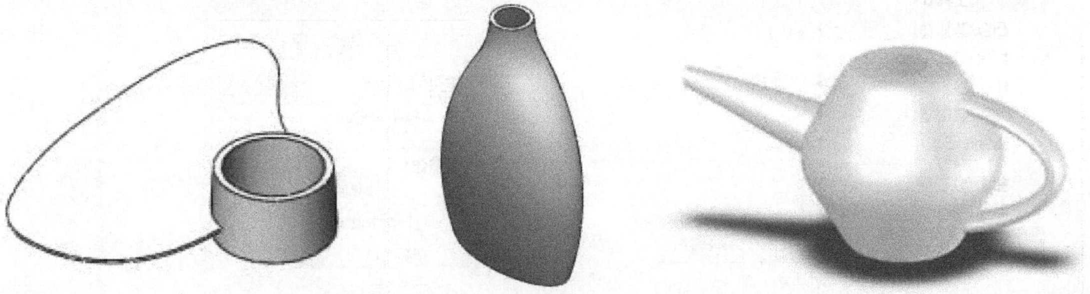

a)　　b)　　c)

图 9-15　训练图

a）扇叶　b）小瓶　c）水壶

9.3　复杂零件建模

9.3.1　弹簧和螺纹的建模

以实例来介绍建模方法。

【实例 9-4】　生成一个尺寸如图 9-16 的圆柱弹簧。

方法是用圆截面沿弹簧曲线扫描生成特征。

第 1 步：进入零件建模界面。单击（新建）按钮，在“新建 SolidWorks 文件”对话框中双击“零件”图标。

第 2 步：绘制螺旋线。

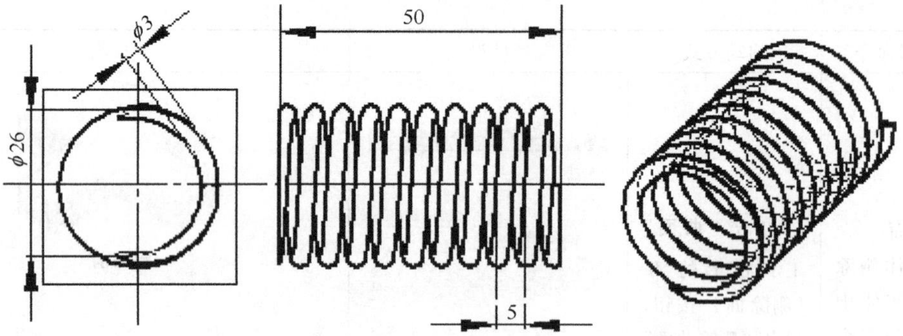

图 9-16　圆柱弹簧

（1）在设计树中选择“**前视基准面**”，单击（草图绘制）按钮，进入草图绘制。绘制圆心在原点直径为 26mm 的圆，然后单击（结束草图）按钮，退出草图绘制。

（2）先单击选中绘制的圆，再选择主菜单的“插入”→“曲线”→“螺旋线/涡状线”命令，如图 9-17 所示，弹出“螺旋线/涡状线”窗口，如图 9-18 所示。

（3）在窗口中设置选项。“定义方式”选择“螺距和圈数”，“螺距”填入 5mm，“圈数”填入 10，“起始角度”填入 0，如图 9-18 所示。单击（确定）按钮后得到螺旋线。

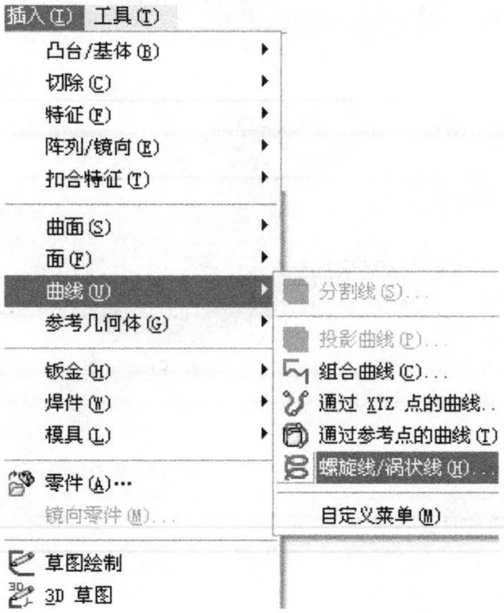

图 9-17　螺旋线下拉菜单

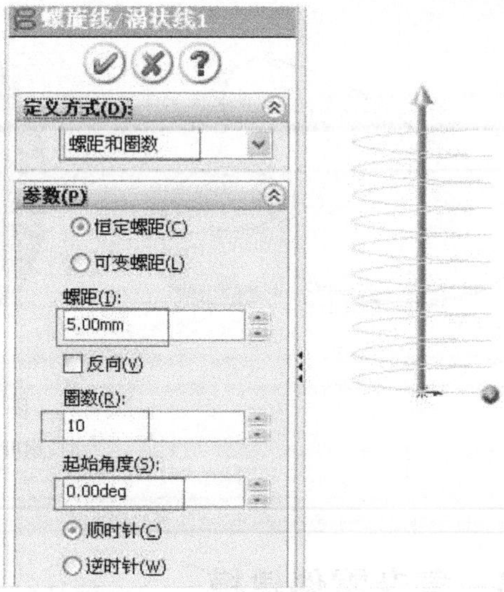

图 9-18　螺旋线窗口和预览图

第 3 步：扫描截面

（1）建立基准面 1。单击菜单“插入”→“参考几何体”→“基准面”命令，从弹出的窗口选择（垂直于曲线）按钮，并单击螺旋线即可建立基准面 1。

（2）绘制扫描截面（草图 2）。选中基准面 1，单击（正视于）按钮，绘制圆心为当前坐标原点，直径为 3mm 的圆，单击（结束草图）按钮退出草图绘制。

第 4 步：扫描特征。单击“**特征**”工具栏（扫描）命令，弹出窗口后，在“轮廓”选择草图 2（圆），“路径”选择螺旋线。单击（确定）后得到螺旋圆柱弹簧，如图 9-19

所示。

说明：可以通过（拉伸切除）命令将两端磨平，如图 9-20 所示。

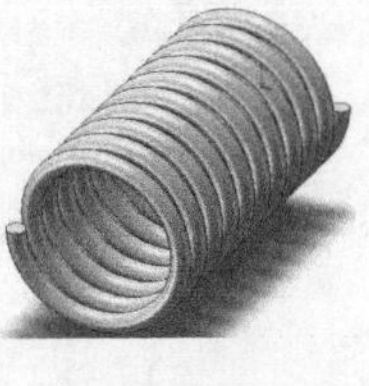

图 9-19　圆柱弹簧

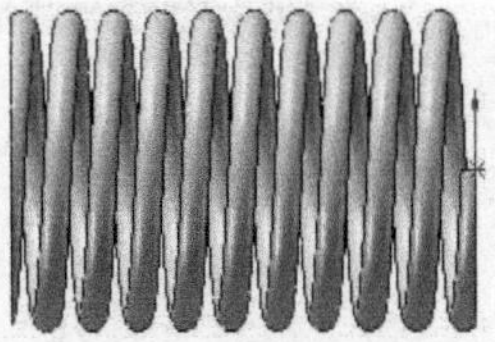

图 9-20　两端磨平的弹簧

【实例 9-5】 生成一个尺寸如图 9-21 所示的涡状弹簧

方法是用圆截面沿涡状曲线扫描生成特征。

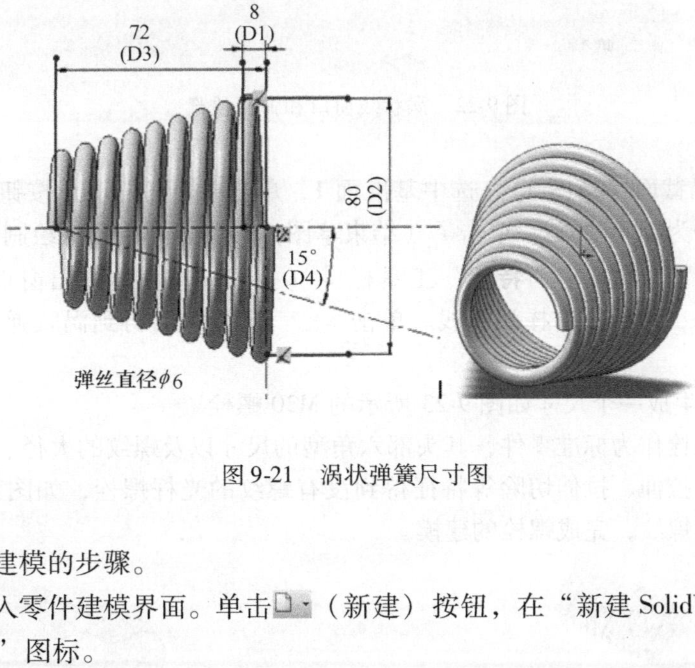

图 9-21　涡状弹簧尺寸图

下面就是其建模的步骤。

第 1 步：进入零件建模界面。单击（新建）按钮，在“新建 SolidWorks 文件”对话框中双击“零件”图标。

第 2 步：绘制涡状线。

（1）在特征管理器中选择“**前视基准面**”，单击（草图绘制）按钮，进入草图绘制，绘制圆心在原点半径为40mm 圆，然后单击（结束草图）按钮，退出草图绘制。

（2）单击选中圆，选择下拉菜单中的“插入”→“曲线”→“螺旋线/涡状线”命令，弹出“螺旋线/涡状线”窗口。

（3）在窗口中设置选项。“定义方式”选择“螺距和圈数”，“螺距”填入 8mm，“圈数”输入 9，“起始角度”填入 0，选择“锥形螺纹线”角度为 15，如图 9-22 所示。单击（确定）后得到涡状螺旋线。

第 3 步：扫描截面。

（1）建立基准面 1。单击菜单“插入”→“参考几何体”→“基准面”命令，从弹出的窗口选择（垂直于曲线）按钮，并单击涡状线即可建立基准面 1。

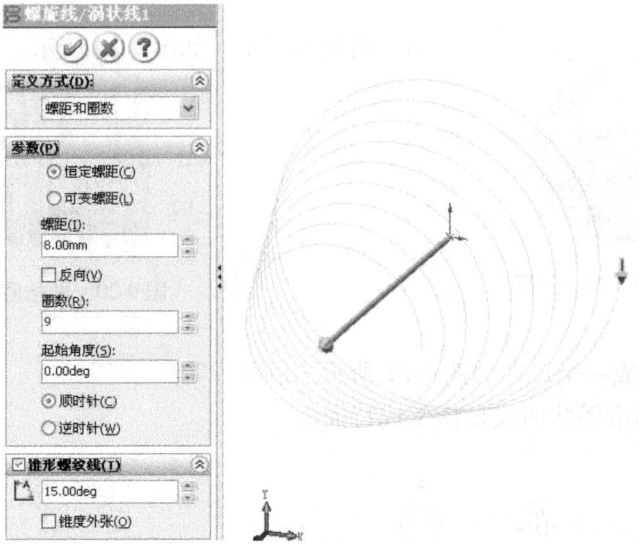

图 9-22　涡状线窗口和弹簧预览

（2）绘制扫描截面（草图 2）。选中基准面 1，单击（正视于）按钮，绘制圆心为当前坐标原点，直径为 6mm 的圆，单击（结束草图）按钮，退出草图绘制。

第 4 步：扫描特征。单击“**特征**”工具栏（扫描）按钮，弹出窗口后，在“轮廓”选择草图 2（圆），“路径”选择涡状线。单击（确定）后得到涡状弹簧，如图 9-21 所示。

【实例 9-6】 生成一个尺寸如图 9-23 所示的 M20 螺栓。

建模分析：螺栓作为标准零件，其头部六角型的尺寸以及螺纹的大径、小径、中径尺寸查表可知，先通过拉伸、拉伸切除等特征得到没有螺纹的光杆螺栓，如图 9-24 所示，然后利用扫描切除得到螺纹，完成螺栓的建模。

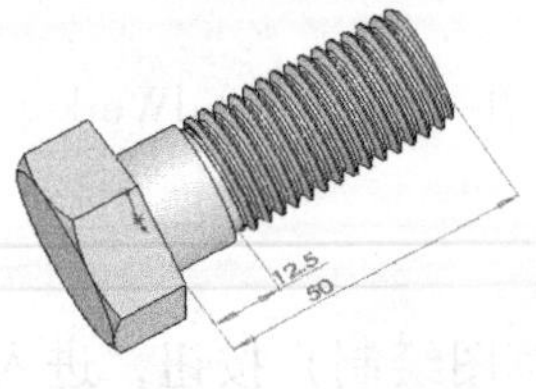

图 9-23　M20 螺栓

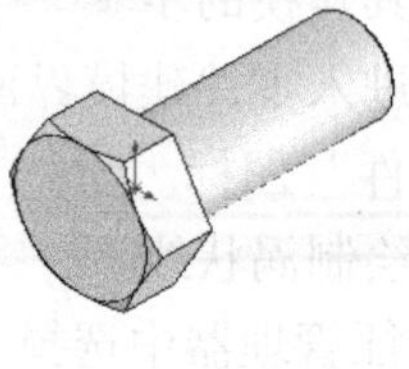

图 9-24　光杆螺栓

其具体建模步骤如下。

第 1 步：进入零件建模界面。单击（新建）按钮，在“新建 SolidWorks 文件”对话框中双击“零件”图标。

第 2 步：生成一个 M20 的六角螺栓的六角头部（利用带拔模斜度的“拉伸切除”命令生成锥面）。

（1）在特征管理器中选择“**前视基准面**”，单击（草图绘制）按钮，进入草图绘制，利用“草图绘制”工具（多边形）绘制中心在坐标原点、内切圆直径为 30mm 的正六边形，得到图 9-25 所示草图 1。单击（退出草图）按钮。

（2）单击选中草图 1，单击（拉伸）特征命令，输入拉伸长度为 12.5mm，单击（确定）按钮，得到正六棱柱。

（3）选中“**前视基准面**”（草图 1 所在平面），单击（草图绘制）按钮，进入草图绘制，绘制一个圆心在当前坐标原点、直径为 30mm 的圆，得到图 9-26 所示草图 2。单击（退出草图）按钮。

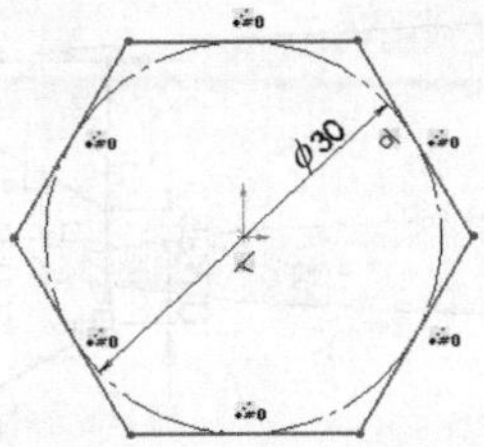

图 9-25　草图 1

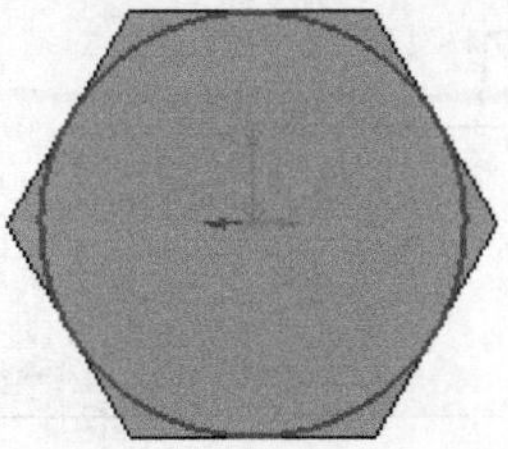
图 9-26　草图 2

（4）在特征树中选中“草图 2”，单击切除-拉伸，弹出图 9-27 所示的窗口，在（拔模角度）中填写 60，同时选中“反侧切除”☑反侧切除(F)。单击（确定）按钮，得到图 9-28 所示的 M20 六角螺栓的六角头部。

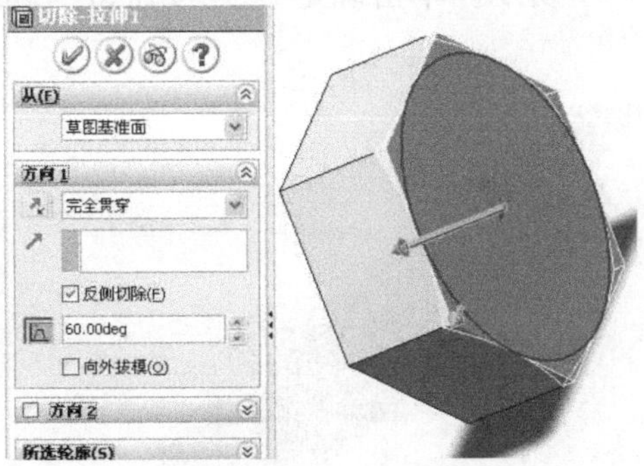

图 9-27　切除-拉伸窗口

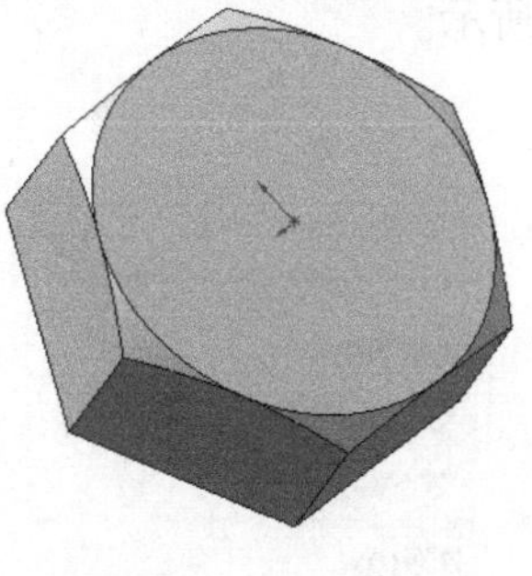
图 9-28　M20 螺栓头

第 3 步：生成 M20 六角螺栓的螺杆部分。利用“拉伸”命令生成。

（1）在特征管理器中选择“**前视基准面**”，单击（草图绘制）按钮，进入草图绘制，利用草图绘制“圆”按钮绘制圆心在原点、直径为 20mm 的圆，得到草图 3。

（2）单击选中草图 3，单击（拉伸）特征命令，输入拉伸长度为 62.5mm（此长度是 12.5 +50）。单击（确定）按钮得到圆柱，如图 9-24 所示。

第 4 步：绘制螺纹。

（1）绘制与螺纹规格尺寸有关的扫描螺旋线，查标准可知 M20 的螺纹螺距为 2.5mm。单击圆柱**右端面**作为基准面，单击（草图绘制）按钮，进入草图绘制界面，绘制圆心在原点、直径为小径 17.294mm 圆。单击选中圆，单击主菜单的“插入”→“曲线”→“螺旋线/涡状线”命令，弹出“螺旋线/涡状线”窗口，将“定义方式”选择“螺距和圈数”，“螺距”填入 2.5mm，“圈数”输入 15，“起始角度”填入 0。单击确定后得到螺旋线

（草图 4），如图 9-29 所示。

（2）绘制扫描截面图。单击菜单“插入”→“参考几何体”→“基准面”命令，从弹出的窗口选择 （垂直于曲线）按钮，单击螺旋线即可建立**基准面 1**。选中基准面 1，单击 （正视于）按钮，绘制扫描切除的轮廓线（草图 5，即等腰梯形，具体尺寸如图 9-30 所示）。

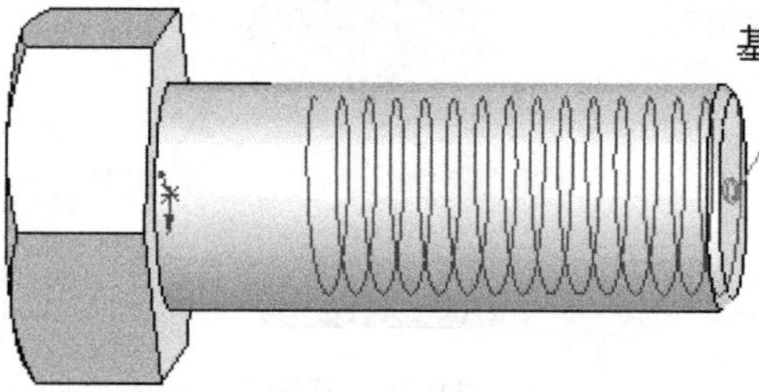

图 9-29　扫描螺旋线

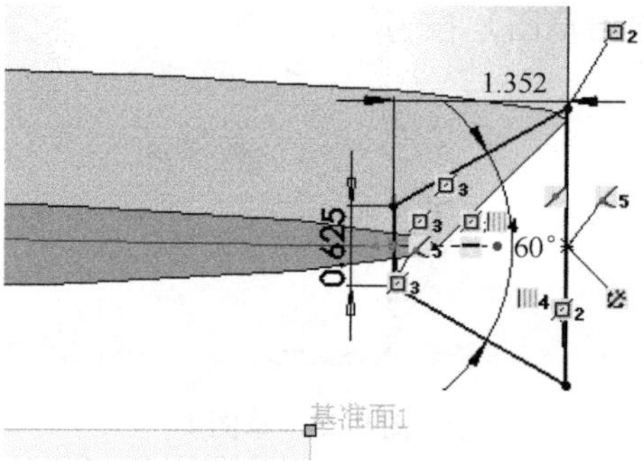

图 9-30　扫描切除轮廓草图

（3）扫描切除特征。单击 （扫描切除）按钮，弹出“扫描切除”窗口。在“轮廓”中选中草图 5，在“路径”中选中螺旋线 1，如图 9-31 所示。单击确定 按钮得到螺纹，如图 9-23 所示。

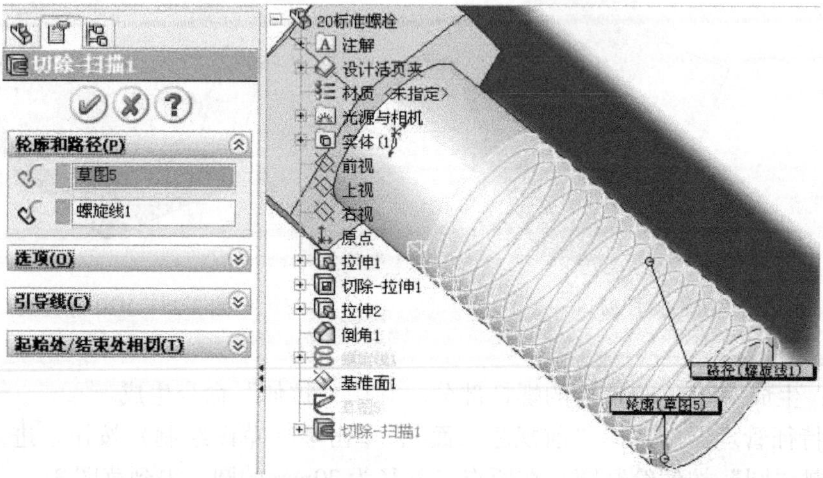

图 9-31　扫描切除预览

9.3.2　由表格驱动的阵列

由表格驱动的阵列用于生成特征实例呈不规则排列，但有相同特征的阵列。由表格驱动的阵列有相当大的自由度，也就是说，对于特征或实体的阵列，其位置可以由表格来确定，而表格内给出的是 *X* 和 *Y* 的值。因此，在创建表格驱动阵列前，必须先创建一个参考坐标，以提供表格阵列的 *X* 和 *Y* 的方向。

【实例 9-7】 以如图 9-32 所示的板件为例，说明创建表格驱动阵列的步骤，其中孔的直径为 8mm，板件厚度为 10mm。

建立由表格驱动的阵列的操作步骤如下。

第 1 步：生成源特征，即用于阵列的特征。使用（拉伸凸台/基体）按钮，（拉伸切除）按钮，生成板件长方体和长方体左下角的一个孔。

第 2 步：创建一个坐标系，此坐标系的原点成为表格阵列的原点，*X* 和 *Y* 轴定义阵列发生的基准面。建立该坐标系的主要目的是为了定位，在后面的表格中可以输入坐标数据，这些数据就是在该坐标系中建立的。单击“**参考几何体**”工具栏上（坐标系）按钮，在长方体的左下角点上生成一个坐标系，如图 9-33 所示。

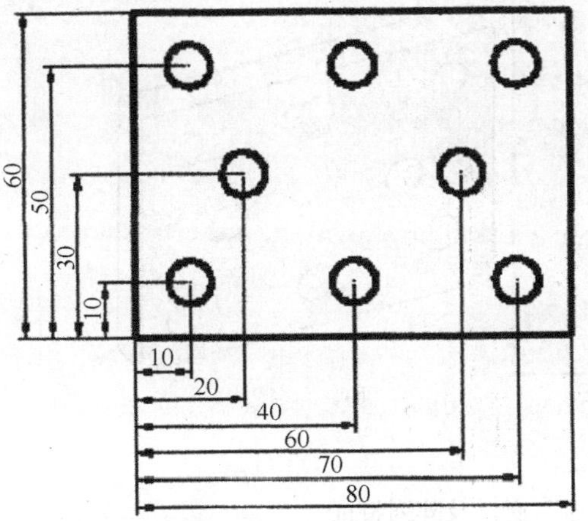

图 9-32　板件

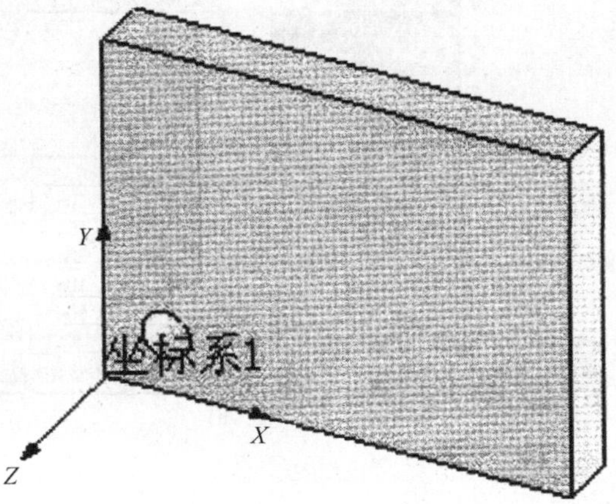

图 9-33　基体和坐标系

第 3 步：单击“**特征**”工具栏上的（表格驱动的阵列），或者单击菜单“插入”→“阵列”→“镜向”→“表格驱动的阵列”命令，系统弹出“由表格驱动的阵列”对话框。在该对话框中，作如图 9-34a 所示设置。选择新创建的“坐标系 1”为“坐标系”，选择左下角“切除-拉伸 1”为“要复制的特征”，在表格中输入其余孔的坐标。单击（确定）按钮，生成阵列特征，如图 9-34b 所示。

9.3.3　包覆特征

包覆特征是将草绘图形包覆在模型表面，以形成浮雕、蚀雕或刻画效果来完成有刻花零件的建模，主要用于印制公司商标以及零件型号等内容。浮雕是在面上生成突起特征，蚀雕是在面上生成缩进特征，刻画则是在面上生成草图轮廓印记。

操作方法如下：

选择菜单中的“插入”→“特征”→“包覆”命令，打开“包覆”窗口，然后绘制一个草图，并设置好拔模方向和包覆类型。单击（确定）按钮即可生成包覆特征，如图 9-35 所示。

【实例 9-8】 用包覆特征建立的模型如图 9-36 所示。

第 1 步：进入零件建模界面。单击（新建）按钮，在“新建 SolidWorks 文件”对话

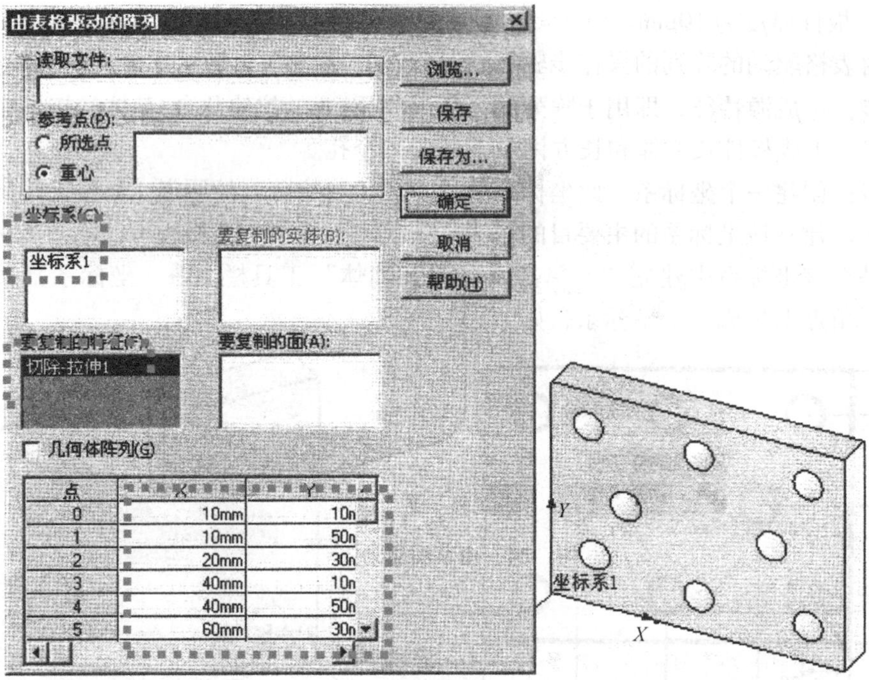

a)　　　　b)

图 9-34　“由表格驱动的阵列”窗口及阵列特征

a）阵列窗口　b）阵列特征

图 9-35　“包覆”特征的操作过程

框中双击“零件”图标。

第 2 步：建立如图 9-37 所示准备模型，下方部分用拉伸特征建模，中间部分用旋转特征建模，凸条部分用扫描特征建模，再将扫描特征圆周阵列。

第 3 步：创建浮雕特征。

（1）绘制包覆所用的草图（草图 5）。以下方**长方体的前表面**为基准面，绘制文字。

（2）单击菜单中的“插入”→“特征”→“包覆”命令，在窗口中选择“浮雕”，选择投影面（旋转 1 的面）和草图 5（文字草图），设置参数，如图 9-38 所示，单击（确定）按钮，生成模型。

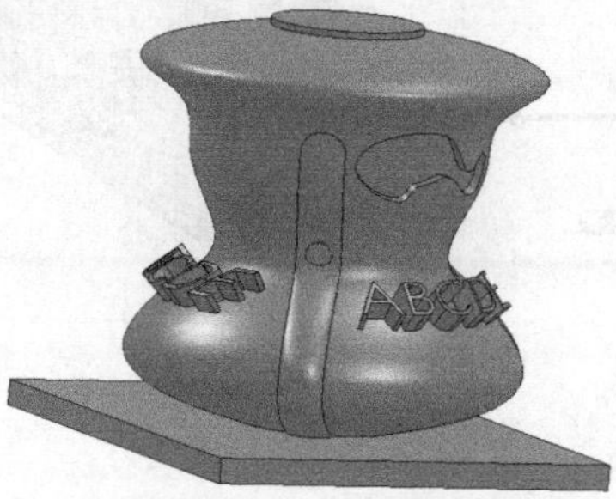

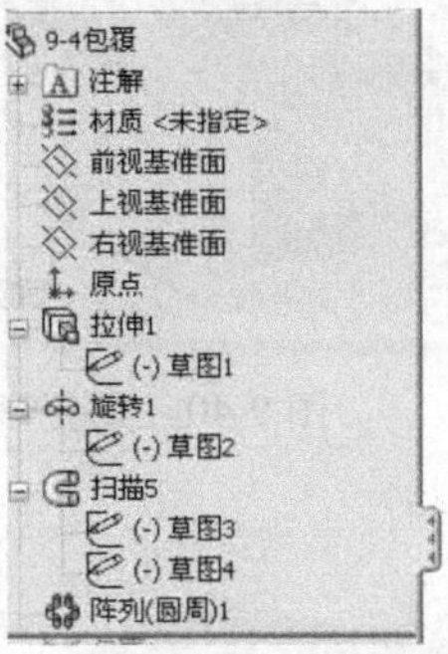

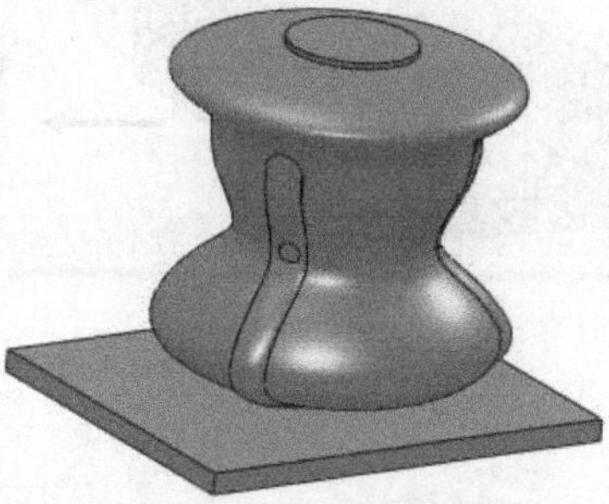

图 9-36　包覆模型　　　图 9-37　包覆准备模型

第 4 步：创建蚀雕特征。

（1）绘制包覆所用的草图（草图 6）。以下方**长方体的前表面**为基准面，绘制曲线。

（2）单击菜单中的“插入”→“特征”→“包覆”命令，在窗口中选择“蚀雕”，选择投影面（旋转 1 的面）和草图 6（曲线草图），设置参数，如图 9-39 所示，单击（确定）按钮，生成模型。

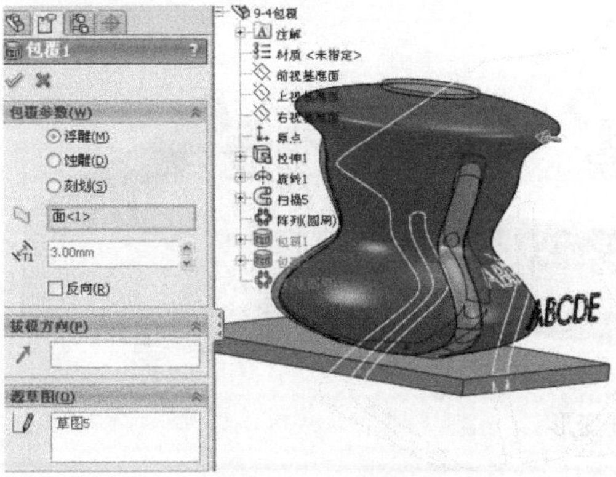

图 9-38　浮雕包覆界面

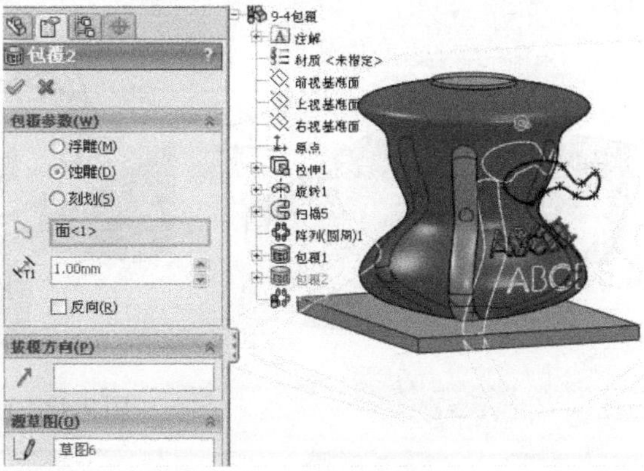

图 9-39　蚀雕包覆界面

第 5 步：将浮雕特征圆周阵列。

第 6 步：保存文件，关闭文件。

9.3.4　变形特征

变形特征是指根据选定的面、点或边线来改变零件的局部形状，它共有三种变形方式，即点、曲线到曲线和曲面推进，如图 9-40 ~ 9-42 所示。通过“变形区域”选项可以选择设置固定不变的面或线（否则整个实体都将会跟随点、边线等发生变化），“形状选项”选项用于控制变形过程中变形形状的刚性。

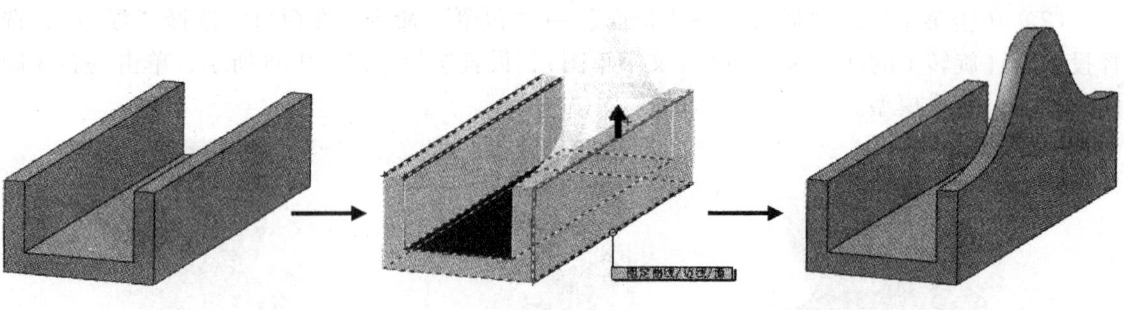

图 9-40　点变形

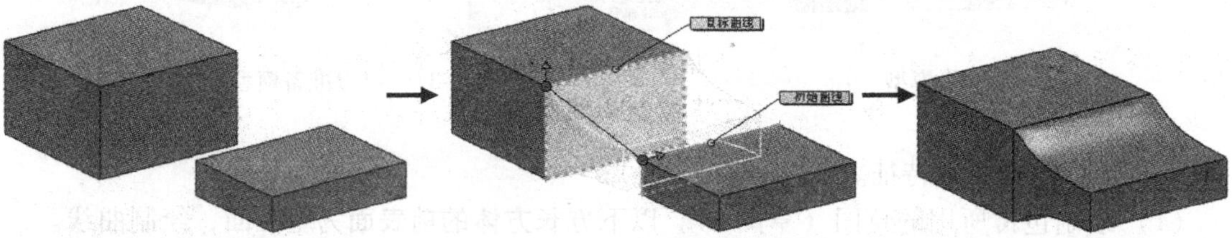

图 9-41　曲线到曲线变形

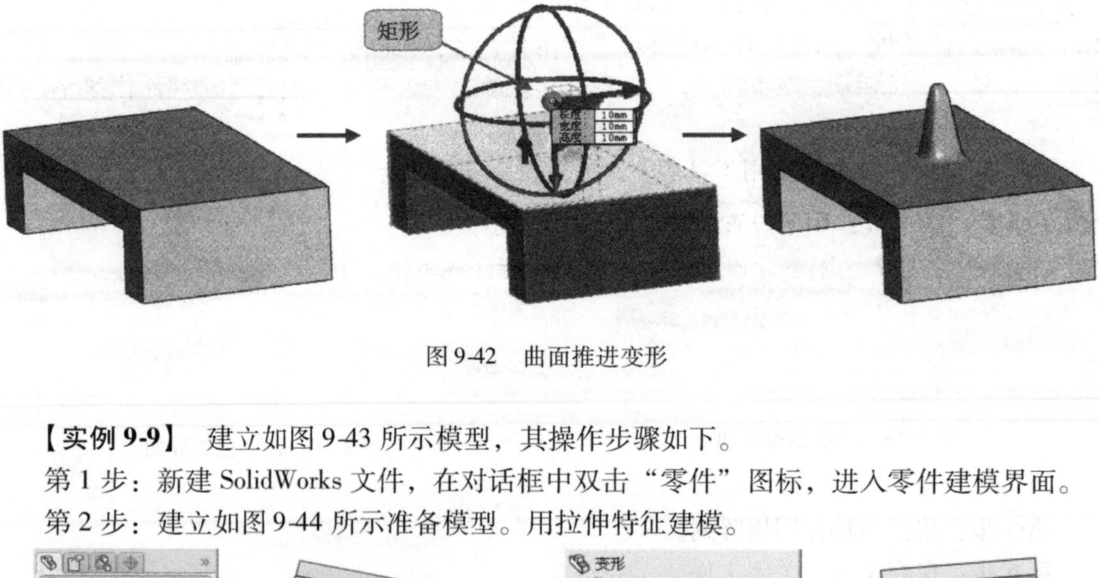

图 9-42　曲面推进变形

【实例 9-9】 建立如图 9-43 所示模型，其操作步骤如下。

第 1 步：新建 SolidWorks 文件，在对话框中双击“零件”图标，进入零件建模界面。

第 2 步：建立如图 9-44 所示准备模型。用拉伸特征建模。

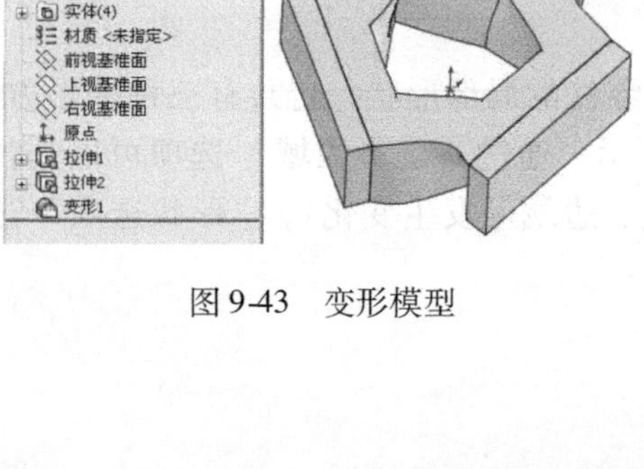

图 9-43　变形模型

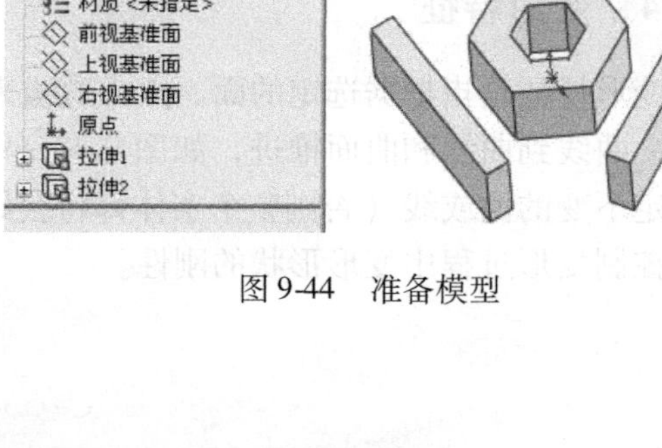

图 9-44　准备模型

第 3 步：选择菜单中的“插入”→“特征”→“变形”命令，出现“变形”窗口。然后选择一种变形方式，并设置相应的选项，如选择设置“初始曲线”和“目标曲线”，如图 9-45a 所示。一组变形曲线选择完成后，再单击[+]，选择另一组曲线，重复操作可选择多组，如图 9-45b 所示。单击窗口中的✔（确定）按钮即可生成变形特征。

第 4 步：保存文件，关闭文件。

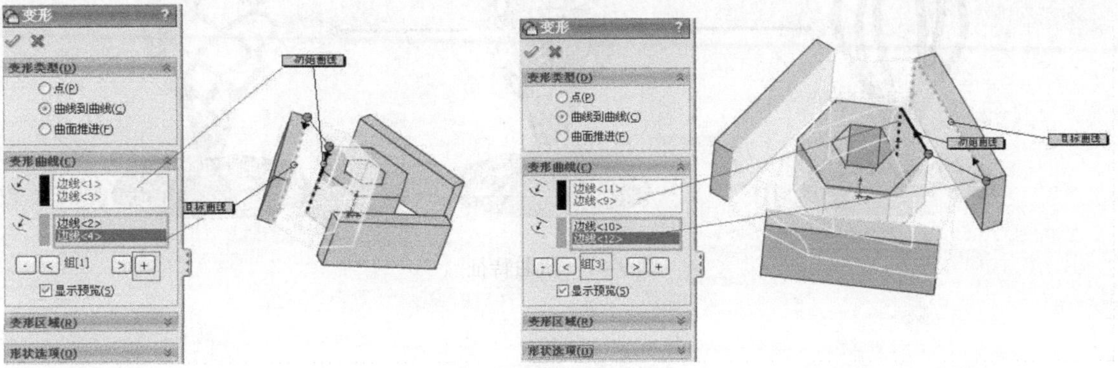

a)　　　　b)

图 9-45　“变形”窗口

a）一组变形曲线　b）多组变形曲线

9.3.5　弯曲特征

弯曲特征是指通过直观的方式对复杂的模型进行变形操作，可以生成折弯、扭曲、锥削和伸展四种类型的弯曲特征，如图 9-46 ~ 9-49 所示。

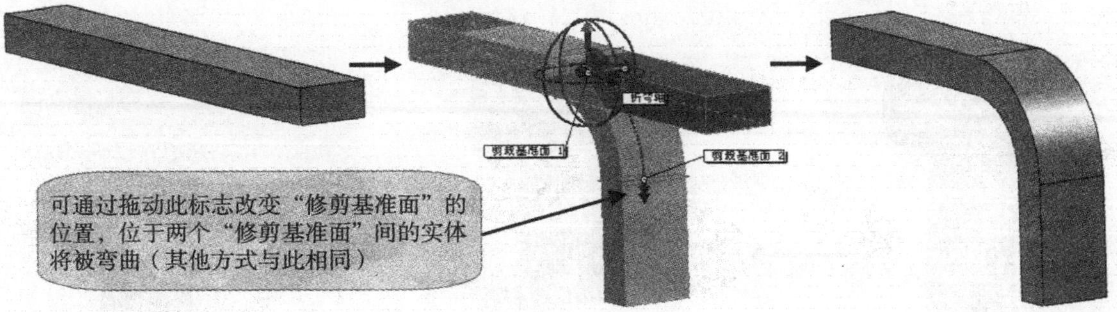

图 9-46　折弯特征

选择菜单中的“插入”→“特征”→“弯曲”命令，打开“弯曲”窗口，如图 9-50 所示，选中目标实体，再选择一种弯曲类型，并设置三重轴的位置和剪裁基准面的位置等参数。最后单击✔（确定）按钮即可将实体弯曲。

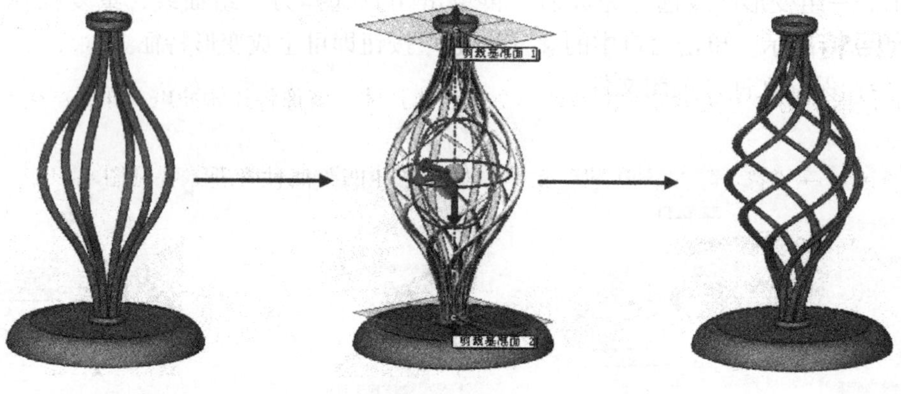

图 9-47　扭曲特征

图 9-48　锥削特征

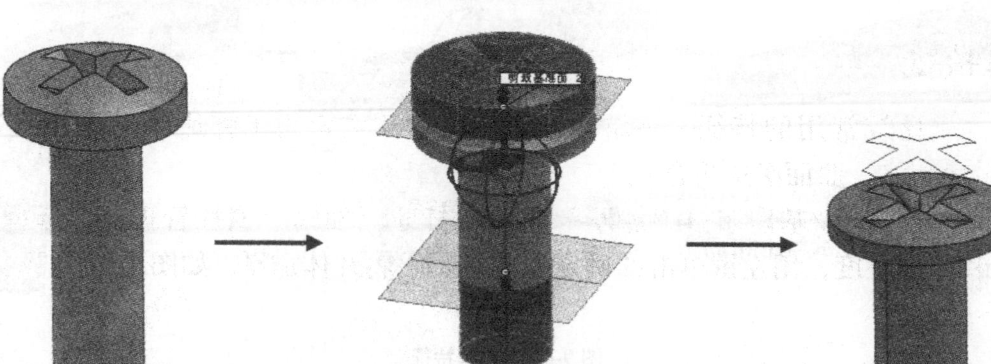

图 9-49　伸展特征

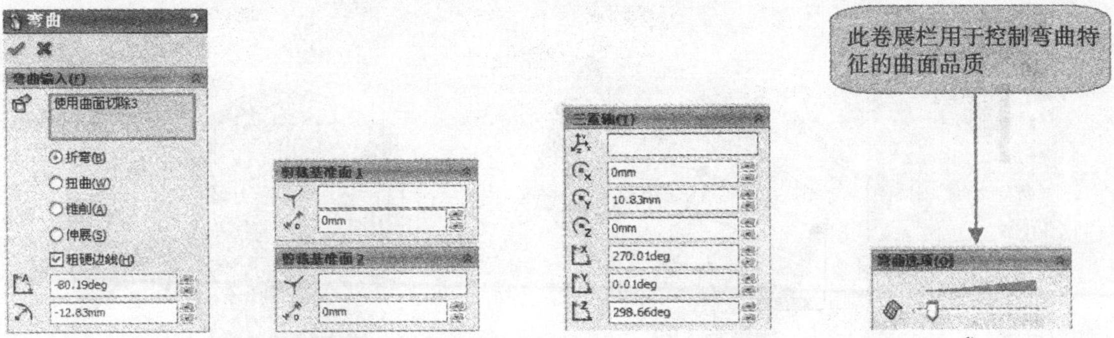

a)　　b)　　c)　　d)

图 9-50　“弯曲”窗口

a）选择目标实体和弯曲类型　b）设置剪裁基准面参数

c）设置三重轴参数　d）曲面品质的控制

【实例 9-10】　对图 9-51 所示截面不同且有弯曲的零件进行建模。

建模中需要用到放样和折弯特征命令。操作步骤如下。

第 1 步：进入零件建模界面。单击（新建）按钮，在“新建 SolidWorks 文件”对话框中双击“零件”图标。

第 2 步：在前视基准面之前方，建立 3 个与前视基准面平行新的基准面，即基准面 1、基准面 2 和基准面 3，前基准面与基准面 1 之间距离可定为 20，基准面 1 与基准面 2 之间距离可定为 35，基准面 2 与基准面 3 之间距离可定为 45。

第 3 步：在**前视基准面**上绘制如图 9-52a 所示草图，使正方形沿原点而置中。在**基准面 1** 绘制一个圆心在原点，直径为 50 的圆。在**基准面 2** 上绘制一个以原点为圆心的圆。拖动鼠标指针使圆的直径与正方形的顶点相交，如图 9-52b 所示。在**基准面 4** 绘制一个圆心在原点，直径为 75 的圆。

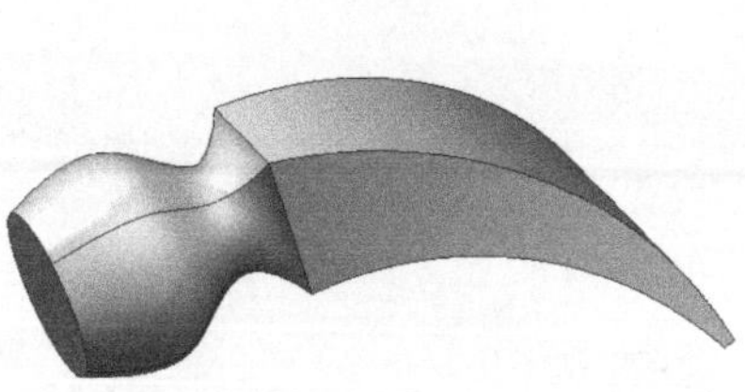

图 9-51　零件模型

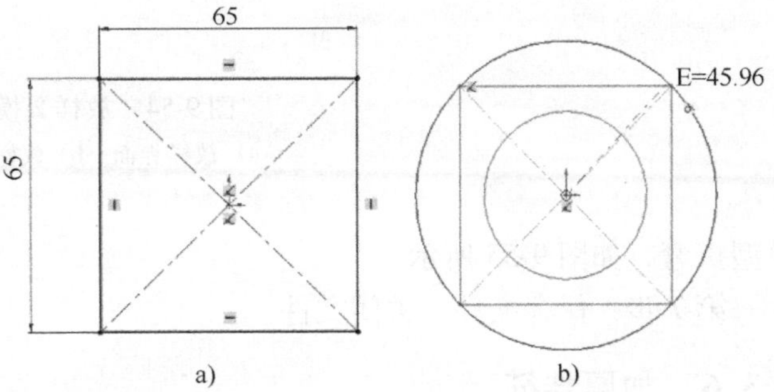

a)　　b)

图 9-52　截面草图

第 4 步：以草图为轮廓，用“放样凸台/基体”特征生成实体模型，如图 9-53 所示。

第 5 步：在前视基准面后方建立一个等距基准面 4，两基准面之间距离可定为 195。在**基准面 4** 上绘制草图，绘制一个中心在原点的狭长的矩形，长宽尺寸分别是 180 和 2，用来生成下一个放样的轮廓。利用“放样凸台/基体”特征生成实体模型，如图 9-54 所示。

第 6 步：选择菜单栏中的“插入”→“特征”→“弯曲”命令，用弯曲特征将放样 2

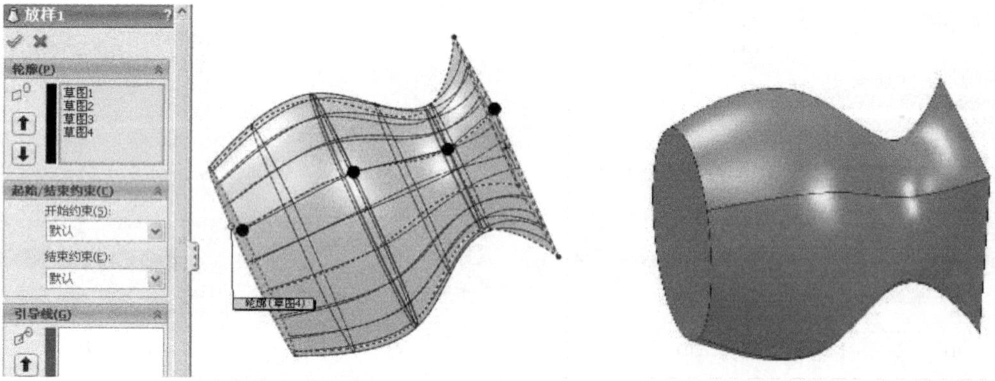

a)　　　　b)

图 9-53　放样 1 模型

a）放样界面　b）放样结果

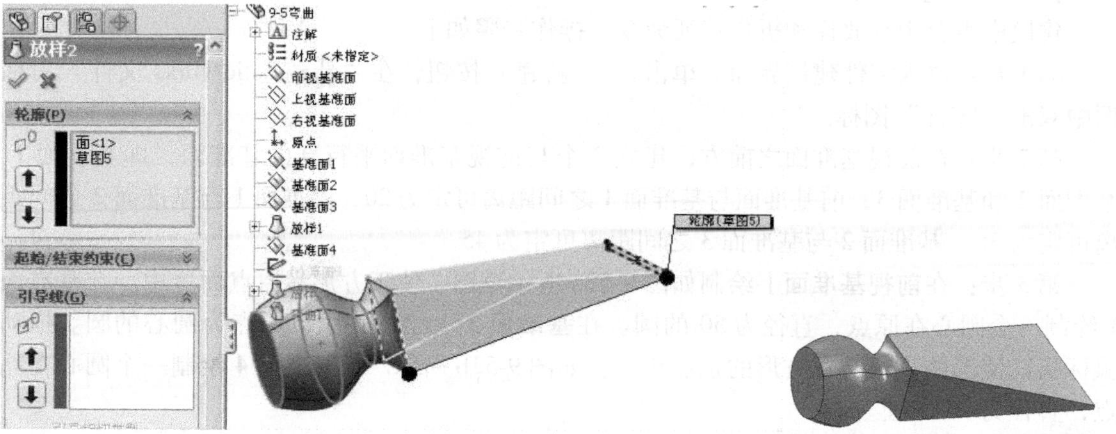

a)　　　　b)

图 9-54　放样 2 模型

a）放样界面　b）放样结果

模型折弯，如图 9-55 所示。

第 7 步：保存文件，关闭文件。

9. 3. 6　加厚特征

加厚特征主要用于将片体（曲面）加厚生成实体。当同时加厚多个曲面时，曲面必须缝合。

创建加厚特征的操作方法如下。

选择菜单“插入”→“凸台/基体”→“加厚”命令，打开“加厚”窗口，选择一个片体，并设置好加厚方向和加厚厚度。单击（确定）按钮，即可将片体加厚，如图 9-56 所示。

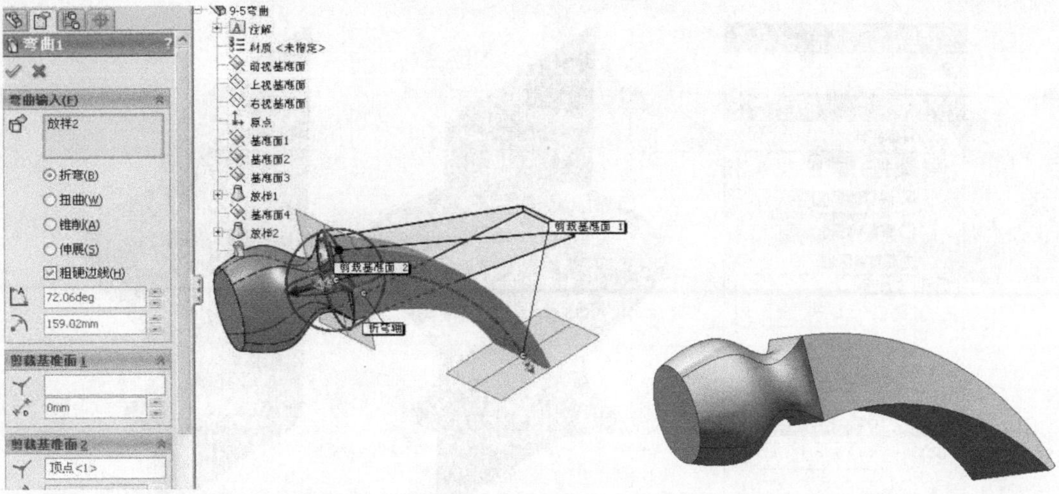

a)　　　　b)

图 9-55　折弯模型

a）折弯界面　b）折弯结果

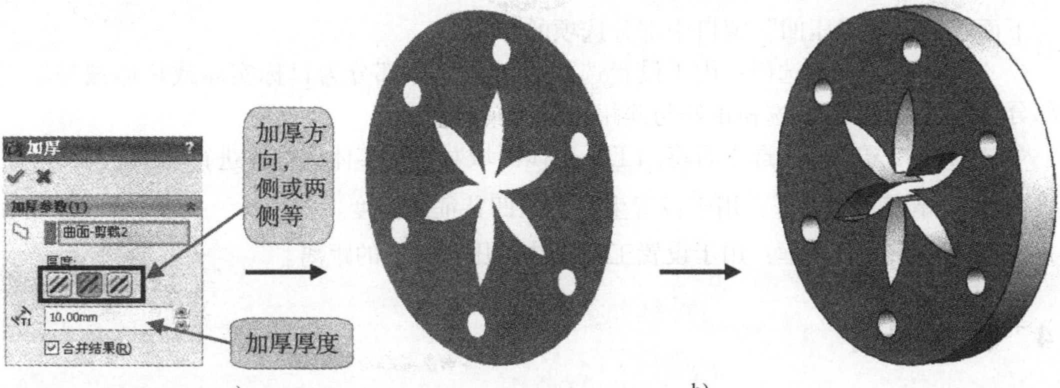

a)　　　　b)

图 9-56　“加厚”特征的操作过程

a）加厚界面　b）加厚结果

9.3.7　压凹特征

压凹特征是指使用一个实体去冲击另外一个实体或片体，就像将片体冲压一样，产生与工具实体类似形状的特征。

压凹特征的创建操作步骤如下。

选择菜单“插入”→“特征”→“压凹”命令，打开“压凹”窗口，如图 9-57a 所示。再在绘图区选中要进行目标冲压的实体或片体，如图 9-57b 所示，然后选中工具实体。最后单击 (确定) 按钮即可将片体冲压。将实体隐藏后可见到冲压效果，如图 9-57c 所示。

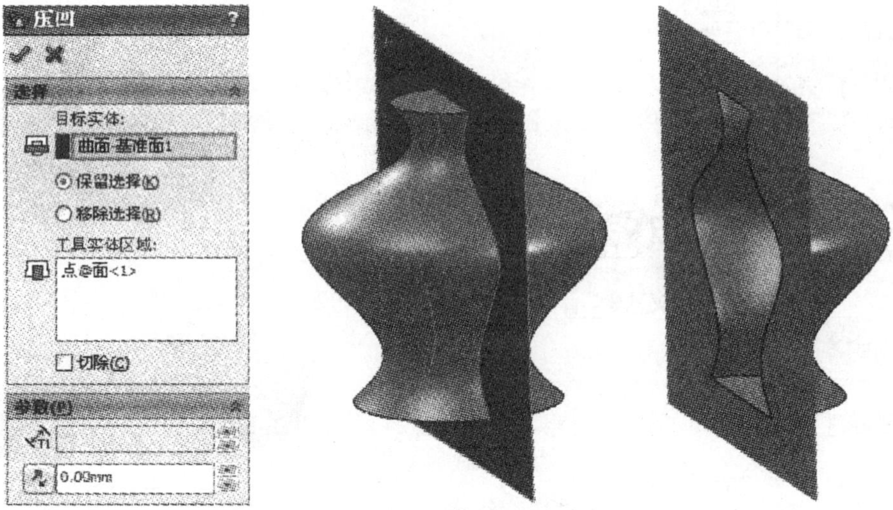

a)　　b)　　c)

图 9-57　“压凹特征”操作

a）“压凹”窗口　b）选择目标实体　c）冲压效果

下面解释一下“压凹”窗口中部分选项的作用。

◇“保留选择”单选钮：用于设置选择的工具实体部分为目标实体或片体被冲压出来的部分。“移除选择”单选钮正好与此相反。

◇“切除”复选框：选中后将用工具实体区域对目标实体或片体进行切除。

◇（厚度）文本框：用于设置生成的压凹特征的厚度。

◇（间隙）文本框：用于设置工具实体到压凹特征的距离。

9.4　图解实例

9.4.1　星形弹簧

星形弹簧（图 9-58）的建模图解实例如下。

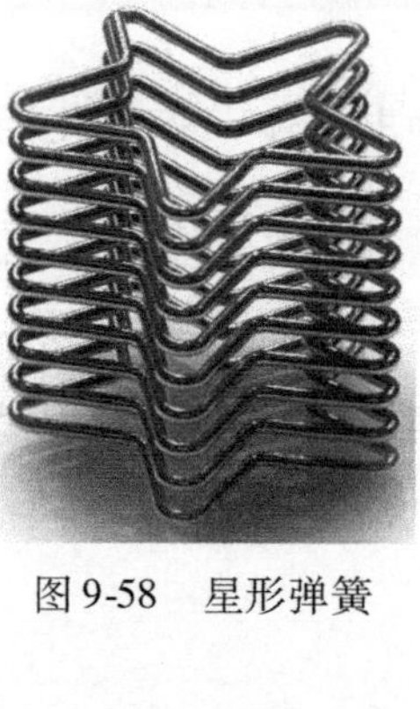

图 9-58　星形弹簧

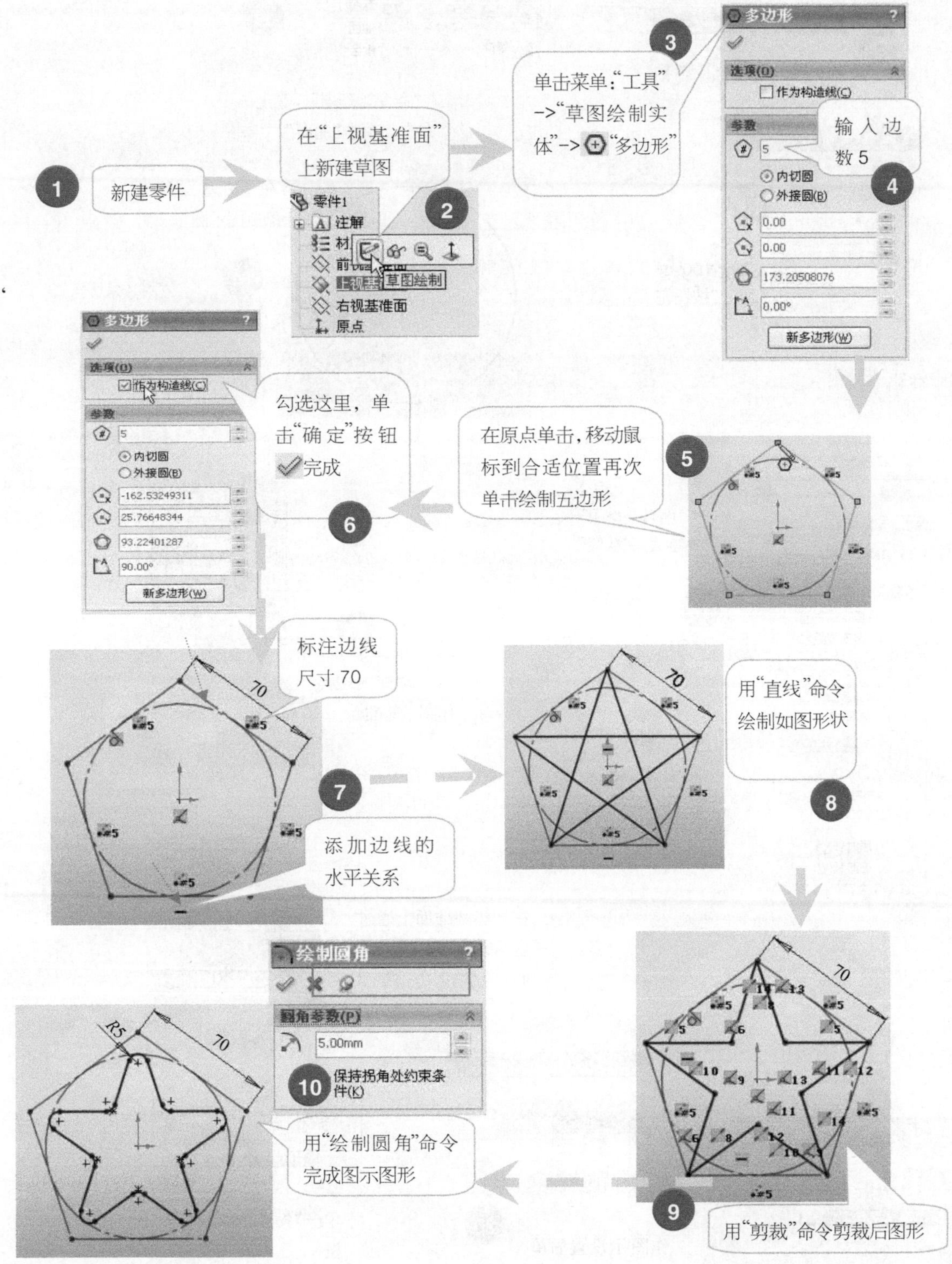
1
新建零件
在“上视基准面”上新建草图
零件1
注解
前视基准面
上视基准面
右视基准面
原点
草图绘制
2
单击菜单:“工具”->“草图绘制实体”->“多边形”
3
多边形
选项(O)
作为构造线(C)
参数
输入边数5
5
内切圆
外接圆(B)
0.00
0.00
173.20508076
0.00°
新多边形(W)
4
在原点单击，移动鼠标到合适位置再次单击绘制五边形
5
勾选这里，单击“确定”按钮完成
6
-162.53249311
25.76648344
93.22401287
90.00°
标注边线尺寸70
70
7
添加边线的水平关系
用“直线”命令绘制如图形状
8
用“剪裁”命令剪裁后图形
9
绘制圆角
圆角参数(P)
5.00mm
保持拐角处约束条件(K)
10
R5
用“绘制圆角”命令完成图示图形

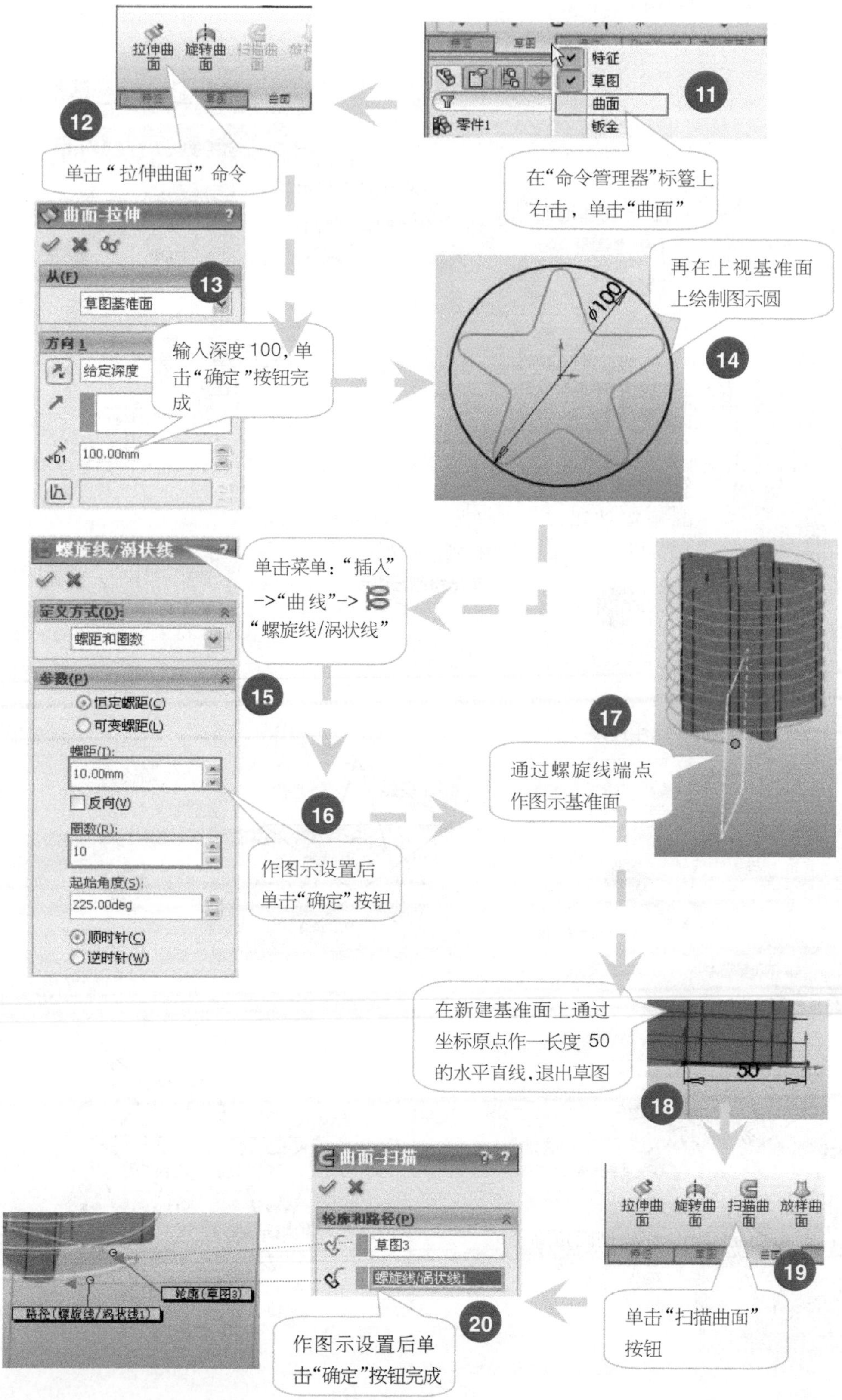

11
在“命令管理器”标签上右击，单击“曲面”
特征
草图
曲面
钣金
12
单击“拉伸曲面”命令
拉伸曲面
旋转曲面
13
曲面-拉伸
从(F)
草图基准面
方向 1
给定深度
100.00mm
输入深度 100，单击“确定”按钮完成
14
再在上视基准面上绘制图示圆
φ100
15
单击菜单：“插入”->“曲线”->“螺旋线/涡状线”
螺旋线/涡状线
定义方式(D):
螺距和圈数
参数(P)
恒定螺距(C)
可变螺距(L)
螺距(I):
10.00mm
反向(V)
圈数(R):
10
起始角度(S):
225.00deg
顺时针(C)
逆时针(W)
16
作图示设置后单击“确定”按钮
17
通过螺旋线端点作图示基准面
18
在新建基准面上通过坐标原点作一长度 50 的水平直线，退出草图
50
19
单击“扫描曲面”按钮
拉伸曲面
旋转曲面
扫描曲面
放样曲面
20
曲面-扫描
轮廓和路径(P)
草图3
螺旋线/涡状线1
作图示设置后单击“确定”按钮完成
轮廓(草图3)
路径(螺旋线/涡状线1)

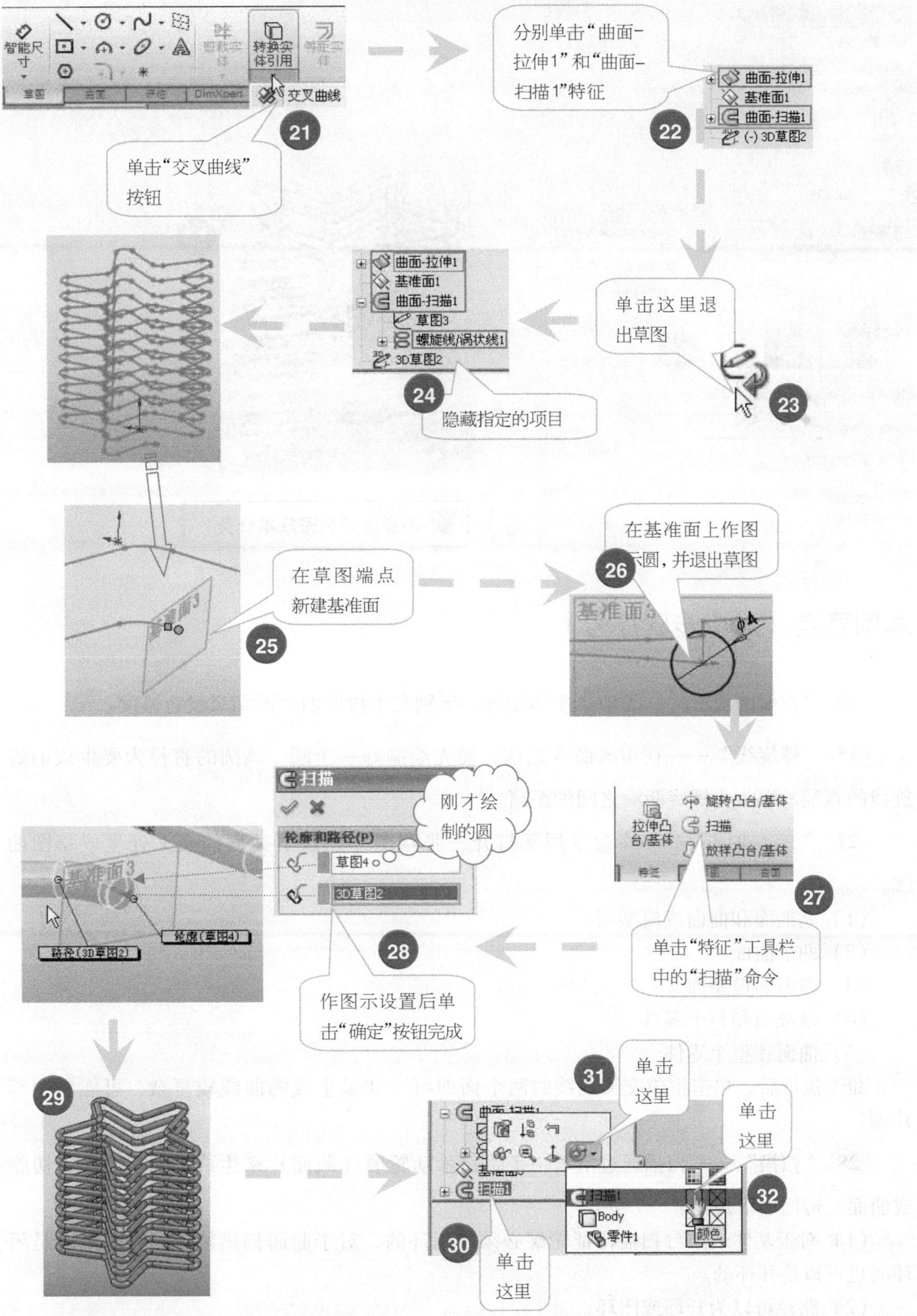
智能尺寸
转换实体引用
交叉曲线
21
单击“交叉曲线”按钮
分别单击“曲面-拉伸1”和“曲面-扫描1”特征
曲面-拉伸1
基准面1
曲面-扫描1
(-) 3D草图2
22
单击这里退出草图
23
曲面-拉伸1
基准面1
曲面-扫描1
草图3
螺旋线/涡状线1
3D草图2
24
隐藏指定的项目
在草图端点新建基准面
基准面3
25
在基准面上作图示圆，并退出草图
26
基准面3
φ4
旋转凸台/基体
拉伸凸台/基体
扫描
放样凸台/基体
特征
27
单击“特征”工具栏中的“扫描”命令
扫描
轮廓和路径(P)
草图4
3D草图2
刚才绘制的圆
基准面3
路径(3D草图2)
轮廓(草图4)
28
作图示设置后单击“确定”按钮完成
29
曲面-扫描1
基准面3
扫描1
30
单击这里
31
单击这里
扫描1
Body
零件1
颜色
单击这里
32

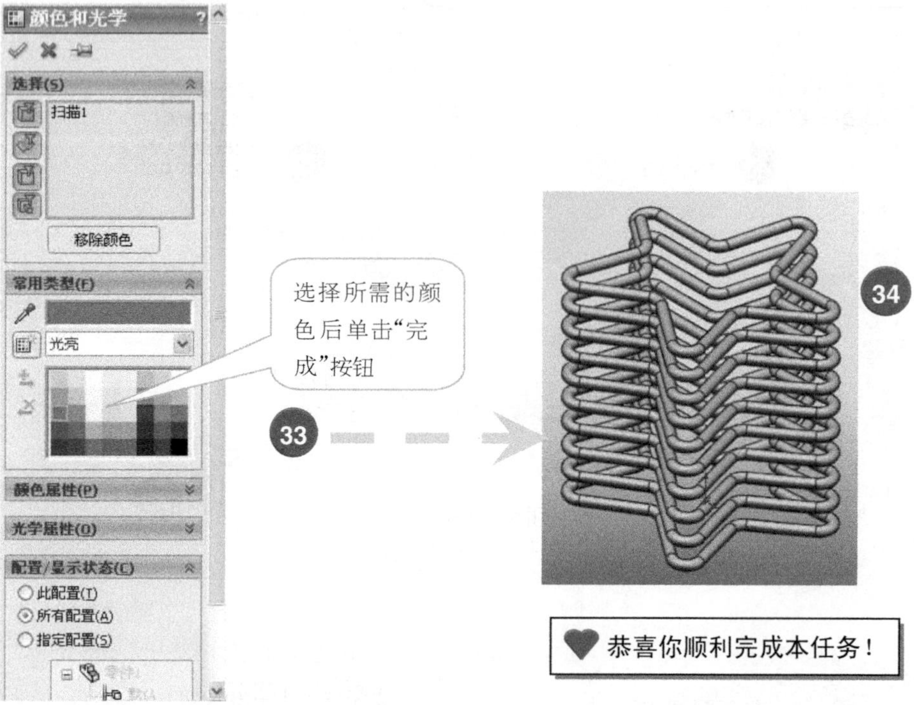

本例要点（对应步骤序号）

12 “拉伸曲面”——类似于实体拉伸，区别在于拉伸曲面的结果没有厚度。

15 “螺旋线”——在用该命令之前，需先绘制好一个圆，该圆的直径为要生成的螺旋线的直径。螺距为螺旋两圈之间的距离。

21 “交叉曲线”——该命令用于打开一张草图并在以下类型的交叉处生成草图曲线。

（1）基准面和曲面或模型面。

（2）两个曲面。

（3）曲面和模型面。

（4）基准面和整个零件。

（5）曲面和整个零件。

命令执行后，单击生成交叉曲线的两个面即可（如果生成的曲线较复杂，可能需稍等片刻）。

28 “扫描”——扫描通过沿着一条路径移动轮廓（截面）来生成基体、凸台、切除或曲面，遵循以下规则。

（1）对于基体或凸台扫描特征轮廓必须是闭环的，对于曲面扫描特征则轮廓可以是闭环的也可以是开环的。

（2）路径可以为开环或闭环。

（3）路径可以是一张草图、一条曲线或一组模型边线中包含的一组草图曲线。

（4）路径的起点必须位于轮廓的基准面上。

（5）不论是截面、路径或所形成的实体，都不能出现自相交叉的情况。

（6）引导线必须与轮廓或轮廓草图中的点重合。

一般情况下建议先绘制路径及引导线，然后再绘制轮廓。

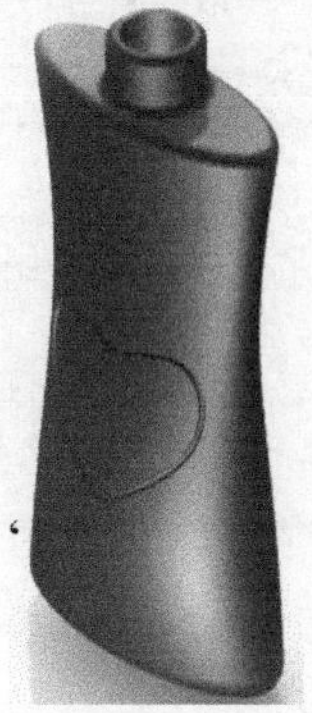

图 9-59　洗发水瓶

9.4.2　洗发水瓶

洗发水瓶（图 9-59）的建模图解实例如下。

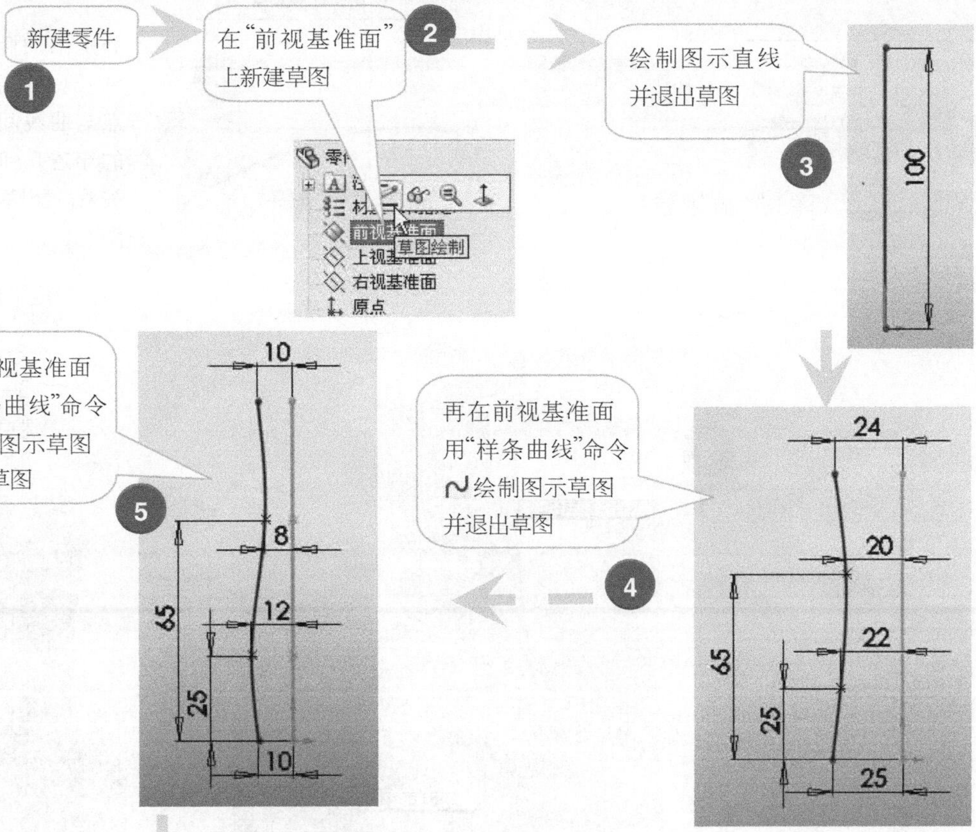

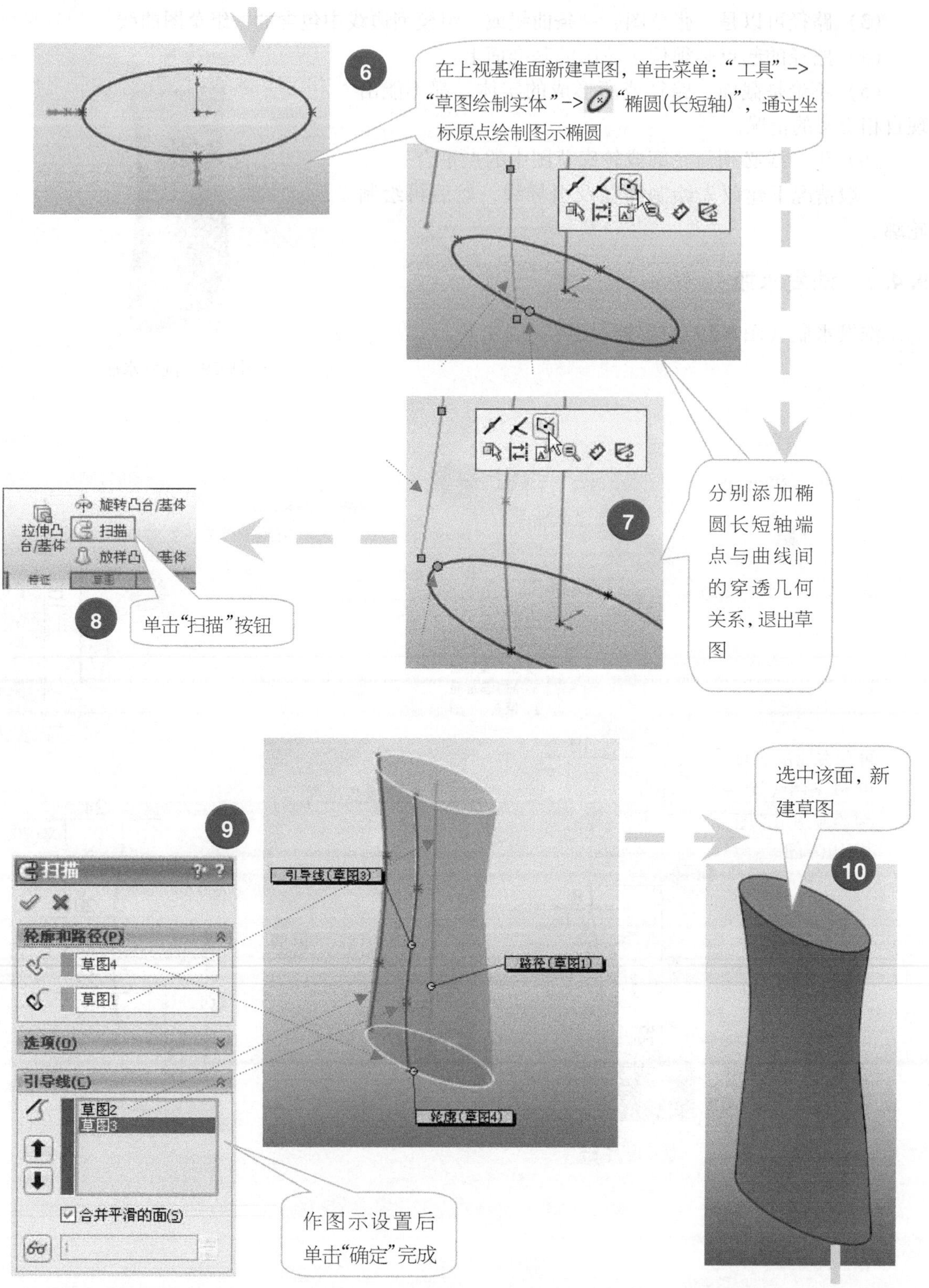
6
在上视基准面新建草图，单击菜单：“工具”->“草图绘制实体”->“椭圆(长短轴)”，通过坐标原点绘制图示椭圆
7
分别添加椭圆长短轴端点与曲线间的穿透几何关系，退出草图
旋转凸台/基体
拉伸凸台/基体
扫描
放样凸台/基体
8
单击“扫描”按钮
9
扫描
轮廓和路径(P)
草图4
草图1
选项(O)
引导线(C)
草图2
草图3
合并平滑的面(S)
引导线(草图3)
路径(草图1)
轮廓(草图4)
作图示设置后单击“确定”完成
选中该面，新建草图
10

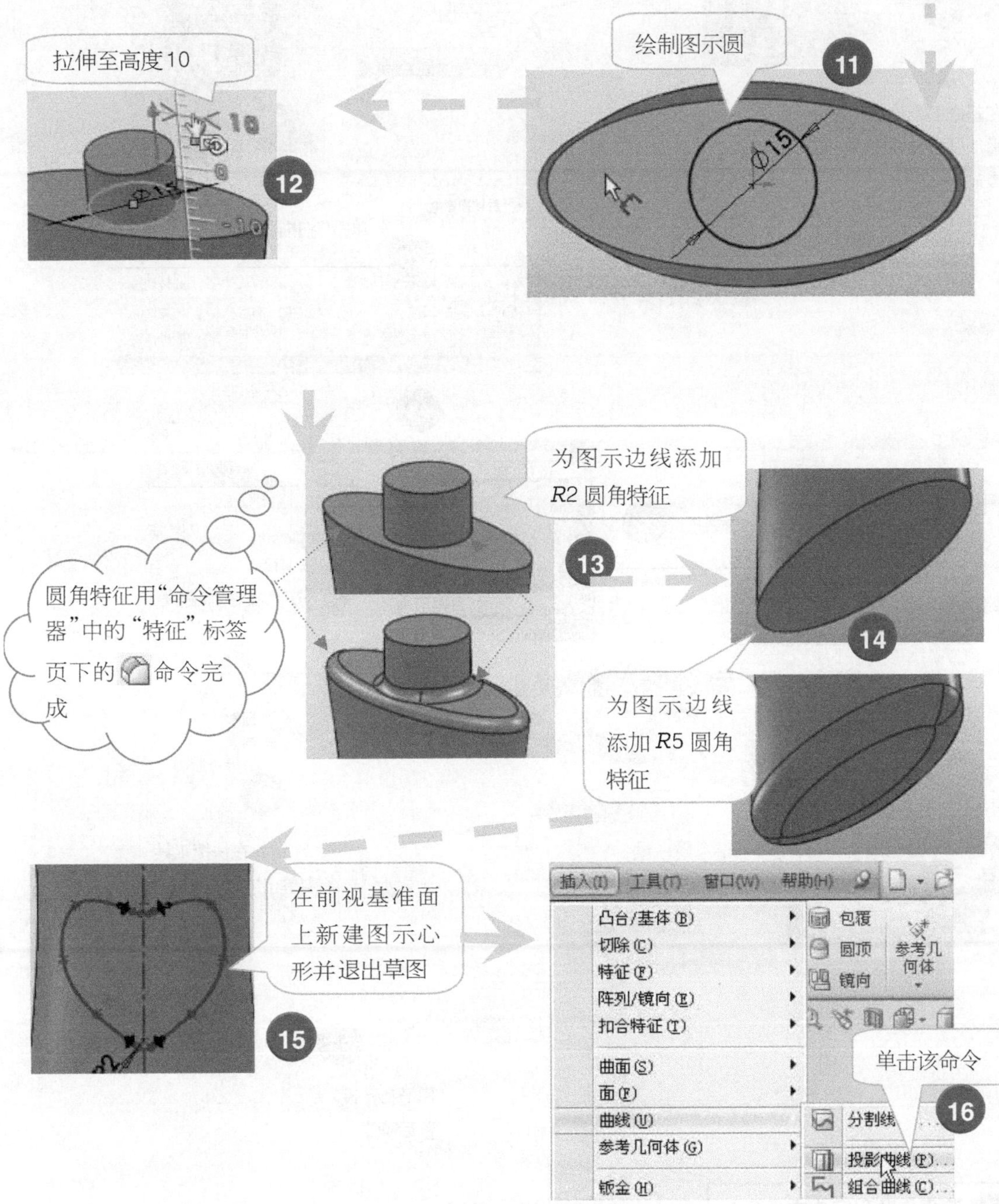
拉伸至高度10
绘制图示圆
11
12
Ø15
10
为图示边线添加R2圆角特征
13
圆角特征用"命令管理器"中的"特征"标签页下的命令完成
14
为图示边线添加R5圆角特征
15
在前视基准面上新建图示心形并退出草图
插入(I) 工具(T) 窗口(W) 帮助(H)
凸台/基体(B)
切除(C)
特征(F)
阵列/镜向(E)
扣合特征(T)
曲面(S)
面(F)
曲线(U)
参考几何体(G)
钣金(H)
包覆
圆顶
镜向
参考几何体
分割线
投影曲线(P)...
组合曲线(C)...
单击该命令
16

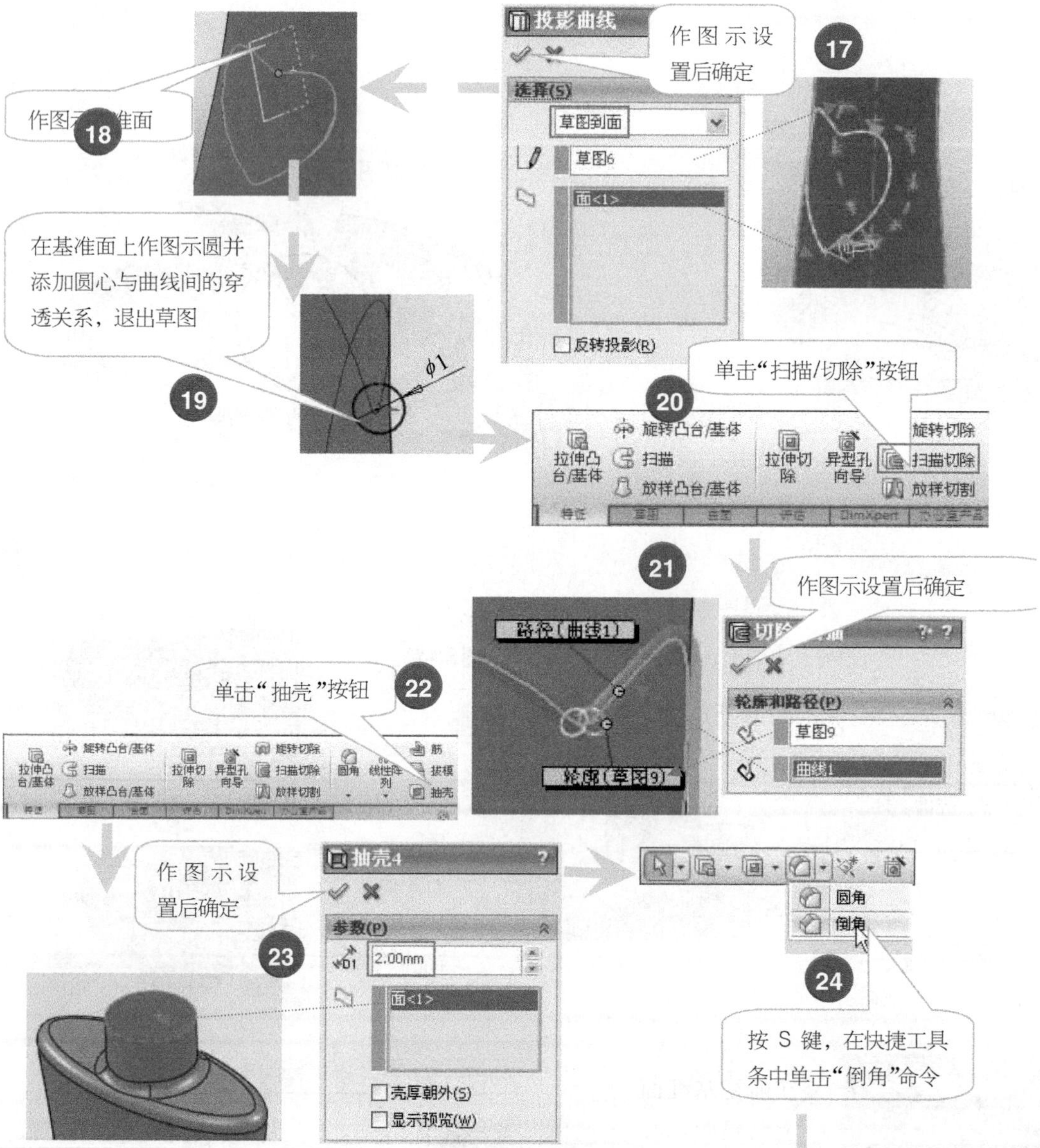

投影曲线
作图示设置后确定
17
选择(S)
草图到面
草图6
面<1>
反转投影(R)
作图示基准面
18
在基准面上作图示圆并添加圆心与曲线间的穿透关系，退出草图
19
ϕ1
单击“扫描/切除”按钮
20
拉伸凸台/基体
旋转凸台/基体
扫描
放样凸台/基体
拉伸切除
异型孔向导
旋转切除
扫描切除
放样切割
21
作图示设置后确定
路径(曲线1)
轮廓(草图9)
轮廓和路径(P)
草图9
曲线1
单击“抽壳”按钮
22
作图示设置后确定
23
抽壳4
参数(P)
2.00mm
面<1>
壳厚朝外(S)
显示预览(W)
圆角
倒角
24
按 S 键，在快捷工具条中单击“倒角”命令

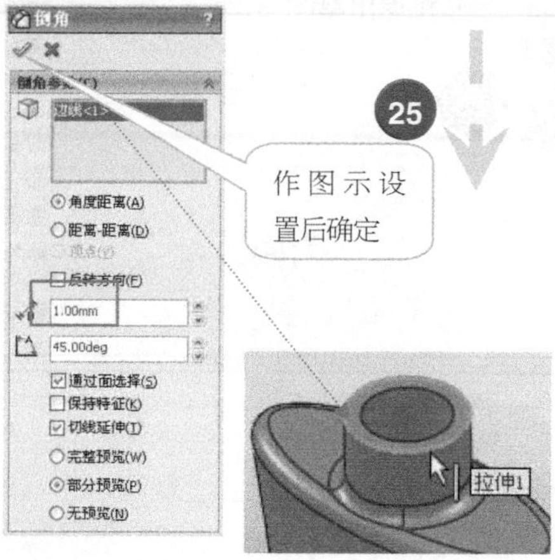

倒角
25
作图示设置后确定
角度距离(A)
距离-距离(D)
反转方向(F)
1.00mm
45.00deg
通过面选择(S)
保持特征(K)
切线延伸(T)
完整预览(W)
部分预览(P)
无预览(N)
拉伸1

恭喜你顺利完成本任务！

本例要点（对应步骤序号）

6 “椭圆”——对椭圆而言，必须有三个数据才能定义，即椭圆中心、长轴（或长轴的一半）和短轴（或短轴的一半）。先单击第一点以确定中心，再单击第二点决定一个轴长的一半，最后单击第三点决定另一个轴长的一半。

7 “穿透”——所谓穿透关系是指引导线穿过扫描轮廓草图的边界。在大多数情况下，重合只能对齐相应的几何对象，它只是将引导线上的点对应到轮廓所处的平面上而已，建议尽量采用穿透方式设定引导线和轮廓线的几何关系。采用穿透方式时要注意以下几点。

（1）应在生成路径和引导线之后生成轮廓。带引导线的扫描不要求穿透几何关系。

（2）引导线必须与轮廓或轮廓草图中的点重合，以使扫描可自动推理存在有穿透几何关系。

9 “扫描引导线”——扫描的中间轮廓由路径及引导线所决定。路径必须为单一实体（直线、圆弧等）或路径线段必须相切（不成一定角度）。

路径与引导线的长度可能不同。如果引导线比路径长，扫描将使用路径的长度。如果引导线比路径短，扫描将使用最短的引导线的长度。

16 “投影曲线”——可以将绘制的曲线投影到模型面上来生成一条 3D 曲线。也可以用另一种方法生成曲线，首先在两个相交的基准面上分别绘制草图，此时系统会将每一个草图沿所在平面的垂直方向投影得到一个曲面，最后这两个曲面在空间中相交而生成一条 3D 曲线。

23 “抽壳”——抽壳工具会掏空零件，去除所选择的面，在剩余的面上生成薄壁特征。如果没选择模型上的任何面，则生成一个中空的实体零件模型。也可使用多个厚度来抽壳模型。

25 “倒角”——倒角工具在所选边线、面或顶点上生成一个倾斜特征，有 3 种基本情况。

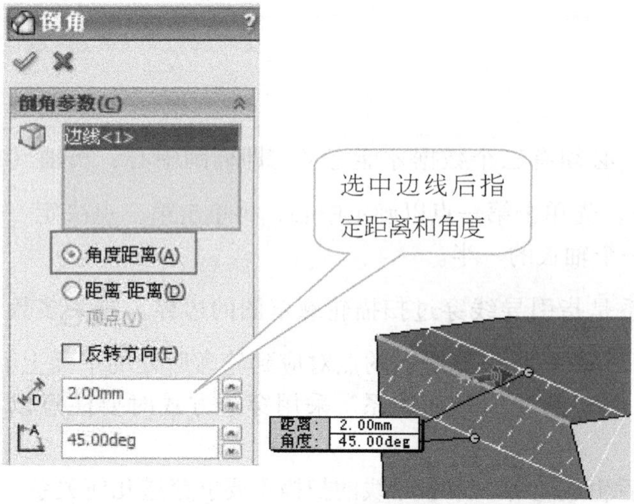

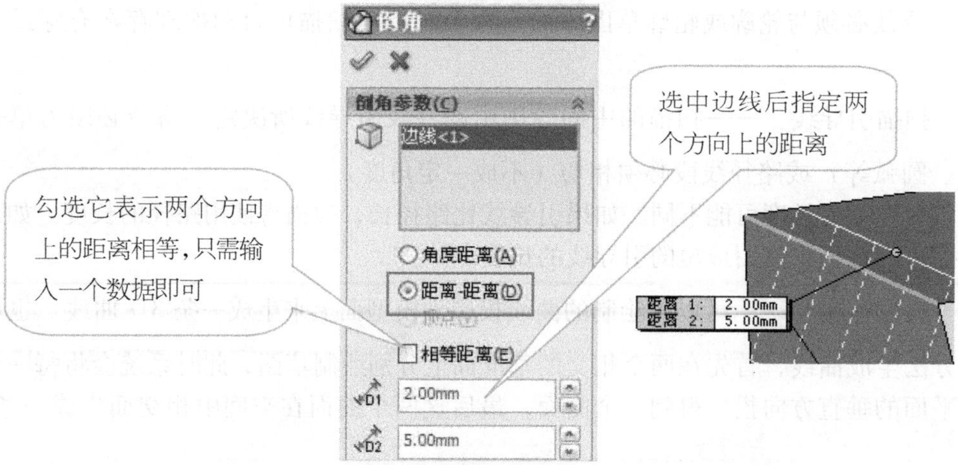

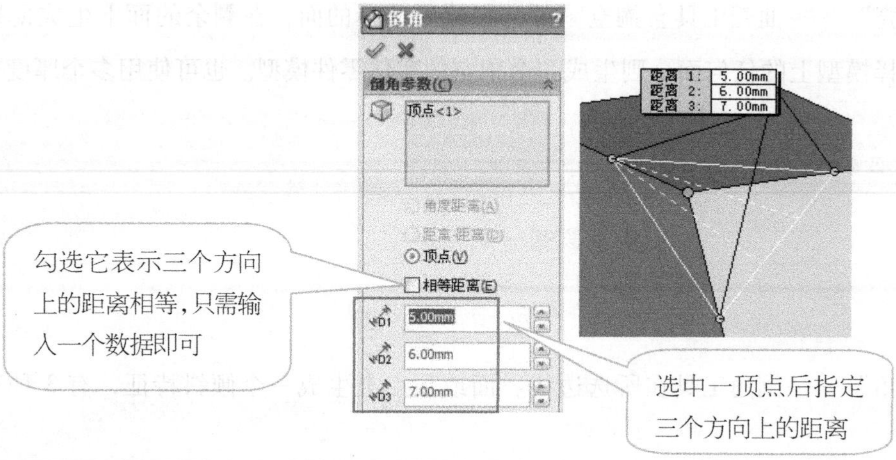

9.4.3　节能灯

节能灯（图 9-60）的建模图解实例如下。

a)

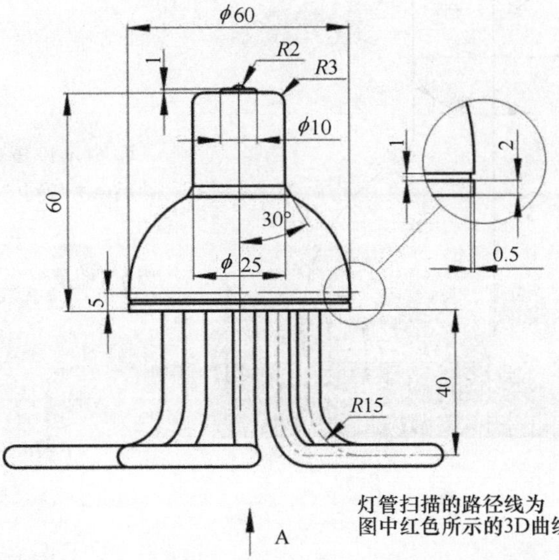

b)

A

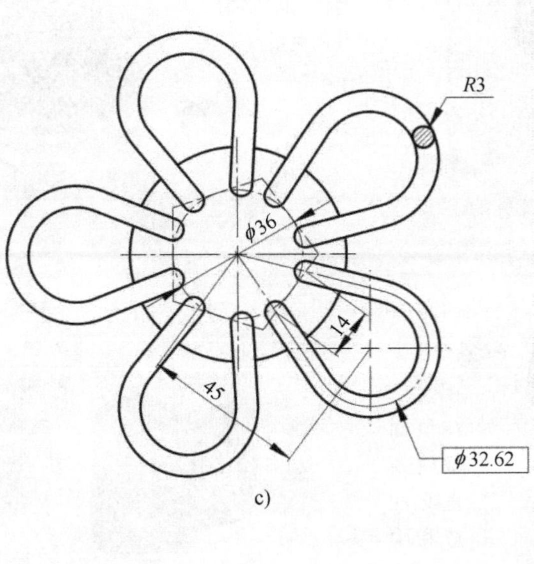

c)

图 9-60　节能灯示意图及尺寸图

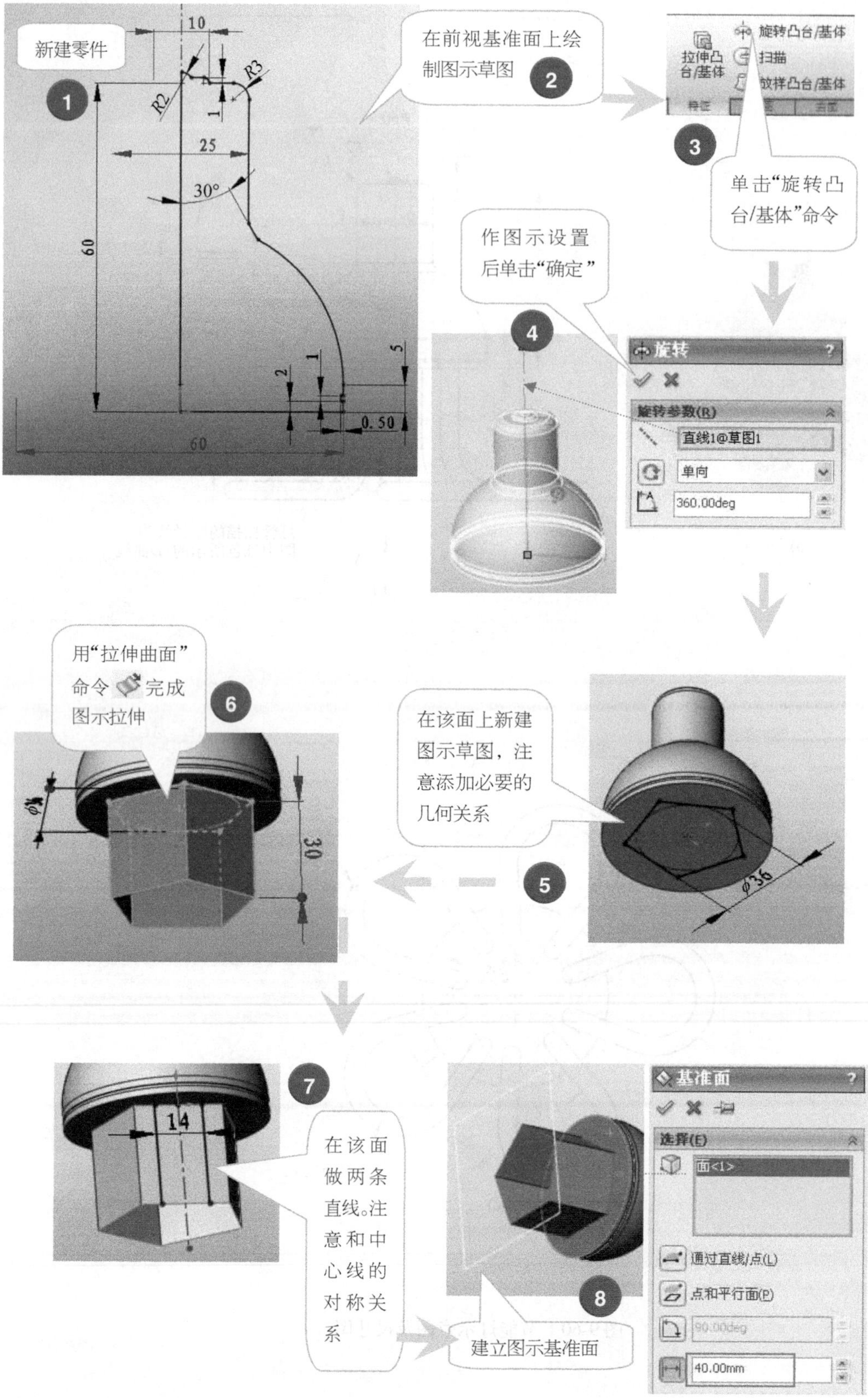

新建零件
1
10
R2
R3
1
25
30°
60
2
1
5
0.50
60
在前视基准面上绘制图示草图
2
拉伸凸台/基体
旋转凸台/基体
扫描
放样凸台/基体
3
单击“旋转凸台/基体”命令
作图示设置后单击“确定”
4
旋转
旋转参数(R)
直线1@草图1
单向
360.00deg
用“拉伸曲面”命令完成图示拉伸
6
30
在该面上新建图示草图，注意添加必要的几何关系
5
ϕ36
7
14
在该面做两条直线。注意和中心线的对称关系
8
建立图示基准面
基准面
选择(E)
面<1>
通过直线/点(L)
点和平行面(P)
90.00deg
40.00mm

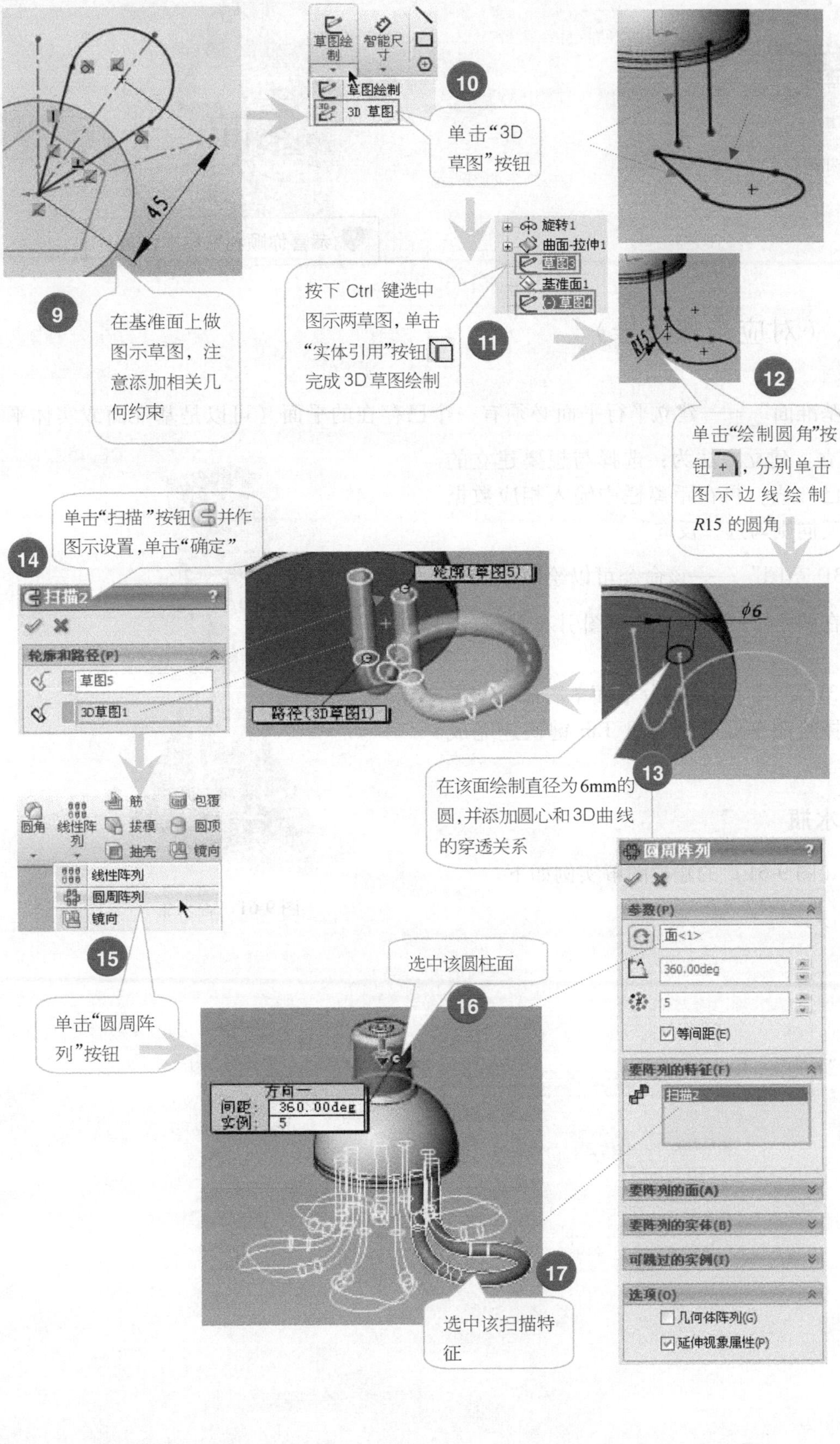
9
在基准面上做图示草图，注意添加相关几何约束
45
10
草图绘制
智能尺寸
草图绘制
3D 草图
单击“3D 草图”按钮
旋转1
曲面-拉伸1
草图3
基准面1
(-) 草图4
11
按下 Ctrl 键选中图示两草图，单击“实体引用”按钮，完成 3D 草图绘制
R15
12
单击“绘制圆角”按钮，分别单击图示边线绘制 R15 的圆角
φ6
13
在该面绘制直径为6mm的圆，并添加圆心和3D曲线的穿透关系
14
单击“扫描”按钮并作图示设置，单击“确定”
扫描2
轮廓和路径(P)
草图5
3D草图1
轮廓(草图5)
路径(3D草图1)
圆角
线性阵列
筋
拔模
抽壳
包覆
圆顶
镜向
线性阵列
圆周阵列
镜向
15
单击“圆周阵列”按钮
选中该圆柱面
16
方向一
间距: 360.00deg
实例: 5
17
选中该扫描特征
圆周阵列
参数(P)
面<1>
360.00deg
5
等间距(E)
要阵列的特征(F)
扫描2
要阵列的面(A)
要阵列的实体(B)
可跳过的实例(I)
选项(O)
几何体阵列(G)
延伸视象属性(P)

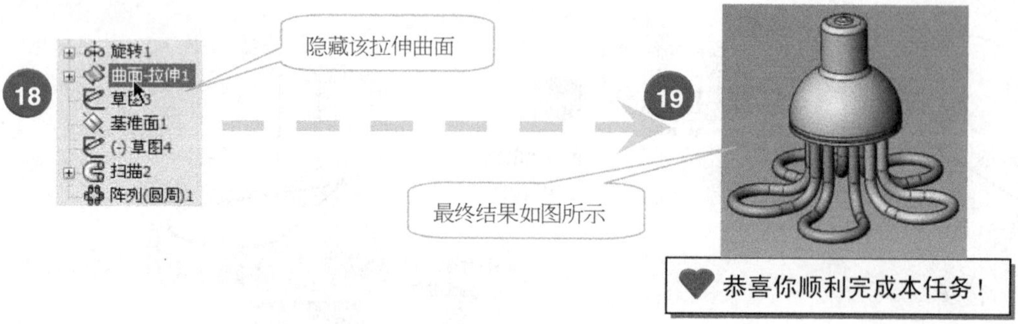

本例要点（对应步骤序号）

8 “基准面”——建立平行平面必须有一个已存在的平面（可以是基准面或实体平面）才能建立。建立方法为：选择与想要建立的平面平行的已知面，再在距离栏中输入相应数据即可，若要反向则勾选“反向”。

11 “3D 草图”——该命令可以绘制空间草图，可以将在两个不同平面上的草图引入 3D 草图中。

在绘制 3D 草图时，大部分平面草图命令同样适用。在选择绘图平面时可通过 Tab 键快速完成切换。

9.4.4 香水瓶

香水瓶（图 9-61）的建模图解实例如下。

图 9-61　香水瓶

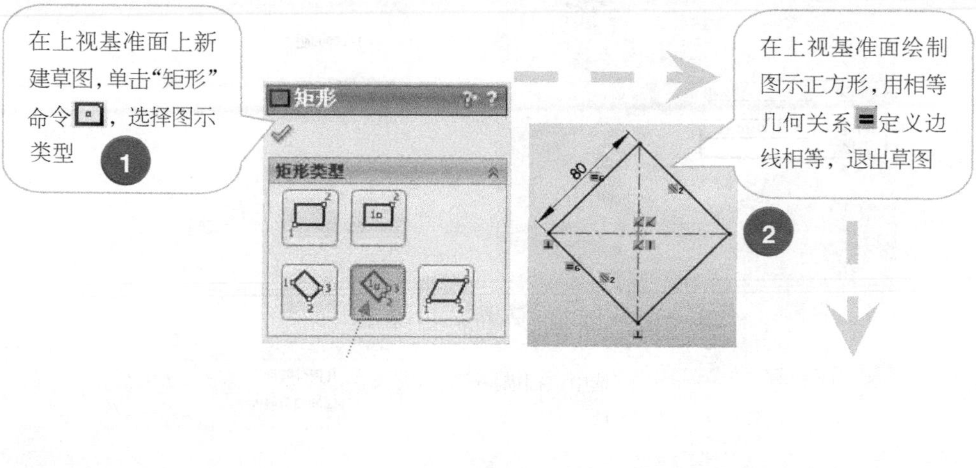

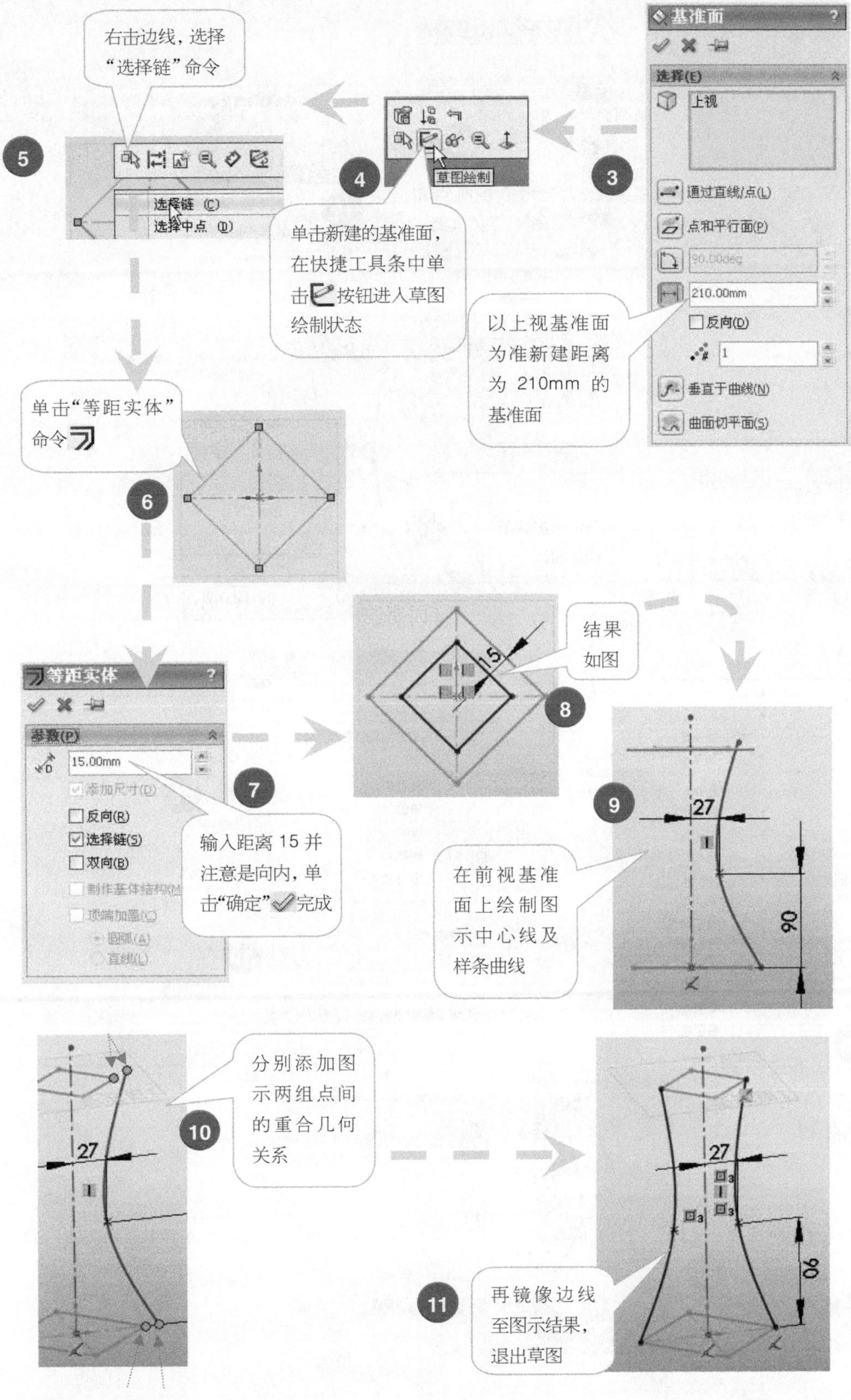
基准面
选择(E)
上视
通过直线/点(L)
点和平行面(P)
210.00mm
反向(D)
垂直于曲线(N)
曲面切平面(S)
以上视基准面为准新建距离为 210mm 的基准面
3
草图绘制
4
单击新建的基准面，在快捷工具条中单击按钮进入草图绘制状态
5
右击边线，选择“选择链”命令
选择链 (C)
选择中点 (I)
6
单击“等距实体”命令
等距实体
参数(P)
15.00mm
添加尺寸(D)
反向(R)
选择链(S)
双向(B)
制作基体结构(M)
顶端加盖(C)
圆弧(A)
直线(L)
7
输入距离 15 并注意是向内，单击“确定”完成
8
15
结果如图
9
27
90
在前视基准面上绘制图示中心线及样条曲线
10
27
分别添加图示两组点间的重合几何关系
11
27
90
再镜像边线至图示结果，退出草图

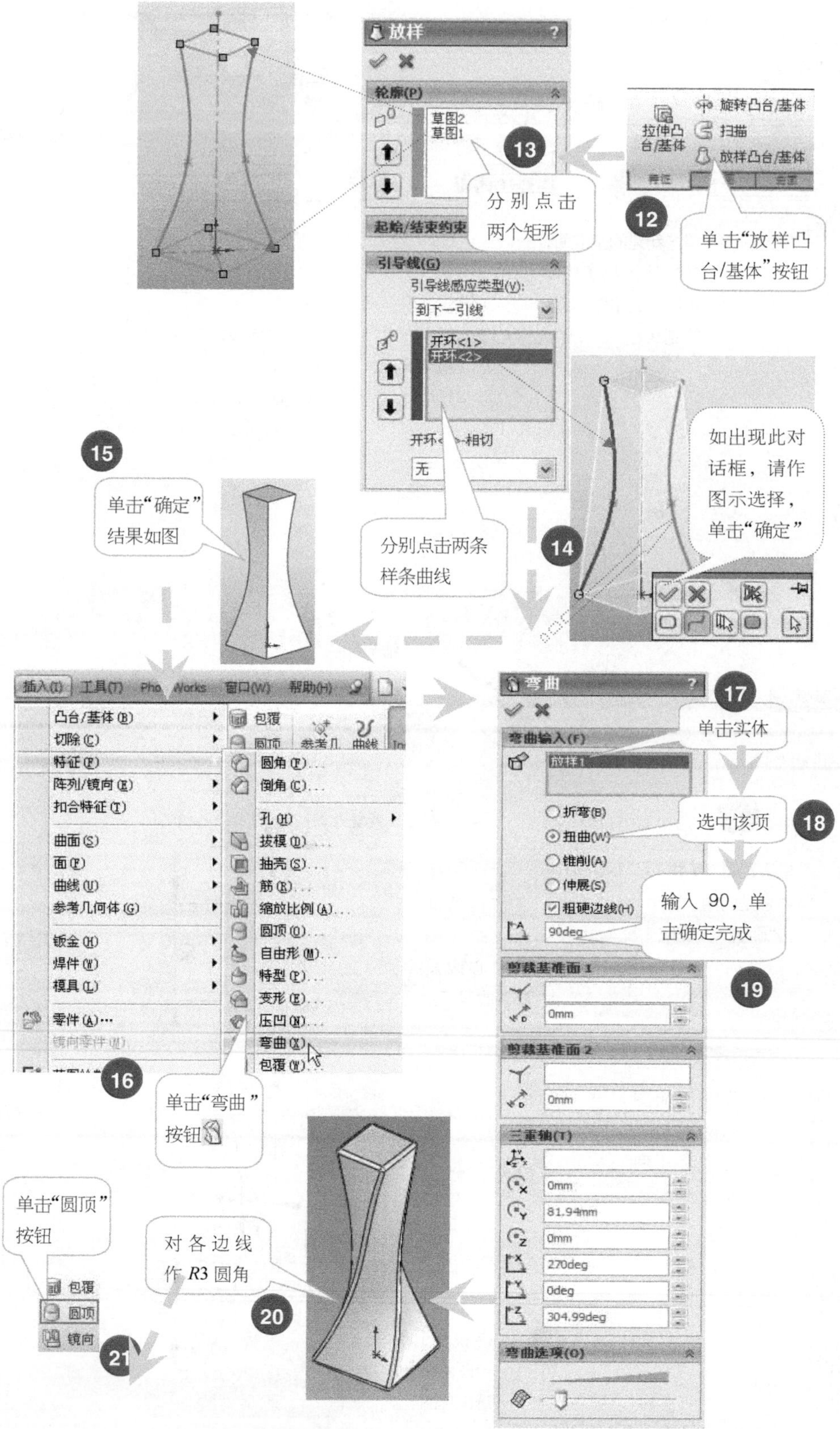
放样
轮廓(P)
草图2
草图1
起始/结束约束
引导线(G)
引导线感应类型(V):
到下一引线
开环<1>
开环<2>
无
12
单击“放样凸台/基体”按钮
拉伸凸台/基体
旋转凸台/基体
扫描
放样凸台/基体
13
分别点击两个矩形
分别点击两条样条曲线
14
如出现此对话框，请作图示选择，单击“确定”
15
单击“确定”结果如图
16
单击“弯曲”按钮
插入(I)
工具(T)
窗口(W)
帮助(H)
凸台/基体(B)
切除(C)
特征(F)
阵列/镜向(E)
扣合特征(T)
曲面(S)
面(F)
曲线(U)
参考几何体(G)
钣金(H)
焊件(W)
模具(L)
零件(A)…
包覆
圆顶
圆角(F)...
倒角(C)...
孔(H)
拔模(D)...
抽壳(S)...
筋(R)...
缩放比例(A)...
圆顶(O)...
自由形(M)...
特型(P)...
变形(E)...
压凹(N)...
弯曲(X)...
包覆(W)...
弯曲
17
单击实体
弯曲输入(F)
放样1
折弯(B)
扭曲(W)
锥削(A)
伸展(S)
粗硬边线(H)
90deg
18
选中该项
19
输入 90，单击确定完成
剪裁基准面 1
0mm
剪裁基准面 2
0mm
三重轴(T)
0mm
81.94mm
0mm
270deg
0deg
304.99deg
弯曲选项(O)
20
对各边线作 R3 圆角
21
单击“圆顶”按钮
包覆
圆顶
镜向

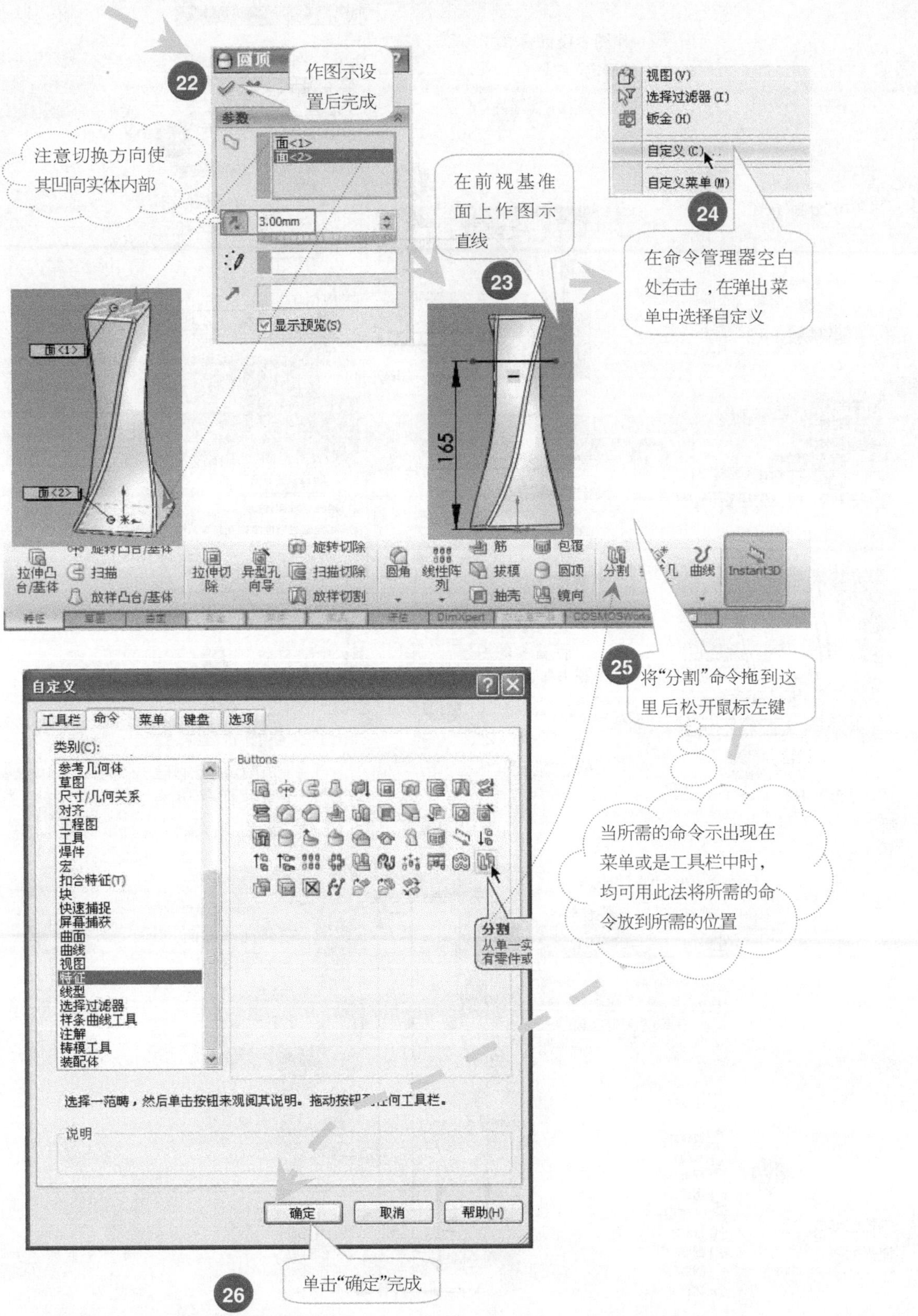

22
圆顶
作图示设置后完成
参数
面<1>
面<2>
3.00mm
显示预览(S)
注意切换方向使其凹向实体内部
面<1>
面<2>
23
在前视基准面上作图示直线
165
24
视图(V)
选择过滤器(I)
钣金(H)
自定义(C)...
自定义菜单(M)
在命令管理器空白处右击，在弹出菜单中选择自定义
拉伸凸台/基体
旋转凸台/基体
扫描
放样凸台/基体
拉伸切除
异型孔向导
旋转切除
扫描切除
放样切割
圆角
线性阵列
筋
拔模
抽壳
包覆
圆顶
镜向
分割
曲线
Instant3D
特征
DimXpert
COSMOSWorks
25
将“分割”命令拖到这里后松开鼠标左键
当所需的命令示出现在菜单或是工具栏中时，均可用此法将所需的命令放到所需的位置
自定义
工具栏
命令
菜单
键盘
选项
类别(C):
参考几何体
草图
尺寸/几何关系
对齐
工程图
工具
焊件
宏
扣合特征(T)
块
快速捕捉
屏幕捕获
曲面
曲线
视图
特征
线型
选择过滤器
样条曲线工具
注解
铸模工具
装配体
Buttons
分割
从单一实
有零件或
选择一范畴，然后单击按钮来观阅其说明。拖动按钮到任何工具栏。
说明
确定
取消
帮助(H)
26
单击“确定”完成

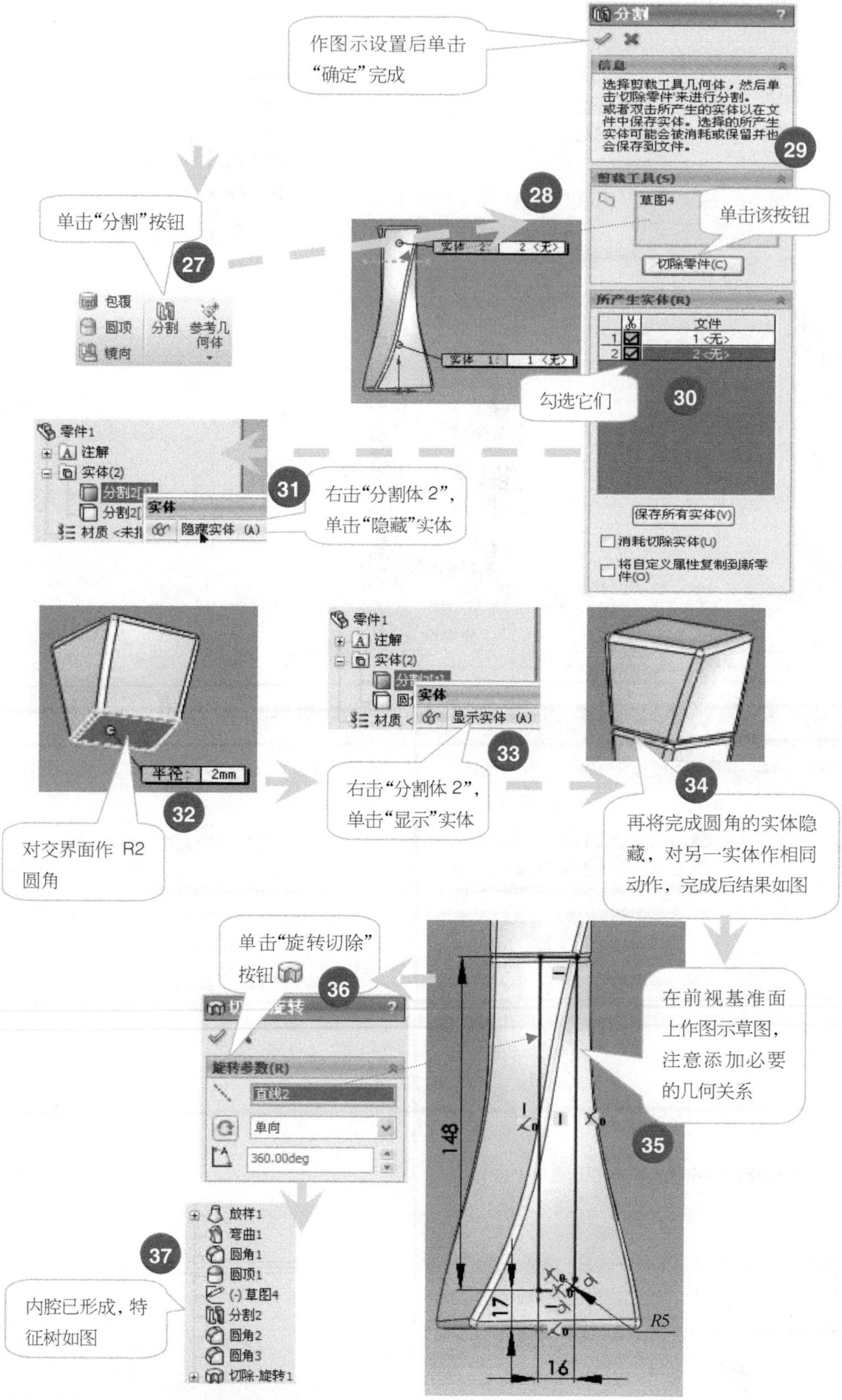

作图示设置后单击“确定”完成
分割
信息
选择剪裁工具几何体，然后单击'切除零件'来进行分割。或者双击所产生的实体以在文件中保存实体。选择的所产生实体可能会被消耗或保留并也会保存到文件。
29
剪裁工具(S)
草图4
单击该按钮
切除零件(C)
单击“分割”按钮
27
包覆
圆顶
镜向
分割
参考几何体
28
实体 2
2 <无>
实体 1
1 <无>
所产生实体(R)
文件
1 <无>
2 <无>
勾选它们
30
零件1
注解
实体(2)
材质
实体
隐藏实体 (A)
31
右击“分割体 2”，单击“隐藏”实体
保存所有实体(V)
消耗切除实体(U)
将自定义属性复制到新零件(O)
半径: 2mm
32
对交界面作 R2 圆角
显示实体 (A)
33
右击“分割体 2”，单击“显示”实体
34
再将完成圆角的实体隐藏，对另一实体作相同动作，完成后结果如图
单击“旋转切除”按钮
36
旋转参数(R)
直线2
单向
360.00deg
在前视基准面上作图示草图，注意添加必要的几何关系
35
148
17
16
R5
37
内腔已形成，特征树如图
放样1
弯曲1
圆角1
圆顶1
(-) 草图4
分割2
圆角2
圆角3
切除-旋转1

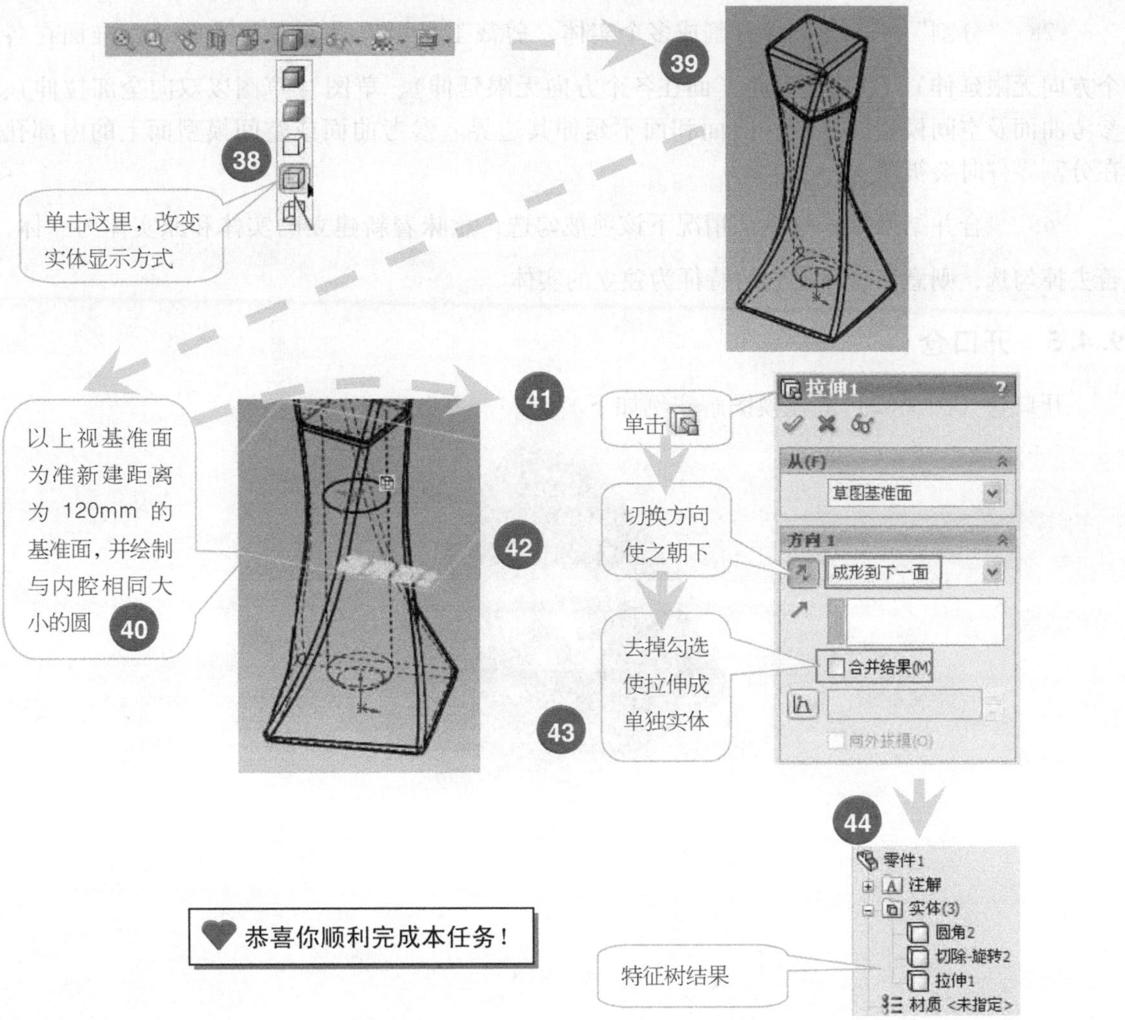

本例要点（对应步骤序号）

12 “放样”——所谓放样是指连接多个剖面或轮廓形成的基体、凸台或是切除。

放样与扫描的不同之处是放样没有路径，在用扫描命令无法完成的情况下可借助放样来解决。放样需有两个或两个以上的轮廓才能建立，而轮廓绘制的好坏将影响到实体建成后外形是否平滑。另外需注意两点。

（1）至少需要两个及以上轮廓才能应用放样特征。

（2）引导线可以有多条并且必须与轮廓接触。引导线并非必须，其功能在于控制轮廓成形时按引导线变化，以决定最终外形。

17 “弯曲”——弯曲特征以直观的方式对复杂的模型进行变形。可以生成 4 种类型的弯曲，即折弯、扭曲、锥削及伸展。

21 “圆顶”——该命令针对模型表面进入变形操作，生成圆顶型凸起（或内凹）。

28 “分割”——将零件分割成多个实体。剪裁工具可以是参考基准面（基准面在各个方向无限延伸）、平面模型面（面在各个方向无限延伸）、草图（草图以双向全部拉伸）、参考曲面及空间模型面（这些曲面和面不延伸其边界。参考曲面或空间模型面上的内部孔在分割零件时会被闭合。）

43 “合并结果”——默认情况下该项被勾选，意味着新建立的实体和原实体为一体，若去掉勾选，则意味着新建立的特征为独立的实体。

9.4.5　开口仓

开口仓（图 9-62）的建模图解实例如下。

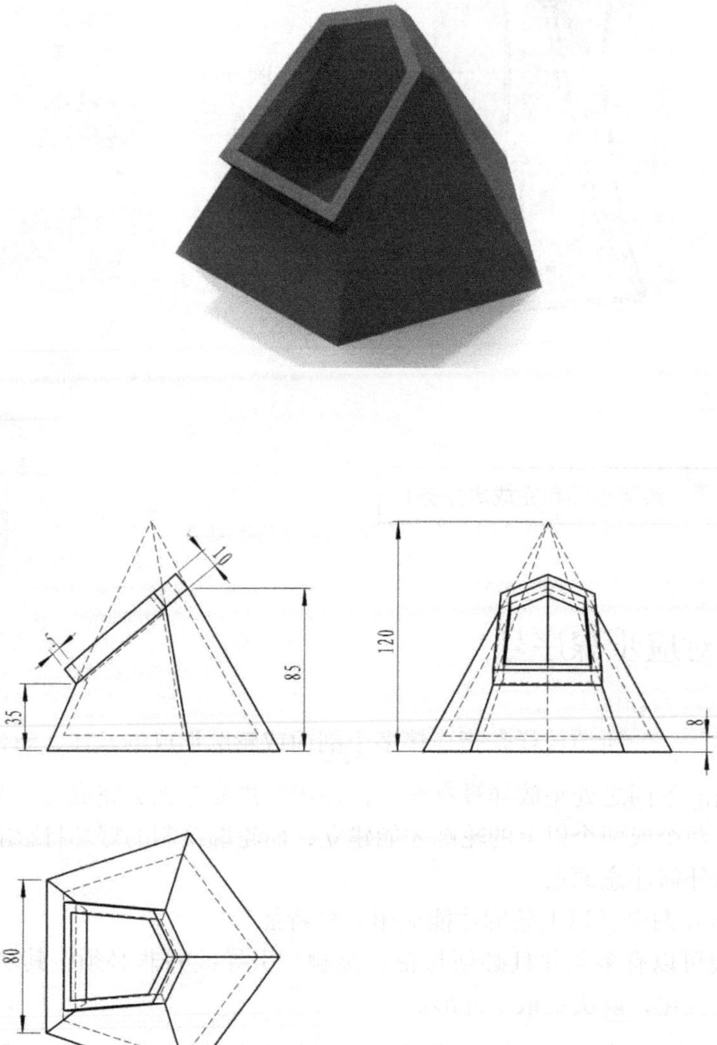

图 9-62　开口仓示意图及尺寸图

在上视基准面上新建图示五边形

1

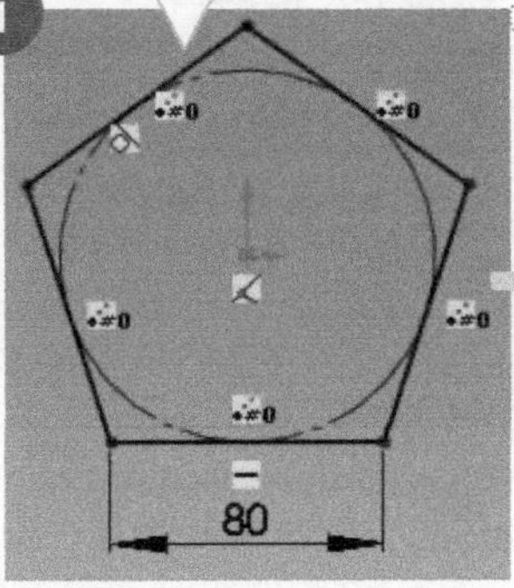

注意到尺寸线上的点了吗？拖动该点可随时更改尺寸大小，其他地方也一样

2

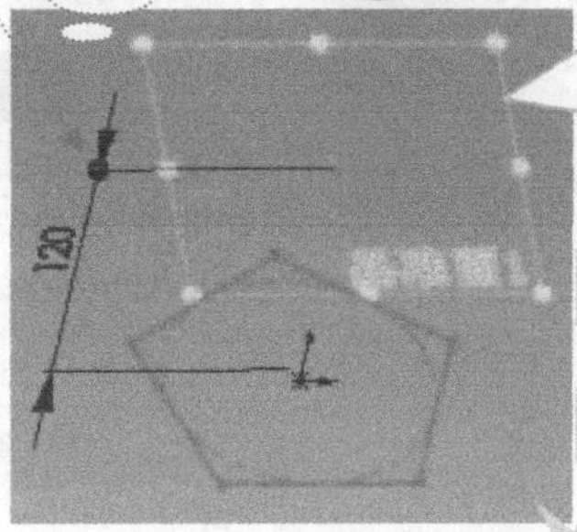

以上视基准面为准新建距离为 120mm 的基准面

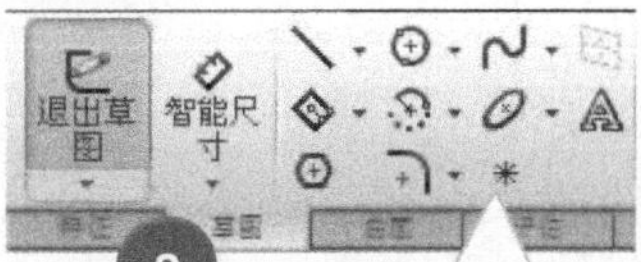

3

单击"点"命令，在新建基准面原点处绘制

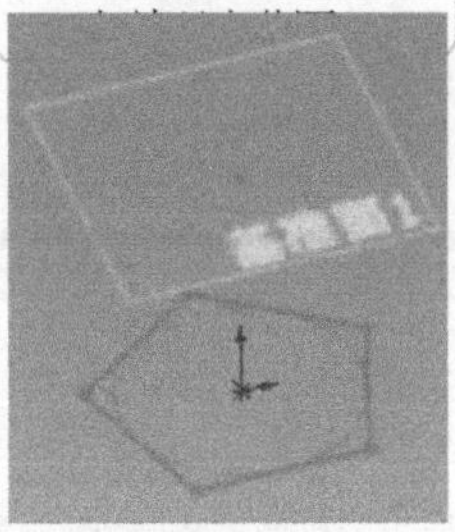

单击"放样"命令，作图示设置后确定

4

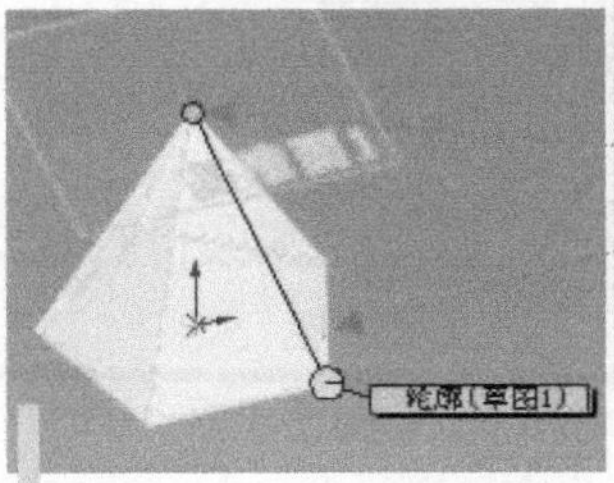

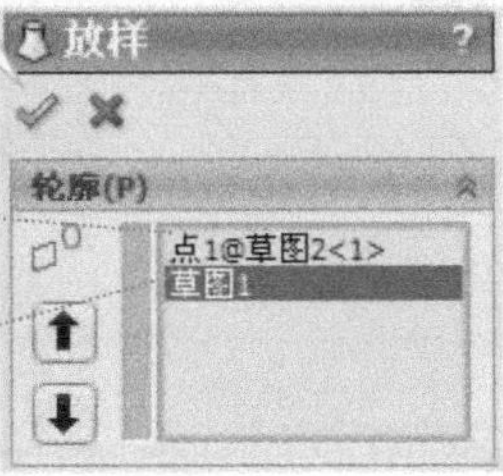

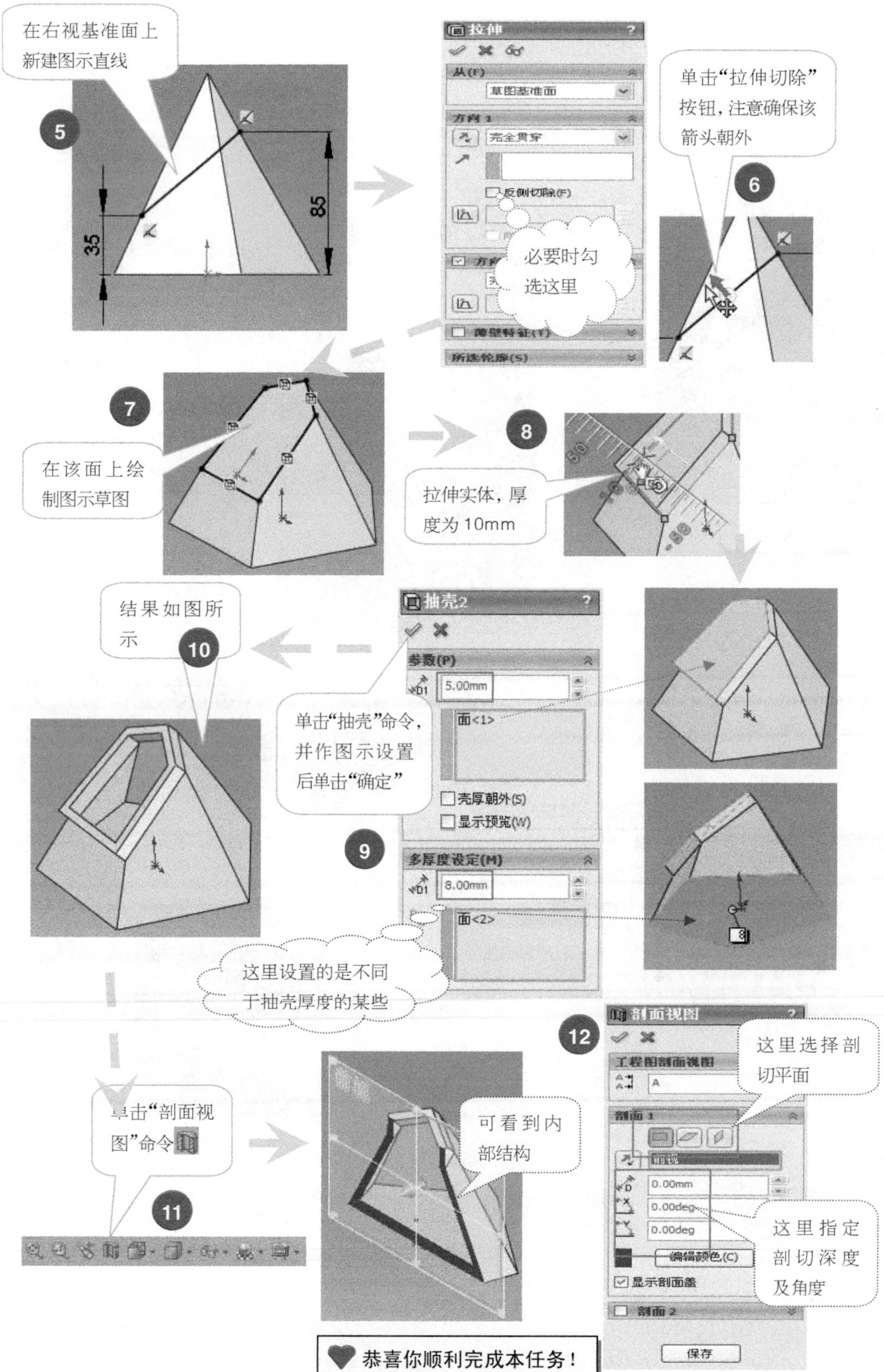
5
在右视基准面上新建图示直线
35
85
拉伸
从(F)
草图基准面
方向 1
完全贯穿
反侧切除(F)
必要时勾选这里
薄壁特征(T)
所选轮廓(S)
6
单击“拉伸切除”按钮，注意确保该箭头朝外
7
在该面上绘制图示草图
8
拉伸实体，厚度为10mm
结果如图所示
10
抽壳2
参数(P)
D1
5.00mm
面<1>
单击“抽壳”命令，并作图示设置后单击“确定”
壳厚朝外(S)
显示预览(W)
9
多厚度设定(M)
8.00mm
面<2>
这里设置的是不同于抽壳厚度的某些
11
单击“剖面视图”命令
可看到内部结构
12
剖面视图
工程图剖面视图
A
剖面 1
这里选择剖切平面
0.00mm
0.00deg
0.00deg
编辑颜色(C)
显示剖面盖
这里指定剖切深度及角度
剖面 2
保存

恭喜你顺利完成本任务！

本例要点（对应步骤序号）

4 “放样”——放样轮廓除普通草图外还可以是点，甚至是实体平面。

6 “切除”——一般情况下，切除所用的草图为封闭轮廓，但实际上切除所用的草图可以是开环的（如本例中就是一条直线），也可以是一个平面。

11 “剖面视图”——该命令可以在设计过程中查看实体的内部结构，以验证我们的设计情况。

参 考 文 献

［1］ 张忠将．SolidWorks 基础与应用精品教程［M］．北京：机械工业出版社，2010.
［2］ 江洪，等．SolidWorks 2009 基础教程［M］．3 版．北京：机械工业出版社，2010.
［3］ 詹迪维．SolidWorks 机械设计教程［M］．北京：机械工业出版社，2009.
［4］ 刘国良．SolidWorks 2007 完全学习宝典［M］．北京：电子工业出版社，2007.
［5］ 关鼎，肖平阳．SolidWorks 三维造型典型实例教程［M］．北京：机械工业出版社，2006.
［6］ 胡仁喜，等．精通 SolidWorks2008 中文版产品设计［M］．北京：电子工业出版社，2008.
［7］ 魏峥．三维计算机辅助设计——SolidWorks 实用教程［M］．北京：高等教育出版社，2007.
［8］ 赵天学，谢先敏．SolidWorks2008 中文版实例教程［M］．北京：北京师范大学出版社，2011.
［9］ 王贯超，等．SolidWorks 机械设计实例教程［M］．北京：中国纺织出版社，2009.